Lineare Algebra

Siegfried Bosch

Lineare Algebra

Ein Grundkurs mit Aufgabentrainer

6. Auflage

 Springer Spektrum

Siegfried Bosch
Mathematisches Institut
Westfälische Wilhelms-Universität
Münster, Deutschland

ISBN 978-3-662-62615-3   ISBN 978-3-662-62616-0   (eBook)
https://doi.org/10.1007/978-3-662-62616-0

Die Deutsche Nationalbibliothek verzeichnet diese Publikation in der Deutschen Nationalbibliografie; detaillierte bibliografische Daten sind im Internet über http://dnb.d-nb.de abrufbar.

Planung/Lektorat: Annika Denkert
Springer Spektrum ist ein Imprint der eingetragenen Gesellschaft Springer-Verlag GmbH, DE und ist ein Teil von Springer Nature.
Die Anschrift der Gesellschaft ist: Heidelberger Platz 3, 14197 Berlin, Germany

Vorwort

Die Lineare Algebra gehört neben der Differential- und Integralrechnung zu den allgemeinen Grundlagen, die in nahezu allen Teilen der Mathematik eine tragende Rolle spielen. Demgemäß beginnt das Mathematikstudium an Universitäten mit einer soliden Ausbildung in diesen beiden Gebieten, meist in zwei getrennten Vorlesungen. Ein zentrales Thema der Linearen Algebra ist das Lösen linearer Gleichungen bzw. von Systemen solcher Gleichungen. Das sind Beziehungen mittels rationaler Operationen zwischen bekannten Größen, den sogenannten Koeffizienten, und den unbekannten Größen, die zu bestimmen sind. *Linear* bedeutet dabei, dass die unbekannten Größen separiert und lediglich in erster Potenz vorkommen. Nach der Entdeckung von Koordinaten im anschaulichen Raum durch Descartes konnten lineare Gleichungen auch zur Charakterisierung einfacher geometrischer Objekte wie Geraden und Ebenen sowie deren Schnitten genutzt werden. Damit ergab sich insbesondere die Möglichkeit, Methoden der Linearen Algebra im Rahmen geometrischer Problemstellungen einzusetzen. Heute bildet die Lineare Algebra ein eigenständiges Gebiet innerhalb der Algebra, dessen Bedeutung weit über die Möglichkeit geometrischer Anwendungen hinausreicht. In der Tat, im Laufe der Zeit haben sich aus den verschiedensten anwendungsorientierten Methoden gewisse einheitliche Grundmuster herauskristallisiert, die in der ersten Hälfte des vergangenen Jahrhunderts zum axiomatischen Aufbau einer Linearen Algebra *modernen Stils* genutzt wurden. In Verbindung mit einer adäquaten Sprache führte dies zu einer Verschlankung und besseren Handhabbarkeit der Theorie, mit der Folge grundlegender neuer Erkenntnisse und der Eröffnung zusätzlicher Anwendungsfelder, die vorher nicht denkbar gewesen waren.

Der Text des vorliegenden Buches repräsentiert das Pensum einer zweisemestrigen Einführungsvorlesung in die Lineare Algebra, eine Vorlesung, die ich mehrfach an der Universität Münster gehalten habe. Die meisten Studierenden verfügen bereits über gewisse Vorkenntnisse zur Linearen Algebra, wenn sie sich für ein Mathematikstudium entscheiden, etwa was die Vektorrechnung oder das Lösen linearer Gleichungssysteme angeht. Sie sind dagegen aller Erfahrung nach weniger mit den allgemeinen Begriffsbildungen der Linearen Algebra vertraut, die diese Theorie so universell einsatzfähig machen. So ist es nicht verwunderlich, dass diese abstrakte Seite der Linearen Algebra für viele Studierende neue und ungewohnte Schwierigkeiten aufwirft. Ich habe mich dafür entschieden, diese Schwierigkeiten nicht zu kaschieren, sondern ihre Überwindung gezielt in den Vordergrund zu stellen. Deshalb wird in diesem Text von Anfang an großer Wert auf eine klare und systematische, aber dennoch behutsame Entwicklung der in der Linearen Algebra üblichen theoretischen Begriffsbildungen gelegt. Ad-hoc-Lösungen, die bei späteren Überlegungen oder Verallgemeinerungen revidiert werden müssten, werden nach Möglichkeit vermieden. Erst wenn die theoretische Seite eines Themenkomplexes geklärt ist, erfolgt die Behandlung der zugehörigen Rechenverfahren, unter Ausschöpfung des vollen Leistungsumfangs.

Nun ist allerdings eine Theorie wie die Lineare Algebra, die sich in beträchtlichem Maße von ihren ursprünglichen geometrischen und anderweitigen Wurzeln entfernt hat, nur schwerlich zu verdauen, wenn nicht gleichzeitig erklärt wird, *warum* man in dieser oder jener Weise vorgeht, *was* die zugehörige Strategie ist, oder an *welche* Hauptanwendungsfälle man denkt. Um auf solche Fragen einzugehen, wird in einer Vorlesung neben der rein stofflichen Seite in erheblichem Maße auch das zugehörige motivierende Umfeld erläutert. In Lehrbüchern ist diese Komponente oftmals nur in geringem Maße realisiert, da ansonsten ein permanenter Wechsel zwischen der logisch-stringenten mathematischen Vorgehensweise und mehr oder weniger heuristisch-anschaulichen Überlegungen erforderlich wäre, was jedoch für die Einheitlichkeit und Übersichtlichkeit der Darstellung nicht förderlich ist. Im vorliegenden Text wird nun jedes Kapitel mit einer Einführung unter dem Titel *Überblick und Hintergrund* begonnen, mit dem Ziel, das motivierende Umfeld des jeweiligen Kapitels zu beleuchten. Ausgehend vom momentanen Kenntnisstand innerhalb des Buches werden die zu behandelnden

Hauptfragestellungen erklärt, einschließlich des zugehörigen geometrischen Hintergrunds (soweit gegeben). Darüber hinaus werden mögliche Lösungsansätze und Lösungsstrategien diskutiert, wie auch die Art des letztendlich ausgewählten Zugangs. Es wird empfohlen, diese Einführungen während des Studiums eines Kapitels je nach Bedarf mehrfach zu konsultieren, um größtmöglichen Nutzen aus ihnen zu ziehen.

Im Zentrum des Buches stehen Vektorräume und ihre linearen Abbildungen, sowie Matrizen. Behandelt werden insbesondere lineare Gleichungssysteme und deren Lösung unter Nutzung des Gaußschen Eliminationsverfahrens, wie auch Determinanten. Weitere Schwerpunkte bilden die Eigen- und Normalformentheorie für lineare Selbstabbildungen von Vektorräumen sowie das Studium von Skalarprodukten im Rahmen euklidischer und unitärer Vektorräume, einschließlich der Hauptachsentransformation und des Sylvesterschen Trägheitssatzes. Ein Abschnitt über äußere Produkte (mit einem Stern * gekennzeichnet), in dem als Anwendung der allgemeine Laplacesche Entwicklungssatz für Determinanten hergeleitet wird, ist optional. Als Besonderheit wurde die Elementarteilertheorie für Moduln über Hauptidealringen mit aufgenommen, die eine sehr effektive Handhabung und explizite Bestimmung von Normalformen quadratischer Matrizen gestattet. Moduln, sozusagen Vektorräume über Ringen als Skalarenbereich, werden allerdings erst zu Beginn von Abschnitt 6.3 eingeführt. Wer sich hier auf die elementare Seite der Normalformentheorie beschränken möchte, kann im Anschluss an die Abschnitte 6.1 (Eigenwerte und Eigenvektoren) und 6.2 (Minimalpolynom und charakteristisches Polynom) auch gleich zu den euklidischen und unitären Vektorräumen in Kapitel 7 übergehen.

Wie üblich enthält auch dieses Buch zu jeder thematischen Einheit eine Auswahl an speziell abgestimmten Übungsaufgaben, deren Zweck es ist, die Ausführungen in den einzelnen Abschnitten intensiver zu verarbeiten. Darüber hinaus sollen die Aufgaben Gelegenheit bieten, die dargebotenen theoretischen Überlegungen, Methoden und Verfahren bei der Lösung spezieller Probleme anzuwenden. Um die eigenständige Bearbeitung der Aufgaben effektiver zu gestalten, wird in einem zusätzlichen Kapitel 8 ein neuartig entwickelter Aufgabentrainer vorgestellt. Hier geht es zunächst um eine allgemeine Diskussion gewisser Grundsätze und Strategien zum Lösen von Übungsaufgaben. Sodann werden für jeden Abschnitt die kompletten Lösungen einiger ausgewählter Probleme mittels Aufgabentrainer exemplarisch erarbeitet. Ich hoffe, dass dieses Konzept, das wesentlich über die Präsentation sogenannter *Musterlösungen* hinausgeht, weiterhin auf Interesse stößt und bei der Bearbeitung von Übungsaufgaben Hilfestellung bieten wird! In Verbindung mit den motivierenden Kapiteleinführungen und mit einer textlichen Darstellung der Lerninhalte, die keinerlei spezielle Vorkenntnisse erfordert, ist das Buch bestens zur Begleitung jeglicher Vorlesung über Lineare Algebra geeignet, darüber hinaus aber auch zum Selbststudium und zur Prüfungsvorbereitung.

Für die vorliegende Neuauflage wurde der Text nochmals einer kritischen Revision unterzogen. Dies gilt insbesondere im Hinblick auf das gleichzeitig realisierte handlichere Seitenlayout, welches erhöhte Anforderungen an den Textfluss und die Präsentation der Formeln stellt. Oberstes Ziel war es dabei, eine bestmögliche Lesbarkeit und Übersicht zu erreichen, insbesondere bei den mathematischen Formelausdrücken. Neu hinzugekommen ist im Anhang ein historischer Abschnitt zur Geschichte der Linearen Algebra sowie, hiermit verbunden, ein Literaturverzeichnis.

Schließlich bleibt mir noch die angenehme Aufgabe, allen meinen Studierenden, Lesern, Mitarbeitern und Kollegen nochmals Dank zu sagen für die vielen Rückmeldungen, die mich seit Erscheinen meiner Linearen Algebra erreicht haben. Auch in dieser Neuauflage konnten wiederum einige davon berücksichtigt werden. Nicht zuletzt gebührt mein Dank dem Springer-Verlag und seinem Team, welches wie immer für eine mustergültige Ausstattung und Herstellung des Buches gesorgt hat.

Münster, im Dezember 2020   Siegfried Bosch

Inhalt

1. Vektorräume

Überblick und Hintergrund

Das Studium konkreter geometrischer Probleme in der Ebene oder im drei-dimensionalen Raum hat oftmals zu richtungsweisenden mathematischen Entwicklungen Anlass gegeben. Zur Behandlung solcher Probleme bieten sich zunächst geometrische Konstruktionsverfahren an, beispielsweise mittels Zirkel und Lineal. Eine gänzlich andere Strategie hingegen besteht darin, die geometrische Situation in ein rechnerisches Problem umzusetzen, um dann durch "Ausrechnen" zu einer Lösung zu gelangen. Dies ist das Vorgehen der *analytischen Geometrie*, die 1637 von René Descartes [6] mit seiner berühmten Abhandlung "La Géométrie" begründet wurde. Noch heute benutzen wir verschiedentlich die Bezeichnung *kartesisch*, etwa im Zusammenhang mit Koordinatensystemen, die auf *Renatus Cartesius*, die lateinische Version von Descartes' Namen, hinweist. Ein Großteil der rechnerischen Methoden der analytischen Geometrie wird heute in erweiterter Form unter dem Begriff der *Linearen Algebra* zusammengefasst.

Wir wollen im Folgenden etwas näher auf die grundlegenden Ideen des Descartes'schen Ansatzes eingehen. Hierzu betrachten wir eine Ebene E (etwa in dem uns umgebenden drei-dimensionalen Raum), zeichnen einen Punkt von E als sogenannten Nullpunkt 0 aus und wählen dann ein Koordinatensystem mit Koordinatenachsen x und y, die sich im Nullpunkt 0 schneiden. Identifizieren wir die Achsen x und y jeweils noch mit der Menge $\mathbb{R}$ der reellen Zahlen (was wir weiter unten noch genauer diskutieren werden), so lassen sich die Punkte P von E als Paare reeller Zahlen interpretieren:

© Springer-Verlag GmbH Deutschland, ein Teil von Springer Nature 2021
S. Bosch, *Lineare Algebra*, https://doi.org/10.1007/978-3-662-62616-0_1

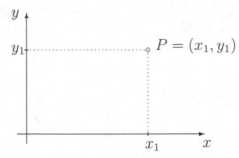

In der Tat, ist P ein Punkt in E, so konstruiere man die Parallele zu y durch P. Diese schneidet die Achse x in einem Punkt x_1. Entsprechend schneidet die Parallele zu x durch P die Achse y in einem Punkt y_1, so dass man aus P das Koordinatenpaar (x_1, y_1) erhält. Umgekehrt lässt sich P aus dem Paar (x_1, y_1) in einfacher Weise zurückgewinnen, und zwar als Schnittpunkt der Parallelen zu y durch x_1 und der Parallelen zu x durch y_1. Genauer stellt man fest, dass die Zuordnung $P \longmapsto (x_1, y_1)$ eine umkehrbar eindeutige Beziehung zwischen den Punkten von E und den Paaren reeller Zahlen darstellt und man deshalb wie behauptet eine Identifizierung

$$E = \mathbb{R}^2 = \text{ Menge aller Paare reeller Zahlen}$$

vornehmen kann. Natürlich hängt diese Identifizierung von der Wahl des Nullpunktes 0 sowie der Koordinatenachsen x und y ab. Wir haben in obiger Abbildung ein rechtwinkliges (kartesisches) Koordinatensystem angedeutet. Im Prinzip brauchen wir jedoch an dieser Stelle noch nichts über Winkel zu wissen. Es genügt, wenn wir als Koordinatenachsen zwei verschiedene Geraden x und y durch den Nullpunkt 0 verwenden, so wie es auch von Descartes vorgeschlagen wurde. Insofern hat Descartes selbst die nach ihm benannten kartesischen Koordinatensysteme noch nicht wirklich genutzt. Im Übrigen werden wir das Transformationsverhalten der Koordinaten bei Wechsel des Koordinatensystems später noch genauer analysieren, und zwar im Rahmen der Einführung zu Kapitel 2.

Es soll nun auch die Identifizierung der beiden Koordinatenachsen x und y mit der Menge $\mathbb{R}$ der reellen Zahlen noch etwas genauer beleuchtet werden. Durch Festlegen des Nullpunktes ist auf x und y jeweils die Streckungsabbildung mit Zentrum 0 und einer reellen Zahl als Streckungsfaktor definiert. Wählen wir etwa einen von 0 verschiedenen Punkt $1_x \in x$ aus und bezeichnen mit $\alpha \cdot 1_x$ das Bild von 1_x unter der

Streckung mit Faktor α, so besteht x gerade aus allen Punkten $\alpha \cdot 1_x$, wobei α die reellen Zahlen durchläuft. Genauer können wir sagen, dass die Zuordnung $\alpha \longmapsto \alpha \cdot 1_x$ eine umkehrbar eindeutige Beziehung zwischen den reellen Zahlen und den Punkten von x erklärt. Nach Auswahl je eines von 0 verschiedenen Punktes $1_x \in x$ und entsprechend $1_y \in y$ sind daher x und y auf natürliche Weise mit der Menge $\mathbb{R}$ der reellen Zahlen zu identifizieren, wobei die Punkte $0, 1_x \in x$ bzw. $0, 1_y \in y$ den reellen Zahlen 0 und 1 entsprechen. Die Möglichkeit der freien Auswahl der Punkte $1_x \in x$ und $1_y \in y$ wie auch die Verwendung nicht notwendig rechtwinkliger Koordinatensysteme machen allerdings auf ein Problem aufmerksam: Der Abstand von Punkten in E wird unter der Identifizierung $E = \mathbb{R}^2$ nicht notwendig dem auf $\mathbb{R}^2$ üblichen euklidischen Abstand entsprechen, der für Punkte $P_1 = (x_1, y_1)$ und $P_2 = (x_2, y_2)$ durch

$$d(P_1, P_2) = \sqrt{(x_1 - x_2)^2 + (y_1 - y_2)^2}$$

gegeben ist. Eine korrekte Charakterisierung von Abständen auf E ist jedoch mit Hilfe der später noch zu diskutierenden *Skalarprodukte* möglich.

In der Mathematik ist man stets darum bemüht, bei der Analyse von Phänomenen und Problemen, für die man sich interessiert, zu gewissen "einfachen Grundstrukturen" zu gelangen, die für das Bild, das sich dem Betrachter bietet, verantwortlich sind. Solchermaßen als wichtig erkannte Grundstrukturen untersucht man dann oftmals losgelöst von der eigentlichen Problematik, um herauszufinden, welche Auswirkungen diese haben; man spricht von einem *Modell*, das man untersucht. Modelle haben den Vorteil, dass sie in der Regel leichter zu überschauen sind, aber manchmal auch den Nachteil, dass sie den eigentlich zu untersuchenden Sachverhalt möglicherweise nur in Teilaspekten beschreiben können.

In unserem Falle liefert der Descartes'sche Ansatz die Erkenntnis, dass Punkte von Geraden, Ebenen oder des drei-dimensionalen Raums mittels Koordinaten zu beschreiben sind. Hierauf gestützt können wir, wie wir gesehen haben, die Menge $\mathbb{R}^2$ aller Paare reeller Zahlen als Modell einer Ebene ansehen. Entsprechend bildet die Menge $\mathbb{R}^3$ aller Tripel reeller Zahlen ein Modell des drei-dimensionalen Raums, sowie natürlich $\mathbb{R} = \mathbb{R}^1$ ein Modell einer Geraden. Die Untersuchung solcher

Modelle führt uns zum zentralen Thema dieses Kapitels, nämlich zu den *Vektorräumen*. Vektorräume beinhalten als fundamentale Struktur zwei Rechenoperationen, zum einen die Multiplikation von Skalaren (in unserem Falle reellen Zahlen) mit Vektoren, was man sich als einen Streckungsprozess vorstellen kann, und zum anderen die Addition von Vektoren. Wir wollen dies mit den zugehörigen geometrischen Konsequenzen einmal am Beispiel einer Ebene E und ihrem Modell $\mathbb{R}^2$ erläutern.

Wir beginnen mit der skalaren Multiplikation. Für

$$\alpha \in \mathbb{R}, \qquad P = (x_1, y_1) \in \mathbb{R}^2$$

bezeichnet man mit

$$\alpha \cdot P = \alpha \cdot (x_1, y_1) := (\alpha x_1, \alpha y_1)$$

das Produkt von α und P, wobei sich in E folgendes Bild ergibt:

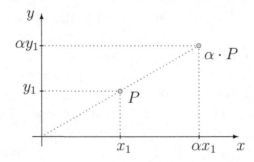

Die Multiplikation von Punkten $P \in E$ mit einem Skalar $\alpha \in \mathbb{R}$ ist folglich zu interpretieren als Streckungsabbildung mit Streckungszentrum 0 und Streckungsfaktor α. Besonders instruktiv lässt sich dies beschreiben, wenn man die Punkte $P \in E$ als "Vektoren" im Sinne gerichteter Strecken $\overrightarrow{0P}$ auffasst. Vektoren sind somit charakterisiert durch ihre Länge und ihre Richtung (außer für den Nullvektor $\overrightarrow{00}$, der keine bestimmte Richtung besitzt). Der Vektor $\alpha \cdot \overrightarrow{0P}$ geht dann aus $\overrightarrow{0P}$ hervor, indem man ihn mit α streckt, d. h. seine Länge mit α (oder, besser, mit dem Betrag $|\alpha|$) multipliziert und ansonsten die Richtung des Vektors beibehält bzw. invertiert, je nachdem ob $\alpha \geq 0$ oder $\alpha < 0$ gilt:

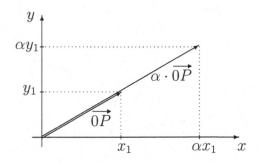

Als weitere Rechenoperation betrachten wir die Addition von Punkten in $\mathbb{R}^2$. Für

$$P_1 = (x_1, y_1), \quad P_2 = (x_2, y_2) \quad \in \mathbb{R}^2$$

setzt man

$$P_1 + P_2 := (x_1 + x_2, y_1 + y_2),$$

was in E mittels folgender Skizze verdeutlicht werden möge:

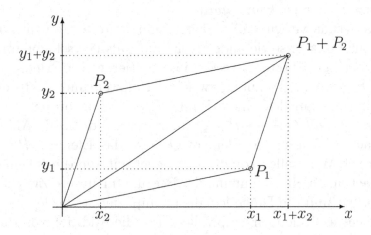

Auch die Beschreibung der Addition in E gestaltet sich instruktiver, wenn man den Vektorstandpunkt im Sinne gerichteter Strecken zugrunde legt. Allerdings sollte man dabei zulassen, dass Vektoren als gerichtete Strecken parallel zu sich selbst verschoben und somit vom Koordinatenursprung als ihrem natürlichen Fußpunkt gelöst werden können. Die Summe der Vektoren $\overrightarrow{0P_1}$ und $\overrightarrow{0P_2}$ ergibt sich dann als Vektor $\overrightarrow{0P}$, wobei P derjenige Endpunkt ist, den man erhält, indem man beide Vektoren miteinander kombiniert, also den Vektor $\overrightarrow{0P_1}$ in 0 anlegt und den Vektor $\overrightarrow{0P_2}$ im Endpunkt P_1 von $\overrightarrow{0P_1}$, etwa wie folgt:

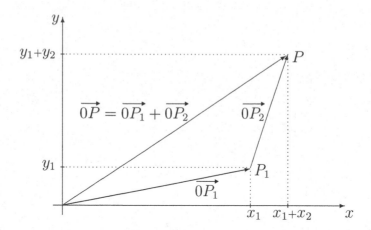

Dabei zeigt die obige Parallelogrammkonstruktion, dass sich das Ergebnis der Addition nicht ändert, wenn man alternativ den Vektor $\overrightarrow{0P_2}$ in 0 anlegt und anschließend den Vektor $\overrightarrow{0P_1}$ im Endpunkt von $\overrightarrow{0P_2}$. Die Addition von Vektoren hängt daher nicht von der Reihenfolge der Summanden ab, sie ist *kommutativ*.

Es mag etwas verwirrend wirken, wenn wir die Elemente des $\mathbb{R}^2$ einerseits als Punkte, sowie andererseits auch als (verschiebbare) Vektoren im Sinne gerichteter Strecken interpretieren. Im Prinzip könnte man eine begriffliche Trennung zwischen Punkten und Vektoren vornehmen, indem man den einem Punkt $P \in \mathbb{R}^2$ zugeordneten Vektor $\overrightarrow{0P}$ als *Translation* $Q \longmapsto P + Q$ interpretiert, d. h. als Abbildung von $\mathbb{R}^2$ nach $\mathbb{R}^2$, die einem Element $Q \in \mathbb{R}^2$ das Element $P + Q$ als Bild zuordnet. Wir wollen von dieser Möglichkeit allerdings keinen Gebrauch machen, da eine Trennung der Begriffe für unsere Zwecke keine Vorteile bringt und die Dinge lediglich komplizieren würde.

Als Nächstes wollen wir besprechen, dass die Addition von Punkten und Vektoren in $\mathbb{R}^2$ bzw. E auf natürliche Weise auch eine Subtraktion nach sich zieht. Für $P_0 = (x_0, y_0) \in \mathbb{R}^2$ setzt man

$$-P_0 = -(x_0, y_0) := (-1) \cdot (x_0, y_0) = (-x_0, -y_0)$$

und nennt dies das negative oder inverse Element zu P_0. Dieses ist in eindeutiger Weise charakterisiert als Element $Q \in \mathbb{R}^2$, welches der Gleichung $P_0 + Q = 0$ genügt. Die Subtraktion zweier Elemente $P_1 = (x_1, y_1)$ und $P_0 = (x_0, y_0)$ in $\mathbb{R}^2$ wird dann in naheliegender Weise auf die Addition zurückgeführt, und zwar durch

$$P_1 - P_0 := P_1 + (-P_0) = (x_1 - x_0, y_1 - y_0).$$

Legen wir wieder den Vektorstandpunkt in E zugrunde, so entsteht also $-\overrightarrow{0P_0}$ aus dem Vektor $\overrightarrow{0P_0}$ durch Invertieren seiner Richtung, wobei die Länge erhalten bleibt, mit anderen Worten, es gilt $-\overrightarrow{0P_0} = \overrightarrow{P_00}$. Infolgedessen ergibt sich die Differenz zweier Vektoren $\overrightarrow{0P_1}$ und $\overrightarrow{0P_0}$, indem man den Vektor $\overrightarrow{0P_1}$ in 0 anlegt und in dessen Endpunkt den Vektor $\overrightarrow{P_00}$, wie folgt:

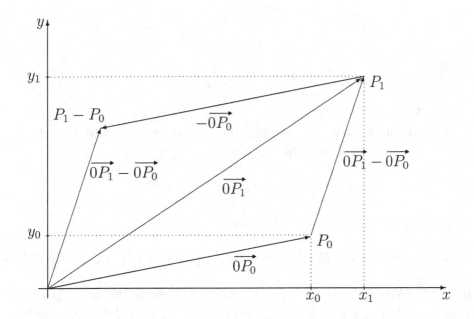

Insbesondere erkennt man, dass die Summe der Vektoren $\overrightarrow{0P_0}$ und $\overrightarrow{0P_1} - \overrightarrow{0P_0}$ gerade den Vektor $\overrightarrow{0P_1}$ ergibt, was eine sinnvoll definierte Addition bzw. Subtraktion natürlich ohnehin leisten sollte. Allgemeiner kann man Summen des Typs

$$\overrightarrow{0P} = \overrightarrow{0P_0} + \alpha \cdot (\overrightarrow{0P_1} - \overrightarrow{0P_0})$$

mit unterschiedlichen Skalaren $\alpha \in \mathbb{R}$ bilden. Der Punkt P liegt dann für $P_0 \neq P_1$ stets auf der Geraden G, die durch die Punkte P_0 und P_1 festgelegt ist, und zwar durchläuft P ganz G, wenn α ganz $\mathbb{R}$ durchläuft:

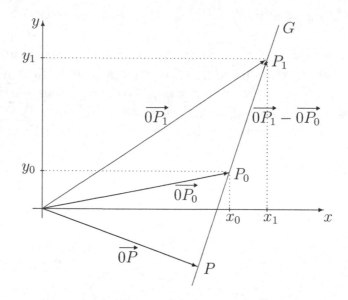

Die Gerade in E bzw. $\mathbb{R}^2$, welche die gegebenen Punkte P_0 und P_1 enthält, wird daher durch die Gleichung

$$G = \left\{ P_0 + t \cdot (P_1 - P_0)\,;\, t \in \mathbb{R} \right\}$$

beschrieben. Sind zwei solche Geraden

$$G = \left\{ P_0 + t \cdot (P_1 - P_0)\,;\, t \in \mathbb{R} \right\},\ G' = \left\{ P_0' + t \cdot (P_1' - P_0')\,;\, t \in \mathbb{R} \right\}$$

mit $P_0 \neq P_1$ und $P_0' \neq P_1'$ gegeben, so sind diese genau dann parallel, wenn $P_1 - P_0$ ein skalares Vielfaches von $P_1' - P_0'$ ist, bzw. umgekehrt, wenn $P_1' - P_0'$ ein skalares Vielfaches von $P_1 - P_0$ ist. Ist Letzteres nicht der Fall, so besitzen G und G' genau einen Schnittpunkt, wobei eine Berechnung dieses Schnittpunktes auf die Lösung eines sogenannten linearen Gleichungssystems führt, welches aus 2 Gleichungen mit 2 Unbekannten, nämlich den Koordinaten des Schnittpunktes von G und G' besteht. Die Lösung von Gleichungssystemen dieses Typs wird uns in allgemeinerem Rahmen noch ausführlich in Kapitel 3 beschäftigen.

Die vorstehenden Überlegungen lassen sich ohne Probleme auf den drei-dimensionalen Raum und sein Modell $\mathbb{R}^3$ verallgemeinern. Beispielsweise ist für zwei verschiedene Punkte $P_0, P_1 \in \mathbb{R}^3$ wiederum

$$G = \left\{ P_0 + t \cdot (P_1 - P_0)\,;\, t \in \mathbb{R} \right\}$$

die durch P_0 und P_1 bestimmte Gerade im $\mathbb{R}^3$. Entsprechend kann man für Punkte $P_0, P_1, P_2 \in \mathbb{R}^3$ mit $P_1' := P_1 - P_0$ und $P_2' := P_2 - P_0$ das Gebilde

$$E = \left\{ P_0 + s \cdot P_1' + t \cdot P_2' \, ; \, s, t \in \mathbb{R} \right\}$$

betrachten:

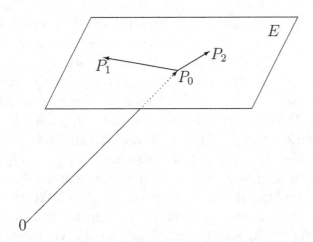

Wenn P_1' kein Vielfaches von P_2' und P_2' kein Vielfaches von P_1' ist, die Vektoren in 0 angetragen also nicht auf einer Geraden durch 0 liegen, so bezeichnet man P_1' und P_2' als *linear unabhängig*. In diesem Falle erkennt man E als Ebene, ansonsten als Gerade oder auch nur als Punkt. Da die Vektoren P_1' und P_2' hier eine entscheidende Rolle spielen, sollten wir auch das Gebilde

$$E' = \left\{ s \cdot P_1' + t \cdot P_2' \, ; \, s, t \in \mathbb{R} \right\}$$

betrachten, welches durch Verschieben von E um den Vektor $-\overrightarrow{0P}$ entsteht:

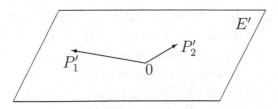

Im Rahmen der Vektorräume nennt man E' den von P_1' und P_2' *aufgespannten* oder *erzeugten linearen Unterraum* von $\mathbb{R}^3$. Allgemeiner kann man im $\mathbb{R}^3$ den von beliebig vielen Vektoren $Q_1, \ldots, Q_r$ erzeugten linearen Unterraum

$$U = \{t_1 Q_1 + \ldots + t_r Q_r \, ; \, t_1, \ldots, t_r \in \mathbb{R}\}$$

betrachten. Für einen Vektor $Q \in \mathbb{R}^3$ sagt man, dass Q *linear von* $Q_1, \ldots, Q_r$ *abhängt*, falls $Q \in U$ gilt. Folgende Fälle sind möglich: Für $Q_1 = \ldots = Q_r = 0$ besteht U nur aus dem Nullpunkt 0. Ist aber einer der Vektoren $Q_1, \ldots, Q_r$ von 0 verschieden, etwa $Q_1 \neq 0$, so enthält U zumindest die durch Q_1 gegebene Gerade $G = \{tQ_1 \, ; \, t \in \mathbb{R}\}$. Gehören auch $Q_2, \ldots, Q_r$ zu G, d. h. sind $Q_2, \ldots, Q_r$ linear abhängig von Q_1, so stimmt U mit G überein. Ist Letzteres nicht der Fall und gilt zum Beispiel $Q_2 \notin G$, so spannen Q_1 und Q_2 die Ebene $E = \{t_1 Q_1 + t_2 Q_2 \, ; \, t_1, t_2 \in \mathbb{R}\}$ auf, so dass U zumindest diese Ebene enthält. Im Falle $Q_3, \ldots, Q_r \in E$, also wenn $Q_3, \ldots, Q_r$ linear von Q_1, Q_2 abhängen, stimmt U mit E überein. Ansonsten gibt es einen dieser Vektoren, etwa Q_3, der nicht zu E gehört. Die Vektoren Q_1, Q_2, Q_3 bilden dann sozusagen ein Koordinatensystem im $\mathbb{R}^3$, und man sieht dass U mit ganz $\mathbb{R}^3$ übereinstimmt, dass also alle Vektoren im $\mathbb{R}^3$ linear von Q_1, Q_2, Q_3 abhängen. Insbesondere ergibt sich, dass ein linearer Unterraum im $\mathbb{R}^3$ entweder aus dem Nullpunkt, aus einer Geraden durch 0, aus einer Ebene durch 0 oder aus ganz $\mathbb{R}^3$ besteht.

Das soeben beschriebene Konzept der *linearen Abhängigkeit* von Vektoren ist ein ganz zentraler Punkt, der in diesem Kapitel ausführlich im Rahmen der Vektorräume behandelt werden wird. Dabei nennt man ein System von Vektoren $Q_1, \ldots, Q_r$ *linear unabhängig*, wenn keiner dieser Vektoren von den restlichen linear abhängt. Die oben durchgeführte Überlegung zeigt beispielsweise, dass linear unabhängige Systeme im $\mathbb{R}^3$ aus höchstens 3 Elementen bestehen. Insbesondere werden uns linear unabhängige Systeme, so wie wir sie im obigen Beispiel für lineare Unterräume des $\mathbb{R}^3$ konstruiert haben, gestatten, den Begriff des Koordinatensystems oder der Dimension im Kontext der Vektorräume zu präzisieren. Als Verallgemeinerung linear unabhängiger Systeme von Vektoren werden wir schließlich noch sogenannte *direkte Summen* von linearen Unterräumen eines Vektorraums studieren.

Wir haben bisher im Hinblick auf Vektorräume lediglich die Modelle $\mathbb{R}^n$ mit $n = 1, 2, 3$ betrachtet, wobei unser geometrisches Vorstellungsvermögen in erheblichem Maße bei unseren Argumentationen mit eingeflossen ist. Bei der Behandlung der Vektorräume in den nachfolgenden Abschnitten werden wir jedoch grundsätzlicher vorgehen, indem wir eine Reihe von Verallgemeinerungen zulassen und uns bei der Entwicklung der Theorie lediglich auf gewisse axiomatische Grundlagen stützen. Zunächst beschränken wir uns bei dem zugrunde liegenden Skalarenbereich nicht auf die reellen Zahlen $\mathbb{R}$, sondern lassen beliebige *Körper* zu. Körper sind zu sehen als Zahlsysteme mit gewissen Axiomen für die Addition und Multiplikation, die im Wesentlichen den Regeln für das Rechnen mit den reellen Zahlen entsprechen. So kennt man neben dem Körper $\mathbb{R}$ der reellen Zahlen beispielsweise den Körper $\mathbb{Q}$ der rationalen Zahlen wie auch den Körper $\mathbb{C}$ der komplexen Zahlen. Es gibt aber auch Körper, die nur aus endlich vielen Elementen bestehen.

Die Axiome eines Körpers bauen auf denen einer *Gruppe* auf, denn ein Körper bildet mit seiner Addition insbesondere auch eine Gruppe. So werden wir in diesem Kapitel nach gewissen Vorbereitungen über Mengen zunächst Gruppen studieren, ausgehend von den zugehörigen Gruppenaxiomen. Wir beschäftigen uns dann weiter mit Körpern und deren Rechenregeln und gelangen anschließend zu den Vektorräumen. Vektorräume sind immer in Verbindung mit einem entsprechenden Skalarenbereich zu sehen, dem zugehörigen Körper; man spricht von einem Vektorraum über einem Körper K oder von einem K-Vektorraum. Ein K-Vektorraum V ist ausgerüstet mit einer Addition und einer skalaren Multiplikation, d. h. für $a, b \in V$ und $\alpha \in K$ sind die Summe $a + b$ sowie das skalare Produkt $\alpha \cdot a$ als Elemente von V erklärt. Addition und skalare Multiplikation genügen dabei den sogenannten Vektorraumaxiomen, welche bezüglich der Addition insbesondere die Gruppenaxiome enthalten. Prototyp eines K-Vektorraums ist für eine gegebene natürliche Zahl n die Menge

$$K^n = \big\{ (a_1, \ldots, a_n) \, ; \, a_1, \ldots, a_n \in K \big\}$$

aller n-Tupel mit Komponenten aus K, wobei Addition und skalare Multiplikation durch

$$(a_1, \ldots, a_n) + (b_1, \ldots, b_n) := (a_1 + b_1, \ldots, a_n + b_n),$$
$$\alpha \cdot (a_1, \ldots, a_n) := (\alpha a_1, \ldots, \alpha a_n)$$

gegeben sind.

Insbesondere wird mit dieser Definition die oben angesprochene Reihe von Modellen $\mathbb{R}^n$ für $n = 1, 2, 3$ auf beliebige *Dimensionen n* verallgemeinert. Dies hat durchaus einen realen Hintergrund, denn um beispielsweise ein Teilchen im drei-dimensionalen Raum in zeitlicher Abhängigkeit zu beschreiben, benötigt man neben den 3 räumlichen Koordinaten noch eine zusätzliche zeitliche Koordinate, so dass man sich im Grunde genommen im Vektorraum $\mathbb{R}^4$ bewegt. In analoger Weise lassen sich Paare von Punkten im drei-dimensionalen Raum als Punkte des $\mathbb{R}^6$ charakterisieren.

1.1 Mengen und Abbildungen

Normalerweise müsste man hier mit einer streng axiomatischen Begründung der Mengenlehre beginnen. Da dies jedoch einen unverhältnismäßig großen Aufwand erfordern würde, wollen wir uns an dieser Stelle mit einem naiven Standpunkt begnügen und unter einer *Menge* lediglich eine Zusammenfassung gewisser Objekte verstehen, der sogenannten *Elemente* dieser Menge. Eine Menge X ist somit in eindeutiger Weise durch ihre Elemente festgelegt, wobei wir $x \in X$ schreiben, wenn x ein Element von X ist, bzw. $x \notin X$, wenn dies nicht der Fall ist. Insbesondere werden wir folgende Mengen in natürlicher Weise als gegeben annehmen:

$$\emptyset = \text{ leere Menge,}$$
$$\mathbb{N} = \{0, 1, 2, \ldots\} \text{ natürliche Zahlen,}$$
$$\mathbb{Z} = \{0, \pm 1, \pm 2, \ldots\} \text{ ganze Zahlen,}$$
$$\mathbb{Q} = \{p/q \,;\, p, q \in \mathbb{Z}, q \neq 0\} \text{ rationale Zahlen,}$$
$$\mathbb{R} = \text{ reelle Zahlen.}$$

Es sei angemerkt, dass bei einer Menge, sofern wir sie in aufzählender Weise angeben, etwa $X = \{x_1, \ldots, x_n\}$, die Elemente $x_1, \ldots, x_n$ nicht notwendig paarweise verschieden sein müssen. Diese Konvention gilt auch für unendliche Mengen; man vergleiche hierzu etwa die obige Beschreibung von $\mathbb{Q}$.

Um Widersprüche zu vermeiden, sind die Mengenaxiome so ausgelegt, dass die Bildung von Mengen gewissen Restriktionen unterworfen

ist. Beispielsweise darf eine Menge niemals sich selbst als Element enthalten, so dass insbesondere die Gesamtheit aller Mengen nicht als
Menge angesehen werden kann, da sie sich selbst als Element enthalten würde. Einen Hinweis auf die hiermit verbundene Problematik liefert das folgende Paradoxon von Russel: Wir nehmen einmal in naiver
Weise an, dass man die Gesamtheit aller Mengen, die sich nicht selbst
enthalten, also

$$X = \{\text{Mengen } A \text{ mit } A \notin A\},$$

als Menge betrachten kann. Fragt man sich dann, ob $X \in X$ oder
$X \notin X$ gilt, so erhält man im Falle $X \in X$ nach Definition von X
sofort $X \notin X$ und im Falle $X \notin X$ entsprechend $X \in X$. Es ergibt
sich also $X \in X$ und $X \notin X$ zugleich, was keinen Sinn macht.

Wichtig für die Handhabung von Mengen sind die erlaubten Pro-
zesse der Mengenbildung, auf die wir nachfolgend eingehen.

(1) Teilmengen. – Es sei X eine Menge und $P(x)$ eine Aussage,
deren Gültigkeit (wahr oder falsch) man für Elemente $x \in X$ testen
kann. Dann nennt man $Y = \{x \in X \, ; \, P(x) \text{ ist wahr}\}$ eine *Teilmenge*
von X und schreibt $Y \subset X$. Dabei ist auch $Y = X$ zugelassen. Gilt
allerdings $Y \neq X$, so nennt man Y eine *echte* Teilmenge von X. Bei-
spielsweise ist $\mathbb{R}_{>0} := \{x \in \mathbb{R} \, ; \, x > 0\}$ eine (echte) Teilmenge von $\mathbb{R}$.
Für eine gegebene Menge X bilden die Teilmengen von X wiederum
eine Menge, die sogenannte *Potenzmenge* $\mathfrak{P}(X)$.

(2) Vereinigung und Durchschnitt. – Es sei X eine Menge und I
eine Indexmenge, d. h. eine Menge, deren Elemente wir als Indizes
verwenden wollen. Ist dann für jedes $i \in I$ eine Teilmenge $X_i \subset X$
gegeben, so nennt man

$$\bigcup_{i \in I} X_i := \{x \in X \, ; \; \text{es existiert ein } i \in I \text{ mit } x \in X_i\}$$

die *Vereinigung* der Mengen X_i, $i \in I$, sowie

$$\bigcap_{i \in I} X_i := \{x \in X \, ; \, x \in X_i \text{ für alle } i \in I\}$$

den *Durchschnitt* dieser Mengen, wobei wir in beiden Fällen wiederum
eine Teilmenge von X erhalten. Im Falle einer endlichen Indexmenge
$I = \{1, \ldots, n\}$ schreibt man auch $X_1 \cup \ldots \cup X_n$ statt $\bigcup_{i \in I} X_i$ sowie

$X_1 \cap \ldots \cap X_n$ statt $\bigcap_{i \in I} X_i$. Die Vereinigung von zwei Teilmengen $X', X'' \subset X$ lässt sich insbesondere in der Form

$$X' \cup X'' = \{x \in X \, ; \, x \in X' \text{ oder } x \in X''\}$$

beschreiben, indem man ein mathematisches *oder* verwendet, das nicht ausschließend ist, also auch den Fall erlaubt, dass sowohl $x \in X'$ als auch $x \in X''$ und damit $x \in X' \cap X''$ gilt. Weiter werden die Teilmengen $X', X'' \subset X$ als *disjunkt* bezeichnet, wenn ihr Durchschnitt leer ist, also $X' \cap X'' = \emptyset$ gilt. Als Variante zur Vereinigung von Mengen X_i, $i \in I$, kann man deren *disjunkte Vereinigung* $\coprod_{i \in I} X_i$ bilden. Hierunter versteht man die Gesamtheit aller Elemente, die in irgendeiner der Mengen X_i enthalten sind, wobei man allerdings für verschiedene Indizes $i, j \in I$ die Elemente von X_i als verschieden von allen Elementen aus X_j ansieht.

(3) Differenz von Mengen. – Sind X_1, X_2 Teilmengen einer Menge X, so heißt
$$X_1 - X_2 := \{x \in X_1 \, ; \, x \notin X_2\}$$
die *Differenz* von X_1 und X_2. Auch dies ist wieder eine Teilmenge von X, sogar von X_1.

(4) Kartesisches Produkt von Mengen. – Es seien $X_1, \ldots, X_n$ Mengen. Dann heißt

$$\prod_{i=1}^{n} X_i := \{(x_1, \ldots, x_n) \, ; \, x_1 \in X_1, \ldots, x_n \in X_n\}$$

das *kartesische Produkt* der Mengen $X_1, \ldots, X_n$, wobei man für dieses Produkt auch die Notation $X_1 \times \ldots \times X_n$ verwendet bzw. X^n, falls $X_1 = \ldots = X_n = X$ gilt. Die Elemente $(x_1, \ldots, x_n)$ werden als *n-Tupel* mit Komponenten $x_i \in X_i$, $i = 1, \ldots, n$, bezeichnet. Es gilt genau dann $(x_1, \ldots, x_n) = (x_1', \ldots, x_n')$ für zwei n-Tupel, wenn man $x_i = x_i'$ für $i = 1, \ldots, n$ hat. In ähnlicher Weise lässt sich für eine Indexmenge I das kartesische Produkt $\prod_{i \in I} X_i$ von gegebenen Mengen X_i, $i \in I$, bilden. Man schreibt die Elemente eines solchen Produktes als Familien $(x_i)_{i \in I}$ von Elementen $x_i \in X_i$ und meint damit Tupel, deren Einträge mittels I indiziert werden. Sind die X_i Exemplare ein und derselben Menge X, so verwendet man statt $\prod_{i \in I} X_i$ auch die Notation X^I. Eine

Familie $(x_i)_{i \in \emptyset}$, welche durch die leere Indexmenge $I = \emptyset$ indiziert ist, wird als *leer* bezeichnet. Demgemäß bestehen die kartesischen Produkte $\prod_{i \in I} X_i$ und X^I im Falle $I = \emptyset$ aus genau einem Element, nämlich der leeren Familie.

Als Nächstes kommen wir auf den Begriff der Abbildung zwischen Mengen zu sprechen.

Definition 1. *Eine* Abbildung $f \colon X \longrightarrow Y$ *zwischen zwei Mengen* X *und* Y *ist eine Vorschrift, welche jedem* $x \in X$ *ein wohlbestimmtes Element* $y \in Y$ *zuordnet, das dann mit* $f(x)$ *bezeichnet wird; man schreibt hierbei auch* $x \longmapsto f(x)$. *Dabei heißt* X *der* Definitionsbereich *und* Y *der* Bild- *oder* Wertebereich *der Abbildung* f.

Zu einer Menge X gibt es stets die sogenannte *identische Abbildung* $\mathrm{id}_X \colon X \longrightarrow X$, $x \longmapsto x$. Im Übrigen kann man beispielsweise ein kartesisches Produkt des Typs X^I auch als Menge aller Abbildungen $I \longrightarrow X$ interpretieren.

Im Folgenden sei $f \colon X \longrightarrow Y$ wieder eine Abbildung zwischen zwei Mengen. Ist $g \colon Y \longrightarrow Z$ eine weitere Abbildung, so kann man f mit g komponieren; man erhält als Resultat die Abbildung

$$g \circ f \colon X \longrightarrow Z, \qquad x \longmapsto g\big(f(x)\big).$$

Für Teilmengen $M \subset X$ und $N \subset Y$ bezeichnet man

$$f(M) := \big\{ y \in Y \,;\, \text{es existiert ein } x \in M \text{ mit } y = f(x) \big\}$$

als das *Bild* von M unter f sowie

$$f^{-1}(N) := \big\{ x \in X \,;\, f(x) \in N \big\}$$

als das *Urbild* von N unter f; es handelt sich hierbei um Teilmengen von Y bzw. X. Besteht N aus nur einem einzigen Element y, also $N = \{y\}$, so schreibt man $f^{-1}(y)$ anstelle von $f^{-1}(\{y\})$. Weiter nennt man f *injektiv*, wenn aus $x, x' \in X$ mit $f(x) = f(x')$ stets $x = x'$ folgt, und *surjektiv*, wenn es zu jedem $y \in Y$ ein $x \in X$ mit $f(x) = y$ gibt. Schließlich heißt f *bijektiv*, wenn f injektiv und surjektiv zugleich ist.

Man kann sagen, dass f genau dann injektiv ist, wenn das Urbild $f^{-1}(y)$ eines jeden Punktes $y \in Y$ entweder leer ist oder aus genau einem Punkt $x \in X$ besteht. Weiter ist f genau dann surjektiv, wenn für jedes $y \in Y$ das Urbild $f^{-1}(y)$ nicht leer ist. Somit ist f genau dann bijektiv, wenn für jedes Element $y \in Y$ das Urbild $f^{-1}(y)$ aus genau einem Punkt x besteht. Man kann dann zu f die sogenannte *Umkehrabbildung* $g\colon Y \longrightarrow X$ betrachten. Sie ordnet einem Punkt $y \in Y$ das eindeutig bestimmte Element $x \in f^{-1}(y)$ zu, und es gilt $g \circ f = \mathrm{id}_X$ sowie $f \circ g = \mathrm{id}_Y$. Zu einer Abbildung $f\colon X \longrightarrow Y$ bezeichnet man die Umkehrabbildung, sofern diese existiert, meist mit $f^{-1}\colon Y \longrightarrow X$.

Aufgaben

1. Es seien A, B, C Teilmengen einer Menge X. Man zeige (AT 370):

   (i) $A \cap (B \cup C) = (A \cap B) \cup (A \cap C)$

   (ii) $A \cup (B \cap C) = (A \cup B) \cap (A \cup C)$

   (iii) $A - (B \cup C) = (A - B) \cap (A - C)$

   (iv) $A - (B \cap C) = (A - B) \cup (A - C)$

2. Es sei $f\colon X \longrightarrow Y$ eine Abbildung zwischen Mengen. Man zeige für Teilmengen $M_1, M_2 \subset X$ und $N_1, N_2 \subset Y$:

   (i) $f(M_1 \cup M_2) = f(M_1) \cup f(M_2)$

   (ii) $f(M_1 \cap M_2) \subset f(M_1) \cap f(M_2)$

   (iii) $f^{-1}(N_1 \cup N_2) = f^{-1}(N_1) \cup f^{-1}(N_2)$

   (iv) $f^{-1}(N_1 \cap N_2) = f^{-1}(N_1) \cap f^{-1}(N_2)$

   Gilt in (ii) sogar Gleichheit?

3. Es seien $X \xrightarrow{f} Y \xrightarrow{g} X$ Abbildungen von Mengen mit $g \circ f = \mathrm{id}$. Man zeige, dass f injektiv und g surjektiv ist.

4. (i)   Gibt es eine bijektive Abbildung $\mathbb{N} \longrightarrow \mathbb{Z}$?

   (ii) Gibt es für $n \in \mathbb{N}$ eine bijektive Abbildung $\mathbb{N} \longrightarrow \mathbb{N} \times \{1, \ldots, n\}$?

   (iii) Gibt es eine bijektive Abbildung $\mathbb{N} \longrightarrow \mathbb{N} \times \mathbb{N}$?

   (iv) Gibt es eine bijektive Abbildung $\mathbb{N} \longrightarrow \mathbb{Q}$?

5. Es sei X eine Menge und $f\colon X \longrightarrow \mathfrak{P}(X)$ eine Abbildung von X in die zugehörige Potenzmenge. Man zeige, dass f nicht surjektiv sein kann. (AT 371)

1.2 Gruppen

Unter einer *inneren Verknüpfung* auf einer Menge M versteht man eine Abbildung $f\colon M \times M \longrightarrow M$. Sie ordnet jedem Paar (a, b) von Elementen aus M ein Element $f(a, b) \in M$ zu. Um den Charakter einer Verknüpfung auch in der Notation zum Ausdruck kommen zu lassen, werden wir anstelle von $f(a, b)$ meist $a \cdot b$ schreiben. Bei kommutativen Verknüpfungen, also solchen, die $f(a, b) = f(b, a)$ für alle $a, b \in M$ erfüllen, verwenden wir auch die additive Schreibweise $a + b$.

Definition 1. *Eine Menge G zusammen mit einer inneren Verknüpfung $G \times G \longrightarrow G$, $(a, b) \longmapsto a \cdot b$, heißt eine* Gruppe, *wenn die folgenden Eigenschaften erfüllt sind:*

(i) *Die Verknüpfung ist* assoziativ, *d. h. es gilt* $(a \cdot b) \cdot c = a \cdot (b \cdot c)$ *für alle* $a, b, c \in G$.

(ii) *Es existiert ein* neutrales Element e *in* G, *d. h. ein Element* $e \in G$ *mit* $e \cdot a = a \cdot e = a$ *für alle* $a \in G$.[1]

(iii) *Zu jedem* $a \in G$ *gibt es ein* inverses Element, *d. h. ein Element* $b \in G$ *mit* $a \cdot b = b \cdot a = e$. *Dabei ist* e *das in* (ii) *geforderte neutrale Element von* G.

Die Gruppe heißt kommutativ *oder* abelsch, *falls die Verknüpfung kommutativ ist, d. h. falls zusätzlich gilt:*

(iv) $a \cdot b = b \cdot a$ *für alle* $a, b \in G$.

In der obigen Situation sagt man gewöhnlich einfach, G sei eine Gruppe, ohne die Verknüpfung "$\cdot$" explizit zu erwähnen. Beispiele für Gruppen sind:

(1) $\mathbb{Z}$ mit der Addition "$+$"

(2) $\mathbb{Q}$ mit der Addition "$+$" und $\mathbb{Q}^* := \mathbb{Q} - \{0\}$ mit der Multiplikation "$\cdot$"

(3) $\mathbb{R}$ mit der Addition "$+$" und $\mathbb{R}^* := \mathbb{R} - \{0\}$ mit der Multiplikation "$\cdot$"

(4) Für eine Menge X ist die Menge $\mathrm{Bij}(X, X)$ der bijektiven Selbstabbildungen $X \longrightarrow X$ eine Gruppe unter der Komposition von

---

[1] Das neutrale Element e ist, wie wir sogleich sehen werden, durch seine definierende Eigenschaft eindeutig bestimmt.

Abbildungen als Verknüpfung. Man prüft leicht nach, dass diese Gruppe nicht kommutativ ist, sofern X mindestens 3 verschiedene Elemente enthält.

Wie bereits behauptet, ist in einer Gruppe G das neutrale Element e eindeutig bestimmt. Ist nämlich $e' \in G$ ein weiteres neutrales Element, so folgt $e = e' \cdot e = e'$. Auf ähnliche Weise zeigt man, dass das zu einem Element $a \in G$ gehörige inverse Element $b \in G$ eindeutig bestimmt ist. Hat man nämlich ein weiteres inverses Element $b' \in G$ zu a, so folgt

$$b = e \cdot b = (b' \cdot a) \cdot b = b' \cdot (a \cdot b) = b' \cdot e = b'.$$

Die gerade durchgeführten Schlüsse benötigen (neben den Eigenschaften von e und b) lediglich, dass e' links-neutral ist, d. h. die Eigenschaft $e' \cdot a = a$ für alle $a \in G$ besitzt, sowie dass b' links-invers zu a ist, d. h. die Gleichung $b' \cdot a = e$ erfüllt. Entsprechend kann man für rechts-neutrale bzw. rechts-inverse Elemente schließen. In einer Gruppe stimmt daher jedes links- (bzw. rechts-) neutrale Element mit dem eindeutigen neutralen Element $e \in G$ überein, ist also insbesondere auch rechts- (bzw. links-) neutral. In ähnlicher Weise sieht man, dass links-inverse Elemente auch rechts-invers bzw. rechts-inverse Elemente auch links-invers sind. Wir können sogar noch einen Schritt weitergehen und die definierenden Bedingungen einer Gruppe in diesem Sinne abschwächen:

Bemerkung 2. *Es genügt, in Definition 1 anstelle von* (ii) *und* (iii) *lediglich die Existenz eines Elementes $e \in G$ mit folgenden Eigenschaften zu fordern:*

(ii') *e ist links-neutral in G, d. h. es gilt $e \cdot a = a$ für alle $a \in G$.*

(iii') *Zu jedem $a \in G$ existiert ein bezüglich e links-inverses Element in G, d. h. ein Element $b \in G$ mit $b \cdot a = e$.*

Beweis. Es sei G eine Menge mit einer multiplikativ geschriebenen Verknüpfung und einem Element $e \in G$, so dass die Bedingungen (i), (ii') und (iii') erfüllt sind. Um zu sehen, dass G eine Gruppe ist, haben wir zu zeigen, dass die Bedingungen (ii) und (iii) von Definition 1 gelten. Wir zeigen zunächst für Elemente $a \in G$, dass jedes Element $b \in G$, welches links-invers zu a bezüglich e ist, auch rechts-invers zu a

bezüglich e ist. Gelte also $b \cdot a = e$, und sei c ein links-inverses Element zu b, so dass also $c \cdot b = e$ gilt. Hieraus folgt

$$a \cdot b = (e \cdot a) \cdot b = \big((c \cdot b) \cdot a\big) \cdot b = \big(c \cdot (b \cdot a)\big) \cdot b$$
$$= (c \cdot e) \cdot b = c \cdot (e \cdot b) = c \cdot b = e,$$

so dass b rechts-invers zu a bezüglich e ist. Es bleibt noch zu zeigen, dass das links-neutrale Element e auch rechts-neutral ist. Sei also $a \in G$. Ist dann $b \in G$ links-invers zu a bezüglich e, so ist b, wie wir gesehen haben, auch rechts-invers zu a bezüglich e, und es folgt

$$a \cdot e = a \cdot (b \cdot a) = (a \cdot b) \cdot a = e \cdot a = a,$$

also ist e rechts-neutral. $\square$

Gewöhnlich wird das neutrale Element e einer Gruppe G bei multiplikativer Schreibweise der Verknüpfung als *Einselement* bezeichnet, und man schreibt 1 anstelle von e. Für das inverse Element zu $a \in G$ benutzt man die Schreibweise a^{-1}. Im Übrigen ist es bei multiplikativ geschriebenen Gruppenverknüpfungen üblich, das Verknüpfungszeichen "$\cdot$" zu unterdrücken, sofern dies nicht zu Verwechslungen führt. Für endlich viele Elemente $a_1, \ldots, a_n \in G$ definiert man das Produkt dieser Elemente durch

$$\prod_{i=1}^{n} a_i := a_1 \cdot \ldots \cdot a_n.$$

Eine spezielle Klammerung ist hierbei aufgrund des Assoziativgesetzes nicht notwendig; auf einen detaillierten Beweis dieser "offensichtlichen" Tatsache verzichten wir jedoch an dieser Stelle. Wir werden im Folgenden endliche Folgen $a_1, \ldots, a_n \in G$ meist für Indizes $n \in \mathbb{N}$ betrachten, so dass hier insbesondere auch der Fall $n = 0$ zugelassen ist. Es handelt sich dann um die *leere* Folge, und man erklärt das zugehörige leere Produkt durch

$$\prod_{i=1}^{0} a_i := 1.$$

Wie schon gesagt verwendet man bei kommutativen Verknüpfungen meist die additive Schreibweise. Das neutrale Element einer kommutativen Gruppe wird dann als *Nullelement* 0 geschrieben und das

Inverse zu einem Element $a \in G$ als $-a$. Statt $a + (-a')$ verwendet man üblicherweise die Notation $a - a'$. Endliche Summen von Elementen $a_i \in G$, $i = 1, \ldots, n$, schreibt man in der Form $\sum_{i=1}^{n} a_i$, wobei die leere Summe durch $\sum_{i=1}^{0} a_i := 0$ definiert ist.

Definition 3. *Es sei G eine Gruppe. Eine Teilmenge $H \subset G$ heißt* Untergruppe *von G, wenn gilt:*[2]
  (i) $a, b \in H \Longrightarrow ab \in H$,
  (ii) $1 \in H$,
  (iii) $a \in H \Longrightarrow a^{-1} \in H$.

Ist nun $H \subset G$ eine Untergruppe, so beschränkt sich die Gruppenverknüpfung $G \times G \longrightarrow G$ zu einer Verknüpfung $H \times H \longrightarrow H$, und H ist mit dieser Verknüpfung selbst wieder eine Gruppe. Umgekehrt, ist Letzteres der Fall, so kann man leicht zeigen, dass H eine Untergruppe von G ist. Im Übrigen sieht man sofort ein, dass eine nicht-leere Teilmenge $H \subset G$ bereits dann eine Untergruppe von G ist, wenn die Bedingung $a, b \in H \Longrightarrow ab^{-1} \in H$ erfüllt ist. Eine Gruppe G enthält stets die trivialen Untergruppen $\{1\}$ und G.

Als Nächstes wollen wir einige elementare Rechenregeln für das Rechnen in Gruppen behandeln. Für Elemente $a, b, c \in G$ gilt:

(1) $\begin{aligned} ab = ac &\Longrightarrow b = c \\ ac = bc &\Longrightarrow a = b \end{aligned}$ (Kürzungsregeln)

(2) $(a^{-1})^{-1} = a$

(3) $(ab)^{-1} = b^{-1}a^{-1}$

Zum Nachweis von (1) multipliziere man von links mit a^{-1} bzw. von rechts mit c^{-1}. Im Falle (2) schließe man wie folgt. $(a^{-1})^{-1}$ ist, wie wir gesehen haben, dasjenige eindeutig bestimmte Element in G, welches (von links oder rechts) mit a^{-1} multipliziert 1 ergibt. Wegen $a^{-1}a = 1$ ergibt sich $(a^{-1})^{-1} = a$. Entsprechend erhält man $(ab)^{-1} = b^{-1}a^{-1}$, da $(b^{-1}a^{-1})(ab) = b^{-1}(a^{-1}a)b = b^{-1}b = 1$ gilt.

Abschließend wollen wir noch eine spezielle Charakterisierung von Gruppen geben.

---

[2] Nachfolgend steht $\Longrightarrow$ für die sogenannte *Implikation*. Für Aussagen A und B schreibt man $A \Longrightarrow B$ oder $B \Longleftarrow A$, wenn B aus A folgt. Entsprechend bedeutet $A \Longleftrightarrow B$, dass A und B äquivalent sind.

Satz 4. *Eine nicht-leere Menge G bildet zusammen mit einer Verknüpfung $(a, b) \longmapsto a \cdot b$ genau dann eine Gruppe, wenn gilt:*

(i) *Die Verknüpfung ist assoziativ.*

(ii) *Zu $a, b \in G$ gibt es stets Elemente $x, y \in G$ mit $x \cdot a = b$ und $a \cdot y = b$.*

Sind diese Bedingungen erfüllt, so sind die Elemente x, y in (ii) eindeutig durch a, b bestimmt.

Beweis. Ist G eine Gruppe, so multipliziere man die Gleichungen in (ii) von rechts bzw. links mit a^{-1}. Es folgt, dass $x = ba^{-1}$ bzw. $y = a^{-1}b$ die eindeutig bestimmten Lösungen sind. Seien nun umgekehrt die Bedingungen des Satzes erfüllt, und sei $a \in G$. Dann existiert nach (ii) ein Element $e \in G$ mit $ea = a$. Zu $b \in G$ existiert weiter ein $y \in G$ mit $ay = b$, und es folgt

$$eb = eay = ay = b,$$

also ist e links-neutral. Weiter folgt die Existenz links-inverser Elemente nach (ii). Somit ist G eine Gruppe nach Bemerkung 2. $\square$

Aufgaben

1. Für eine Menge X betrachte man die Menge $\mathrm{Bij}(X, X)$ der bijektiven Selbstabbildungen. Man prüfe nach, dass $\mathrm{Bij}(X, X)$ unter der Komposition von Abbildungen eine Gruppe bildet und zeige, dass diese nicht kommutativ ist, sofern X mindestens 3 verschiedene Elemente besitzt.

2. Es sei G eine Gruppe und $H \subset G$ eine Teilmenge. Man zeige, dass H genau dann eine Untergruppe von G ist, wenn die Gruppenverknüpfung von G eine Verknüpfung auf H induziert (d. h. wenn für $a, b \in H$ stets $ab \in H$ gilt) und wenn H mit dieser Verknüpfung selbst wieder eine Gruppe ist.

3. Es sei G eine Gruppe und $H \subset G$ eine Teilmenge. Man zeige, dass H genau dann eine Untergruppe von G ist, wenn gilt:

   (i) $H \neq \emptyset$

   (ii) $a, b \in H \Longrightarrow ab^{-1} \in H$

4. Es sei G eine Gruppe mit Untergruppen $H_1, H_2 \subset G$. Man zeige, dass $H_1 \cup H_2$ genau dann eine Untergruppe von G ist, wenn $H_1 \subset H_2$ oder $H_2 \subset H_1$ gilt. (AT 372)

5. Für eine Gruppe G betrachte man die durch $g \longmapsto g^{-1}$ gegebene Abbildung $i \colon G \longrightarrow G$ und zeige:

   (i) i ist bijektiv.

   (ii) Ist $A \subset G$ eine Teilmenge mit $i(A) \subset A$, so gilt bereits $i(A) = A$; man nennt A dann *symmetrisch*.

   (iii) Für jede Teilmenge $A \subset G$ sind $A \cup i(A)$ und $A \cap i(A)$ symmetrisch.

6. Es sei G eine Gruppe mit $a^2 = 1$ für alle $a \in G$. Man zeige, dass G abelsch ist.

7. Es sei G eine endliche abelsche Gruppe. Dann gilt $\prod_{g \in G} g^2 = 1$. (AT 373)

8. Für ein $n \in \mathbb{N} - \{0\}$ betrachte man die Teilmenge $R_n = \{0, 1, \ldots, n-1\}$ von $\mathbb{N}$. Es sei $\pi \colon \mathbb{Z} \longrightarrow R_n$ die Abbildung, welche einer ganzen Zahl aus $\mathbb{Z}$ jeweils deren nicht-negativen Rest bei Division durch n zuordnet. Man zeige:

   (i) Es existiert eine eindeutig bestimmte Verknüpfung $(a, b) \longmapsto a+b$ auf R_n, so dass für $x, y \in \mathbb{Z}$ stets $\pi(x + y) = \pi(x) + \pi(y)$ gilt.

   (ii) R_n ist mit dieser Verknüpfung eine abelsche Gruppe.

9. Es sei G eine Gruppe. Auf der Potenzmenge $\mathfrak{P}(G)$ betrachte man die durch

$$(A, B) \longmapsto A \cdot B = \{a \cdot b \in G \, ; \, a \in A, b \in B\}$$

gegebene Verknüpfung. Man zeige, dass diese Verknüpfung assoziativ ist und ein neutrales Element besitzt. Ist $\mathfrak{P}(G)$ mit dieser Verknüpfung sogar eine Gruppe? Falls nein, zu welchen Elementen $A \in \mathfrak{P}(G)$ gibt es inverse Elemente?

1.3 Körper

Ein Körper ist eine additiv geschriebene abelsche Gruppe, auf der zusätzlich eine Multiplikation mit gewissen Eigenschaften definiert ist, nach dem Vorbild der rationalen oder der reellen Zahlen. Genauer:

Definition 1. *Ein* Körper *ist eine Menge K mit zwei inneren Verknüpfungen, geschrieben als Addition "+" und Multiplikation "·", so dass folgende Bedingungen erfüllt sind:*

(i) $(a + b) + c = a + (b + c)$ *für* $a, b, c \in K$. (Assoziativgesetz der Addition)

(ii) *Es existiert ein Element* 0 *in* K *mit* $0 + a = a$ *für alle* $a \in K$. (Neutrales Element der Addition)

(iii) *Zu* $a \in K$ *existiert ein Element* $b \in K$ *mit* $b + a = 0$, *wobei* 0 *wie in* (ii) *gewählt ist.* (Inverses Element der Addition)

(iv) $a + b = b + a$ *für* $a, b \in K$. (Kommutativgesetz der Addition)

(v) $(a \cdot b) \cdot c = a \cdot (b \cdot c)$ *für* $a, b, c \in K$. (Assoziativgesetz der Multiplikation)

(vi) *Es existiert ein Element* $1 \in K$ *mit* $1 \cdot a = a$ *für alle* $a \in K$. (Neutrales Element der Multiplikation)

(vii) *Zu* $a \in K - \{0\}$ *existiert ein Element* $b \in K$ *mit* $b \cdot a = 1$, *wobei* 1 *wie in* (vi) *gewählt ist.* (Inverses Element der Multiplikation)

(viii) $a \cdot b = b \cdot a$ *für* $a, b \in K$. (Kommutativgesetz der Multiplikation)

(ix) $a \cdot (b + c) = a \cdot b + a \cdot c$ *und* $(a + b) \cdot c = a \cdot c + b \cdot c$ *für* $a, b, c \in K$. (Distributivgesetze)

(x) $1 \neq 0$.

Bei den Distributivgesetzen (ix) hätten wir eigentlich auf der rechten Seite die Terme $a \cdot b$, $a \cdot c$, $b \cdot c$ jeweils in Klammern setzen müssen. Man vereinbart jedoch, dass die Multiplikation "$\cdot$" Vorrang vor der Addition "$+$" hat, so dass Klammerungen dann entbehrlich sind. Auch sei darauf hingewiesen, dass das Multiplikationszeichen "$\cdot$", ähnlich wie im Falle von Gruppen, vielfach nicht ausgeschrieben wird. Die Elemente $0, 1 \in K$ sind eindeutig bestimmt, man nennt 0 das *Nullelement* und 1 das *Einselement* von K.

Als Nächstes wollen wir einige simple Rechenregeln für das Rechnen in Körpern K behandeln.

(1) $0a = a0 = 0$ für $a \in K$, denn es gilt

$$0 = 0a - 0a = (0 + 0)a - 0a = 0a + 0a - 0a = 0a.$$

(2) $(-1)a = -a$ für $a \in K$, denn

$$a + (-1)a = 1a + (-1)a = (1 - 1)a = 0a = 0.$$

(3) $(-a)b = a(-b) = -ab$, $(-a)(-b) = ab$ für $a, b \in K$; dies ergibt sich unter Benutzung von (2).

(4) Für $a, b \in K$ folgt aus $ab = 0$ bereits $a = 0$ oder $b = 0$. Denn aus $ab = 0$ mit $a \neq 0 \neq b$ würde sich sonst als Widerspruch

$$1 = abb^{-1}a^{-1} = 0b^{-1}a^{-1} = 0$$

ergeben.

Man kann also in Körpern in etwa so rechnen, wie man dies von den rationalen oder reellen Zahlen her gewohnt ist. Doch sei schon an dieser Stelle auf Unterschiede zum Vorbild vertrauter Zahlbereiche hingewiesen. Für eine natürliche Zahl $n \in \mathbb{N}$ und ein Element $a \in K$ ist es üblich, die n-fache Summe von a mit sich selbst als $n \cdot a$ zu bezeichnen, wobei dann insbesondere $n \cdot a = 0$ für $n = 0$ oder $a = 0$ gilt. Weiter setzt man $n \cdot a = (-n) \cdot (-a)$ für negative ganze Zahlen n. Es folgt jedoch aus $n \cdot a = 0$ nicht notwendig $n = 0$ oder $a = 0$, wie wir an konkreten Beispielen noch feststellen werden.

Unter Verwendung des Gruppenbegriffs lassen sich Körper in übersichtlicher Weise wie folgt charakterisieren:

Bemerkung 2. *Die Bedingungen* (i) - (x) *in Definition* 1 *sind äquivalent zu den folgenden Bedingungen:*

(i) *K ist eine abelsche Gruppe bezüglich der Addition.*

(ii) *$K^* = K - \{0\}$ ist eine abelsche Gruppe bezüglich der Multiplikation.*

(iii) *Es gelten die Distributivgesetze* (ix) *aus Definition* 1.

Beweis. Zunächst ist klar, dass die Bedingungen (i) - (iv) aus Definition 1 diejenigen einer kommutativen additiven Gruppe sind. Weiter folgt aus obiger Regel (4), dass für einen Körper K die Teilmenge $K^* = K - \{0\}$ abgeschlossen unter der Multiplikation ist und dass mit einem Element $a \in K^*$ wegen $a \cdot a^{-1} = 1$ auch dessen inverses a^{-1} zu K^* gehört. Somit sieht man, dass K^* eine abelsche Gruppe bezüglich der Multiplikation ist, und es implizieren die Bedingungen aus Definition 1 die Bedingungen von Bemerkung 2.

Seien nun umgekehrt die Bedingungen aus Bemerkung 2 erfüllt. Um hieraus die Bedingungen von Definition 1 abzuleiten, braucht man lediglich zu wissen, dass in der Situation von Bemerkung 2 die Beziehung $0a = 0 = a0$ für alle $a \in K$ gilt. Diese kann man jedoch mit Hilfe der Distributivgesetze auf gleiche Weise herleiten, wie wir dies bereits oben bei den Rechenregeln getan haben. □

Ähnlich wie bei Gruppen hat man auch bei Körpern den Begriff des Unter- oder Teilkörpers.

Definition 3. *Es sei K ein Körper. Eine Teilmenge $L \subset K$ heißt ein* Teilkörper *von K, wenn gilt:*
(i) $a, b \in L \Longrightarrow a + b, a \cdot b \in L$.
(ii) $0, 1 \in L$.
(iii) $a \in L \Longrightarrow -a \in L$.
(iv) $a \in L, a \neq 0 \Longrightarrow a^{-1} \in L$.

Es ist klar, dass eine Teilmenge $L \subset K$ genau dann ein Teilkörper von K ist, wenn Addition und Multiplikation auf K sich zu Verknüpfungen $L \times L \longrightarrow L$ einschränken und wenn L unter diesen Verknüpfungen selbst ein Körper ist. Bekannte Beispiele für Körper sind die rationalen Zahlen $\mathbb{Q}$ und die reellen Zahlen $\mathbb{R}$, wobei $\mathbb{Q}$ ein Teilkörper von $\mathbb{R}$ ist. Ein Körper enthält mindestens 2 verschiedene Elemente, nämlich das neutrale Element der Addition und das neutrale Element der Multiplikation, also 0 und 1. Andererseits gibt es aber auch einen Körper K, der aus genau 2 Elementen besteht. Man betrachte nämlich die Teilmenge $\{0, 1\} \subset \mathbb{Z}$ und setze:

$$0 + 0 = 0, \qquad 0 + 1 = 1 + 0 = 1, \qquad 1 + 1 = 0,$$
$$0 \cdot 0 = 0, \qquad 0 \cdot 1 = 1 \cdot 0 = 0, \qquad 1 \cdot 1 = 1.$$

Eine Verifikation der Körperaxiome zeigt, dass diese Verknüpfungen auf $\{0, 1\}$ in der Tat die Struktur eines Körpers definieren; man bezeichnet diesen meist mit $\mathbb{F}_2$. Natürlich ist $\mathbb{F}_2$ kein Teilkörper von $\mathbb{Q}$ oder $\mathbb{R}$, denn es gilt $2 \cdot 1 = 1 + 1 = 0$, wobei 2 als natürliche Zahl, nicht aber als Element von $\mathbb{F}_2$ aufzufassen ist.

Als Nächstes wollen wir den kleinsten Teilkörper von $\mathbb{R}$ konstruieren, der $\sqrt{2}$ enthält, also diejenige positive reelle Zahl, die mit sich selbst multipliziert 2 ergibt. Dieser Körper wird üblicherweise mit $\mathbb{Q}(\sqrt{2})$ bezeichnet. Zunächst zeigen wir:

Lemma 4. $\sqrt{2} \notin \mathbb{Q}$.

Beweis. Wir führen den Beweis indirekt, also durch Widerspruch, und nehmen $\sqrt{2} \in \mathbb{Q}$ an, etwa $\sqrt{2} = p/q$ mit $p, q \in \mathbb{Z} - \{0\}$. Den Bruch p/q können wir als gekürzt annehmen. Insbesondere sind dann p und q nicht beide durch 2 teilbar. Aus der Gleichung $p^2/q^2 = 2$ ergibt sich $p^2 = 2q^2$ und damit, dass p^2 gerade ist. Da das Quadrat einer ungeraden Zahl stets ungerade ist, muss auch p gerade sein, etwa $p = 2\tilde{p}$ mit einem Element $\tilde{p} \in \mathbb{Z}$. Es folgt $2q^2 = 4\tilde{p}^2$ bzw. $q^2 = 2\tilde{p}^2$ und damit wie soeben, dass 2 ein Teiler von q ist. Damit ist 2 sowohl ein Teiler von p wie auch von q. Dies hatten wir jedoch zuvor ausgeschlossen. Die Annahme $\sqrt{2} \in \mathbb{Q}$ führt daher zu einem Widerspruch, ist folglich nicht haltbar, und es gilt $\sqrt{2} \notin \mathbb{Q}$.   □

Als Folgerung erhalten wir:

Lemma 5. *Für $a, b \in \mathbb{Q}$ gilt*

$$a + b\sqrt{2} \neq 0 \Longleftrightarrow a \neq 0 \text{ oder } b \neq 0.$$

Beweis. Die Implikation "$\Longrightarrow$" ist trivial. Um die Umkehrung "$\Longleftarrow$" zu zeigen, gehen wir wieder indirekt vor und nehmen an, es gäbe Zahlen $a, b \in \mathbb{Q}$ mit $a + b\sqrt{2} = 0$, wobei a und b nicht beide verschwinden mögen. Dann folgt notwendig $a \neq 0 \neq b$ und somit $\sqrt{2} = -ab^{-1} \in \mathbb{Q}$ im Widerspruch zu Lemma 4.   □

Wir definieren nun $\mathbb{Q}(\sqrt{2})$ als Teilmenge von $\mathbb{R}$ durch

$$\mathbb{Q}(\sqrt{2}) = \{a + b\sqrt{2} \,;\, a, b \in \mathbb{Q}\}.$$

Satz 6. $\mathbb{Q}(\sqrt{2})$ *ist ein echter Teilkörper von $\mathbb{R}$, der wiederum $\mathbb{Q}$ als echten Teilkörper enthält. Es ist $\mathbb{Q}(\sqrt{2})$ der kleinste Teilkörper von $\mathbb{R}$, der $\sqrt{2}$ enthält.*

Beweis. Zunächst soll gezeigt werden, dass $\mathbb{Q}(\sqrt{2})$ ein Teilkörper von $\mathbb{R}$ ist. Um nachzuweisen, dass $\mathbb{Q}(\sqrt{2})$ abgeschlossen ist unter der Addition und Multiplikation, wähle man Elemente $a + b\sqrt{2}$, $a' + b'\sqrt{2} \in \mathbb{Q}(\sqrt{2})$ mit $a, b, a', b' \in \mathbb{Q}$. Dann folgt

$$(a + b\sqrt{2}) + (a' + b'\sqrt{2}) = (a + a') + (b + b')\sqrt{2} \qquad \in \mathbb{Q}(\sqrt{2}),$$
$$(a + b\sqrt{2}) \cdot (a' + b'\sqrt{2}) = (aa' + 2bb') + (ab' + a'b)\sqrt{2} \quad \in \mathbb{Q}(\sqrt{2}),$$

d. h. Bedingung (i) aus Definition 3 ist erfüllt. Dasselbe gilt für Bedingung (ii), denn $0 = 0 + 0\sqrt{2} \in \mathbb{Q}(\sqrt{2})$ und $1 = 1 + 0\sqrt{2} \in \mathbb{Q}(\sqrt{2})$. Weiter ist mit $a + b\sqrt{2}$ auch $-(a + b\sqrt{2}) = (-a) + (-b)\sqrt{2}$ als inverses Element bezüglich der Addition in $\mathbb{Q}(\sqrt{2})$ enthalten, so dass auch Bedingung (iii) aus Definition 3 erfüllt ist.

Etwas schwieriger ist Bedingung (iv) aus Definition 3 nachzuweisen. Sei $a + b\sqrt{2} \in \mathbb{Q}(\sqrt{2})$ von Null verschieden, also $a \neq 0$ oder $b \neq 0$ nach Lemma 5. Dann gilt $a - b\sqrt{2} \neq 0$, ebenfalls nach Lemma 5, und wir können schreiben:

$$\frac{1}{a + b\sqrt{2}} = \frac{a - b\sqrt{2}}{a^2 - 2b^2} = \frac{a}{a^2 - 2b^2} - \frac{b}{a^2 - 2b^2}\sqrt{2} \quad \in \mathbb{Q}(\sqrt{2}).$$

Insgesamt ergibt sich, dass $\mathbb{Q}(\sqrt{2})$ ein Teilkörper von $\mathbb{R}$ ist, und zwar ein echter Teilkörper, da beispielsweise $\sqrt{3}$ nicht zu $\mathbb{Q}(\sqrt{2})$ gehört. Letzteres zeigt man, indem man ähnlich argumentiert wie im Beweis zu Lemma 4. Im Übrigen enthält $\mathbb{Q}(\sqrt{2})$ den Körper der rationalen Zahlen als echten Teilkörper wegen $\sqrt{2} \notin \mathbb{Q}$.

Es bleibt noch zu zeigen, dass $\mathbb{Q}(\sqrt{2})$ der kleinste Teilkörper von $\mathbb{R}$ ist, der $\sqrt{2}$ enthält. Ist zunächst K ein beliebiger Teilkörper von $\mathbb{R}$, so enthält K notwendig alle Elemente der Form $n \cdot 1$ mit $n \in \mathbb{Z}$, es gilt also $\mathbb{Z} \subset K$. Dann muss K aber auch alle Brüche der Form p/q mit $p, q \in \mathbb{Z}$, $q \neq 0$, und damit $\mathbb{Q}$ enthalten. Folglich ist $\mathbb{Q}$ der kleinste Teilkörper von $\mathbb{R}$. Gilt nun $\sqrt{2} \in K$, so enthält K notwendig auch alle Ausdrücke der Form $a + b\sqrt{2}$ mit $a, b \in \mathbb{Q}$ und damit $\mathbb{Q}(\sqrt{2})$. Also ist $\mathbb{Q}(\sqrt{2})$ der (eindeutig bestimmte) kleinste Teilkörper von $\mathbb{R}$, der $\sqrt{2}$ enthält. $\qquad\square$

Als Nächstes wollen wir von dem Körper $\mathbb{R}$ der reellen Zahlen ausgehen und diesen zum Körper $\mathbb{C}$ der komplexen Zahlen erweitern. Man setze

$$\mathbb{C} := \mathbb{R} \times \mathbb{R} = \{(a, a') \,;\, a, a' \in \mathbb{R}\}$$

und definiere Addition bzw. Multiplikation auf $\mathbb{C}$ durch

$$(a, a') + (b, b') := (a + b, a' + b'),$$
$$(a, a') \cdot (b, b') := (ab - a'b', ab' + a'b).$$

Man prüft leicht nach, dass $\mathbb{C}$ mit diesen Verknüpfungen einen Körper bildet. Dabei ist $0_{\mathbb{C}} = (0, 0)$ das Nullelement sowie $-(a, a') = (-a, -a')$ das inverse Element bezüglich der Addition zu $(a, a') \in \mathbb{C}$. Weiter ist $1_{\mathbb{C}} = (1, 0)$ das Einselement von $\mathbb{C}$, und das inverse Element bezüglich der Multiplikation zu einem Element $(a, a') \neq 0_{\mathbb{C}}$ wird gegeben durch

$$(a, a')^{-1} = \left(\frac{a}{a^2 + a'^2}, -\frac{a'}{a^2 + a'^2} \right).$$

Exemplarisch wollen wir das Assoziativgesetz der Multiplikation nachweisen. Für $(a, a'), (b, b'), (c, c') \in \mathbb{C}$ rechnet man

$$\big((a, a')(b, b')\big)(c, c') = (ab - a'b', ab' + a'b)(c, c')$$
$$= (abc - a'b'c - ab'c' - a'bc', abc' - a'b'c' + ab'c + a'bc)$$

sowie

$$(a, a')\big((b, b')(c, c')\big) = (a, a')(bc - b'c', bc' + b'c)$$
$$= (abc - ab'c' - a'bc' - a'b'c, abc' + ab'c + a'bc - a'b'c'),$$

d. h. es gilt

$$\big((a, a')(b, b')\big)(c, c') = (a, a')\big((b, b')(c, c')\big).$$

Man stellt weiter fest, dass die Elemente der Form $(a, 0)$ einen Teilkörper $K \subset \mathbb{C}$ bilden. Es gilt nämlich $0_{\mathbb{C}}, 1_{\mathbb{C}} \in K$ sowie für Elemente $(a, 0), (b, 0) \in K$

$$(a, 0) + (b, 0) = (a + b, 0) \in K,$$
$$(a, 0) \cdot (b, 0) = (a \cdot b, 0) \in K,$$
$$-(a, 0) = (-a, 0) \in K,$$
$$(a, 0)^{-1} = (a^{-1}, 0) \in K, \text{ falls } a \neq 0.$$

Man kann nun durch $a \longmapsto (a, 0)$ eine natürliche Identifikation zwischen den Elementen von $\mathbb{R}$ und denen von K erklären. Da diese Identifikation auch die Körperstrukturen von $\mathbb{R}$ bzw. K respektiert, lässt sich $\mathbb{R}$ sogar als Körper mit dem Teilkörper $K \subset \mathbb{C}$ identifizieren. Somit können wir nun $\mathbb{R}$ als Teilkörper von $\mathbb{C}$ auffassen und brauchen nicht mehr zwischen dem Null- bzw. Einselement in $\mathbb{R}$ und $\mathbb{C}$ zu unterscheiden.

Üblicherweise bezeichnet man das Element $(0, 1) \in \mathbb{C}$ als komplexe Zahl i; diese besitzt die Eigenschaft $i^2 = -1$, ist also zu interpretieren als Quadratwurzel aus -1. Komplexe Zahlen $z = (a, a')$ lassen sich sodann in der Form

$$z = (a, 0) + (0, a') = (a, 0) + (a', 0) \cdot (0, 1) = a + a'i$$

schreiben. Dabei wird $a = \text{Re}(z)$ als *Realteil* und $a' = \text{Im}(z)$ als *Imaginärteil* von z bezeichnet. Es gelten die Formeln

$$(a + a'i) + (b + b'i) = (a + b) + (a' + b')i,$$
$$(a + a'i) \cdot (b + b'i) = (ab - a'b') + (ab' + a'b)i,$$
$$-(a + a'i) = -a - a'i,$$
$$(a + a'i)^{-1} = \frac{a}{a^2 + a'^2} - \frac{a'}{a^2 + a'^2}i,$$

letztere unter der Voraussetzung $a + a'i \neq 0$, also $a \neq 0$ oder $a' \neq 0$.

Als Beispiel für das Rechnen in Körpern wollen wir schließlich noch die binomische Formel herleiten. Sei also K ein beliebiger Körper. Für $a \in K$ und $n \in \mathbb{N}$ definiert man üblicherweise a^n als das n-fache Produkt von a mit sich selbst. Dabei ist a^0 das leere Produkt, also $a^0 = 1$. Außerdem kann man a^{-n} für $a \neq 0$ durch $(a^{-1})^n$ erklären, so dass dann a^n für ganzzahlige Exponenten n definiert ist. Für das Rechnen mit solchen Potenzen gelten die gewöhnlichen Potenzgesetze.

Seien $a, b \in K$, und sei $n \in \mathbb{N}$ eine natürliche Zahl. Zur Berechnung von $(a+b)^n$ wählen wir zunächst eine kombinatorische Methode. Hierzu stellen wir uns $(a + b)^n$ als n-faches Produkt vor:

$$(a + b)^n = (a + b) \cdot \ldots \cdot (a + b)$$

Die rechte Seite kann man unter sukzessiver Benutzung der Distributivgesetze ausrechnen, indem man aus jeder Klammer einen Summanden auswählt (also jeweils a oder b), das Produkt über die ausgewählten Elemente bildet und schließlich alle Produkte dieses Typs zu verschiedenen Wahlen summiert. Somit folgt

$$(a + b)^n = \sum_{i=0}^{n} \alpha(i) a^{n-i} b^i,$$

wobei $\alpha(i)$ gleich der Anzahl der Möglichkeiten ist, den Summanden b genau i-mal aus den n Klammern $(a + b)$ auszuwählen, mit anderen Worten, gleich der Anzahl der i-elementigen Teilmengen in $\{1, \ldots, n\}$. Will man i Elemente in $\{1, \ldots, n\}$ auswählen, so gibt es für das erste Element n Wahlmöglichkeiten, für das zweite $n - 1$ und so weiter, schließlich für das i-te Element noch $n - i + 1$ Möglichkeiten. Insgesamt haben wir daher

$$n(n - 1) \ldots (n - i + 1)$$

Möglichkeiten für diesen Auswahlprozess. Nun ist aber zu berücksichtigen, dass eine i-elementige Teilmenge $\{t_1, \ldots, t_i\}$ von $\{1, \ldots, n\}$, die in einem solchen Prozess konstruiert wird, nicht davon abhängt, in welcher Reihenfolge die Elemente $t_1, \ldots, t_i$ ausgewählt werden. Wir müssen daher die obige Anzahl noch durch die Anzahl der Möglichkeiten dividieren, die Elemente $t_1, \ldots, t_i$ in ihrer Reihenfolge zu vertauschen, also durch die Anzahl der bijektiven Selbstabbildungen $\pi \colon \{1, \ldots, i\} \longrightarrow \{1, \ldots, i\}$. Will man eine solche Abbildung π definieren, so hat man zur Festsetzung von $\pi(1)$ zunächst i Möglichkeiten, für $\pi(2)$ noch $i - 1$ Möglichkeiten usw. Die Anzahl der bijektiven Selbstabbildungen von $\{1, \ldots, i\}$ ist deshalb $i! = 1 \cdot \ldots \cdot i$, wobei das Rufzeichen " ! " als *Fakultät* gelesen wird, und es ergibt sich

$$\alpha(i) = \frac{n(n - 1) \ldots (n - i + 1)}{1 \cdot 2 \cdot \ldots \cdot i}.$$

Für diesen Ausdruck verwendet man die Schreibweise $\binom{n}{i}$, gelesen n *über* i, also

$$\binom{n}{i} = \frac{n(n - 1) \ldots (n - i + 1)}{1 \cdot 2 \cdot \ldots \cdot i} = \frac{n!}{i!(n - i)!}, \qquad 0 \leq i \leq n.$$

In den Extremfällen $i = 0$ bzw. $i = n$ erweist sich unsere Konvention bezüglich leerer Produkte als sinnvoll, es gilt $0! = 1$ sowie $\binom{n}{0} = 1 = \binom{n}{n}$ und insbesondere $\binom{0}{0} = 1$. Insgesamt folgt die bekannte *binomische Formel*

$$(a + b)^n = \sum_{i=0}^{n} \binom{n}{i} a^{n-i} b^i,$$

wobei die Koeffizienten $\binom{n}{i} \in \mathbb{N}$ als *Binomialkoeffizienten* bezeichnet werden.

Wir wollen noch einen präziseren Beweis für diese Formel geben, wobei wir die Gelegenheit nutzen, um das Prinzip der *vollständigen Induktion* zu erklären. Wenn man zeigen will, dass eine Aussage $A(n)$ für alle natürlichen Zahlen $n \in \mathbb{N}$ gültig ist, so genügt es nach diesem Prinzip, Folgendes zu zeigen:

(1) Es gilt $A(0)$ (*Induktionsanfang*).

(2) Für beliebiges $n \in \mathbb{N}$ kann man aus der Gültigkeit der Aussage $A(n)$ (*Induktionsvoraussetzung*) auf die Gültigkeit der Aussage $A(n+1)$ schließen (*Induktionsschluss*).

Natürlich kann man die vollständige Induktion statt bei $n = 0$ auch bei einer anderen Zahl $n = n_0 \in \mathbb{N}$ oder sogar bei einer Zahl $n = n_0 \in \mathbb{Z}$ beginnen. Führt man den Induktionsschluss dann für ganze Zahlen $n \geq n_0$ durch, so ergibt sich die Gültigkeit von $A(n)$ für alle ganzen Zahlen $n \geq n_0$. Als Variante dieses Prinzips darf man beim Induktionsschluss zum Nachweis von $A(n+1)$ zusätzlich benutzen, dass die Aussage $A(m)$ bereits für alle m mit $n_0 \leq m \leq n$ gilt, wobei der Induktionsanfang wiederum bei $n = n_0$ liegen möge. In unserem Fall soll die Aussage $A(n)$ aus zwei Teilen bestehen und für $n \in \mathbb{N}$ wie folgt lauten:

$$\binom{n}{i} \in \mathbb{N} \quad \text{für} \quad 0 \leq i \leq n,$$

$$(a + b)^n = \sum_{i=0}^{n} \binom{n}{i} a^{n-i} b^i;$$

die Binomialkoeffizienten $\binom{n}{i}$ sind dabei wie oben durch

$$\binom{n}{i} = \frac{n(n-1)\ldots(n-i+1)}{1 \cdot 2 \cdot \ldots \cdot i} = \frac{n!}{i!(n-i)!}$$

gegeben. Der Induktionsanfang bei $n = 0$ ist leicht durchzuführen; denn man hat $\binom{0}{0} = 1 \in \mathbb{N}$ und $(a + b)^0 = 1 = \binom{0}{0} a^0 b^0$, d. h. $A(0)$ ist richtig. Zum Induktionsschluss betrachten wir ein beliebiges $n \in \mathbb{N}$ und nehmen an, dass $A(n)$ richtig ist. Dann können wir wie folgt rechnen:

$$(a+b)^{n+1} = (a+b) \cdot (a+b)^n = (a+b) \cdot \sum_{i=0}^{n} \binom{n}{i} a^{n-i} b^i$$

$$= \sum_{i=0}^{n} \binom{n}{i} a^{n+1-i} b^i + \sum_{i=0}^{n} \binom{n}{i} a^{n-i} b^{i+1}$$

$$= a^{n+1} + \sum_{i=1}^{n} \binom{n}{i} a^{n+1-i} b^i + \sum_{i=0}^{n-1} \binom{n}{i} a^{n-i} b^{i+1} + b^{n+1}$$

$$= a^{n+1} + \sum_{i=1}^{n} \binom{n}{i} a^{n+1-i} b^i + \sum_{i=1}^{n} \binom{n}{i-1} a^{n+1-i} b^i + b^{n+1}$$

$$= a^{n+1} + \sum_{i=1}^{n} \left[\binom{n}{i} + \binom{n}{i-1} \right] a^{n+1-i} b^i + b^{n+1}$$

Nun hat man aber für $1 \le i \le n$

$$\binom{n}{i} + \binom{n}{i-1} = \frac{n!}{i!(n-i)!} + \frac{n!}{(i-1)!(n-i+1)!}$$

$$= \frac{n!(n-i+1) + n!i}{i!(n-i+1)!} = \frac{n!(n+1)}{i!(n-i+1)!}$$

$$= \frac{(n+1)!}{i!(n+1-i)!} = \binom{n+1}{i},$$

so dass sich wie gewünscht

$$(a+b)^{n+1} = \sum_{i=0}^{n+1} \binom{n+1}{i} a^{n+1-i} b^i$$

ergibt. Außerdem folgt aus $\binom{n}{i}, \binom{n}{i-1} \in \mathbb{N}$, dass auch $\binom{n+1}{i}$ eine natürliche Zahl ist. Die binomische Formel ist daher per Induktion bewiesen.

Aufgaben

1. Es sei K eine endliche Menge mit zwei Verknüpfungen "+" und "·", welche den Bedingungen (i) – (x) von Definition 1 genügen, wobei jedoch die Bedingung (vii) ersetzt sei durch

(vii′) Für $a, b \in K - \{0\}$ gilt $ab \in K - \{0\}$.

Man zeige, dass K ein Körper ist.

2. Es sei K ein endlicher Körper. Für Elemente $n \in \mathbb{N}$ und $a \in K$ bezeichne $n \cdot a = a + \ldots + a$ die n-fache Summe von a mit sich selber. Man zeige (AT 374):

   (i) Es existiert ein $n \in \mathbb{N} - \{0\}$, so dass $na = 0$ für alle $a \in K$ gilt.

   (ii) Wählt man n wie vorstehend minimal, so ist n eine Primzahl, die sogenannte *Charakteristik* von K.

3. Man betrachte für $n \in \mathbb{N} - \{0\}$ die Menge R_n aus Abschnitt 1.2, Aufgabe 8 mit der dort erklärten Addition, welche auf R_n die Struktur einer additiven abelschen Gruppe definiert. Man zeige:

   (i) Auf R_n lässt sich in eindeutiger Weise eine Multiplikation erklären, so dass alle Bedingungen von Definition 1, mit eventueller Ausnahme von (vii) erfüllt sind.

   (ii) Ist p eine Primzahl, so ist R_p sogar ein Körper; dieser wird auch mit $\mathbb{F}_p$ bezeichnet.

4. Man konstruiere einen Körper mit 4 Elementen.

5. Man weise nach, dass $\sqrt{3}$ nicht zu $\mathbb{Q}(\sqrt{2})$ gehört. (AT 376)

6. Man bestimme den kleinsten Teilkörper von $\mathbb{C}$, welcher die komplexe Zahl i enthält.

7. Für eine Aussage $A(n)$, die für $n \in \mathbb{N}$ definiert ist, betrachte man folgende Bedingungen:

   (i) $A(0)$ ist wahr.

  (ii) Für alle $n \in \mathbb{N}$ gilt: Ist $A(n)$ wahr, so auch $A(n+1)$.

 (iii) Für alle $n \in \mathbb{N}$ gilt: Ist $A(i)$ für alle $i \in \mathbb{N}$ mit $i \leq n$ wahr, so auch $A(n+1)$.

Man zeige mittels eines formalen Schlusses, dass das Induktionsprinzip, welches die Bedingungen (i) und (ii) umfasst, äquivalent zu demjenigen ist, das die Bedingungen (i) und (iii) umfasst.

8. Es sei $A(m,n)$ eine Aussage, die für $m, n \in \mathbb{N}$ erklärt sei. Die folgenden Aussagen seien wahr:

   (i) $A(0,0)$

  (ii) $A(i,j) \implies A(i+1,j)$ für $i, j \in \mathbb{N}$.

 (iii) $A(i,j) \implies A(i,j+1)$ für $i, j \in \mathbb{N}$.

Man zeige, dass dann $A(i,j)$ für alle $i, j \in \mathbb{N}$ wahr ist (*Prinzip der Doppelinduktion*). Lassen sich die Bedingungen (ii) bzw. (iii) noch abschwächen?

9. Für $n \in \mathbb{N}$ und Elemente $q \neq 1$ eines Körpers K leite man die Formel für die *geometrische Reihe* her:

$$\sum_{i=0}^{n} q^i = \frac{1 - q^{n+1}}{1 - q}$$

10. Man beweise für $k, n \in \mathbb{N}$ mit $n \geq k \geq 1$:

$$\sum_{i=k-1}^{n-1} \binom{i}{k-1} = \binom{n}{k}$$

11. Man zeige, dass die Menge $\{(a_1, \ldots, a_n) \in \mathbb{N}^n \,;\, a_1 + \ldots + a_n = k\}$ für $n, k \in \mathbb{N}$, $n \geq 1$, genau

$$\binom{k+n-1}{n-1}$$

Elemente besitzt. (AT 377)

1.4 Vektorräume und lineare Unterräume

Wir wollen nun die eingangs angedeutete Vektorrechnung auf eine axiomatische Grundlage stellen, indem wir Vektorräume über Körpern betrachten. Vektoren werden wir im Folgenden stets mit lateinischen Buchstaben $a, b, c, \ldots$ bezeichnen, Skalare aus dem zugehörigen Körper dagegen mit griechischen Buchstaben $\alpha, \beta, \gamma, \ldots$

Definition 1. *Es sei K ein Körper. Ein K-Vektorraum ist eine Menge V mit einer inneren Verknüpfung $V \times V \longrightarrow V$, $(a, b) \longmapsto a + b$, genannt* Addition, *und einer äußeren Verknüpfung $K \times V \longrightarrow V$, genannt* skalare Multiplikation, *so dass gilt:*

(i) V ist eine abelsche Gruppe bezüglich der Addition "+".

(ii) $(\alpha + \beta) \cdot a = \alpha \cdot a + \beta \cdot a$, $\alpha \cdot (a + b) = \alpha \cdot a + \alpha \cdot b$ für alle $\alpha, \beta \in K$, $a, b \in V$, d. h. Addition und Multiplikation verhalten sich distributiv.

(iii) $(\alpha \cdot \beta) \cdot a = \alpha \cdot (\beta \cdot a)$ für alle $\alpha, \beta \in K$, $a \in V$, d. h. die skalare Multiplikation ist assoziativ.

(iv) $1 \cdot a = a$ für das Einselement $1 \in K$ und alle $a \in V$.

Elemente eines Vektorraums werden auch als Vektoren bezeichnet. Wie jede Gruppe enthält ein K-Vektorraum mindestens ein Element, nämlich den Nullvektor 0 als neutrales Element. Andererseits kann man eine einelementige Menge $V = \{0\}$ stets zu einem K-Vektorraum machen, indem man $0 + 0 = 0$ und $\alpha \cdot 0 = 0$ für $\alpha \in K$ definiert. Man nennt V dann den *Nullraum* und schreibt in suggestiver Weise $V = 0$, wobei man streng genommen zwischen 0 als Nullelement und 0 als Nullraum zu unterscheiden hat. Ist L ein Körper und K ein Teilkörper, so kann man L stets als K-Vektorraum auffassen. Als Vektorraumaddition auf L nehme man die gegebene Körperaddition und als skalare Multiplikation $K \times L \longrightarrow L$ die Einschränkung der Körpermultiplikation $L \times L \longrightarrow L$. Insbesondere ist $\mathbb{C}$ auf diese Weise ein Vektorraum über $\mathbb{Q}, \mathbb{Q}(\sqrt{2})$ oder $\mathbb{R}$. Im Übrigen ist jeder Körper K ein Vektorraum über sich selbst.

Für das Rechnen mit Vektoren gelten die gewöhnlichen Rechenregeln, die wir im Folgenden auflisten. Dabei haben wir an dieser Stelle der Deutlichkeit halber 0_K für das Nullelement von K und 0_V für den Nullvektor in V geschrieben, eine Unterscheidung, die wir im Weiteren allerdings nicht mehr machen werden.

(1) $\alpha \cdot 0_V = 0_V$ für alle $\alpha \in K$.

(2) $0_K \cdot a = 0_V$ für alle $a \in V$.

(3) $(-\alpha) \cdot a = \alpha \cdot (-a) = -(\alpha \cdot a)$ für alle $\alpha \in K, a \in V$.

(4) Aus $\alpha \cdot a = 0_V$ für $\alpha \in K$ und $a \in V$ folgt bereits $\alpha = 0_K$ oder $a = 0_V$.

Die Regeln (1) - (3) beweist man genauso wie die entsprechenden Regeln für das Rechnen in Körpern. Gleiches gilt für (4), wobei wir hier die Argumentation noch einmal ausführen wollen. Gilt nämlich $\alpha \cdot a = 0$ mit $\alpha \neq 0$, so ergibt sich

$$a = (\alpha^{-1} \cdot \alpha) \cdot a = \alpha^{-1} \cdot (\alpha \cdot a) = \alpha^{-1} \cdot 0_V = 0_V.$$

Als weitere Regeln führen wir noch die allgemeinen Distributivgesetze auf; es seien $\alpha, \alpha_i, \beta_i \in K$ sowie $a, a_i \in V$ für $i = 1, \dots, n$.

$$\alpha \cdot \sum_{i=1}^{n} a_i = \sum_{i=1}^{n} \alpha a_i$$

$$\left(\sum_{i=1}^{n} \alpha_i \right) \cdot a = \sum_{i=1}^{n} \alpha_i a$$

$$\sum_{i=1}^{n} \alpha_i a_i + \sum_{i=1}^{n} \beta_i a_i = \sum_{i=1}^{n} (\alpha_i + \beta_i) a_i$$

Definition 2. *Es sei V ein K-Vektorraum. Eine Teilmenge $U \subset V$ heißt ein K-Untervektorraum oder* linearer Unterraum *von V, wenn gilt:*

   (i) $U \neq \emptyset$
  (ii) $a, b \in U \implies a + b \in U$
 (iii) $\alpha \in K, a \in U \implies \alpha a \in U$

Für einen Vektor $a \in V$ ist

$$K \cdot a := \{ \alpha a \, ; \, \alpha \in K \}$$

stets ein linearer Unterraum von V. In Falle $a \neq 0$ kann man hier von einer "Geraden" sprechen, für $a = 0$ ist $K \cdot a$ der Nullraum. Jeder Vektorraum enthält folglich den Nullraum und sich selbst als lineare Unterräume. Fassen wir weiter etwa $\mathbb{C}$ als $\mathbb{Q}$-Vektorraum auf, so erkennt man $\mathbb{R}$ und $\mathbb{Q}(\sqrt{2})$ als lineare Unterräume. Im Übrigen ist die Bezeichnung K-Untervektorraum in Definition 2 gerechtfertigt, denn es gilt:

Bemerkung 3. *Eine Teilmenge U eines K-Vektorraums V ist genau dann ein K-Untervektorraum, wenn U abgeschlossen unter der Addition und der skalaren Multiplikation mit Elementen aus K ist, und wenn U mit diesen Verknüpfungen selbst ein K-Vektorraum ist.*

Beweis. Die behauptete Äquivalenz ist in einfacher Weise zu verifizieren. Wir wollen hier nur zeigen, dass jeder lineare Unterraum $U \subset V$ die in Bemerkung 3 genannten Bedingungen erfüllt. Sei also $U \subset V$ wie in Definition 2. Zunächst besagen die Bedingungen (ii) und (iii), dass U abgeschlossen unter der Addition und der skalaren Multiplikation ist. Weiter übertragen sich allgemeine Eigenschaften der Verknüpfungen wie Assoziativität, Kommutativität, Distributivität usw. in direkter Weise von V auf U. Nach Voraussetzung gilt $U \neq \emptyset$. Es enthält U daher ein Element a. Dann gehört auch $-a = (-1)a$ zu U und damit der Nullvektor $0 = a - a$. Also ist klar, dass U eine additive Untergruppe von V und insgesamt mit den von V induzierten Verknüpfungen ein K-Vektorraum ist. $\square$

Als wichtigstes Beispiel eines Vektorraums über einem Körper K wollen wir das n-fache kartesische Produkt

$$K^n = \left\{ (\alpha_1, \ldots, \alpha_n)\, ;\ \alpha_i \in K \text{ für } i = 1, \ldots, n \right\}$$

betrachten, wobei $n \in \mathbb{N}$ sei. Die Addition $K^n \times K^n \longrightarrow K^n$ werde erklärt durch

$$(\alpha_1, \ldots, \alpha_n) + (\beta_1, \ldots, \beta_n) = (\alpha_1 + \beta_1, \ldots, \alpha_n + \beta_n),$$

sowie die skalare Multiplikation $K \times K^n \longrightarrow K^n$ durch

$$\alpha \cdot (\alpha_1, \ldots, \alpha_n) = (\alpha \cdot \alpha_1, \ldots, \alpha \cdot \alpha_n).$$

Das n-Tupel $(0, \ldots, 0) \in K^n$ definiert den Nullvektor in K^n, den wir üblicherweise wieder mit 0 bezeichnen. Weiter ist $(-\alpha_1, \ldots, -\alpha_n)$ für ein Element $(\alpha_1, \ldots, \alpha_n) \in K^n$ das inverse Element bezüglich der Addition. Im Falle $n = 0$ ist K^n als einelementige Menge anzusehen, welche nur aus dem leeren Tupel besteht; K^0 ist somit der Nullraum. Im Übrigen lässt sich K^m für $m \leq n$ in kanonischer[3] Weise als linearer Unterraum von K^n auffassen, indem man die Elemente $(\alpha_1, \ldots, \alpha_m) \in K^m$ mit denen des Typs $(\alpha_1, \ldots, \alpha_m, 0, \ldots, 0) \in K^n$ identifiziert.

Anschaulich können wir den Vektorraum K^n für $K = \mathbb{R}$ und $n = 2$ als Modell einer Ebene und für $n = 3$ als Modell des gewöhnlichen dreidimensionalen Raumes ansehen. Als Untervektorräume der Ebene $\mathbb{R}^2$ gibt es, wie wir noch sehen werden, außer den trivialen linearen Unterräumen 0 und $\mathbb{R}^2$ lediglich die Geraden des Typs $\mathbb{R}a$ zu von Null verschiedenen Vektoren $a \in \mathbb{R}^2$.

---

[3] Die Bezeichnung "kanonisch" werden wir im Folgenden noch häufiger verwenden. Wir meinen hiermit eine Möglichkeit, die sich in naheliegender Weise als die einfachste Lösung anbietet.

Die obige Konstruktion des Vektorraums K^n lässt sich allgemeiner für einen K-Vektorraum V anstelle von K durchführen. Man erhält dann das n-fache kartesische Produkt V^n von V als K-Vektorraum mit komponentenweiser Addition und skalarer Multiplikation. Darüber hinaus kann man für eine beliebige Familie von K-Vektorräumen $(V_i)_{i \in I}$ das kartesische Produkt $V = \prod_{i \in I} V_i$ als K-Vektorraum auffassen, wiederum mit komponentenweisen Verknüpfungen, indem man also für $\alpha \in K$ und $(v_i)_{i \in I}, (v_i')_{i \in I} \in V$ setzt:

$$(v_i)_{i \in I} + (v_i')_{i \in I} = (v_i + v_i')_{i \in I}, \qquad \alpha \cdot (v_i)_{i \in I} = (\alpha \cdot v_i)_{i \in I}.$$

Viele interessante Vektorräume sind als Räume von Abbildungen oder Funktionen zu sehen. Sei etwa K ein Körper und X eine Menge. Dann bildet die Menge $V = \mathrm{Abb}(X, K)$ aller Abbildungen von X nach K auf natürliche Weise einen K-Vektorraum. Man erkläre nämlich die Summe zweier Elemente $f, g \in V$ als Abbildung

$$f + g \colon X \longrightarrow K, \qquad x \longmapsto f(x) + g(x),$$

sowie das skalare Produkt eines Elementes $\alpha \in K$ mit einem Element $f \in V$ durch

$$\alpha f \colon X \longrightarrow K, \qquad x \longmapsto \alpha f(x).$$

Es ist leicht nachzurechnen, dass V mit diesen Verknüpfungen einen K-Vektorraum bildet, den sogenannten *Vektorraum der K-wertigen Funktionen auf* X (der im Übrigen mit dem kartesischen Produkt K^X übereinstimmt, dessen Faktoren K durch die Elemente der Menge X indiziert werden). Die Nullabbildung

$$0 \colon X \longrightarrow K, \qquad x \longmapsto 0$$

ist das Nullelement, und das negative Element zu einem $f \in V$ wird gegeben durch

$$-f \colon X \longrightarrow K, \qquad x \longmapsto -\big(f(x)\big).$$

Setzt man beispielsweise $K = \mathbb{R}$ und $X = \{\alpha \in \mathbb{R} \,;\, 0 \le \alpha \le 1\}$, so ist $V = \mathrm{Abb}(X, \mathbb{R})$ der $\mathbb{R}$-Vektorraum aller reellwertigen Funktionen auf dem Einheitsintervall in $\mathbb{R}$. Lineare Unterräume werden gebildet von den stetigen Funktionen, den differenzierbaren Funktionen bzw. von den Polynomfunktionen.

Im Folgenden sei K stets ein Körper. Wir wollen uns etwas genauer mit dem Problem der Konstruktion von linearen Unterräumen in einem K-Vektorraum V beschäftigen.

Lemma 4. *Es sei V ein K-Vektorraum und $(U_i)_{i \in I}$ eine Familie von linearen Unterräumen. Dann ist $U = \bigcap_{i \in I} U_i$ ebenfalls ein linearer Unterraum von V.*

Beweis. Um zu sehen, dass U ein linearer Unterraum von V ist, verifizieren wir die Bedingungen von Definition 2. Da $0 \in U_i$ für alle i gilt, folgt auch $0 \in U$. Seien nun $\alpha \in K$ und $a, b \in U$. Dann ergibt sich $a, b \in U_i$ für alle i, also $a + b, \alpha a \in U_i$ und somit $a + b, \alpha a \in U$. Folglich erfüllt U die definierenden Eigenschaften eines linearen Unterraums von V. $\qquad\qquad\square$

Satz und Definition 5. *Es sei V ein K-Vektorraum und $A \subset V$ eine Teilmenge. Dann ist*

$$\langle A \rangle := \left\{ \sum_{i=1}^{r} \alpha_i a_i \; ; \; r \in \mathbb{N}, \alpha_i \in K, a_i \in A \text{ für } i = 1, \dots, r \right\}$$

ein linearer Unterraum von V, und dieser stimmt überein mit dem linearen Unterraum

$$\bigcap_{A \subset U} U \subset V,$$

den man gemäß Lemma 4 erhält, wenn man den Durchschnitt über alle linearen Unterräume U in V bildet, die A enthalten.

Folglich ist $\langle A \rangle$ der kleinste lineare Unterraum in V, der A enthält, was bedeutet, dass jeder lineare Unterraum $U \subset V$, der A enthält, auch bereits $\langle A \rangle$ enthalten muss. Man nennt $\langle A \rangle$ den von A in V erzeugten linearen Unterraum oder auch die lineare Hülle von A in V.

In ähnlicher Weise definiert man für eine Familie $\mathfrak{A} = (a_i)_{i \in I}$ von Elementen aus V den von $\mathfrak{A}$ erzeugten linearen Unterraum $\langle \mathfrak{A} \rangle \subset V$ durch $\langle \mathfrak{A} \rangle = \langle A \rangle$ mit $A = \{a_i; i \in I\}$. Aus der Definition in Kombination mit obigem Satz ergeben sich in direkter Weise die folgenden elementaren Eigenschaften für erzeugte lineare Unterräume in einem Vektorraum V:

(1) $\langle \emptyset \rangle = 0$

(2) $A \subset \langle A \rangle$ für eine Teilmenge $A \subset V$.

(3) $\langle U \rangle = U$ für einen linearen Unterraum $U \subset V$.

(4) $A \subset B \implies \langle A \rangle \subset \langle B \rangle$ und $A \subset \langle B \rangle \implies \langle A \rangle \subset \langle B \rangle$ für Teilmengen $A, B \subset V$.

Nun zum *Beweis* von Satz 5. Wir zeigen zunächst, dass $\langle A \rangle$ ein linearer Unterraum von V ist. Es gilt $\langle A \rangle \neq \emptyset$, denn der Nullvektor 0 lässt sich als leere Summe $\sum_{i=1}^{0} \alpha_i a_i$ schreiben (oder für $A \neq \emptyset$ auch als entsprechende echte Summe mit Koeffizienten $\alpha_i = 0$), gehört also zu $\langle A \rangle$. Seien weiter $\alpha \in K$ sowie

$$a = \sum_{i=1}^{r} \alpha_i a_i, \qquad b = \sum_{j=1}^{s} \beta_j b_j$$

Elemente von $\langle A \rangle$. Dann folgt

$$\alpha a = \sum_{i=1}^{r} (\alpha \alpha_i) a_i \in \langle A \rangle$$

sowie

$$a + b = \sum_{i=1}^{r} \alpha_i a_i + \sum_{j=1}^{s} \beta_j b_j = \sum_{i=1}^{r+s} \alpha_i a_i \in \langle A \rangle,$$

wenn wir $\alpha_{r+j} = \beta_j$ und $a_{r+j} = b_j$ für $j = 1, \ldots, s$ setzen. Somit ist $\langle A \rangle$ ein linearer Unterraum von V.

Ist U ein beliebiger linearer Unterraum von V, der A enthält, so muss U aufgrund der definierenden Eigenschaften eines linearen Unterraums auch alle Linearkombinationen $\sum_{i=1}^{r} \alpha_i a_i$ mit Elementen $a_1, \ldots, a_r \in A$ und Koeffizienten $\alpha_1, \ldots, \alpha_r \in K$ enthalten. Somit ergibt sich $\langle A \rangle \subset U$ und damit $\langle A \rangle \subset \bigcap_{A \subset U} U$. Andererseits schließt man aus der Gleichung $a = 1 \cdot a$ für $a \in A$ natürlich $A \subset \langle A \rangle$, so dass auch $\langle A \rangle$ zu der Menge aller linearen Unterräume $U \subset V$ gehört, die A enthalten. Insbesondere ergibt sich $\langle A \rangle = \bigcap_{A \subset U} U$, und man erkennt $\langle A \rangle$ als kleinsten linearen Unterraum von V, der A enthält. $\qquad \square$

Definition 6. *Es sei V ein K-Vektorraum. Eine Familie $\mathfrak{A} = (a_i)_{i \in I}$ von Elementen aus V heißt ein* Erzeugendensystem *von V, wenn jedes*

$a \in V$ *eine Darstellung* $a = \sum_{i \in I} \alpha_i a_i$ *mit Koeffizienten* $\alpha_i \in K$ *besitzt, wobei* $\alpha_i = 0$ *für fast alle* $i \in I$ *gilt, d. h. für alle* $i \in I$, *bis auf endlich viele Ausnahmen. Mit anderen Worten,* $\mathfrak{A}$ *ist ein Erzeugendensystem von* V, *wenn* $V = \langle \mathfrak{A} \rangle$ *gilt. Weiter nennt man* V *endlich erzeugt, wenn* V *ein endliches Erzeugendensystem* $a_1, \ldots, a_n$ *besitzt.*

Jeder K-Vektorraum V besitzt ein Erzeugendensystem, denn es gilt beispielsweise $\langle V \rangle = V$. Weiter gilt:

$V = \langle 1 \rangle$ für $V = \mathbb{Q}$ als $\mathbb{Q}$-Vektorraum,

$V = \langle 1, \sqrt{2} \rangle$ für $V = \mathbb{Q}(\sqrt{2})$ als $\mathbb{Q}$-Vektorraum,

$V = \langle 1, i \rangle$ für $V = \mathbb{C}$ als $\mathbb{R}$-Vektorraum,

$V = \langle e_1, \ldots, e_n \rangle$ für $V = K^n$ als K-Vektorraum.

Dabei sei $e_i \in K^n$ für $i = 1, \ldots, n$ der i-te Einheitsvektor, also

$$e_i = (0, \ldots, 0, 1, 0, \ldots, 0),$$

wobei die 1 genau an der i-ten Stelle steht. Auf präzisere Weise können wir

$$e_i = (\delta_{1i}, \ldots, \delta_{ni})$$

schreiben unter Verwendung des *Kronecker-Symbols*

$$\delta_{hi} = \begin{cases} 1 & \text{für } h = i \\ 0 & \text{sonst} \end{cases}.$$

Aufgaben

K sei stets ein Körper.

1. Es sei V ein K-Vektorraum und $U \subset V$ ein linearer Unterraum. Für welche Elemente $a \in V$ ist $a + U := \{a + u \, ; \, u \in U\}$ wiederum ein linearer Unterraum von V? (AT 380)

2. Es sei V ein K-Vektorraum und $\mathfrak{A} = (A_i)_{i \in I}$ eine Familie von Teilmengen von V. Die Familie $\mathfrak{A}$ möge folgende Bedingung erfüllen: Zu je zwei Indizes $i, j \in I$ existiert stets ein Index $k \in I$ mit $A_i \cup A_j \subset A_k$. Man zeige

$$\left\langle \bigcup_{i \in I} A_i \right\rangle = \bigcup_{i \in I} \langle A_i \rangle.$$

Gilt diese Beziehung auch ohne die Voraussetzung an die Familie $\mathfrak{A}$?

3. Es sei V ein endlich erzeugter K-Vektorraum. Dann lässt sich jedes beliebige Erzeugendensystem von V zu einem endlichen Erzeugendensystem verkleinern.

4. Es sei K Teilkörper eines Körpers L und V ein L-Vektorraum. Ist dann $x_1, \ldots, x_n$ ein Erzeugendensystem von V als L-Vektorraum und $\alpha_1, \ldots, \alpha_m$ ein Erzeugendensystem von L, aufgefasst als K-Vektorraum, so bilden die Produkte $\alpha_i x_j$ mit $i = 1, \ldots, m$ und $j = 1, \ldots, n$ ein Erzeugendensystem von V als K-Vektorraum.

5. Es seien $x, y \in \mathbb{R}^2$ Punkte, die nicht gemeinsam auf einer Geraden durch den Nullpunkt $0 \in \mathbb{R}^2$ liegen, d. h. es gelte $x \neq 0 \neq y$ sowie $\alpha x \neq \beta y$ für alle $\alpha, \beta \in \mathbb{R}^*$. Man zeige, dass x, y bereits ein Erzeugendensystem von $\mathbb{R}^2$ bilden. Gilt eine entsprechende Aussage auch, wenn man $\mathbb{R}$ durch einen beliebigen Körper K ersetzt? (AT 381)

6. Man betrachte das kartesische Produkt $\mathbb{Q}^{\mathbb{N}} = \prod_{i \in \mathbb{N}} \mathbb{Q}$ als $\mathbb{Q}$-Vektorraum. Kann dieser Vektorraum ein abzählbares Erzeugendensystem besitzen, d. h. ein Erzeugendensystem des Typs $(x_i)_{i \in \mathbb{N}}$?

1.5 Linear unabhängige Systeme und Basen

Sind $a_1, \ldots, a_n$ Vektoren eines K-Vektorraums V, so sagt man, wie bereits zu Beginn dieses Kapitels erwähnt, der Vektor a_n *hänge linear von* $a_1, \ldots, a_{n-1}$ *ab*, wenn für gewisse Koeffizienten $\alpha_1, \ldots, \alpha_{n-1} \in K$ eine Gleichung $a_n = \sum_{i=1}^{n-1} \alpha_i a_i$ besteht, wenn also $a_n \in \langle a_1, \ldots, a_{n-1} \rangle$ gilt. Man sagt in diesem Falle auch, a_n lasse sich aus den Vektoren $a_1, \ldots, a_{n-1}$ *linear kombinieren* oder a_n sei eine *Linearkombination* von $a_1, \ldots, a_{n-1}$. Wenn man für ein System von Vektoren $a_1, \ldots, a_n$ weiß, dass irgendeiner dieser Vektoren von den übrigen linear abhängt, so bezeichnet man das System gemeinhin als *linear abhängig*. (System ist hier im Sinne von Familie gemeint; das System der $a_1, \ldots, a_n$ wäre präziser als Familie $(a_i)_{i=1 \ldots n}$ zu notieren.) Andererseits heißt das System der $a_1, \ldots, a_n$ *linear unabhängig*, wenn keiner dieser Vektoren von den übrigen linear abhängt. Der Begriff der linearen Abhängigkeit bzw. Unabhängigkeit von Vektoren ist in der Linearen Algebra von fundamentaler Wichtigkeit. Für eine formelmäßige Handhabung dieses Begriffes ist folgende (äquivalente) Definition besonders geeignet, auf die wir uns im Weiteren stets stützen werden.

Definition 1. *Ein System von Vektoren $a_1, \ldots, a_n$ eines K-Vektor-raums V heißt* linear unabhängig, *wenn aus einer Gleichung des Typs $\sum_{i=1}^{n} \alpha_i a_i = 0$ mit gegebenen Koeffizienten $\alpha_1, \ldots, \alpha_n \in K$ notwendig $\alpha_1 = \ldots = \alpha_n = 0$ folgt, wenn sich also der Nullvektor $0 \in V$ nur in trivialer Weise als Linearkombination der Vektoren $a_1, \ldots, a_n$ darstellen lässt. Ist diese Bedingung nicht gegeben, so bezeichnet man das System $a_1, \ldots, a_n$ als* linear abhängig.

Ein System von Vektoren $a_1, \ldots, a_n$ ist also genau dann linear abhängig, wenn es Koeffizienten $\alpha_1, \ldots, \alpha_n \in K$ mit $\sum_{i=1}^{n} \alpha_i a_i = 0$ gibt, wobei die α_i nicht sämtlich verschwinden. Dies ist äquivalent zu der bereits oben erwähnten Bedingung, dass einer der Vektoren $a_1, \ldots, a_n$ eine Linearkombination der restlichen ist, denn die Gleichung $\sum_{i=1}^{n} \alpha_i a_i = 0$ ist für $\alpha_{i_0} \neq 0$ äquivalent zu $a_{i_0} = -\sum_{i \neq i_0} \alpha_{i_0}^{-1} \alpha_i a_i$. Beispielsweise bildet der Nullvektor $0 \in V$ ein linear abhängiges System, aber auch jedes System von Vektoren, in dem einer der Vektoren mehrfach vorkommt, ist linear abhängig. Dagegen ist ein System, welches aus genau einem Vektor $a \neq 0$ besteht, stets linear unabhängig. Ähnlich wie bei der Konvention der leeren Summe betrachtet man Systeme von Vektoren $a_1, \ldots, a_n$ auch im Falle $n = 0$ und meint damit dann das leere System. Auch das leere System erkennt man in naheliegender Weise als linear unabhängig.

Um die Sprache zu vereinfachen, erwähnt man in der Situation von Definition 1 meist nur die zu betrachtenden Vektoren $a_1, \ldots, a_n$, ohne besonders darauf hinzuweisen, dass das System dieser Vektoren gemeint ist. So sagt man etwa in unpräziser Ausdrucksweise, die Vektoren $a_1, \ldots, a_n$ seien linear unabhängig, womit man natürlich nicht meint, dass jeder der Vektoren a_i für sich genommen ein linear unabhängiges System bildet (was lediglich $a_i \neq 0$ bedeuten würde), sondern dass das System $(a_i)_{i=1\ldots n}$ linear unabhängig ist.

Mit 1.3/5 sehen wir beispielsweise, dass die Elemente $1, \sqrt{2}$ von $\mathbb{Q}(\sqrt{2})$ ein linear unabhängiges System bilden, wenn wir $\mathbb{Q}(\sqrt{2})$ als $\mathbb{Q}$-Vektorraum auffassen. Entsprechendes gilt für die Elemente $1, i$ in $\mathbb{C}$ als $\mathbb{R}$-Vektorraum. Wichtig ist auch, dass für $n \in \mathbb{N}$ die Einheitsvektoren $e_1, \ldots, e_n \in K^n$, die zum Ende des vorigen Abschnitts definiert wurden, ein linear unabhängiges System bilden. Denn für $\alpha_1, \ldots, \alpha_n \in K$ gilt

$$\sum_{i=1}^{r} \alpha_i e_i = (\alpha_1, \ldots, \alpha_n),$$

und es folgt, dass diese Summe genau dann verschwindet, wenn das Element $(\alpha_1, \ldots, \alpha_n)$ verschwindet, d. h. wenn $\alpha_i = 0$ für $i = 1, \ldots, n$ gilt.

Wir haben die lineare Abhängigkeit bzw. Unabhängigkeit in Definition 1 der Einfachheit halber nur für endliche Systeme von Vektoren formuliert. Die Begriffe übertragen sich aber in naheliegender Weise auf beliebige Systeme $(a_i)_{i \in I}$, wenn man vereinbart, dass eine Linearkombination der a_i ein Ausdruck der Form $\sum_{i \in I} \alpha_i a_i$ mit Koeffizienten $\alpha_i \in K$ ist, wobei die α_i für fast alle $i \in I$ verschwinden, d. h. für alle $i \in I$ bis auf endlich viele Ausnahmen. Eine solche Linearkombination ist daher in Wahrheit eine *endliche* Linearkombination, stellt also ein Element in V dar. Man bezeichnet ein System $(a_i)_{i \in I}$ von Vektoren aus V als *linear unabhängig*, wenn aus dem Verschwinden einer Linearkombination der a_i, also einer Gleichung $\sum_{i \in I} \alpha_i a_i = 0$, notwendig $\alpha_i = 0$ für alle $i \in I$ folgt. Das System $(a_i)_{i \in I}$ ist daher genau dann linear unabhängig, wenn jedes endliche Teilsystem von $(a_i)_{i \in I}$ linear unabhängig im Sinne von Definition 1 ist. Entsprechend ist $(a_i)_{i \in I}$ genau dann linear abhängig, wenn es ein endliches Teilsystem gibt, welches linear abhängig im Sinne von Definition 1 ist.

Satz 2. *Es seien* $a_1, \ldots, a_n$ *Vektoren eines* K-*Vektorraums* V. *Dann ist äquivalent*:

(i) *Die Vektoren* $a_1, \ldots, a_n$ *sind linear unabhängig.*

(ii) *Sei* $a \in \langle a_1, \ldots, a_n \rangle$ *und sei* $a = \sum_{i=1}^{n} \alpha_i a_i$ *eine Darstellung mit Koeffizienten* $\alpha_1, \ldots, \alpha_n \in K$. *Dann sind die Koeffizienten* α_i *eindeutig durch* a *bestimmt.*

Beweis. Wir nehmen zunächst Bedingung (i) als gegeben an. Sind dann

$$a = \sum_{i=1}^{n} \alpha_i a_i = \sum_{i=1}^{n} \alpha_i' a_i$$

zwei Darstellungen von a als Linearkombination der a_i, so erhalten wir mit $\sum_{i=1}^{n} (\alpha_i - \alpha_i') a_i$ eine Linearkombination, die den Nullvektor 0 darstellt. Mit (i) folgt $\alpha_i - \alpha_i' = 0$, also $\alpha_i = \alpha_i'$ für alle i, d. h. die Darstellung von a als Linearkombination der a_i ist eindeutig.

Sei nun umgekehrt Bedingung (ii) gegeben. Um die lineare Unabhängigkeit des Systems der a_i zu zeigen, betrachten wir eine Gleichung $\sum_{i=1}^{n} \alpha_i a_i = 0$ mit Koeffizienten $\alpha_1, \ldots, \alpha_n \in K$. Da trivialerweise $\sum_{i=1}^{n} 0 \cdot a_i = 0$ gilt, ergibt sich $\alpha_i = 0$ für alle i, wenn man (ii) benutzt.

$\square$

Sind die Bedingungen des Satzes erfüllt, so nennt man das System der a_i eine *Basis* des linearen Unterraums $\langle a_1, \ldots, a_n \rangle$ von V. Man vereinbart nämlich:

Definition 3. *Ein System von Vektoren $a_1, \ldots, a_n$ eines K-Vektorraums V wird als (endliche) Basis von V bezeichnet, wenn gilt:*

(i) *Die Vektoren $a_1, \ldots, a_n$ bilden ein Erzeugendensystem von V;*
d. h. man hat $V = \langle a_1, \ldots, a_n \rangle$.

(ii) *Das System der Vektoren $a_1, \ldots, a_n$ ist linear unabhängig.*

Allgemeiner heißt ein (nicht notwendig endliches) System von Vektoren eines Vektorraums V eine Basis, *wenn es sich um ein Erzeugendensystem handelt, welches linear unabhängig ist.*

Mit Satz 2 ergibt sich sofort:

Bemerkung 4. *Vektoren $a_1, \ldots, a_n$ eines K-Vektorraums V bilden genau dann eine Basis, wenn gilt: Jedes $a \in V$ besitzt eine Darstellung $a = \sum_{i=1}^{n} \alpha_i a_i$ mit eindeutig bestimmten Koeffizienten $\alpha_1, \ldots, \alpha_n \in K$.*

Fassen wir die bisher betrachteten Beispiele von Erzeugendensystemen und linear unabhängigen Systemen zusammen, so ergibt sich:

(1) Das leere System bildet eine Basis des Nullraums über einem gegebenen Körper K, also des K-Vektorraums $V = 0$.

(2) Die Elemente $1, \sqrt{2}$ bilden eine Basis von $\mathbb{Q}(\sqrt{2})$ als $\mathbb{Q}$-Vektorraum.

(3) Die Elemente $1, i$ bilden eine Basis von $\mathbb{C}$ als $\mathbb{R}$-Vektorraum.

(4) Für einen Körper K und $n \in \mathbb{N}$ bilden die Einheitsvektoren $e_1, \ldots, e_n$ eine Basis des K-Vektorraums K^n, die sogenannte *kanonische Basis*.

Die Kenntnis von Basen in Vektorräumen ist verantwortlich dafür, dass man etwa Fragen zur linearen Unabhängigkeit von Vektoren auf das Lösen linearer Gleichungssysteme zurückführen kann. Wir wollen dies am Beispiel des K-Vektorraums K^n und der Basis $e_1, \ldots, e_n$ einmal demonstrieren. Gegeben seien Vektoren $a_1, \ldots, a_r \in K^n$, etwa

$$a_j = (\alpha_{1j}, \ldots, \alpha_{nj}) = \sum_{i=1}^{n} \alpha_{ij} e_i, \qquad j = 1, \ldots, r.$$

Die Frage, ob $a_1, \ldots, a_r$ linear abhängig sind oder nicht, ist dann äquivalent zu der Frage, ob es ein nicht-triviales r-Tupel $(\xi_1, \ldots, \xi_r) \in K^r$ gibt mit $\sum_{j=1}^{r} \xi_j a_j = 0$, d. h. ob das lineare Gleichungssystem

$$\xi_1 \alpha_{11} + \ldots + \xi_r \alpha_{1r} = 0$$

$$\ldots$$

$$\xi_1 \alpha_{n1} + \ldots + \xi_r \alpha_{nr} = 0$$

eine nicht-triviale Lösung $(\xi_1, \ldots, \xi_r) \in K^r$ besitzt. Techniken zur Lösung solcher Gleichungssysteme werden wir im Abschnitt 3.5 kennenlernen.

Als Nächstes wollen wir ein technisches Lemma beweisen, welches insbesondere für die Handhabung und Charakterisierung von Vektorraumbasen von großem Nutzen ist.

Lemma 5. *Für Vektoren $a_1, \ldots, a_n$ eines K-Vektorraums V ist äquivalent:*

(i) *$a_1, \ldots, a_n$ sind linear abhängig.*

(ii) *Einer der Vektoren $a_1, \ldots, a_n$ ist eine Linearkombination der restlichen, d. h. es existiert ein Index $p \in \{1, \ldots, n\}$, so dass der Vektor a_p zu $\langle a_1, \ldots, a_{p-1}, a_{p+1}, \ldots, a_n \rangle$ gehört.*

(iii) *Es existiert ein $p \in \{1, \ldots, n\}$ mit*

$$\langle a_1, \ldots, a_n \rangle = \langle a_1, \ldots, a_{p-1}, a_{p+1}, \ldots, a_n \rangle.$$

Sind die Vektoren $a_1, \ldots, a_r$ für ein $r < n$ linear unabhängig, so folgen aus (i) die Bedingungen (ii) und (iii) bereits für ein $p \in \{r+1, \ldots, n\}$.

Beweis. Wir beginnen mit der Implikation von (i) nach (ii). Seien also $a_1, \ldots, a_n$ linear abhängig. Man wähle dann $r \in \{0, \ldots, n\}$ maximal mit der Eigenschaft, dass das System der Vektoren $a_1, \ldots, a_r$

linear unabhängig ist; im Falle $r = 0$ sei hiermit das leere System gemeint, welches stets linear unabhängig ist. Insbesondere gilt $r < n$ aufgrund der Voraussetzung in (i), und $a_1, \ldots, a_{r+1}$ sind linear abhängig. Es existiert folglich eine Gleichung $\sum_{i=1}^{r+1} \alpha_i a_i = 0$ mit Koeffizienten $\alpha_i \in K$, die nicht sämtlich verschwinden. Dabei gilt notwendigerweise $\alpha_{r+1} \neq 0$, denn anderenfalls hätte man die Gleichung $\sum_{i=1}^{r} \alpha_i a_i = 0$, wobei die Koeffizienten nicht sämtlich verschwinden würden, die $a_1, \ldots, a_r$ also linear abhängig wären. Die erstere Gleichung lässt sich daher nach a_{r+1} auflösen, man erhält $a_{r+1} = -\sum_{i=1}^{r} \alpha_{r+1}^{-1} \alpha_i a_i$ und damit $a_{r+1} \in \langle a_1, \ldots, a_r \rangle$, wie in (ii) und der Zusatzaussage behauptet.

Sei nun Bedingung (ii) erfüllt, d. h. es gelte für ein $p \in \{1, \ldots, n\}$ die Beziehung $a_p \in \langle a_1, \ldots, a_{p-1}, a_{p+1}, \ldots, a_n \rangle$. Man hat dann

$$a_1, \ldots, a_n \in \langle a_1, \ldots, a_{p-1}, a_{p+1}, \ldots, a_n \rangle$$

und somit

$$(*) \qquad \langle a_1, \ldots, a_n \rangle \subset \langle a_1, \ldots, a_{p-1}, a_{p+1}, \ldots, a_n \rangle,$$

denn $\langle a_1, \ldots, a_n \rangle$ ist der kleinste lineare Unterraum von V, der die Vektoren $a_1, \ldots, a_n$ enthält. Da die umgekehrte Inklusion trivialerweise erfüllt ist, ergibt sich Bedingung (iii).

Der Vollständigkeit halber wollen wir hier auch noch darauf hinweisen, dass sich die Inklusion $(*)$ leicht durch direktes Nachrechnen herleiten lässt. Es gelte etwa $a_p = \sum_{i \neq p} \alpha_i a_i$ mit Koeffizienten $\alpha_i \in K$. Für jedes $b \in \langle a_1, \ldots, a_n \rangle$ mit einer Darstellung $b = \sum_{i=1}^{n} \beta_i a_i$ und Koeffizienten $\beta_i \in K$ ergibt sich dann

$$b = \sum_{i \neq p} \beta_i a_i + \beta_p \sum_{i \neq p} \alpha_i a_i = \sum_{i \neq p} (\beta_i + \beta_p \alpha_i) a_i,$$

also $b \in \langle a_1, \ldots, a_{p-1}, a_{p+1}, \ldots, a_n \rangle$, und somit

$$\langle a_1, \ldots, a_n \rangle \subset \langle a_1, \ldots, a_{p-1}, a_{p+1}, \ldots, a_n \rangle.$$

Sei schließlich Bedingung (iii) gegeben, für ein $p \in \{1, \ldots, n\}$ gelte also

$$\langle a_1, \ldots, a_n \rangle = \langle a_1, \ldots, a_{p-1}, a_{p+1}, \ldots, a_n \rangle.$$

Dann folgt insbesondere $a_p \in \langle a_1, \ldots, a_{p-1}, a_{p+1}, \ldots, a_n \rangle$, und es besteht eine Gleichung $a_p = \sum_{i \neq p} \alpha_i a_i$ mit gewissen Koeffizienten $\alpha_i \in K$, die wir auch in der Form $(-1)a_p + \sum_{i \neq p} \alpha_i a_i = 0$ schreiben können. Somit sind die Vektoren $a_1, \ldots, a_n$ linear abhängig, und es wird klar, dass die Bedingungen (i), (ii) und (iii) äquivalent sind.

Sind nun die Vektoren $a_1, \ldots, a_r$ für ein gegebenes $r < n$ linear unabhängig, $a_1, \ldots, a_n$ aber insgesamt linear abhängig, so gilt, wie wir gesehen haben, Bedingung (ii) für ein $p \in \{r+1, \ldots, n\}$. Für dieses p ist dann auch Bedingung (iii) erfüllt, so dass die zusätzliche Behauptung ebenfalls bewiesen ist. $\qquad\square$

Das gerade bewiesene Lemma lässt einige interessante Schlussfolgerungen zu.

Satz 6. *Jeder endlich erzeugte K-Vektorraum besitzt eine Basis, und jede solche Basis ist endlich.*

Beweis. Es sei $a_1, \ldots, a_n$ ein Erzeugendensystem des betrachteten K-Vektorraums V, d. h. es gelte $V = \langle a_1, \ldots, a_n \rangle$. Indem wir dieses System verkleinern, können wir $a_1, \ldots, a_n$ als minimales Erzeugendensystem voraussetzen. Die Äquivalenz der Bedingungen (i) und (iii) in Lemma 5 zeigt dann, dass die Vektoren $a_1, \ldots, a_n$ linear unabhängig sind, also eine Basis bilden.

Ist nun $(b_j)_{j \in J}$ eine weitere Basis von V, so lässt sich jeder der Vektoren $a_1, \ldots, a_n$ als Linearkombination von endlich vielen der Vektoren b_j, $j \in J$, darstellen. Es existiert deshalb eine endliche Teilmenge $J' \subset J$ mit

$$V = \langle a_1, \ldots, a_n \rangle \subset \langle b_j \,;\, j \in J' \rangle \subset V.$$

Das System $(b_j)_{j \in J'}$ bildet somit ein Erzeugendensystem von V. Dieses ist als Teilsystem von $(b_j)_{j \in J}$ sogar linear unabhängig und stellt deshalb, ebenso wie $(b_j)_{j \in J}$, eine Basis dar. Dann folgt aber notwendig $J = J'$, und man erkennt J als endlich. $\qquad\square$

Satz 7. *Es sei V ein K-Vektorraum und $a_1, \ldots, a_n$ ein System von Vektoren aus V. Dann ist äquivalent:*

(i) *$a_1, \ldots, a_n$ bilden eine Basis von V.*

(ii) *$a_1, \ldots, a_n$ ist ein maximales linear unabhängiges System in V.*

(iii) *$a_1, \ldots, a_n$ ist ein minimales Erzeugendensystem von V.*

Beweis. Sei zunächst Bedingung (i) als gegeben angenommen, sei also $a_1, \ldots, a_n$ eine Basis von V. Für beliebiges $a \in V$ gilt dann

$$V = \langle a_1, \ldots, a_n \rangle = \langle a, a_1, \ldots, a_n \rangle,$$

und man schließt aus der Äquivalenz (i) $\Longleftrightarrow$ (iii) von Lemma 5, dass das System $a, a_1, \ldots, a_n$ linear abhängig ist. Also ist $a_1, \ldots, a_n$ ein maximales linear unabhängiges System in V.

Als Nächstes gehen wir von Bedingung (ii) aus, sei also $a_1, \ldots, a_n$ ein maximales linear unabhängiges System in V. Ist dann $a \in V$ beliebig, so ist das System $a_1, \ldots, a_n, a$ linear abhängig, und es existiert eine nicht-triviale Linearkombination mit Koeffizienten aus K

$$\alpha a + \sum_{i=1}^{n} \alpha_i a_i = 0,$$

welche die Null darstellt. Aus der linearen Unabhängigkeit der Vektoren $a_1, \ldots, a_n$ ergibt sich mittels Lemma 5 (man vergleiche den Beweis der Implikation (i) $\Longrightarrow$ (ii) in Lemma 5), dass zumindest der Koeffizient α nicht verschwindet. Folglich lässt sich vorstehende Gleichung nach a auflösen, und man erhält $a \in \langle a_1, \ldots, a_n \rangle$, d. h. $a_1, \ldots, a_n$ ist ein Erzeugendensystem von V. Weiter folgt aus der linearen Unabhängigkeit der $a_1, \ldots, a_n$, indem man die Äquivalenz (i) $\Longleftrightarrow$ (iii) aus Lemma 5 benutzt, dass $a_1, \ldots, a_n$ ein minimales Erzeugendensystem von V ist.

Nehmen wir schließlich $a_1, \ldots, a_n$ wie in Bedingung (iii) als minimales Erzeugendensystem an, so zeigt die Äquivalenz (i) $\Longleftrightarrow$ (iii) aus Lemma 5, dass $a_1, \ldots, a_n$ dann notwendig ein linear unabhängiges System ist, also eine Basis, da es bereits ein Erzeugendensystem ist. $\qquad\square$

Satz 8 (Basisergänzungssatz). *In einem K-Vektorraum V betrachte man ein linear unabhängiges System $a_1, \ldots, a_r$ sowie ein Erzeugendensystem $b_1, \ldots, b_m$. Dann lässt sich das System der a_i durch Elemente des Systems der b_j zu einer Basis von V ergänzen, d. h. es existieren paarweise verschiedene Indizes $\iota(r+1), \ldots, \iota(n) \in \{1, \ldots, m\}$ mit der Eigenschaft, dass die Vektoren*

$$a_1, \ldots, a_r, b_{\iota(r+1)}, \ldots, b_{\iota(n)}$$

eine Basis von V bilden.

Beweis. Für $n \geq r$ betrachte man paarweise verschiedene Indizes

$$\iota(r+1), \ldots, \iota(n) \in \{1, \ldots, m\},$$

so dass

$(*)$ $\qquad\qquad V = \langle a_1, \ldots, a_r, b_{\iota(r+1)}, \ldots, b_{\iota(n)} \rangle$

gilt. Die Gleichung ist für $n = r + m$ erfüllt, wenn man $\iota(r+j) = j$ für $j = 1, \ldots, m$ setzt. Man betrachte nun eine Gleichung vom Typ $(*)$, für die $n \geq r$ minimal gewählt sei. Dann ist $a_1, \ldots, a_r, b_{\iota(r+1)}, \ldots, b_{\iota(n)}$ ein linear unabhängiges Erzeugendensystem und stellt somit eine Basis von V dar, wie wir sogleich sehen werden. Anderenfalls wäre dieses System nämlich linear abhängig, und man könnte es aufgrund der Äquivalenz (i) $\iff$ (iii) aus Lemma 5 zu einem echt kleineren Erzeugendensystem verkürzen. Da die Vektoren $a_1, \ldots, a_r$ jedoch linear unabhängig sind, ergibt sich mit Lemma 5, dass man einen der Vektoren $b_{\iota(r+1)}, \ldots, b_{\iota(n)}$ fortlassen kann, was aber wegen der Minimalität von n ausgeschlossen ist. Das Erzeugendensystem $a_1, \ldots, a_r, b_{\iota(r+1)}, \ldots, b_{\iota(n)}$ ist daher linear unabhängig und damit eine Basis.

Wir wollen noch auf einen zweiten Beweis eingehen, der den Vorteil hat, dass er im Hinblick auf nicht-endliche Basen verallgemeinerungsfähig ist. Hierzu betrachten wir Indizes

$$\iota(r+1), \ldots, \iota(n) \in \{1, \ldots, m\},$$

nunmehr aber mit der Bedingung, dass die Vektoren

$$a_1, \ldots, a_r, b_{\iota(r+1)}, \ldots, b_{\iota(n)}$$

linear unabhängig sind. Wir dürfen n als maximal gewählt annehmen. Mit Lemma 5 ergibt sich dann

$$b_1, \ldots, b_m \in \langle a_1, \ldots, a_r, b_{\iota(r+1)}, \ldots, b_{\iota(n)} \rangle$$

und folglich

$$V = \langle b_1, \ldots, b_m \rangle \subset \langle a_1, \ldots, a_r, b_{\iota(r+1)}, \ldots, b_{\iota(n)} \rangle,$$

so dass $a_1, \ldots, a_r, b_{\iota(r+1)}, \ldots, b_{\iota(n)}$ ein Erzeugendensystem und damit eine Basis von V bilden. $\qquad\square$

Theorem 9. *In einem K-Vektorraum V mögen gegebene Elemente $a_1, \ldots, a_n$ eine Basis sowie $b_1, \ldots, b_m$ ein Erzeugendensystem bilden. Dann gilt $n \le m$. Weiter ist $b_1, \ldots, b_m$ genau dann eine Basis, wenn $n = m$ gilt. Je zwei Basen eines endlich erzeugten K-Vektorraums V bestehen folglich aus gleichviel Elementen.*

Beweis. Aufgrund des Basisergänzungssatzes 8 lässt sich das System $a_2, \ldots, a_n$ durch Elemente des Systems $b_1, \ldots, b_m$ zu einer Basis $b_{\iota(1)}, \ldots, b_{\iota(r_1)}, a_2, \ldots, a_n$ ergänzen, wobei natürlich $r_1 \ge 1$ gelten muss; vgl. Lemma 5. Lässt man bei dieser Basis das Element a_2 fort, so kann man das entstehende System wiederum durch Elemente des Systems $b_1, \ldots, b_m$ zu einer Basis von V ergänzen, etwa zu

$$b_{\iota(1)}, \ldots, b_{\iota(r_1)}, b_{\iota(r_1+1)}, \ldots, b_{\iota(r_1+r_2)}, a_3, \ldots, a_n.$$

Fährt man auf diese Weise fort, so gelangt man nach n Schritten zu einer Basis $b_{\iota(1)}, \ldots, b_{\iota(r_1+\ldots+r_n)}$ von V, wobei natürlich die Indizes $\iota(1), \ldots, \iota(r_1 + \ldots + r_n) \in \{1, \ldots, m\}$ paarweise verschieden sind. Es folgt $r_1 + \ldots + r_n \le m$ und wegen $r_i \ge 1$ insbesondere $n \le m$, wie behauptet.

Ist nun $b_1, \ldots, b_m$ bereits eine Basis, so kann man die Rolle der a_i und b_j vertauschen und erhält auf diese Weise $m \le n$, also insbesondere $m = n$. Bildet andererseits $b_1, \ldots, b_m$ mit $m = n$ ein Erzeugendensystem von V, so kann man dieses System zu einem minimalen Erzeugendensystem von V verkleinern, also zu einer Basis; vgl. Satz 7. Da wir aber schon wissen, dass Basen in V aus genau n Elementen bestehen, folgt, dass $b_1, \ldots, b_m$ notwendig eine Basis von V ist.

Da endlich erzeugte K-Vektorräume gemäß Satz 6 lediglich endliche Basen besitzen, ergibt sich insbesondere, dass je zwei Basen eines solchen Vektorraums aus gleichviel Elementen bestehen. □

Für ein System $a_1, \ldots, a_n$ von Elementen bezeichnet man die natürliche Zahl n als die *Länge* dieses Systems. Gelegentlich werden wir auch unendlichen Systemen $(a_i)_{i \in I}$, also Systemen mit unendlicher Indexmenge I, eine Länge zuordnen, nämlich die Länge ∞. Wir werden dabei nicht zwischen verschiedenen Graden der Unendlichkeit unterscheiden, etwa abzählbar unendlich (z. B. $I = \mathbb{N}$) oder überabzählbar unendlich (z. B. $I = \mathbb{R}$).

Definition 10. *Es sei V ein K-Vektorraum. Besitzt dann V eine Basis endlicher Länge n, so bezeichnet man n als die* Dimension *von V, in Zeichen* $\dim_K V = n$. *Gibt es andererseits in V keine Basis endlicher Länge, also kein endliches maximales linear unabhängiges System, so sagen wir, die* Dimension *von V sei* unendlich, $\dim_K V = \infty$.

Aufgrund von Theorem 9 ist die Dimension eines Vektorraums wohldefiniert. Der Nullraum $V = 0$ hat die Dimension 0, jeder K-Vektorraum $V \neq 0$ eine Dimension > 0. Wir wollen noch einige weitere Eigenschaften der Dimension eines Vektorraums zusammenstellen, die sich auf einfache Weise aus den bisher gewonnenen Ergebnissen folgern lassen.

Korollar 11. *Es sei V ein K-Vektorraum und $n \in \mathbb{N}$. Dann ist äquivalent:*

(i) $\dim_K V = n$.

(ii) *Es existiert in V ein linear unabhängiges System von n Vektoren, und jeweils $n + 1$ Vektoren sind linear abhängig.*

Beweis. Sei zunächst Bedingung (i) gegeben. Jede Basis von V bildet dann ein linear unabhängiges System bestehend ans n Vektoren. Ist andererseits $y_1, \ldots, y_{n+1}$ ein System von $n + 1$ Vektoren aus V und nehmen wir an, dass dieses linear unabhängig ist, so können wir das System gemäß Satz 8 zu einer Basis von V ergänzen. Man hätte dann $\dim_K V \geq n + 1$ im Widerspruch zu unserer Voraussetzung. Aus (i) ergibt sich folglich (ii).

Ist umgekehrt Bedingung (ii) gegeben, so gibt es in V ein maximales linear unabhängiges System bestehend aus n Vektoren. Dieses bildet eine Basis, und es folgt $\dim_K V = n$. $\qquad\square$

Korollar 12. *Es sei V ein K-Vektorraum und $n \in \mathbb{N}$. Dann ist äquivalent:*

(i) $\dim_K V \geq n$.

(ii) *Es existiert in V ein linear unabhängiges System von n Vektoren.*

Beweis. Bedingung (i) impliziert trivialerweise Bedingung (ii), auch im Falle unendlicher Dimension, da dann keine endlichen Basen, also keine endlichen maximalen linear unabhängigen Systeme in V existieren können. Gehen wir umgekehrt von (ii) aus, so ist nur im Falle $\dim_K V < \infty$ etwas zu zeigen. Jedes linear unabhängige System von Vektoren $a_1, \ldots, a_n \in V$ lässt sich dann gemäß Satz 8 zu einer Basis von V ergänzen, und es folgt wie gewünscht $\dim_K V \geq n$.   □

Korollar 13. *Für einen K-Vektorraum V ist äquivalent:*

(i) $\dim_K V = \infty$.

(ii) *Es existiert eine Folge von Vektoren $a_1, a_2, \ldots \in V$, so dass für jedes $n \in \mathbb{N}$ das System $a_1, \ldots, a_n$ linear unabhängig ist.*

(iii) *Es existiert eine Folge von Vektoren $a_1, a_2, \ldots \in V$, so dass das System $(a_i)_{i \in \mathbb{N}}$ linear unabhängig ist.*

(iv) *Zu jedem $n \in \mathbb{N}$ gibt es ein linear unabhängiges System, bestehend aus n Vektoren von V.*

Beweis. Wir gehen aus von Bedingung (i). Sei also $\dim_K V = \infty$. Dann gibt es in V keine endlichen Basen und somit keine endlichen maximalen linear unabhängigen Systeme. Als Konsequenz ist es möglich, eine Folge von Vektoren $a_1, a_2, \ldots \in V$ wie in (ii) gewünscht zu konstruieren. Weiter folgt aus (ii) unmittelbar Bedingung (iii), da zu jeder endlichen Teilmenge $I \subset \mathbb{N}$ ein $n \in \mathbb{N}$ existiert mit $I \subset \{1, \ldots, n\}$. Die Implikation (iii) $\Longrightarrow$ (iv) ist trivial, und (iv) $\Longrightarrow$ (i) schließlich ergibt sich mit Korollar 12.   □

Korollar 14. *Es sei V ein K-Vektorraum und $U \subset V$ ein linearer Unterraum. Dann gilt:*

(i) $\dim_K U \leq \dim_K V$. *Besitzt daher V eine endliche Basis, so auch U.*

(ii) *Aus $\dim_K U = \dim_K V < \infty$ folgt bereits $U = V$.*

Beweis. Die erste Behauptung folgt mittels Korollar 12 aus der Tatsache, dass ein linear unabhängiges System von Vektoren aus U auch in V linear unabhängig ist. Die zweite Behauptung gilt, da man in einem endlich-dimensionalen K-Vektorraum V ein linear unabhängiges

System, beispielsweise eine Basis von U, stets zu einer Basis von V ergänzen kann. $\square$

Wir wollen nun noch einige Beispiele betrachten.

(1) Ist K ein Körper, $n \in \mathbb{N}$, so folgt $\dim_K K^n = n$.

(2) $\dim_{\mathbb{R}} \mathbb{C} = 2$

(3) $\dim_{\mathbb{Q}} \mathbb{Q}(\sqrt{2}) = 2$

(4) $\dim_{\mathbb{Q}} \mathbb{R} = \infty$. Dies zeigt man am einfachsten mit Hilfe eines Abzählbarkeitsarguments. Jeder endlich-dimensionale $\mathbb{Q}$-Vektorraum ist, ebenso wie $\mathbb{Q}$, abzählbar, jedoch ist $\mathbb{R}$ nicht abzählbar.

(5) Sei K ein Körper, X eine Menge und $V = \mathrm{Abb}(X, K)$ der K-Vektorraum der K-wertigen Funktionen auf X. Besteht X dann aus $n < \infty$ Elementen, so gilt $\dim_K V = n$, wohingegen man für unendliches X die Gleichung $\dim_K V = \infty$ hat. Wir wollen dies im Folgenden begründen. Für $x \in X$ bezeichne $f_x \colon X \longrightarrow K$ diejenige Funktion, die durch $f_x(x) = 1$ und $f_x(y) = 0$ für $y \neq x$ gegeben ist. Dann ist für jeweils endlich viele paarweise verschiedene Elemente $x_1, \ldots, x_n \in X$ das System $f_{x_1}, \ldots, f_{x_n}$ linear unabhängig in V, denn aus einer Gleichung $\sum_{i=1}^{n} \alpha_i f_{x_i} = 0$ mit Koeffizienten $\alpha_1, \ldots, \alpha_n \in K$ folgt

$$0 = \left(\sum_{i=1}^{n} \alpha_i f_{x_i} \right)(x_j) = \alpha_j$$

für $j = 1, \ldots, n$. Hieraus ergibt sich bereits $\dim_K V = \infty$, wenn X unendlich viele Elemente besitzt. Da wir andererseits für endliches X jedes $f \in V$ in der Form

$$f = \sum_{x \in X} f(x) f_x$$

schreiben können, ist das System $(f_x)_{x \in X}$ in diesem Falle ein Erzeugendensystem und somit eine Basis von V, so dass man $\dim_K V = n$ hat, wenn X aus $n < \infty$ Elementen besteht.

Abschließend soll noch angedeutet werden, wie die Theorie dieses Abschnitts aussieht, wenn man sich nicht auf endlich erzeugte K-Vektorräume beschränkt. Man muss dann auch unendliche Basen zulassen, wie sie in Definition 3 mit eingeschlossen sind. Man prüft leicht nach, dass die in Satz 2 und Lemma 5 gegebenen Charakterisierungen linearer Abhängigkeit bzw. Unabhängigkeit sinngemäß auch für beliebige Systeme von Vektoren gelten. Als Folgerung übertragen sich die Resultate von Bemerkung 4 und Satz 7 auf den Fall nicht notwendig endlicher Basen.

Etwas problematischer ist der Beweis des Analogons zu Satz 6, dass nämlich jeder K-Vektorraum V eine Basis oder, in äquivalenter Sprechweise, ein maximales linear unabhängiges System besitzt. Die Existenz eines solchen Systems zeigt man am einfachsten mit Hilfe des sogenannten *Zornschen Lemmas*, welches dem Gebiet der Mengenlehre zuzuordnen ist. Das Lemma geht von einer *teilweise geordneten* Menge M aus, wobei teilweise geordnet bedeutet, dass zwischen gewissen Elementen von M eine Relation " $\leq$ " besteht, und zwar mit den folgenden Eigenschaften:

$$x \leq x \text{ für alle } x \in M$$
$$x \leq y, \ y \leq z \Longrightarrow x \leq z$$
$$x \leq y, \ y \leq x \Longrightarrow x = y$$

Man nennt eine Teilmenge $N \subset M$ *streng geordnet*, wenn für je zwei Elemente $x, y \in N$ stets $x \leq y$ oder $y \leq x$ gilt. Weiter heißt ein Element $z \in M$ eine *obere Schranke* von N, wenn $x \leq z$ für alle $x \in N$ gilt. Das Lemma von Zorn lautet nun wie folgt:

Lemma 15 (Zorn). *Ist M eine teilweise geordnete Menge und besitzt jede streng geordnete Teilmenge von M eine obere Schranke in M, so existiert in M ein maximales Element.*[4]

Dabei heißt ein Element $z \in M$ *maximal*, wenn aus $z \leq x$ mit $x \in M$ stets $x = z$ folgt. In unserer konkreten Situation definiere man M als die Menge aller Teilmengen von V, deren Elemente ein linear unabhängiges System von Vektoren in V bilden. Für zwei solche Mengen $A, B \subset V$ setze man $A \leq B$, falls $A \subset B$ gilt. Die Voraussetzungen des Lemmas von Zorn sind dann für M erfüllt, als obere Schranke einer

---

[4] Man beachte: Die leere Teilmenge in M ist streng geordnet und besitzt daher aufgrund der Voraussetzung des Lemmas eine obere Schranke in M. Insbesondere wird auf diese Weise $M \neq \emptyset$ gefordert.

streng geordneten Teilmenge $N \subset M$ dient beispielsweise die Vereinigung aller Teilmengen $A \in N$, also

$$\bigcup_{A \in N} A \subset V.$$

Man erhält somit aus dem Zornschen Lemma die Existenz eines maximalen Elementes in V, d. h. eines maximalen linear unabhängigen Systems von Vektoren in V und damit einer Basis von V, wobei man Satz 7 benutze.

Wie wir gesehen haben, lässt sich die Existenz maximaler linear unabhängiger Systeme problemlos mit Hilfe des Zornschen Lemmas beweisen. Ähnliches kann man für minimale Erzeugendensysteme nicht behaupten, und dies ist der Grund dafür, dass die im Beweis zu Satz 6 benutzte Idee, Basen durch Minimieren von Erzeugendensystemen zu konstruieren, im Allgemeinfall nicht zum Ziel führt. Auch der Basisergänzungssatz 8 lässt sich mit Hilfe des Zornschen Lemmas auf den Fall unendlicher Systeme verallgemeinern, wenn man die im Beweis zu Satz 8 gegebene Argumentation im Sinne maximaler linear unabhängiger Systeme mit dem Zornschen Lemma kombiniert. Man kann sogar die Aussage von Theorem 9, dass nämlich je zwei Basen $(a_i)_{i \in I}$ und $(b_j)_{j \in J}$ eines K-Vektorraums V aus "gleichvielen" Elementen bestehen, auf unendlich-dimensionale Vektorräume verallgemeinern. Dabei ist "gleichviel" in dem Sinne zu präzisieren, dass es eine bijektive Abbildung $I \longrightarrow J$ gibt. Man nennt I und J bzw. die Basen $(a_i)_{i \in I}$ und $(b_j)_{j \in J}$ dann auch *gleichmächtig*[5]. Die Mächtigkeitsklasse einer solchen Basis könnten wir als Dimension von V bezeichnen, jedoch wollen wir im Sinne von Definition 10 nicht zwischen verschiedenen unendlichen Dimensionen unterscheiden.

Schließlich sei noch angemerkt, dass man in Korollar 14 (ii) nicht auf die Bedingung $\dim_K V < \infty$ verzichten kann. Um dies einzusehen, betrachte man einen K-Vektorraum V von unendlicher Dimension und ein abzählbar unendliches linear unabhängiges System $(a_i)_{i \in \mathbb{N}}$ von Vektoren in V. Dann ist einerseits $(a_{2 \cdot i})_{i \in \mathbb{N}}$ gleichmächtig zu $(a_i)_{i \in \mathbb{N}}$,

---

[5] Dass je zwei Basen eines K-Vektorraums gleichmächtig sind, beweist man wie in [1], Abschnitt 7.1. Die dortige Argumentation im Sinne von Transzendenzbasen und algebraischer Unabhängigkeit überträgt sich in direkter Weise auf den Fall von Vektorraumbasen und linearer Unabhängigkeit.

andererseits aber $\langle a_0, a_2, a_4, \ldots \rangle$ ein echter linearer Unterraum von $\langle a_0, a_1, a_2, \ldots \rangle$.

Aufgaben

1. Man betrachte $\mathbb{R}^3$ als $\mathbb{R}$-Vektorraum und überprüfe folgende Systeme von Vektoren auf lineare Abhängigkeit bzw. lineare Unabhängigkeit:

   (i) $(1, 0, -1), (1, 2, 1), (0, -3, 2)$

   (ii) $(1, 1, 1), (1, 1, 0), (1, 0, 0)$

   (iii) $(9, 1, 5), (17, 11, 14), (9, 1, 5)$

   (iv) $(1, 2, 3), (4, 5, 6), (6, 9, 12)$

   (v) $(1, 9, 7), (2, 3, 4), (9, 7, 6), (6, 6, 6)$

   (vi) $(1, \alpha, 0), (\alpha, 1, 0), (0, \alpha, 1)$, wobei α eine reelle Zahl sei.

2. Seien U, U' lineare Unterräume eines K-Vektorraums V mit $U \cap U' = 0$. Man zeige: Bilden $x_1, \ldots, x_r \in U$ und $y_1, \ldots, y_s \in U'$ linear unabhängige Systeme, so auch die Vektoren $x_1, \ldots, x_r, y_1, \ldots, y_s$ in V. (AT 382)

3. Für welche natürlichen Zahlen $n \in \mathbb{N}$ gibt es in $\mathbb{R}^n$ eine unendliche Folge von Vektoren $a_1, a_2, \ldots$ mit der Eigenschaft, dass je zwei Vektoren dieser Folge linear unabhängig über $\mathbb{R}$ sind, also ein linear unabhängiges System im $\mathbb{R}$-Vektorraum $\mathbb{R}^n$ bilden? (AT 383)

4. Man betrachte den $\mathbb{R}$-Vektorraum aller Funktionen $p \colon \mathbb{R} \longrightarrow \mathbb{R}$, die durch polynomiale Ausdrücke der Form $p(x) = \sum_{i=1}^r \alpha_i x^i$ mit Koeffizienten $\alpha_i \in \mathbb{R}$ und variablem $r \in \mathbb{N}$ gegeben sind. Man gebe eine Basis dieses Vektorraums an. (Hinweis: Man darf benutzen, dass nicht-triviale reelle Polynome höchstens endlich viele Nullstellen haben.)

5. Es sei $x_1, \ldots, x_n$ eine Basis eines K-Vektorraums V. Für gegebene Koeffizienten $\alpha_{ij} \in K$, $1 \le i < j \le n$ setze man $y_j = x_j + \sum_{i<j} \alpha_{ij} x_i$, $j = 1, \ldots, n$, und zeige, dass dann auch $y_1, \ldots, y_n$ eine Basis von V bilden.

6. Es sei $\mathbb{F}$ ein endlicher Körper mit q Elementen und V ein $\mathbb{F}$-Vektorraum der Dimension n.

   (i) Man bestimme die Anzahl der Elemente von V.

   (ii) Man bestimme die Anzahl der Teilmengen in V, deren Elemente jeweils eine Basis von V bilden.

7. Es sei $X = X_1 \amalg \ldots \amalg X_n$ eine Menge mit einer endlichen Zerlegung in nicht-leere paarweise disjunkte Teilmengen. Für einen Körper
   K betrachte man den K-Vektorraum V aller K-wertigen Funktionen
   $X \longrightarrow K$, sowie den linearen Unterraum U derjenigen Funktionen, die
   auf jedem der X_i konstant sind. Man berechne $\dim_K U$.

   Welche Dimension erhält man, wenn die X_i nicht notwendig paarweise
   disjunkt sind und lediglich $X = \bigcup_{i=1}^n X_i$ gilt?

8. Es sei K ein Körper. Für gegebene Elemente $\gamma_1, \ldots, \gamma_n \in K$ betrachte
   man die Teilmenge

$$U = \left\{ (\alpha_1, \ldots, \alpha_n) \in K^n \, ; \; \sum_{i=1}^n \alpha_i \gamma_i = 0 \right\}.$$

   Man zeige, dass U ein linearer Unterraum von K^n ist, und berechne
   $\dim_K U$. (AT 384)

1.6 Direkte Summen

Zu Vektoren $a_1, \ldots, a_r$ eines K-Vektorraums V kann man die linearen
Unterräume $Ka_i = \langle a_i \rangle$, $i = 1, \ldots, r$, betrachten. Bilden die a_i ein
Erzeugendensystem von V, so lässt sich jedes Element $b \in V$ in der
Form $b = \sum_{i=1}^r b_i$ schreiben mit Vektoren $b_i \in Ka_i$; wir werden sagen,
dass V die *Summe* der linearen Unterräume Ka_i ist. Bilden $a_1, \ldots, a_r$
sogar eine Basis von V, so überlegt man leicht mit 1.5/4, dass in einer
solchen Darstellung die Vektoren $b_i \in Ka_i$ eindeutig durch b bestimmt
sind. Wir werden sagen, dass V die *direkte Summe* der Ka_i ist. Im
Folgenden sollen Summe und direkte Summe für den Fall beliebiger
linearer Unterräume von V erklärt werden.

Definition 1. *Es seien $U_1, \ldots, U_r$ lineare Unterräume eines K-Vek-
torraums V. Dann wird die* Summe *dieser Unterräume erklärt durch*

$$\sum_{i=1}^r U_i = \left\{ \sum_{i=1}^r b_i \, ; \; b_i \in U_i \text{ für } i = 1, \ldots, r \right\}.$$

Es ist unmittelbar klar, dass $\sum_{i=1}^r U_i$ wieder ein linearer Unterraum von V ist, nämlich der von $U_1, \ldots, U_r$ erzeugte lineare Unterraum $\langle U_1 \cup \ldots \cup U_r \rangle \subset V$. Insbesondere sieht man, dass die Summe
von linearen Unterräumen in V assoziativ ist.

Satz 2. *Für eine Summe $U = \sum_{i=1}^{r} U_i$ von linearen Unterräumen $U_1, \ldots, U_r$ eines K-Vektorraums V sind folgende Aussagen äquivalent:*

(i) *Jedes $b \in U$ hat eine Darstellung $b = \sum_{i=1}^{r} b_i$ mit eindeutig bestimmten Vektoren $b_i \in U_i$, $i = 1, \ldots, r$.*

(ii) *Aus einer Gleichung $\sum_{i=1}^{r} b_i = 0$ mit Vektoren $b_i \in U_i$ folgt $b_i = 0$ für $i = 1, \ldots, r$.*

(iii) *Für $p = 1, \ldots, r$ gilt $U_p \cap \sum_{i \neq p} U_i = 0$.*

Beweis. Bedingung (i) impliziert trivialerweise (ii). Um (iii) aus (ii) herzuleiten, betrachte man einen Index $p \in \{1, \ldots, r\}$ und einen Vektor $b \in U_p \cap \sum_{i \neq p} U_i$, etwa $b = \sum_{i \neq p} b_i$ mit Summanden $b_i \in U_i$. Dann gilt $-b + \sum_{i \neq p} b_i = 0$, und es folgt aus (ii) insbesondere $b = 0$. Somit hat man $U_p \cap \sum_{i \neq p} U_i = 0$.

Sei nun Bedingung (iii) gegeben, und sei $b \in V$ auf zwei Weisen als Summe von Vektoren $b_i, b_i' \in U_i$ dargestellt, also

$$b = \sum_{i=1}^{r} b_i = \sum_{i=1}^{r} b_i'.$$

Dann folgt $\sum_{i=1}^{r} (b_i - b_i') = 0$ und somit

$$b_p - b_p' = -\sum_{i \neq p} (b_i - b_i') \in U_p \cap \sum_{i \neq p} U_i = 0, \qquad p = 1, \ldots, n.$$

Insbesondere ergibt sich $b_i = b_i'$ für $i = 1, \ldots, r$, d. h. (i) ist erfüllt. $\square$

Definition 3. *Es sei $U = \sum_{i=1}^{r} U_i$ eine Summe von linearen Unterräumen $U_1, \ldots, U_r$ eines K-Vektorraums V. Dann heißt U die* direkte Summe *der U_i, in Zeichen $U = \bigoplus_{i=1}^{r} U_i$, wenn die äquivalenten Bedingungen von Satz 2 erfüllt sind.*

Sind $U_1, \ldots, U_r$ lineare Unterräume in V, so wird deren Summe $U = \sum_{i=1}^{r} U_i$ auch mit $U_1 + \ldots + U_r$ bezeichnet, und man schreibt $U_1 \oplus \ldots \oplus U_r$, falls diese Summe direkt ist. Eine Summe $U_1 + U_2$ zweier linearer Unterräume $U_1, U_2 \subset V$ ist genau dann direkt, wenn $U_1 \cap U_2 = 0$ gilt. Wie schon angedeutet, ist die Direktheit einer Summe von linearen Unterräumen anzusehen als Verallgemeinerung der linearen Unabhängigkeit eines Systems von Vektoren. Für Vektoren $a_1, \ldots, a_r \in V$ ist nämlich

$$\langle a_1, \ldots, a_r \rangle = \bigoplus_{i=1}^{r} K a_i, \qquad a_i \neq 0 \ \text{für} \ i = 1, \ldots, r$$

äquivalent zur linearen Unabhängigkeit von $a_1, \ldots, a_r$.

Eine leichte Variante der gerade definierten direkten Summe stellt die sogenannte *konstruierte direkte Summe* dar. Man geht hierbei von gegebenen K-Vektorräumen $V_1, \ldots, V_r$ aus und konstruiert einen K-Vektorraum V, in dem sich die V_i als lineare Unterräume auffassen lassen, und zwar derart, dass V die direkte Summe der V_i ist, also $V = \bigoplus_{i=1}^{r} V_i$ im Sinne von Definition 3 gilt. Dabei wird V als das kartesische Produkt der V_i definiert, $V = \prod_{i=1}^{r} V_i$, und man fasst dieses Produkt als K-Vektorraum mit komponentenweiser Addition und skalarer Multiplikation auf. In V bilden dann die Teilmengen

$$V_i' = \{ (v_1, \ldots, v_r) \in V \,;\, v_j = 0 \ \text{für} \ j \neq i \}, \qquad i = 1, \ldots, r,$$

lineare Unterräume, und man stellt unschwer fest, dass V die direkte Summe der V_i' ist. Da die natürliche Abbildung

$$\iota_i \colon V_i \longrightarrow V_i', \qquad v \longmapsto (v_1, \ldots, v_r) \ \text{mit} \ v_j = \begin{cases} v & \text{für} \ j = i \\ 0 & \text{für} \ j \neq i \end{cases},$$

für $i = 1, \ldots, r$ jeweils bijektiv ist und zudem die Vektorraumstrukturen auf V_i und V_i' respektiert, können wir jeweils V_i mit V_i' unter ι_i identifizieren und auf diese Weise V als direkte Summe der linearen Unterräume $V_1, \ldots, V_r$ auffassen, in Zeichen $V = \bigoplus_{i=1}^{r} V_i$. Wir nennen V die konstruierte direkte Summe der V_i. Hierbei ist jedoch ein wenig Vorsicht geboten. Ist beispielsweise ein K-Vektorraum V die (nicht notwendig direkte) Summe gewisser linearer Unterräume $U_1, \ldots, U_r \subset V$, gilt also $V = \sum_{i=1}^{r} U_i$, so kann man zusätzlich die direkte Summe $U = \bigoplus_{i=1}^{r} U_i$ konstruieren. Mit Hilfe der nachfolgenden Dimensionsformeln kann man dann $\dim_K U \geq \dim_K V$ zeigen, wobei Gleichheit nur dann gilt, wenn V bereits die direkte Summe der U_i ist. Im Allgemeinen wird daher U wesentlich verschieden von V sein.

Satz 4. *Es sei V ein K-Vektorraum und $U \subset V$ ein linearer Unterraum. Dann existiert ein linearer Unterraum $U' \subset V$ mit $V = U \oplus U'$. Für jedes solche U' gilt*

$$\dim_K V = \dim_K U + \dim_K U'.$$

Man nennt U' in dieser Situation ein *Komplement* zu U. Komplemente von linearen Unterräumen sind abgesehen von den trivialen Fällen $U = 0$ und $U = V$ nicht eindeutig bestimmt.

Beweis zu Satz 4. Ist V von endlicher Dimension, so wähle man eine Basis $a_1, \ldots, a_r$ von U und ergänze diese durch Vektoren $a_{r+1}, \ldots, a_n$ gemäß 1.5/8 zu einer Basis von V. Dann gilt

$$V = \bigoplus_{i=1}^{n} K a_i, \qquad U = \bigoplus_{i=1}^{r} K a_i,$$

und es ergibt sich $V = U \oplus U'$ mit $U' = \bigoplus_{i=r+1}^{n} K a_i$.

Ist V nicht notwendig von endlicher Dimension, so können wir im Prinzip genauso schließen, indem wir nicht-endliche Basen zulassen und die Ausführungen am Schluss von Abschnitt 1.5 beachten. Wir können dann eine Basis $(a_i)_{i \in I}$ von U wählen und diese mittels des Basisergänzungssatzes durch ein System $(a'_j)_{j \in J}$ von Vektoren zu einer Basis von V ergänzen. Es folgt $V = U \oplus U'$ mit $U' = \langle (a'_j)_{j \in J} \rangle$.

Zum Beweis der Dimensionsformel betrachte man ein Komplement U' zu U. Sind U und U' von endlicher Dimension, so wähle man eine Basis $b_1, \ldots, b_r$ von U bzw. $b_{r+1}, \ldots, b_n$ von U'. Dann bilden $b_1, \ldots, b_n$ eine Basis von V, und es folgt

$$\dim_K V = n = r + (n - r) = \dim_K U + \dim_K U',$$

wie gewünscht. Ist mindestens einer der beiden Räume U und U' von unendlicher Dimension, so gilt dies erst recht für V, und die Dimensionsformel ist trivialerweise erfüllt. $\square$

Als Anwendung wollen wir noch eine Dimensionsformel für Untervektorräume beweisen.

Satz 5. *Es seien* U, U' *lineare Unterräume eines* K-*Vektorraums* V. *Dann gilt*

$$\dim_K U + \dim_K U' = \dim_K(U + U') + \dim_K(U \cap U').$$

Beweis. Zunächst seien U und U' von endlicher Dimension. Dann ist $U + U'$ endlich erzeugt und damit nach 1.5/6 ebenfalls von endlicher

Dimension. Man wähle nun gemäß Satz 4 ein Komplement W von $U \cap U'$ in U, sowie ein Komplement W' von $U \cap U'$ in U', also mit

$$U = (U \cap U') \oplus W, \qquad U' = (U \cap U') \oplus W'.$$

Dann gilt
$$U + U' = (U \cap U') + W + W',$$

und wir behaupten, dass diese Summe direkt ist. In der Tat, hat man $a + b + b' = 0$ für gewisse Elemente $a \in U \cap U'$, $b \in W$, $b' \in W'$, so ergibt sich
$$b = -(a + b') \in (U \cap U') + W' = U'$$

und wegen $b \in W \subset U$ sogar

$$b \in (U \cap U') \cap W = 0,$$

da U die direkte Summe der linearen Unterräume $U \cap U'$ und W ist. Man erhält also $b = 0$ und auf entsprechende Weise auch $b' = 0$. Damit folgt aber auch $a = 0$, was bedeutet, dass $U + U'$ die direkte Summe der linearen Unterräume $U \cap U'$, W und W' ist. Die behauptete Dimensionsformel ergibt sich dann mittels Satz 4 aus der Rechnung

$$
\begin{aligned}
&\dim(U + U') \\
&= \dim(U \cap U') + \dim W + \dim W' \\
&= \big(\dim(U \cap U') + \dim W\big) + \big(\dim(U \cap U') + \dim W'\big) - \dim(U \cap U') \\
&= \dim U + \dim U' - \dim(U \cap U').
\end{aligned}
$$

Abschließend ist noch der Fall zu betrachten, wo (mindestens) einer der linearen Unterräume U, U' nicht von endlicher Dimension ist. Gilt etwa $\dim_K U = \infty$, so folgt hieraus insbesondere $\dim_K(U + U') = \infty$, und wir haben $\dim_K U + \dim_K U'$ wie auch $\dim_K(U + U') + \dim_K(U \cap U')$ als ∞ zu interpretieren. Die behauptete Dimensionsformel ist also auch in diesem Fall gültig. □

Korollar 6. *Es seien U, U' endlich-dimensionale lineare Unterräume eines K-Vektorraums V. Dann ist äquivalent:*
  (i) $U + U' = U \oplus U'$.
  (ii) $\dim_K(U + U') = \dim_K U + \dim_K U'$.

Beweis. Aufgrund von Satz 5 ist (ii) äquivalent zu $\dim_K(U \cap U') = 0$, also zu $U \cap U' = 0$ und damit zu Bedingung (i). $\qquad\qquad\square$

Aufgaben

1. Man bestimme Komplemente zu folgenden linearen Unterräumen des $\mathbb{R}^3$ bzw. $\mathbb{R}^4$:

   (i) $U = \langle(1,2,3), (-2,3,1), (4,1,5)\rangle$

   (ii) $U = \{(x_1, x_2, x_3, x_4) \in \mathbb{R}^4 \,;\, 3x_1 - 2x_2 + x_3 + 2x_4 = 0\}$

2. Man betrachte eine Zerlegung $V = \sum_{i=1}^n U_i$ eines endlich-dimensionalen K-Vektorraums V in Untervektorräume $U_i \subset V$ und zeige, dass die Summe der U_i genau dann direkt ist, wenn $\dim_K V = \sum_{i=1}^n \dim_K U_i$ gilt.

3. Man betrachte eine direkte Summenzerlegung $V = \bigoplus_{i=1}^n U_i$ eines K-Vektorraums V in lineare Unterräume $U_i \subset V$, sowie für jedes $i = 1, \ldots, n$ eine Familie $(x_{ij})_{j \in J_i}$ von Elementen $x_{ij} \in U_i$. Man zeige:

   (i) Die Elemente x_{ij}, $i = 1, \ldots, n$, $j \in J_i$, bilden genau dann ein Erzeugendensystem von V, wenn für jedes $i = 1, \ldots, n$ die Elemente x_{ij}, $j \in J_i$, ein Erzeugendensystem von U_i bilden.

   (ii) Die Elemente x_{ij}, $i = 1, \ldots, n$, $j \in J_i$, sind genau dann linear unabhängig in V, wenn für jedes $i = 1, \ldots, n$ die Elemente x_{ij}, $j \in J_i$, linear unabhängig in U_i sind.

   (iii) Die Elemente x_{ij}, $i = 1, \ldots, n$, $j \in J_i$, bilden genau dann eine Basis von V, wenn für jedes $i = 1, \ldots, n$ die Elemente x_{ij}, $j \in J_i$, eine Basis von U_i bilden.

4. Es seien U_1, U_2, U_3 lineare Unterräume eines K-Vektorraums V. Man zeige (AT 387):

$$\dim_K U_1 + \dim_K U_2 + \dim_K U_3$$
$$= \dim_K(U_1 + U_2 + U_3) + \dim_K\big((U_1 + U_2) \cap U_3\big) + \dim_K(U_1 \cap U_2)$$

5. Es sei $U_1 \subset U_2 \subset \ldots \subset U_n$ eine Folge linearer Unterräume eines K-Vektorraums V mit $\dim_K V < \infty$. Man zeige, dass es jeweils ein Komplement U_i' zu U_i gibt, $i = 1, \ldots, n$, mit $U_1' \supset U_2' \supset \ldots \supset U_n'$.

6. Es sei U ein linearer Unterraum eines endlich-dimensionalen K-Vektorraums V. Unter welcher Dimensionsbedingung gibt es lineare Unterräume U_1, U_2 in V mit $U \subsetneq U_i \subsetneq V$, $i = 1, 2$, und $U = U_1 \cap U_2$?

7. Es seien U, U' zwei lineare Unterräume eines endlich-dimensionalen K-Vektorraums V. Unter welcher Dimensionsbedingung besitzen U und U' ein gemeinsames Komplement in V?

8. Es sei U ein linearer Unterraum eines endlich-dimensionalen K-Vektorraums V. Unter welcher Dimensionsbedingung kann man Komplemente $U_1, \ldots, U_r$ zu U in V finden, derart dass $\sum_{i=1}^{r} U_i = \bigoplus_{i=1}^{r} U_i$ gilt? (AT 388)

2. Lineare Abbildungen

Überblick und Hintergrund

In Kapitel 1 haben wir Vektorräume über einem Körper K als Mengen eingeführt, die mit einer gewissen Struktur ausgestattet sind, nämlich einer Addition und einer skalaren Multiplikation mit Elementen aus K, wobei die Gültigkeit gewisser Axiome (Rechenregeln) gefordert wird. Unberührt blieb dabei zunächst die Frage, wann zwei K-Vektorräume V und V' als "gleich" oder "im Wesentlichen gleich" anzusehen sind. Es gibt eine natürliche Methode, um dies festzustellen: Man versuche, die Elemente von V mittels einer bijektiven Abbildung $f \colon V \longrightarrow V'$ mit denjenigen von V' zu identifizieren, und zwar in der Weise, dass dabei die Addition und die skalare Multiplikation von V und V' in Übereinstimmung gebracht werden. Für die Abbildung f erfordert dies die Gleichungen

$$f(a + b) = f(a) + f(b), \qquad f(\alpha a) = \alpha f(a),$$

für alle $a, b \in V$ und alle $\alpha \in K$. Lässt sich eine solche bijektive Abbildung f finden, so kann man die Vektorräume V und V' als "im Wesentlichen gleich" ansehen, und man nennt f in diesem Falle einen *Isomorphismus* zwischen V und V'. Allgemeiner betrachtet man auch nicht notwendig bijektive Abbildungen $f \colon V \longrightarrow V'$ mit den oben genannten Verträglichkeitseigenschaften und bezeichnet diese als *Homomorphismen* oder *lineare Abbildungen* von V nach V'. Die Untersuchung von Abbildungen dieses Typs ist das zentrale Thema des vorliegenden Kapitels.

Im Rahmen der Einführung zu Kapitel 1 hatten wir erläutert, wie man $\mathbb{R}^2$, die Menge aller Paare reeller Zahlen, als Modell einer gege-

© Springer-Verlag GmbH Deutschland, ein Teil von Springer Nature 2021
S. Bosch, *Lineare Algebra*, https://doi.org/10.1007/978-3-662-62616-0_2

benen anschaulichen Ebene E auffassen kann, und zwar indem man in E ein Koordinatensystem auszeichnet. Wir wollen hier noch etwas genauer untersuchen, in welcher Weise dieses Modell von der Wahl des Koordinatensystems abhängt, wobei wir $\mathbb{R}^2$ unter der komponentenweisen Addition und skalaren Multiplikation als $\mathbb{R}$-Vektorraum auffassen. Wir wählen also einen Nullpunkt $0 \in E$ und ein Koordinatensystem in 0 mit den Achsen x und y; in den nachfolgenden Skizzen ist dieses System der besseren Übersicht halber als rechtwinkliges Koordinatensystem gezeichnet, was aber keinesfalls erforderlich ist. Indem wir einem Punkt $P \in E$ das Paar $(x_1, y_1) \in \mathbb{R}^2$ bestehend aus den Koordinaten von P bezüglich x und y zuordnen, erhalten wir eine bijektive Abbildung $\varphi \colon E \longrightarrow \mathbb{R}^2$, welche wir in der Einführung zu Kapitel 1 jeweils als Identifizierung angesehen hatten. Für ein zweites Koordinatensystem in 0 mit den Koordinatenachsen u und v ergibt sich entsprechend eine bijektive Abbildung $\psi \colon E \longrightarrow \mathbb{R}^2$, was mittels folgender Skizze verdeutlicht werden möge:

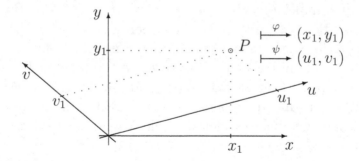

Der Übergang vom ersten zum zweiten Modell wird somit durch die Abbildung

$$f = \psi \circ \varphi^{-1} \colon \mathbb{R}^2 \longrightarrow \mathbb{R}^2$$

beschrieben, und wir wollen plausibel machen, dass es sich hierbei um einen Isomorphismus von $\mathbb{R}$-Vektorräumen in dem oben beschriebenen Sinne handelt. Zunächst einmal ist die Abbildung f bijektiv, da φ und ψ beide bijektiv sind. Es bleibt also lediglich noch zu zeigen, dass f mit der Vektorraumstruktur von $\mathbb{R}^2$ verträglich ist. Wir betrachten daher ein Paar $(x_1, y_1) \in \mathbb{R}^2$, den zugehörigen Punkt $P \in E$ mit $\varphi(P) = (x_1, y_1)$, sowie das Paar $(u_1, v_1) := \psi(P)$. Folglich besitzt P die Koordinaten x_1, y_1 bezüglich der Achsen x, y und entsprechend die Koordinaten u_1, v_1 bezüglich u, v. Nach Konstruktion gilt dann

$f(x_1, y_1) = (u_1, v_1)$, und es ergibt sich für Skalare $\alpha \in \mathbb{R}$ folgendes Bild:

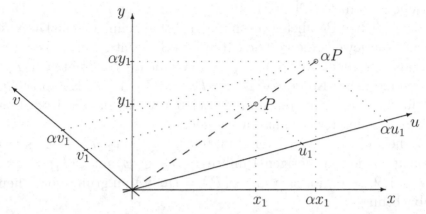

Dabei sei $\alpha P \in E$ derjenige Punkt, der aus P durch Streckung mit Zentrum 0 und Faktor α entsteht. Mittels des Strahlensatzes folgt dann, dass die Koordinaten von αP bezüglich der Achsen x, y bzw. u, v ebenfalls durch Streckung mit Faktor α aus den entsprechenden Koordinaten von P hervorgehen. Dies bedeutet

$$\varphi(\alpha P) = (\alpha x_1, \alpha y_1) = \alpha(x_1, y_1), \quad \psi(\alpha P) = (\alpha u_1, \alpha v_1) = \alpha(u_1, v_1),$$

und damit

$$f\big(\alpha(x_1, y_1)\big) = \psi\big(\varphi^{-1}\big(\alpha(x_1, y_1)\big)\big) = \psi(\alpha P) = \alpha(u_1, v_1) = \alpha f\big((x_1, y_1)\big),$$

d. h. f ist verträglich mit der skalaren Multiplikation von $\mathbb{R}^2$.

Um auch die Verträglichkeit mit der Addition nachzuweisen, betrachten wir zunächst folgende Skizze:

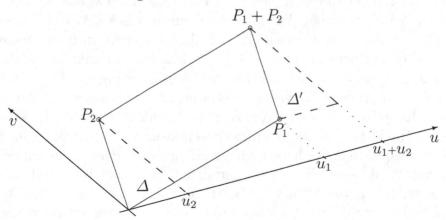

Der Übersichtlichkeit halber haben wir uns hier auf ein einziges (schief-winkliges) Koordinatensystem mit den Achsen u und v beschränkt. Ausgehend von den Punkten $P_1, P_2 \in E$ sei der Punkt $P_1 + P_2$ mittels der üblichen Parallelogrammkonstruktion definiert. Die Dreiecke Δ und Δ', die jeweils die gestrichelten Strecken enthalten, erkennt man dann als kongruent, und es folgt, dass sich die u-Koordinate von P_1+P_2 als Summe der u-Koordinaten von P_1 und P_2 ergibt. Entsprechendes gilt für die v-Koordinaten und in gleicher Weise für die Koordinaten bezüglich anderer Koordinatensysteme.

Gehen wir nun von zwei Punkten $(x_1, y_1), (x_2, y_2) \in \mathbb{R}^2$ aus und betrachten die zugehörigen Punkte $P_1, P_2 \in E$ mit $\varphi(P_i) = (x_i, y_i)$ für $i = 1, 2$, so ergibt sich mit $\psi(P_i) = (u_i, v_i)$ aufgrund vorstehender Beobachtung

$$\varphi(P_1 + P_2) = (x_1 + x_2, y_1 + y_2) = (x_1, y_1) + (x_2, y_2),$$
$$\psi(P_1 + P_2) = (u_1 + u_2, v_1 + v_2) = (u_1, v_1) + (u_2, v_2).$$

Die gewünschte Verträglichkeit von f mit der Addition auf $\mathbb{R}^2$ folgt dann aus der Gleichung

$$f\big((x_1, y_1) + (x_2, y_2)\big) = \psi\big(\varphi^{-1}\big((x_1, y_1) + (x_2, y_2)\big)\big) = \psi(P_1 + P_2)$$
$$= (u_1, v_1) + (u_2, v_2) = f\big((x_1, y_1)\big) + f\big((x_2, y_2)\big),$$

und man erkennt $f \colon \mathbb{R}^2 \longrightarrow \mathbb{R}^2$, wie behauptet, als Isomorphismus von $\mathbb{R}$-Vektorräumen.

Die vorstehende Überlegung hat eine wichtige Konsequenz. Zeichnet man in der Ebene E einen Punkt 0 als Nullpunkt aus, so lässt sich E auf ganz natürliche Weise mit der Struktur eines $\mathbb{R}$-Vektorraums versehen. Man wähle nämlich ein Koordinatensystem in 0 und fasse die zugehörige Bijektion $\varphi \colon E \longrightarrow \mathbb{R}^2$, welche einem Punkt $P \in E$ die zugehörigen Koordinaten zuordnet, als Identifizierung auf. Die so von $\mathbb{R}^2$ auf E übertragene Vektorraumstruktur ist unabhängig von der Wahl des Koordinatensystems von E in 0. In der Tat, ist $\psi \colon E \longrightarrow \mathbb{R}^2$ eine Bijektion, die zu einem weiteren Koordinatensystem von E in 0 korrespondiert, so haben wir gerade gezeigt, dass die Komposition $\psi \circ \varphi^{-1} \colon \mathbb{R}^2 \longrightarrow \mathbb{R}^2$ ein Isomorphismus ist. Dies besagt aber, dass die mittels φ von $\mathbb{R}^2$ auf E übertragene Addition und skalare Multiplikation jeweils mit derjenigen übereinstimmt, die mittels ψ von $\mathbb{R}^2$

auf E übertragen werden kann. Wir können daher mit gutem Recht sagen, dass eine punktierte Ebene, also eine Ebene mit einem als Nullpunkt ausgezeichneten Punkt 0, auf natürliche Weise die Struktur eines $\mathbb{R}$-Vektorraums besitzt und dass dieser Vektorraum im Grunde genommen nichts anderes als das wohlbekannte Modell $\mathbb{R}^2$ ist, genauer, dass E als $\mathbb{R}$-Vektorraum zu $\mathbb{R}^2$ isomorph ist. Entsprechendes gilt natürlich auch für eine Gerade und $\mathbb{R}^1$ als Modell, sowie für den drei-dimensionalen anschaulichen Raum und $\mathbb{R}^3$ als Modell. Es ist allgemeiner auch möglich, die Abhängigkeit der Modelle von der Wahl des Nullpunktes zu vermeiden. Anstelle linearer Abbildungen hat man dann sogenannte *affine* Abbildungen zu betrachten, die sich als Komposition linearer Abbildungen mit Translationen darstellen.

Beispiele für Isomorphismen $f\colon \mathbb{R}^2 \longrightarrow \mathbb{R}^2$ gibt es zur Genüge, etwa die Streckung

$$f\colon \mathbb{R}^2 \longrightarrow \mathbb{R}^2, \qquad (x_1, y_1) \longmapsto (\alpha_1 x_1, \beta_1 y_1),$$

mit fest vorgegebenen Konstanten $\alpha_1, \beta_1 \in \mathbb{R}^*$, die Drehung um $0 \in \mathbb{R}^2$ mit einem gewissen Winkel ϑ

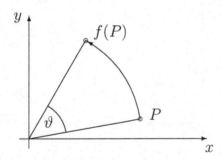

oder die Spiegelung an einer Geraden G, die den Nullpunkt $0 \in \mathbb{R}$ enthält:

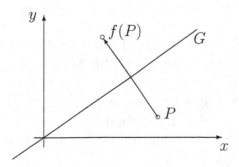

Ein einfaches Beispiel einer linearen Abbildung, die nicht bijektiv und damit kein Isomorphismus ist, stellt die sogenannte *Projektion*

$$f \colon \mathbb{R}^2 \longrightarrow \mathbb{R}, \qquad (x_1, y_1) \longmapsto x_1,$$

dar. Diese Abbildung beschreibt sich in der Tat als (Parallel-) Projektion auf die x-Achse, indem man einen Punkt $P \in \mathbb{R}^2$ auf den Schnittpunkt der x-Achse mit der Parallelen zur y-Achse durch P abbildet:

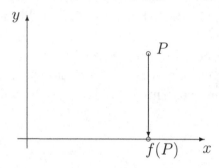

Man kann auch parallel zu einer anderen Achse v projizieren, etwa in der folgenden Weise:

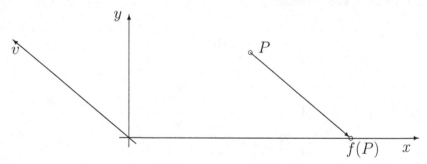

Im Prinzip erhält man hier keine wesentlich andere lineare Abbildung, denn diese wird bezüglich der Koordinatenachsen x, v wiederum durch

$$f \colon \mathbb{R}^2 \longrightarrow \mathbb{R}, \qquad (x_1, v_1) \longmapsto x_1,$$

beschrieben. Ähnliche Beispiele für Isomorphismen oder, allgemeiner, lineare Abbildungen, lassen sich auch für höher-dimensionale Vektorräume $\mathbb{R}^n$ angeben.

Im vorliegenden Kapitel wollen wir zunächst einmal einige allgemeine Eigenschaften linearer Abbildungen untersuchen, wobei wir wiederum Vektorräume über einem beliebigen Körper K betrachten.

Zum Beispiel werden wir sehen, dass die Dimension des Bildes V' einer surjektiven linearen Abbildung $f\colon V \longrightarrow V'$, man spricht hier vom *Rang* von f, höchstens gleich der Dimension von V sein kann. Somit ist die Existenz beispielsweise einer surjektiven linearen Abbildung $\mathbb{R}^2 \longrightarrow \mathbb{R}^3$ ausgeschlossen. Allgemeiner werden Phänomene dieser Art durch die sogenannte *Dimensionsformel* für lineare Abbildungen geregelt. Auch wird sich zeigen, dass eine lineare Abbildung $f\colon V \longrightarrow V'$ bereits eindeutig durch die Bilder $f(x_i) \in V'$ einer vorgegebenen Basis $(x_i)_{i \in I}$ von V festgelegt ist, ja dass man sogar eine lineare Abbildung $f\colon V \longrightarrow V'$ eindeutig definieren kann, indem man lediglich die Bilder $f(x_i)$ in V' (in beliebiger Weise) vorgibt. Diese Eigenschaft ist wichtig für die Beschreibung linearer Abbildungen mittels Matrizen (das sind rechteckige Koeffizientenschemata mit Einträgen aus dem Grundkörper K) und damit für die rechnerische Handhabung linearer Abbildungen. Eine tiefergehende Betrachtung von Matrizen wird allerdings erst in Kapitel 3 erfolgen.

Ein weiteres Problem, das wir in diesem Kapitel lösen werden, beschäftigt sich mit der Konstruktion linearer Abbildungen mit bestimmten vorgegebenen Eigenschaften. Für eine Abbildung $f\colon V \longrightarrow V'$ bezeichnet man die Urbilder $f^{-1}(a') \subset V$ zu Elementen $a' \in V'$ als die *Fasern* von f. Natürlich ist eine Faser $f^{-1}(a')$ genau dann nicht leer, wenn a' zum Bild von f gehört. Die nicht-leeren Fasern von f werden daher (eventuell in mehrfacher Aufzählung) durch die Mengen $f^{-1}(f(a))$ beschrieben, wobei a in V variiere. Für eine lineare Abbildung $f\colon V \longrightarrow V'$ gilt stets $f(0) = 0'$, wenn 0 und $0'$ die Nullvektoren in V und V' bezeichnen. Insbesondere enthält die Faser $f^{-1}(0') = f^{-1}(f(0))$ stets den Nullvektor $0 \in V$. Genauer sieht man leicht ein, dass $f^{-1}(0')$ sogar einen linearen Unterraum $U \subset V$ bildet, den sogenannten *Kern* von f, der mit $\ker f$ bezeichnet wird. Weiter zeigt man

$$f^{-1}\big(f(a)\big) = a + U = \{a + u \,;\, u \in U\}$$

für $a \in V$. Man erhält daher alle nicht-leeren Fasern von f, indem man den linearen Unterraum $U = \ker f$ mit allen Vektoren $a \in V$ parallel verschiebt, wobei man jeden solchen parallel verschobenen Unterraum $A = a + U$ als einen zu U *gehörigen affinen Unterraum* von V bezeichnet. Im Falle $V = \mathbb{R}^2$ und für eine Gerade $U \subset \mathbb{R}^2$ ergibt sich beispielsweise folgendes Bild:

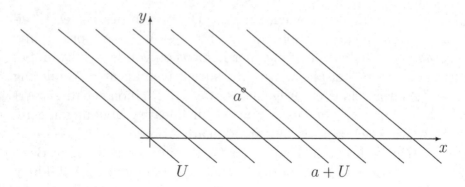

Umgekehrt werden wir zu einem linearen Unterraum $U \subset V$ die Menge V/U aller zu U gehörigen affinen Unterräume betrachten und diese auf natürliche Weise zu einem K-Vektorraum machen, indem wir für $a, b \in V$ und $\alpha \in K$

$$(a + U) + (b + U) := (a + b) + U, \qquad \alpha(a + U) := \alpha a + U$$

setzen. Dass man auf diese Weise tatsächlich einen Vektorraum erhält, den sogenannten *Quotienten*- oder *Restklassenvektorraum* V/U, bedarf einiger Verifizierungen, die wir im Einzelnen durchführen werden. Insbesondere werden wir sehen, dass dann die kanonische Abbildung

$$\pi : V \longrightarrow V/U, \qquad a \longmapsto a + U,$$

eine lineare Abbildung mit $\ker \pi = U$ ergibt, deren Fasern also gerade die zu U gehörigen affinen Unterräume von V sind. Die Abbildung π erfüllt eine wichtige, sogenannte *universelle* Eigenschaft, die wie folgt lautet: Ist $f : V \longrightarrow V'$ eine lineare Abbildung mit einem Kern, der $U = \ker \pi \subset \ker f$ erfüllt, so zerlegt sich f in eine Komposition

$$f : V \xrightarrow{\ \pi\ } V/U \xrightarrow{\ \overline{f}\ } V'$$

mit einer eindeutig bestimmten linearen Abbildung $\overline{f} : V/U \longrightarrow V'$; dies ist im Wesentlichen die Aussage des *Homomorphiesatzes* für lineare Abbildungen.

Die Definition eines Vektorraums als Menge mit einer Addition und skalaren Multiplikation macht keinerlei Vorschriften über die Art der Elemente dieser Menge. Wir nutzen dies insbesondere bei der Definition des Restklassenvektorraums V/U aus, dessen Elemente affine

Unterräume von V und damit Teilmengen von V sind. Ein weiteres Beispiel eines Vektorraums, der zu einem gegebenen K-Vektorraum V konstruiert werden kann, ist der *Dualraum* V^*. Seine Elemente sind lineare Abbildungen, und zwar die linearen Abbildungen $V \longrightarrow K$. Zwischen V und V^* bestehen enge symmetrische Beziehungen; man spricht von einer Dualität zwischen V und V^*, daher auch der Name Dualraum. Beispielsweise lässt sich V im Falle endlicher Dimension selbst wieder als Dualraum von V^* interpretieren. Mit dem Dualraum eines Vektorraums V decken wir in einem gewissen Sinne die linearen Eigenschaften von V auf einem höheren Niveau auf. Die zu beweisenden Ergebnisse werden es uns in gewissen Fällen ermöglichen, ansonsten erforderliche konventionelle Rechnungen durch konzeptionelle Argumente zu ersetzen.

2.1 Grundbegriffe

Zu Vektoren $a_1, \ldots, a_n$ eines K-Vektorraums V kann man stets die Abbildung

$$f \colon K^n \longrightarrow V, \qquad (\alpha_1, \ldots, \alpha_n) \longmapsto \sum_{i=1}^{n} \alpha_i a_i,$$

betrachten. Die Einheitsvektoren $e_i = (\delta_{1i}, \ldots, \delta_{ni}) \in K^n$, $i = 1, \ldots, n$, welche die kanonische Basis von K^n bilden, genügen dann den Gleichungen $f(e_i) = a_i$, und wir können in äquivalenter Weise sagen, dass f durch die Vorschrift

$$f\left(\sum_{i=1}^{n} \alpha_i e_i \right) = \sum_{i=1}^{n} \alpha_i a_i$$

beschrieben wird. Bilden nun die Vektoren $a_1, \ldots, a_n$ sogar eine Basis von V, so hat jedes Element $a \in V$ eine eindeutig bestimmte Darstellung $a = \sum_{i=1}^{n} \alpha_i a_i$ mit Koeffizienten $\alpha_i \in K$, und man sieht, dass die Abbildung f in diesem Falle bijektiv ist. Weiter ist f verträglich mit den Vektorraumstrukturen auf K^n und V, denn es gilt offenbar $f(a+b) = f(a) + f(b)$ für $a, b \in K^n$ sowie $f(\alpha a) = \alpha f(a)$ für $\alpha \in K$, $a \in K^n$. Folglich können wir V als K-Vektorraum nach Auswahl der

Basis $a_1, \ldots, a_n$ mit K^n identifizieren, und zwar unter Verwendung der Abbildung f. Dies zeigt insbesondere, dass Abbildungen zwischen Vektorräumen, welche die Vektorraumstrukturen respektieren, von Interesse sind.

Definition 1. *Eine Abbildung* $f \colon V \longrightarrow V'$ *zwischen K-Vektorräumen* V, V' *heißt* K-Homomorphismus *oder* K-lineare Abbildung, *falls gilt:*

(i) $f(a + b) = f(a) + f(b)$ *für* $a, b \in V$.

(ii) $f(\alpha a) = \alpha f(a)$ *für* $\alpha \in K, a \in V$.

Die Bedingungen (i) und (ii) lassen sich zusammenfassen, indem man für $\alpha, \beta \in K$, $a, b \in V$ in äquivalenter Weise fordert:

$$f(\alpha a + \beta b) = \alpha f(a) + \beta f(b)$$

Als einfache Rechenregeln prüft man leicht nach:

$$f(0) = 0$$
$$f(-a) = -f(a) \quad \text{für } a \in V$$

Im Übrigen ist die Komposition linearer Abbildungen wieder linear. Wir wollen einige einfache Beispiele linearer Abbildungen anschauen.

(1) Die Abbildung $\mathbb{C} \longrightarrow \mathbb{C}$, $z \longmapsto \bar{z} = \operatorname{Re}(z) - i\operatorname{Im}(z)$, ist $\mathbb{R}$-linear, nicht aber $\mathbb{C}$-linear.

(2) Für einen K-Vektorraum V bildet die identische Abbildung $\operatorname{id} \colon V \longrightarrow V$, $a \longmapsto a$, stets eine K-lineare Abbildung, ebenso die Nullabbildung $0 \colon V \longrightarrow 0$, welche jedes Element $a \in V$ auf 0 abbildet. Weiter ist für einen linearen Unterraum $U \subset V$ die Inklusionsabbildung $U \hookrightarrow V$ ein Beispiel einer K-linearen Abbildung.

(3) Es sei K ein Körper. Zu $m, n \in \mathbb{N}$ betrachte man ein System

$$(\lambda_{ij})_{\substack{i=1,\ldots,m \\ j=1,\ldots,n}} = \begin{pmatrix} \lambda_{11} & \cdots & \lambda_{1n} \\ \cdot & \cdots & \cdot \\ \lambda_{m1} & \cdots & \lambda_{mn} \end{pmatrix}$$

von Elementen aus K; man spricht von einer *Matrix*. Dann wird durch

$$K^n \longrightarrow K^m, \qquad (\alpha_1, \ldots, \alpha_n) \longmapsto \left(\sum_{j=1}^{n} \lambda_{1j}\alpha_j, \ldots, \sum_{j=1}^{n} \lambda_{mj}\alpha_j \right),$$

eine K-lineare Abbildung gegeben. Wir werden sogar im Weiteren sehen, dass jede lineare Abbildung $K^n \longrightarrow K^m$ von dieser Gestalt ist, also durch eine Matrix von Elementen aus K beschrieben werden kann. Allerdings werden wir dann Vektoren in K^n bzw. K^m in konsequenter Weise als *Spalten*vektoren und nicht mehr wie bisher als *Zeilen*vektoren schreiben, da dies besser mit dem dann einzuführenden Matrizenprodukt harmoniert.

Man nennt eine K-lineare Abbildung $f: V \longrightarrow V'$ zwischen Vektorräumen einen *Monomorphismus*, falls f injektiv ist, einen *Epimorphismus*, falls f surjektiv ist, und einen *Isomorphismus*, falls f bijektiv ist.

Bemerkung 2. *Ist* $f: V \longrightarrow V'$ *ein Isomorphismus zwischen* K-*Vektorräumen, so existiert die Umkehrabbildung* $f^{-1}: V' \longrightarrow V$, *und diese ist* K-*linear, also wiederum ein Isomorphismus.*

Beweis. Es ist nur die K-Linearität der Umkehrabbildung f^{-1} zu zeigen. Seien also $a', b' \in V'$ gegeben. Für $a = f^{-1}(a')$ und $b = f^{-1}(b')$ hat man dann $a' = f(a)$ und $b' = f(b)$, sowie $a' + b' = f(a + b)$ aufgrund der Linearität von f. Folglich gilt

$$f^{-1}(a' + b') = a + b = f^{-1}(a') + f^{-1}(b').$$

Für $\alpha \in K$ gilt weiter $\alpha a' = f(\alpha a)$ und daher

$$f^{-1}(\alpha a') = \alpha a = \alpha f^{-1}(a'),$$

d. h. f^{-1} ist K-linear. $\qquad\square$

Isomorphismen schreiben wir häufig in der Form $V \overset{\sim}{\longrightarrow} V'$. Im Falle $V = V'$ bezeichnet man eine K-lineare Abbildung $f: V \longrightarrow V$ auch als einen *Endomorphismus* von V, und man versteht unter einem *Automorphismus* von V einen bijektiven Endomorphismus.

Bemerkung 3. *Es sei* $f: V \longrightarrow V'$ *eine* K-*lineare Abbildung zwischen Vektorräumen. Dann sind*

$$\ker f = f^{-1}(0) = \{a \in V \,;\, f(a) = 0\} \quad und$$
$$\operatorname{im} f = f(V) = \{f(a) \,;\, a \in V\}$$

lineare Unterräume von V bzw. V'. Diese werden als Kern *bzw.* Bild *von f bezeichnet.*

Der *Beweis* ist einfach zu führen. Für $a, b \in \ker f$ hat man

$$f(a + b) = f(a) + f(b) = 0 + 0 = 0,$$

also $a + b \in \ker f$. Weiter gilt $f(\alpha a) = \alpha f(a) = \alpha 0 = 0$ und damit $\alpha a \in \ker f$ für $\alpha \in K$ und $a \in \ker f$. Da $\ker f \neq \emptyset$ wegen $0 \in \ker f$, erkennt man $\ker f$ als linearen Unterraum von V.

Ähnlich sieht man, dass $\operatorname{im} f$ ein linearer Unterraum von V' ist. Wegen $0 \in \operatorname{im} f$ ist jedenfalls $\operatorname{im} f$ nicht leer. Seien weiter $\alpha \in K$, $a', b' \in \operatorname{im} f$, etwa $a' = f(a)$, $b' = f(b)$ mit $a, b \in V$. Dann folgt $\alpha a' = f(\alpha a)$ sowie $a' + b' = f(a + b)$, d. h. $\alpha a', a' + b' \in \operatorname{im} f$. Also ist auch $\operatorname{im} f$ ein linearer Unterraum von V'. $\qquad\square$

Bemerkung 4. *Eine K-lineare Abbildung* $f : V \longrightarrow V'$ *zwischen Vektorräumen ist genau dann injektiv, wenn* $\ker f = 0$ *gilt.*

Beweis. Sei zunächst f injektiv. Dann besteht insbesondere der Kern $\ker f = f^{-1}(0)$ aus höchstens einem Element, und wegen $0 \in f^{-1}(0)$ folgt $\ker f = 0$. Sei nun umgekehrt die Beziehung $\ker f = 0$ gegeben, und seien $a, b \in V$ mit $f(a) = f(b)$. Dann ergibt sich

$$f(a - b) = f(a) - f(b) = 0,$$

also $a - b \in \ker f = 0$ und damit $a = b$, d. h. f ist injektiv. $\qquad\square$

Wir wollen weiter untersuchen, wie sich Erzeugendensysteme sowie linear abhängige bzw. unabhängige Systeme unter Anwendung linearer Abbildungen verhalten.

Bemerkung 5. *Es sei* $f : V \longrightarrow V'$ *eine K-lineare Abbildung zwischen Vektorräumen.*

(i) *Für Teilmengen* $A \subset V$ *gilt* $f(\langle A \rangle) = \langle f(A) \rangle$.

(ii) *Es seien die Vektoren* $a_1, \ldots, a_n \in V$ *linear abhängig. Dann sind auch deren Bilder* $f(a_1), \ldots, f(a_n) \in V'$ *linear abhängig. Die Umkehrung hierzu gilt, wenn* f *injektiv ist.*

(iii) *Es seien $a_1, \ldots, a_n \in V$ Vektoren, deren Bilder $f(a_1), \ldots, f(a_n)$ linear unabhängig in V' sind. Dann sind $a_1, \ldots, a_n$ linear unabhängig in V. Die Umkehrung hierzu gilt, wenn f injektiv ist.*

Der Beweis kann durch einfache Verifikation der Definitionen geführt werden. Die entsprechenden Rechnungen seien jedoch dem Leser überlassen. Als Konsequenz von Aussage (iii) vermerken wir noch:

Bemerkung 6. *Für eine K-lineare Abbildung $f \colon V \longrightarrow V'$ zwischen Vektorräumen gilt $\dim_K f(V) \le \dim_K V$.*

Eine wichtige Eigenschaft linearer Abbildungen besteht darin, dass sie bereits durch die Werte, die sie auf einer Basis des Urbildraums annehmen, festgelegt sind.

Satz 7. *Es sei V ein K-Vektorraum mit Erzeugendensystem $a_1, \ldots, a_n$. Sind dann $a_1', \ldots, a_n'$ beliebige Vektoren eines weiteren K-Vektorraums V', so gilt:*

(i) Es gibt höchstens eine K-lineare Abbildung $f \colon V \longrightarrow V'$ mit $f(a_i) = a_i'$, $i = 1, \ldots, n$.

(ii) Ist $a_1, \ldots, a_n$ sogar eine Basis von V, so existiert genau eine K-lineare Abbildung $f \colon V \longrightarrow V'$ mit $f(a_i) = a_i'$ für $i = 1, \ldots, n$.

Beweis. Wir beginnen mit der Eindeutigkeitsaussage (i). Sei also $f \colon V \longrightarrow V'$ eine K-lineare Abbildung mit $f(a_i) = a_i'$, $i = 1, \ldots, n$, und sei $a \in V$. Dann besitzt a eine Darstellung der Form $a = \sum_{i=1}^{n} \alpha_i a_i$ mit Koeffizienten $\alpha_i \in K$. Aufgrund der Linearität von f folgt

$$f(a) = f\left(\sum_{i=1}^{n} \alpha_i a_i \right) = \sum_{i=1}^{n} \alpha_i f(a_i),$$

was bedeutet, dass $f(a)$ durch die Werte $f(a_i)$, $i = 1, \ldots, n$, eindeutig bestimmt ist.

Bilden nun $a_1, \ldots, a_n$ im Falle (ii) eine Basis von V, so sind für $a \in V$ die Koeffizienten α_i in der Darstellung $a = \sum_{i=1}^{n} \alpha_i a_i$ eindeutig bestimmt, und man kann eine Abbildung $f \colon V \longrightarrow V'$ erklären, indem man setzt:

$$f(a) = \sum_{i=1}^{n} \alpha_i a_i'$$

Diese Abbildung ist K-linear, wie wir sogleich sehen werden. Sind nämlich $a = \sum_{i=1}^{n} \alpha_i a_i$ und $b = \sum_{i=1}^{n} \beta_i a_i$ zwei Elemente von V, so gilt

$$a + b = \sum_{i=1}^{n} (\alpha_i + \beta_i) a_i.$$

Da dies die (eindeutig bestimmte) Darstellung von $a + b$ als Linearkombination von $a_1, \ldots, a_n$ ist, ergibt sich

$$f(a + b) = \sum_{i=1}^{n} (\alpha_i + \beta_i) a_i' = \sum_{i=1}^{n} \alpha_i a_i' + \sum_{i=1}^{n} \beta_i a_i' = f(a) + f(b).$$

Entsprechend rechnet man für $\alpha \in K$

$$f(\alpha a) = f\left(\sum_{i=1}^{n} \alpha \alpha_i a_i \right) = \sum_{i=1}^{n} \alpha \alpha_i a_i' = \alpha \sum_{i=1}^{n} \alpha_i a_i' = \alpha f(a),$$

und man sieht, dass $f \colon V \longrightarrow V'$ wie behauptet K-linear ist. Es existiert also eine K-lineare Abbildung $f \colon V \longrightarrow V'$ mit $f(a_i) = a_i'$, und diese ist eindeutig bestimmt, wie wir in (i) gesehen haben.   □

Für zwei K-Vektorräume V und V' bilden die K-linearen Abbildungen $f \colon V \longrightarrow V'$ einen K-Vektorraum, sozusagen den *Vektorraum aller K-linearen V'-wertigen Funktionen auf V*; dieser wird meist mit $\mathrm{Hom}_K(V, V')$ bezeichnet, also

$$\mathrm{Hom}_K(V, V') = \{ f \colon V \longrightarrow V'; \ f \ K\text{-linear} \}.$$

Dabei ist für $f, g \in \mathrm{Hom}_K(V, V')$ die Summe $f + g$ durch

$$f + g \colon V \longrightarrow V', \qquad x \longmapsto f(x) + g(x),$$

erklärt und entsprechend für $\alpha \in K$ das Produkt $\alpha \cdot f$ durch

$$\alpha \cdot f \colon V \longrightarrow V', \qquad x \longmapsto \alpha \cdot \big(f(x)\big).$$

Dass $f + g$ und $\alpha \cdot f$ wiederum K-lineare Abbildungen von V nach V' darstellen, ist mit leichter Rechnung nachzuprüfen. Der Sachverhalt von Aussage (ii) in Satz 7 ist dann präziser so zu formulieren, dass für eine Basis $a_1, \ldots, a_n$ von V die Zuordnung $f \longmapsto (f(a_1), \ldots, f(a_n))$ einen Isomorphismus von K-Vektorräumen $\mathrm{Hom}_K(V, V') \overset{\sim}{\longrightarrow} (V')^n$ definiert.

Diese Korrespondenz kann man noch konkreter beschreiben, wenn man neben der Basis $a_1, \ldots, a_n$ von V auch in V' eine Basis fixiert. Sei also $b_1, \ldots, b_m$ eine Basis von V', wobei wir V' als endlich-dimensional annehmen. Dann besitzt jeder Vektor $a' \in V'$ eine eindeutige Darstellung $a' = \sum_{i=1}^{m} \lambda_i b_i$, ist also durch das Koeffizententupel $(\lambda_1, \ldots, \lambda_m)$ auf umkehrbar eindeutige Weise bestimmt. Eine lineare Abbildung $f: V \longrightarrow V'$ korrespondiert daher zu n solchen Koeffizententupeln $(\lambda_{1j}, \ldots, \lambda_{mj})$, $j = 1, \ldots, n$, die wir als Spalten interpretieren und zu einer Matrix zusammenfügen:

$$(\lambda_{ij})_{\substack{i=1,\ldots,m \\ j=1,\ldots,n}} = \begin{pmatrix} \lambda_{11} & \cdots & \lambda_{1n} \\ \cdot & \cdots & \cdot \\ \lambda_{m1} & \cdots & \lambda_{mn} \end{pmatrix}$$

Man nennt dies die *zu der linearen Abbildung f gehörige Matrix*, wobei diese Bezeichnung natürlich relativ zu den in V und V' fixierten Basen zu verstehen ist. Die lineare Abbildung f lässt sich aus der Matrix (λ_{ij}) mit Hilfe der Gleichungen

$$f(a_j) = \sum_{i=1}^{m} \lambda_{ij} b_i, \qquad j = 1, \ldots, n.$$

bzw.

$$f\left(\sum_{j=1}^{n} \alpha_j a_j \right) = \sum_{i=1}^{m} \left(\sum_{j=1}^{n} \lambda_{ij} \alpha_j \right) b_i$$

rekonstruieren.

Satz 8. *Es seien V, V' zwei K-Vektorräume.*

(i) *Falls es einen Isomorphismus $f: V \overset{\sim}{\longrightarrow} V'$ gibt, so stimmen die Dimensionen von V und V' überein, also $\dim_K V = \dim_K V'$.*

(ii) *Umgekehrt existiert im Falle $\dim_K V = \dim_K V' < \infty$ stets ein Isomorphismus $f: V \overset{\sim}{\longrightarrow} V'$.*

Beweis. Ist $f: V \overset{\sim}{\longrightarrow} V'$ ein Isomorphismus, so sieht man mit Bemerkung 5, dass ein System von Vektoren $a_1, \ldots, a_n \in V$ genau dann linear unabhängig ist, wenn die Bilder $f(a_1), \ldots, f(a_n) \in V'$ linear unabhängig sind. Dies bedeutet aber $\dim_K V = \dim_K V'$.

Gilt umgekehrt $\dim_K V = \dim_K V' = n < \infty$, so wähle man zwei Basen $a_1, \ldots, a_n \in V$ und $a'_1, \ldots, a'_n \in V'$. Nach Satz 7 (ii) existiert dann eine eindeutig bestimmte K-lineare Abbildung $f : V \longrightarrow V'$ mit $f(a_i) = a'_i$ für $i = 1, \ldots, n$. Ist nun $a \in \ker f$, etwa $a = \sum_{i=1}^{n} \alpha_i a_i$ mit Koeffizienten $\alpha_i \in K$, so folgt $\sum_{i=1}^{n} \alpha_i a'_i = f(a) = 0$ und wegen der linearen Unabhängigkeit von $a'_1, \ldots, a'_n$ bereits $\alpha_i = 0$ für alle i, also $a = 0$. Damit ist f injektiv. Aber f ist auch surjektiv. Denn Elemente $a' \in V'$ kann man stets in der Form $a' = \sum_{i=1}^{n} \alpha_i a'_i$ mit Koeffizienten $\alpha_i \in K$ darstellen, und es gilt dann $f(\sum_{i=1}^{n} \alpha_i a_i) = a'$. $\qquad\square$

Korollar 9. *Ist V ein K-Vektorraum der Dimension $n < \infty$, so gibt es einen Isomorphismus $V \overset{\sim}{\longrightarrow} K^n$.*

Dies bedeutet, dass es bis auf Isomorphie als endlich-dimensionale K-Vektorräume nur die Vektorräume K^n gibt. Wir wollen abschließend noch die sogenannte Dimensionsformel für K-lineare Abbildungen beweisen.

Satz 10. *Es sei $f : V \longrightarrow V'$ eine K-lineare Abbildung zwischen Vektorräumen. Dann gilt*

$$\dim_K V = \dim_K(\ker f) + \dim_K(\operatorname{im} f).$$

Anstelle von $\dim_K(\operatorname{im} f)$, also für die Dimension des Bildraums $f(V)$, schreibt man häufig auch $\operatorname{rg} f$ und nennt dies den *Rang* von f.

Beweis zu Satz 10. Ist einer der Vektorräume $\ker f$ oder $\operatorname{im} f$ von unendlicher Dimension, so auch V; falls $\dim_K(\operatorname{im} f) = \infty$, so folgt dies aus Bemerkung 5. Wir dürfen daher $\ker f$ und $\operatorname{im} f$ als endlich-dimensional ansehen. Man wähle dann Vektoren $a_1, \ldots, a_m$ in V, so dass deren Bilder $f(a_1), \ldots, f(a_m)$ eine Basis von $\operatorname{im} f$ bilden. Weiter wähle man eine Basis $a_{m+1}, \ldots, a_n$ von $\ker f$. Es genügt dann nachzuweisen, dass $a_1, \ldots, a_n$ eine Basis von V bilden. Hierzu betrachte man einen Vektor $a \in V$. Es existiert eine Darstellung $f(a) = \sum_{i=1}^{m} \alpha_i f(a_i)$ mit Koeffizienten $\alpha_i \in K$, da $f(a_1), \ldots, f(a_m)$ den Vektorraum $\operatorname{im} f$

erzeugen. Weiter liegt der Vektor $a - \sum_{i=1}^{m} \alpha_i a_i$ im Kern von f, und, da dieser von $a_{m+1}, \ldots, a_n$ erzeugt wird, gibt es $\alpha_{m+1}, \ldots, \alpha_n \in K$ mit $a - \sum_{i=1}^{m} \alpha_i a_i = \sum_{i=m+1}^{n} \alpha_i a_i$, also mit $a = \sum_{i=1}^{n} \alpha_i a_i$. Dies zeigt, dass $a_1, \ldots, a_n$ ein Erzeugendensystem von V bilden.

Um zu sehen, dass $a_1, \ldots, a_n$ auch linear unabhängig sind, betrachte man eine Relation $\sum_{i=1}^{n} \alpha_i a_i = 0$ mit Koeffizienten $\alpha_i \in K$. Hieraus ergibt sich

$$0 = f\left(\sum_{i=1}^{n} \alpha_i a_i\right) = \sum_{i=1}^{n} \alpha_i f(a_i) = \sum_{i=1}^{m} \alpha_i f(a_i)$$

und damit $\alpha_1 = \ldots = \alpha_m = 0$, da $f(a_1), \ldots, f(a_m)$ linear unabhängig sind. Dann folgt $\sum_{i=m+1}^{n} \alpha_i a_i = 0$ und weiter $\alpha_{m+1} = \ldots = \alpha_n = 0$, da $a_{m+1}, \ldots, a_n$ linear unabhängig sind. Die Koeffizienten $\alpha_1, \ldots, \alpha_n$ verschwinden daher sämtlich, und wir sehen, dass $a_1, \ldots, a_n$ linear unabhängig sind. $\square$

Korollar 11. *Es sei* $f \colon V \longrightarrow V'$ *eine K-lineare Abbildung zwischen Vektorräumen mit* $\dim_K V = \dim_K V' < \infty$. *Dann ist äquivalent:*

   (i) f *ist ein Monomorphismus.*
  (ii) f *ist ein Epimorphismus.*
 (iii) f *ist ein Isomorphismus.*

Beweis. Sei zunächst Bedingung (i) erfüllt, also f ein Monomorphismus. Dann gilt $\ker f = 0$, und es folgt mittels der Dimensionsformel

$$\dim_K V' = \dim_K V = \dim_K(\ker f) + \dim_K(\operatorname{im} f)$$

von Satz 10, dass der lineare Unterraum $\operatorname{im} f \subset V'$ dieselbe (endliche) Dimension wie V' besitzt. Mit 1.5/14 (ii) ergibt sich $\operatorname{im} f = V'$, d. h. f ist ein Epimorphismus, und (ii) ist erfüllt.

Sei nun f mit Bedingung (ii) als Epimorphismus vorausgesetzt. Die Dimensionsformel in Satz 10 ergibt dann wegen $\operatorname{im} f = V'$ und $\dim_K V' = \dim_K V$ notwendig $\ker f = 0$, d. h. f ist injektiv und erfüllt damit Bedingung (iii). Dass schließlich (iii) die Bedingung (i) impliziert, ist trivial. $\square$

Auch hier sei darauf hingewiesen, dass Korollar 11 ähnlich wie 1.5/14 (ii) nicht auf den Fall unendlich-dimensionaler Vektorräume

zu verallgemeinern ist, da ein unendlich-dimensionaler K-Vektorraum
stets echte lineare Unterräume unendlicher Dimension besitzt.

Aufgaben

1. Für einen Körper K und ein $n \in \mathbb{N}$ betrachte man K^n als K-Vektorraum.
   Es bezeichne $p_i \colon K^n \longrightarrow K$ für $i = 1, \ldots, n$ jeweils die Projektion auf
   die i-te Komponente. Man zeige:

   (i) Die Abbildungen p_i sind K-linear.

   (ii) Eine Abbildung $f \colon V \longrightarrow K^n$ von einem K-Vektorraum V nach
   K^n ist genau dann K-linear, wenn alle Kompositionen $p_i \circ f$
   K-linear sind.

2. Gibt es $\mathbb{R}$-lineare Abbildungen $\mathbb{R}^4 \longrightarrow \mathbb{R}^3$ die die folgenden Vektoren $a_i \in \mathbb{R}^4$ jeweils auf die angegebenen Vektoren $b_i \in \mathbb{R}^3$ abbilden?
   (AT 391)

   (i) $a_1 = (1,1,0,0)$, $a_2 = (1,1,1,0)$, $a_3 = (0,1,1,1)$, $a_4 = (0,0,1,1)$
       $b_1 = (1,2,3)$, $b_2 = (2,3,1)$, $b_3 = (3,1,2)$, $b_4 = (2,0,4)$

   (ii) $a_1 = (0,1,1,1)$, $a_2 = (1,0,1,1)$, $a_3 = (1,1,0,1)$
       b_1, b_2, b_3 wie in (i)

   (iii) $a_1 = (0,1,1,1)$, $a_2 = (1,0,1,1)$, $a_3 = (1,1,0,1)$, $a_4 = (-1,1,0,0)$
       b_1, b_2, b_3, b_4 wie in (i)

   (iv) $a_1 = (0,1,1,1)$, $a_2 = (1,0,1,1)$, $a_3 = (1,1,0,1)$, $a_4 = (0,2,0,1)$
       b_1, b_2, b_3, b_4 wie in (i)

3. Man bestimme alle $\mathbb{R}$-linearen Abbildungen $\mathbb{R} \longrightarrow \mathbb{R}$.

4. Man bestimme alle Körperhomomomorphismen $f \colon \mathbb{Q}(\sqrt{2}) \longrightarrow \mathbb{Q}(\sqrt{2})$,
   d. h. alle $\mathbb{Q}$-linearen Abbildungen, die zusätzlich $f(\alpha\beta) = f(\alpha)f(\beta)$
   erfüllen.

5. Es sei V ein K-Vektorraum und $f \colon V \longrightarrow V$ ein Endomorphismus mit
   $f^2 = f$. Man zeige $V = \ker f \oplus \operatorname{im} f$. (AT 395)

6. Für lineare Unterräume U, U' eines K-Vektorraums V betrachte man
   die Abbildung

$$\varphi \colon U \times U' \longrightarrow V, \qquad (a, b) \longmapsto a - b.$$

   (i) Man zeige, dass φ eine K-lineare Abbildung ist, wenn man $U \times U'$
   mit komponentenweiser Addition und skalarer Multiplikation als
   K-Vektorraum auffasst.

(ii) Man berechne $\dim_K(U \times U')$.

(iii) Man wende die Dimensionsformel für lineare Abbildungen auf φ an und folgere die Dimensionsformel für lineare Unterräume von V, nämlich

$$\dim_K U + \dim_K U' = \dim_K(U + U') + \dim_K(U \cap U').$$

7. Für zwei K-Vektorräume V, V' bestimme man $\dim_K \operatorname{Hom}_K(V, V')$, also die Dimension des Vektorraums aller K-linearen Abbildungen von V nach V'.

8. Es seien $V_1 \xrightarrow{f} V_2 \xrightarrow{g} V_3$ zwei K-lineare Abbildungen zwischen endlich-dimensionalen K-Vektorräumen. Man zeige (AT 396):

$$\operatorname{rg} f + \operatorname{rg} g \le \operatorname{rg}(g \circ f) + \dim V_2$$

2.2 Quotientenvektorräume

Neben den *linearen Unterräumen* von Vektorräumen V, also den Untervektorräumen im Sinne von 1.4/2, wollen wir in diesem Abschnitt auch sogenannte *affine Unterräume* von V betrachten. Diese entstehen im Wesentlichen aus den linearen Unterräumen durch Translation (oder Parallelverschiebung) um Vektoren $a \in V$.

Definition 1. *Es sei V ein K-Vektorraum und $A \subset V$ eine Teilmenge. Man bezeichnet A als* affinen Unterraum *von V, wenn A leer ist, oder wenn es ein Element $a \in V$ und einen linearen Unterraum $U \subset V$ gibt mit*

$$A = a + U := \{a + u \,;\, u \in U\}.$$

In der Situation der Definition ergibt sich für $a \notin U$ insbesondere $0 \notin a + U$, und man sieht, dass $A = a + U$ in diesem Fall kein linearer Unterraum von V sein kann. Ziel dieses Abschnittes ist es zu zeigen, dass die Menge aller affinen Unterräume des Typs $a + U$, $a \in V$, in naheliegender Weise einen K-Vektorraum bildet. Wir werden diesen Vektorraum mit V/U (man lese V modulo U) bezeichnen und zeigen, dass die Zuordnung $a \longmapsto a + U$ eine surjektive K-lineare Abbildung $V \longrightarrow V/U$ definiert, welche U als Kern besitzt.

Um das Problem etwas weiter zu verdeutlichen, wollen wir zunächst einmal die Existenz einer surjektiven K-linearen Abbildung $f \colon V \longrightarrow V'$ mit $\ker f = U$ als gegeben annehmen. Für $a' \in V'$ nennt man $f^{-1}(a')$ die *Faser von f über a'*.

Bemerkung 2. *Es sei $f \colon V \longrightarrow V'$ eine K-lineare Abbildung zwischen Vektorräumen mit $\ker f = U$. Dann erhält man für $a \in V$ als Faser von f über $f(a)$ gerade den affinen Unterraum $a + U$, d. h.*
$$f^{-1}(f(a)) = a + U.$$

Beweis. Für $u \in U$ gilt $f(a + u) = f(a)$ und damit $a + U \subset f^{-1}(f(a))$. Umgekehrt folgt aus $a' \in f^{-1}(f(a))$ die Beziehung $f(a') = f(a)$ bzw. $f(a' - a) = 0$. Dies impliziert $a' - a \in \ker f = U$ bzw. $a' \in a + U$, was $f^{-1}(f(a)) \subset a + U$ und folglich die Gleichheit beider Mengen zeigt. $\square$

Wir können also vermerken, dass die Fasern einer surjektiven K-linearen Abbildung $f \colon V \longrightarrow V'$ mit $\ker f = U$ gerade aus den affinen Unterräumen $a + U$, $a \in V$, bestehen. Da über jedem $a' \in f(V) = V'$ genau eine Faser liegt, nämlich $f^{-1}(a')$, können wir die Menge der affinen Unterräume des Typs $a + U \subset V$ mit V' identifizieren und zu einem K-Vektorraum V/U machen, indem wir die Vektorraumstruktur von V' übernehmen. Man addiert dann zwei Fasern $f^{-1}(f(a)) = a + U$, $f^{-1}(f(b)) = b + U$, indem man die Faser über $f(a) + f(b) = f(a + b)$ bildet, also

$$(a + U) + (b + U) = (a + b) + U.$$

Entsprechend multipliziert man eine Faser $f^{-1}(f(a)) = a + U$ mit einem Skalar $\alpha \in K$ indem man die Faser über $\alpha f(a) = f(\alpha a)$ bildet, also $\alpha(a + U) = \alpha a + U$. Schließlich ist klar, dass die Abbildung $V \longrightarrow V/U$, $a \longmapsto a + U$, ebenso wie $f \colon V \longrightarrow V'$, eine surjektive K-lineare Abbildung mit Kern U ist.

Die vorstehende Überlegung zeigt, dass das Problem, die Menge der affinen Unterräume des Typs $a + U \subset V$ zu einem K-Vektorraum zu machen, eine natürliche Lösung besitzt, wenn man über eine surjektive lineare Abbildung $f \colon V \longrightarrow V'$ mit $\ker f = U$ verfügt. Eine solche Abbildung kann man sich aber leicht verschaffen. Man wähle nämlich gemäß 1.6/4 ein Komplement U' zu U, also einen linearen Unterraum

$U' \subset V$ mit $V = U \oplus U'$. Dann lässt sich jedes $a \in V$ auf eindeutige Weise in der Form $a = u + u'$ mit $u \in U$ und $u' \in U'$ schreiben. Indem wir a jeweils den Summanden u' zuordnen, erhalten wir wie gewünscht eine surjektive K-lineare Abbildung $p \colon V \longrightarrow U'$ mit Kern U. Man nennt p die Projektion von $U \oplus U'$ auf den zweiten Summanden.

Wir wollen im Folgenden jedoch den Quotientenvektorraum V/U auf eine andere Art konstruieren. Die verwendete Methode hat den Vorteil, dass sie nicht auf speziellen Eigenschaften von Vektorräumen (Existenz eines Komplements zu einem linearen Unterraum) beruht, sondern auch noch in anderen Situationen anwendbar ist.

Definition 3. *Eine* Relation *auf einer Menge M besteht aus einer Teilmenge $R \subset M \times M$; man schreibt $a \sim b$ für $(a, b) \in R$ und spricht von der Relation " $\sim$ ". Eine Relation " $\sim$ " auf M heißt eine* Äquivalenzrelation, *wenn sie folgende Eigenschaften besitzt:*

(i) *Reflexivität: $a \sim a$ für alle $a \in M$.*
(ii) *Symmetrie: $a \sim b \Longrightarrow b \sim a$.*
(iii) *Transitivität: $a \sim b,\ b \sim c \Longrightarrow a \sim c$.*

Ist " $\sim$ " eine Äquivalenzrelation auf einer Menge M, so nennt man zwei Elemente $a, b \in M$ *äquivalent*, wenn für diese die Relation $a \sim b$ gilt. Weiter bezeichnet man

$$[a] = \{b \in M \,;\, b \sim a\}$$

als die *Äquivalenzklasse* des Elementes a in M. Um ein einfaches Beispiel zu geben, betrachte man eine K-lineare Abbildung $f \colon V \longrightarrow V'$ zwischen Vektorräumen und setze für $a, b \in V$

$$a \sim b :\Longleftrightarrow f(a) = f(b).$$

Es ist dann unmittelbar klar, dass f auf diese Weise eine Äquivalenzrelation auf V induziert und dass $[a] = f^{-1}(f(a))$ die Äquivalenzklasse eines Elementes $a \in V$ ist.

Im Falle einer Äquivalenzrelation " $\sim$ " auf einer Menge M heißt jedes Element b einer Äquivalenzklasse $[a]$ ein *Repräsentant* dieser Klasse. Aufgrund von Definition 3 (i) ist ein Element $a \in M$ stets Repräsentant der Klasse $[a]$. Äquivalenzklassen sind daher stets nichtleer. Wir wollen zeigen, dass zwei Elemente $a, b \in M$ genau dann dieselbe Äquivalenzklasse induzieren, dass also $[a] = [b]$ gilt, wenn a, b

zueinander äquivalent sind oder, alternativ, wenn sie beide zu einem dritten Element $c \in M$ äquivalent sind. Dies impliziert insbesondere, dass die Äquivalenzrelation auf M eine Unterteilung von M in disjunkte Äquivalenzklassen induziert.

Satz 4. *Es sei " $\sim$ " eine Äquivalenzrelation auf einer Menge M. Für Elemente $a, b \in M$ ist dann gleichbedeutend:*
  (i) $a \sim b$
  (ii) $[a] = [b]$
  (iii) $[a] \cap [b] \neq \emptyset$
  Insbesondere ist M die disjunkte Vereinigung der zu " $\sim$ " gehörigen Äquivalenzklassen.

Beweis. Gelte zunächst (i), also $a \sim b$. Für $c \in M$ mit $c \sim a$ folgt aus $a \sim b$ bereits $c \sim b$ und somit $[a] \subset [b]$. Die umgekehrte Inklusion verifiziert man entsprechend, so dass sich insgesamt die Gleichung $[a] = [b]$ in (ii) ergibt. Da Äquivalenzklassen stets nicht-leer sind, ist weiter (iii) eine Konsequenz aus (ii). Ist schließlich Bedingung (iii) gegeben, so wähle man ein Element $c \in [a] \cap [b]$. Dann gilt $c \sim a$, bzw. $a \sim c$ aufgrund der Symmetrie, sowie $c \sim b$ und damit aufgrund der Transitivität auch $a \sim b$, d. h. (i). $\square$

Definiert man nun $M/\!\!\sim$ als Menge der Äquivalenzklassen in M, so kann man die kanonische Abbildung

$$M \longrightarrow M/\!\!\sim, \qquad a \longmapsto [a],$$

betrachten, welche ein Element $a \in M$ auf die zugehörige Äquivalenzklasse $[a] \subset M$ abbildet. Dabei ist $[a]$ nach Satz 4 die eindeutig bestimmte Äquivalenzklasse in M, die a enthält. Im Folgenden sollen nun Äquivalenzrelationen auf Vektorräumen studiert werden.

Bemerkung 5. *Es sei V ein K-Vektorraum und $U \subset V$ ein linearer Unterraum. Dann wird durch*

$$a \sim b :\Longleftrightarrow a - b \in U$$

eine Äquivalenzrelation auf V erklärt, auch als Kongruenz modulo U bezeichnet. Es gilt $[a] = a + U$ für die Äquivalenzklasse $[a]$ zu einem

Element $a \in V$. Zwei Äquivalenzklassen $[a] = a + U$ und $[b] = b + U$ stimmen genau dann überein, wenn $a \sim b$, also $a - b \in U$ gilt.

Beweis. Für alle $a \in V$ gilt $a - a = 0 \in U$ und damit $a \sim a$; die Relation ist also reflexiv. Als Nächstes zeigen wir die Symmetrie. Gelte $a \sim b$, d. h. $a - b \in U$. Dann folgt $b - a = -(a - b) \in U$, was aber $b \sim a$ bedeutet. Schließlich überprüfen wir die Transitivität. Gelte $a \sim b$ und $b \sim c$, also $a - b$, $b - c \in U$. Dann ergibt sich

$$a - c = (a - b) + (b - c) \in U,$$

also $a \sim c$.

Im Übrigen berechnet sich die Äquivalenzklasse $[a]$ eines Vektors $a \in V$ zu

$$[a] = \{b \in V \, ; \, b \sim a\} = \{b \in V \, ; \, b - a \in U\} = a + U,$$

wie behauptet. Schließlich stimmen zwei Äquivalenzklassen $[a]$ und $[b]$ gemäß Bemerkung 5 genau dann überein, wenn $a \sim b$, also $a - b \in U$ gilt. $\qquad\square$

Für $a \in V$ bezeichnet man die Äquivalenzklasse $[a] = a + U$ genauer als die *Restklasse von a modulo U* oder auch als die *Nebenklasse von a bezüglich U*. Zur Definition des Quotientenvektorraums V/U haben wir auf der Menge dieser Restklassen eine Struktur als K-Vektorraum zu definieren. Um dies zu bewerkstelligen, leiten wir einige Regeln für das Rechnen mit Restklassen her, wobei wir aus Gründen der Übersichtlichkeit Restklassen $a + U$ noch einmal in der Form von Äquivalenzklassen $[a]$ schreiben.

Bemerkung 6. *Auf einem K-Vektorraum V betrachte man die zu einem linearen Unterraum $U \subset V$ gehörige Äquivalenzrelation der Kongruenz modulo U. Es gelte $[a] = [a']$ und $[b] = [b']$ für Vektoren $a, a', b, b' \in V$. Dann folgt $[a + b] = [a' + b']$ sowie $[\alpha a] = [\alpha a']$ für $\alpha \in K$.*

Beweis. Aus $[a] = [a']$, $[b] = [b']$ ergibt sich $a - a'$, $b - b' \in U$ und damit $(a + b) - (a' + b') = (a - a') + (b - b') \in U$, also $[a + b] = [a' + b']$. Weiter folgt $\alpha a - \alpha a' = \alpha(a - a') \in U$, also $[\alpha a] = [\alpha a']$. $\qquad\square$

Die Bildung der Äquivalenzklassen $[a]$ zu Vektoren $a \in V$ ist also mit der Vektorraumstruktur von V verträglich. Bezeichnen wir mit V/U die Menge der Äquivalenzklassen $[a] = a + U$, wobei a in V variiert, so kann man unter Benutzung von Bemerkung 6 eine Addition

$$V/U \times V/U \longrightarrow V/U, \qquad ([a], [b]) \longmapsto [a + b],$$

sowie eine skalare Multiplikation

$$K \times V/U \longrightarrow V/U, \qquad (\alpha, [a]) \longmapsto [\alpha a],$$

auf V/U definieren, wobei in beiden Fällen nachzuprüfen ist, dass die Verknüpfung wohldefiniert ist. Genau genommen besagt etwa die Abbildungsvorschrift im Falle der Addition: Man betrachte zwei Äquivalenzklassen $A, B \subset V$, wähle Repräsentanten $a \in A$, $b \in B$, so dass man $A = [a]$, $B = [b]$ schreiben kann, und bilde dann das Paar (A, B) auf die Äquivalenzklasse $[a + b]$ ab. Man muss dabei wissen, dass das Resultat $[a + b]$ nicht von der Wahl der Repräsentanten $a \in A$, $b \in B$ abhängt; Letzteres war aber in Bemerkung 6 gezeigt worden. Entsprechend schließt man im Falle der skalaren Multiplikation.

Man prüft nun leicht unter Benutzung der Vektorraumstruktur von V nach, dass V/U mit den genannten Verknüpfungen ein K-Vektorraum ist und dass die kanonische Abbildung

$$\pi \colon V \longrightarrow V/U, \qquad a \longmapsto [a],$$

K-linear und damit ein Epimorphismus ist. Somit können wir formulieren:

Satz 7. *Es sei V ein K-Vektorraum und $U \subset V$ ein linearer Unterraum. Dann ist*

$$V/U = \{a + U \, ; \, a \in V\},$$

also die Menge der Restklassen modulo U, ein K-Vektorraum unter der Addition

$$V/U \times V/U \longrightarrow V/U, \qquad (a + U, b + U) \longmapsto (a + b) + U,$$

sowie der skalaren Multiplikation

$$K \times V/U \longrightarrow V/U, \qquad (\alpha, a + U) \longmapsto \alpha a + U.$$

Die kanonische Abbildung $\pi\colon V \longrightarrow V/U$ *ist ein Epimorphismus, dessen Fasern gerade die Restklassen modulo* U *in* V *sind. Insbesondere gilt* $\ker \pi = U$ *und damit*

$$\dim_K V = \dim_K U + \dim_K(V/U)$$

aufgrund der Dimensionsformel 2.1/10.

Man nennt V/U den *Quotienten-* oder *Restklassenvektorraum von* V *modulo* U. Die Konstruktion dieses Vektorraums zeigt insbesondere, dass es zu einem linearen Unterraum $U \subset V$ stets einen Epimorphismus $p\colon V \longrightarrow V'$ mit $\ker p = U$ gibt. Umgekehrt hatten wir zu Beginn gesehen, dass jede solche Abbildung benutzt werden kann, um die Menge V/U aller Restklassen modulo U in V mit der Struktur eines K-Vektorraums zu versehen, derart dass man auf natürliche Weise einen Epimorphismus $V \longrightarrow V/U$ mit Kern U erhält. Wir wollen diesen Sachverhalt hier weiter präzisieren, indem wir den Homomorphiesatz beweisen, welcher die sogenannte *universelle Abbildungseigenschaft* für Quotientenvektorräume beinhaltet.

Satz 8 (Homomorphiesatz). *Es sei* U *ein linearer Unterraum eines* K-*Vektorraums* V *und* $\pi\colon V \longrightarrow \overline{V}$ *der kanonische Epimorphismus auf den Restklassenvektorraum* $\overline{V} = V/U$ *oder, allgemeiner, ein Epimorphismus mit* $\ker \pi = U$. *Dann existiert zu jeder* K-*linearen Abbildung* $f\colon V \longrightarrow V'$ *mit* $U \subset \ker f$ *genau eine* K-*lineare Abbildung* $\overline{f}\colon \overline{V} \longrightarrow V'$, *so dass das Diagramm*

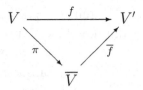

kommutiert, d. h. so dass $f = \overline{f} \circ \pi$ *gilt. Weiter ist* $\overline{f}$ *genau dann injektiv, wenn* $U = \ker f$ *gilt und genau dann surjektiv, wenn* f *surjektiv ist.*

Beweis. Zunächst zeigen wir die Eindeutigkeitsaussage und betrachten eine K-lineare Abbildung $\overline{f}\colon \overline{V} \longrightarrow V'$ mit $f = \overline{f} \circ \pi$. Ist dann $\overline{a} \in \overline{V}$ ein Vektor und $a \in \pi^{-1}(\overline{a})$ ein (beliebiges) Urbild, so folgt $\pi(a) = \overline{a}$

und daher $\overline{f}(\overline{a}) = \overline{f}(\pi(a)) = f(a)$. Damit ist $\overline{f}(\overline{a})$ eindeutig durch $\overline{a}$ bestimmt.

Zum Nachweis der Existenz einer K-linearen Abbildung $\overline{f}$ mit den geforderten Eigenschaften betrachte man einen Vektor $\overline{a} \in \overline{V}$ sowie zwei Urbilder $a, b \in \pi^{-1}(\overline{a})$. Es folgt dann

$$a - b \in \ker \pi = U \subset \ker f$$

und damit $f(a) = f(b)$. Der Wert $f(a)$ ist also unabhängig von der speziellen Wahl eines Urbildes $a \in \pi^{-1}(\overline{a})$, und wir können eine Abbildung $\overline{f} \colon \overline{V} \longrightarrow V'$ durch $\overline{a} \longmapsto f(a)$ erklären, wobei wir mit a jeweils (irgend)ein π-Urbild zu $\overline{a}$ meinen. Insbesondere gilt dann $f(a) = \overline{f}(\pi(a))$ für $a \in V$, d. h. die geforderte Beziehung $f = \overline{f} \circ \pi$ ist erfüllt. Schließlich ist $\overline{f}$ auch K-linear. Zu $\overline{a}, \overline{b} \in \overline{V}$ betrachte man nämlich π-Urbilder $a, b \in V$. Dann ist $a + b$ ein π-Urbild zu $\overline{a} + \overline{b}$ sowie αa für $\alpha \in K$ ein π-Urbild zu $\alpha \overline{a}$, und es gilt

$$\overline{f}(\overline{a} + \overline{b}) = f(a + b) = f(a) + f(b) = \overline{f}(\overline{a}) + \overline{f}(\overline{b}),$$
$$\overline{f}(\alpha \overline{a}) = f(\alpha a) = \alpha f(a) = \alpha \overline{f}(\overline{a}).$$

Es bleiben noch die zusätzlich behaupteten Eigenschaften von $\overline{f}$ nachzuweisen. Sei zunächst $\overline{f}$ injektiv. Für $a \in \ker f$ folgt dann $\overline{f}(\pi(a)) = f(a) = 0$, also $\pi(a) = 0$ bzw. $a \in \ker \pi$ aufgrund der Injektivität von $\overline{f}$. Dies bedeutet aber $\ker f \subset \ker \pi = U$ und, da die entgegengesetzte Inklusion ohnehin gilt, bereits $U = \ker f$. Ist umgekehrt diese Gleichung gegeben, so betrachte man ein Element $\overline{a} \in \ker \overline{f}$ sowie ein Urbild $a \in \pi^{-1}(\overline{a})$. Man hat dann $f(a) = \overline{f}(\pi(a)) = \overline{f}(\overline{a}) = 0$ und damit $a \in \ker f = U$. Wegen $U = \ker \pi$ ergibt sich dann aber $\overline{a} = \pi(a) = 0$, also insgesamt $\ker \overline{f} = 0$ und damit die Injektivität von $\overline{f}$.

Ist $\overline{f}$ surjektiv, so ist auch f als Komposition der surjektiven Abbildungen π und $\overline{f}$ surjektiv. Umgekehrt folgt aus der Surjektivität von $f = \overline{f} \circ \pi$, dass auch $\overline{f}$ surjektiv sein muss. $\square$

Wir wollen einen häufig verwendeten Fall des Homomorphiesatzes gesondert formulieren:

Korollar 9. *Es sei $f \colon V \longrightarrow V'$ eine K-lineare Abbildung zwischen Vektorräumen. Dann induziert f einen kanonischen Isomor-*

phismus $V/\ker f \xrightarrow{\sim}$ im f, *also einen kanonischen Isomorphismus* $V/\ker f \xrightarrow{\sim} V'$, *falls* f *surjektiv ist.*

Beweis. Gemäß Satz 8 existiert ein kommutatives Diagramm K-linearer Abbildungen

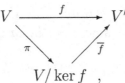

$$V/\ker f \; ,$$

wobei $\overline{f}$ wegen $\ker \pi = \ker f$ injektiv ist. Es definiert also $\overline{f}$ einen Isomorphismus von $V/\ker f$ auf den linearen Unterraum im $\overline{f} \subset V'$, und letzterer stimmt überein mit im f.   □

Wir wollen schließlich noch die Ergebnisse dieses Abschnitts zur Charakterisierung affiner Unterräume von Vektorräumen verwenden. Dabei wollen wir zunächst bemerken, dass jeder nicht-leere affine Unterraum eines K-Vektorraums V in eindeutiger Weise einen zugehörigen linearen Unterraum bestimmt.

Bemerkung 10. *Es sei* V *ein* K-*Vektorraum und* $A \subset V$ *ein nicht-leerer affiner Unterraum, d. h. eine Teilmenge der Form* $a + U$ *mit einem Vektor* $a \in V$ *und einem linearen Unterraum* $U \subset V$. *Dann ist* U *eindeutig durch* A *bestimmt.*

Beweis. Gilt etwa $a + U = A = a' + U'$ für Elemente $a, a' \in V$ und lineare Unterräume $U, U' \subset V$, so folgt

$$U = (a' - a) + U'.$$

Wegen $0 \in U$ bedeutet dies, dass $a' - a$ ein inverses Element in U' besitzt und daher selbst zu U' gehört. Dies aber impliziert $U = U'$, wie behauptet.   □

Insbesondere kann man daher nicht-leeren affinen Unterräumen eines Vektorraums V eine Dimension zuordnen, nämlich die Dimension des zugehörigen linearen Unterraums von V. Beispielsweise nennt man einen affinen Unterraum von V der Dimension 1 eine *Gerade*, der Dimension 2 eine *Ebene* oder der Dimension $n-1$ eine *Hyperebene*, wenn $n = \dim_K V < \infty$.

Satz 11. *Es sei V ein K-Vektorraum und $A \subset V$ eine Teilmenge. Dann ist äquivalent:*

   (i) *A ist ein affiner Unterraum von V, d. h. A ist leer, oder es existieren ein Vektor $a \in V$ sowie ein linearer Unterraum $U \subset V$ mit $A = a + U$.*

   (ii) *Es existiert eine K-lineare Abbildung $f\colon V \longrightarrow V'$, so dass A eine Faser von f ist, d. h. es existiert ein $a' \in V'$ mit $A = f^{-1}(a')$.*

   (iii) *Für jeweils endlich viele Elemente $a_0, \ldots, a_r \in A$ sowie Koeffizienten $\alpha_0, \ldots, \alpha_r \in K$ mit $\sum_{i=0}^r \alpha_i = 1$ folgt $\sum_{i=0}^r \alpha_i a_i \in A$.*

Beweis. Der Fall $A = \emptyset$ ist trivial, da sich die leere Menge stets als Faser einer linearen Abbildung $f\colon V \longrightarrow V'$ realisieren lässt. Man betrachte etwa $V' := V \times K$ als K-Vektorraum mit komponentenweiser Addition und skalarer Multiplikation. Dann ist

$$f\colon V \longrightarrow V', \qquad v \longmapsto (v, 0),$$

eine K-lineare Abbildung mit $f^{-1}(0,1) = \emptyset$.

   Wir dürfen also im Folgenden $A \neq \emptyset$ voraussetzen. Sei zunächst Bedingung (i) gegeben, also A ein affiner Unterraum von V, etwa $A = a + U$. Betrachtet man dann den kanonischen Epimorphismus $\pi\colon V \longrightarrow V/U$, so gilt $A = \pi^{-1}(\pi(a))$ nach Bemerkung 2, d. h. A ist Faser einer K-linearen Abbildung und erfüllt damit Bedingung (ii).

   Sei nun (ii) gegeben, also $A = f^{-1}(a')$ mit einem Element $a' \in V'$, und seien endlich viele Elemente $a_0, \ldots, a_r \in A$ fixiert. Für Koeffizienten $\alpha_0, \ldots, \alpha_r \in K$ mit $\sum_{i=0}^r \alpha_i = 1$ gilt dann

$$f\left(\sum_{i=0}^r \alpha_i a_i\right) = \sum_{i=0}^r \alpha_i f(a_i) = \left(\sum_{i=0}^r \alpha_i\right) \cdot a' = a'$$

und damit $\sum_{i=0}^r \alpha_i a_i \in f^{-1}(a') = A$. Bedingung (iii) ist also erfüllt.

   Sei schließlich (iii) gegeben. Wir wählen dann ein Element $a_0 \in A$ aus und behaupten, dass $\Delta A = \{a - a_0 \; ; \; a \in A\}$ ein linearer Unterraum von V ist. In der Tat, wir haben $0 \in \Delta A$ und damit $\Delta A \neq \emptyset$. Sind weiter $a, b \in \Delta A$, also $a = a_1 - a_0$, $b = b_1 - a_0$ mit $a_1, b_1 \in A$, so folgt $a_1 + (-1)a_0 + b_1 \in A$ gemäß (iii) und damit

$$a + b = (a_1 - a_0 + b_1) - a_0 \in \Delta A.$$

Für $\alpha \in K$ gilt weiter $\alpha a_1 + (1 - \alpha)a_0 \in A$, ebenfalls unter Benutzung von (iii), also

$$\alpha a = \big(\alpha a_1 + (1 - \alpha)a_0\big) - a_0 \in \Delta A.$$

Folglich ist ΔA ein linearer Unterraum in V, und es zeigt sich, dass $A = a_0 + \Delta A$ ein affiner Unterraum von V ist. $\qquad\qquad\qquad\square$

Wir wollen noch zeigen, wie man affine Unterräume von Vektorräumen in konkreter Weise erzeugen kann. Hierzu betrachte man einen K-Vektorraum V sowie Vektoren $a_0, \dots, a_r \in V$, $r \geq 0$. Dann existiert ein kleinster affiner Unterraum $A \subset V$, der diese Vektoren enthält, nämlich

$$A = \left\{ a_0 + \sum_{i=1}^{r} \alpha_i(a_i - a_0) \,; \, \alpha_1, \dots, \alpha_r \in K \right\}.$$

Um dies einzusehen, stellen wir zunächst fest, dass A ein affiner Unterraum in V ist, der die Vektoren $a_0, \dots, a_r$ enthält; der zugehörige lineare Unterraum $U \subset V$ mit $A = a_0 + U$ wird von den Vektoren $a_i - a_0$, $i = 1, \dots, r$, erzeugt. Da man eine Summe $a_0 + \sum_{i=1}^{r} \alpha_i(a_i - a_0)$ auch in der Form $(1 - \sum_{i=1}^{r} \alpha_i) \cdot a_0 + \sum_{i=1}^{r} \alpha_i a_i$ schreiben kann, erhält man weiter

$$A = \left\{ \sum_{i=0}^{r} \alpha_i a_i \,; \, \alpha_0, \dots, \alpha_r \in K \text{ mit } \sum_{i=0}^{r} \alpha_i = 1 \right\}.$$

Hieraus folgt unter Benutzung von Satz 11 (iii), dass A wie behauptet der kleinste affine Unterraum von V ist, der $a_0, \dots, a_r$ enthält. Beispielsweise kann man die durch zwei verschiedene Punkte a, b eines K-Vektorraums bestimmte affine Gerade betrachten. In gewohnter Weise ergibt sich

$$G = \big\{ a + \alpha(b - a) \,; \, \alpha \in K \big\} = \big\{ \alpha a + \beta b \,; \, \alpha, \beta \in K \text{ mit } \alpha + \beta = 1 \big\}.$$

Aufgaben

1. Man betrachte folgende Mengen M mit der jeweils angegebenen Relation $\sim$ und entscheide, ob es sich um eine Äquivalenzrelation handelt. Falls möglich gebe man die Äquivalenzklassen an.

   (i) $M = \mathbb{R}$, $a \sim b :\Longleftrightarrow |a| = |b|$

(ii) $M = \mathbb{R}$, $a \sim b :\Longleftrightarrow |a - b| < 1$

(iii) $M = \mathbb{Z}$, $a \sim b :\Longleftrightarrow a - b$ wird von p geteilt (d. h. es existiert eine Zerlegung $a - b = c \cdot p$ mit einem $c \in \mathbb{Z}$), wobei p eine fest vorgegebene ganze Zahl ist.

2. Es seien V, V' Vektorräume über einem Körper K und $A \subset V$ sowie $A' \subset V'$ affine Unterräume. Man zeige:

(i) Für eine lineare Abbildung $f \colon V \longrightarrow V'$ ist $f(A)$ ein affiner Unterraum von V' und $f^{-1}(A')$ ein affiner Unterraum von V.

(ii) Für $V = V'$ sind $A + A' = \{a + a' \,;\, a \in A, a' \in A'\}$ und $A \cap A'$ affine Unterräume von V.

(iii) Es ist $A \times A'$ ein affiner Unterraum von $V \times V'$, wobei man $V \times V'$ mit komponentenweiser Addition und skalarer Multiplikation als K-Vektorraum auffasse.

3. Seien A, A' affine Unterräume eines K-Vektorraums V, wobei $1 + 1 \neq 0$ in K gelte. Man zeige, $A \cup A'$ ist genau dann ein affiner Unterraum von V, wenn $A \subset A'$ oder $A' \subset A$ gilt.

4. Es sei V ein K-Vektorraum und $A \subset V$ eine Teilmenge. Man zeige, dass es eine kleinste Teilmenge $A' \subset V$ mit $A \subset A'$ gibt, so dass die durch

$$a \sim b :\Longleftrightarrow a - b \in A'$$

definierte Relation eine Äquivalenzrelation auf V definiert. Man bestimme A' unter der Voraussetzung, dass A abgeschlossen unter der skalaren Multiplikation ist, dass also aus $\alpha \in K$, $a \in A$ stets $\alpha a \in A$ folgt. (AT 398)

5. Für eine Matrix $(\lambda_{ij})_{\substack{i=1,\ldots,m \\ j=1,\ldots,n}}$ mit Koeffizienten aus einem Körper K und für Elemente $\delta_1, \ldots, \delta_m \in K$ zeige man, dass durch

$$A = \left\{ (\alpha_1, \ldots, \alpha_n) \in K^n \,;\, \sum_{j=1}^{n} \lambda_{ij}\alpha_j = \delta_i, i = 1, \ldots, m \right\}$$

ein affiner Unterraum im K^n erklärt wird. Ist jeder affine Unterraum des K^n von dieser Bauart? (Hinweis: Man vermeide "unnötiges Rechnen", indem man geeignete lineare Abbildungen betrachtet. Man beginne mit dem Fall $m = 1$.)

6. Für Vektoren $a_0, \ldots, a_r$ eines K-Vektorraums V betrachte man den von den a_i erzeugten affinen Unterraum $A \subset V$ sowie den von den a_i erzeugten linearen Unterraum $U \subset V$. Man zeige $A \subset U$ und weiter:

$$\dim_K A = \begin{cases} \dim_K U & \text{falls } 0 \in A \\ \dim_K U - 1 & \text{falls } 0 \notin A \end{cases}$$

7. Eine Abbildung $f\colon V \longrightarrow V'$ zwischen K-Vektorräumen heiße *affin*, wenn es ein Element $x_0 \in V'$ gibt, so dass die Abbildung

$$V \longrightarrow V', \qquad a \longmapsto f(a) - x_0,$$

K-linear ist. Man zeige: Eine Abbildung $f\colon V \longrightarrow V'$ ist genau dann affin, wenn für jeweils endlich viele Vektoren $a_0, \ldots, a_r \in V$ und Elemente $\alpha_0, \ldots, \alpha_r \in K$ mit $\sum_{i=0}^{r} \alpha_i = 1$ stets

$$f\left(\sum_{i=0}^{r} \alpha_i a_i \right) = \sum_{i=0}^{r} \alpha_i f(a_i)$$

gilt.

8. *Erster Isomorphiesatz*: Für zwei lineare Unterräume U, U' eines K-Vektorraums V betrachte man die kanonischen Abbildungen $U \hookrightarrow U + U'$ sowie $U + U' \longrightarrow (U + U')/U'$. Man zeige, dass deren Komposition $U \cap U'$ als Kern besitzt und einen Isomorphismus

$$U/(U \cap U') \overset{\sim}{\longrightarrow} (U + U')/U'$$

induziert. (AT 400)

9. *Zweiter Isomorphiesatz*: Es seien V ein K-Vektorraum und $U \subset U' \subset V$ lineare Unterräume. Man zeige:

   (i) Die kanonische Abbildung $U' \hookrightarrow V \longrightarrow V/U$ besitzt U als Kern und induziert einen Monomorphismus $U'/U \hookrightarrow V/U$. Folglich lässt sich U'/U mit seinem Bild in V/U identifizieren und somit als linearer Unterraum von V/U auffassen.

   (ii) Die Projektion $V \longrightarrow V/U'$ faktorisiert über V/U, d. h. lässt sich als Komposition $V \overset{\pi}{\longrightarrow} V/U \overset{f}{\longrightarrow} V/U'$ schreiben, mit einer linearen Abbildung f und der kanonischen Projektion π.

   (iii) f besitzt U'/U als Kern und induziert einen Isomorphismus

$$(V/U)/(U'/U) \overset{\sim}{\longrightarrow} V/U'.$$

10. Für lineare Unterräume U_1, U_2 eines K-Vektorraums V betrachte man die kanonischen Projektionen $\pi_i\colon V \longrightarrow V/U_i$, $i = 1, 2$, sowie die Abbildung

$$(\pi_1, \pi_2) \colon V \longrightarrow V/U_1 \times V/U_2, \qquad x \longmapsto \big(\pi_1(x), \pi_2(x)\big).$$

Man zeige:

(i) (π_1, π_2) ist K-linear, wenn man $V/U_1 \times V/U_2$ mit komponentenweiser Addition und skalarer Multiplikation als K-Vektorraum auffasst.

(ii) (π_1, π_2) ist genau dann injektiv, wenn $U_1 \cap U_2 = 0$ gilt.

(iii) (π_1, π_2) ist genau dann surjektiv, wenn $V = U_1 + U_2$ gilt.

(iv) (π_1, π_2) ist genau dann bijektiv, wenn $V = U_1 \oplus U_2$ gilt.

11. Man konstruiere ein Beispiel eines K-Vektorraums V mit einem linearen Unterraum $0 \subsetneqq U \subset V$, so dass es einen Isomorphismus $V/U \overset{\sim}{\longrightarrow} V$ gibt. Gibt es ein solches Beispiel im Falle $\dim_K V < \infty$? (AT 401)

12. Es seien $V_1 \overset{f}{\longrightarrow} V_2 \overset{g}{\longrightarrow} V_3 \overset{h}{\longrightarrow} V_4$ drei K-lineare Abbildungen zwischen endlich-dimensionalen K-Vektorräumen. Man zeige:

$$\mathrm{rg}(g \circ f) + \mathrm{rg}(h \circ g) \leq \mathrm{rg}(h \circ g \circ f) + \mathrm{rg}\, g$$

2.3 Der Dualraum

Für zwei K-lineare Abbildungen $f, g \colon V \longrightarrow V'$ zwischen K-Vektorräumen hatten wir in Abschnitt 2.1 deren Summe durch

$$f + g \colon V \longrightarrow V', \qquad a \longmapsto f(a) + g(a),$$

und für eine Konstante $\alpha \in K$ das Produkt αf durch

$$\alpha f \colon V \longrightarrow V', \qquad a \longmapsto \alpha\big(f(a)\big),$$

definiert. Man rechnet ohne Schwierigkeiten nach, dass $f + g$ und αf wieder K-linear sind und dass die K-linearen Abbildungen $V \longrightarrow V'$ mit diesen Verknüpfungen einen K-Vektorraum bilden; dieser wird mit $\mathrm{Hom}_K(V, V')$ bezeichnet. Speziell werden wir in diesem Abschnitt für V' als K-Vektorraum den Körper K selbst betrachten. K-lineare Abbildungen $V \longrightarrow K$ werden auch als *Linearformen* bezeichnet.

Definition 1. *Es sei V ein K-Vektorraum. Dann heißt der K-Vektorraum $\mathrm{Hom}_K(V, K)$ aller Linearformen auf V der Dualraum zu V. Dieser wird mit V^* bezeichnet.*

Beispielsweise ist für $n \in \mathbb{N} - \{0\}$ die Abbildung

$$K^n \longrightarrow K, \qquad (\alpha_1, \ldots, \alpha_n) \longmapsto \alpha_1,$$

eine Linearform auf K^n. Betrachten wir allgemeiner einen K-Vektorraum V mit Basis $a_1, \ldots, a_n$, so können wir aus 2.1/7 ablesen, dass es zu gegebenen Elementen $\lambda_1, \ldots, \lambda_n \in K$ stets eine eindeutig bestimmte Linearform $\varphi \in V^*$ mit $\varphi(a_i) = \lambda_i$, $i = 1, \ldots, n$, gibt. Die Linearformen auf V korrespondieren folglich in bijektiver Weise zu den n-Tupeln von Konstanten aus K, wobei diese Zuordnung genauer einen Isomorphismus $V^* \overset{\sim}{\longrightarrow} K^n$ darstellt. Legen wir etwa im Falle $V = K^n$ die kanonische Basis $e_1, \ldots, e_n$ zugrunde, so werden dementsprechend die Linearformen auf K^n gerade durch die Abbildungen

$$K^n \longrightarrow K, \qquad (\alpha_1, \ldots, \alpha_n) \longmapsto \sum_{i=1}^{n} \lambda_i \alpha_i,$$

zu n-Tupeln $(\lambda_1, \ldots, \lambda_n) \in K^n$ gegeben. Insbesondere ist der Dualraum des Nullraums wieder der Nullraum.

Satz 2. *Es sei* $f \colon U \longrightarrow V$ *eine K-lineare Abbildung zwischen Vektorräumen. Dann ist die Abbildung*

$$f^* \colon V^* \longrightarrow U^*, \qquad \varphi \longmapsto \varphi \circ f,$$

K-linear; man nennt f^* die duale Abbildung *zu f. Ist $g \colon V \longrightarrow W$ eine weitere K-lineare Abbildung zwischen Vektorräumen, so gilt die Verträglichkeitsbeziehung $(g \circ f)^* = f^* \circ g^*$.*

Man kann sich die Definition des Bildes $f^*(\varphi) = \varphi \circ f$ anhand des folgenden kommutativen Diagramms verdeutlichen:

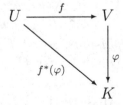

Es wird die Linearform φ sozusagen unter der Abbildung f^* zu einer Linearform auf U zurückgezogen, indem man mit f komponiert.

Nun zum *Beweis von Satz 2*. Für $\varphi, \psi \in V^*$ sowie für $\alpha \in K$ ergibt sich in naheliegender Weise

$$f^*(\varphi + \psi) = (\varphi + \psi) \circ f = (\varphi \circ f) + (\psi \circ f) = f^*(\varphi) + f^*(\psi),$$
$$f^*(\alpha\varphi) = (\alpha\varphi) \circ f = \alpha(\varphi \circ f) = \alpha f^*(\varphi)$$

und damit die K-Linearität von f^*. Um die Formel für die Komposition dualer Abbildungen nachzuweisen, betrachte man für eine Linearform $\varphi \in W^*$ das kommutative Diagramm:

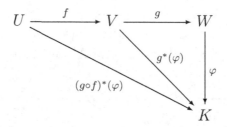

Es ergibt sich

$$(g \circ f)^*(\varphi) = \varphi \circ (g \circ f) = (\varphi \circ g) \circ f$$
$$= (g^*(\varphi)) \circ f = f^*(g^*(\varphi)) = (f^* \circ g^*)(\varphi)$$

und damit die gewünschte Relation $(g \circ f)^* = f^* \circ g^*$, indem man φ in W^* variieren lässt.   □

Im Folgenden wollen wir einige Zusammenhänge zwischen linearen Abbildungen und den zugehörigen dualen Abbildungen untersuchen. Wir schließen dabei auch den Fall unendlich-dimensionaler Vektorräume mit ein, beschränken uns bei den Beweisen aus technischen Gründen aber meist auf den Fall endlich-dimensionaler Vektorräume.

Satz 3. *Es sei $f: V \longrightarrow W$ eine K-lineare Abbildung zwischen Vektorräumen sowie $f^*: W^* \longrightarrow V^*$ die zugehörige duale Abbildung.*
(i) Ist f ein Monomorphismus, so ist f^* ein Epimorphismus.
(ii) Ist f ein Epimorphismus, so ist f^* ein Monomorphismus.

Beweis. Wir beginnen mit Aussage (i). Sei also f injektiv. Um zu sehen, dass f^* surjektiv ist, zeigen wir, dass jede Linearform $\psi \in V^*$ ein Urbild $\varphi \in W^*$ besitzt, dass also zu ψ eine Linearform $\varphi \in W^*$

mit $\psi = \varphi \circ f$ existiert. Hierzu schreiben wir f als Komposition zweier K-linearer Abbildungen, nämlich der von f induzierten Abbildung $f_1 \colon V \longrightarrow \operatorname{im} f$, sowie der Inklusionsabbildung $f_2 \colon \operatorname{im} f \hookrightarrow W$. Dabei ist f_1 aufgrund der Injektivität von f ein Isomorphismus. Sodann betrachte man das Diagramm

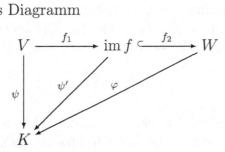

wobei die Linearformen $\psi' \colon \operatorname{im} f \longrightarrow K$ und $\varphi \colon W \longrightarrow K$ noch zu konstruieren sind, und zwar so, dass das Diagramm kommutiert. Da f_1 ein Isomorphismus ist, können wir $\psi' = \psi \circ f_1^{-1}$ setzen. Dann bleibt noch das Problem, die Linearform $\psi' \colon \operatorname{im} f \longrightarrow K$ zu einer Linearform $\varphi \colon W \longrightarrow K$ fortzusetzen.

Um dies zu bewerkstelligen, wählen wir gemäß 1.6/4 ein Komplement W' zu $\operatorname{im} f$ in W, also einen Untervektorraum $W' \subset W$ mit $W = (\operatorname{im} f) \oplus W'$. Jedes $w \in W$ hat dann eine eindeutige Zerlegung $w = w_1 \oplus w_2$ mit $w_1 \in \operatorname{im} f$ und $w_2 \in W'$. Setzt man jeweils $\varphi(w) = \psi'(w_1)$, so erhält man wie gewünscht eine Linearform $\varphi \colon W \longrightarrow K$, die ψ' fortsetzt und damit $f^*(\varphi) = \psi$ erfüllt.

Zum Nachweis von (ii) setze man $f \colon V \longrightarrow W$ als surjektiv voraus. Weiter seien $\varphi, \varphi' \in W^*$ mit $f^*(\varphi) = f^*(\varphi')$, also mit $\varphi \circ f = \varphi' \circ f$. Ist dann $w \in W$ beliebig gewählt und $v \in V$ ein Urbild unter f, so gilt

$$\varphi(w) = \varphi\big(f(v)\big) = (\varphi \circ f)(v) = (\varphi' \circ f)(v) = \varphi'\big(f(v)\big) = \varphi'(w).$$

Hieraus folgt $\varphi = \varphi'$, wenn man w in W variieren lässt. $\square$

Die Aussage von Satz 3 lässt sich mittels sogenannter exakter Sequenzen allgemeiner formulieren. Unter einer *Sequenz* wollen wir eine Kette

$$\cdots \xrightarrow{f_{n-2}} V_{n-1} \xrightarrow{f_{n-1}} V_n \xrightarrow{f_n} V_{n+1} \xrightarrow{f_{n+1}} \cdots$$

von K-linearen Abbildungen verstehen, wobei der Index n einen endlichen oder unendlichen Abschnitt in $\mathbb{Z}$ durchlaufe. Man sagt, dass die Sequenz bei V_n die Eigenschaft eines *Komplexes* besitzt, wenn

$f_n \circ f_{n-1} = 0$ oder, äquivalent hierzu, im $f_{n-1} \subset \ker f_n$ gilt. Weiter heißt die Sequenz *exakt bei* V_n, wenn sogar im $f_{n-1} = \ker f_n$ gilt. Erfüllt die Sequenz die Komplex-Eigenschaft an allen Stellen V_n (natürlich außer bei solchen V_n, die die Sequenz möglicherweise terminieren), so spricht man von einem *Komplex*. Entsprechend heißt die Sequenz exakt, wenn sie an allen Stellen exakt ist. Beispielsweise ist für eine K-lineare Abbildung $f \colon V' \longrightarrow V$ die Sequenz

$$0 \longrightarrow V' \stackrel{f}{\longrightarrow} V$$

genau dann exakt, wenn f injektiv ist; dabei ist 0 der Nullvektorraum sowie $0 \longrightarrow V'$ (als einzig mögliche K-lineare Abbildung von 0 nach V') die Nullabbildung. Entsprechend ist die Sequenz

$$V' \stackrel{f}{\longrightarrow} V \longrightarrow 0$$

genau dann exakt, wenn f surjektiv ist; auch hierbei ist $V \longrightarrow 0$ (zwangsläufig) die Nullabbildung. Exakte Sequenzen des Typs

$$0 \longrightarrow V' \stackrel{f}{\longrightarrow} V \stackrel{g}{\longrightarrow} V'' \longrightarrow 0$$

werden auch als *kurze exakte Sequenzen* bezeichnet. Die Exaktheit einer solchen Sequenz ist äquivalent zu den folgenden Bedingungen:

(1) f ist injektiv,

(2) im $f = \ker g$,

(3) g ist surjektiv.

Bei einer kurzen exakten Sequenz können wir daher V' unter f als Untervektorraum von V auffassen, und es folgt mit dem Homomorphiesatz 2.2/9, dass g einen kanonischen Isomorphismus $V/V' \stackrel{\sim}{\longrightarrow} V''$ induziert. Umgekehrt kann man zu jedem Untervektorraum $U \subset V$ in kanonischer Weise die exakte Sequenz

$$0 \longrightarrow U \longrightarrow V \longrightarrow V/U \longrightarrow 0$$

betrachten. Ein weiteres Beispiel einer kurzen exakten Sequenz wird für K-Vektorräume V_1 und V_2 und deren (konstruierte) direkte Summe $V_1 \oplus V_2$ durch die Abbildungen

$$0 \longrightarrow V_1 \longrightarrow V_1 \oplus V_2 \longrightarrow V_2 \longrightarrow 0$$

gegeben, wobei $V_1 \longrightarrow V_1 \oplus V_2$, $v_1 \longmapsto (v_1, 0)$, die kanonische Inklusion und $V_1 \oplus V_2 \longrightarrow V_2$, $(v_1, v_2) \longmapsto v_2$, die kanonische Projektion sei.

Satz 4. *Es sei*

$$\cdots \longrightarrow V_{n-1} \xrightarrow{f_{n-1}} V_n \xrightarrow{f_n} V_{n+1} \longrightarrow \cdots$$

eine exakte Sequenz von K-Vektorräumen. Dann ist auch die zugehörige duale Sequenz

$$\cdots \longleftarrow V_{n-1}^* \xleftarrow{f_{n-1}^*} V_n^* \xleftarrow{f_n^*} V_{n+1}^* \longleftarrow \cdots$$

exakt.

Formulieren wir Satz 3 im Sinne exakter Sequenzen um, so sieht man, dass für eine exakte Sequenz $0 \longrightarrow U \longrightarrow V$ auch die zugehörige duale Sequenz $V^* \longrightarrow U^* \longrightarrow 0$ exakt ist; vgl. Satz 3 (i). Entsprechend besagt Satz 3 (ii), dass für eine exakte Sequenz $U \longrightarrow V \longrightarrow 0$ die zugehörige duale Sequenz $0 \longrightarrow V^* \longrightarrow U^*$ exakt ist. Satz 4 ist daher eine Verallgemeinerung von Satz 3.

Beweis zu Satz 4. Es genügt zu zeigen, dass für eine exakte Sequenz

$$U \xrightarrow{f} V \xrightarrow{g} W$$

die zugehörige duale Sequenz

$$W^* \xrightarrow{g^*} V^* \xrightarrow{f^*} U^*$$

exakt ist. Zunächst folgt aus $g \circ f = 0$ für beliebiges $\varphi \in W^*$ die Beziehung $(f^* \circ g^*)(\varphi) = \varphi \circ g \circ f = 0$, d. h. es gilt $f^* \circ g^* = 0$ und damit $\operatorname{im} g^* \subset \ker f^*$. Um auch die umgekehrte Inklusion zeigen zu können, betrachte man ein Element $\varphi \in \ker f^*$, also eine Linearform $\varphi \colon V \longrightarrow K$ mit $\varphi \circ f = 0$. Dann haben wir $\varphi(\operatorname{im} f) = 0$ und wegen der Exaktheit von $U \longrightarrow V \longrightarrow W$ auch $\varphi(\ker g) = 0$; Letzteres bedeutet $\ker g \subset \ker \varphi$. Um nun $\varphi \in \operatorname{im} g^*$ zu zeigen, haben wir eine Linearform $\psi \in W^*$ mit $\varphi = \psi \circ g$ zu konstruieren. Hierzu zerlegen wir $g \colon V \longrightarrow W$ ähnlich wie im Beweis zu Satz 3 in die von g

induzierte surjektive Abbildung $g_1 \colon V \longrightarrow \operatorname{im} g$ sowie die Inklusion $g_2 \colon \operatorname{im} g \hookrightarrow W$. Aufgrund des Homomorphiesatzes 2.2/8 existiert dann eine Linearform $\varphi' \colon \operatorname{im} g \longrightarrow K$ mit $\varphi = \varphi' \circ g_1$. Weiter lässt sich φ', wie im Beweis zu Satz 3 gezeigt oder unter Benutzung von Satz 3 (i), zu einer Linearform $\psi \colon W \longrightarrow K$ ausdehnen, d. h. mit $\psi \circ g_2 = \varphi'$. Dann gilt

$$g^*(\psi) = \psi \circ g = \psi \circ g_2 \circ g_1 = \varphi' \circ g_1 = \varphi,$$

also ist ψ ein Urbild zu φ unter g^*. Hieraus folgt $\ker f^* \subset \operatorname{im} g^*$ bzw. $\ker f^* = \operatorname{im} g^*$, so dass sich die Sequenz $W^* \longrightarrow V^* \longrightarrow U^*$ als exakt erweist. $\qquad\qquad\square$

Als Nächstes wollen wir für endlich-dimensionale K-Vektorräume und ihre Dualräume Basen zueinander in Beziehung setzen. Insbesondere wollen wir zeigen, dass ein Vektorraum und sein Dualraum dieselbe Dimension besitzen. Wir erinnern dabei nochmals an das Kronecker-Symbol δ_{ij}, welches für Indizes i, j aus einer vorgegebenen Menge erklärt ist. Und zwar gilt $\delta_{ij} = 1$ für $i = j$ und $\delta_{ij} = 0$ sonst.

Satz 5. *Es sei V ein K-Vektorraum mit Basis $a_1, \ldots, a_n$. Erklärt man dann Linearformen $\varphi_1, \ldots, \varphi_n \in V^*$ gemäß 2.1/7 durch $\varphi_i(a_j) = \delta_{ij}$, so bilden diese eine Basis von V^*, und zwar die sogenannte* duale Basis *zu $a_1, \ldots, a_n$.*

Beweis. Wir überprüfen zunächst, dass $\varphi_1, \ldots, \varphi_n$ linear unabhängig sind. Hierzu betrachte man eine Gleichung $\sum_{i=1}^{n} \alpha_i \varphi_i = 0$ mit Koeffizienten $\alpha_i \in K$. Einsetzen von a_j liefert

$$\alpha_j = \sum_{i=1}^{n} \alpha_i \varphi_i(a_j) = 0, \qquad j = 1, \ldots, n,$$

d. h. $\varphi_1, \ldots, \varphi_n$ sind linear unabhängig. Ist andererseits $\varphi \in V^*$ gegeben, so gilt

$$\varphi(a_j) = \sum_{i=1}^{n} \varphi(a_i) \varphi_i(a_j), \qquad j = 1, \ldots, n,$$

was $\varphi = \sum_{i=1}^{n} \varphi(a_i) \varphi_i$ gemäß 2.1/7 impliziert. $\varphi_1, \ldots, \varphi_n$ erzeugen also V^* und bilden damit sogar eine Basis von V^*. $\qquad\qquad\square$

Korollar 6. *Es sei V ein endlich-dimensionaler K-Vektorraum. Dann gilt $\dim_K V = \dim_K V^*$. Insbesondere existiert ein Isomorphismus $V \overset{\sim}{\longrightarrow} V^*$.*

Man beachte, dass sich die Aussage von Satz 5 nicht auf unendlich-dimensionale K-Vektorräume verallgemeinern lässt. Ist nämlich $(a_i)_{i \in I}$ eine unendliche Basis, so erkläre man wiederum durch $\varphi_i(a_j) = \delta_{ij}$ ein System $(\varphi_i)_{i \in I}$ von Linearformen auf V. Wie im Beweis zu Satz 5 ergibt sich, dass dieses linear unabhängig ist und dass der von den φ_i erzeugte lineare Unterraum von V^* gerade aus denjenigen Linearformen $\varphi \colon V \longrightarrow K$ besteht, für die $\varphi(a_i) = 0$ für fast alle $i \in I$ gilt. Andererseits kann man aber Linearformen $V \longrightarrow K$ definieren, indem man die Bilder der Basisvektoren a_i beliebig vorgibt. Insbesondere gibt es Linearformen $\varphi \in V^*$ mit $\varphi(a_i) \neq 0$ für unendlich viele Indizes $i \in I$. Somit kann $(\varphi_i)_{i \in I}$ im Falle einer unendlichen Indexmenge I kein Erzeugendensystem und damit auch keine Basis von V sein.

Als Nächstes wollen wir für lineare Abbildungen $f \colon V \longrightarrow W$ den Rang $\operatorname{rg} f$, also die Dimension des Bildes von f, mit dem Rang der zugehörigen dualen Abbildung $f^* \colon W^* \longrightarrow V^*$ vergleichen.

Satz 7. *Ist $f \colon V \longrightarrow W$ eine K-lineare Abbildung endlich-dimensionaler Vektorräume und $f^* \colon W^* \longrightarrow V^*$ die zugehörige duale Abbildung, so gilt $\operatorname{rg} f = \operatorname{rg} f^*$.*

Beweis. Wir spalten $f \colon V \longrightarrow W$ auf in die induzierte surjektive lineare Abbildung $f_1 \colon V \longrightarrow \operatorname{im} f$, sowie die Inklusion $f_2 \colon \operatorname{im} f \hookrightarrow W$. Nach Satz 2 ist dann $f^* \colon W^* \longrightarrow V^*$ die Komposition der dualen Abbildungen $f_2^* \colon W^* \longrightarrow (\operatorname{im} f)^*$ und $f_1^* \colon (\operatorname{im} f)^* \longrightarrow V^*$. Nun ist f_2^* surjektiv nach Satz 3 (i) und f_1^* injektiv nach Satz 3 (ii). Es wird daher $(\operatorname{im} f)^*$ unter f_1^* isomorph auf das Bild $\operatorname{im} f^*$ abgebildet, und man erhält mit Korollar 6

$$\operatorname{rg} f = \dim_K(\operatorname{im} f) = \dim_K(\operatorname{im} f)^* = \dim_K(\operatorname{im} f^*) = \operatorname{rg} f^*.$$

$\square$

Abschließend wollen wir noch den doppelt dualen Vektorraum $V^{**} = (V^*)^*$ zu einem K-Vektorraum V betrachten. Man hat stets eine kanonische Abbildung

$$\Phi \colon V \longrightarrow V^{**}, \qquad a \longmapsto a^*,$$

wobei a^* für $a \in V$ gegeben ist durch

$$a^* \colon V^* \longrightarrow K, \qquad \varphi \longmapsto \varphi(a).$$

Satz 8. *Ist V ein endlich-dimensionaler K-Vektorraum, so ist die vorstehend beschriebene Abbildung $\Phi \colon V \longrightarrow V^{**}$ ein Isomorphismus von K-Vektorräumen.*

Beweis. Wir zeigen zunächst, dass Φ eine K-lineare Abbildung ist. Seien $a, b \in V$ und $\alpha \in K$. Dann stimmen die Abbildungen

$$(a+b)^* \colon V^* \longrightarrow K, \qquad \varphi \longmapsto \varphi(a+b) = \varphi(a) + \varphi(b),$$
$$a^* + b^* \colon V^* \longrightarrow K, \qquad \varphi \longmapsto \varphi(a) + \varphi(b),$$

überein, d. h. es gilt $\Phi(a+b) = \Phi(a) + \Phi(b)$. Entsprechend hat man

$$(\alpha a)^* \colon V^* \longrightarrow K, \qquad \varphi \longmapsto \varphi(\alpha a) = \alpha \varphi(a),$$
$$\alpha a^* \colon V^* \longrightarrow K, \qquad \varphi \longmapsto \alpha \varphi(a),$$

d. h. es folgt $\Phi(\alpha a) = \alpha \Phi(a)$. Insgesamt ergibt sich die K-Linearität von Φ.

Bilden nun $a_1, \ldots, a_n$ eine Basis von V und ist $\varphi_1, \ldots, \varphi_n$ die hierzu duale Basis, so ist $a_1^*, \ldots, a_n^*$ die duale Basis zu $\varphi_1, \ldots, \varphi_n$; denn es gilt

$$a_i^*(\varphi_j) = \varphi_j(a_i) = \delta_{ij} \quad \text{für} \quad i, j = 1, \ldots, n.$$

Unter Φ wird also eine Basis von V auf eine Basis des Bildraums V^{**} abgebildet. Dies bedeutet dann, dass Φ notwendig ein Isomorphismus ist. $\qquad\square$

Aufgaben

1. Man prüfe, ob die folgenden Linearformen $\varphi_i \colon \mathbb{R}^5 \longrightarrow \mathbb{R}$ ein linear unabhängiges System in $(\mathbb{R}^5)^*$ bilden:

   (i) $\quad \varphi_1 \colon (\alpha_1, \ldots, \alpha_5) \longmapsto \quad \alpha_1 + \alpha_2 + \alpha_3 + \alpha_4 + \alpha_5$

   $\quad\ \ \varphi_2 \colon (\alpha_1, \ldots, \alpha_5) \longmapsto \quad \alpha_1 + 2\alpha_2 + 3\alpha_3 + 4\alpha_4 + 5\alpha_5$

   $\quad\ \ \varphi_3 \colon (\alpha_1, \ldots, \alpha_5) \longmapsto \quad \alpha_1 - \alpha_2$

(ii) $\quad \varphi_1 : (\alpha_1, \ldots, \alpha_5) \longmapsto \quad \alpha_1 + 7\alpha_2 + 7\alpha_3 + 7\alpha_4 + \alpha_5$

$ \quad \varphi_2 : (\alpha_1, \ldots, \alpha_5) \longmapsto \quad \alpha_1 + 2\alpha_2 + 3\alpha_3 + 4\alpha_4 + 5\alpha_5$

$ \quad \varphi_3 : (\alpha_1, \ldots, \alpha_5) \longmapsto 12\alpha_1 + 7\alpha_2 + 13\alpha_3 + 8\alpha_4 + 9\alpha_5$

$ \quad \varphi_4 : (\alpha_1, \ldots, \alpha_5) \longmapsto 10\alpha_1 - 2\alpha_2 + 3\alpha_3 - 3\alpha_4 + 3\alpha_5$

2. Für einen Körper K und ein $n \in \mathbb{N}$ betrachte man K^n als K-Vektorraum. Es sei $p_i \colon K^n \longrightarrow K$, $i = 1, \ldots, n$, jeweils die Projektion auf die i-te Koordinate. Man zeige, dass $p_1, \ldots, p_n$ eine Basis des Dualraums $(K^n)^*$ bilden, und zwar die duale Basis zur kanonischen Basis $e_1, \ldots, e_n \in K^n$, bestehend aus den Einheitsvektoren $e_i = (\delta_{1i}, \ldots, \delta_{ni})$.

Im Falle $K = \mathbb{R}$ und $n = 4$ fixiere man

$$(1,0,0,0), \quad (1,1,0,0), \quad (1,1,1,0), \quad (1,1,1,1)$$

als Basis von $\mathbb{R}^4$ und bestimme die hierzu duale Basis von $(\mathbb{R}^4)^*$, indem man deren Elemente als Linearkombinationen der p_i angibt. (AT 402)

3. Es seien V, W zwei K-Vektorräume. Man zeige, dass die Abbildung

$$\mathrm{Hom}_K(V, W) \longrightarrow \mathrm{Hom}_K(W^*, V^*), \qquad f \longmapsto f^*,$$

K-linear ist, was bedeutet, dass für Elemente $\alpha \in K$ und K-lineare Abbildungen $f, g \colon V \longrightarrow W$ stets $(f+g)^* = f^* + g^*$ sowie $(\alpha f)^* = \alpha \cdot f^*$ gilt.

4. Man betrachte einen K-Vektorraum V und zu einem Element $a \in V$ das induzierte Element $a^* \in V^{**}$, welches definiert ist durch

$$a^* \colon V^* \longrightarrow K, \qquad \varphi \longmapsto \varphi(a).$$

Man zeige (AT 404):

(i) Die Abbildung $\iota \colon V \longrightarrow \mathrm{Hom}_K(K, V)$, welche einem Element $a \in V$ die Abbildung $\alpha \longmapsto \alpha \cdot a$ zuordnet, ist ein Isomorphismus von K-Vektorräumen.

(ii) Man identifiziere V unter ι mit $\mathrm{Hom}_K(K, V)$ und entsprechend K als K-Vektorraum mit seinem Dualraum $\mathrm{Hom}_K(K, K)$. Dann ist für $a \in V$ das Element $a^* \in V^{**}$ zu interpretieren als die duale Abbildung zu $a = \iota(a)$.

5. Es sei V ein endlich-dimensionaler K-Vektorraum und V^* sein Dualraum. Für lineare Unterräume $U_1 \subset V$ und $U_2 \subset V^*$ setze man

$$U_1^\perp = \{\varphi \in V^* \,;\, \varphi(U_1) = 0\},$$
$$U_2^\perp = \{a \in V \,;\, \varphi(a) = 0 \text{ für alle } \varphi \in U_2\}.$$

Man zeige für lineare Unterräume $U, U' \subset V$ bzw. $U, U' \subset V^*$:

(i) $(U + U')^\perp = U^\perp \cap U'^\perp$

(ii) $(U^\perp)^\perp = U$

(iii) $(U \cap U')^\perp = U^\perp + U'^\perp$

(iv) $\dim_K U + \dim_K U^\perp = \dim_K V$

6. Es sei $f\colon V \longrightarrow V'$ eine K-lineare Abbildung zwischen K-Vektorräumen und $f^*\colon V'^* \longrightarrow V^*$ die zugehörige duale Abbildung. Man konstruiere auf kanonische Weise einen Isomorphismus

$$\operatorname{coker} f^* \xrightarrow{\ \sim\ } (\ker f)^*,$$

wobei man mit $\operatorname{coker} f^*$ den *Cokern* von f^*, d. h. den Quotienten $V^*/\operatorname{im} f^*$ bezeichnet. (AT 405)

7. Es sei $0 \longrightarrow V' \xrightarrow{\ f\ } V \xrightarrow{\ g\ } V'' \longrightarrow 0$ eine kurze exakte Sequenz von K-Vektorräumen. Man zeige, dass eine solche Sequenz stets *spaltet*, d. h. dass es eine K-lineare Abbildung $\tilde{g}\colon V'' \longrightarrow V$ mit $g \circ \tilde{g} = \operatorname{id}_{V''}$ gibt. Die Wahl einer solchen Abbildung $\tilde{g}$ hat folgende Konsequenzen:

(i) $\tilde{g}$ ist injektiv, und es gilt $V = \ker g \oplus \operatorname{im} \tilde{g}$ bzw. $V = V' \oplus V''$, wenn wir V' unter f mit $\ker g = \operatorname{im} f$ identifizieren und entsprechend V'' unter $\tilde{g}$ mit $\operatorname{im} \tilde{g}$.

(ii) Es existiert eindeutig eine K-lineare Abbildung $\tilde{f}\colon V \longrightarrow V'$ mit $\tilde{f} \circ f = \operatorname{id}_{V'}$ und $\tilde{f} \circ \tilde{g} = 0$.

(iii) Es ist $0 \longleftarrow V' \xleftarrow{\ \tilde{f}\ } V \xleftarrow{\ \tilde{g}\ } V'' \longleftarrow 0$ eine kurze exakte Sequenz.

8. Man betrachte eine exakte Sequenz von endlich-dimensionalen K-Vektorräumen

$$0 \longrightarrow V_1 \xrightarrow{\ f_1\ } \ldots \xrightarrow{\ f_{n-1}\ } V_n \longrightarrow 0$$

und zeige

$$\sum_{i=1}^{n} (-1)^i \dim_K V_i = 0.$$

3. Matrizen

Überblick und Hintergrund

Bisher haben wir uns im Wesentlichen mit der Untersuchung von grundsätzlichen Eigenschaften bei Vektorräumen und linearen Abbildungen sowie der hiermit verbundenen Konstruktionen beschäftigt. Wir wollen nun verstärkt auf den rechnerischen Standpunkt eingehen und in diesem Kapitel zeigen, wie man konkret gegebene Probleme der Linearen Algebra in effektiver Weise rechnerisch lösen kann. Im Zentrum stehen hier *Matrizen* und das sogenannte *Gaußsche Eliminationsverfahren*, insbesondere in der Version zur Lösung linearer Gleichungssysteme.

Als Beispiel gehen wir von der folgenden geometrischen Situation aus:

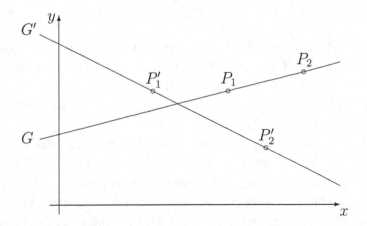

Gegeben seien zwei Geraden $G, G' \subset \mathbb{R}^2$, wobei G durch die (verschiedenen) Punkte $P_1, P_2 \in \mathbb{R}^2$ festgelegt sei und entsprechend G' durch

© Springer-Verlag GmbH Deutschland, ein Teil von Springer Nature 2021
S. Bosch, *Lineare Algebra*, https://doi.org/10.1007/978-3-662-62616-0_3

die (verschiedenen) Punkte $P_1', P_2' \in \mathbb{R}^2$. Man untersuche dann in Abhängigkeit von P_1, P_2, P_1', P_2', ob G und G' Schnittpunkte, also gemeinsame Punkte, besitzen und, wenn ja, wie sich diese aus den Punkten P_1, P_2, P_1', P_2' berechnen lassen. Wie wir bereits in der Einführung zu Kapitel 1 gesehen haben, gelten für G und G' die Parametrisierungen

$$G = \{P_1 + t(P_2 - P_1)\,;\, t \in \mathbb{R}\}, \quad G' = \{P_1' + t'(P_2' - P_1')\,;\, t' \in \mathbb{R}\},$$

und Schnittpunkte $S \in G \cap G'$ sind offenbar dadurch charakterisiert, dass es Parameter $t, t' \in \mathbb{R}$ mit

$$P_1 + t(P_2 - P_1) = S = P_1' + t'(P_2' - P_1')$$

gibt. Mit anderen Worten, zur Ermittlung der Schnittpunkte von G und G' haben wir alle Paare $(t, t') \in \mathbb{R}^2$ zu bestimmen, die der Gleichung

$$(*) \qquad\qquad t(P_2 - P_1) + t'(P_1' - P_2') = P_1' - P_1$$

genügen, oder, in Komponentenschreibweise mit

$$P_2 - P_1 = (\alpha_{11}, \alpha_{21}), \quad P_1' - P_2' = (\alpha_{12}, \alpha_{22}), \quad P_1' - P_1 = (\beta_1, \beta_2),$$

die den Gleichungen

$$(**) \qquad\qquad \begin{aligned} t\alpha_{11} + t'\alpha_{12} &= \beta_1 \\ t\alpha_{21} + t'\alpha_{22} &= \beta_2 \end{aligned}$$

genügen. Es ist also ein Gleichungssystem bestehend aus 2 Gleichungen mit den beiden Unbekannten t und t' und den gegebenen Konstanten $\alpha_{ij}, \beta_i \in \mathbb{R}$ zu lösen. Dabei handelt es sich um ein *lineares* Gleichungssystem, womit wir meinen, dass die Unbekannten t, t' separiert in höchstens erster Potenz auftreten.

Um die Gleichung $(*)$ zu lösen, nehmen wir zunächst einmal an, dass die beiden Vektoren $P_2 - P_1$ und $P_1' - P_2'$ *linear abhängig* sind, was in diesem Fall zur Folge hat, dass jeder der beiden Vektoren ein skalares Vielfaches des anderen ist; geometrisch bedeutet dies, dass G und G' parallel sind. Es ist also $P_1' - P_2'$ ein skalares Vielfaches von $P_2 - P_1$, etwa $P_1' - P_2' = \gamma(P_2 - P_1)$, und wir können die Gleichung $(*)$ zu

$$P_1' = P_1 + (t + \gamma t')(P_2 - P_1)$$

umschreiben. Somit ist die Existenz von Lösungen t, t' äquivalent zu $P_1' \in G$, was aber dann bereits $G = G'$ impliziert. Es können daher lediglich folgende Fälle auftreten, die sich gegenseitig ausschließen:

(1) $P_2 - P_1$ und $P_1' - P_2'$ sind linear abhängig, $G = G'$.

(2) $P_2 - P_1$ und $P_1' - P_2'$ sind linear abhängig, $G \neq G'$; dann gilt $G \cap G' = \emptyset$.

(3) $P_2 - P_1$ und $P_1' - P_2'$ sind linear unabhängig; dann besitzen G und G' genau einen Schnittpunkt (was anschaulich klar ist), den wir sogleich berechnen wollen.

Wir nehmen nun gemäß (3) an, dass die Vektoren $P_2 - P_1 = (\alpha_{11}, \alpha_{21})$ und $P_1' - P_2' = (\alpha_{12}, \alpha_{22})$ *linear unabhängig* sind. Insbesondere gilt $P_2 - P_1 \neq 0$, und es sei etwa $\alpha_{11} \neq 0$. Dann können wir das System $(**)$ in äquivalenter Weise umformen, indem wir das $\frac{\alpha_{21}}{\alpha_{11}}$-fache der ersten Gleichung von der zweiten subtrahieren, so dass wir in der zweiten Gleichung die Unbekannte t "eliminieren":

$$t\alpha_{11} + t'\alpha_{12} = \beta_1$$
$$t'\left(\alpha_{22} - \frac{\alpha_{21}}{\alpha_{11}}\alpha_{12}\right) = \beta_2 - \frac{\alpha_{21}}{\alpha_{11}}\beta_1$$

Nun gilt aber $\alpha_{22} - \frac{\alpha_{21}}{\alpha_{11}}\alpha_{12} \neq 0$, denn anderenfalls würde sich

$$\alpha_{12} = \frac{\alpha_{12}}{\alpha_{11}}\alpha_{11}, \qquad \alpha_{22} = \frac{\alpha_{12}}{\alpha_{11}}\alpha_{21}$$

ergeben, und $P_1' - P_2'$ wäre linear abhängig von $P_2 - P_1$, was aber unserer Annahme widerspricht. Somit können wir die zweite Gleichung weiter äquivalent umformen zu

$$t' = \frac{\beta_2 - \frac{\alpha_{21}}{\alpha_{11}}\beta_1}{\alpha_{22} - \frac{\alpha_{21}}{\alpha_{11}}\alpha_{12}} = \frac{\alpha_{11}\beta_2 - \alpha_{21}\beta_1}{\alpha_{11}\alpha_{22} - \alpha_{21}\alpha_{12}},$$

und wir erhalten aus der ersten Gleichung

$$t = \frac{1}{\alpha_{11}}\left(\beta_1 - \alpha_{12}\frac{\alpha_{11}\beta_2 - \alpha_{21}\beta_1}{\alpha_{11}\alpha_{22} - \alpha_{21}\alpha_{12}}\right) = \frac{\beta_1\alpha_{22} - \beta_2\alpha_{12}}{\alpha_{11}\alpha_{22} - \alpha_{21}\alpha_{12}}.$$

Dabei haben wir unter der Annahme von $\alpha_{11} \neq 0$ die Gleichungen in äquivalenter Weise umgeformt, so dass t, t' auch tatsächlich Lösungen von $(**)$ sind. Es bleibt nun aber noch der Fall $\alpha_{11} = 0$ zu betrachten. In diesem Fall ist allerdings $\alpha_{21} \neq 0$, und wir können eine entsprechende Rechnung unter dieser Annahme machen. Das Ergebnis für t, t' lässt sich formal aus dem vorstehenden ableiten, indem wir in den Vektoren $(\alpha_{11}, \alpha_{21}), (\alpha_{12}, \alpha_{22}), (\beta_1, \beta_2)$ jeweils die Reihenfolge der Komponenten vertauschen, was einer Vertauschung der beiden Gleichungen des Systems $(**)$ entspricht. Da sich aber das vorstehende Ergebnis bei dieser Vertauschung nicht ändert, wie man leicht feststellt, erhalten wir

$$t = \frac{\beta_1 \alpha_{22} - \beta_2 \alpha_{12}}{\alpha_{11}\alpha_{22} - \alpha_{21}\alpha_{12}}, \qquad t' = \frac{\alpha_{11}\beta_2 - \alpha_{21}\beta_1}{\alpha_{11}\alpha_{22} - \alpha_{21}\alpha_{12}}$$

als Lösung der Gleichung $(*)$ bzw. des linearen Gleichungssystems $(**)$ im Falle nicht-paralleler Geraden G, G'. Insbesondere besteht $G \cap G'$ aus genau einem Schnittpunkt, und dieser berechnet sich zu

$$S = P_1 + \frac{\beta_1 \alpha_{22} - \beta_2 \alpha_{12}}{\alpha_{11}\alpha_{22} - \alpha_{21}\alpha_{12}}(P_2 - P_1) = P_1' + \frac{\alpha_{11}\beta_2 - \alpha_{21}\beta_1}{\alpha_{11}\alpha_{22} - \alpha_{21}\alpha_{12}}(P_2' - P_1'),$$

jeweils als Punkt von G bzw. G'.

In ähnlicher Weise führt das Problem, den Schnitt zweier Ebenen im $\mathbb{R}^3$, oder allgemeiner, den Schnitt zweier affiner Unterräume im K^n zu bestimmen, auf ein lineares Gleichungssystem. Im ersten Falle handelt es sich beispielsweise um ein System von 3 Gleichungen mit 4 Unbekannten, von denen im Allgemeinfall eine frei wählbar ist, so dass der Schnitt dann als Gerade parametrisiert wird. Im zweiten Fall hat man ein System von n Gleichungen mit $r + s$ Unbekannten zu betrachten, wobei r und s die Dimensionen der betrachteten affinen Unterräume im K^n sind.

Aber auch direkte Fragen über Vektoren in Vektorräumen können auf lineare Gleichungssysteme führen. Über einem Körper K betrachte man beispielsweise Vektoren $a_i = (\alpha_{1i}, \dots, \alpha_{ni}) \in K^n, i = 1, \dots, r$, und teste, ob diese linear abhängig sind. Wir müssen dann also überprüfen, ob es Elemente $t_1, \dots, t_r \in K$ gibt, die nicht alle verschwinden, so dass

$$t_1 a_1 + \dots + t_r a_r = 0$$

gilt, oder, nach Übergang zu den einzelnen Komponenten, ob das lineare Gleichungssystem

$$t_1 \alpha_{11} + \ldots + t_r \alpha_{1r} = 0$$
$$t_1 \alpha_{21} + \ldots + t_r \alpha_{2r} = 0$$
$$\ldots$$
$$t_1 \alpha_{n1} + \ldots + t_r \alpha_{nr} = 0$$

eine nicht-triviale Lösung $t_1, \ldots, t_r \in K$ besitzt. Alternativ können wir eine lineare Abbildung $f \colon K^r \longrightarrow K^n$ betrachten, welche die kanonische Basis bestehend aus den Einheitsvektoren $e_1, \ldots, e_r \in K^r$ auf Vektoren $a_1, \ldots, a_r \in K^n$ abbildet, und danach fragen, ob ein gegebener Vektor $b = (\beta_1, \ldots, \beta_n)$ zum Bild von f gehört, also zu dem Unterraum, der von den Vektoren $a_i = f(e_i)$, $i = 1, \ldots, r$ erzeugt wird. Zu testen ist daher, ob die Gleichung

$$t_1 a_1 + \ldots + t_r a_r = b,$$

bzw. für $a_i = (\alpha_{1i}, \ldots, \alpha_{ni})$, $i = 1, \ldots, r$, ob das lineare Gleichungssystem

$$t_1 \alpha_{11} + \ldots + t_r \alpha_{1r} = \beta_1$$
$$t_1 \alpha_{21} + \ldots + t_r \alpha_{2r} = \beta_2$$
$$\ldots$$
$$t_1 \alpha_{n1} + \ldots + t_r \alpha_{nr} = \beta_n$$

eine Lösung zulässt.

Die Anordnung der Koeffizienten in obigem Gleichungssystem legt es nahe, die Vektoren $a_1, \ldots, a_n, b$ nicht mehr als *Zeilen*vektoren zu schreiben, sondern als *Spalten*vektoren, also

$$a_1 = \begin{pmatrix} \alpha_{11} \\ \vdots \\ \alpha_{n1} \end{pmatrix}, \quad \ldots, \quad a_r = \begin{pmatrix} \alpha_{1r} \\ \vdots \\ \alpha_{nr} \end{pmatrix}, \quad b = \begin{pmatrix} \beta_1 \\ \vdots \\ \beta_n \end{pmatrix}.$$

Im Übrigen werden wir das rechteckige Koeffizientenschema

$$A = (a_1, \ldots, a_r) = \begin{pmatrix} \alpha_{11} & \ldots & \alpha_{1r} \\ \alpha_{21} & \ldots & \alpha_{2r} \\ \cdot & \ldots & \cdot \\ \alpha_{n1} & \ldots & \alpha_{nr} \end{pmatrix}$$

betrachten und dies als *Koeffizientenmatrix* des Gleichungssystems bezeichnen. Wir entschließen uns auch, die Unbekannten $t_1, \ldots, t_r$ zu einem Spaltenvektor zusammenzufassen, und können dann das obige lineare Gleichungssystem, ähnlich wie im Falle einer Gleichung mit einer Unbekannten, in der übersichtlichen Form

$$
\begin{pmatrix} \alpha_{11} & \cdots & \alpha_{1r} \\ \alpha_{21} & \cdots & \alpha_{2r} \\ \cdot & \cdots & \cdot \\ \alpha_{n1} & \cdots & \alpha_{nr} \end{pmatrix} \cdot \begin{pmatrix} t_1 \\ \vdots \\ t_r \end{pmatrix} = \begin{pmatrix} \beta_1 \\ \vdots \\ \beta_n \end{pmatrix}
$$

schreiben, wobei das Produkt der Koeffizientenmatrix mit dem Vektor der Unbekannten durch

$$
\begin{pmatrix} \alpha_{11} & \cdots & \alpha_{1r} \\ \alpha_{21} & \cdots & \alpha_{2r} \\ \cdot & \cdots & \cdot \\ \alpha_{n1} & \cdots & \alpha_{nr} \end{pmatrix} \cdot \begin{pmatrix} t_1 \\ \vdots \\ t_r \end{pmatrix} := \begin{pmatrix} \sum_{j=1}^{r} \alpha_{1j} t_j \\ \vdots \\ \sum_{j=1}^{r} \alpha_{nj} t_j \end{pmatrix}
$$

definiert wird. Nach wie vor lautet das Gleichungssystem dann

$$
\sum_{j=1}^{r} \alpha_{ij} t_j = \beta_i, \qquad i = 1, \ldots, n,
$$

wobei wir, wie hier geschehen, die Koeffizienten α_{ij} in Zukunft immer links von den Unbekannten t_j schreiben werden.

Die Bedeutung von Matrizen als rechteckige Koeffizientenschemata ist nicht auf lineare Gleichungssysteme beschränkt. Matrizen treten in der Linearen Algebra überall dort auf, wo es darum geht, Skalare zu katalogisieren, die von zwei Index-Parametern abhängen. So betrachte man etwa eine lineare Abbildung $f \colon V \longrightarrow W$ zwischen zwei K-Vektorräumen V, W mit Basen $X = (x_1, \ldots, x_r)$ und $Y = (y_1, \ldots, y_n)$. Es ist f dann vollständig charakterisiert durch die Bilder $f(x_1), \ldots, f(x_r)$ der Basis X. Jedes dieser Bilder $f(x_j)$ wiederum ist vollständig durch die Angabe seiner Koordinaten bezüglich Y charakterisiert, d. h. der Koeffizienten $\alpha_{1j}, \ldots, \alpha_{nj} \in K$, die man benötigt, um $f(x_j)$ als Linearkombination der Basis Y darzustellen, etwa

$$
f(x_j) = \sum_{i=1}^{n} \alpha_{ij} y_i, \qquad j = 1, \ldots, r.
$$

Somit ist f eindeutig charakterisiert durch die Angabe der Matrix

$$A_{f,X,Y} = \begin{pmatrix} \alpha_{11} & \cdots & \alpha_{1r} \\ \alpha_{21} & \cdots & \alpha_{2r} \\ \cdot & \cdots & \cdot \\ \alpha_{n1} & \cdots & \alpha_{nr} \end{pmatrix},$$

und man nennt dies die Matrix, die f bezüglich der Basen X von V und Y von W beschreibt. Die Korrespondenz $f \longmapsto A_{f,X,Y}$ besitzt sehr gute Eigenschaften, wie wir noch sehen werden. Beispielsweise lässt sich der Übergang von einem Vektor $x \in V$ zu seinem Bild $f(x) \in W$ auf dem Niveau der Koordinaten bezüglich X bzw. Y als Multiplikation von $A_{f,X,Y}$ mit dem sogenannten Koordinatenspaltenvektor von x bezüglich X interpretieren. Weiter entspricht die Komposition linearer Abbildungen bei Verwendung geeigneter Basen dem noch zu definierenden Produkt der beschreibenden Matrizen.

Im Spezialfall $V = W$ und $f = \mathrm{id}$ stellt die Matrix $A_{\mathrm{id},X,Y}$ gerade diejenigen Koeffizienten bereit, die man benötigt, um die Elemente der Basis X als Linearkombinationen der Basis Y darzustellen. Insbesondere sehen wir, dass der Wechsel zwischen verschiedenen Basen eines Vektorraums ebenfalls mittels Matrizen beschrieben wird. Ein weiteres Anwendungsfeld für Matrizen stellen die in Kapitel 7 zu behandelnden Skalarprodukte dar.

Wir studieren in diesem Kapitel zunächst die Korrespondenz zwischen linearen Abbildungen f und den zugehörigen beschreibenden Matrizen $A_{f,X,Y}$ genauer. Sodann besprechen wir das Gaußsche Eliminationsverfahren, und zwar zuerst als Verfahren, welches mittels sogenannter elementarer Zeilenumformungen den Zeilenrang einer Matrix bestimmt, d. h. die Dimension des von den Zeilen der Matrix erzeugten Vektorraums. In analoger Weise lässt sich der Spaltenrang einer Matrix betrachten. Es ist leicht einzusehen, dass dieser im Falle einer Matrix $A_{f,X,Y}$, die zu einer linearen Abbildung f gehört, mit dem Rang von f, also der Dimension des Bildes von f, übereinstimmt. Dass der Spaltenrang einer Matrix stets auch mit deren Zeilenrang übereinstimmt, ist hingegen ein nicht-triviales Resultat.

Als Nächstes behandeln wir die Invertierbarkeit von (quadratischen) Matrizen. Eine quadratische Matrix A heißt *invertierbar*, wenn es eine quadratische Matrix B mit $A \cdot B = B \cdot A = E$ gibt, wobei

E die sogenannte *Einheitsmatrix* bezeichnet, deren Diagonaleinträge alle 1 sind und die ansonsten nur aus Nullen besteht. Wir werden insbesondere sehen, dass die Eigenschaft einer linearen Abbildung, ein Isomorphismus zu sein, auf der Seite der Matrizen der Invertierbarkeit entspricht. Im Übrigen verwenden wir das Gaußsche Eliminationsverfahren, um konkret gegebene Matrizen auf Invertierbarkeit zu überprüfen und, falls möglich, zu invertieren. Es folgt die Interpretation invertierbarer Matrizen im Rahmen von Basiswechselmatrizen.

Schließlich kommen wir dann noch ausführlich auf lineare Gleichungssysteme zu sprechen. Wir ordnen diese in den Zusammenhang linearer Abbildungen ein und zeigen insbesondere, wie man die Lösung konkret gegebener Gleichungssysteme mittels des Gaußschen Eliminationsverfahrens formalisieren kann.

3.1 Lineare Abbildungen und Matrizen

Wir hatten bereits in Abschnitt 2.1 gesehen, dass man mit Hilfe von Matrizen lineare Abbildungen definieren kann und dass man umgekehrt lineare Abbildungen bezüglich gewählter Basen durch Matrizen beschreiben kann. Dieser Sachverhalt soll in diesem Abschnitt genauer studiert werden. Wie immer sei K ein Körper.

Definition 1. *Es seien* $m, n \in \mathbb{N}$. *Eine* $(m \times n)$-*Matrix mit Koeffizienten aus* K *ist ein System von Elementen* $\alpha_{ij} \in K$ *mit Indizes* $(i, j) \in \{1, \ldots, m\} \times \{1, \ldots, n\}$, *also*

$$A = (\alpha_{ij})_{\substack{i=1,\ldots,m \\ j=1,\ldots,n}} = \begin{pmatrix} \alpha_{11} & \ldots & \alpha_{1n} \\ . & \ldots & . \\ \alpha_{m1} & \ldots & \alpha_{mn} \end{pmatrix}.$$

Dabei heißt i *der* Zeilenindex *von* A; *dieser ist bei den Schreibweisen*

$$A = (\alpha_{ij})_{\substack{i=1,\ldots,m \\ j=1,\ldots,n}} \qquad bzw. \qquad A = (\alpha_{ij})_{i,j}$$

daran zu erkennen, dass er außerhalb der umschließenden Klammern an erster Stelle aufgeführt wird. Entsprechend ist j *als zweiter Index*

der Spaltenindex *von A. Mithin besteht A aus m Zeilen und n Spalten.*
Für m = 0 oder n = 0 ist A eine sogenannte leere *Matrix.*[1]

Wir bezeichnen die Menge aller $(m{\times}n)$-Matrizen mit $K^{m\times n}$. Dabei lässt sich $K^{m\times n}$ unter der Zuordnung

$$\begin{pmatrix} \alpha_{11} & \cdots & \alpha_{1n} \\ \cdot & \cdots & \cdot \\ \alpha_{m1} & \cdots & \alpha_{mn} \end{pmatrix} \longmapsto (\alpha_{11}, \ldots, \alpha_{1n}, \alpha_{21}, \ldots, \alpha_{2n}, \ldots, \alpha_{m1}, \ldots, \alpha_{mn})$$

mit $K^{m\cdot n}$ identifizieren. Insbesondere können wir $K^{m\times n}$, ebenso wie $K^{m\cdot n}$, als K-Vektorraum auffassen. Damit ist für Matrizen

$$A = (\alpha_{ij})_{i,j}, \ B = (\beta_{ij})_{i,j} \in K^{m\times n}$$

deren Summe gegeben durch

$$A + B = (\alpha_{ij} + \beta_{ij})_{i,j},$$

sowie das Produkt von A mit einem Skalar $\lambda \in K$ durch

$$\lambda A = (\lambda \alpha_{ij})_{i,j}.$$

Das Nullelement $0 \in K^{m\times n}$ ist die sogenannte *Nullmatrix*, deren Koeffizienten α_{ij} sämtlich verschwinden. Insbesondere ergibt sich als negatives Element zu einer Matrix $A = (\alpha_{ij})_{i,j} \in K^{m\times n}$ die Matrix $-A = (-\alpha_{ij})_{i,j}$. Die kanonische Basis von $K^{m\times n}$ wird gegeben durch die Matrizen

$$E_{ij} = (\delta_{i\mu}\delta_{j\nu})_{\substack{\mu=1,\ldots,m \\ \nu=1,\ldots,n}}, \qquad i = 1, \ldots, m, \qquad j = 1, \ldots, n,$$

wobei E_{ij} genau am Schnittpunkt der i-ten Zeile mit der j-ten Spalte eine 1 stehen hat und ansonsten aus lauter Nullen besteht. Beispielsweise gilt für eine Matrix $(\alpha_{ij})_{i,j} \in K^{m\times n}$

---

[1] Zur Vermeidung von Sonderfällen im Zusammenhang mit linearen Abbildungen ist es praktisch, leere Matrizen nicht von den Betrachtungen auszuschließen. Wir werden insbesondere für $m = 0$ leere Matrizen unterschiedlicher Spaltenanzahlen n betrachten, sowie im Falle $n = 0$ leere Matrizen unterschiedlicher Zeilenanzahlen m.

$$A = \sum_{\substack{i=1,\ldots,m \\ j=1,\ldots,n}} \alpha_{ij} E_{ij}.$$

Im Zusammenhang mit Matrizen ist es üblich, Vektoren $a \in K^m$ nicht wie bisher als *Zeilen*vektoren $a = (\alpha_1, \ldots, \alpha_m)$ zu schreiben, sondern als *Spalten*vektoren:

$$a = \begin{pmatrix} \alpha_1 \\ \vdots \\ \alpha_m \end{pmatrix}$$

Insbesondere kann man aus n solchen Vektoren $a_1, \ldots, a_n \in K^m$ eine Matrix $A = (a_1, \ldots, a_n) \in K^{m \times n}$ aufbauen. Ist W ein endlich-dimensionaler K-Vektorraum mit Basis $Y = (y_1, \ldots, y_m)$, so besitzt jedes $a \in W$ eine Darstellung $a = \sum_{i=1}^{m} \alpha_i y_i$ mit eindeutig bestimmten Koeffizienten $\alpha_i \in K$. Wir bezeichnen

$$a_Y = \begin{pmatrix} \alpha_1 \\ \vdots \\ \alpha_m \end{pmatrix} \in K^m$$

als den *zu $a \in W$ gehörigen Koordinatenspaltenvektor bezüglich der Basis Y von W*.

Bemerkung 2. *Es seien W ein K-Vektorraum und $Y = (y_1, \ldots, y_m)$ eine Basis von W. Dann ist die Abbildung*

$$\kappa_Y : W \longrightarrow K^m, \qquad a \longmapsto a_Y,$$

ein Isomorphismus von K-Vektorräumen.

Beweis. Man prüft sofort nach, dass κ_Y linear ist und die Basis Y von W auf die kanonische Basis von K^m abbildet. Somit ist κ_Y notwendigerweise ein Isomorphismus. $\qquad\qquad\qquad\qquad\qquad\qquad\square$

Unter Verwendung von Koordinatenspaltenvektoren können wir die bereits in Abschnitt 2.1 angedeutete Zuordnung einer Matrix zu einer linearen Abbildung in einfacher Weise charakterisieren:

Definition 3. *Seien V, W zwei K-Vektorräume und $X = (x_1, \ldots, x_n)$ sowie $Y = (y_1, \ldots, y_m)$ Basen von V bzw. W. Ist dann $f : V \longrightarrow W$ eine K-lineare Abbildung, so heißt*

$$A = A_{f,X,Y} = \left(f(x_1)_Y, \ldots, f(x_n)_Y \right) \in K^{m \times n}$$

die zu f gehörige Matrix bezüglich der Basen X und Y.

Die zu f gehörige Matrix $A_{f,X,Y}$ besteht also gerade aus den Koordinatenspaltenvektoren bezüglich Y, die sich aus den Bildern $f(x_1), \ldots, f(x_n)$ der Basis $x_1, \ldots, x_n$ von V ergeben. Um $A_{f,X,Y}$ in expliziter Weise aufzuschreiben, stelle man also die Bilder von $x_1, \ldots, x_n$ mit Hilfe der Basis Y dar, etwa

$$f(x_j) = \sum_{i=1}^{m} \alpha_{ij} y_i, \qquad j = 1, \ldots, n,$$

und es folgt dann:

$$A_{f,X,Y} = \begin{pmatrix} \alpha_{11} & \cdots & \alpha_{1n} \\ \cdot & \cdots & \cdot \\ \alpha_{m1} & \cdots & \alpha_{mn} \end{pmatrix}$$

Beispielsweise ist die zur Nullabbildung $0 : V \longrightarrow W$ gehörige Matrix $A_{0,X,Y}$ gerade die Nullmatrix $0 \in K^{m \times n}$. Betrachtet man andererseits für $V = W$ und $X = Y$ die identische Abbildung $\mathrm{id} : V \longrightarrow V$, so ist die zugehörige Matrix $A_{\mathrm{id},X,X}$ die sogenannte $(m \times m)$-*Einheitsmatrix*:

$$E := E_m := (\delta_{ij})_{i,j=1,\ldots,m} = \begin{pmatrix} 1 & 0 & 0 & \cdots & 0 \\ 0 & 1 & 0 & \cdots & 0 \\ 0 & 0 & 1 & \cdots & 0 \\ \cdot & \cdot & \cdot & \cdots & \cdot \\ 0 & 0 & 0 & \cdots & 1 \end{pmatrix} \in K^{m \times m}$$

Wir wollen nun die Zuordnung $f \longmapsto A_{f,X,Y}$ genauer untersuchen und erinnern daran, dass die Menge aller K-linearen Abbildungen eines K-Vektorraums V in einen K-Vektorraum W wiederum einen K-Vektorraum bildet, der mit $\mathrm{Hom}_K(V, W)$ bezeichnet wird. Die Summe zweier Elemente $f, g \in \mathrm{Hom}_K(V, W)$ ist definiert durch

$(f + g)(a) = f(a) + g(a)$ und das skalare Vielfache von f mit einem Element $\alpha \in K$ durch $(\alpha f)(a) = \alpha f(a)$, jeweils für $a \in V$.

Satz 4. *Es seien V, W endlich-dimensionale K-Vektorräume mit gegebenen Basen $X = (x_1, \ldots, x_n)$ und $Y = (y_1, \ldots, y_m)$. Dann ist die Abbildung*

$$\Psi \colon \operatorname{Hom}_K(V, W) \longrightarrow K^{m \times n}, \qquad f \longmapsto A_{f, X, Y},$$

ein Isomorphismus von K-Vektorräumen.

Beweis. Wir prüfen zunächst nach, dass Ψ eine K-lineare Abbildung ist. Dabei verwenden wir den Isomorphismus $W \longrightarrow K^m$, $a \longmapsto a_Y$, und benutzen insbesondere, dass diese Abbildung K-linear ist. Für $f, g \in \operatorname{Hom}_K(V, W)$, $\alpha \in K$ gilt

$$
\begin{aligned}
A_{f+g, X, Y} &= \big((f + g)(x_1)_Y, \ldots, (f + g)(x_n)_Y\big) \\
&= \Big(\big(f(x_1) + g(x_1)\big)_Y, \ldots, \big(f(x_n) + g(x_n)\big)_Y\Big) \\
&= \big(f(x_1)_Y + g(x_1)_Y, \ldots, f(x_n)_Y + g(x_n)_Y\big) \\
&= \big(f(x_1)_Y, \ldots, f(x_n)_Y\big) + \big(g(x_1)_Y, \ldots, g(x_n)_Y\big) \\
&= A_{f, X, Y} + A_{g, X, Y},
\end{aligned}
$$

sowie

$$
\begin{aligned}
A_{(\alpha f), X, Y} &= \big((\alpha f)(x_1)_Y, \ldots, (\alpha f)(x_n)_Y\big) \\
&= \Big(\big(\alpha(f(x_1))\big)_Y, \ldots, \big(\alpha(f(x_n))\big)_Y\Big) \\
&= \big(\alpha(f(x_1))_Y, \ldots, \alpha(f(x_n))_Y\big) \\
&= \alpha\big(f(x_1)_Y, \ldots, f(x_n)_Y\big) \\
&= \alpha \cdot A_{f, X, Y},
\end{aligned}
$$

also $\Psi(f + g) = \Psi(f) + \Psi(g)$, $\Psi(\alpha f) = \alpha \Psi(f)$, d. h. Ψ ist K-linear. Weiter ist Ψ injektiv aufgrund von 2.1/7 (i) und surjektiv aufgrund von 2.1/7 (ii). $\square$

Korollar 5. *Für endlich-dimensionale K-Vektorräume V, W gilt*

$$\dim_K \operatorname{Hom}_K(V, W) = \dim_K V \cdot \dim_K W.$$

Als Nächstes wollen wir das Produkt von Matrizen definieren und zeigen, dass dieses der Komposition linearer Abbildungen entspricht. Für natürliche Zahlen $m, n, p \in \mathbb{N}$ kann man Matrizen $A \in K^{m \times n}$ mit Matrizen $B \in K^{n \times p}$ multiplizieren und erhält dabei Matrizen aus $K^{m \times p}$, und zwar ist für

$$A = (\alpha_{ij})_{\substack{i=1,\ldots,m \\ j=1,\ldots,n}} \in K^{m \times n}, \qquad B = (\beta_{jk})_{\substack{j=1,\ldots,n \\ k=1,\ldots,p}} \in K^{n \times p}$$

das Produkt $A \cdot B$ erklärt durch:

$$A \cdot B = \left(\sum_{j=1}^{n} \alpha_{ij} \cdot \beta_{jk} \right)_{\substack{i=1,\ldots,m \\ k=1,\ldots,p}}$$

Das Produkt kann also nur dann gebildet werden, wenn die Spaltenanzahl von A gleich der Zeilenanzahl von B ist. Ein einfacher Fall eines Matrizenprodukts liegt vor, wenn man eine Zeile aus $K^{1 \times m}$ mit einer Spalte aus $K^{m \times 1}$ multipliziert:

$$(\alpha_1, \ldots, \alpha_m) \cdot \begin{pmatrix} \beta_1 \\ \vdots \\ \beta_m \end{pmatrix} = (\alpha_1 \beta_1 + \ldots + \alpha_m \beta_m)$$

Es entsteht eine (1×1)-Matrix, wobei wir diese unter Fortlassen der Klammern mit dem entsprechenden Element von K identifizieren wollen. So kann man sagen, dass für Matrizen $A \in K^{m \times n}$, $B \in K^{n \times p}$ das Produkt $A \cdot B = (\gamma_{ik})_{i,k}$ aus allen Produkten von Zeilen von A mit Spalten von B besteht, und zwar ist das Element γ_{ik} in der i-ten Zeile und k-ten Spalte von $A \cdot B$ gerade das Produkt der i-ten Zeile von A mit der k-ten Spalte von B. Andererseits beachte man, dass das Produkt einer Spalte aus $K^{m \times 1}$ mit einer Zeile aus $K^{1 \times n}$ eine Matrix aus $K^{m \times n}$ ergibt:

$$\begin{pmatrix} \alpha_1 \\ \vdots \\ \alpha_m \end{pmatrix} \cdot (\beta_1, \ldots, \beta_n) = \begin{pmatrix} \alpha_1 \beta_1 & \ldots & \alpha_1 \beta_n \\ \cdot & \ldots & \cdot \\ \alpha_m \beta_1 & \ldots & \alpha_m \beta_n \end{pmatrix}$$

Bemerkung 6. *Das Matrizenprodukt ist assoziativ, d. h. für natürliche Zahlen $m, n, p, q \in \mathbb{N}$ und Matrizen $A \in K^{m \times n}$, $B \in K^{n \times p}$, $C \in K^{p \times q}$ gilt stets*

$$(A \cdot B) \cdot C = A \cdot (B \cdot C).$$

Beweis. Mit

$$A = (\alpha_{ij})_{\substack{i=1,\ldots,m \\ j=1,\ldots,n}}, \qquad B = (\beta_{jk})_{\substack{j=1,\ldots,n \\ k=1,\ldots,p}}, \qquad C = (\gamma_{k\ell})_{\substack{k=1,\ldots,p \\ \ell=1,\ldots,q}}$$

erhält man

$$(A \cdot B) \cdot C = \left(\sum_{j=1}^{n} \alpha_{ij}\beta_{jk} \right)_{i,k} \cdot C = \left(\sum_{k=1}^{p} \sum_{j=1}^{n} \alpha_{ij}\beta_{jk}\gamma_{kl} \right)_{i,l},$$

$$A \cdot (B \cdot C) = A \cdot \left(\sum_{k=1}^{p} \beta_{jk}\gamma_{kl} \right)_{j,l} = \left(\sum_{j=1}^{n} \sum_{k=1}^{p} \alpha_{ij}\beta_{jk}\gamma_{kl} \right)_{i,l},$$

also wie gewünscht $(A \cdot B) \cdot C = A \cdot (B \cdot C)$. □

Wir wollen nun Matrizen im Sinne linearer Abbildungen interpretieren. Zunächst ist festzustellen, dass jede Matrix $A = (\alpha_{ij})_{i,j} \in K^{m \times n}$ Anlass zu einer Abbildung

$$f \colon K^n \longrightarrow K^m, \qquad x \longmapsto A \cdot x,$$

gibt, wobei wir K^n mit $K^{n \times 1}$ und K^m mit $K^{m \times 1}$ identifizieren. In ausführlicher Schreibweise lautet die Abbildungsvorschrift

$$\begin{pmatrix} \xi_1 \\ \vdots \\ \xi_n \end{pmatrix} \longmapsto \begin{pmatrix} \sum_{j=1}^{n} \alpha_{1j}\xi_j \\ \vdots \\ \sum_{j=1}^{n} \alpha_{mj}\xi_j \end{pmatrix},$$

und man sieht unmittelbar, dass f eine K-lineare Abbildung ist. Es ist A offenbar gerade die im Sinne von Definition 3 zu f gehörige Matrix, wenn man in K^n und K^m jeweils die aus den Einheitsvektoren bestehende kanonische Basis zugrunde legt. Wir wollen zeigen, dass dieses Beispiel in gewissem Sinne schon den Allgemeinfall beschreibt:

Satz 7. *Sei* $f \colon V \longrightarrow W$ *eine* K-*lineare Abbildung zwischen Vektor-räumen* V *und* W *mit Basen* $X = (x_1, \ldots, x_n)$ *und* $Y = (y_1, \ldots, y_m)$. *Dann gilt für* $a \in V$

$$f(a)_Y = A_{f,X,Y} \cdot a_X.$$

Beweis. Hat man $A_{f,X,Y} = (\alpha_{ij})_{i,j}$ und $a_X = (\xi_j)$, so gilt

$$f(x_j) = \sum_{i=1}^{m} \alpha_{ij} y_i, \qquad j = 1, \ldots, n,$$

sowie $a = \sum_{j=1}^{n} \xi_j x_j$. Dies ergibt

$$f(a) = \sum_{j=1}^{n} \xi_j f(x_j) = \sum_{j=1}^{n} \xi_j \sum_{i=1}^{m} \alpha_{ij} y_i = \sum_{i=1}^{m} \left(\sum_{j=1}^{n} \alpha_{ij} \xi_j \right) y_i,$$

also wie gewünscht $f(a)_Y = A_{f,X,Y} \cdot a_X$. $\qquad\qquad\square$

Die Formel aus Satz 7 lässt sich insbesondere auf den Fall $V = W$ und die identische Abbildung $\mathrm{id} \colon V \longrightarrow V$ anwenden. Sie beschreibt dann einen Basiswechsel und zeigt, wie sich Koordinatenvektoren bezüglich der Basis X in solche bezüglich der Basis Y umrechnen lassen:

$$a_Y = A_{\mathrm{id},X,Y} \cdot a_X$$

Um die Aussage von Satz 7 noch etwas genauer zu interpretieren, führen wir die Abbildungen $\kappa_X \colon V \longrightarrow K^n$, $a \longmapsto a_X$, und $\kappa_Y \colon W \longrightarrow K^m$, $b \longmapsto b_Y$, ein, welche einem Vektor jeweils den zugehörigen Koordinatenspaltenvektor zuordnen; κ_X, κ_Y sind nach Bemerkung 2 Isomorphismen von K-Vektorräumen. Weiter betrachten wir die K-lineare Abbildung $\tilde{f} \colon K^n \longrightarrow K^m$, $x \longmapsto A_{f,X,Y} \cdot x$. Dann besagt die Formel in Satz 7 gerade:

Korollar 8. *In der vorstehenden Situation ist das Diagramm*

$$
\begin{array}{ccc}
V & \xrightarrow{\;f\;} & W \\
{\scriptstyle\wr}\downarrow{\scriptstyle\kappa_X} & & {\scriptstyle\wr}\downarrow{\scriptstyle\kappa_Y} \\
K^n & \xrightarrow{\;\tilde{f}\;} & K^m
\end{array}
$$

kommutativ.

Fassen wir daher die Abbildungen κ_X, κ_Y als Identifizierungen auf, so geht f in $\tilde{f}$ über und ist nichts anderes als die Multiplikation mit der Matrix $A_{f,X,Y}$.

Als Nächstes wollen wir zeigen, dass das Matrizenprodukt als Komposition linearer Abbildungen interpretiert werden kann.

Satz 9. *Es seien U, V, W endlich-dimensionale K-Vektorräume mit Basen X, Y, Z. Für lineare Abbildungen $f \colon U \longrightarrow V$ und $g \colon V \longrightarrow W$ gilt dann*

$$A_{g \circ f, X, Z} = A_{g,Y,Z} \cdot A_{f,X,Y}.$$

Beweis. Auch diese Formel ist leicht nachzurechnen. Gelte

$$X = (x_1, \dots, x_p), \qquad Y = (y_1, \dots, y_n), \qquad Z = (z_1, \dots, z_m)$$

sowie

$$A_{f,X,Y} = (\alpha_{jk})_{\substack{j=1,\dots,n, \\ k=1,\dots,p}} \qquad A_{g,Y,Z} = (\beta_{ij})_{\substack{i=1,\dots,m. \\ j=1,\dots,n}}$$

Dann folgt $f(x_k) = \sum_{j=1}^n \alpha_{jk} y_j$ für $k = 1, \dots, p$ und somit

$$g \circ f(x_k) = \sum_{j=1}^n \alpha_{jk} g(y_j)$$

$$= \sum_{j=1}^n \alpha_{jk} \sum_{i=1}^m \beta_{ij} z_i$$

$$= \sum_{i=1}^m \left(\sum_{j=1}^n \beta_{ij} \alpha_{jk} \right) \cdot z_i,$$

also

$$A_{g \circ f, X, Z} = \left(\sum_{j=1}^n \beta_{ij} \alpha_{jk} \right)_{i,k} = A_{g,Y,Z} \cdot A_{f,X,Y},$$

wie gewünscht.

Wir können den Beweis aber auch anders führen und uns dabei jegliche Rechnung ersparen. Man hat nämlich nach Korollar 8 ein kommutatives Diagramm

$$
\begin{array}{ccc}
U & \xrightarrow{\ f\ } & V & \xrightarrow{\ g\ } & W \\[2pt]
\Big\downarrow{\scriptstyle \kappa_X} & & \Big\downarrow{\scriptstyle \kappa_Y} & & \Big\downarrow{\scriptstyle \kappa_Z} \\[2pt]
K^p & \xrightarrow{\ \tilde f\ } & K^n & \xrightarrow{\ \tilde g\ } & K^m
\end{array}
$$

wobei $\tilde f$ durch $x \longmapsto A_{f,X,Y} \cdot x$ und $\tilde g$ durch $y \longmapsto A_{g,Y,Z} \cdot y$ erklärt ist. Mit Bemerkung 6 sieht man dann, dass $A_{g \circ f, X, Z}$ und $A_{g,Y,Z} \cdot A_{f,X,Y}$ zwei Matrizen sind, die die K-lineare Abbildung $g \circ f$ bezüglich der Basen X und Z beschreiben. Unter Benutzung von Satz 4 ergibt sich daraus $A_{g \circ f, X, Z} = A_{g,Y,Z} \cdot A_{f,X,Y}$. $\qquad\square$

Wir wollen abschließend noch einige Regeln für das Rechnen mit Matrizen auflisten, die sich leicht durch direkte Verifikation nachrechnen lassen; vgl. auch Bemerkung 6. Sei $\alpha \in K$ und seien A, B, C Matrizen mit Koeffizienten aus K. Weiter bezeichne 0 eine Nullmatrix und E eine (quadratische) Einheitsmatrix. Dann gelten die Formeln

$$
\begin{aligned}
A + B &= B + A, \\
A + 0 &= A, \\
EA = A, \quad BE &= B, \\
(\alpha A)B = A(\alpha B) &= \alpha(AB), \\
A(B + C) &= AB + AC, \\
(A + B)C &= AC + BC, \\
(AB)C &= A(BC),
\end{aligned}
$$

wobei wir in den einzelnen Gleichungen verlangen, dass die Zeilen- bzw. Spaltenanzahlen so gewählt sind, dass die aufgeführten Summen und Produkte auch gebildet werden können. Mit Matrizen kann man daher, was die Addition und Multiplikation angeht, (fast) wie gewohnt rechnen. Allerdings darf man in einem Produkt $A \cdot B$ die Faktoren nicht vertauschen, selbst dann nicht, wenn für Matrizen A, B die Produkte $A \cdot B$ und $B \cdot A$ beide erklärt sind; man betrachte etwa den Fall einer Zeile A und einer Spalte B, jeweils mit n Komponenten. Sogar für quadratische Matrizen, also solche, bei denen die Zeilenzahl mit der Spaltenzahl übereinstimmt, ist das Produkt $A \cdot B$ im Allgemeinen verschieden von $B \cdot A$, wie man an einfachen Beispielen nachprüfen kann.

Aufgaben

1. Man berechne die Produkte AB und BA für die Matrizen

$$A = \begin{pmatrix} 1 & 2 \\ 3 & -1 \end{pmatrix}, \quad B = \begin{pmatrix} 2 & 0 \\ 1 & 1 \end{pmatrix} \in \mathbb{R}^{2 \times 2}.$$

2. Man wähle in den angegebenen K-Vektorräumen V eine kanonische Basis X und bestimme zu den linearen Abbildungen $f : V \longrightarrow V$ jeweils die zugehörige Matrix $A_{f,X,X}$.

   (i) $V = \mathbb{R}^2$, $K = \mathbb{R}$, f Drehung um $90°$ im mathematisch positiven Sinn.

   (ii) $V = \mathbb{R}^2$, $K = \mathbb{R}$, f Spiegelung an der Geraden $y = x$.

   (iii) $V = \mathbb{Q}(\sqrt{2})$, $K = \mathbb{Q}$, f Multiplikation mit $\alpha + \beta\sqrt{2}$ für $\alpha, \beta \in \mathbb{Q}$.

3. Es sei K ein Körper. Man zeige, dass die Abbildung

$$f \colon K \longrightarrow K^{2 \times 2}, \quad x \longmapsto \begin{pmatrix} 1 & x \\ 0 & 1 \end{pmatrix}$$

   injektiv ist und für $x, y \in K$ die Beziehung $f(x+y) = f(x) \cdot f(y)$ erfüllt.

4. Es sei $f \colon V \longrightarrow W$ eine K-lineare Abbildung zwischen endlich-dimensionalen K-Vektorräumen mit $\operatorname{rg} f = r$. Man zeige: Es existieren Basen X von V und Y von W, so dass die zu f gehörige Matrix $A_{f,X,Y}$ die folgende Gestalt besitzt:

$$A_{f,X,Y} = \begin{pmatrix} E_r & 0 \\ 0 & 0 \end{pmatrix}$$

   Dabei bezeichnet E_r die $(r \times r)$-Einheitsmatrix, sowie 0 jeweils geeignete Nullmatrizen. (AT 406)

5. Für $m_1, m_2, n_1, n_2, r \in \mathbb{N} - \{0\}$ betrachte man Matrizen

$$A \in K^{m_1 \times n_1}, \quad B \in K^{m_1 \times n_2}, \quad C \in K^{m_2 \times n_1}, \quad D \in K^{m_2 \times n_2},$$
$$E \in K^{n_1 \times r}, \quad F \in K^{n_2 \times r}$$

   und zeige

$$\begin{pmatrix} A & B \\ C & D \end{pmatrix} \begin{pmatrix} E \\ F \end{pmatrix} = \begin{pmatrix} AE + BF \\ CE + DF \end{pmatrix},$$

   wobei man diese Gleichung in naheliegender Weise als Gleichung zwischen Matrizen in $K^{(m_1+m_2) \times r}$ auffasse.

6. Es sei V ein endlich-dimensionaler K-Vektorraum und $f: V \longrightarrow V$ ein Endomorphismus. Man zeige:

   (i) Es existiert genau dann ein nicht-trivialer linearer Unterraum U in V mit $f(U) \subset U$, wenn es in V eine Basis X gibt, so dass
   $$A_{f,X,X} = \begin{pmatrix} \boxed{*} & * \\ 0 & \boxed{*} \end{pmatrix} \text{ gilt.}$$

   (ii) Es existieren genau dann nicht-triviale lineare Unterräume U_1, U_2 in V mit $V = U_1 \oplus U_2$ und $f(U_i) \subset U_i$ für $i = 1, 2$, wenn es in V eine Basis X gibt mit $A_{f,X,X} = \begin{pmatrix} \boxed{*} & 0 \\ 0 & \boxed{*} \end{pmatrix}$.

   Dabei stehen die Symbole 0 für Nullmatrizen geeigneten Typs, weiter $*$ für eine geeignete rechteckige Matrix, sowie $\boxed{*}$ für nicht-leere quadratische Matrizen, jeweils mit (unspezifizierten) Koeffizienten aus K.

7. Es sei V ein nicht-trivialer K-Vektorraum mit Basis X und $f: V \longrightarrow V$ ein Endomorphismus, so dass gilt:
   $$A_{f,X,X} = \begin{pmatrix} 0 & 1 & 1 & 1 & \cdots & 1 \\ 0 & 0 & 1 & 1 & \cdots & 1 \\ 0 & 0 & 0 & 1 & \cdots & 1 \\ . & . & . & . & \cdots & . \\ 0 & 0 & 0 & 0 & \cdots & 1 \\ 0 & 0 & 0 & 0 & \cdots & 0 \end{pmatrix}$$

   Man berechne $\dim_K(\ker f)$. (AT 408)

8. Für ein $m \geq 1$ betrachte man die Einheitsmatrix $E \in K^{m \times m}$ sowie eine weitere Matrix $N = (\alpha_{ij})_{i,j=1,\dots,m} \in K^{m \times m}$ mit $\alpha_{ij} = 0$ für $i \geq j$. Man zeige (AT 409):

   (i) $N^m = 0$.

   (ii) Die Matrix $B = E + N$ ist *invertierbar*, d. h. es existiert eine Matrix C in $K^{m \times m}$ mit $BC = CB = E$. (Hinweis: Man versuche, die Formel für die geometrische Reihe anzuwenden.)

3.2 Gauß-Elimination und der Rang einer Matrix

Es sei $A = (\alpha_{ij})_{i,j} \in K^{m \times n}$ eine $(m \times n)$-Matrix und
$$f: K^n \longrightarrow K^m, \qquad x \longmapsto Ax,$$

die durch A definierte lineare Abbildung. Wie wir in Abschnitt 3.1 bemerkt haben, ist A die zu f gehörige Matrix, wenn man in K^n und K^m jeweils die aus den Einheitsvektoren bestehende kanonische Basis zugrunde legt. In Abschnitt 2.1 hatten wir den Rang einer linearen Abbildung f als die Dimension des Bildes im f erklärt. In unserer konkreten Situation wird das Bild im f von den Bildern $f(e_1), \ldots, f(e_n)$ der kanonischen Basis $e_1, \ldots, e_n$ von K^n erzeugt, also von den Spaltenvektoren der Matrix A. Der Rang von f ist daher gleich der Dimension des von den Spalten von A in K^n erzeugten linearen Unterraums. Man bezeichnet diese Dimension auch als den *Spaltenrang* von A. In ähnlicher Weise besitzt A einen *Zeilenrang*.

Definition 1. *Es sei $A = (\alpha_{ij})_{i,j} \in K^{m \times n}$ eine Matrix. Dann nennt man die Dimension des von den Spalten*

$$\begin{pmatrix} \alpha_{11} \\ \vdots \\ \alpha_{m1} \end{pmatrix}, \quad \ldots, \quad \begin{pmatrix} \alpha_{1n} \\ \vdots \\ \alpha_{mn} \end{pmatrix}$$

von A erzeugten Unterraums in K^m den Spaltenrang *von A; dieser wird mit $\mathrm{rg}_s A$ bezeichnet. Entsprechend heißt die Dimension des von den Zeilen*

$$(\alpha_{11}, \ldots, \alpha_{1n}), \quad \ldots, \quad (\alpha_{m1}, \ldots, \alpha_{mn})$$

von A erzeugten Unterraums in K^n (wobei wir die Elemente von K^n hier als Zeilenvektoren auffassen) der Zeilenrang *von A; dieser wird mit $\mathrm{rg}_z A$ bezeichnet.*

Als wichtiges Resultat werden wir zeigen, dass Spaltenrang und Zeilenrang einer Matrix stets übereinstimmen. Man schreibt dann einfach $\mathrm{rg}\, A$ anstelle von $\mathrm{rg}_s A$ oder $\mathrm{rg}_z A$ und nennt dies den *Rang* von A. Zunächst wollen wir jedoch die oben erwähnte Beziehung zwischen dem Rang einer linearen Abbildung $K^n \longrightarrow K^m$ und dem Rang der zugehörigen Matrix auf beliebige lineare Abbildungen ausdehnen.

Bemerkung 2. *Es sei $f \colon V \longrightarrow W$ eine K-lineare Abbildung zwischen endlich-dimensionalen Vektorräumen mit Basen X bzw. Y und* *mit beschreibender Matrix $A_{f,X,Y}$. Dann gilt $\mathrm{rg}\, f = \mathrm{rg}_s A_{f,X,Y}$. Insbesondere hängt der Spaltenrang der f beschreibenden Matrix $A_{f,X,Y}$ nicht von der Wahl der Basen X und Y ab.*

Beweis. Man betrachte das kommutative Diagramm

$$
\begin{array}{ccc}
V & \xrightarrow{\;\;f\;\;} & W \\
\wr\downarrow{\scriptstyle \kappa_X} & & \wr\downarrow{\scriptstyle \kappa_Y} \\
K^n & \xrightarrow{\;\;\tilde{f}\;\;} & K^m
\end{array}
$$

aus 3.1/8, wobei κ_X (bzw. κ_Y) gerade derjenige Isomorphismus ist, der einem Vektor aus V (bzw. W) den zugehörigen Koordinatenspaltenvektor bezüglich X (bzw. Y) zuordnet. Weiter ist $\tilde{f}$ die Multiplikation mit $A_{f,X,Y}$. Es wird dann im f unter κ_Y isomorph auf im $\tilde{f}$ abgebildet, und es folgt

$$
\mathrm{rg}\, f = \dim_K(\mathrm{im}\, f) = \dim_K(\mathrm{im}\, \tilde{f}) = \mathrm{rg}\, \tilde{f},
$$

wobei, wie eingangs festgestellt, $\mathrm{rg}\, \tilde{f}$ gerade der Spaltenrang der Matrix $A_{f,X,Y}$ ist. $\qquad\qquad\Box$

Wir wollen nun das *Gaußsche Eliminationsverfahren* besprechen, welches es erlaubt, den Zeilen- bzw. Spaltenrang von Matrizen mittels elementarer Rechnung zu bestimmen, und zwar werden wir uns hier speziell mit der Bestimmung des Zeilenrangs beschäftigen. Zu diesem Zwecke interpretieren wir die Vektoren in K^n als Zeilenvektoren und bauen dementsprechend Matrizen aus $K^{m \times n}$ aus m solcher Zeilenvektoren auf. Wir schreiben also Matrizen $A \in K^{m \times n}$ in der Form

$$
A = \begin{pmatrix} a_1 \\ .. \\ a_m \end{pmatrix} = \begin{pmatrix} \alpha_{11} & \cdots & \alpha_{1n} \\ .. & \cdots & .. \\ \alpha_{m1} & \cdots & \alpha_{mn} \end{pmatrix}
$$

mit den Zeilenvektoren $a_i = (\alpha_{i1}, \ldots, \alpha_{in}) \in K^n$, $i = 1, \ldots, m$. Auf solche Matrizen wollen wir sogenannte *elementare Zeilenumformungen* anwenden, auch als *elementare Zeilentransformationen* bezeichnet, die, wie wir noch sehen werden, den Zeilenrang nicht ändern. Umformungen dieser Art lassen sich alternativ auch durch Multiplikation von links mittels geeigneter *Elementarmatrizen* realisieren. Wir wollen daher einige quadratische Matrizen einführen, die wir zur Beschreibung der Elementarmatrizen benötigen. Für $i, j = 1, \ldots, m$ sei $E_{ij} \in K^{m \times m}$ diejenige $(m \times m)$-Matrix, die am Schnittpunkt der i-ten Zeile und j-ten Spalte eine 1 stehen hat und ansonsten aus lauter Nullen besteht. Weiter bezeichne $E = (\delta_{ij})_{i,j} \in K^{m \times m}$ die *Einheitsmatrix*, wobei δ_{ij} das Kronecker-Symbol ist. Für diese Matrix gilt also $E = \sum_{i=1}^{m} E_{ii}$, sie besteht auf der Diagonalen aus Einsen und ansonsten aus Nullen. Die Matrix E heißt Einheitsmatrix, da $E \cdot A = A$ für jede Matrix $A \in K^{m \times n}$ und $B \cdot E = B$ für jede Matrix $B \in K^{n \times m}$ gilt. Folgende Typen elementarer Zeilenumformungen werden wir verwenden:

Typ I. Man multipliziere eine Zeile von A, etwa die i-te, mit einem Skalar $\alpha \in K^*$, also:

$$
\begin{pmatrix} .. \\ .. \\ a_i \\ .. \\ .. \end{pmatrix} \longmapsto \begin{pmatrix} .. \\ .. \\ \alpha \cdot a_i \\ .. \\ .. \end{pmatrix}
$$

Diese Umformung von A kann man auch erreichen, indem man A von links mit der Elementarmatrix $E + (\alpha - 1)E_{ii}$ multipliziert. Letztere Matrix unterscheidet sich von der Einheitsmatrix E dadurch, dass auf der Diagonalen an der Stelle (i, i) statt einer 1 der Faktor α steht.

Typ II. Man addiere zu einer Zeile von A, etwa der i-ten, eine weitere Zeile von A, etwa die j-te, wobei $i \neq j$ gelte, also:

$$
\begin{pmatrix} .. \\ a_i \\ .. \\ a_j \\ .. \end{pmatrix} \longmapsto \begin{pmatrix} .. \\ a_i + a_j \\ .. \\ a_j \\ .. \end{pmatrix}
$$

Diese Umformung kann man auch erreichen, indem man A von links mit der Elementarmatrix $E + E_{ij}$ multipliziert.

Typ III. Man addiere zu einer Zeile von A, etwa der i-ten, ein Vielfaches einer weiteren Zeile von A, etwa der j-ten, wobei $i \neq j$ gelte, also:

$$\begin{pmatrix} \cdot\cdot \\ a_i \\ \cdot\cdot \\ a_j \\ \cdot\cdot \end{pmatrix} \longmapsto \begin{pmatrix} \cdot\cdot \\ a_i + \alpha a_j \\ \cdot\cdot \\ a_j \\ \cdot\cdot \end{pmatrix}$$

mit $\alpha \in K$. Diese Umformung kann man auch erreichen, indem man A von links mit der Elementarmatrix $E + \alpha E_{ij}$ multipliziert.

Typ IV. Man vertausche zwei Zeilen von A, etwa die i-te und die j-te, also:

$$\begin{pmatrix} \cdot\cdot \\ a_i \\ \cdot\cdot \\ a_j \\ \cdot\cdot \end{pmatrix} \longmapsto \begin{pmatrix} \cdot\cdot \\ a_j \\ \cdot\cdot \\ a_i \\ \cdot\cdot \end{pmatrix}$$

Diese Umformung kann man auch erreichen, indem man A von links mit der Elementarmatrix $E - E_{ii} - E_{jj} + E_{ij} + E_{ji}$ multipliziert. Letztere Matrix erhält man aus der Einheitsmatrix, indem man die i-te und j-te Zeile (oder, alternativ, Spalte) miteinander vertauscht.

Wie man leicht sehen kann, sind die Typen III und IV Kombinationen der Typen I und II.

Satz 3. *Es sei $A \in K^{m \times n}$ eine Matrix und $B \in K^{m \times n}$ eine weitere, die mittels elementarer Zeilentransformationen aus A hervorgeht. Dann erzeugen die Zeilenvektoren von A den gleichen linearen Unterraum in K^n wie die Zeilenvektoren von B. Insbesondere ist der Zeilenrang einer Matrix invariant unter elementaren Zeilentransformationen.*

Beweis. Es seien $a_1, \dots, a_m$ Vektoren eines K-Vektorraums V. Wählt man dann $\alpha \in K^*$ und $i, j \in \{1, \dots, m\}$, $i \neq j$, so gilt offenbar für den von $a_1, \dots, a_m$ erzeugten Unterraum

$$\langle a_1, \dots, a_i, \dots, a_j, \dots, a_m \rangle = \langle a_1, \dots, \alpha a_i, \dots, a_j, \dots, a_m \rangle,$$
$$\langle a_1, \dots, a_i, \dots, a_j, \dots, a_m \rangle = \langle a_1, \dots, a_i + a_j, \dots, a_j, \dots, a_m \rangle,$$
$$\langle a_1, \dots, a_i, \dots, a_j, \dots, a_m \rangle = \langle a_1, \dots, a_i + \alpha a_j, \dots, a_j, \dots, a_m \rangle,$$
$$\langle a_1, \dots, a_i, \dots, a_j, \dots, a_m \rangle = \langle a_1, \dots, a_j, \dots, a_i, \dots, a_m \rangle.$$

Indem wir vorstehende Überlegung iterativ auf die Situation $V = K^n$ anwenden, folgt die Behauptung. □

Theorem 4 (Gauß-Elimination). *Jede Matrix $A \in K^{m \times n}$ lässt sich mittels elementarer Zeilentransformationen auf Zeilenstufenform bringen, d. h. auf die Form*

$$B = \begin{pmatrix} 0 \ldots 0 \,\big|\, \beta_1 \ldots * & * \ldots * & \ldots & * \ldots * & * \ldots * \\ 0 \ldots 0 \; 0 \ldots 0 \,\big|\, \beta_2 \ldots * & & \ldots & * \ldots * & * \ldots * \\ 0 \ldots 0 \; 0 \ldots 0 \; 0 \ldots 0 & & \ldots & * \ldots * & * \ldots * \\ \ldots & \ldots & \ldots & \ldots & \ldots \\ 0 \ldots 0 \; 0 \ldots 0 \; 0 \ldots 0 & & \ldots & 0 \ldots 0 \,\big|\, \beta_r \ldots * \\ 0 \ldots 0 \; 0 \ldots 0 \; 0 \ldots 0 & & \ldots & 0 \ldots 0 \; 0 \ldots 0 \\ \ldots & \ldots & \ldots & \ldots & \ldots \\ 0 \ldots 0 \; 0 \ldots 0 \; 0 \ldots 0 & & \ldots & 0 \ldots 0 \; 0 \ldots 0 \end{pmatrix}$$

mit Koeffizienten $\beta_1, \ldots, \beta_r \in K^*$ an den Positionen $(1, j_1), \ldots, (r, j_r)$, wobei $r \geq 0$ und $j_1 < \ldots < j_r$ gelte. Die ersten r Zeilen von B bilden dann eine Basis des von den Zeilenvektoren von A in K^n erzeugten linearen Unterraums. Insbesondere gilt

$$\operatorname{rg}_z A = \operatorname{rg}_z B = r.$$

Beweis. Es seien $b_1, \ldots, b_m$ die Zeilen der obigen Matrix B. Wir wollen zunächst zeigen, dass $b_1, \ldots, b_r$ linear unabhängig sind und damit eine Basis des linearen Unterraums

$$\langle b_1, \ldots, b_r \rangle = \langle b_1, \ldots, b_m \rangle \subset K^n$$

bilden. Wenn wir A mittels elementarer Zeilentransformationen in B überführen können (was wir weiter unten zeigen werden), so handelt es sich gemäß Satz 3 bei diesem Unterraum gerade um den von den Zeilenvektoren von A erzeugten linearen Unterraum von K^n. Insbesondere ergibt sich $\operatorname{rg}_z A = \operatorname{rg}_z B = r$.

Gelte etwa $\sum_{i=1}^{r} \alpha_i b_i = 0$ für gewisse Koeffizienten $\alpha_i \in K$. Hat man dann $B = (\beta_{ij})_{i,j}$, also mit $\beta_{i,j_i} = \beta_i$ für $i = 1, \ldots, r$, so erhält man die Gleichungen

$$
\begin{aligned}
\alpha_1\beta_1 &&&&&&&&&= 0, \\
\alpha_1\beta_{1,j_2} &+& \alpha_2\beta_2 &&&&&&&= 0, \\
\alpha_1\beta_{1,j_3} &+& \alpha_2\beta_{2,j_3} &+& \alpha_3\beta_3 &&&&&= 0, \\
&&&\dots&&&\dots&&& \\
\alpha_1\beta_{1,j_r} &+& \alpha_2\beta_{2,j_r} &+& \alpha_3\beta_{3,j_r} &+& \dots &+& \alpha_r\beta_r &= 0,
\end{aligned}
$$

woraus sich zunächst $\alpha_1 = 0$, dann $\alpha_2 = 0$ usw. bis schließlich $\alpha_r = 0$ ergibt. Es folgt die lineare Unabhängigkeit von $b_1, \dots, b_r$.

Es bleibt noch zu zeigen, dass sich jede Matrix $A \in K^{m \times n}$, etwa $A = (\alpha_{ij})_{i,j}$, auf Zeilenstufenform bringen lässt. Hierzu gehe man wie folgt vor. Da die Nullmatrix bereits Zeilenstufenform besitzt, darf man $A \neq 0$ annehmen. Man wähle einen minimalen Index $j = j_1$, so dass es ein i mit $\alpha_{ij} \neq 0$ gibt, vertausche die erste mit der i-ten Zeile und setze $\beta_1 = \alpha_{i,j_1}$. Durch $m - 1$ Umformungen des Typs III, welche die erste Zeile invariant lassen, kann man dann erreichen, dass alle Elemente in der j_1-ten Spalte unterhalb β_1 zu Null werden. Die resultierende Matrix hat folgende Gestalt:

$$
\left(
\begin{array}{cccc|ccc}
0 & \dots & 0 & \beta_1 & * & \dots & * \\
\hline
0 & \dots & 0 & 0 & & & \\
\cdot & \dots & \cdot & \cdot & & A^{(1)} & \\
0 & \dots & 0 & 0 & & &
\end{array}
\right)
$$

Man kann nun dasselbe Verfahren in einem zweiten Schritt auf $A^{(1)}$ anstelle von A anwenden. Indem man die für $A^{(1)}$ benötigten Transformationen als Zeilentransformationen der Gesamtmatrix interpretiert und das Verfahren genügend oft wiederholt, lässt sich in rekursiver Weise die behauptete Zeilenstufenform realisieren. Erhält man dabei in einem r-ten Schritt erstmalig $A^{(r)}$ als Null- oder leere Matrix, so ist die Konstruktion beendet. $\qquad\square$

Wir wollen ein Beispiel zur Transformation einer Matrix auf Zeilenstufenform betrachten:

$$
\begin{pmatrix} 0 & 0 & 2 \\ 0 & 2 & 4 \\ 0 & 1 & 1 \end{pmatrix}
\longmapsto
\begin{pmatrix} 0 & 1 & 1 \\ 0 & 2 & 4 \\ 0 & 0 & 2 \end{pmatrix}
\longmapsto
\begin{pmatrix} 0 & 1 & 1 \\ 0 & 0 & 2 \\ 0 & 0 & 2 \end{pmatrix}
\longmapsto
\begin{pmatrix} 0 & 1 & 1 \\ 0 & 0 & 2 \\ 0 & 0 & 0 \end{pmatrix}
$$

Das Gaußsche Eliminationsverfahren kann man insbesondere verwenden, um die Dimension eines von gewissen gegebenen Vektoren erzeugten linearen Unterraums $U = \langle a_1, \ldots, a_m \rangle \subset K^n$ zu berechnen bzw. um eine Basis von U anzugeben. In Verbindung mit der Dimensionsformel 1.6/5 ist es dann möglich, die Dimension des Schnittes $U \cap U'$ zweier linearer Unterräume $U, U' \subset K^n$ zu ermitteln. Weiter kann man natürlich zu einer linearen Abbildung $f \colon K^n \longrightarrow K^m$ eine Basis des Bildes und damit insbesondere den Rang $\operatorname{rg} f$ bestimmen (wobei man Vektoren in K^m am besten als Zeilenvektoren interpretiert). Aus der Dimensionsformel 2.1/10 ergibt sich dann auch die Dimension des Kerns von f. Dass das Gaußsche Eliminationsverfahren überdies dazu geeignet ist, eine Basis von $\ker f$ anzugeben, werden wir genauer noch im Abschnitt 3.5 über lineare Gleichungssysteme sehen. Bei der Lösung dieser Gleichungssysteme führt das Gaußsche Verfahren zu einer sukzessiven Reduzierung des Systems der unbekannten Größen, bis man schließlich ein Restsystem von Größen erhält, deren Werte frei gewählt werden können. Einige der unbekannten Größen werden also entfernt (eliminiert), so dass die Bezeichnung *Eliminationsverfahren* plausibel wird.

In Analogie zu den elementaren Zeilenumformungen kann man natürlich auch elementare Spaltenumformungen bzw. Spaltentransformationen von Matrizen erklären. Solche Umformungen lassen sich als Multiplikation von rechts mit geeigneten Elementarmatrizen interpretieren, und man kann ähnlich wie in Theorem 4 zeigen, dass sich jede Matrix auf Spaltenstufenform transformieren lässt. Man braucht sich dies aber nicht in allen Details zu überlegen, denn wir wollen als Nächstes das Transponieren von Matrizen behandeln. Unter diesem Prozess gehen elementare Zeilenumformungen über in elementare Spaltenumformungen und umgekehrt. Ähnliches gilt für Matrizen in Zeilenstufenform bzw. Spaltenstufenform.

Definition 5. *Es sei*

$$A = (\alpha_{ij})_{\substack{i=1,\ldots,m \\ j=1,\ldots,n}} \in K^{m \times n}.$$

Dann heißt

$$A^t = (\alpha_{ij})_{\substack{j=1,\ldots,n \\ i=1,\ldots,m}} \in K^{n \times m}$$

die zu A transponierte Matrix.

Die Zeilen von A^t werden somit durch $j = 1, \ldots, n$ parametrisiert und die Spalten durch $i = 1, \ldots, m$, wobei A^t an der Position (j, i), also dem Schnittpunkt von j-ter Zeile und i-ter Spalte, das Element α_{ij} als Koeffizient besitzt, das sich in A an der Position (i, j) befindet. Mit anderen Worten, A^t geht aus A hervor, indem man Spalten- und Zeilenindex miteinander vertauscht. Dies entspricht einer Spiegelung von A an der Hauptdiagonalen, die durch die Positionen (i, i), $i = 1, \ldots, \min(m, n)$, charakterisiert ist. Somit ergeben die Zeilenvektoren von A die Spaltenvektoren von A^t und entsprechend die Spaltenvektoren von A die Zeilenvektoren von A^t. Unmittelbar ersichtlich ist:

Bemerkung 6. *Die Abbildung* $K^{m \times n} \longrightarrow K^{n \times m}$, $A \longmapsto A^t$, *ist ein Isomorphismus von K-Vektorräumen. Insbesondere gilt*

$$(A + B)^t = A^t + B^t, \qquad (\alpha A)^t = \alpha A^t$$

für $A, B \in K^{m \times n}$, $\alpha \in K$.

Bemerkung 7. *Für $A \in K^{m \times n}$ gilt $(A^t)^t = A$ sowie $\mathrm{rg}_z A = \mathrm{rg}_s A^t$ und $\mathrm{rg}_s A = \mathrm{rg}_z A^t$.*

Bemerkung 8. *Es gilt $(A \cdot B)^t = B^t \cdot A^t$ für zwei komponierbare Matrizen A, B.*

Wir wollen nur den *Beweis zu Bemerkung* 8 angeben. Für

$$A = (\alpha_{ij})_{i,j} \in K^{m \times n}, \qquad B = (\beta_{jk})_{j,k} \in K^{n \times p}$$

ergibt sich

$$(A \cdot B)^t = \left(\left(\sum_j \alpha_{ij}\beta_{jk} \right)_{i,k} \right)^t = \left(\sum_j \alpha_{ij}\beta_{jk} \right)_{k,i}$$

$$= \left(\sum_j \beta_{jk}\alpha_{ij} \right)_{k,i} = B^t \cdot A^t,$$

wie behauptet. $\qquad\qquad\qquad\qquad\qquad\qquad\qquad\qquad\qquad\qquad$ $\square$

Als Nächstes zeigen wir, dass das Transponieren von Matrizen dem Dualisieren linearer Abbildungen entspricht.

Satz 9. *Es sei* $f\colon V \longrightarrow W$ *eine lineare Abbildung zwischen endlich-dimensionalen K-Vektorräumen mit Basen X von V und Y von W. Ist dann X^* (bzw. Y^*) die duale Basis zu X (bzw. Y), und bezeichnet $f^*\colon W^* \longrightarrow V^*$ die zu f duale lineare Abbildung, so gilt*

$$A_{f^*,Y^*,X^*} = (A_{f,X,Y})^t.$$

Beweis. Es sei

$$\begin{aligned}
X &= (x_1, \ldots, x_n), & Y &= (y_1, \ldots, y_m), \\
X^* &= (x_1^*, \ldots, x_n^*), & Y^* &= (y_1^*, \ldots, y_m^*),
\end{aligned}$$

wobei man also $x_j^*(x_\nu) = \delta_{j\nu}$ und $y_i^*(y_\mu) = \delta_{i\mu}$ hat. Insbesondere wird dann für $\varphi \in V^*$ die eindeutig bestimmte Darstellung als Linearkombination der Basis X^* durch $\varphi = \sum_{j=1}^n \varphi(x_j)x_j^*$ gegeben. Dies ist eine Konsequenz von 2.1/7, wie wir bereits im Beweis zu 2.3/5 gesehen hatten. Somit lässt sich die zu f^* gehörige Matrix wie folgt beschreiben:

$$A_{f^*,Y^*,X^*} = \big(f^*(y_1^*)_{X^*}, \ldots, f^*(y_m^*)_{X^*}\big) = \big(f^*(y_i^*)(x_j)\big)_{\substack{j=1,\ldots,n \\ i=1,\ldots,m}}$$

Ist nun die Matrix zu f gegeben durch

$$A_{f,X,Y} = (\alpha_{ij})_{\substack{i=1,\ldots,m \\ j=1,\ldots,n}}, \qquad \text{d. h. durch} \qquad f(x_j) = \sum_{\mu=1}^m \alpha_{\mu j} y_\mu,$$

so erhält man für $i = 1, \ldots, m$

$$\begin{aligned}
f^*(y_i^*) &= \sum_{j=1}^n f^*(y_i^*)(x_j) \cdot x_j^* = \sum_{j=1}^n (y_i^* \circ f)(x_j) \cdot x_j^* \\
&= \sum_{j=1}^n y_i^*\big(f(x_j)\big) \cdot x_j^* = \sum_{j=1}^n y_i^*\left(\sum_{\mu=1}^m \alpha_{\mu j} y_\mu\right) \cdot x_j^* \\
&= \sum_{j=1}^n \alpha_{ij} \cdot x_j^*,
\end{aligned}$$

und dies bedeutet

$$A_{f^*,Y^*,X^*} = (\alpha_{ij})_{\substack{j=1,\ldots,n \\ i=1,\ldots,m}} = (A_{f,X,Y})^t,$$

wie behauptet. $\qquad\qquad\square$

Benutzen wir nun 2.3/7, dass nämlich in der Situation von Satz 9 die Abbildungen f und f^* den gleichen Rang besitzen, so ergibt sich mit den Bemerkungen 2 und 7 die Beziehung

$$\mathrm{rg}_s A_{f,X,Y} = \mathrm{rg}\, f = \mathrm{rg}\, f^* = \mathrm{rg}_s A_{f^*,Y^*,X^*}$$
$$= \mathrm{rg}_s\big((A_{f,X,Y})^t\big) = \mathrm{rg}_z A_{f,X,Y}\,,$$

d. h. der Spaltenrang von $A_{f,X,Y}$ stimmt mit dem Zeilenrang dieser Matrix überein. Da man Matrizen aber stets als lineare Abbildungen realisieren kann, erhält man als Folgerung zu Satz 9:

Korollar 10. *Für Matrizen $A \in K^{m \times n}$ gilt $\mathrm{rg}_s A = \mathrm{rg}_z A$, d. h. Spalten- und Zeilenrang stimmen überein.*

Wie bereits angedeutet, werden wir von nun an $\mathrm{rg}\, A$ anstelle von $\mathrm{rg}_s A$ bzw. $\mathrm{rg}_z A$ schreiben und diese Zahl als den *Rang* der Matrix A bezeichnen. Die Übereinstimmung von Spalten- und Zeilenrang bei Matrizen ist ein nicht-triviales Resultat, das wir hier auf einfache Weise als Anwendung der Theorie dualer Abbildungen gewonnen haben. Man kann dieses Resultat aber auch anders herleiten, indem man benutzt, dass sich der Zeilen- bzw. Spaltenrang einer Matrix A nicht ändert, wenn man A von links oder rechts mit sogenannten invertierbaren Matrizen multipliziert; vgl. Abschnitt 3.4.

Schließlich wollen wir unter Benutzung von Korollar 10 noch zeigen, dass die in Theorem 4 beschriebene Transformation einer Matrix A auf Zeilenstufenform auch Rückschlüsse auf die Spaltenvektoren dieser Matrix zulässt. Letzteres ist insbesondere dann von Vorteil, wenn man aus einem gegebenen System von Spaltenvektoren ein maximales linear unabhängiges Teilsystem auswählen möchte. Ein wesentlicher Punkt bei diesen Überlegungen besteht in der Beobachtung, dass der Prozess der Transformation einer Matrix A mittels elementarer Zeilenumformungen zu einer Matrix B kompatibel ist mit dem Vertauschen von Spalten in A und entsprechend in B, oder auch mit dem Streichen von Spalten dieser Matrizen.

Satz 11. *Es sei $A = (a_1, \ldots, a_n) \in K^{m \times n}$ eine Matrix mit den Spalten $a_1, \ldots, a_n \in K^m$, welche sich mittels elementarer Zeilenumformungen auf Zeilenstufenform*

$$B = \begin{pmatrix} 0 \dots 0 & \beta_1 \dots * & * \dots * & \dots & * \dots * & * \dots * \\ 0 \dots 0 & 0 \dots 0 & \beta_2 \dots * & \dots & * \dots * & * \dots * \\ 0 \dots 0 & 0 \dots 0 & 0 \dots 0 & \dots & * \dots * & * \dots * \\ \dots & \dots & \dots & \dots & \dots & \dots \\ 0 \dots 0 & 0 \dots 0 & 0 \dots 0 & \dots & 0 \dots 0 & \beta_r \dots * \\ 0 \dots 0 & 0 \dots 0 & 0 \dots 0 & \dots & 0 \dots 0 & 0 \dots 0 \\ \dots & \dots & \dots & \dots & \dots & \dots \\ 0 \dots 0 & 0 \dots 0 & 0 \dots 0 & \dots & 0 \dots 0 & 0 \dots 0 \end{pmatrix}$$

bringen lässt. Dabei sei für $i = 1, \dots, r$ das Element $\beta_i \in K^*$ jeweils in der Spalte mit Index j_i positioniert, mit $1 \le j_1 < \dots < j_r \le n$. Dann sind die Vektoren $a_{j_1}, \dots, a_{j_r}$ linear unabhängig, und es gilt

$$\langle a_1, \dots, a_j \rangle = \langle a_{j_1}, \dots, a_{j_i} \rangle, \qquad j = 1, \dots, n,$$

wenn $i \le r$ jeweils maximal mit $j_i \le j$ gewählt ist.

Beweis. Verkleinert man die Matrix A zu einer Matrix A', indem man gewisse Spalten mit Indizes j verschieden von $j_1, \dots, j_r$ streicht, oder alle Spalten mit einem Index $j \ge j_0$ für ein fest gewähltes $j_0 \in \{1, \dots, n\}$, so erhält man eine zugehörige Zeilenstufenform von A', indem man B durch Streichen der entsprechenden Spalten zu einer Matrix B' verkleinert. Es folgt dann

$$\mathrm{rg}_z B' = \mathrm{rg}_z A' = \mathrm{rg}_s A',$$

so dass die Dimension des von den Spalten von A' erzeugten linearen Unterraums gerade gleich dem Rang von B' ist. Insbesondere ergibt sich mit diesem Argument die lineare Unabhängigkeit des Systems $a_{j_1}, \dots, a_{j_r} \in K^m$ und mittels 1.5/14 (ii) auch die behauptete Gleichheit linearer Unterräume. $\qquad\square$

Aufgaben

1. Man bringe die Matrix

$$A = \begin{pmatrix} 1 & 2 & 1 & 2 & 1 & 2 \\ 2 & 5 & 4 & 5 & 4 & 5 \\ 1 & 4 & 6 & 6 & 6 & 6 \\ 2 & 5 & 6 & 9 & 7 & 11 \end{pmatrix} \in \mathbb{R}^{4 \times 6}$$

auf Zeilenstufenform.

2. Man berechne den Zeilenrang der Matrix

$$A = \begin{pmatrix} 1 & 1 & 3 & 2 \\ 1 & 1 & 2 & 3 \\ 1 & 1 & 0 & 0 \end{pmatrix} \in K^{3 \times 4},$$

jeweils für die Körper $K = \mathbb{Q}$ und $K = \mathbb{F}_5$; dabei ist $\mathbb{F}_5$ der Körper mit 5 Elementen aus Abschnitt 1.3, Aufgabe 3. (AT 411)

3. Man prüfe, ob das System der folgenden Vektoren $\in \mathbb{R}^5$ linear unabhängig ist:

$$(5,4,3,2,1), \ (1,2,3,4,5), \ (2,2,2,2,1), \ (1,0,0,1,1), \ (1,0,1,0,1)$$

4. Es sei $U \subset \mathbb{R}^4$ der lineare Unterraum, der von den Vektoren

$$(1,2,1,2), \ (2,5,4,5), \ (1,4,6,6), \ (2,5,6,9), \ (2,6,7,8), \ (1,1,0,3)$$

erzeugt wird. Man berechne $\dim_{\mathbb{R}} U$ und gebe eine Basis von U an.

5. Es seien in $\mathbb{R}^5$ die folgenden linearen Unterräume gegeben:

$$U = \langle (1,0,1,0,1), \ (2,3,4,1,2), \ (0,3,2,1,0) \rangle$$
$$U' = \langle (1,-1,1,0,2), \ (1,3,3,1,1), \ (1,2,3,1,2) \rangle$$

Man berechne $\dim_{\mathbb{R}} U$ und $\dim_{\mathbb{R}} U'$ und zeige $U \subset U'$. (AT 412)

6. Man betrachte in $\mathbb{R}^6$ die linearen Unterräume

$$U = \langle (1,1,1,0,1,1), \ (2,3,4,0,2,1), \ (0,3,2,1,1,1) \rangle,$$
$$U' = \langle (2,6,6,2,2,1), \ (0,9,4,3,0,1), \ (1,2,3,1,2,1) \rangle$$

und berechne $\dim_{\mathbb{R}} (U \cap U')$.

7. Man betrachte die Linearformen

$$f_1 \colon \mathbb{R}^5 \longrightarrow \mathbb{R}, \qquad (\alpha_1, \ldots, \alpha_5) \longmapsto (\alpha_2 + \alpha_3 + \alpha_4 + \alpha_5)$$
$$f_2 \colon \mathbb{R}^5 \longrightarrow \mathbb{R}, \qquad (\alpha_1, \ldots, \alpha_5) \longmapsto (\alpha_1 + 2\alpha_2 - \alpha_3 - \alpha_4)$$
$$f_3 \colon \mathbb{R}^5 \longrightarrow \mathbb{R}, \qquad (\alpha_1, \ldots, \alpha_5) \longmapsto (5\alpha_1 + 2\alpha_2 - \alpha_3 + 2\alpha_4 - 2\alpha_5)$$
$$f_4 \colon \mathbb{R}^5 \longrightarrow \mathbb{R}, \qquad (\alpha_1, \ldots, \alpha_5) \longmapsto (\alpha_1 - \alpha_2 + \alpha_4 - \alpha_5)$$

und prüfe, ob diese ein linear unabhängiges System im Dualraum $(\mathbb{R}^5)^*$ definieren.

8. Die Linearformen f_1, f_2, f_3, f_4 seien wie in Aufgabe 7. Für die $\mathbb{R}$-lineare Abbildung

$$f\colon \mathbb{R}^5 \longrightarrow \mathbb{R}^4, \qquad x \longmapsto (f_1(x), f_2(x), f_3(x), f_4(x)),$$

bestimme man $\dim_\mathbb{R} \ker f$ und $\dim_\mathbb{R} \operatorname{im} f$. Weiter gebe man eine Basis von $\operatorname{im} f$ an.

9. Es sei $\mathbb{F}_2$ der Körper mit 2 Elementen. Im $\mathbb{F}_2$-Vektorraum $\mathbb{F}_2^{2000}$ sei eine Familie von Vektoren $(v_i)_{i=1,\dots,2000}$ definiert durch

$$v_i = \begin{cases} 0 & \text{falls } 4 \nmid i, \\ (1 + \delta_{ij})_{j=1,\dots,2000} & \text{falls } 4 \mid i, \text{ aber } 8 \nmid i, \\ (1 + \delta_{i-1,j} + \delta_{i+1,j})_{j=1,\dots,2000} & \text{falls } 8 \mid i. \end{cases}$$

Dabei bedeutet $4\mid i$ bzw. $4 \nmid i$, dass 4 die Zahl i teilt bzw. nicht teilt, entsprechend für $8 \mid i$ und $8 \nmid i$. Man betrachte den von den v_i erzeugten linearen Unterraum $U \subset \mathbb{F}_2^{2000}$, bestimme $\dim_{\mathbb{F}_2} U$ und gebe eine Basis von U an. (AT 414)

3.3 Matrizenringe und invertierbare Matrizen

Für $n \in \mathbb{N}$ ist auf der Menge $K^{n \times n}$ aller $(n \times n)$-Matrizen ähnlich wie bei einem Körper neben der Addition eine Multiplikation gegeben, die für $n \geq 2$ allerdings nicht kommutativ ist. Dabei zeigen Gleichungen des Typs

$$\begin{pmatrix} 1 & 0 \\ 0 & 0 \end{pmatrix} \cdot \begin{pmatrix} 0 & 0 \\ 1 & 0 \end{pmatrix} = 0,$$

dass es für $n \geq 2$ nicht-triviale Nullteiler in $K^{n \times n}$ gibt. Eine Matrix $A \in K^{n \times n}$ heißt ein *Nullteiler*, wenn es eine von Null verschiedene Matrix $B \in K^{n \times n}$ mit $A \cdot B = 0$ oder $B \cdot A = 0$ gibt.

Definition 1. *Eine Menge R mit zwei Verknüpfungen " $+$ " (Addition) und " $\cdot$ " (Multiplikation) heißt ein* Ring, *wenn folgende Bedingungen erfüllt sind:*

   (i) *R ist eine abelsche Gruppe bezüglich der Addition.*
   (ii) *Die Multiplikation ist assoziativ, d. h. für $a, b, c \in R$ gilt*

$$(a \cdot b) \cdot c = a \cdot (b \cdot c).$$

(iii) *Addition und Multiplikation verhalten sich distributiv, d. h. für* $a, b, c \in R$ *gilt*

$$a \cdot (b + c) = a \cdot b + a \cdot c, \qquad (a + b) \cdot c = a \cdot c + b \cdot c.$$

Das neutrale Element bezüglich der Addition 0 *wird als* Nullelement *von* R *bezeichnet. Der Ring* R *heißt* kommutativ, *wenn die Multiplikation kommutativ ist. Weiter nennt man ein Element* $e \in R$ *ein* Einselement, *wenn* $e \cdot a = a = a \cdot e$ *für alle* $a \in R$ *gilt; man schreibt dann auch* 1 *anstelle von* e.

Natürlich ist ein Einselement eines Ringes, sofern es existiert, eindeutig bestimmt. Das einfachste Beispiel eines Ringes ist der *Nullring* 0. Dieser besteht aus einem einzigen Element 0 mit den Verknüpfungen $0 + 0 = 0$ und $0 \cdot 0 = 0$; hier ist also 0 sowohl das Nullelement wie auch das Einselement. Wir wollen aber noch einige interessantere Beispiele anführen.

(1) Der Ring $\mathbb{Z}$ der ganzen Zahlen ist ein kommutativer Ring mit Eins unter der gewöhnlichen Addition und Multiplikation.

(2) Jeder Körper, etwa $\mathbb{Q}$, $\mathbb{R}$ oder $\mathbb{C}$, ist ein kommutativer Ring mit Eins.

(3) Es sei V ein K-Vektorraum und $R = \mathrm{Hom}_K(V, V)$ der K-Vektorraum der Endomorphismen von V. Dann ist R ein Ring, der sogenannte *Endomorphismenring* von V, wenn man in R als Addition die gewöhnliche Addition linearer Abbildungen sowie als Multiplikation die Komposition linearer Abbildungen betrachtet. Dieser Ring wird mit $\mathrm{End}_K(V)$ bezeichnet. Er enthält die Nullabbildung $0 \colon V \longrightarrow V$ als Nullelement, sowie die identische Abbildung $\mathrm{id} \colon V \longrightarrow V$ als Einselement. Man kann sich überlegen, dass $\mathrm{End}_K(V)$ für $\dim_K V \geq 2$ nicht kommutativ ist.

(4) Für $n \in \mathbb{N}$ ist der K-Vektorraum $K^{n \times n}$ der quadratischen n-reihigen Matrizen ein Ring unter der in Abschnitt 3.1 eingeführten Addition und Multiplikation von Matrizen. Es ist $K^{0 \times 0}$ der Nullring und $K^{1 \times 1}$ ein Ring, den wir in kanonischer Weise mit dem Körper K identifizieren können. Weiter ist die Multiplikation in $K^{n \times n}$ für $n \geq 2$ nicht mehr kommutativ. Die Matrix $E = (\delta_{ij})_{i,j} \in K^{n \times n}$, oftmals auch mit 1 bezeichnet, ist ein Einselement in $K^{n \times n}$ und wird als n-reihige

Einheitsmatrix bezeichnet. Wie wir bereits zu Beginn gesehen haben, enthält $K^{n \times n}$ für $n \geq 2$ nicht-triviale Nullteiler.

Die Beispiele (3) und (4) sind verwandt, wie man mit Hilfe der Resultate aus Abschnitt 3.1 einsieht. Genauer gilt:

Satz 2. *Es sei V ein K-Vektorraum und $X = (x_1, \ldots, x_n)$ eine Basis von V. Dann ist die Abbildung*

$$\Psi \colon \operatorname{End}_K(V) \longrightarrow K^{n \times n}, \qquad f \longmapsto A_{f,X,X},$$

ein Isomorphismus von Ringen, *d. h. eine bijektive Abbildung mit*

$$\Psi(f+g) = \Psi(f) + \Psi(g), \qquad \Psi(f \circ g) = \Psi(f) \cdot \Psi(g)$$

für alle Elemente $f, g \in \operatorname{End}_K(V)$.

Beweis. Aufgrund von 3.1/4 ist Ψ eine bijektive Abbildung, die mit der Addition verträglich ist. Die Verträglichkeit mit der Multiplikation folgt aus 3.1/9. □

Ist a ein Element eines Ringes R mit Eins, so heißt ein Element $b \in R$ *invers* zu a, wenn $a \cdot b = 1 = b \cdot a$ gilt. Das inverse Element zu $a \in R$ ist, falls es existiert, stets eindeutig bestimmt. Sind nämlich zwei Elemente $b, b' \in R$ invers zu a, oder genauer, ist b invers zu a und gilt lediglich $a \cdot b' = 1$ (bzw. alternativ $b' \cdot a = 1$), so folgt

$$b = b \cdot 1 = b \cdot (a \cdot b') = (b \cdot a) \cdot b' = 1 \cdot b' = b',$$

bzw.

$$b = 1 \cdot b = (b' \cdot a) \cdot b = b' \cdot (a \cdot b) = b' \cdot 1 = b'.$$

Man schreibt a^{-1} für das inverse Element zu a und nennt a in diesem Fall *invertierbar* oder eine *Einheit*. In einem Körper ist jedes Element $a \neq 0$ eine Einheit. Andererseits gibt es in Matrizenringen $K^{n \times n}$ für $n \geq 2$ stets nicht-triviale Nullteiler, und solche Matrizen können keine Einheiten sein. Ist nämlich $A \in K^{n \times n}$ eine Einheit und $B \in K^{n \times n}$ eine Matrix mit $A \cdot B = 0$, so folgt notwendig $B = A^{-1} \cdot A \cdot B = 0$ mit der inversen Matrix A^{-1} zu A.

Bemerkung 3. *In jedem Ring R mit Eins ist die Menge R^* aller Einheiten eine Gruppe bezüglich der Multiplikation.*

Diese Aussage ergibt sich unmittelbar aus den definierenden Eigenschaften eines Ringes bzw. einer Einheit.

Bemerkung 4. *Es sei V ein K-Vektorraum und $f \in \mathrm{End}_K(V)$. Dann ist äquivalent:*

    (i) *Es existiert ein Element $g \in \mathrm{End}_K(V)$ mit $f \circ g = \mathrm{id}_V = g \circ f$, d. h. f ist eine Einheit in $\mathrm{End}_K(V)$.*

    (ii) *f ist ein Automorphismus von V.*

Beweis. Die Beziehung $f \circ g = \mathrm{id}_V$ impliziert, dass f surjektiv ist, und entsprechend $g \circ f = \mathrm{id}_V$, dass f injektiv ist. Aus Bedingung (i) ergibt sich somit (ii), und umgekehrt folgert man aus (ii) auch (i), wenn man g als Umkehrabbildung zu f erklärt. $\qquad\qquad\qquad\qquad\square$

Die Einheitengruppe des Endomorphismenrings $\mathrm{End}_K(V)$ besteht also gerade aus allen Automorphismen von V. Wir bezeichnen diese Gruppe mit $\mathrm{Aut}_K(V)$ und nennen sie die *Automorphismengruppe* von V. Die Einheitengruppe des Matrizenrings $K^{n \times n}$ wird mit $\mathrm{GL}(n, K)$ bezeichnet; man spricht hier von der *allgemeinen linearen Gruppe* (general linear group). Die Elemente von $\mathrm{GL}(n, K)$ heißen *invertierbare* (oder umkehrbare, bzw. reguläre, bzw. nicht-singuläre, bzw. nicht-ausgeartete) Matrizen.

Satz 5. *Es sei V ein K-Vektorraum und $X = (x_1, \ldots, x_n)$ eine Basis von V. Dann beschränkt sich der Isomorphismus*

$$\Psi \colon \mathrm{End}_K(V) \overset{\sim}{\longrightarrow} K^{n \times n}, \qquad f \longmapsto A_{f,X,X},$$

aus Satz 2 zu einem Isomorphismus

$$\mathrm{Aut}_K(V) \overset{\sim}{\longrightarrow} \mathrm{GL}(n, K)$$

der zugehörigen Einheitengruppen, d. h. zu einer bijektiven Abbildung, welche die jeweiligen Gruppenstrukturen respektiert.

Beweis. Ψ bildet die identische Abbildung $\mathrm{id}_V \in \mathrm{End}_K(V)$ auf die Einheitsmatrix $E \in K^{n \times n}$ ab, also das Einselement von $\mathrm{End}_K(V)$ auf das Einselement von $K^{n \times n}$. Hieraus ergibt sich unmittelbar, dass Ψ Einheiten in Einheiten überführt. Da die Umkehrabbildung Ψ^{-1} entsprechende Eigenschaften besitzt, folgt die Behauptung.   □

Wir wollen den Inhalt des Satzes noch in einem etwas allgemeineren Rahmen formulieren.

Satz 6. *Es sei* $f: V \longrightarrow W$ *eine K-lineare Abbildung zwischen Vektorräumen mit Basen* $X = (x_1, \ldots, x_n)$ *und* $Y = (y_1, \ldots, y_n)$. *Die beschreibende Matrix* $A = A_{f,X,Y}$ *ist genau dann invertierbar, wenn* f *ein Isomorphismus ist.*

Beweis. Man überlegt sich wie im Beweis zu Bemerkung 4, dass f genau dann bijektiv ist, wenn es eine K-lineare Abbildung $g: W \longrightarrow V$ mit $f \circ g = \mathrm{id}_W$ und $g \circ f = \mathrm{id}_V$ gibt. Letzteres ist aber aufgrund von 3.1/4 und 3.1/9 äquivalent zu der Existenz einer Matrix $B \in K^{n \times n}$ mit $A_{f,X,Y} \cdot B = 1$ und $B \cdot A_{f,X,Y} = 1$.   □

Korollar 7. *Für eine Matrix* $A \in K^{n \times n}$ *ist äquivalent:*
  (i) *A ist invertierbar.*
  (ii) *Es existiert eine Matrix* $B \in K^{n \times n}$ *mit* $B \cdot A = 1$.
  (iii) *Es existiert eine Matrix* $B \in K^{n \times n}$ *mit* $A \cdot B = 1$.
  (iv) $\mathrm{rg}\, A = n$.

Beweis. Wir realisieren A als lineare Abbildung, etwa als Abbildung

$$f: K^n \longrightarrow K^n, \qquad x \longmapsto A \cdot x.$$

Dann ist A die zu f gehörige Matrix bezüglich der kanonischen Basis auf K^n. Indem wir Satz 5 sowie 3.2/2 benutzen, genügt es zu zeigen, dass die folgenden Bedingungen äquivalent sind:

  (i′) *f ist ein Automorphismus.*
  (ii′) *Es existiert eine K-lineare Abbildung* $g: K^n \longrightarrow K^n$, *derart dass* $g \circ f = \mathrm{id}$ *gilt.*
  (iii′) *Es existiert eine K-lineare Abbildung* $g: K^n \longrightarrow K^n$, *derart dass* $f \circ g = \mathrm{id}$ *gilt.*
  (iv′) $\mathrm{rg}\, f = n$.

Ist f ein Automorphismus, so folgen natürlich die Bedingungen (ii'), (iii') und (iv'). Umgekehrt, hat man (ii'), so ist f injektiv und nach 2.1/11 ein Automorphismus. Unter den Bedingungen (iii') bzw. (iv') schließlich ist f surjektiv und damit ebenfalls ein Automorphismus aufgrund von 2.1/11. $\qquad\square$

Bedingung (iv) aus Korollar 7 gibt uns ein nützliches Kriterium für die Invertierbarkeit einer Matrix $A \in K^{n\times n}$, insbesondere deshalb, weil wir den Rang einer Matrix mittels elementarer Zeilenumformungen in expliziter Weise bestimmen können; vgl. 3.2/4. So sieht man etwa, dass für $i,j \in \{1, \dots, n\}$, $i \neq j$, und $\alpha \in K^*$ die Elementarmatrizen

$$E + (\alpha - 1)E_{ii}, \quad E + \alpha E_{ij}, \quad E - E_{ii} - E_{jj} + E_{ij} + E_{ji}$$

aus $K^{n\times n}$ invertierbar sind; dabei sei E wie in Abschnitt 3.2 die Einheitsmatrix in $K^{n\times n}$ sowie $E_{ij} = (\delta_{i\mu}\delta_{j\nu})_{\mu,\nu}$. Die Elementarmatrizen gehen nämlich durch elementare Zeilenumformungen aus der Einheitsmatrix E hervor, haben also denselben Rang wie diese, also n; vgl. 3.2/3. Weiter unten werden wir die Inversen zu den aufgeführten Elementarmatrizen (die sich im Übrigen leicht "erraten" lassen) auch noch explizit bestimmen.

Wir können die gerade beschriebene Argumentation dazu nutzen, um das in Abschnitt 3.2 behandelte Gaußsche Eliminationsverfahren auf die Invertierung von Matrizen auszudehnen. Man gehe etwa aus von einer Matrix $A \in K^{n\times n}$. Dann kann man A gemäß 3.2/4 mittels elementarer Zeilenumformungen auf Zeilenstufenform B bringen. Nehmen wir nun A als invertierbar an, so gilt $\operatorname{rg} A = \operatorname{rg} B = n$ gemäß Korollar 7, und es stehen in der Situation von 3.2/4 die Elemente $\beta_1, \dots, \beta_n$ gerade auf der Hauptdiagonalen, also:

$$B = \begin{pmatrix} \beta_1 & * & * & \dots & * \\ 0 & \beta_2 & * & \dots & * \\ . & & . & & . \\ . & & & . & * \\ 0 & 0 & \dots & 0 & \beta_n \end{pmatrix}$$

Man kann nun für $i = 1, \dots, n$ jeweils die i-te Zeile mit β_i^{-1} multiplizieren und dementsprechend annehmen, dass alle β_i den Wert 1 haben. Sodann kann man Vielfache der n-ten Zeile von den übrigen

Zeilen subtrahieren und auf diese Weise erreichen, dass alle Elemente in der n-ten Spalte oberhalb von β_n zu Null werden. Entsprechend kann man die übrigen Spalten behandeln, und es folgt, dass sich A im Falle der Invertierbarkeit mittels elementarer Zeilenumformungen in die Einheitsmatrix E überführen lässt. Jede solche Zeilenumformung lässt sich interpretieren als Multiplikation mit einer Elementarmatrix von links, wie wir in Abschnitt 3.2 gesehen haben. Wir finden daher Elementarmatrizen $S_1, \ldots, S_r \in K^{n \times n}$ mit

$$S_r \cdot \ldots \cdot S_1 \cdot A = E,$$

und Multiplikation mit A^{-1} von rechts ergibt $A^{-1} = S_r \cdot \ldots \cdot S_1$. Indem wir

$$A^{-1} = S_r \cdot \ldots \cdot S_1 \cdot E$$

schreiben, sehen wir Folgendes: Diejenigen elementaren Zeilenumformungen, die A in die Einheitsmatrix E überführen, führen E selbst in die Matrix A^{-1} über!

Das Verfahren zur Invertierung von Matrizen kann man daher wie folgt beschreiben: Man bringe A mittels einer Folge elementarer Zeilenumformungen auf Zeilenstufenform und führe bei jedem Schritt die entsprechende Zeilenumformung auch an der Einheitsmatrix durch. Wenn man dann an der Zeilenstufenform $\operatorname{rg} A = n$ ablesen kann, ist A invertierbar, und man fahre fort, bis man A in die Einheitsmatrix überführt hat. Die aus der Einheitsmatrix durch die entsprechenden Umformungen gewonnene Matrix ist dann die zu A inverse Matrix A^{-1}. Beispielsweise erkennt man auf diese Weise für $\alpha \in K$, $i \neq j$:

$$\left(E + (\alpha - 1)E_{ii}\right)^{-1} = E + (\alpha^{-1} - 1)E_{ii}$$
$$(E + \alpha E_{ij})^{-1} = E - \alpha E_{ij}$$
$$(E - E_{ii} - E_{jj} + E_{ij} + E_{ji})^{-1} = E - E_{ii} - E_{jj} + E_{ij} + E_{ji}$$

Als Nebenprodukt dieses Verfahrens können wir noch vermerken:

Satz 8. *Jede invertierbare Matrix $A \in \mathrm{GL}(n, K)$ ist ein Produkt von Elementarmatrizen des Typs*

$$E + (\alpha - 1)E_{ii}, \qquad \alpha \in K^*, \; i = 1, \ldots, n,$$
$$E + E_{ij}, \qquad\qquad i \neq j, \; 1 \leq i, j \leq n.$$

Dabei ist $E \in K^{n \times n}$ die Einheitsmatrix und $E_{ij} = (\delta_{\mu i}\delta_{\nu j})_{\mu, \nu}$.

Beweis. Wir haben gerade gesehen, dass A mittels elementarer Zeilenumformungen des Typs I – IV aus Abschnitt 3.2 in die Einheitsmatrix
überführt werden kann und dass A^{-1} das Produkt der entsprechenden
Elementarmatrizen ist. Nun kann man aber eine elementare Zeilenumformung des Typs III, also Addition des α-fachen der j-ten Zeile zur
i-ten Zeile für $\alpha \in K^*$ und gewisse Indizes $i \neq j$, auch als eine Folge
von elementaren Zeilenumformungen der Typen I und II interpretieren:
Man multipliziere die j-te Zeile mit α, addiere sie zur i-ten Zeile und
multipliziere die j-te Zeile anschließend wieder mit α^{-1}. Entsprechend
kann man auch eine elementare Zeilenumformung des Typs IV, also
das Vertauschen von i-ter und j-ter Zeile für gewisse Indizes $i \neq j$, als
eine Folge von Umformungen der Typen I und II interpretieren: Man
addiere die j-te Zeile zur i-ten Zeile, multipliziere die j-te Zeile mit -1,
addiere die i-te Zeile zur j-ten Zeile und subtrahiere schließlich die j-te
Zeile von der i-ten Zeile. Dabei ist der letzte Schritt eine Umformung
vom Typ III, also zerlegbar in eine Folge von Umformungen der Typen
I und II.

Indem wir vorstehende Überlegung auf A^{-1} anstelle von A anwenden, sehen wir, dass A wie behauptet ein Produkt von Elementarmatrizen ist, die zu den elementaren Zeilenumformungen der Typen I und
II korrespondieren. $\qquad\qquad\qquad\qquad\qquad\qquad\qquad\qquad\square$

Möchte man zu einer gegebenen Matrix $A \in \mathrm{GL}(n, K)$ deren Zerlegung in Elementarmatrizen konkret bestimmen, so verfährt man am
besten wie folgt: Man überführt A mittels elementarer Zeilenumformungen in die Einheitsmatrix und erhält auf diese Weise eine Zerlegung
der Form $A^{-1} = S_r \cdot \ldots \cdot S_1$ mit Elementarmatrizen $S_1, \ldots, S_r$. Inver-
senbildung liefert dann $A = S_1^{-1} \cdot \ldots \cdot S_r^{-1}$, wobei es sich bei den S_i^{-1},
wie oben beschrieben, wiederum um Elementarmatrizen handelt. Will
man sich auf die in Satz 8 genannten Elementarmatrizen beschränken,
so sind die S_i^{-1} gegebenenfalls noch weiter zu zerlegen.

Aufgaben

1. Es sei X eine Menge und R ein Ring mit 1. Man zeige, dass die Menge
   $\mathrm{Abb}(X, R)$ aller Abbildungen $X \longrightarrow R$ unter der gewöhnlichen Addition bzw. Multiplikation R-wertiger Funktionen einen Ring bildet. Man
   beschreibe die Einheitengruppe dieses Ringes.

2. Man gebe einen K-Vektorraum V mit Nichteinheiten $f, g \in \mathrm{End}_K(V)$ an, so dass $f \circ g = \mathrm{id}_V$ gilt.

3. Es sei $f \colon U \longrightarrow U$ ein Endomorphismus eines endlich-dimensionalen K-Vektorraums. Dann ist äquivalent: (AT 415)

   (i) $\mathrm{rg}\, f < \dim_K U$.

   (ii) f ist ein *Links-Nullteiler* in $\mathrm{End}_K(V)$, d. h. es existiert ein Endomorphismus $g \in \mathrm{End}_K(V)$, $g \neq 0$, mit $f \circ g = 0$.

   (iii) f ist ein *Rechts-Nullteiler* in $\mathrm{End}_K(V)$, d. h. es existiert ein Endomorphismus $g \in \mathrm{End}_K(V)$, $g \neq 0$, mit $g \circ f = 0$.

   Insbesondere ist ein Links-Nullteiler in $\mathrm{End}_K(V)$ auch Rechts-Nullteiler und umgekehrt. Entsprechendes gilt im Matrizenring $K^{n \times n}$.

4. Man überprüfe folgende Matrizen auf Invertierbarkeit und gebe gegebenenfalls die inverse Matrix an:

$$\begin{pmatrix} 1 & 2 & 3 & 2 & 4 \\ 1 & 1 & 2 & 2 & 4 \\ 1 & 3 & 4 & 3 & 7 \\ 2 & 3 & 5 & 3 & 8 \\ 0 & 0 & 1 & 0 & 1 \end{pmatrix}, \quad \begin{pmatrix} 1 & 1 & 1 & 2 & 0 \\ 1 & 0 & 2 & 1 & 0 \\ 1 & 1 & 1 & 2 & 1 \\ 0 & 1 & 2 & 1 & 0 \\ 1 & 1 & 1 & 2 & 0 \end{pmatrix} \quad \in \mathbb{R}^{5 \times 5}$$

5. Falls möglich schreibe man die folgenden Matrizen als Produkt von Elementarmatrizen:

$$\begin{pmatrix} 1 & 0 & 0 & 1 \\ 1 & 1 & 0 & 3 \\ 1 & 1 & 1 & 4 \\ 1 & 0 & 1 & 2 \end{pmatrix}, \quad \begin{pmatrix} 1 & 1 & 1 & 1 \\ 0 & 1 & 1 & 1 \\ 0 & 0 & 1 & 1 \\ 0 & 0 & 0 & 1 \end{pmatrix} \quad \in \mathbb{R}^{4 \times 4}$$

6. Für $A \in \mathrm{GL}(n, K)$ zeige man $(A^{-1})^t = (A^t)^{-1}$.

7. Für $m, r, s \in \mathbb{N} - \{0\}$ betrachte man Matrizen

$$A \in K^{m \times m}, \quad B \in K^{m \times s}, \quad C \in K^{r \times m}, \quad D \in K^{r \times s}$$

   mit

$$\mathrm{rg} \begin{pmatrix} A & B \\ C & D \end{pmatrix} = m,$$

   wobei A invertierbar sei. Man zeige $D = C \cdot A^{-1} \cdot B$. (AT 417)

3.4 Basiswechsel

Wir haben gesehen, dass man K-lineare Abbildungen zwischen Vektorräumen bei Fixierung von Basen durch Matrizen beschreiben kann. In diesem Abschnitt soll insbesondere untersucht werden, wie sich die beschreibende Matrix ändert, wenn man die zugehörigen Basen wechselt. Wir beginnen mit einer Charakterisierung von Basen.

Bemerkung 1. *Sei V ein K-Vektorraum und $X = (x_1, \dots, x_n)$ eine Basis von V. Zu n Elementen $y_j = \sum_{i=1}^{n} \alpha_{ij} x_i \in V$, $j = 1, \dots, n$, mit Koeffizienten $\alpha_{ij} \in K$ betrachte man die Matrix $A = (\alpha_{ij})_{i,j} \in K^{n \times n}$, also die Matrix $A_{f,X,X}$ der durch $x_j \longmapsto y_j$ erklärten K-linearen Abbildung $f \colon V \longrightarrow V$. Dann ist äquivalent:*

   (i) *$Y = (y_1, \dots, y_n)$ ist eine Basis von V.*

  (ii) *$\operatorname{rg} A = n$.*

 (iii) *$A \in \operatorname{GL}(n, K)$, d. h. A ist invertierbar.*

Beweis. Ist Y eine Basis von V, so ist f ein Isomorphismus, und es folgt $\operatorname{rg} A = \operatorname{rg} f = \dim_K V = n$ mit 3.2/2. Gilt weiter $\operatorname{rg} A = n$, so hat man $A \in \operatorname{GL}(n, K)$ nach 3.3/7. Aus letzter Bedingung wiederum ergibt sich mit 3.3/6, dass f ein Isomorphismus ist, und folglich, dass Y eine Basis ist. $\qquad\square$

Ist Y in der Situation von Bemerkung 1 eine Basis von V, so bezeichnen wir $A = (\alpha_{ij})_{i,j}$ als *Matrix eines Basiswechsels*. Man kann dann, und dies werden wir zur Präzisierung der Art des Basiswechsels stets so handhaben, A auch als Matrix zur identischen Abbildung id$\colon V \longrightarrow V$ bezüglich der Basen Y und X interpretieren, also $A = A_{\mathrm{id}, Y, X}$. Insbesondere ergibt sich aus Bemerkung 1, dass sich bei fixierter Basis X von V jede Matrix $A \in \operatorname{GL}(n, K)$ als Basiswechselmatrix der Form $A_{\mathrm{id}, Y, X}$ mit einer geeigneten Basis Y von V interpretieren lässt. Aus der Gleichung

$$A_{\mathrm{id}, Y, X} \cdot A_{\mathrm{id}, X, Y} = A_{\mathrm{id}, X, X} = 1,$$

vgl. 3.1/9, lesen wir ab:

Bemerkung 2. *Es sei V ein K-Vektorraum mit endlichen Basen X und Y. Dann ist die Basiswechselmatrix $A_{\mathrm{id},Y,X}$ invertierbar, und ihr Inverses wird gegeben durch die Basiswechselmatrix $A_{\mathrm{id},X,Y}$.*

Weiter folgt aus 3.1/7:

Bemerkung 3. *Es sei V ein K-Vektorraum mit endlichen Basen X und Y. Für $a \in V$ bezeichne a_X bzw. a_Y den Koordinatenspaltenvektor von a bezüglich X bzw. Y. Dann gilt*

$$a_X = A_{\mathrm{id},Y,X} \cdot a_Y, \qquad a_Y = A_{\mathrm{id},X,Y} \cdot a_X.$$

Als Nächstes soll untersucht werden, wie sich die beschreibende Matrix einer linearen Abbildung unter Basiswechsel verhält.

Satz 4. *Es sei $f\colon V \longrightarrow W$ eine K-lineare Abbildung zwischen endlich-dimensionalen K-Vektorräumen. Sind dann X, X' Basen von V und Y, Y' Basen von W, so gilt*

$$A_{f,X',Y'} = (A_{\mathrm{id},Y',Y})^{-1} \cdot A_{f,X,Y} \cdot A_{\mathrm{id},X',X}.$$

Beweis. Indem man 3.1/9 auf $f = \mathrm{id}_W \circ f \circ \mathrm{id}_V$ anwendet, erhält man

$$A_{f,X',Y'} = A_{\mathrm{id},Y,Y'} \cdot A_{f,X,Y} \cdot A_{\mathrm{id},X',X},$$

mit $A_{\mathrm{id},Y,Y'} = (A_{\mathrm{id},Y',Y})^{-1}$. $\qquad\qquad\square$

Korollar 5. *Es sei $f\colon V \longrightarrow V$ ein Endomorphismus eines endlich-dimensionalen K-Vektorraums V mit Basen X, X'. Dann gilt*

$$A_{f,X',X'} = (A_{\mathrm{id},X',X})^{-1} \cdot A_{f,X,X} \cdot A_{\mathrm{id},X',X}.$$

Wir wollen nun noch einige Anwendungen zum Rang einer Matrix geben.

Satz 6. *Für Matrizen $S \in \mathrm{GL}(m,K)$, $A \in K^{m\times n}$ und $T \in \mathrm{GL}(n,K)$ gilt*

$$\mathrm{rg}(S \cdot A \cdot T) = \mathrm{rg}\, A.$$

Beweis. Zu A betrachte man die lineare Abbildung

$$f\colon K^n \longrightarrow K^m, \qquad a \longmapsto A \cdot a.$$

Dann ist A die zu f gehörige Matrix, wenn man in K^n und K^m jeweils die kanonische Basis zugrunde legt. Interpretiert man dann S^{-1} als Matrix eines Basiswechsels in K^m und T als Matrix eines Basiswechsels in K^n, so ergibt sich

$$\operatorname{rg}(S \cdot A \cdot T) = \operatorname{rg} f = \operatorname{rg} A$$

mit 3.2/2 und Satz 4. $\qquad\qquad\qquad\qquad\qquad\qquad\qquad\qquad\square$

Lemma 7. *Es sei* $f\colon V \longrightarrow W$ *eine K-lineare Abbildung zwischen Vektorräumen mit* $\dim_K V = n$ *und* $\dim_K W = m$. *Sei* $r = \operatorname{rg} f$. *Dann existiert eine Basis* $X = (x_1, \dots, x_n)$ *von* V *sowie eine Basis* $Y = (y_1, \dots, y_m)$ *von* W *mit*

$$A_{f,X,Y} = \begin{pmatrix} E_r & 0 \\ 0 & 0 \end{pmatrix},$$

wobei E_r *die* $(r \times r)$*-Einheitsmatrix ist und* 0 *jeweils geeignete (möglicherweise auch leere) Bereiche mit Koeffizienteneinträgen* 0 *bezeichnet.*

Beweis. Man wähle eine Basis $y_1, \dots, y_r$ von $\operatorname{im} f$ und ergänze diese zu einer Basis $Y = (y_1, \dots, y_m)$ von W. Seien weiter $x_1, \dots, x_r$ f-Urbilder zu $y_1, \dots, y_r$. Diese sind linear unabhängig, vgl. 2.1/5, und lassen sich, wie im Beweis zu 2.1/10 gezeigt, durch Elemente $x_{r+1}, \dots, x_n \in \ker f$ zu einer Basis X von V ergänzen. Sodann gilt

$$f(x_j) = \begin{cases} y_j & \text{für } j = 1, \dots, r, \\ 0 & \text{für } j = r+1, \dots, n, \end{cases}$$

d. h. $A_{f,X,Y}$ ist von der gewünschten Form. $\qquad\qquad\qquad\qquad\square$

Satz 8. *Es sei* $A \in K^{m \times n}$ *mit* $\operatorname{rg} A = r$. *Dann existieren invertierbare Matrizen* $S \in \operatorname{GL}(m, K)$ *und* $T \in \operatorname{GL}(n, K)$ *mit*

$$S \cdot A \cdot T = \begin{pmatrix} E_r & 0 \\ 0 & 0 \end{pmatrix},$$

wobei E_r die $(r \times r)$-Einheitsmatrix ist und 0 jeweils geeignete (möglicherweise auch leere) Bereiche mit Koeffizienteneinträgen 0 bezeichnet.

Beweis. Wir betrachten die lineare Abbildung

$$f\colon K^n \longrightarrow K^m, \qquad a \longmapsto A \cdot a,$$

deren Matrix bezüglich der kanonischen Basen in K^n und K^m durch A gegeben wird. Nach Lemma 7 gibt es dann Basen X von K^n und Y von K^m, so dass $A_{f,X,Y}$ von der behaupteten Gestalt ist. Nach Satz 4 gilt $A_{f,X,Y} = S \cdot A \cdot T$ mit Basiswechselmatrizen, also invertierbaren Matrizen S und T. $\qquad\square$

Abschließend wollen wir noch andeuten, wie man die Überlegungen dieses Abschnitts dazu benutzen kann, um zu zeigen, dass bei einer Matrix stets der Spalten- mit dem Zeilenrang übereinstimmt. Wir hatten dieses Resultat bereits in 3.2/10 hergeleitet, und zwar unter Verwendung der Theorie dualer Abbildungen. Sei also $A \in K^{m \times n}$. Dann können wir A als Matrix $A_{f,X,Y}$ zu einer K-linearen Abbildung $f\colon V \longrightarrow W$ bezüglich einer Basis X von V bzw. Y von W interpretieren, wobei sich der Spaltenrang von A nach 3.2/2 zu $\mathrm{rg}_s A = \mathrm{rg}\, f$ berechnet. Invertierbare Matrizen $S \in \mathrm{GL}(m, K)$, $T \in \mathrm{GL}(n, K)$ können als Basiswechselmatrizen aufgefasst werden, so dass mit Satz 4 die Gleichung $\mathrm{rg}_s(S \cdot A \cdot T) = \mathrm{rg}\, f$ folgt. Sodann ergibt sich

$$\mathrm{rg}_s(S \cdot A \cdot T) = \mathrm{rg}_s A$$

für beliebige Matrizen $S \in \mathrm{GL}(m, K)$, $T \in \mathrm{GL}(n, K)$. Diese Gleichung ist aber auch für den Zeilenrang richtig, denn es gilt

$$\mathrm{rg}_z(S \cdot A \cdot T) = \mathrm{rg}_s(S \cdot A \cdot T)^t = \mathrm{rg}_s(T^t \cdot A^t \cdot S^t) = \mathrm{rg}_s A^t = \mathrm{rg}_z A.$$

Man benötigt hierfür außer den Resultaten 3.2/7 und 3.2/8 lediglich, dass mit $S \in \mathrm{GL}(m, K)$ auch S^t invertierbar ist, entsprechend für T, was aber unmittelbar klar ist. Wählt man nun S und T so, dass $S \cdot A \cdot T$ die in Satz 8 angegebene einfache Gestalt besitzt, so gilt natürlich $\mathrm{rg}_s(S \cdot A \cdot T) = \mathrm{rg}_z(S \cdot A \cdot T)$, und es folgt die gewünschte Beziehung

$$\mathrm{rg}_s A = \mathrm{rg}_s(S \cdot A \cdot T) = \mathrm{rg}_z(S \cdot A \cdot T) = \mathrm{rg}_z A.$$

Aufgaben

1. Man zeige, dass die folgenden Systeme von Vektoren

$$X = ((1,1,1,2,0),(1,0,2,1,0),(1,1,1,2,1),(1,1,2,1,0),(0,1,1,2,0)),$$
$$Y = ((1,2,3,4,4),(1,1,2,3,4),(1,3,4,6,7),(2,3,5,6,8),(0,0,1,1,1))$$

jeweils eine Basis von $\mathbb{R}^5$ bilden. Wie lauten die Basiswechselmatrizen $A_{\mathrm{id},X,Y}$ und $A_{\mathrm{id},Y,X}$? (AT 420)

2. Es sei V ein K-Vektorraum endlicher Dimension $n > 0$. Man beschreibe alle Basiswechselmatrizen $A \in K^{n\times n}$, welche eine gegebene Basis X von V, abgesehen von der Reihenfolge der Basisvektoren, wieder in sich selbst überführen.

3. Es sei V ein K-Vektorraum endlicher Dimension $n > 0$. Für gegebene Matrizen $A, B \in K^{n\times n}$ beweise man die Äquivalenz folgender Bedingungen:

   (i) Es existiert eine Matrix $S \in \mathrm{GL}(n, K)$ mit $B = S^{-1}AS$.

   (ii) Es existieren $f \in \mathrm{End}_K(V)$ und Basen X, Y von V mit $A_{f,X,X} = A$ und $A_{f,Y,Y} = B$.

4. Für Matrizen $A, B \in K^{m\times n}$ schreibe man $A \sim B$, falls es $S \in \mathrm{GL}(m, K)$ und $T \in \mathrm{GL}(n, K)$ gibt mit $B = SAT$. Man zeige, dass die Relation "$\sim$" eine Äquivalenzrelation ist, beschreibe die zugehörigen Äquivalenzklassen und gebe insbesondere deren Anzahl an. (AT 424)

5. Es sei $V \neq 0$ ein endlich-dimensionaler K-Vektorraum mit den Basen X, Y und V^* sein Dualraum mit den dualen Basen X^*, Y^*. Man zeige, dass für die Basiswechselmatrizen $A = A_{\mathrm{id},X,Y}$ und A_{id,X^*,Y^*} die Relation $A_{\mathrm{id},X^*,Y^*} = (A^{-1})^t$ gilt.

3.5 Lineare Gleichungssysteme

Für eine Matrix $A = (\alpha_{ij})_{i,j} \in K^{m\times n}$ und einen Vektor $b = (b_1, \dots, b_m)^t$ aus K^m, den wir als Spaltenvektor auffassen wollen, nennt man

$$\begin{aligned}
\alpha_{11}x_1 &+ \dots + \alpha_{1n}x_n &= b_1 \\
\alpha_{21}x_1 &+ \dots + \alpha_{2n}x_n &= b_2 \\
& \dots \\
\alpha_{m1}x_1 &+ \dots + \alpha_{mn}x_n &= b_m
\end{aligned}$$

oder, in Matrizenschreibweise,

$$A \cdot x = b$$

ein *lineares Gleichungssystem* mit Koeffizienten $\alpha_{ij} \in K$ und den "Unbekannten" $x_1, \ldots, x_n$, bzw. $x = (x_1, \ldots, x_n)^t$. Genauer versteht man hierunter das Problem, alle $x \in K^n$ zu bestimmen, die die Gleichung $A \cdot x = b$ erfüllen. Im Falle $b = 0$ heißt das Gleichungssystem *homogen*, ansonsten *inhomogen*. Wir wollen eine spezielle Bezeichnung für den Raum der Lösungen eines linearen Gleichungssystems einführen.

Definition 1. *Für eine Matrix $A \in K^{m \times n}$ und einen Spaltenvektor $b \in K^m$ bezeichnen wir die Menge*

$$M_{A,b} = \left\{ x \in K^n \, ; \, A \cdot x = b \right\}$$

als den Lösungsraum *des linearen Gleichungssystems $A \cdot x = b$.*

Wir können sofort eine triviale, aber sehr wichtige Feststellung treffen, die Informationen über die Struktur solcher Lösungsräume liefert:

Bemerkung 2. *Zu einem linearen Gleichungssystem $A \cdot x = b$ mit $A \in K^{m \times n}$, $b \in K^m$ betrachte man die K-lineare Abbildung $f \colon K^n \longrightarrow K^m$, $a \longmapsto A \cdot a$. Dann gilt*

$$M_{A,b} = f^{-1}(b).$$

Der Lösungsraum des Gleichungssystems ist daher ein affiner Unterraum von K^n; vgl. 2.2/11.

Für $b = 0$ folgt insbesondere $M_{A,0} = \ker f$. In diesem Falle ist der Lösungsraum sogar ein linearer Unterraum von K^n.

Wir wollen zunächst homogene lineare Gleichungssysteme, also lineare Gleichungssysteme des Typs $A \cdot x = 0$ genauer studieren. Der Lösungsraum $M_{A,0}$ ist dann ein linearer Unterraum von K^n, enthält stets die triviale Lösung $0 \in K^n$ und ist folglich nicht leer.

Satz 3. *Für $A \in K^{m \times n}$ ist der Lösungsraum $M_{A,0}$ des homogenen linearen Gleichungssystems $A \cdot x = 0$ ein linearer Unterraum von K^n mit Dimension $\dim_K(M_{A,0}) = n - \operatorname{rg} A$.*

Beweis. Die lineare Abbildung $f \colon K^n \longrightarrow K^m$, $a \longmapsto A \cdot a$, besitzt $M_{A,0}$ als Kern, und die Dimensionsformel 2.1/10 liefert die Relation $n = \dim_K(\ker f) + \operatorname{rg} f$, also $\dim_K(M_{A,0}) = n - \operatorname{rg} A$. $\square$

Lemma 4. *Für* $A \in K^{m \times n}$ *und* $S \in \mathrm{GL}(m, K)$ *haben die linearen Gleichungssysteme* $A \cdot x = 0$ *und* $(S \cdot A) \cdot x = 0$ *dieselben Lösungen, d. h.* $M_{A,0} = M_{SA,0}$.

Beweis. Gilt $x \in M_{A,0}$, also $A \cdot x = 0$, so folgt mittels Multiplikation mit S von links $S \cdot A \cdot x = 0$, also $x \in M_{SA,0}$. Umgekehrt, hat man $x \in M_{SA,0}$, also $S \cdot A \cdot x = 0$, so ergibt sich durch Multiplikation mit S^{-1} von links $A \cdot x = 0$, also $x \in M_{A,0}$. $\square$

Die Aussage des Lemmas ist von besonderem Nutzen, wenn man ein konkret gegebenes homogenes lineares Gleichungssystem der Form $A \cdot x = 0$ explizit lösen möchte. Man kann nämlich das Gaußsche Eliminationsverfahren anwenden und A gemäß 3.2/4 mittels elementarer Zeilenumformungen auf Zeilenstufenform bringen. Da solche Umformungen auch als Multiplikation von links mit Elementarmatrizen, also invertierbaren Matrizen, interpretiert werden können, ändert sich der Lösungsraum des betrachteten homogenen linearen Gleichungssystems dabei nicht. Man darf daher ohne Beschränkung der Allgemeinheit annehmen, dass A Zeilenstufenform besitzt. Um unsere Bezeichnungen übersichtlich zu gestalten, wollen wir von A zu einer weiteren Matrix A' in Zeilenstufenform übergehen, bei der die einzelnen Stufen auf der Hauptdiagonalen liegen, d. h. zu einer Matrix

$$
A' = \begin{pmatrix}
\alpha_{11} & \cdots\cdots\cdots\cdots\cdots\cdots & \alpha_{1n} \\
& \alpha_{22} & \cdots\cdots\cdots\cdots\cdots & \alpha_{2n} \\
& & \cdots & \\
& & & \cdots & \\
& 0 & & & \alpha_{rr} & \cdots & \alpha_{rn} \\
& & & & 0 & \cdots & 0 \\
& & & & & \cdots & \\
& & & & 0 & \cdots & 0
\end{pmatrix}
$$

mit Koeffizienten $\alpha_{11}, \dots, \alpha_{rr} \in K^*$, $r = \operatorname{rg} A$. Eine solche Zeilenstufenform kann man aus einer Zeilenstufenform allgemeinen Typs A

durch Vertauschen von Spalten, also durch eine gewisse Umnummerierung der Spalten von A herstellen. Bezeichnet man mit x' das entsprechend umnummerierte Tupel der Unbekannten $x = (x_1, \dots, x_n)$,
so sieht man mittels explizitem Ausschreiben der linearen Gleichungssysteme $Ax = 0$ und $A'x' = 0$, dass beide Systeme äquivalent sind.
Genauer, man erhält die Lösungen von $Ax = 0$ aus den Lösungen
von $A'x' = 0$, indem man die zuvor durchgeführte Umnummerierung
der Komponenten bei den Lösungen von $A'x' = 0$ wieder rückgängig
macht. Eine ausführliche Analyse dieses Prozesses mittels sogenannter Permutationsmatrizen wird weiter unten in den Aufgaben 7 und 8
durchgeführt.

Wir können somit annehmen, dass unsere Matrix A die oben beschriebene Zeilenstufenform A' besitzt. Durch Ausführen weiterer elementarer Zeilenumformungen kann man dann $\alpha_{ii} = 1$ für $i = 1, \dots, r$
erreichen und außerdem, dass alle Elemente in der i-ten Spalte oberhalb von α_{ii} verschwinden. Wir erreichen damit, dass die Matrix A von
der Form

$$
\begin{pmatrix}
1 & & & & \alpha_{1,r+1} & \cdots & \alpha_{1,n} \\
& 1 & & & \alpha_{2,r+1} & \cdots & \alpha_{2,n} \\
& & \ddots & & \ddots & & \ddots \\
& & & \ddots & \ddots & & \ddots \\
& & & 1 & \alpha_{r,r+1} & \cdots & \alpha_{r,n} \\
0 & & \cdots & & & & 0 \\
0 & & \cdots & & & & 0 \\
\ddots & & & & & & \ddots \\
0 & & \cdots & & & & 0
\end{pmatrix}
$$

ist, wobei sich in der linken oberen Ecke die $(r \times r)$-Einheitsmatrix
befindet. Somit ist folgendes Gleichungssystem zu lösen:

$$
x_i + \sum_{j=r+1}^{n} \alpha_{ij} x_j = 0, \qquad i = 1, \dots, r
$$

Dies ist ohne Aufwand möglich, da man die Werte $x_{r+1}, \dots, x_n \in K$
beliebig vorgeben darf und sich die Werte von $x_1, \dots, x_r$ hieraus zu

$$
x_i = - \sum_{j=r+1}^{n} \alpha_{ij} x_j, \qquad i = 1, \dots, r,
$$

bestimmen.

Die Arbeit beim Lösen des linearen Gleichungssystems $A \cdot x = 0$ reduziert sich damit auf das Herstellen der oben angegebenen speziellen Zeilenstufenform von A. Insbesondere wird deutlich, warum dieses nach Gauß benannte Verfahren als *Eliminationsverfahren* bezeichnet wird. Aus der ersten Gleichung ergibt sich x_1 in Abhängigkeit von $x_{r+1}, \ldots, x_n$, aus der zweiten x_2 in Abhängigkeit von $x_{r+1}, \ldots, x_n$ usw. Es werden also nach und nach unbekannte Größen eliminiert, bis man zu einem Restsystem von Größen gelangt, deren Werte frei wählbar sind. Dies äußert sich darin, dass die Projektion

$$K^n \longrightarrow K^{n-r}, \qquad (a_1, \ldots, a_n)^t \longmapsto (a_{r+1}, \ldots, a_n)^t,$$

einen Isomorphismus $M_{A,0} \overset{\sim}{\longrightarrow} K^{n-r}$ induziert. Insbesondere sehen wir nochmals $\dim_K M_{A,0} = n - r$ ein, und es wird klar, dass man durch Liften einer Basis von K^{n-r}, etwa der kanonischen, eine Basis von $M_{A,0}$ erhält. In obiger Notation besteht diese dann aus den Vektoren

$$v_j = (-\alpha_{1j}, \ldots, -\alpha_{rj}, \delta_{r+1j}, \ldots, \delta_{nj})^t, \qquad j = r+1, \ldots, n.$$

Das Verfahren zur Bestimmung einer Basis des Lösungsraums $M_{A,0}$ eines homogenen linearen Gleichungssystems $A \cdot x = 0$ gestaltet sich daher wie folgt:

Man transformiere A auf die spezielle oben beschriebene Zeilenstufenform. Für $j = r+1, \ldots, n$ sei $v_j \in K^n$ derjenige Vektor, dessen Komponenten mit Index $i = 1, \ldots, r$ jeweils aus dem Negativen der entsprechenden Komponenten der j-ten Spalte der Zeilenstufenform von A bestehen und dessen Komponenten mit Index $i = r+1, \ldots, n$ gerade diejenigen des $(j-r)$-ten Einheitsvektors aus K^{n-r} seien. Dann bilden $v_{r+1}, \ldots, v_n$ eine Basis von $M_{A,0}$.

Im Prinzip behält diese Regel auch dann ihre Gültigkeit, wenn wir bei der Herstellung der Zeilenstufenform von A auf Spaltenvertauschungen und damit auf ein Umnummerieren der Unbekannten verzichten. Die Rolle der Indizes $i = 1, \ldots, r$ (bzw. $i = r+1, \ldots, n$) wird, was die Spaltenindizes der Zeilenstufenform von A wie auch die Indizes der Komponenten der v_j angeht, in diesem Falle von denjenigen Spaltenindizes übernommen, bei denen die Zeilenstufenform "springt" (bzw. nicht "springt"). Hiermit meinen wir diejenigen Spalten, die im Sinne der Notation von 3.2/4 eines (bzw. keines) der dort positionierten Elemente $\beta_1, \ldots, \beta_r \in K^*$ enthalten. Um die Lösungen auch in diesem Falle formelmäßig zu beschreiben, gehen wir von der entsprechenden speziellen Zeilenstufenform von A aus, die nunmehr die Gestalt

$$
\begin{array}{cccccc}
1 & j_1 & j_2 & \longleftarrow \text{Spaltenindex} \longrightarrow & j_r & n
\end{array}
$$

$$
\begin{pmatrix}
0 \ldots 0 & 1 * \ldots * & 0 * \ldots * & \ldots & * \ldots * & 0 * \ldots * \\
0 \ldots 0 & 0 0 \ldots 0 & 1 * \ldots * & \ldots & * \ldots * & 0 * \ldots * \\
0 \ldots 0 & 0 0 \ldots 0 & 0 0 \ldots 0 & \ldots & * \ldots * & 0 * \ldots * \\
\ldots & \ldots & \ldots & \ldots & \ldots & \ldots \\
0 \ldots 0 & 0 0 \ldots 0 & 0 0 \ldots 0 & \ldots & 0 \ldots 0 & 1 * \ldots * \\
0 \ldots 0 & 0 0 \ldots 0 & 0 0 \ldots 0 & \ldots & 0 \ldots 0 & 0 0 \ldots 0 \\
\ldots & \ldots & \ldots & \ldots & \ldots & \ldots \\
0 \ldots 0 & 0 0 \ldots 0 & 0 0 \ldots 0 & \ldots & 0 \ldots 0 & 0 0 \ldots 0
\end{pmatrix}
$$

besitzt. Bezeichnet dann J' das Komplement der Menge der Spaltenindizes in $\{1, \ldots, n\}$, bei denen die Zeilenstufenform A "springt", also $J' = \{1, \ldots, n\} - \{j_1, \ldots, j_r\}$, so ist das lineare Gleichungssystem

$$
x_{j_i} + \sum_{j' \in J'} \alpha_{ij'} x_{j'} = 0, \qquad i = 1, \ldots, r,
$$

zu lösen. Wiederum kann man die Werte der $x_{j'} \in K$ für $j' \in J'$ beliebig vorgeben und die Werte der x_{j_i} für $i = 1, \ldots, r$ daraus berechnen. Die Projektion

$$
K^n \longrightarrow K^{n-r}, \qquad (a_1, \ldots, a_n)^t \longmapsto (a_{j'})^t_{j' \in J'},
$$

liefert daher einen Isomorphismus $M_{A,0} \overset{\sim}{\longrightarrow} K^{n-r}$, und durch Liften der kanonischen Basis von K^{n-r} erhält man eine Basis von $M_{A,0}$ bestehend aus den Vektoren

$$
v_{j'} = (\xi_{1j'}, \ldots, \xi_{nj'})^t, \qquad j' \in J',
$$

mit

$$
\xi_{i'j'} = \begin{cases} -\alpha_{ij'} & \text{für } i' = j_i \text{ mit } i \in \{1, \ldots, r\}, \\ \delta_{i'j'} & \text{für } i' \in J' \end{cases}.
$$

Wir wollen ein Beispiel betrachten. Sei $K = \mathbb{R}$, $m = 3$, $n = 4$ und

$$A = \begin{pmatrix} 0 & 0 & 1 & 2 \\ 1 & 2 & 1 & 3 \\ 1 & 2 & 2 & 5 \end{pmatrix}.$$

Das lineare Gleichungssystem $A \cdot x = 0$ schreibt sich dann ausführlich in der Form:

$$x_3 + 2x_4 = 0$$
$$x_1 + 2x_2 + x_3 + 3x_4 = 0$$
$$x_1 + 2x_2 + 2x_3 + 5x_4 = 0$$

Bringen wir nun A mittels elementarer Zeilenumformungen auf die spezielle Zeilenstufenform, also

$$A \longmapsto \begin{pmatrix} 1 & 2 & 1 & 3 \\ 0 & 0 & 1 & 2 \\ 1 & 2 & 2 & 5 \end{pmatrix} \longmapsto \begin{pmatrix} 1 & 2 & 1 & 3 \\ 0 & 0 & 1 & 2 \\ 0 & 0 & 1 & 2 \end{pmatrix} \longmapsto \begin{pmatrix} 1 & 2 & 0 & 1 \\ 0 & 0 & 1 & 2 \\ 0 & 0 & 0 & 0 \end{pmatrix},$$

so "springt" diese Stufenform genau bei den Spaltenindizes 1 und 3. Wir lesen daher nach der oben beschriebenen Regel als Basis des Lösungsraums $M_{A,0}$ ab:

$$v_2 = (-2, 1, 0, 0)^t, \qquad v_4 = (-1, 0, -2, 1)^t$$

Argumentieren wir etwas ausführlicher, so bleibt das lineare Gleichungssystem

$$x_1 + 2x_2 + x_4 = 0,$$
$$x_3 + 2x_4 = 0$$

zu lösen. Die Projektion

$$K^4 \longrightarrow K^2, \qquad (a_1, \ldots, a_4)^t \longmapsto (a_2, a_4)^t,$$

liefert einen Isomorphismus $M_{A,0} \xrightarrow{\sim} K^2$, und wir liften die kanonische Basis von K^2 zu einer Basis von $M_{A,0}$:

$$x_2 = 1, \qquad x_4 = 0 \qquad \Longrightarrow \qquad x_1 = -2, \qquad x_3 = 0$$
$$x_2 = 0, \qquad x_4 = 1 \qquad \Longrightarrow \qquad x_1 = -1, \qquad x_3 = -2$$

Insbesondere gilt $\dim_K M_{A,0} = 2$, und wir erkennen, wie bereits oben angegeben,

$$M_{A,0} = \langle (-2, 1, 0, 0)^t, (-1, 0, -2, 1)^t \rangle.$$

Als Nächstes wollen wir den Allgemeinfall behandeln, also inhomogene lineare Gleichungssysteme des Typs $A \cdot x = b$, wobei der Fall $b = 0$ nicht explizit ausgeschlossen werden soll. Im Folgenden bezeichnen wir mit $(A, b) \in K^{m \times (n+1)}$ diejenige Matrix, die aus A durch Hinzufügen von b als $(n + 1)$-ter Spalte entsteht.

Satz 5. *Zu $A \in K^{m \times n}$ und Spaltenvektoren $b \in K^m$ betrachte man das lineare Gleichungssystem $A \cdot x = b$.*

(i) $A \cdot x = b$ ist genau dann lösbar (d. h. besitzt mindestens eine Lösung), wenn $\mathrm{rg}\, A = \mathrm{rg}(A, b)$ gilt.

(ii) $A \cdot x = b$ ist genau dann universell lösbar (d. h. besitzt für jedes $b \in K^m$ mindestens eine Lösung), wenn $\mathrm{rg}\, A = m$ gilt.

(iii) $A \cdot x = b$ besitzt genau dann für alle $b \in K^m$ höchstens eine Lösung, wenn $\mathrm{rg}\, A = n$ gilt.

Beweis. Es sei $f \colon K^n \longrightarrow K^m$, $a \longmapsto A \cdot a$, die durch A gegebene lineare Abbildung. Dann gilt $M_{A,b} = f^{-1}(b)$ für den Lösungsraum zu $A \cdot x = b$; vgl. Bemerkung 2. Somit ist $M_{A,b}$ genau dann nicht leer, wenn b zum Bild von f gehört. Sind $a_1, \ldots, a_n \in K^m$ die Spalten von A, so gilt $\mathrm{im}\, f = \langle a_1, \ldots, a_n \rangle$, und es ist $b \in \mathrm{im}\, f$ äquivalent zu $\langle a_1, \ldots, a_n \rangle = \langle a_1, \ldots, a_n, b \rangle$. Da aber $\langle a_1, \ldots, a_n \rangle$ stets ein linearer Unterraum von $\langle a_1, \ldots, a_n, b \rangle$ ist, kann man mit 1.5/14 (ii) bereits dann auf die Gleichheit beider Räume schließen, wenn ihre Dimensionen übereinstimmen. Die Dimensionen sind aber gerade die Ränge der Matrizen A bzw. (A, b). Somit sehen wir, dass $M_{A,b} \neq \emptyset$ äquivalent zu $\mathrm{rg}\, A = \mathrm{rg}(A, b)$ ist, wie in (i) behauptet.

Wegen $M_{A,b} = f^{-1}(b)$ ist $A \cdot x = b$ genau dann universell lösbar, wenn f surjektiv ist, also $\mathrm{im}\, f = K^m$ gilt. Letzteres ist äquivalent zu $\mathrm{rg}\, f = m$ und somit zu $\mathrm{rg}\, A = m$, wie in (ii) behauptet.

Die eindeutige Lösbarkeit von $A \cdot x = b$ schließlich, wie in (iii) betrachtet, ist äquivalent zur Injektivität von f. Indem man die Dimensionsformel 2.1/10 für f benutzt, also

$$n = \dim_K(\ker f) + \mathrm{rg}\, f,$$

sieht man, dass die Injektivität von f äquivalent zu $\operatorname{rg} f = n$ bzw. $\operatorname{rg} A = n$ ist.   □

Gilt $m = n$ in der Situation von Satz 5, so ist die universelle Lösbarkeit in Bedingung (ii) äquivalent zu der höchstens eindeutigen Lösbarkeit in Bedingung (iii). Mit 3.3/7 folgt daher:

Korollar 6. *Für eine Matrix $A \in K^{n \times n}$ ist äquivalent:*

(i) *Das lineare Gleichungssystem $A \cdot x = b$ ist universell für $b \in K^n$ lösbar.*

(ii) *Das lineare Gleichungssystem $A \cdot x = 0$ besitzt nur die triviale Lösung.*

(iii) *A ist invertierbar.*

Wir wollen noch etwas genauer auf die Struktur von Lösungsräumen inhomogener linearer Gleichungssysteme eingehen. Das nachfolgende Resultat zeigt dabei nochmals, dass es sich bei solchen Lösungsräumen um affine Unterräume handelt.

Satz 7. *Für $A \in K^{m \times n}$ und $b \in K^m$ habe man eine Lösung $v_0 \in M_{A,b}$ des linearen Gleichungssystems $A \cdot x = b$. Dann gilt $M_{A,b} = v_0 + M_{A,0}$. Mit anderen Worten, die Gesamtheit aller Lösungen des inhomogenen Systems $A \cdot x = b$ erhält man in der Form $v_0 + v$, wobei v_0 eine beliebige, sogenannte* partikuläre *Lösung dieses Systems ist und v alle Lösungen des zugehörigen homogenen Systems $A \cdot x = 0$ durchläuft.*

Beweis. Wir betrachten wieder die durch A gegebene lineare Abbildung

$$f \colon K^n \longrightarrow K^m, \qquad x \longmapsto A \cdot x,$$

wobei $M_{A,b} = f^{-1}(b)$ gilt. Für $v_0 \in M_{A,b}$ folgt dann mit 2.2/2

$$M_{A,b} = f^{-1}\big(f(v_0)\big) = v_0 + \ker f = v_0 + M_{A,0},$$

wie behauptet.   □

Wir wollen nun noch zeigen, wie man mit Hilfe des Gaußschen Eliminationsverfahrens auch inhomogene lineare Gleichungssysteme lösen kann. Zunächst eine nützliche Beobachtung, die als Verallgemeinerung von Lemma 4 zu sehen ist:

Lemma 8. *Für $A \in K^{m \times n}$, $b \in K^m$ und $S \in \mathrm{GL}(m, K)$ haben die linearen Gleichungssysteme $A \cdot x = b$ und $(S \cdot A) \cdot x = S \cdot b$ dieselben Lösungen, d. h. $M_{A,b} = M_{SA,Sb}$.*

Beweis. Indem man mit S bzw. S^{-1} von links multipliziert, sieht man, dass $A \cdot x = b$ für $x \in K^n$ äquivalent zu $S \cdot A \cdot x = S \cdot b$ ist.   □

Man darf also zur Lösung eines linearen Gleichungssystems der Form $A \cdot x = b$ die Matrix A mittels elementarer Zeilenumformungen beliebig abändern, wenn man gleichzeitig diese Umformungen auch bei b, aufgefasst als $(m \times 1)$-Matrix, durchführt; solche Umformungen lassen sich nämlich als Multiplikation von links mit Elementarmatrizen, also invertierbaren Matrizen auffassen. Am einfachsten ist es dann, A und b zu der Matrix (A, b) zusammenzufügen und diese Matrix mittels elementarer Zeilenumformungen zu verändern. Solche Umformungen sind kompatibel mit der Beschränkung auf einzelne Spalten. Sie wirken insbesondere separat auf die Matrix A und die Spalte b, d. h. es gilt $S \cdot (A, b) = (SA, Sb)$ für $S \in \mathrm{GL}(m, K)$.

Wie im homogenen Fall transformiere man nun (A, b) zunächst auf Zeilenstufenform. Nach eventueller Umnummerierung der Unbekannten $x_1, \ldots, x_n$ können wir annehmen, dass die transformierte Matrix die Gestalt

$$
\left(
\begin{array}{ccccccccc}
1 & & & & \alpha_{1,r+1} & \cdots & \alpha_{1,n} & \beta_1 \\
 & 1 & & & \alpha_{2,r+1} & \cdots & \alpha_{2,n} & \beta_2 \\
 & & \ddots & & \ddots & & \ddots & \ddots \\
 & & & \ddots & \ddots & & \ddots & \ddots \\
 & & & 1 & \alpha_{r,r+1} & \cdots & \alpha_{r,n} & \beta_r \\
0 & \cdots & \cdots & \cdots & \cdots & \cdots & 0 & \beta_{r+1} \\
0 & \cdots & \cdots & \cdots & \cdots & \cdots & 0 & 0 \\
 \ddots & & & & & & \ddots & \ddots \\
0 & \cdots & \cdots & \cdots & \cdots & \cdots & 0 & 0
\end{array}
\right)
$$

$$\underbrace{\qquad\qquad\qquad SA \qquad\qquad\qquad}\quad \boxed{Sb}$$

besitzt, wobei sich in der linken oberen Ecke die $(r \times r)$-Einheitsmatrix befindet und S das Produkt der benötigten Elementarmatrizen andeutet. Wie im homogenen Fall folgt $r = \operatorname{rg} A$, und man sieht, dass die Bedingung $\operatorname{rg} A = \operatorname{rg}(A, b)$ bzw. $\operatorname{rg}(SA) = \operatorname{rg}(SA, Sb)$ äquivalent zu $\beta_{r+1} = 0$ ist. Das System $A \cdot x = b$ ist also genau dann lösbar, wenn in obiger Zeilenstufenform $\beta_{r+1} = 0$ gilt. Ist Letzteres der Fall, so ergibt sich

$$x_i + \sum_{j=r+1}^{n} \alpha_{ij} x_j = \beta_i, \qquad i = 1, \ldots, r,$$

als transformiertes Gleichungssystem. Indem man $x_{r+1}, \ldots, x_n = 0$ setzt, gelangt man zu einer partikulären Lösung v_0 mit den Komponenten

$$\xi_j = \begin{cases} \beta_j & \text{für } j = 1, \ldots, r \\ 0 & \text{für } j = r+1, \ldots, n \end{cases}.$$

Bestimmt man nun noch, wie bereits vorgeführt, den Lösungsraum $M_{A,0}$ des homogenen Systems $A \cdot x = 0$, so ergibt sich $M_{A,b} = v_0 + M_{A,0}$ gemäß Satz 7. Insgesamt lässt sich feststellen, dass sich die Lösung v_0, wie auch eine Basis $v_{r+1}, \ldots, v_n$ des Lösungsraums $M_{A,0}$ in direkter Weise aus der hergeleiteten speziellen Zeilenstufenform der Ausgangsmatrix (A, b) ablesen lassen. Ähnlich wie im Falle homogener linearer Gleichungssysteme gilt dies auch dann, wenn man keine Umnummerierung der Unbekannten zulässt und stattdessen die Indizes $i = 1, \ldots, r$ durch diejenigen Spaltenindizes $j_1, \ldots, j_r$ ersetzt, bei denen die Zeilenstufenform von A "springt". Es ist dann das Gleichungssystem

$$x_{j_i} + \sum_{j' \in J'} \alpha_{ij'} x_{j'} = \beta_i, \qquad i = 1, \ldots, r,$$

mit $J' = \{1, \ldots, n\} - \{j_1, \ldots, j_r\}$ zu lösen. Eine partikuläre Lösung $v_0 \in M_{A,b}$ wird in diesem Falle durch den Vektor $v_0 = (\xi_1, \ldots, \xi_n)^t \in K^n$ mit den Komponenten

$$\xi_j = \begin{cases} \beta_i & \text{für } j = j_i \text{ mit } i \in \{1, \ldots, r\} \\ 0 & \text{sonst} \end{cases}$$

gegeben.

Als Beispiel wollen wir für $K = \mathbb{R}$ das System $A \cdot x = b$ lösen mit

$$A = \begin{pmatrix} 0 & 0 & 1 & 2 \\ 1 & 2 & 1 & 3 \\ 1 & 2 & 2 & 5 \end{pmatrix}, \quad b = \begin{pmatrix} 1 \\ 1 \\ 3 \end{pmatrix}.$$

Den Lösungsraum $M_{A,0}$ des zugehörigen homogenen Systems hatten wir bereits bestimmt. Wir bringen zunächst die Matrix (A, b) auf spezielle Zeilenstufenform, also

$$(A, b) \mapsto \begin{pmatrix} 1 & 2 & 1 & 3 & 1 \\ 0 & 0 & 1 & 2 & 1 \\ 1 & 2 & 2 & 5 & 3 \end{pmatrix} \mapsto \begin{pmatrix} 1 & 2 & 1 & 3 & 1 \\ 0 & 0 & 1 & 2 & 1 \\ 0 & 0 & 1 & 2 & 2 \end{pmatrix} \mapsto \begin{pmatrix} 1 & 2 & 0 & 1 & 0 \\ 0 & 0 & 1 & 2 & 1 \\ 0 & 0 & 0 & 0 & 1 \end{pmatrix},$$

woraus man $\mathrm{rg}(A, b) = 3 > 2 = \mathrm{rg}\,A$ entnimmt. Das System $A \cdot x = b$ besitzt daher keine Lösung, d. h. es gilt $M_{A,b} = \emptyset$.

Alternativ wollen wir das obige Gleichungssystem auch noch für $b = (1, 1, 2)^t$ betrachten. Die Transformation von (A, b) auf spezielle Zeilenstufenform liefert dann

$$(A, b) \mapsto \begin{pmatrix} 1 & 2 & 1 & 3 & 1 \\ 0 & 0 & 1 & 2 & 1 \\ 1 & 2 & 2 & 5 & 2 \end{pmatrix} \mapsto \begin{pmatrix} 1 & 2 & 1 & 3 & 1 \\ 0 & 0 & 1 & 2 & 1 \\ 0 & 0 & 1 & 2 & 1 \end{pmatrix} \mapsto \begin{pmatrix} 1 & 2 & 0 & 1 & 0 \\ 0 & 0 & 1 & 2 & 1 \\ 0 & 0 & 0 & 0 & 0 \end{pmatrix}.$$

In diesem Fall gilt $\mathrm{rg}\,A = \mathrm{rg}(A, b) = 2$, und man liest $v_0 = (0, 0, 1, 0)$ als partikuläre Lösung ab.

In ausführlicher Argumentation ist das System

$$x_1 + 2x_2 + x_4 = 0$$
$$x_3 + 2x_4 = 1$$

zu betrachten. Um eine partikuläre Lösung zu berechnen, setzen wir $x_2 = x_4 = 0$ und erhalten $x_1 = 0$, $x_3 = 1$, also $(0, 0, 1, 0)^t \in M_{A,b}$. Da wir bereits gezeigt haben, dass die Vektoren $(-2, 1, 0, 0)^t$ und $(-1, 0, -2, 1)^t$ eine Basis von $M_{A,0}$ bilden, ergibt sich

$$M_{A,b} = (0, 0, 1, 0)^t + \langle (-2, 1, 0, 0)^t, (-1, 0, -2, 1)^t \rangle.$$

Aufgaben

1. Für eine Matrix und Vektoren

$$
A = \begin{pmatrix} 1 & 1 & 1 & 1 & 1 \\ 1 & 0 & 1 & 0 & 1 \\ 2 & 3 & 4 & 5 & 6 \\ 0 & 2 & 2 & 4 & 4 \end{pmatrix} \in \mathbb{R}^{4\times5}, \quad b = \begin{pmatrix} 1 \\ 1 \\ 1 \\ 1 \end{pmatrix} \in \mathbb{R}^4, \quad b' = \begin{pmatrix} 1 \\ 1 \\ 1 \\ -1 \end{pmatrix} \in \mathbb{R}^4
$$

bestimme man alle Lösungen

   (i) des homogenen linearen Gleichungssystems $A \cdot x = 0$,

  (ii) des inhomogenen linearen Gleichungssystems $A \cdot x = b$,

 (iii) des inhomogenen linearen Gleichungssystems $A \cdot x = b'$.

2. Für reelle Matrizen

$$
A = \begin{pmatrix} 1 & 1 & 1 \\ 1 & 2 & 3 \\ 1 & 4 & 9 \\ 1 & 8 & 27 \end{pmatrix}, \ B = \begin{pmatrix} 1 & 1 & 1 & 1 \\ 1 & 2 & 3 & 4 \\ 1 & 4 & 9 & 16 \\ 1 & 8 & 27 & 64 \end{pmatrix}, \ C = \begin{pmatrix} 1 & 1 & 1 & 1 & 1 \\ 1 & 2 & 3 & 4 & 5 \\ 1 & 4 & 9 & 16 & 25 \\ 1 & 8 & 27 & 64 & 125 \end{pmatrix}
$$

und Vektoren $b \in \mathbb{R}^4$ untersuche man die linearen Gleichungssysteme $A \cdot x = b$, $B \cdot x = b$ und $C \cdot x = b$ auf universelle bzw. höchstens eindeutige Lösbarkeit in $x \in \mathbb{R}^3$, bzw. $x \in \mathbb{R}^4$, bzw. $x \in \mathbb{R}^5$. Sind diese Systeme speziell für $b = (1,0,0,0)^t$ lösbar?

3. Man betrachte eine Matrix $A \in K^{m\times n}$ sowie verschiedene Spaltenvektoren $b \in K^m$ und zeige:

   (i) Das lineare Gleichungssystem $Ax = b$ ist genau dann universell lösbar, wenn es eine Matrix $B \in K^{n\times m}$ mit $A \cdot B = E_m$ gibt.

  (ii) Das lineare Gleichungssystem $Ax = b$ ist genau dann höchstens eindeutig lösbar, wenn es eine Matrix $B \in K^{n\times m}$ mit $B \cdot A = E_n$ gibt.

Dabei seien $E_m \in K^{m\times m}$ und $E_n \in K^{n\times n}$ die jeweiligen Einheitsmatrizen.

4. Man zeige, dass jeder affine Unterraum in K^n Lösungsraum eines geeigneten linearen Gleichungssystems mit Koeffizienten aus K ist.

5. Es sei $f \colon V \longrightarrow W$ eine $\mathbb{R}$-lineare Abbildung, die bezüglich geeigneter Basen X von V und Y von W durch die Matrix

$$A_{f,X,Y} = \begin{pmatrix} 1 & 1 & 2 & 4 & 8 \\ 1 & 2 & 1 & 2 & 1 \\ 2 & 2 & 2 & 2 & 1 \\ 1 & 2 & 2 & 2 & 2 \end{pmatrix} \in \mathbb{R}^{4\times 5}$$

gegeben sei. Man bestimme eine Basis von $\ker f$. (AT 426)

6. Man betrachte in $\mathbb{R}^6$ die linearen Unterräume

$$U = \langle (1,1,1,0,1,1), \ (2,3,4,0,2,1), \ (0,3,2,1,1,1) \rangle,$$
$$U' = \langle (2,6,6,2,2,1), \ (0,9,4,3,0,1), \ (1,2,3,1,2,1) \rangle$$

und bestimme $U \cap U'$ durch Angabe einer Basis.

7. Es sei $A = (a_1, \ldots, a_n) \in K^{m\times n}$ eine Matrix, wobei $a_1, \ldots, a_n \in K^m$ die Spalten von A bezeichnen. Sei $b \in K^m$ ein weiterer Spaltenvektor und $S \in \mathrm{GL}(n, K)$ eine invertierbare Matrix. Man zeige $M_{A,b} = SM_{AS,b}$ für die Lösungsräume der linearen Gleichungssysteme $Ax = b$ und $ASy = b$. (AT 427)

8. Es sei S in der Situation von Aufgabe 7 speziell eine *Permutationsmatrix*. Dies bedeutet, dass es eine Umnummerierung (Permutation) $(\pi_1, \ldots, \pi_n)$ der Indizes $(1, \ldots, n)$ gibt, so dass $S = (e_{\pi_1}, \ldots, e_{\pi_n})$ gilt. Dabei bezeichnen $e_1, \ldots, e_n \in K^n$ die kanonischen Einheitsspaltenvektoren. Man zeige:

   (i) $AS = (a_{\pi_1}, \ldots, a_{\pi_n})$.

   (ii) $S^t x = (x_{\pi_1}, \ldots, x_{\pi_n})^t$ für Spaltenvektoren $x = (x_1, \ldots, x_n)^t \in K^n$.

   (iii) $S^t S = E$ mit der Einheitsmatrix $E = (e_1, \ldots, e_n)$, also $S^{-1} = S^t$.

Man benutze nun die Gleichung $M_{A,b} = SM_{AS,b}$ aus Aufgabe 7, um erneut einzusehen, dass man zum Lösen des linearen Gleichungssystems $Ax = b$ die Spalten von A und die Komponenten von $x = (x_1, \ldots, x_n)^t$ umnummerieren darf (d. h. man ersetze A durch AS und x durch $y = S^t x$), sofern man dies bei den erhaltenen Lösungen wieder rückgängig macht (durch Multiplikation der Lösungen von $ASy = b$ mit $S = (S^t)^{-1}$ von links).

9. Es sei $f\colon V \longrightarrow W$ eine K-lineare Abbildung zwischen (endlichdimensionalen) K-Vektorräumen und $f^*\colon W^* \longrightarrow V^*$ die zugehörige duale Abbildung. Man zeige für $b \in W$, dass die "lineare Gleichung" $f(x) = b$ genau dann in $x \in V$ lösbar ist, wenn $\varphi(b) = 0$ für alle $\varphi \in \ker f^*$ gilt. (AT 427)

10. Zu einem K-Vektorraum V endlicher Dimension n betrachte man Linearformen $\varphi_1, \ldots, \varphi_m \in V^*$ und zeige:

   (i) Es gilt $\dim_K \langle \varphi_1, \ldots, \varphi_m \rangle = \operatorname{rg} f$, wobei $f \colon V \longrightarrow K^m$ definiert sei durch $x \longmapsto (\varphi_1(x), \ldots, \varphi_m(x))$.

   (ii) Das "lineare Gleichungssystem" $\varphi_i(x) = b_i$, $i = 1, \ldots, m$, hat genau dann für alle Wahlen von Elementen $b_1, \ldots, b_m \in K$ eine Lösung $x \in V$, wenn die Linearformen $\varphi_1, \ldots, \varphi_m$ linear unabhängig sind.

11. Es seien V ein endlich-dimensionaler K-Vektorraum, $\varphi_1, \ldots, \varphi_m \in V^*$ Linearformen und $b_1, \ldots, b_m \in K$. Man zeige: Das "lineare Gleichungssystem"

$$\varphi_i(x) = b_i, \qquad i = 1, \ldots, m,$$

ist genau dann in $x \in V$ lösbar, wenn folgende Bedingung erfüllt ist: Sind $\alpha_1, \ldots, \alpha_m \in K$ Koeffizienten mit $\sum_{i=1}^{m} \alpha_i \varphi_i = 0$, so folgt auch $\sum_{i=1}^{m} \alpha_i b_i = 0$.

4. Determinanten

Überblick und Hintergrund

Jeder quadratischen Matrix A mit Koeffizienten aus einem Körper K kann man mittels einer gewissen Rechenvorschrift eine Invariante zuordnen, die sogenannte *Determinante*. Diese ist genau dann von Null verschieden, wenn die Spalten oder, alternativ, die Zeilen von A linear unabhängig sind, d. h. genau dann, wenn A invertierbar ist.

Um einen Eindruck davon zu bekommen, wie man in mehr oder weniger zwangsläufiger Weise auf die Bildung der Determinante geführt wird, betrachten wir eine Matrix

$$A = \begin{pmatrix} \alpha_{11} & \alpha_{12} \\ \alpha_{21} & \alpha_{22} \end{pmatrix} \in K^{2 \times 2}$$

und untersuchen, welche Anforderungen die Koeffizienten α_{ij} erfüllen müssen, damit die Spalten von A linear abhängig werden. Im Falle $A = 0$ sind die Spalten von A natürlich trivialerweise linear abhängig. Es sei deshalb $A \neq 0$, etwa $\alpha_{11} \neq 0$. Dann ist der erste Spaltenvektor von A nicht Null, und die beiden Spalten von A sind genau dann linear abhängig, wenn es ein $c \in K$ mit

$$\alpha_{12} = c\alpha_{11}, \qquad \alpha_{22} = c\alpha_{21}$$

gibt. Hieraus folgt

$$c = \frac{\alpha_{12}}{\alpha_{11}}, \qquad \alpha_{22} = \frac{\alpha_{12}}{\alpha_{11}}\alpha_{21}$$

und damit die Beziehung

$$(*) \qquad\qquad \alpha_{11}\alpha_{22} - \alpha_{21}\alpha_{12} = 0.$$

© Springer-Verlag GmbH Deutschland, ein Teil von Springer Nature 2021
S. Bosch, *Lineare Algebra*, https://doi.org/10.1007/978-3-662-62616-0_4

Ein Zurückverfolgen der Rechnung zeigt, dass die Spalten von A unter der Bedingung $\alpha_{11} \neq 0$ genau dann linear abhängig sind, wenn der Ausdruck in $(*)$ verschwindet. Man kann nun exakt die gleiche Rechnung durchführen

- für $\alpha_{21} \neq 0$, wenn man die beiden Zeilen von A vertauscht,

- für $\alpha_{12} \neq 0$, wenn man die beiden Spalten von A vertauscht,

- für $\alpha_{22} \neq 0$, wenn man die beiden Spalten und Zeilen von A vertauscht.

Da bei allen diesen Vertauschungen der Ausdruck in $(*)$ bis auf das Vorzeichen unverändert bleibt und da dieser natürlich auch im Falle $A = 0$ verschwindet, können wir aus unserer Rechnung ablesen:

Eine (beliebige) Matrix $A = (\alpha_{ij}) \in K^{2\times 2}$ hat genau dann maximalen Rang, wenn der Ausdruck $\det(A) := \alpha_{11}\alpha_{22} - \alpha_{21}\alpha_{12}$*, den man als* Determinante *von A bezeichnet, nicht verschwindet.*

Gegenüber konventionellen Betrachtungen bietet die Determinante $\det(A)$ den ganz wesentlichen Vorteil, dass mit ihrer Hilfe die Maximalität des Rangs von A in direkter Weise von den Koeffizienten α_{ij} der Matrix A abgelesen werden kann, ohne dass Fallunterscheidungen zu beachten sind. Dieses Phänomen haben wir schon im Rahmen der Einführung zu Kapitel 3 beobachten können. Dort hatten wir für

$$A = \begin{pmatrix} \alpha_{11} & \alpha_{12} \\ \alpha_{21} & \alpha_{22} \end{pmatrix} \in K^{2\times 2}, \qquad b = \begin{pmatrix} \beta_1 \\ \beta_2 \end{pmatrix} \in K^2,$$

wobei A maximalen Rang habe, und einen Vektor von Unbekannten $t = \begin{pmatrix} t_1 \\ t_2 \end{pmatrix}$ das Gleichungssystem $A \cdot t = b$ studiert und eine Lösung erhalten, die sich unter Verwendung der oben definierten Determinante in der Form

$$t_1 = \frac{\det \begin{pmatrix} \beta_1 & \alpha_{12} \\ \beta_2 & \alpha_{22} \end{pmatrix}}{\det \begin{pmatrix} \alpha_{11} & \alpha_{12} \\ \alpha_{21} & \alpha_{22} \end{pmatrix}}, \qquad t_2 = \frac{\det \begin{pmatrix} \alpha_{11} & \beta_1 \\ \alpha_{21} & \beta_2 \end{pmatrix}}{\det \begin{pmatrix} \alpha_{11} & \alpha_{12} \\ \alpha_{21} & \alpha_{22} \end{pmatrix}}$$

schreiben lässt. Auch hier waren bei der Herleitung Fallunterscheidungen notwendig, obwohl sich das Ergebnis am Ende als fallunabhängig herausstellte. Es handelt sich um den einfachsten Fall der *Cramerschen Regel*, die wir in allgemeiner Form in diesem Kapitel beweisen werden.

Historisch ist die Einführung von Determinanten in der Tat im Zusammenhang mit der Lösung linearer Gleichungssysteme zu sehen, und zwar mit der Entdeckung der nach Cramer benannten Regel. Um dies etwas genauer zu erläutern, betrachten wir als Beispiel ein System von 3 linearen Gleichungen mit 3 Unbekannten:

$$\alpha_{11}t_1 + \alpha_{12}t_2 + \alpha_{13}t_3 = \beta_1$$
$$\alpha_{21}t_1 + \alpha_{22}t_2 + \alpha_{23}t_3 = \beta_2$$
$$\alpha_{31}t_1 + \alpha_{32}t_2 + \alpha_{33}t_3 = \beta_3$$

Die Koeffizientenmatrix $A = (\alpha_{ij})_{i,j=1,2,3}$ habe den Rang 3. Dann hat die Matrix $A' = (\alpha_{ij})_{i=1,2,3;j=2,3}$ noch Rang 2, wobei wir mittels Vertauschung der Reihenfolge der Gleichungen annehmen können, dass $(\alpha_{ij})_{i=1,2;j=2,3}$ Rang 2 hat. Wir bemühen uns nun, Koeffizienten $c_1, c_2 \in K$ zu finden, derart dass bei Addition des c_1-fachen der ersten Zeile und des c_2-fachen der zweiten Zeile zur dritten Zeile unseres Gleichungssystems die Unbekannten t_2 und t_3 in der letzten Zeile eliminiert werden. Dies ist möglich, da nach Annahme die beiden ersten Zeilen von A' linear unabhängig sind. Wir müssen hierzu das Gleichungssystem

$$\alpha_{12}c_1 + \alpha_{22}c_2 = -\alpha_{32}$$
$$\alpha_{13}c_1 + \alpha_{23}c_2 = -\alpha_{33}$$

lösen und erhalten gemäß der Cramerschen Regel für (2×2)-Matrizen

$$c_1 = \frac{\det \begin{pmatrix} -\alpha_{32} & \alpha_{22} \\ -\alpha_{33} & \alpha_{23} \end{pmatrix}}{\det \begin{pmatrix} \alpha_{12} & \alpha_{22} \\ \alpha_{13} & \alpha_{23} \end{pmatrix}} = \frac{\det \begin{pmatrix} \alpha_{22} & \alpha_{23} \\ \alpha_{32} & \alpha_{33} \end{pmatrix}}{\det \begin{pmatrix} \alpha_{12} & \alpha_{13} \\ \alpha_{22} & \alpha_{23} \end{pmatrix}},$$

$$c_2 = \frac{\det \begin{pmatrix} \alpha_{12} & -\alpha_{32} \\ \alpha_{13} & -\alpha_{33} \end{pmatrix}}{\det \begin{pmatrix} \alpha_{12} & \alpha_{22} \\ \alpha_{13} & \alpha_{23} \end{pmatrix}} = -\frac{\det \begin{pmatrix} \alpha_{12} & \alpha_{13} \\ \alpha_{32} & \alpha_{33} \end{pmatrix}}{\det \begin{pmatrix} \alpha_{12} & \alpha_{13} \\ \alpha_{22} & \alpha_{23} \end{pmatrix}},$$

wobei $\det \begin{pmatrix} \alpha_{12} & \alpha_{13} \\ \alpha_{22} & \alpha_{23} \end{pmatrix}$ nicht verschwindet. Somit ergibt sich als dritte Gleichung unseres ursprünglichen Systems

$$(\alpha_{11}c_1 + \alpha_{21}c_2 + \alpha_{31})t_1 = \beta_1 c_1 + \beta_2 c_2 + \beta_3$$

mit einem Faktor $\alpha_{11}c_1 + \alpha_{21}c_2 + \alpha_{31}$, der nicht verschwindet, da sich der Rang der Koeffizientenmatrix des ursprünglichen Gleichungssystems nicht geändert hat. Dann aber können wir durch diesen Koeffizienten dividieren, und es folgt

$$t_1 = \frac{\beta_1 \det \begin{pmatrix} \alpha_{22} & \alpha_{23} \\ \alpha_{32} & \alpha_{33} \end{pmatrix} - \beta_2 \det \begin{pmatrix} \alpha_{12} & \alpha_{13} \\ \alpha_{32} & \alpha_{33} \end{pmatrix} + \beta_3 \begin{pmatrix} \alpha_{12} & \alpha_{13} \\ \alpha_{22} & \alpha_{23} \end{pmatrix}}{\alpha_{11} \det \begin{pmatrix} \alpha_{22} & \alpha_{23} \\ \alpha_{32} & \alpha_{33} \end{pmatrix} - \alpha_{21} \det \begin{pmatrix} \alpha_{12} & \alpha_{13} \\ \alpha_{32} & \alpha_{33} \end{pmatrix} + \alpha_{31} \begin{pmatrix} \alpha_{12} & \alpha_{13} \\ \alpha_{22} & \alpha_{23} \end{pmatrix}}.$$

Wir haben diese Formel für t_1 unter der Annahme hergeleitet, dass die beiden ersten Zeilen der Matrix $A' = (\alpha_{ij})_{i=1,2,3; j=2,3}$ linear unabhängig sind, ein Fall, den wir durch Vertauschen der Reihenfolge der Gleichungen unseres Systems stets herstellen können. Um zu sehen, dass die Formel für t_1 auch im Allgemeinfall gültig ist, bleibt noch zu zeigen, dass diese invariant gegenüber solchen Vertauschungen ist. Dies ist aber leicht nachzuprüfen, wenn man benutzt, dass die Determinante (einer (2×2)-Matrix) invariant unter Transponieren ist und das Vorzeichen wechselt, wenn man zwei Spalten oder Zeilen der Matrix vertauscht.

In der Formel für t_1 erkennt man, dass Zähler und Nenner nach dem gleichen Bildungsgesetz aus den Matrizen

$$\begin{pmatrix} \beta_1 & \alpha_{12} & \alpha_{13} \\ \beta_2 & \alpha_{22} & \alpha_{23} \\ \beta_3 & \alpha_{32} & \alpha_{33} \end{pmatrix}, \quad \begin{pmatrix} \alpha_{11} & \alpha_{12} & \alpha_{13} \\ \alpha_{21} & \alpha_{22} & \alpha_{23} \\ \alpha_{31} & \alpha_{32} & \alpha_{33} \end{pmatrix}$$

hervorgehen. In Kenntnis der Determinantentheorie würde man sagen, dass im Zähler und Nenner von t_1 jeweils die Determinanten dieser Matrizen stehen, und zwar in Form ihrer Entwicklung nach der ersten Spalte. Man kann nun den Ausdruck im Zähler bzw. Nenner von t_1 als *Definition* der Determinante einer (3×3)-Matrix nehmen, wobei diese Definition dann Bezug nimmt auf die Kenntnis von Determinanten von (2×2)-Matrizen.

Das gerade vorgestellte Verfahren funktioniert in induktiver Weise allgemeiner für Systeme von n linearen Gleichungen mit n Unbekannten, sofern die Koeffizientenmatrix maximalen Rang hat. Es ergibt sich eine Formel für t_1 ähnlich wie oben, wobei im Zähler und

Nenner jeweils eine Summe von Vielfachen von Determinanten von $((n-1) \times (n-1))$-Matrizen steht, in Form der Entwicklung der Determinante einer $(n \times n)$-Matrix nach ihrer ersten Spalte. Die gewonnenen Ausdrücke kann man zur Definition der Determinante einer $(n \times n)$-Matrix erheben, wodurch man dann insgesamt eine rekursive Definition der Determinante einer Matrix erhält.

Man beachte allerdings, dass das obige Verfahren zwar für t_1 auf die Entwicklung der Determinante einer $(n \times n)$-Matrix nach ihrer ersten Spalte führt, für beliebiges t_j mit $1 \le j \le n$ jedoch auf die Entwicklung nach der j-ten Spalte. Dies sieht man etwa, indem man die Unbekannten t_1 und t_j vertauscht. Will man also die Cramersche Regel beweisen und gleichzeitig dabei Determinanten einführen, so hat man bei jedem Rekursionsschritt auch einige allgemeine Eigenschaften von Determinanten mitzubeweisen, etwa die Möglichkeit, Determinanten nach beliebigen Spalten (oder Zeilen) zu entwickeln. Wir werden natürlich nicht in dieser Weise vorgehen. Stattdessen beginnen wir mit dem Studium sogenannter Determinantenfunktionen, in deren Kontext sich automatisch eine allgemeine nicht-rekursive Definition für Determinanten ergeben wird. Dabei werden einige Fakten über Permutationen benötigt, die wir zu Beginn des Kapitels zusammenstellen. Erst nach Klärung der Definition und der Eigenschaften von Determinanten beweisen wir schließlich die Cramersche Regel und im Zusammenhang hiermit auch die Möglichkeit, Determinanten nach Spalten oder Zeilen zu entwickeln. In einem optionalen Abschnitt geht es schließlich noch um äußere Produkte, in deren Zusammenhang wir auch den sogenannten allgemeinen Laplaceschen Entwicklungssatz für Determinanten herleiten.

4.1 Permutationen

Wir hatten in Abschnitt 1.2 gesehen, dass für eine Menge X die bijektiven Selbstabbildungen $X \longrightarrow X$ eine Gruppe G bilden, wenn man die Komposition von Abbildungen als Verknüpfung nimmt. Die identische Abbildung $\mathrm{id} \in G$ ist das Einselement, und das inverse Element zu einem Element $f \colon X \longrightarrow X$ von G wird gegeben durch die inverse Abbildung $f^{-1} \colon X \longrightarrow X$.

Wir wollen hier für eine natürliche Zahl n speziell die Menge $X = \{1, \ldots, n\}$ betrachten, wobei wir X im Falle $n = 0$ als die leere Menge annehmen. Für die zugehörige Gruppe der bijektiven Selbstabbildungen von X schreibt man dann $\mathfrak{S}_n$ und nennt dies die *symmetrische Gruppe* oder die *Permutationsgruppe* zum Index n. Die Elemente von $\mathfrak{S}_n$ heißen *Permutationen* der Zahlen $1, \ldots, n$, da sie sozusagen diese Elemente in ihrer Reihenfolge vertauschen. Gilt für eine Permutation $\sigma \in \mathfrak{S}_n$ etwa $\sigma(i) = a_i$ für $i = 1, \ldots, n$, so schreibt man auch

$$\sigma = \begin{pmatrix} 1 & \cdots & n \\ a_1 & \cdots & a_n \end{pmatrix}.$$

Die Permutationsgruppen $\mathfrak{S}_0$ und $\mathfrak{S}_1$ enthalten lediglich das Einselement, welches die identische Abbildung auf $X = \emptyset$ bzw. $X = \{1\}$ repräsentiert. Weiter ist $\mathfrak{S}_2$ eine Gruppe von 2 Elementen und damit insbesondere abelsch, wohingegen $\mathfrak{S}_n$ für $n \geq 3$ nicht mehr abelsch ist. Für

$$\sigma = \begin{pmatrix} 1 & 2 & 3 \\ 1 & 3 & 2 \end{pmatrix}, \qquad \tau = \begin{pmatrix} 1 & 2 & 3 \\ 2 & 3 & 1 \end{pmatrix}$$

gilt beispielsweise

$$\sigma \circ \tau = \begin{pmatrix} 1 & 2 & 3 \\ 3 & 2 & 1 \end{pmatrix}, \qquad \tau \circ \sigma = \begin{pmatrix} 1 & 2 & 3 \\ 2 & 1 & 3 \end{pmatrix}.$$

Wir wollen die Anzahl der Elemente von $\mathfrak{S}_n$ bestimmen. Hierzu bezeichnen wir für $n \in \mathbb{N}$ die natürliche Zahl $\prod_{i=1}^{n} i$ mit $n!$, wobei das Rufzeichen " ! " als *Fakultät* gelesen wird. Insbesondere gilt $0! = 1! = 1$ sowie $2! = 2$.

Bemerkung 1. *Es besteht $\mathfrak{S}_n$ aus genau $n!$ Elementen.*

Beweis. Will man eine bijektive Selbstabbildung

$$\sigma \colon \{1, \ldots, n\} \longrightarrow \{1, \ldots, n\}$$

erklären, so kann man schrittweise vorgehen und zunächst $\sigma(1)$ festlegen, dann $\sigma(2)$ und so weiter, bis man schließlich $\sigma(n)$ festlegt. Dabei genügt es, eine injektive Abbildung zu konstruieren; diese ist wegen der Endlichkeit der Menge $\{1, \ldots, n\}$ automatisch bijektiv. Für die Wahl von $\sigma(1)$ hat man zunächst n Möglichkeiten, denn für $\sigma(1)$ kann man jedes Element aus $\{1, \ldots, n\}$ nehmen. Für die Wahl von $\sigma(2)$ verbleiben dann noch $n-1$ Möglichkeiten, denn man muss $\sigma(2) \in \{1, \ldots, n\}$ verschieden von $\sigma(1)$ wählen, da man eine injektive Abbildung konstruieren möchte. Bei der Festlegung von $\sigma(3)$ hat man noch $n-2$ Möglichkeiten und so weiter, bis man schließlich bei der Wahl von $\sigma(n)$ lediglich noch eine Möglichkeit hat. Indem man das Produkt über die einzelnen Anzahlen bildet, erhält man insgesamt $n! = \prod_{i=1}^{n} i$ als Anzahl der Möglichkeiten, eine injektive Selbstabbildung von $\{1, \ldots, n\}$ zu erklären. $\qquad\square$

Definition 2. *Eine Permutation $\tau \in \mathfrak{S}_n$ heißt Transposition, wenn es zwei verschiedene Zahlen $i, j \in \{1, \ldots, n\}$ mit $\tau(i) = j$, $\tau(j) = i$ sowie $\tau(k) = k$ für alle restlichen Zahlen $k \in \{1, \ldots, n\}$ gibt. Man schreibt dann auch $\tau = (i, j)$.*

Die Transposition $\tau = (i, j)$ vertauscht also gerade die Zahlen i und j und lässt ansonsten alle Elemente von $\{1, \ldots, n\}$ fest. Insbesondere gilt $\tau^2 = \mathrm{id}$, d. h. τ ist zu sich selbst invers. Es besteht $\mathfrak{S}_2$ gerade aus der identischen Abbildung und der Transposition $(1, 2)$, wohingegen die Gruppen $\mathfrak{S}_0$ und $\mathfrak{S}_1$ keine Transpositionen enthalten.

Satz 3. *Jedes $\pi \in \mathfrak{S}_n$ ist ein Produkt von Transpositionen.*

Beweis. Wir schließen mit fallender Induktion nach $r(\pi)$, wobei $r(\pi)$ maximal in $\{0, 1, \ldots, n\}$ gewählt sei mit der Eigenschaft $\pi(i) = i$ für $i = 1, \ldots, r(\pi)$. Für $r(\pi) = n$ gilt $\pi = \mathrm{id}$, und dies ist ein leeres Produkt von Transpositionen. Gilt andererseits $r = r(\pi) < n$, so folgt notwendig $\pi(r+1) > r+1$. Setzen wir $\tau_1 = (r+1, \pi(r+1))$, so bildet das Produkt $\tau_1 \pi$ die Elemente $1, \ldots, r+1$ identisch auf sich selbst ab, erfüllt also $r(\tau_1 \pi) > r(\pi)$, und ist somit nach Induktionsvoraussetzung ein Produkt von Transpositionen, etwa $\tau_1 \pi = \tau_2 \ldots \tau_s$. Multiplikation mit $\tau_1 = \tau_1^{-1}$ von links liefert dann wie gewünscht $\pi = \tau_1 \ldots \tau_s$. $\qquad\square$

Man nennt eine Permutation $\pi \in \mathfrak{S}_n$ *gerade* oder *ungerade*, je nachdem ob sich π als ein Produkt einer geraden oder ungeraden Anzahl von Transpositionen darstellen lässt. Dabei wollen wir zeigen, dass eine Permutation π nicht gerade und ungerade zugleich sein kann. Als Hilfsmittel führen wir das sogenannte *Signum* von π ein.

Definition 4. *Sei $\pi \in \mathfrak{S}_n$. Dann heißt*

$$\operatorname{sgn} \pi = \prod_{1 \leq i < j \leq n} \frac{\pi(j) - \pi(i)}{j - i}$$

das Signum *der Permutation π.*

Im Grunde genommen erstreckt sich die Produktbildung bei der Definition des Signums einer Permutation $\pi \in \mathfrak{S}_n$ über alle zwei-elementigen Teilmengen von $\{1, \ldots, n\}$. Genauer meinen wir hiermit:

Bemerkung 5. *Es sei M eine Menge ganzzahliger Indexpaare (i, j) mit $1 \leq i, j \leq n$, so dass die Zuordnung $(i, j) \longmapsto \{i, j\}$ eine Bijektion von M auf die Menge der zwei-elementigen Teilmengen von $\{1, \ldots, n\}$ erklärt. Dann gilt*

$$\operatorname{sgn} \pi = \prod_{(i,j) \in M} \frac{\pi(j) - \pi(i)}{j - i}$$

Beweis. Zunächst ist $\{\{i, j\} \, ; \, 1 \leq i < j \leq n\}$ eine Beschreibung der Menge aller zwei-elementigen Teilmengen von $\{1, \ldots, n\}$. Berücksichtigt man dann noch die Gleichung

$$\frac{\pi(j) - \pi(i)}{j - i} = \frac{\pi(i) - \pi(j)}{i - j}$$

so folgt die Behauptung. $\square$

Wir wollen einige Folgerungen aus dieser Bemerkung ziehen.

Satz 6. *Sei $\pi \in \mathfrak{S}_n$. Dann gilt $\operatorname{sgn} \pi = (-1)^s$, wobei s die Anzahl aller Fehlstände in der Folge $\pi(1), \ldots, \pi(n)$ ist, d. h. die Anzahl aller Paare $(\pi(i), \pi(j))$, $1 \leq i < j \leq n$, mit $\pi(i) > \pi(j)$. Insbesondere folgt $\operatorname{sgn} \pi = \pm 1$. Für eine Transposition $\pi \in \mathfrak{S}_n$ berechnet sich das Signum zu $\operatorname{sgn} \pi = -1$.*

Beweis. Jede Permutation $\pi \in \mathfrak{S}_n$ bildet zwei-elementige Teilmengen von $\{1, \ldots, n\}$ wieder auf ebensolche Teilmengen ab und induziert auf diese Weise eine bijektive Selbstabbildung auf der Menge der zwei-elementigen Teilmengen von $\{1, \ldots, n\}$. Daher gilt

$$\prod_{1 \le i < j \le n} (j - i) = \pm \prod_{1 \le i < j \le n} \bigl(\pi(j) - \pi(i)\bigr)$$

und folglich $\operatorname{sgn} \pi = \pm 1$. Genauer erhält man $\operatorname{sgn} \pi = (-1)^s$, wobei s gleich der Anzahl der Faktoren auf der rechten Seite ist, die negativ sind, also gleich der Anzahl der Fehlstände in der Folge $\pi(1), \ldots, \pi(n)$.

Für eine Transposition $\pi = (i, j)$ mit $i < j$, also

$$\pi = \begin{pmatrix} 1 & \ldots & i-1 & i & i+1 & \ldots & j-1 & j & j+1 & \ldots & n \\ 1 & \ldots & i-1 & j & i+1 & \ldots & j-1 & i & j+1 & \ldots & n \end{pmatrix},$$

gibt es in der Folge $\pi(1), \ldots, \pi(n)$ genau $j - i$ Fehlstände der Form $(j, *)$ sowie $j - i$ Fehlstände der Form $(*, i)$. Da wir dabei (j, i) als Fehlstand in zweifacher Weise berücksichtigt haben, ergibt sich

$$\operatorname{sgn} \pi = (-1)^{2(j-i)-1} = -1,$$

wie behauptet. □

Satz 7. *Die Abbildung* $\operatorname{sgn} \colon \mathfrak{S}_n \longrightarrow \{1, -1\}$ *ist ein Gruppenhomomorphismus, d. h. es gilt* $\operatorname{sgn}(\sigma \circ \tau) = \operatorname{sgn} \sigma \cdot \operatorname{sgn} \tau$ *für* $\sigma, \tau \in \mathfrak{S}_n$; *dabei fasse man* $\{1, -1\}$ *als Gruppe bezüglich der Multiplikation auf.*

Beweis. Mit Bemerkung 5 können wir wie folgt rechnen:

$$\begin{aligned} \operatorname{sgn}(\sigma \circ \tau) &= \prod_{i<j} \frac{\sigma\bigl(\tau(j)\bigr) - \sigma\bigl(\tau(i)\bigr)}{j - i} \\ &= \prod_{i<j} \frac{\sigma\bigl(\tau(j)\bigr) - \sigma\bigl(\tau(i)\bigr)}{\tau(j) - \tau(i)} \cdot \prod_{i<j} \frac{\tau(j) - \tau(i)}{j - i} \\ &= \operatorname{sgn} \sigma \cdot \operatorname{sgn} \tau \end{aligned}$$

□

Korollar 8. *Ist* $\pi \in \mathfrak{S}_n$ *darstellbar als ein Produkt von s Transpositionen, so gilt* $\operatorname{sgn} \pi = (-1)^s$.

Wir sehen damit, dass eine Permutation $\pi \in \mathfrak{S}_n$ genau dann gerade, also ein Produkt einer geraden Anzahl von Transpositionen ist, wenn $\operatorname{sgn} \pi = 1$ gilt. Entsprechend ist π genau dann ungerade, also ein Produkt einer ungeraden Anzahl von Transpositionen, wenn $\operatorname{sgn} \pi = -1$ gilt.

In Satz 7 haben wir von einem *Gruppenhomomorphismus* gesprochen. Allgemein nennt man eine Abbildung $f \colon G \longrightarrow G'$ zwischen zwei Gruppen G und G' einen Gruppenhomomorphismus, wenn f mit der Produktbildung in G und G' verträglich ist, wenn also für $g, h \in G$ stets $f(g \cdot h) = f(g) \cdot f(h)$ folgt. Dann gilt $f(1) = 1$ für die Einselemente in G und G', sowie $f(g^{-1}) = f(g)^{-1}$ für $g \in G$. Man kann sich leicht überlegen, dass der *Kern* von f, also $\ker f = f^{-1}(1)$, eine Untergruppe von G ist, sogar ein *Normalteiler*. Hierunter versteht man eine Untergruppe $N \subset G$ mit $g^{-1} \cdot h \cdot g \in N$ für alle $g \in G$ und $h \in N$. Letzteres ist natürlich nur für nicht-kommutative Gruppen eine echte Bedingung; in einer kommutativen Gruppe ist jede Untergruppe ein Normalteiler.

In der Situation von Satz 7 ist also sgn ein Gruppenhomomorphismus von $\mathfrak{S}_n$ in die multiplikative Gruppe $\{1, -1\}$. Der Kern dieses Homomorphismus besteht aus allen geraden Permutationen aus $\mathfrak{S}_n$. Diese bilden einen Normalteiler und insbesondere eine Untergruppe $\mathfrak{A}_n \subset \mathfrak{S}_n$. Man nennt $\mathfrak{A}_n$ die *alternierende Gruppe* zum Index n. Zusammenfassend können wir sagen:

Bemerkung 9. *Die geraden Permutationen in* $\mathfrak{S}_n$ *bilden einen Normalteiler*

$$\mathfrak{A}_n = \left\{\pi \in \mathfrak{S}_n \, ; \; \operatorname{sgn} \pi = 1\right\} \subset \mathfrak{S}_n.$$

Weiter besteht

$$\mathfrak{S}_n - \mathfrak{A}_n = \left\{\pi \in \mathfrak{S}_n \, ; \; \operatorname{sgn} \pi = -1\right\}$$

aus allen ungeraden Permutationen in $\mathfrak{S}_n$, *und es gilt*

$$\mathfrak{S}_n - \mathfrak{A}_n = \tau \mathfrak{A}_n = \mathfrak{A}_n \tau$$

für jede ungerade Permutation $\tau \in \mathfrak{S}_n$. Dabei bezeichnet $\tau \mathfrak{A}_n$ die Menge aller Produkte $\tau \circ \pi$ mit $\pi \in \mathfrak{A}_n$, entsprechend für $\mathfrak{A}_n \tau$.

Beweis. Es ist nur zeigen, dass sich die ungeraden Permutationen aus $\mathfrak{S}_n$ in der Form $\tau \mathfrak{A}_n$ bzw. $\mathfrak{A}_n \tau$ beschreiben lassen. Ist τ ungerade, so sieht man mittels Satz 7, dass $\tau \mathfrak{A}_n$ und $\mathfrak{A}_n \tau$ in $\mathfrak{S}_n - \mathfrak{A}_n$ enthalten sind. Ist umgekehrt $\pi \in \mathfrak{S}_n - \mathfrak{A}_n$, so sind $\tau^{-1} \circ \pi$ und $\pi \circ \tau^{-1}$ gerade, woraus $\pi \in \tau \mathfrak{A}_n$ bzw. $\pi \in \mathfrak{A}_n \tau$ folgt. $\qquad\square$

Aufgaben

1. Man bestimme das Signum der folgenden Permutationen:

$$\begin{pmatrix} 1 & 2 & 3 & 4 & 5 \\ 5 & 4 & 3 & 2 & 1 \end{pmatrix} \in \mathfrak{S}_5, \qquad \begin{pmatrix} 1 & 2 & 3 & 4 & 5 & 6 & 7 & 8 \\ 2 & 3 & 1 & 5 & 6 & 8 & 4 & 7 \end{pmatrix} \in \mathfrak{S}_8$$

2. Eine Permutation $\pi \in \mathfrak{S}_n$ heißt ein *r-Zyklus*, wenn es paarweise verschiedene Elemente $a_1, \ldots, a_r \in \{1, \ldots, n\}$ gibt mit

$$\pi(a_i) = a_{i+1} \text{ für } i = 1, \ldots, r-1,$$
$$\pi(a_r) = a_1,$$

und π alle übrigen Elemente von $\{1, \ldots, n\}$ fest lässt. Man bestimme $\operatorname{sgn} \pi$ für einen r-Zyklus $\pi \in \mathfrak{S}_n$. (AT 428)

3. Man zeige, dass jedes Element $\pi \in \mathfrak{S}_n$ endliche Ordnung besitzt, d. h. dass es ein $r \in \mathbb{N} - \{0\}$ gibt mit $\pi^r = 1$.

4. Man zeige: Ist $N \subset \mathfrak{S}_n$ ein Normalteiler, der eine Transposition enthält, so gilt bereits $N = \mathfrak{S}_n$. (AT 430)

5. Man bestimme die Anzahl der Elemente der alternierenden Gruppe $\mathfrak{A}_n$.

6. Man zeige für eine Gruppe G und eine Untergruppe $N \subset G$, dass N bereits dann ein Normalteiler in G ist, wenn $gN \subset Ng$ für alle $g \in G$ gilt.

7. Für eine Gruppe G bezeichne $S(G)$ die Menge aller bijektiven Abbildungen von G nach G. Man zeige:

   (i) $S(G)$ ist eine Gruppe unter der Komposition von Abbildungen.

   (ii) Es existiert ein injektiver Gruppenhomomorphismus $G \longrightarrow S(G)$.

4.2 Determinantenfunktionen

In diesem Abschnitt fixieren wir einen K-Vektorraum V endlicher Dimension n und betrachten Abbildungen $\Delta\colon V^n \longrightarrow K$, sozusagen K-wertige Funktionen von n Argumenten aus V, wobei V^n im Falle $n = 0$ nur aus dem leeren Tupel besteht. Eine solche Abbildung heißt *multilinear*, wenn sie linear in jedem Argument ist. Dabei nennt man Δ linear im i-ten Argument, wenn für $a_1, \ldots, a_n, a_i' \in V$ und $\alpha, \alpha' \in K$ stets

$$\Delta(a_1, \ldots, a_{i-1},\ \alpha a_i + \alpha' a_i',\ a_{i+1}, \ldots a_n)$$
$$= \alpha \cdot \Delta(a_1, \ldots, a_{i-1},\ a_i,\ a_{i+1}, \ldots a_n)$$
$$+ \alpha' \cdot \Delta(a_1, \ldots, a_{i-1},\ a_i',\ a_{i+1}, \ldots a_n)$$

gilt. Weiter heißt Δ *alternierend*, wenn $\Delta(a_1, \ldots, a_n)$ verschwindet, sobald zwei der Vektoren $a_1, \ldots, a_n$ übereinstimmen.

Definition 1. *Es sei V ein K-Vektorraum endlicher Dimension n. Eine Determinantenfunktion auf V ist eine alternierende multilineare Abbildung $\Delta\colon V^n \longrightarrow K$. Man bezeichnet Δ als nicht-trivial, wenn Δ nicht die Nullabbildung ist.*

Ähnlich wie K-lineare Abbildungen kann man Determinantenfunktionen addieren oder mit Skalaren aus K multiplizieren, um neue solche Funktionen zu erhalten. Die Determinantenfunktionen auf V bilden folglich einen K-Vektorraum, und wir werden im Folgenden sehen, dass dessen Dimension 1 ist, unabhängig von der Dimension von V. Doch zunächst wollen wir einige elementare Eigenschaften von Determinantenfunktionen angeben.

Bemerkung 2. *Zu einem K-Vektorraum V der Dimension n betrachte man eine multilineare Abbildung $\Delta\colon V^n \longrightarrow K$. Dann ist äquivalent:*
  (i) *Δ ist alternierend und damit eine Determinantenfunktion.*
  (ii) *Für jedes linear abhängige System von Vektoren $a_1, \ldots, a_n \in V$ gilt $\Delta(a_1, \ldots, a_n) = 0$.*

Beweis. Es ist nur die Implikation (i)$\Longrightarrow$ (ii) zu zeigen. Seien also $a_1, \ldots, a_n$ linear abhängig. Dann lässt sich einer dieser Vektoren, etwa a_1, als Linearkombination der restlichen darstellen, also $a_1 = \sum_{i=2}^{n} \beta_i a_i$, und es folgt aus (i) unter Benutzung der Multilinearität von Δ

$$\Delta(a_1, \ldots, a_n) = \sum_{i=2}^{n} \beta_i \Delta(a_i, a_2, \ldots, a_n) = 0.$$

$\square$

Bemerkung 3. *Es sei Δ eine Determinantenfunktion auf V. Für Vektoren $a_1, \ldots, a_n \in V$ und Indizes $1 \le i < j \le n$ gilt dann:*

(i) $\Delta(\ldots a_i \ldots a_j \ldots) = -\Delta(\ldots a_j \ldots a_i \ldots)$, d. h. Δ ändert bei Vertauschung zweier verschiedener Argumente das Vorzeichen.

(ii) $\Delta(a_{\pi(1)}, \ldots, a_{\pi(n)}) = \operatorname{sgn} \pi \cdot \Delta(a_1, \ldots, a_n)$ für $\pi \in \mathfrak{S}_n$.

(iii) $\Delta(\ldots a_i + \alpha a_j \ldots a_j \ldots) = \Delta(\ldots a_i \ldots a_j \ldots)$ für $\alpha \in K$, d. h. Δ bleibt invariant, wenn man zum i-ten Argument ein skalares Vielfaches eines weiteren Arguments addiert.

Beweis. Unter Ausnutzung der Eigenschaften einer Determinantenfunktion können wir wie folgt rechnen:

$$
\begin{aligned}
0 &= \Delta(\ldots a_i + a_j \ldots a_i + a_j \ldots) \\
&= \Delta(\ldots a_i \ldots a_i + a_j \ldots) + \Delta(\ldots a_j \ldots a_i + a_j \ldots) \\
&= \Delta(\ldots a_i \ldots a_i \ldots) + \Delta(\ldots a_i \ldots a_j \ldots) \\
&\quad + \Delta(\ldots a_j \ldots a_i \ldots) + \Delta(\ldots a_j \ldots a_j \ldots) \\
&= \Delta(\ldots a_i \ldots a_j \ldots) + \Delta(\ldots a_j \ldots a_i \ldots)
\end{aligned}
$$

Dabei mögen die explizit aufgeschriebenen Argumente immer an den Stellen i und j stehen, wobei an den übrigen Stellen stets $a_1, \ldots, a_{i-1}$ bzw. $a_{i+1}, \ldots, a_{j-1}$ bzw. $a_{j+1}, \ldots, a_n$ als Argumente einzusetzen sind. Aus der Rechnung folgt dann Aussage (i). Weiter ist (ii) eine Folgerung von (i), da jede Permutation nach 4.1/3 ein Produkt von Transpositionen ist und da man nach 4.1/8 $\operatorname{sgn} \pi = (-1)^s$ hat, wenn π ein Produkt von s Transpositionen ist. Aussage (iii) schließlich ergibt sich aus folgender Rechnung:

$$
\begin{aligned}
&\Delta(\ldots a_i + \alpha a_j \ldots a_j \ldots) \\
&= \Delta(\ldots a_i \ldots a_j \ldots) + \alpha \Delta(\ldots a_j \ldots a_j \ldots) \\
&= \Delta(\ldots a_i \ldots a_j \ldots)
\end{aligned}
$$

$\square$

Eine multilineare Abbildung $\Delta \colon V^n \longrightarrow K$, die nach unserer Definition alternierend ist, ist also insbesondere alternierend in dem Sinne, dass sie das Vorzeichen bei Vertauschung zweier ihrer Argumente ändert; daher die Bezeichnung alternierend. Man beachte jedoch, dass die Umkehrung hierzu nur dann richtig ist, wenn $1 \neq -1$ in K gilt.

Als Nächstes wollen wir ein nicht-triviales Beispiel einer Determinantenfunktion auf dem Vektorraum $V = K^n$ konstruieren.

Lemma 4. *Für Matrizen $A = (\alpha_{ij})_{i,j} \in K^{n \times n}$ definiere man die Determinante von A durch*

$$\det(A) = \sum_{\pi \in \mathfrak{S}_n} \operatorname{sgn} \pi \cdot \alpha_{\pi(1),1} \cdot \ldots \cdot \alpha_{\pi(n),n}.$$

Dann ist det, *aufgefasst als Funktion in den n Spalten der Matrix A, eine Determinantenfunktion auf $V = K^n$, und es gilt $\det(E) = 1$ für die Einheitsmatrix $E \in K^{n \times n}$. Insbesondere ist die Determinantenfunktion* det *nicht-trivial.*

Beweis. Zunächst ist die Funktion det multilinear in den Spalten der Matrix A, da ein Produkt $c_1 \cdot \ldots \cdot c_n$ linear in jedem seiner Faktoren ist. Weiter ist zu zeigen, dass $\det(A) = 0$ gilt, sofern zwei Spalten in A identisch sind. Seien also $a_1, \ldots, a_n$ die Spalten von A. Gilt dann $a_i = a_j$ für zwei Indizes $i \neq j$, so kann man die Transposition $\tau = (i,j) \in \mathfrak{S}_n$ betrachten. Durchläuft π die geraden Permutationen in $\mathfrak{S}_n$, so durchläuft $\pi \circ \tau$ nach 4.1/9 alle ungeraden Permutationen in $\mathfrak{S}_n$. Daher folgt

$$\det(a_1, \ldots, a_i, \ldots, a_j, \ldots, a_n)$$

$$= \sum_{\pi \in \mathfrak{A}_n} \alpha_{\pi(1),1} \cdot \ldots \cdot \alpha_{\pi(i),i} \cdot \ldots \cdot \alpha_{\pi(j),j} \cdot \ldots \cdot \alpha_{\pi(n),n}$$

$$- \sum_{\pi \in \mathfrak{A}_n} \alpha_{\pi \circ \tau(1),1} \cdot \ldots \cdot \alpha_{\pi \circ \tau(i),i} \cdot \ldots \cdot \alpha_{\pi \circ \tau(j),j} \cdot \ldots \cdot \alpha_{\pi \circ \tau(n),n}$$

$$= 0,$$

denn es gilt

$$\alpha_{\pi \circ \tau(i),i} = \alpha_{\pi(j),i} = \alpha_{\pi(j),j}.$$

$$\alpha_{\pi \circ \tau(j),j} = \alpha_{\pi(i),j} = \alpha_{\pi(i),i},$$

sowie $\alpha_{\pi \circ \tau(k),k} = \alpha_{\pi(k),k}$ für $k \neq i, j$.

Schließlich verifiziert man leicht $\det(E) = 1$. In diesem Falle verschwinden nämlich in der definierenden Summe für $\det(E)$ alle Terme bis auf denjenigen zur Identität $\mathrm{id} \in \mathfrak{S}_n$. $\qquad\square$

Im Übrigen werden wir in 7.2/9 und 7.2/10 sehen, dass der Betrag der Determinante $\det(A)$ geometrisch als das Volumen des von den Spaltenvektoren von A in K^n aufgespannten Parallelotops interpretiert werden kann.

Als Nächstes wollen wir einsehen, dass das soeben gegebene Beispiel einer Determinantenfunktion auf ganz natürliche Weise entsteht.

Lemma 5. *Man betrachte eine Determinantenfunktion Δ auf V und eine Basis $X = (x_1, \ldots, x_n)$ von V. Für beliebige Vektoren $a_1, \ldots, a_n$ aus V gilt dann:*

$$\Delta(a_1, \ldots, a_n) = \det(a_{1,X}, \ldots, a_{n,X}) \cdot \Delta(x_1, \ldots, x_n).$$

Dabei bezeichnet $a_{j,X} \in K^n$ für $j = 1, \ldots, n$ den Koordinatenspaltenvektor von a_j bezüglich der Basis X, also $a_{j,X} = (\alpha_{1j}, \ldots, \alpha_{nj})^t$, wenn $a_j = \sum_{i=1}^n \alpha_{ij} x_i$ gilt.

Beweis. Unter Benutzung der Eigenschaften einer Determinantenfunktion ergibt sich:

$$\Delta(a_1, \ldots, a_n)$$
$$= \sum_{i_1, \ldots, i_n = 1}^n \alpha_{i_1,1} \ldots \alpha_{i_n,n} \cdot \Delta(x_{i_1}, \ldots, x_{i_n})$$
$$= \sum_{\pi \in \mathfrak{S}_n} \alpha_{\pi(1),1} \ldots \alpha_{\pi(n),n} \cdot \Delta(x_{\pi(1)}, \ldots, x_{\pi(n)})$$
$$= \sum_{\pi \in \mathfrak{S}_n} \operatorname{sgn} \pi \cdot \alpha_{\pi(1),1} \ldots \alpha_{\pi(n),n} \cdot \Delta(x_1, \ldots, x_n)$$
$$= \det(a_{1,X}, \ldots, a_{n,X}) \cdot \Delta(x_1, \ldots, x_n)$$

$\qquad\square$

Wir können nun in einfacher Weise einige Folgerungen aus den beiden Lemmata ziehen.

Satz 6. *Es sei* $X = (x_1, \ldots, x_n)$ *eine Basis eines K-Vektorraums V und weiter Δ eine Determinantenfunktion auf V. Dann ist äquivalent:*

(i) *Δ ist trivial.*

(ii) *$\Delta(x_1, \ldots, x_n) = 0$.*

Beweis. Es ist nur die Implikation (ii) $\Longrightarrow$ (i) zu begründen, und diese ergibt sich aus der Formel in Lemma 5.   □

Satz 7. *Es sei Δ eine nicht-triviale Determinantenfunktion auf einem n-dimensionalen K-Vektorraum V. Für n Vektoren $x_1, \ldots, x_n \in V$ ist dann äquivalent:*

(i) *$x_1, \ldots, x_n$ sind linear abhängig.*

(ii) *$\Delta(x_1, \ldots, x_n) = 0$.*

Beweis. Die Implikation (i) $\Longrightarrow$ (ii) ergibt sich aus Bemerkung 2. Um die umgekehrte Implikation zu zeigen, gehen wir indirekt vor und nehmen an, dass $x_1, \ldots, x_n$ linear unabhängig sind, also eine Basis X von V bilden. Nach Satz 6 ist Δ dann trivial, im Widerspruch zu unserer Voraussetzung.   □

Satz 8. *Es sei V ein K-Vektorraum mit einer Basis $X = (x_1, \ldots, x_n)$. Bezeichnet a_X für Vektoren $a \in V$ jeweils den Koordinatenspaltenvektor von a zur Basis X, so wird durch*

$$\det{}_X(a_1, \ldots, a_n) = \det(a_{1,X}, \ldots, a_{n,X})$$

eine Determinantenfunktion mit $\det_X(x_1, \ldots, x_n) = 1$ auf V erklärt. Der K-Vektorraum der Determinantenfunktionen auf V wird von $\det_X$ erzeugt und besitzt folglich die Dimension 1.

Beweis. Indem man den Isomorphismus $V \overset{\sim}{\longrightarrow} K^n$, $a \longmapsto a_X$, verwendet, kann man sehen, dass $\det_X$ die Eigenschaften einer nicht-trivialen Determinantenfunktion mit $\det_X(x_1, \ldots, x_n) = 1$ besitzt, da det die entsprechenden Eigenschaften hat; vgl. Lemma 4. Im Übrigen zeigt Lemma 5, dass jede weitere Determinantenfunktion Δ auf V ein skalares Vielfaches von $\det_X$ ist. Der Vektorraum der Determinantenfunktionen auf V besitzt also die Dimension 1.   □

Korollar 9. *Seien* Δ, Δ' *Determinantenfunktionen auf einem K-Vektorraum V. Ist dann Δ nicht-trivial, so existiert ein eindeutig bestimmtes Element $\alpha \in K$ mit $\Delta' = \alpha \cdot \Delta$.*

Aufgaben

1. Es seien V ein n-dimensionaler K-Vektorraum, $U \subset V$ ein r-dimensionaler linearer Unterraum und $x_{r+1}, \ldots, x_n$ ein fest gegebenes System von Vektoren in V. Für eine Determinantenfunktion $\Delta \colon V^n \longrightarrow K$ zeige man, dass sich durch

$$\Delta_U(a_1, \ldots, a_r) := \Delta(a_1, \ldots, a_r, x_{r+1}, \ldots, x_n)$$

   eine Determinantenfunktion $\Delta \colon U^r \longrightarrow K$ definieren lässt. Wann ist Δ_U nicht-trivial?

2. Es sei $\Delta \colon V^n \longrightarrow K$ eine nicht-triviale Determinantenfunktion auf einem n-dimensionalen K-Vektorraum V und $x_1, \ldots, x_{n-1}$ ein linear unabhängiges System von Vektoren in V. Man zeige: Es existiert ein $x_n \in V$ mit $\Delta(x_1, \ldots, x_n) = 1$, wobei die Restklasse von x_n in $V/\langle x_1, \ldots, x_{n-1}\rangle$ eindeutig bestimmt ist. (AT 430)

3. Für einen n-dimensionalen K-Vektorraum V mit einer gegebenen Basis $X = (x_1, \ldots, x_n)$ betrachte man den K-Vektorraum W aller multilinearen Abbildungen $V^n \longrightarrow K$. Man bestimme $\dim_K W$ und gebe eine Basis von W an.

4.3 Determinanten von Matrizen und Endomorphismen

Für eine Matrix $A = (\alpha_{ij})_{i,j} \in K^{n \times n}$ haben wir in 4.2/4 deren Determinante durch die Formel

$$\det(A) = \sum_{\pi \in \mathfrak{S}_n} \operatorname{sgn} \pi \cdot \alpha_{\pi(1),1} \cdot \ldots \cdot \alpha_{\pi(n),n}$$

erklärt. Diese Formel ergibt für $n = 0$ als Determinante der leeren Matrix den Wert 1. Im Folgenden wollen wir nun allgemeiner die Determinante von Endomorphismen endlich-dimensionaler K-Vektorräume einführen.

Bemerkung 1. *Es sei* $f\colon V \longrightarrow V$ *ein Endomorphismus eines K-Vektorraums V endlicher Dimension n. Weiter sei Δ eine nicht-triviale Determinantenfunktion auf V; eine solche existiert stets nach 4.2/8. Dann gilt:*

(i) *Auf V wird durch*

$$\Delta_f(a_1, \ldots, a_n) = \Delta\big(f(a_1), \ldots, f(a_n)\big), \qquad a_1, \ldots, a_n \in V,$$

eine Determinantenfunktion Δ_f definiert.

(ii) *Es existiert ein eindeutig bestimmtes Element $\alpha_f \in K$ mit $\Delta_f = \alpha_f \cdot \Delta$.*

(iii) *Ist $X = (x_1, \ldots, x_n)$ eine Basis von V, so folgt*

$$\alpha_f = \det\big(f(x_1)_X, \ldots, f(x_n)_X\big) = \det(A_{f,X,X}),$$

wobei $f(x_i)_X$ der Koordinatenspaltenvektor von $f(x_i)$ bezüglich der Basis X und $A_{f,X,X}$ die Matrix von f bezüglich der Basis X sei. Insbesondere erkennt man, dass α_f unabhängig von der Wahl der Determinantenfunktion Δ ist.

Beweis. Die Funktion Δ_f ist offenbar multilinear, da Δ diese Eigenschaft hat und f linear ist. Sind weiter $a_1, \ldots, a_n$ linear abhängig, so gilt Gleiches für $f(a_1), \ldots, f(a_n)$, und es folgt $\Delta_f(a_1, \ldots, a_n) = 0$. Folglich ist Δ_f eine Determinantenfunktion. Nach 4.2/9 gibt es dann eine eindeutig bestimmte Konstante $\alpha_f \in K$ mit $\Delta_f = \alpha_f \Delta$. Betrachten wir schließlich eine Basis $X = (x_1, \ldots, x_n)$ von V, so ergibt sich mit 4.2/5

$$\begin{aligned}
\alpha_f \cdot \Delta(x_1, \ldots, x_n) &= \Delta_f(x_1, \ldots, x_n) = \Delta\big(f(x_1), \ldots, f(x_n)\big) \\
&= \det\big(f(x_1)_X, \ldots, f(x_n)_X\big) \cdot \Delta(x_1, \ldots, x_n),
\end{aligned}$$

wobei $\Delta(x_1, \ldots, x_n) \neq 0$ wegen 4.2/7 und folglich

$$\alpha_f = \det\big(f(x_1)_X, \ldots, f(x_n)_X\big)$$

gilt. $\square$

Definition 2. *Es sei $f\colon V \longrightarrow V$ ein Endomorphismus eines endlich-dimensionalen K-Vektorraums V. Dann nennt man $\det(f) := \alpha_f$,* *wobei α_f wie in Bemerkung 1 bestimmt ist, die* Determinante des Endomorphismus f. *Es gilt*

$$\det(f) = \det(A_{f,X,X})$$

für jede Matrix $A_{f,X,X}$, die f bezüglich einer Basis X von V beschreibt. Insbesondere erhält man $\det(f) = 1$ im Falle $V = 0$.

Wir wollen zunächst einige grundlegende Eigenschaften von Determinanten herleiten.

Satz 3. *Sei V ein K-Vektorraum endlicher Dimension n und $\mathrm{End}_K(V)$ der Endomorphismenring von V. Dann gilt für $f, g \in \mathrm{End}_K(V)$ und $\alpha \in K$:*
   (i) $\det(\mathrm{id}) = 1$ *für die Identität $\mathrm{id} \in \mathrm{End}_K(V)$.*
  (ii) $\det(\alpha f) = \alpha^n \cdot \det(f)$.
 (iii) $\det(f \circ g) = \det(f) \cdot \det(g)$.
 (iv) $\det(f) \neq 0 \Longleftrightarrow f$ *invertierbar.*
  (v) $\det(f^{-1}) = \det(f)^{-1}$, *falls f invertierbar ist.*
 (vi) $\det(f^*) = \det(f)$ *mit der dualen Abbildung $f^* : V^* \longrightarrow V^*$ zu f.*

Bevor wir zum Beweis kommen, formulieren wir die entsprechenden Aussagen auch noch für Determinanten von Matrizen.

Satz 4. *Für $A, B \in K^{n \times n}$ und $\alpha \in K$ gilt:*
   (i) $\det(E) = 1$ *für die Einheitsmatrix $E \in K^{n \times n}$.*
  (ii) $\det(\alpha A) = \alpha^n \cdot \det(A)$.
 (iii) $\det(A \cdot B) = \det(A) \cdot \det(B)$.
 (iv) $\det(A) \neq 0 \Longleftrightarrow A$ *invertierbar.*
  (v) $\det(A^{-1}) = \det(A)^{-1}$, *falls A invertierbar ist.*
 (vi) $\det(A^t) = \det(A)$ *für die transponierte Matrix A^t zu A.*

Beweis zu den Sätzen 3 und 4. Indem wir zwischen Endomorphismen und zugehörigen Matrizen wechseln, vgl. Abschnitt 3.1 sowie Satz 3.2/9, genügt es, alternativ entweder die Aussagen aus Satz 3 oder Satz 4 zu beweisen. Zudem ist nur der Fall $n = \dim V > 0$ von Interesse.

(i) $\det(E) = 1$ haben wir bereits in 4.2/4 gezeigt.

(ii) Man benutze die Multilinearität von Determinantenfunktionen: Sind $a_1, \ldots, a_n$ die Spalten einer Matrix $A \in K^{n \times n}$, so folgt

$$\det(\alpha A) = \det(\alpha a_1, \ldots, \alpha a_n) = \alpha^n \det(a_1, \ldots, a_n) = \alpha^n \det(A).$$

(iii) Für diese Aussage ist es günstiger, im Sinne von Determinanten von Endomorphismen zu argumentieren. Man wähle eine nicht-triviale Determinantenfunktion Δ auf V sowie eine Basis $X = (x_1, \ldots, x_n)$ von V. Dann gilt

$$\begin{aligned}
\det(f \circ g) \cdot \Delta(x_1, \ldots, x_n) &= \Delta\big(f \circ g(x_1), \ldots, f \circ g(x_n)\big) \\
&= \det(f) \cdot \Delta\big(g(x_1), \ldots, g(x_n)\big) \\
&= \det(f) \cdot \det(g) \cdot \Delta(x_1, \ldots, x_n)
\end{aligned}$$

und damit $\det(f \circ g) = \det(f) \cdot \det(g)$ wegen $\Delta(x_1, \ldots, x_n) \neq 0$.

(iv) Eine Matrix $A \in K^{n \times n}$ ist genau dann invertierbar, wenn ihr Rang n ist, vgl. 3.3/7, d. h. genau dann, wenn die Spalten von A linear unabhängig sind. Damit ergibt sich die Aussage als Konsequenz von 4.2/4 und 4.2/7.

(v) Für $A \in \mathrm{GL}(n, K)$ gilt nach (i) und (iii)

$$\det(A) \cdot \det(A^{-1}) = \det(A \cdot A^{-1}) = \det(E) = 1.$$

(vi) Für $A = (\alpha_{ij})_{i,j} \in K^{n \times n}$ gilt

$$\begin{aligned}
\det(A) &= \sum_{\pi \in \mathfrak{S}_n} \mathrm{sgn}\, \pi \cdot \alpha_{\pi(1),1} \cdot \ldots \cdot \alpha_{\pi(n),n} \\
&= \sum_{\pi \in \mathfrak{S}_n} \mathrm{sgn}\, \pi \cdot \alpha_{1,\pi^{-1}(1)} \cdot \ldots \cdot \alpha_{n,\pi^{-1}(n)} \\
&= \sum_{\pi \in \mathfrak{S}_n} \mathrm{sgn}\, \pi^{-1} \cdot \alpha_{1,\pi^{-1}(1)} \cdot \ldots \cdot \alpha_{n,\pi^{-1}(n)} \\
&= \sum_{\pi \in \mathfrak{S}_n} \mathrm{sgn}\, \pi \cdot \alpha_{1,\pi(1)} \cdot \ldots \cdot \alpha_{n,\pi(n)} \\
&= \det(A^t).
\end{aligned}$$

$\square$

Korollar 5. *Es sei $A \in K^{m \times n}$ eine Matrix vom Rang r. Dann lässt sich aus A durch Streichen von Spalten und Zeilen eine quadratische Untermatrix $A' \in K^{r \times r}$ mit $\det(A') \neq 0$ konstruieren, und es ist r maximal mit dieser Eigenschaft.*

Beweis. Gemäß 3.2/10 dürfen wir den Rang von Matrizen wahlweise als Spalten- oder Zeilenrang interpretieren. Insbesondere können wir in A ein linear unabhängiges System von r Spalten auswählen. Durch Streichen der restlichen Spalten entsteht eine Untermatrix $A_1 \in K^{m \times r}$ von A mit Rang r. Entsprechend können wir in A_1 ein linear unabhängiges System von r Zeilen auswählen. Indem wir die restlichen Zeilen von A_1 streichen, entsteht eine quadratische Untermatrix $A' \in K^{r \times r}$ von A_1 bzw. A mit Rang r. Diese ist nach 3.3/7 invertierbar und erfüllt $\det(A') \neq 0$ gemäß Satz 4.

Ist andererseits $A' \in K^{s \times s}$ eine quadratische Untermatrix von A mit einer Spaltenzahl $s > r = \operatorname{rg} A$, so sind die Spalten von A' notwendigerweise linear abhängig, denn jeweils s Spalten von A sind linear abhängig. Es folgt dann $\det(A') = 0$, ebenfalls mit Satz 4. $\square$

Wir gehen schließlich noch auf die Berechnung der Determinanten spezieller Matrizen $A \in K^{n \times n}$ ein und untersuchen zunächst, wie sich die Determinante ändert, wenn man auf A elementare Zeilen- oder Spaltentransformationen anwendet.

Satz 6. *Es seien $\alpha \in K$, $A \in K^{n \times n}$, sowie i, j zwei verschiedene Indizes mit $1 \leq i, j \leq n$.*

(i) $\det(A)$ ändert sich nicht, wenn man zu der i-ten Zeile (bzw. Spalte) von A das α-fache der j-ten Zeile (bzw. Spalte) addiert.

(ii) $\det(A)$ ändert das Vorzeichen, wenn man in A die i-te mit der j-ten Zeile (bzw. Spalte) vertauscht.

(iii) $\det(A)$ multipliziert sich mit α, wenn man die i-te Zeile (bzw. Spalte) von A mit α multipliziert.

Beweis. Nach Satz 4 gilt $\det(A) = \det(A^t)$. Wir können uns daher auf die Betrachtung elementarer Spaltenumformungen beschränken. Dann ergeben sich die behaupteten Aussagen jedoch unmittelbar aus der Tatsache, dass $\det(A)$ eine Determinantenfunktion in den Spalten von A ist; vgl. 4.2/3 und 4.2/4. □

Der obige Satz bietet eine natürliche Möglichkeit, Determinanten von Matrizen $A \in K^{n \times n}$ explizit zu berechnen: Man bestimme zunächst mittels des Gaußschen Eliminationsverfahrens den Rang $r = \text{rg}\,A$. Für $r < n$ folgt dann $\det(A) = 0$ gemäß 4.2/2. Im Falle $r = n$ jedoch lässt sich A, wie wir in Abschnitt 3.3 gesehen haben, mittels elementarer Zeilenumformungen in die Einheitsmatrix E überführen, wobei $\det(E) = 1$ gilt. Benötigt man s solcher Umformungen (wobei man elementare Zeilen- und Spaltenumformungen gemischt verwenden darf), so ändert sich der Wert der Determinante bei jedem Schritt um einen gewissen Faktor α_σ, $\sigma = 1, \dots, s$, und es ergibt sich $\det(A) = \alpha_1^{-1} \dots \alpha_s^{-1}$.

Wir wollen einige Beispiele zur Berechnung spezieller Determinanten geben und dabei auch zeigen, wie das gerade beschriebene Verfahren in konkreten Situationen angewendet werden kann.

(1) Sei $A = (\alpha_{ij})_{i,j} \in K^{n \times n}$ mit $\alpha_{ij} = 0$ für $i > j$, also

$$A = \begin{pmatrix} \alpha_{11} & \dots\dots & * \\ 0 & \alpha_{22} & \dots & * \\ \cdot\cdot & \dots\dots & \cdot\cdot \\ 0 & \dots\dots & \alpha_{nn} \end{pmatrix}.$$

Dann gilt $\det(A) = \prod_{i=1}^{n} \alpha_{ii}$. In der Tat, betrachten wir einen Term der Summe

$$\det(A) = \sum_{\pi \in \mathfrak{S}_n} \text{sgn}\,\pi \cdot \alpha_{\pi(1),1} \cdot \ldots \cdot \alpha_{\pi(n),n}$$

zu einer Permutation $\pi \in \mathfrak{S}_n$, so verschwindet dieser aufgrund unserer Voraussetzung über die α_{ij}, sofern es einen Index $i \in \{1, \dots, n\}$ mit $\pi(i) > i$ gibt. Da andererseits aber $\pi(i) \leq i$, $i = 1, \dots, n$, nur für die identische Permutation gilt, reduziert sich obige Summe auf einen Term, und zwar auf $\alpha_{11} \cdot \ldots \cdot \alpha_{nn}$.

Alternativ können wir im Sinne elementarer Zeilenumformungen argumentieren. Gilt $\alpha_{ii} = 0$ für einen Index $i \in \{1, \dots, n\}$, so sind die

Spalten mit den Indizes $1, \ldots, i$ offenbar linear abhängig, und es gilt $\det(A) = 0$. Ansonsten multipliziere man für $i = 1, \ldots, n$ die i-te Zeile von A mit α_{ii}^{-1}, wobei sich die Determinante jeweils um den Faktor α_{ii}^{-1} ändert. Die resultierende Matrix lässt sich dann in die Einheitsmatrix überführen, indem man für $i = 2, \ldots, n$ geeignete Vielfache der i-ten Zeile zu den vorhergehenden Zeilen addiert. Der Wert der Determinante bleibt dabei unverändert, so dass man wie gewünscht $\det(A) = \alpha_{11} \ldots \alpha_{nn}$ erhält.

(2) Zu Zahlen $m, n \in \mathbb{N}$ betrachte man Matrizen $A_{11} \in K^{m \times m}$, $A_{12} \in K^{m \times n}$, $A_{22} \in K^{n \times n}$ sowie die Nullmatrix $0 \in K^{n \times m}$. Für die zusammengesetzte Matrix

$$A = \begin{pmatrix} A_{11} & A_{12} \\ 0 & A_{22} \end{pmatrix}$$

erhält man $\det(A) = \det(A_{11}) \cdot \det(A_{22})$. Um dies nachzuweisen, nehmen wir A von der Form $(\alpha_{ij})_{i,j=1,\ldots,m+n}$ an. Es gilt dann $\alpha_{ij} = 0$ für $m + 1 \le i \le m + n$, $1 \le j \le m$. In der Summe

$$\det(A) = \sum_{\pi \in \mathfrak{S}_{m+n}} \operatorname{sgn} \pi \cdot \alpha_{\pi(1),1} \cdot \ldots \cdot \alpha_{\pi(m+n),m+n}$$

haben wir daher nur Terme zu solchen Permutationen $\pi \in \mathfrak{S}_n$ zu berücksichtigen, welche $\pi(i) \le m$ für $i = 1, \ldots, m$ erfüllen. Dann gilt automatisch $m + 1 \le \pi(i) \le m + n$ für $i = m + 1, \ldots, m + n$, und es "zerfällt" π in Permutationen σ von $\{1, \ldots, m\}$ und τ von $\{m + 1, \ldots, m + n\}$, wobei $\operatorname{sgn}(\pi) = \operatorname{sgn}(\sigma) \cdot \operatorname{sgn}(\tau)$ gilt. Da auf diese Weise die zu betrachtenden Permutationen $\pi \in \mathfrak{S}_{m+n}$ bijektiv den Paaren $(\sigma, \tau) \in \mathfrak{S}_m \times \mathfrak{S}_n$ entsprechen, ergibt sich mit $A_{22} = (\beta_{ij})_{i,j=1,\ldots,n}$

$$\det(A) = \sum_{\sigma \in \mathfrak{S}_m, \tau \in \mathfrak{S}_n} \operatorname{sgn}(\sigma) \operatorname{sgn}(\tau) \alpha_{\sigma(1),1} \ldots \alpha_{\sigma(m),m} \cdot \beta_{\tau(1),1} \ldots \beta_{\tau(n),n}$$

$$= \sum_{\sigma \in \mathfrak{S}_m} \operatorname{sgn}(\sigma) \alpha_{\sigma(1),1} \ldots \alpha_{\sigma(m),m} \cdot \sum_{\tau \in \mathfrak{S}_n} \operatorname{sgn}(\tau) \beta_{\tau(1),1} \ldots \beta_{\tau(n),n}$$

$$= \det(A_{11}) \cdot \det(A_{22}),$$

wie behauptet.

Alternativ kann man dieses Resultat allerdings auch ohne größere Rechnung erhalten, indem man die Theorie der Determinantenfunktionen verwendet. Seien $E_m \in K^{m \times m}$ und $E_n \in K^{n \times n}$ die Einheitsmatrizen. Zunächst lesen wir aus 4.2/4 ab, dass

$$\det(A) = \det \begin{pmatrix} A_{11} & A_{12} \\ 0 & A_{22} \end{pmatrix}$$

insbesondere eine Determinantenfunktion in den Spalten von A_{11} ist, wenn wir diese für einen Moment als variabel ansehen. Mit 4.2/5 folgt daher die Gleichung

$$\det \begin{pmatrix} A_{11} & A_{12} \\ 0 & A_{22} \end{pmatrix} = \det(A_{11}) \cdot \det \begin{pmatrix} E_m & A_{12} \\ 0 & A_{22} \end{pmatrix}.$$

Entsprechend können wir schließen, dass

$$\det \begin{pmatrix} E_m & A_{12} \\ 0 & A_{22} \end{pmatrix}$$

eine Determinantenfunktion in den Zeilen von A_{22} ist, wenn wir diese als variabel ansehen und benutzen, dass die Determinante einer Matrix gleich der Determinante ihrer Transponierten ist. Mit 4.2/5 folgt daher die Gleichung

$$\det \begin{pmatrix} E_m & A_{12} \\ 0 & A_{22} \end{pmatrix} = \det(A_{22}) \cdot \det \begin{pmatrix} E_m & A_{12} \\ 0 & E_n \end{pmatrix}.$$

Da die Matrix

$$\begin{pmatrix} E_m & A_{12} \\ 0 & E_n \end{pmatrix}$$

nach Beispiel (1) die Determinante 1 besitzt, folgt wie gewünscht

$$\det(A) = \det(A_{11}) \cdot \det(A_{22}).$$

Schließlich wollen wir noch zeigen, wie man mittels elementarer Umformungen argumentieren kann. Gilt $\operatorname{rg} A_{11} < m$, so kann A nicht maximalen Rang besitzen, da dann die ersten m Spalten von A linear abhängig sind. Entsprechendes gilt für $\operatorname{rg} A_{22} < n$, da in diesem Falle die letzten n Zeilen von A linear abhängig sind. Insgesamt ergibt sich $\det(A) = 0 = \det(A_{11}) \cdot \det(A_{22})$, falls mindestens eine der Matrizen A_{11} und A_{22} nicht invertierbar ist. Sind jedoch A_{11} und A_{22} beide invertierbar, so wende man auf die ersten m Zeilen von A elementare Zeilenumformungen an, welche die Untermatrix A_{11} in die Einheitsmatrix überführen. Die Determinante von A ändert sich hierbei offenbar um den Faktor $\det(A_{11})^{-1}$. Entsprechend wende man auf die letzten n Zeilen von A elementare Zeilenumformungen an, die die Untermatrix A_{22} in die Einheitsmatrix überführen. Dies bewirkt eine Änderung der Determinante um den Faktor $\det(A_{22})^{-1}$. Die resultierende Matrix besitzt dann die in Beispiel (1) betrachtete Form, wobei die Diagonalelemente alle den Wert 1 haben. Somit ist die Determinante dieser Matrix 1, und es folgt $\det(A) = \det(A_{11}) \cdot \det(A_{22})$.

(3) Ein berühmtes Beispiel einer konkret gegebenen Determinante ist die sogenannte *Vandermondesche Determinante*

$$V(\alpha_1, \alpha_2, \ldots, \alpha_n) = \det \begin{pmatrix} 1 & 1 & \cdots & 1 \\ \alpha_1 & \alpha_2 & \cdots & \alpha_n \\ \alpha_1^2 & \alpha_2^2 & \cdots & \alpha_n^2 \\ \cdot & \cdot & \cdots & \cdot \\ \alpha_1^{n-1} & \alpha_2^{n-1} & \cdots & \alpha_n^{n-1} \end{pmatrix},$$

welche zu Elementen $\alpha_1, \alpha_2, \ldots, \alpha_n \in K$ gebildet wird. Wir wollen induktiv die Formel

$$V(\alpha_1, \alpha_2, \ldots, \alpha_n) = \prod_{i<j}(\alpha_j - \alpha_i)$$

herleiten. Für $n = 1$ ist die Behauptung trivial. Für $n > 1$ subtrahiere man in obiger Matrix von der n-ten Zeile das α_1-fache der $(n-1)$-ten Zeile usw. bis schließlich von der 2. Zeile das α_1-fache der 1. Zeile. Dann gilt

$$V(\alpha_1, \alpha_2, \ldots, \alpha_n) = \det \begin{pmatrix} 1 & 1 & \cdots & 1 \\ 0 & \alpha_2 - \alpha_1 & \cdots & \alpha_n - \alpha_1 \\ 0 & \alpha_2(\alpha_2 - \alpha_1) & \cdots & \alpha_n(\alpha_n - \alpha_1) \\ .. & \cdots & \cdots & \cdots \\ 0 & \alpha_2^{n-2}(\alpha_2 - \alpha_1) & \cdots & \alpha_n^{n-2}(\alpha_n - \alpha_1) \end{pmatrix},$$

und es folgt mit obigem Beispiel (2)

$$V(\alpha_1, \alpha_2, \ldots, \alpha_n) = \left(\prod_{i>1}(\alpha_i - \alpha_1)\right) V(\alpha_2, \ldots, \alpha_n).$$

Per Induktion ergibt sich daraus die Behauptung.

Schließlich wollen wir für Matrizen $A = (\alpha_{ij})_{i,j} \in K^{n \times n}$, $n \le 3$, noch deren Determinanten explizit angeben.

$$
\begin{aligned}
n = 1: \quad & \det(A) = \alpha_{11} \\
n = 2: \quad & \det(A) = \alpha_{11}\alpha_{22} - \alpha_{21}\alpha_{12} \\
n = 3: \quad & \det(A) = \alpha_{11}\alpha_{22}\alpha_{33} + \alpha_{21}\alpha_{32}\alpha_{13} + \alpha_{31}\alpha_{12}\alpha_{23} \\
& \qquad\quad - \alpha_{11}\alpha_{32}\alpha_{23} - \alpha_{31}\alpha_{22}\alpha_{13} - \alpha_{21}\alpha_{12}\alpha_{33}
\end{aligned}
$$

Letztere Formel entspricht der Auflistung

$$
\mathfrak{S}_3 = \left\{ \begin{pmatrix} 1 & 2 & 3 \\ 1 & 2 & 3 \end{pmatrix}, \begin{pmatrix} 1 & 2 & 3 \\ 2 & 3 & 1 \end{pmatrix}, \begin{pmatrix} 1 & 2 & 3 \\ 3 & 1 & 2 \end{pmatrix}, \right.
$$
$$
\left. \begin{pmatrix} 1 & 2 & 3 \\ 1 & 3 & 2 \end{pmatrix}, \begin{pmatrix} 1 & 2 & 3 \\ 3 & 2 & 1 \end{pmatrix}, \begin{pmatrix} 1 & 2 & 3 \\ 2 & 1 & 3 \end{pmatrix} \right\}
$$

Die Art der Summanden kann man sich dabei an folgendem Schema (bezeichnet als Regel von Sarrus) in Erinnerung bringen:

$$
\begin{array}{ccccc}
\alpha_{11} & \alpha_{12} & \alpha_{13} & \alpha_{11} & \alpha_{12} \\
\alpha_{21} & \alpha_{22} & \alpha_{23} & \alpha_{21} & \alpha_{22} \\
\alpha_{31} & \alpha_{32} & \alpha_{33} & \alpha_{31} & \alpha_{32}
\end{array}
$$

Man hat also zur Berechnung von $\det(\alpha_{ij})_{i,j=1,2,3}$ die Produkte über die Elemente der 3 von links oben nach rechts unten verlaufenden Diagonalen zu addieren und davon die Produkte über die Elemente der 3 von links unten nach rechts oben verlaufenden Diagonalen zu subtrahieren.

Aufgaben

1. Für $A \in K^{n \times n}$ mit $A^t = -A$ und ungeradem n zeige man: Es gilt $\det(A) = 0$ oder $1 + 1 = 0$ in K.

2. Für Matrizen $A \in K^{n \times n}$ lasse man folgende Zeilenoperationen zu:

   (i) Vertauschen zweier verschiedener Zeilen und gleichzeitiges Multi-
       plizieren einer Zeile mit -1.

   (ii) Multiplizieren einer Zeile mit einer Konstanten $\alpha \in K^*$ und gleich-
        zeitiges Multiplizieren einer weiteren Zeile mit α^{-1}.

   (iii) Addieren eines Vielfachen einer Zeile zu einer anderen.

   Man zeige, dass sich invertierbare Matrizen $A \in K^{n \times n}$ mittels solcher
   Zeilenumformungen in Diagonalmatrizen des Typs

   $$\begin{pmatrix} 1 & \ldots & 0 & 0 \\ .. & \ldots & .. & .. \\ 0 & \ldots & 1 & 0 \\ 0 & \ldots & 0 & d \end{pmatrix}$$

   überführen lassen, wobei $d = \det(A)$ gilt.

3. Sei $A = (\alpha_{ij}) \in K^{n \times n}$ mit

   $$\alpha_{ij} = \begin{cases} 1 & \text{für } i < j \\ 0 & \text{für } i = j \\ -1 & \text{für } i > j \end{cases}$$

   und n gerade. Man zeige $\det(A) = 1$. (AT 431)

4. Man berechne die Determinante der Matrix

   $$\begin{pmatrix} 2 & 1 & 1 & \ldots & 1 \\ 1 & 2 & 1 & \ldots & 1 \\ 1 & 1 & 2 & \ldots & 1 \\ .. & .. & .. & \ldots & .. \\ 1 & 1 & 1 & \ldots & 2 \end{pmatrix} \in \mathbb{R}^{n \times n}.$$

5. Es sei V ein n-dimensionaler K-Vektorraum und $f: V \longrightarrow V$ ein Endomorphismus. Für ein $x \in V$ gelte $V = \langle x, f(x), \ldots, f^{n-1}(x) \rangle$ sowie

   $$f^n(x) = \alpha_{n-1} f^{n-1}(x) + \ldots + \alpha_1 f(x) + \alpha_0 x$$

   mit Koeffizienten $\alpha_0, \ldots, \alpha_{n-1} \in K$. Man zeige $\det(f) = (-1)^{n+1} \alpha_0$.
   (AT 433)

6. Es seien $\alpha_1, \ldots, \alpha_n, \beta_1, \ldots, \beta_n \in K$ Konstanten mit $\alpha_i + \beta_j \neq 0$ für alle
   i, j. Man zeige (*Cauchysche Determinante*):

   $$\det \begin{pmatrix} (\alpha_1 + \beta_1)^{-1} & \ldots & (\alpha_1 + \beta_n)^{-1} \\ \ldots & & \ldots \\ (\alpha_n + \beta_1)^{-1} & \ldots & (\alpha_n + \beta_n)^{-1} \end{pmatrix} = \frac{\prod_{i<j}(\alpha_j - \alpha_i)(\beta_j - \beta_i)}{\prod_{i,j}(\alpha_i + \beta_j)}$$

4.4 Die Cramersche Regel

Wir wollen zunächst zu einer Matrix $A = (\alpha_{ij})_{i,j} \in K^{n \times n}$ die sogenannte *adjungierte* Matrix A^{ad} erklären. Hierzu konstruieren wir für
beliebige Indizes $i, j \in \{1, \ldots, n\}$ eine $(n \times n)$-Matrix A_{ij} aus A, indem wir alle Elemente $\alpha_{i1}, \ldots, \alpha_{in}$ der i-ten Zeile und alle Elemente
$\alpha_{1j}, \ldots, \alpha_{nj}$ der j-ten Spalte von A durch 0 ersetzen, bis auf das Element α_{ij} im Schnittpunkt von i-ter Zeile und j-ter Spalte, welches wir
zu 1 abändern, also:

$$
A_{ij} = \begin{pmatrix}
\alpha_{11} & \cdots & \alpha_{1,j-1} & 0 & \alpha_{1,j+1} & \cdots & \alpha_{1n} \\
.. & \cdots & .. & .. & .. & \cdots & .. \\
\alpha_{i-1,1} & \cdots & \alpha_{i-1,j-1} & 0 & \alpha_{i-1,j+1} & \cdots & \alpha_{i-1,n} \\
0 & \cdots & 0 & 1 & 0 & \cdots & 0 \\
\alpha_{i+1,1} & \cdots & \alpha_{i+1,j-1} & 0 & \alpha_{i+1,j+1} & \cdots & \alpha_{i+1,n} \\
.. & \cdots & .. & .. & .. & \cdots & .. \\
\alpha_{n1} & \cdots & \alpha_{n,j-1} & 0 & \alpha_{n,j+1} & \cdots & \alpha_{nn}
\end{pmatrix}
$$

Weiter werde die Matrix $A'_{ij} \in K^{(n-1) \times (n-1)}$ durch Streichen der i-ten
Zeile und der j-ten Spalte von A_{ij} erklärt.

Bemerkung 1. *Es sei $A \in K^{n \times n}$ eine Matrix mit den Spalten
$a_1, \ldots, a_n \in K^n$. Dann gilt für Indizes $1 \le i, j \le n$:*
    (i) $\det(A_{ij}) = (-1)^{i+j} \cdot \det(A'_{ij})$.
    *(ii) $\det(A_{ij}) = \det(a_1, \ldots, a_{j-1}, e_i, a_{j+1}, \ldots, a_n)$, wobei der Spalten-
vektor $e_i = (\delta_{1i}, \ldots, \delta_{ni})^t$ der i-te Einheitsvektor in K^n ist.*

Beweis. Für $i = j = 1$ ist A_{ij} von der Gestalt

$$
A_{11} = \begin{pmatrix} 1 & 0 \\ 0 & A'_{11} \end{pmatrix},
$$

und wir erhalten, wie in Abschnitt 4.3 berechnet,

$$
\det(A_{11}) = 1 \cdot \det(A'_{11}).
$$

Den Allgemeinfall von (i) führt man leicht hierauf zurück, indem man
in A_{ij} die i-te Zeile mit allen vorhergehenden Zeilen sowie die j-te Spalte mit allen vorhergehenden Spalten vertauscht. Dies sind insgesamt

$(i - 1) + (j - 1)$ Vertauschungen, so dass sich die Determinante der neuen Matrix dabei von $\det(A_{ij})$ um den Faktor $(-1)^{i+j}$ unterscheidet.

Weiter ergibt sich (ii) aus 4.3/6 (i), da sich die Matrix mit den Spalten $a_1, \ldots, a_{j-1}, e_i, a_{j+1}, \ldots, a_n$ in die Matrix A_{ij} überführen lässt, indem man geeignete Vielfache der j-ten Spalte e_i von den restlichen subtrahiert.   □

Definition 2. *Für eine Matrix $A = (\alpha_{ij})_{i,j} \in K^{n \times n}$ und für Indizes $1 \le i, j \le n$ bilde man die Matrizen A_{ij}, A'_{ij} wie vorstehend beschrieben. Dann heißt*

$$\tilde{\alpha}_{ij} = \det(A_{ij}) = (-1)^{i+j} \cdot \det(A'_{ij})$$

der Cofaktor von A zum Indexpaar (i, j) oder, in nicht ganz korrekter Sprechweise, der Cofaktor von A zum Koeffizienten α_{ij}. Die Matrix $\tilde{A} = (\tilde{\alpha}_{ij})_{i,j}$ wird als Matrix der Cofaktoren von A bezeichnet und

$$A^{\mathrm{ad}} := \tilde{A}^t = (\tilde{\alpha}_{ji})_{i,j}$$

als die zu A adjungierte Matrix (oder die zu A gehörige Komplementärmatrix).

Als Nächstes wollen wir eine fundamentale Beziehung zwischen einer Matrix A und ihrer adjungierten A^{ad} beweisen, welche im weiteren Sinne als sogenannte *Cramersche Regel* bezeichnet wird.

Satz 3. *Sei $A = (\alpha_{ij})_{i,j} \in K^{n \times n}$, und sei $E \in K^{n \times n}$ die Einheitsmatrix. Dann gilt*

$$A^{\mathrm{ad}} \cdot A = A \cdot A^{\mathrm{ad}} = \det(A) \cdot E.$$

In ausführlicher Schreibweise bedeutet diese Identität:

$$\sum_{j=1}^{n} \tilde{\alpha}_{ji} \alpha_{jk} = \delta_{ik} \cdot \det(A),$$

$$\sum_{j=1}^{n} \alpha_{ij} \tilde{\alpha}_{kj} = \delta_{ik} \cdot \det(A),$$

für $1 \le i, k \le n$.

Beweis. Es seien $a_1, \ldots, a_n$ die n Spalten von A. Dann rechnet man unter Ausnutzung von Bemerkung 1

$$\sum_{j=1}^{n} \tilde{\alpha}_{ji} \alpha_{jk} = \sum_{j=1}^{n} \alpha_{jk} \cdot \det(A_{ji})$$

$$= \sum_{j=1}^{n} \alpha_{jk} \cdot \det(a_1, \ldots, a_{i-1}, e_j, a_{i+1}, \ldots, a_n)$$

$$= \det(a_1, \ldots, a_{i-1}, a_k, a_{i+1}, \ldots, a_n)$$

$$= \delta_{ik} \cdot \det(A),$$

d. h. es gilt $\tilde{A}^t \cdot A = \det(A) \cdot E$. Um zu sehen, dass dies auch gleich $A \cdot \tilde{A}^t$ ist, benutze man die gerade bewiesene Beziehung für A^t anstelle von A, also

$$(\widetilde{A^t})^t \cdot A^t = \det(A^t) \cdot E.$$

Da man offenbar $\widetilde{A^t} = \tilde{A}^t$ hat, ergibt sich

$$\tilde{A} \cdot A^t = \det(A) \cdot E$$

unter Benutzung von $\det(A^t) = \det(A)$, vgl. 4.3/4. Transponieren liefert dann wie gewünscht

$$A \cdot \tilde{A}^t = \det(A) \cdot E.$$

$\square$

Wir wollen einige Folgerungen aus diesem Satz ziehen. Zunächst erhält man als Spezialfall der Gleichungen in Satz 3 den nach Laplace benannten Satz zum Entwickeln einer Determinante nach einer Zeile oder Spalte.

Korollar 4. *Sei $A = (\alpha_{ij})_{i,j} \in K^{n \times n}$. Dann gilt:*

$$\det(A) = \sum_{i=1}^{n} \alpha_{ij} \cdot \det(A_{ij}) = \sum_{i=1}^{n} (-1)^{i+j} \cdot \alpha_{ij} \cdot \det(A'_{ij}), \quad j = 1, \ldots, n,$$

$$\det(A) = \sum_{j=1}^{n} \alpha_{ij} \cdot \det(A_{ij}) = \sum_{j=1}^{n} (-1)^{i+j} \cdot \alpha_{ij} \cdot \det(A'_{ij}), \quad i = 1, \ldots, n.$$

Dies sind die sogenannten Formeln zur Entwicklung von $\det(A)$ nach der j-ten Spalte bzw. i-ten Zeile.

Für invertierbare Matrizen kann man die Formeln in Satz 3 zur Berechnung der inversen Matrix benutzen.

Korollar 5. *Für $A \in \mathrm{GL}(n, K)$ gilt $A^{-1} = \det(A)^{-1} \cdot A^{\mathrm{ad}}$.*

Des Weiteren wollen wir noch die Cramersche Regel im engeren Sinne herleiten, die sich auf die Lösung linearer Gleichungssysteme bezieht.

Korollar 6. *Für eine Matrix $A \in \mathrm{GL}(n, K)$ und einen Spaltenvektor $b \in K^n$ betrachte man das lineare Gleichungssystem $A \cdot x = b$. Dann ist $x = A^{-1} \cdot b$ die eindeutige Lösung dieses Systems. Sind $a_1, \ldots, a_n$ die Spalten von A, so wird die i-te Komponente von $A^{-1} \cdot b$ gegeben durch*

$$\det(A)^{-1} \cdot \det(a_1, \ldots, a_{i-1}, b, a_{i+1}, \ldots, a_n).$$

Beweis. Wir benutzen die Formel $A^{-1} = \det(A)^{-1} \cdot \tilde{A}^t$ aus Korollar 5. Dann berechnet sich die i-te Komponente von $A^{-1} \cdot b$ für $b = (\beta_1, \ldots, \beta_n)^t$ mittels Bemerkung 1 zu

$$\det(A)^{-1} \cdot \sum_{j=1}^{n} \tilde{\alpha}_{ji}\beta_j = \det(A)^{-1} \cdot \sum_{j=1}^{n} \det(A_{ji})\beta_j$$

$$= \det(A)^{-1} \cdot \sum_{j=1}^{n} \det(a_1, \ldots, a_{i-1}, \beta_j e_j, a_{i+1}, \ldots, a_n)$$

$$= \det(A)^{-1} \cdot \det(a_1, \ldots, a_{i-1}, b, a_{i+1}, \ldots, a_n).$$

$\square$

Aufgaben

1. Man löse das folgende lineare Gleichungssystem mittels Cramerscher Regel:

$$2x_1 + 2x_2 + 4x_3 = 1$$
$$2x_1 - 3x_2 + 2x_3 = 0$$
$$5x_1 + 4x_2 + 3x_3 = 1$$

2. Es sei $A = (\alpha_{ij}) \in \mathrm{GL}(n, \mathbb{R})$ eine invertierbare Matrix mit Koeffizienten $\alpha_{ij} \in \mathbb{Z}$. Man zeige (AT 434):

   (i) A^{-1} hat Koeffizienten in $\mathbb{Q}$.

   (ii) A^{-1} hat genau dann Koeffizienten in $\mathbb{Z}$, wenn $\det(A) = \pm 1$ gilt.

3. Man zeige für invertierbare Matrizen $A, B \in \mathrm{GL}(n, K)$ und $\alpha \in K$:

   (i) $(\alpha A)^{\mathrm{ad}} = \alpha^{n-1} A^{\mathrm{ad}}$

   (ii) $(A^t)^{\mathrm{ad}} = (A^{\mathrm{ad}})^t$

   (iii) $(AB)^{\mathrm{ad}} = B^{\mathrm{ad}} A^{\mathrm{ad}}$

   (iv) $\det(A^{\mathrm{ad}}) = \det(A)^{n-1}$

   (v) $(A^{\mathrm{ad}})^{\mathrm{ad}} = \det(A)^{n-2} A$

   (vi) $(A^{\mathrm{ad}})^{-1} = (A^{-1})^{\mathrm{ad}}$

Bemerkung: Alle vorstehenden Beziehungen, mit Ausnahme der letzten, bleiben auch für beliebige Matrizen aus $K^{n \times n}$ gültig. Um dies aus dem Fall invertierbarer Matrizen zu folgern, sind allerdings Konstruktionen erforderlich, die im Moment noch nicht zur Verfügung stehen.

4. Es gelte $\sum_{i=1}^{n} \alpha_i a_i = b$ für Spaltenvektoren $a_1, \ldots, a_n, b \in K^n$ und Koeffizienten $\alpha_1, \ldots, \alpha_n \in K$. Man zeige

$$\det(a_1, \ldots, a_{i-1}, b, a_{i+1}, \ldots, a_n) = \alpha_i \cdot \det(a_1, \ldots, a_n), \quad i = 1, \ldots, n,$$

und folgere hieraus die Aussage von Korollar 6. (AT 435)

4.5 Äußere Produkte*

In Abschnitt 4.2 haben wir alternierende Multilinearformen in n Variablen auf einem n-dimensionalen K-Vektorraum V studiert. Wir wollen nun allgemeiner auf einem beliebigen K-Vektorraum V alternierende multilineare Abbildungen in einer gewissen Anzahl r von Variablen mit Werten in einem K-Vektorraum W betrachten. Dabei heißt eine Abbildung $\Phi \colon V^r \longrightarrow W, (a_1, \ldots, a_r) \longmapsto \Phi(a_1, \ldots, a_r)$, *multilinear*, wenn Φ linear in jedem Argument ist, sowie *alternierend*, wenn $\Phi(a_1, \ldots, a_r) = 0$ gilt, sofern zwei der Vektoren $a_1, \ldots, a_r \in V$ übereinstimmen. Entsprechend wie in 4.2/2 bzw. 4.2/3 zeigt man:

Bemerkung 1. *Für K-Vektorräume V, W und $r \in \mathbb{N}$ betrachte man eine alternierende multilineare Abbildung $\Phi \colon V^r \longrightarrow W$. Dann gilt für Vektoren $a_1, \ldots, a_r \in V$:*

(i) $\Phi(a_1, \ldots, a_r) = 0$, *sofern $a_1, \ldots, a_r$ linear abhängig sind.*

(ii) $\Phi(a_{\pi(1)}, \ldots, a_{\pi(r)}) = \operatorname{sgn} \pi \cdot \Phi(a_1, \ldots, a_r)$ *für jede Permutation* $\pi \in \mathfrak{S}_r$.

Insbesondere folgt aus (i), dass es im Falle $r > \dim_K V$ nur triviale multilineare alternierende Abbildungen $V^r \longrightarrow W$ gibt. Wir wollen im Folgenden zu V und $r \in \mathbb{N}$ einen K-Vektorraum $\bigwedge^r V$ konstruieren, derart dass die alternierenden multilinearen Abbildungen $V^r \longrightarrow W$ in einen beliebigen K-Vektorraum W hinein in bijektiver Weise den K-linearen Abbildungen $\bigwedge^r V \longrightarrow W$ entsprechen.

Satz 2. *Zu einem K-Vektorraum V und einer natürlichen Zahl $r \in \mathbb{N}$ gibt es stets einen K-Vektorraum D mit einer multilinearen alternierenden Abbildung $\sigma \colon V^r \longrightarrow D$, welche folgende universelle Eigenschaft besitzt:*

Ist $\Phi \colon V^r \longrightarrow W$ eine alternierende multilineare Abbildung in einen K-Vektorraum W, so existiert eindeutig eine K-lineare Abbildung $\varphi \colon D \longrightarrow W$ mit $\Phi = \varphi \circ \sigma$, so dass also das Diagramm

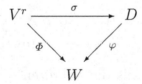

kommutiert.

Das Paar (D, σ) ist durch diese Abbildungseigenschaft bis auf kanonische Isomorphie eindeutig bestimmt.

Dass in der Situation des Satzes zwei Paare (D, σ) und (D', σ'), welche die genannte universelle Abbildungseigenschaft besitzen, in kanonischer Weise isomorph sind, kann man leicht einsehen. Es gibt dann nämlich eine eindeutig bestimmte K-lineare Abbildung $\iota \colon D \longrightarrow D'$ mit $\sigma' = \iota \circ \sigma$, sowie eine eindeutig bestimmte K-lineare Abbildung $\iota' \colon D' \longrightarrow D$ mit $\sigma = \iota' \circ \sigma'$. Also hat man

$$\sigma = \iota' \circ \sigma' = \iota' \circ \iota \circ \sigma, \qquad \sigma' = \iota \circ \sigma = \iota \circ \iota' \circ \sigma',$$

und damit

$$\operatorname{id}_D \circ \sigma = (\iota' \circ \iota) \circ \sigma, \qquad \operatorname{id}_{D'} \circ \sigma' = (\iota \circ \iota') \circ \sigma'.$$

Deshalb sind id_D, $\iota' \circ \iota \colon D \longrightarrow D$ zwei K-lineare Abbildungen, die durch Komposition mit $\sigma \colon V^r \longrightarrow D$ dieselbe alternierende multilineare Abbildung $V^r \longrightarrow D$ ergeben. Die Eindeutigkeitsaussage in der Abbildungseigenschaft für (D, σ) ergibt dann $\iota' \circ \iota = \mathrm{id}_D$. Entsprechend erhält man $\iota \circ \iota' = \mathrm{id}_{D'}$, und es folgt, dass ι und ι' zueinander inverse Isomorphismen sind, eben die kanonischen Isomorphismen, deren Existenz im Satz behauptet wird.

In der Situation von Satz 2, dessen Beweis wir weiter unten fortführen werden, nennt man den K-Vektorraum D das *r-fache äußere Produkt* oder *die r-fache äußere Potenz* von V und benutzt hierfür die Notation $\bigwedge^r V$. Das Bild eines Tupels $(a_1, \ldots, a_r) \in V^r$ unter der multilinearen alternierenden Abbildung $\sigma \colon V^r \longrightarrow \bigwedge^r V$ wird mit

$$a_1 \wedge \ldots \wedge a_r$$

bezeichnet, wobei man hier auch von dem *äußeren* oder *Dachprodukt* der Elemente $a_1, \ldots, a_r$ spricht. Diese Produktbildung ist linear und alternierend in den einzelnen Faktoren, d. h. es gilt für einen festen Index $i \in \{1, \ldots, r\}$ und Elemente $\alpha, \beta \in K$, $a_1, \ldots, a_r, b_i \in V$

$$a_1 \wedge \ldots \wedge (\alpha a_i + \beta b_i) \wedge \ldots \wedge a_r$$
$$= \alpha \cdot (a_1 \wedge \ldots \wedge a_i \wedge \ldots \wedge a_r) + \beta \cdot (a_1 \wedge \ldots \wedge b_i \wedge \ldots \wedge a_r),$$

sowie $a_1 \wedge \ldots \wedge a_r = 0$, falls die Vektoren $a_1, \ldots, a_r$ nicht paarweise verschieden sind. Wir können sogar aus der universellen Abbildungseigenschaft von $\bigwedge^r V$ folgende Information ableiten:

Bemerkung 3. *Der K-Vektorraum $\bigwedge^r V$ wird von den Elementen $a_1 \wedge \ldots \wedge a_r$ mit $a_1, \ldots, a_r \in V$ erzeugt.*

Beweis. Es sei $D' \subset \bigwedge^r V$ der lineare Unterraum, der von allen Elementen des Typs $a_1 \wedge \ldots \wedge a_r$ erzeugt wird. Da das Bild von $\sigma \colon V^r \longrightarrow \bigwedge^r V$ in D' liegt, führt jede Zerlegung

$$\Phi \colon V^r \overset{\sigma}{\longrightarrow} \bigwedge^r V \overset{\varphi}{\longrightarrow} W$$

einer multilinearen alternierenden Abbildung $\Phi \colon V^r \longrightarrow W$ automatisch zu einer Zerlegung

$$\Phi \colon V^r \overset{\sigma}{\longrightarrow} D' \overset{\varphi'}{\longrightarrow} W$$

mit $\varphi' = \varphi|_{D'}$. Nun ist φ' aufgrund der Gleichung $\Phi = \varphi' \circ \sigma$ notwendigerweise eindeutig bestimmt auf dem Bild im σ, also auch auf dem von im σ erzeugten linearen Unterraum von D', d. h. auf D' selbst. Somit erfüllt D' zusammen mit σ die universelle Eigenschaft eines äußeren Produkts, und man sieht wie oben, dass die Abbildung $D' \longhookrightarrow \bigwedge^r V$ ein Isomorphismus ist, als Inklusion also die Identität darstellt. Somit bilden die Elemente des Typs $a_1 \wedge \ldots \wedge a_r$ in der Tat ein Erzeugendensystem von $D' = \bigwedge^r V$.   □

Wir erleben hier zum ersten Mal, dass mathematische Objekte, nämlich der K-Vektorraum $\bigwedge^r V$ und die alternierende multilineare Abbildung

$$\sigma \colon V^r \longrightarrow \bigwedge^r V, \qquad (a_1, \ldots, a_r) \longmapsto a_1 \wedge \ldots \wedge a_r,$$

nicht in konkreter Weise, sondern nur bis auf kanonische Isomorphie definiert werden. Natürlich muss noch gezeigt werden, dass Objekte mit den spezifizierten Eigenschaften auch wirklich existieren. Wir werden hierfür ein explizites Konstruktionsverfahren verwenden, das jedoch wegen seiner allgemeinen Natur nur von untergeordnetem Interesse sein kann. Stattdessen ist die charakterisierende universelle Eigenschaft das entscheidende Hilfsmittel zur Handhabung des Vektorraums $\bigwedge^r V$.

Um nun den *Beweis zu Satz* 2 abzuschließen, bleibt noch die Existenz eines K-Vektorraums D zusammen mit einer alternierenden multilinearen Abbildung $\sigma \colon V^r \longrightarrow D$ nachzuweisen, welche die behauptete universelle Abbildungseigenschaft besitzt. Hierzu betrachten wir, motiviert durch die Aussage von Bemerkung 3, den freien von allen Symbolen $v \in V^r$ erzeugten K-Vektorraum, nämlich

$$\hat{D} = \{(\alpha_v)_{v \in V^r} \,;\, \alpha_v \in K, \; \alpha_v = 0 \text{ für fast alle } v\},$$

den wir als linearen Unterraum des kartesischen Produkts K^{V^r} auffassen. Das System der Elemente

$$e_v = (\delta_{v,v'})_{v' \in V^r}, \qquad v \in V^r,$$

bildet eine Basis von $\hat{D}$, wobei wir für Tupel $v = (a_1, \ldots, a_r) \in V^r$ anstelle von e_v auch ausführlicher $e_{(a_1, \ldots, a_r)}$ schreiben werden.

Sei $R \subset \hat{D}$ der lineare Unterraum, der von allen Elementen der Gestalt

$$e_{(\dots,\alpha a+\beta b,\dots)} - \alpha \cdot e_{(\dots,a,\dots)} - \beta \cdot e_{(\dots,b,\dots)},$$
$$e_{(\dots,a,\dots,a,\dots)}$$

mit $\alpha, \beta \in K$, $a, b \in V$ erzeugt wird (wobei bei den Elementen ersteren Typs die Einträge an einer festen Stelle i stehen und die restlichen Einträge in allen drei Termen jeweils unverändert sind). Man setze dann $D = \hat{D}/R$ und bezeichne die Restklasse eines Basiselementes $e_{(a_1,\dots,a_r)} \in \hat{D}$ mit $a_1 \wedge \dots \wedge a_r$. Dann ist nach Definition von R die Abbildung

$$\sigma \colon V^r \longrightarrow D, \qquad (a_1,\dots,a_r) \longmapsto e_{(a_1,\dots,a_r)} \longmapsto a_1 \wedge \dots \wedge a_r,$$

sozusagen erzwungenermaßen multilinear und alternierend. Um zu erkennen, dass σ die behauptete universelle Abbildungseigenschaft besitzt, betrachte man eine beliebige alternierende multilineare Abbildung $\Phi \colon V^r \longrightarrow W$ mit Werten in einem K-Vektorraum W. Dann kann man eine Abbildung $\hat{\varphi} \colon \hat{D} \longrightarrow W$ erklären, indem man die Bilder der kanonischen Basis $(e_v)_{v \in V^r}$ von $\hat{D}$ vorgibt, und zwar durch

$$\hat{\varphi}(e_{(a_1,\dots,a_r)}) = \Phi(a_1,\dots,a_r), \qquad (a_1,\dots,a_r) \in V^r.$$

Man vergleiche hierzu Satz 2.1/7 (ii), den man in einer Version für nicht notwendig endliche Basen benötigt. Es entsteht somit das folgende kommutative Diagramm, wobei die Existenz der Abbildung φ noch zu begründen ist:

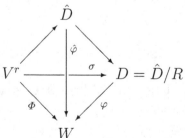

Aus der Eigenschaft, dass Φ multilinear und alternierend ist, ergibt sich sofort, dass $\ker \hat{\varphi}$ alle erzeugenden Elemente von R, also R selbst enthält. Mittels des Homomorphiesatzes 2.2/8 folgt dann, dass $\hat{\varphi}$ über den Quotienten $D = \hat{D}/R$ faktorisiert, sich also als Komposition der Projektion $\hat{D} \longrightarrow D$ und einer K-linearen Abbildung $\varphi\colon D \longrightarrow W$ schreiben lässt, wobei φ die Gleichung

$$(*) \qquad \varphi(a_1 \wedge \ldots \wedge a_r) = \Phi(a_1, \ldots, a_r)$$

für $(a_1, \ldots, a_r) \in V^r$ erfüllt; dies bedeutet aber $\Phi = \varphi \circ \sigma$.

Es bleibt nun noch nachzuweisen, dass φ als K-lineare Abbildung durch die Gleichung $\Phi = \varphi \circ \sigma$ eindeutig bestimmt ist. Gilt diese Gleichung, d. h. gilt $(*)$ für alle Tupel in V^r, so ist φ jedenfalls eindeutig bestimmt auf dem linearen Unterraum von D, der von allen Elementen des Typs $a_1 \wedge \ldots \wedge a_r$ erzeugt wird; vgl. 2.1/7. Dieser Unterraum ist aber identisch mit D, da die Elemente $e_{(a_1,\ldots,a_r)}$ nach unserer Konstruktion eine Basis von $\hat{D}$ bilden, die Elemente $a_1 \wedge \ldots \wedge a_r$ also immerhin noch den Quotientenvektorraum D erzeugen. $\qquad\square$

Die vorstehende Konstruktion ergibt im Fall $r = 0$ einen eindimensionalen K-Vektorraum $\bigwedge^0 V$, der von dem Bild des leeren Tupels aus V^0 erzeugt wird. Eine solche Situation lässt sich natürlich konkretisieren: Man setzt $\bigwedge^0 V := K$, wobei man vereinbart, dass das Produkt $a_1 \wedge \ldots \wedge a_r$ für $r = 0$ leer ist und demgemäß den Wert 1 hat.

Als Nächstes wollen wir überlegen, wie man, ausgehend von einer Basis $X = (x_1, \ldots, x_n)$ eines K-Vektorraums V eine Basis von $\bigwedge^r V$ erhalten kann. Hierzu bezeichne Z_r^n für $n, r \in \mathbb{N}$ die Menge aller r-elementigen Teilmengen von $\{1, \ldots, n\}$. Weiter werde für Elemente $H \in Z_r^n$ der Vektor $x_H \in \bigwedge^r V$ durch $x_H = x_{h_1} \wedge \ldots \wedge x_{h_r}$ erklärt, wobei man $H = \{h_1, \ldots, h_r\}$ mit $h_1 < \ldots < h_r$ schreibe. Für Elemente $a_1, \ldots, a_r \in V$, etwa $a_j = \sum_{i=1}^n \alpha_{ij} x_i$ mit Koeffizienten $\alpha_{ij} \in K$, setzen wir dann noch

$$\det{}_{X,H}(a_1, \ldots, a_r) = \sum_{\pi \in \mathfrak{S}_r} \operatorname{sgn}(\pi) \cdot \alpha_{h_{\pi(1)},1} \ldots \alpha_{h_{\pi(r)},r}.$$

Es ist also $\det_{X,H}(a_1, \ldots, a_r)$, abgesehen vielleicht von dem trivialen Fall $r = 0$, die Determinante derjenigen $(r \times r)$-Matrix, die man aus der $(n \times r)$-Matrix $(a_{1,X}, \ldots, a_{r,X})$ erhält, indem man alle Zeilen mit einem Index $i \notin H$ streicht; dabei ist $a_{j,X}$ jeweils der Koordinatenspaltenvektor von a_j bezüglich der Basis X, $j = 1, \ldots, r$. Insbesondere ergibt sich, dass $\det_{X,H}\colon V^r \longrightarrow K$ eine alternierende multilineare Abbildung ist.

Satz 4. *Wie vorstehend beschrieben betrachte man einen K-Vektorraum V mit einer Basis $X = (x_1, \ldots, x_n)$, sowie das r-te äußere Produkt $\bigwedge^r V$.*

(i) *Die Elemente x_H, $H \in Z_r^n$, bilden eine Basis von $\bigwedge^r V$. Insbesondere gilt $\dim_K(\bigwedge^r V) = \binom{n}{r}$.*

(ii) *Für beliebige Elemente $a_1, \ldots, a_r \in V$ gilt*

$$a_1 \wedge \ldots \wedge a_r = \sum_{H \in Z_r^n} \det{}_{X,H}(a_1, \ldots, a_r) x_H.$$

Beweis. Der Fall $r = 0$ ist trivial; sei also $r > 0$. Als alternierende multilineare Abbildung faktorisiert $\det_{X,H} \colon V^r \longrightarrow K$ über eine K-lineare Abbildung

$$d_{X,H} \colon \bigwedge{}^r V \longrightarrow K,$$

und es gilt $d_{X,H}(x_{H'}) = \delta_{H,H'}$ für $H, H' \in Z_r^n$, wie man leicht einsieht. Letztere Gleichungen können aber nur dann bestehen, wenn die Elemente x_H, $H \in Z_r^n$, linear unabhängig sind. Dass weiter die x_H ein Erzeugendensystem und damit insgesamt eine Basis von $\bigwedge^r V$ bilden, folgt dann aus (ii), da die Elemente des Typs $a_1 \wedge \ldots \wedge a_r$ ein Erzeugendensystem bilden.

Es bleibt also noch Aussage (ii) nachzuweisen. Für $a_j = \sum_{i=1}^n \alpha_{ij} x_i$, $j = 1, \ldots, r$, mit Koeffizienten $\alpha_{ij} \in K$ kann man wie folgt rechnen:

$$
\begin{aligned}
a_1 \wedge \ldots \wedge a_r &= \sum_{i_1, \ldots, i_r = 1}^n \alpha_{i_1,1} \ldots \alpha_{i_r,r} \cdot x_{i_1} \wedge \ldots \wedge x_{i_r} \\
&= \sum_{H \in Z_r^n} \sum_{\pi \in \mathfrak{S}_r} \operatorname{sgn}(\pi) \alpha_{h_{\pi(1)},1} \ldots \alpha_{h_{\pi(r)},r} \cdot x_H \\
&= \sum_{H \in Z_r^n} \det{}_{X,H}(a_1, \ldots, a_r) \cdot x_H.
\end{aligned}
$$

$\square$

Der gerade gegebene Beweis zeigt im Übrigen, dass die von den alternierenden multilinearen Abbildungen $\det_{X,H} \colon V^r \longrightarrow K$ induzierten K-linearen Abbildungen $d_{X,H} \colon \bigwedge^r V \longrightarrow K$ eine Basis des Dualraums $(\bigwedge^r V)^*$ bilden, nämlich gerade die duale Basis zu der Basis von $\bigwedge^r V$, die von den Elementen x_H gebildet wird.

Ist $f\colon V \longrightarrow W$ eine lineare Abbildung zwischen K-Vektorräumen, so gibt es für $r \in \mathbb{N}$ eine eindeutig bestimmte K-lineare Abbildung

mit
$$\textstyle\bigwedge^r f\colon \bigwedge^r V \longrightarrow \bigwedge^r W$$
$$\textstyle\bigwedge^r f(a_1 \wedge \ldots \wedge a_r) = f(a_1) \wedge \ldots \wedge f(a_r).$$

Da die Elemente des Typs $a_1 \wedge \ldots \wedge a_r$ den Vektorraum $\bigwedge^r V$ erzeugen, ist die Eindeutigkeit von $\bigwedge^r f$ klar. Zum Nachweis der Existenz betrachte man im Falle $r > 0$ die alternierende multilineare Abbildung

$$V^r \longrightarrow \textstyle\bigwedge^r W, \qquad (a_1, \ldots, a_r) \longmapsto f(a_1) \wedge \ldots \wedge f(a_r),$$

und nutze aus, dass diese über $\bigwedge^r V$ faktorisiert.

Korollar 5. *Es sei* $f\colon V \longrightarrow V$ *ein Endomorphismus eines K-Vektorraums V endlicher Dimension n. Dann ist der zugehörige Endomorphismus*
$$\textstyle\bigwedge^n f\colon \bigwedge^n V \longrightarrow \bigwedge^n V$$
gerade die Multiplikation mit $\det(f) \in K$.

Beweis. Man wähle eine Basis $X = (x_1, \ldots, x_n)$ von V. Dann gilt

$$(\textstyle\bigwedge^n f)(x_1 \wedge \ldots \wedge x_n) = f(x_1) \wedge \ldots \wedge f(x_n),$$

sowie nach Satz 4

$$f(x_1) \wedge \ldots \wedge f(x_n) = \det(f(x_1)_X, \ldots, f(x_n)_X) \cdot x_1 \wedge \ldots \wedge x_n.$$

Da $x_1 \wedge \ldots \wedge x_n$ eine Basis von $\bigwedge^n V$ bildet, folgt die Behauptung. $\square$

Wir wollen nun noch zeigen, dass man das Dachprodukt " $\wedge$ " als Produkt in einem geeigneten Ring auffassen kann.

Lemma 6. *Es sei V ein K-Vektorraum. Zu $r, s \in \mathbb{N}$ existiert dann eine K-bilineare Abbildung*

$$\wedge\colon \textstyle\bigwedge^r V \times \bigwedge^s V \longrightarrow \bigwedge^{r+s} V,$$
$$(a_1 \wedge \ldots \wedge a_r,\ b_1 \wedge \ldots \wedge b_s) \longmapsto a_1 \wedge \ldots \wedge a_r \wedge b_1 \wedge \ldots \wedge b_s,$$

welche durch die angegebene Abbildungsvorschrift eindeutig charakterisiert ist.

Beweis. Man betrachte die alternierende multilineare Abbildung

$$\Phi\colon V^{r+s} \longrightarrow \bigwedge^{r+s} V,$$
$$(a_1,\dots,a_r,\ b_1,\dots,b_s) \longmapsto a_1 \wedge \dots \wedge a_r \wedge b_1 \wedge \dots \wedge b_s,$$

wobei wir $r, s > 0$ annehmen. Die Fälle $r = 0$ oder $s = 0$ sind in ähnlicher Weise zu behandeln, unter Verwendung der Konvention, dass leere Produkte den Wert 1 haben. Für fest gewählte Elemente $a_1,\dots,a_r \in V$ ergibt sich eine alternierende multilineare Abbildung

$$V^s \longrightarrow \bigwedge^{r+s} V,$$
$$(b_1,\dots,b_s) \longmapsto a_1 \wedge \dots \wedge a_r \wedge b_1 \wedge \dots \wedge b_s,$$

welche durch $\bigwedge^s V$ faktorisiert. Es induziert Φ daher eine Abbildung

$$\Phi'\colon V^r \times \bigwedge^s V \longrightarrow \bigwedge^{r+s} V,$$
$$\left(a_1,\dots,a_r,\ \sum_j b_{j1} \wedge \dots \wedge b_{js}\right) \longmapsto \sum_j a_1 \wedge \dots \wedge a_r \wedge b_{j1} \wedge \dots \wedge b_{js},$$

und man sieht, da Dachprodukte der Form $a_1 \wedge \dots \wedge a_r \wedge b_1 \wedge \dots \wedge b_s$ multilinear und alternierend in den einzelnen Faktoren sind, dass der Ausdruck $\Phi'(\cdot, b)$ für festes $b \in \bigwedge^s V$ multilinear und alternierend auf V^r ist. Folglich induziert Φ' eine Abbildung

$$\Phi''\colon \bigwedge^r V \times \bigwedge^s V \longrightarrow \bigwedge^{r+s} V,$$
$$\left(\sum_i a_{i1} \wedge \dots \wedge a_{ir},\ \sum_j b_{j1} \wedge \dots \wedge b_{js}\right) \longmapsto \sum_{ij} a_{i1} \wedge \dots \wedge a_{ir} \wedge b_{j1} \wedge \dots \wedge b_{js},$$

derart, dass $\Phi''(\cdot, b)$ für alle $b \in \bigwedge^s V$ eine K-lineare Abbildung auf $\bigwedge^r V$ ist. Die Rechenregeln für Dachprodukte zeigen dann, dass Φ'' sogar, wie gewünscht, K-bilinear ist. Dass Φ'' durch die angegebene Abbildungsvorschrift eindeutig charakterisiert ist, folgt daraus, dass die Elemente des Typs $a_1 \wedge \dots \wedge a_r$ ein Erzeugendensystem von $\bigwedge^r V$ bilden und Entsprechendes für $\bigwedge^s V$ gilt. $\square$

Man kann nun zu einem K-Vektorraum V die (konstruierte) direkte Summe

$$\bigwedge V = \bigoplus_{r \in \mathbb{N}} \bigwedge^r V$$

aller äußeren Potenzen bilden, womit man ähnlich wie in 1.6 denjenigen Teil des kartesischen Produktes $\prod_{r \in \mathbb{N}} \bigwedge^r V$ meint, der aus allen

Familien $(\lambda_r)_{r\in\mathbb{N}}$ mit $\lambda_r \in \bigwedge^r V$ sowie $\lambda_r = 0$ für fast alle $r \in \mathbb{N}$ besteht. Es ist $\bigwedge V$ in natürlicher Weise ein K-Vektorraum, und man kann zeigen, dass die in Lemma 6 betrachteten Abbildungen des Typs $\bigwedge^r V \times \bigwedge^s V \longrightarrow \bigwedge^{r+s} V$ auf $\bigwedge V$ eine Multiplikation definieren, derart dass $\bigwedge V$ ein Ring wird. Dabei erkennt man $K = \bigwedge^0 V$ in kanonischer Weise als Unterring von $\bigwedge V$ und spricht von einer K-Algebra. Genauer bezeichnet man $\bigwedge V$ als die *äußere Algebra* zu V.

Wir wollen hier die Produktbildung aus Lemma 6 lediglich dazu benutzen, um den sogenannten *allgemeinen Laplaceschen Entwicklungssatz* für Determinanten herzuleiten. Wir betrachten dazu wieder einen K-Vektorraum V mit Basis $X = (x_1, \ldots, x_n)$ und verwenden eine Notation wie in Satz 4, insbesondere sei an die alternierenden multilinearen Abbildungen $\det_{X,H}\colon V^r \longrightarrow K$ zu Elementen $H \in Z_r^n$ erinnert. Dabei stimmt $\det_{X,\{1,\ldots,n\}}$ mit der in 4.2/8 eingeführten Determinantenfunktion $\det_X$ überein. Weiter sei $H^\dagger \in Z_{n-r}^n$ für $H \in Z_r^n$ erklärt als Komplement $\{1, \ldots, n\} - H$, und man setze $\rho_H = (-1)^\nu$, wobei ν die Anzahl aller Paare $(h, h^\dagger) \in H \times H^\dagger$ mit $h > h^\dagger$ bezeichnet.

Satz 7. *Sei V ein K-Vektorraum mit Basis $X = (x_1, \ldots, x_n)$ und Vektoren $a_1, \ldots, a_n \in V$. Mit obiger Notation gilt dann für $1 \le r < n$:*

$$\det_X(a_1, \ldots, a_n) = \sum_{H\in Z_r^n} \rho_H \cdot \det_{X,H}(a_1, \ldots, a_r) \cdot \det_{X,H^\dagger}(a_{r+1}, \ldots, a_n)$$

Beweis. Unter Verwendung von Satz 4 und Lemma 6 kann man wie folgt rechnen:

$$\det_X(a_1, \ldots, a_n) \cdot x_1 \wedge \ldots \wedge x_n = a_1 \wedge \ldots \wedge a_n$$
$$= (a_1 \wedge \ldots \wedge a_r) \wedge (a_{r+1} \wedge \ldots \wedge a_n)$$
$$= \Big(\sum_{H\in Z_r^n} \det_{X,H}(a_1, \ldots, a_r) \cdot x_H \Big) \wedge \Big(\sum_{H\in Z_{n-r}^n} \det_{X,H}(a_{r+1}, \ldots, a_n) \cdot x_H \Big)$$
$$= \sum_{H\in Z_r^n} \det_{X,H}(a_1, \ldots, a_r) \cdot \det_{X,H^\dagger}(a_{r+1}, \ldots, a_n) \cdot x_H \wedge x_{H^\dagger}$$
$$= \sum_{H\in Z_r^n} \rho_H \cdot \det_{X,H}(a_1, \ldots, a_r) \cdot \det_{X,H^\dagger}(a_{r+1}, \ldots, a_n) \cdot x_1 \wedge \ldots \wedge x_n$$

Da $x_1 \wedge \ldots \wedge x_n$ eine Basis von $\bigwedge^n V$ bildet, insbesondere also von Null verschieden ist, ergibt sich die gewünschte Beziehung. $\square$

Wenden wir Satz 7 auf $V = K^n$ und die kanonische Basis an, so beschreibt die hergeleitete Formel die Entwicklung der Determinante einer $(n \times n)$-Matrix nach den ersten r Spalten. Durch Spaltenvertauschung und Berücksichtigung entsprechender Vorzeichen gewinnt man einen Entwicklungssatz nach r beliebig vorgegebenen Spalten. Weiter kann man durch Transponieren hieraus einen Entwicklungssatz nach vorgegebenen r Zeilen gewinnen.

Aufgaben

1. Es sei V ein K-Vektorraum und $U \subset V$ ein linearer Unterraum. Man formuliere eine universelle Eigenschaft, die den Quotientenvektorraum V/U charakterisiert.

2. Es sei V ein K-Vektorraum. Man zeige, Vektoren $a_1, \ldots, a_r \in V$ sind genau dann linear unabhängig, wenn das Element $a_1 \wedge \ldots \wedge a_r \in \bigwedge^r V$ nicht trivial ist. (AT 436)

3. Es sei $f \colon V \longrightarrow W$ eine lineare Abbildung zwischen K-Vektorräumen. Man zeige für $r \in \mathbb{N}$, dass die Abbildung

$$\textstyle\bigwedge^r f \colon \bigwedge^r V \longrightarrow \bigwedge^r W$$

injektiv bzw. surjektiv ist, sofern f diese Eigenschaft besitzt.

4. Es sei V ein K-Vektorraum der Dimension $n < \infty$. Man bestimme

$$\dim \bigoplus\nolimits_{r \in \mathbb{N}} \left(\textstyle\bigwedge^r V \right).$$

5. Es sei K ein Körper der Charakteristik 0, d. h. für $n \in \mathbb{N}$ verschwindet die n-fache Summe $n \cdot 1_K$ des Einselementes $1_K \in K$ genau dann, wenn $n = 0$ gilt. Weiter betrachte man einen K-Vektorraum V und dessen äußeres Produkt $\bigwedge^2 V$, bestehend aus allen endlichen Summen über Produkte der Form $x \wedge y$ mit $x, y \in V$. Für $z \in \bigwedge^2 V$ sei $\operatorname{rg} z$ das Minimum aller $r \in \mathbb{N}$, so dass es eine Zerlegung $z = \sum_{i=1}^r x_i \wedge y_i$ mit $x_i, y_i \in V$ gibt; $\operatorname{rg} z$ wird als der *Rang* von z bezeichnet. Man zeige für $z \in \bigwedge^2 V$ und $r \in \mathbb{N}$, dass die folgenden Aussagen äquivalent sind (AT 438):

   (i) $\operatorname{rg} z = r$
   (ii) $z^r \neq 0$ und $z^{r+1} = 0$, wobei die Potenzen in der äußeren Algebra $\bigwedge V$ zu V zu bilden sind.

   Hinweis: Man darf Aufgabe 2 benutzen.

6. *Symmetrische Produkte*: Es sei V ein K-Vektorraum, und $r \in \mathbb{N}$. Eine Abbildung $\Phi\colon V^r \longrightarrow W$ in einen K-Vektorraum W heißt *symmetrisch*, wenn $\Phi(a_{\pi(1)}, \dots, a_{\pi(r)}) = \Phi(a_1, \dots, a_r)$ für alle r-Tupel $(a_1, \dots, a_r) \in V^r$ und alle Permutationen $\pi \in \mathfrak{S}_r$ gilt. Man zeige: Es existiert ein K-Vektorraum P mit einer symmetrischen multilinearen Abbildung $\sigma\colon V^r \longrightarrow P$, welche folgende universelle Eigenschaft erfüllt:

Zu jeder symmetrischen multilinearen Abbildung $\Phi\colon V^r \longrightarrow W$ in einen K-Vektorraum W existiert eindeutig eine K-lineare Abbildung $\varphi\colon P \longrightarrow W$ mit der Eigenschaft $\Phi = \varphi \circ \sigma$.

Man nennt P die r-te *symmetrische Potenz* von V.

5. Polynome

Überblick und Hintergrund

Für einen K-Vektorraum V der Dimension $n < \infty$ bilden die Endo-morphismen $\tau\colon V \longrightarrow V$ einen Ring $\mathrm{End}_K(V)$, der gemäß 3.3/2 als K-Vektorraum von der Dimension n^2 ist. Betrachtet man daher zu ei-nem Endomorphismus τ von V dessen Potenzen $\tau^{n^2}, \ldots, \tau^0 = \mathrm{id}$, so sind diese linear abhängig. Folglich existiert in $\mathrm{End}_K(V)$ eine Gleichung der Form

$$(*) \qquad \tau^r + c_1\tau^{r-1} + \ldots + c_r = 0$$

mit Konstanten $c_i \in K$ und einer natürlichen Zahl $r \le n^2$, wobei man stets $r \le n$ wählen kann, wie genauere Überlegungen später zeigen werden. Es handelt sich also um eine Gleichung r-ten Grades mit Ko-effizienten aus K, eine sogenannte *algebraische Gleichung* von τ über K. Diese kann genau dann linear gewählt werden (d. h. mit $r = 1$), wenn τ ein skalares Vielfaches der Identität ist, so dass im Allgemei-nen $r > 1$ gelten wird. Nun ist die Theorie algebraischer Gleichungen allerdings nicht mehr der *Linearen* Algebra zuzurechnen, sie gehört thematisch eher zu dem umfassenderen Bereich der *Algebra*.

Dennoch sind Gleichungen des Typs $(*)$ für unsere Zwecke sehr wichtig, da man aus ihnen wertvolle Informationen zur Struktur des Endomorphismus τ ablesen kann. All dies werden wir im Kapitel 6 über die Normalformentheorie von Endomorphismen genauestens erläutern. Dabei sind jedoch gewisse Grundkenntnisse über solche Gleichungen und insbesondere über die zugehörigen *Polynome*

$$(**) \qquad t^r + c_1t^{r-1} + \ldots + c_r$$

© Springer-Verlag GmbH Deutschland, ein Teil von Springer Nature 2021
S. Bosch, *Lineare Algebra*, https://doi.org/10.1007/978-3-662-62616-0_5

erforderlich, wobei das zu (∗) gehörige Polynom (∗∗) einen Ausdruck darstellt, in dem man τ durch eine sogenannte *Variable t* ersetzt hat, die bei Bedarf unterschiedliche Werte annehmen kann.

Wir werden in diesem Kapitel insbesondere den Ring aller Polynome mit Koeffizienten aus einem gegebenen Körper K betrachten und zeigen, dass dieser in Bezug auf Teilbarkeitseigenschaften sehr große Ähnlichkeiten mit dem Ring $\mathbb{Z}$ der ganzen Zahlen aufweist. Beispielsweise werden wir für Polynomringe den Satz von der eindeutigen Primfaktorzerlegung herleiten.

5.1 Ringe

Bereits im Abschnitt 3.3 hatten wir Ringe betrachtet, und zwar zu einer natürlichen Zahl $n \in \mathbb{N}$ den Matrizenring $K^{n \times n}$ über einem Körper K, sowie zu einem K-Vektorraum V den Endomorphismenring $\mathrm{End}_K(V)$. Um bestimmte Eigenschaften von Elementen in $K^{n \times n}$ oder $\mathrm{End}_K(V)$ genauer zu beschreiben, ist es zweckmäßig, wie oben angedeutet, sogenannte *Polynomringe* zu verwenden. Das Studium dieser Ringe ist zentrales Thema im vorliegenden Abschnitt. Wir beginnen jedoch mit der Zusammenstellung einiger Eigenschaften allgemeiner Ringe, wobei wir uns grundsätzlich auf Ringe *mit Eins* beschränken. Wenn wir also im Folgenden von einem *Ring* sprechen, so ist damit stets ein *Ring mit Eins* im Sinne von 3.3/1 gemeint. Mit anderen Worten, wir werden mit der folgenden Definition eines Ringes arbeiten:

Definition 1. *Eine Menge R mit zwei Verknüpfungen* " $+$ " *(Addition) und* " $\cdot$ " *(Multiplikation) heißt ein* Ring, *wenn folgende Bedingungen erfüllt sind:*

(i) *R ist eine abelsche Gruppe bezüglich der Addition.*

(ii) *Die Multiplikation ist assoziativ, d. h. es gilt*

$$(a \cdot b) \cdot c = a \cdot (b \cdot c) \quad \textit{für} \quad a, b, c \in R.$$

(iii) *Es existiert ein Einselement in R, also ein Element $1 \in R$, so dass $1 \cdot a = a = a \cdot 1$ für alle $a \in R$ gilt.*

(iv) *Addition und Multiplikation verhalten sich distributiv, d. h. für $a, b, c \in R$ gilt*

$$a \cdot (b + c) = a \cdot b + a \cdot c, \qquad (a + b) \cdot c = a \cdot c + b \cdot c.$$

Der Ring R heißt kommutativ, *wenn die Multiplikation kommutativ ist.*

Es ist klar, dass das Einselement 1 eines Ringes durch seine definierende Eigenschaft eindeutig bestimmt ist. Als naheliegendes Beispiel eines kommutativen Rings kann man den Ring $\mathbb{Z}$ der ganzen Zahlen betrachten. Im Übrigen ist jeder Körper, also insbesondere $\mathbb{Q}$, $\mathbb{R}$ oder $\mathbb{C}$, ein kommutativer Ring. Wie schon in Abschnitt 3.3 definiert, heißt ein Element a eines Ringes R eine *Einheit*, wenn es ein Element $b \in R$ mit $ab = ba = 1$ gibt. Die Menge R^* aller Einheiten von R bildet eine Gruppe bezüglich der Multiplikation. Für $1 \neq 0$ gilt $R^* \subset R - \{0\}$, wobei dies im Allgemeinen eine echte Inklusion ist. Genauer ist die Gleichung $R^* = R - \{0\}$ äquivalent zu der Bedingung, dass R ein Körper ist, zumindest wenn man R als kommutativen Ring voraussetzt. Als triviales Beispiel eines Rings hat man den sogenannten *Nullring* 0. Dieser besteht nur aus einem Element 0 mit den Verknüpfungen $0 + 0 = 0$ und $0 \cdot 0 = 0$. Hier ist das Element 0 ein Null- und Einselement zugleich, so dass wir $1 = 0$ schreiben können. Der Nullring ist der einzige Ring, in dem diese Gleichung gilt.

Bei dem Matrizenring $K^{n \times n}$ über einem Körper K bzw. dem Endomorphismenring $\mathrm{End}_K(V)$ eines K-Vektorraums V handelt es sich für $n \geq 2$ bzw. $\dim_K(V) \geq 2$ um nicht-kommutative Ringe; vgl. Abschnitt 3.3. Als weiteres Beispiel kann man für einen Ring R dessen n-faches kartesisches Produkt R^n als Ring betrachten, indem man Addition und Multiplikation komponentenweise erklärt:

$$(\alpha_1, \ldots, \alpha_n) + (\beta_1, \ldots, \beta_n) = (\alpha_1 + \beta_1, \ldots, \alpha_n + \beta_n)$$
$$(\alpha_1, \ldots, \alpha_n) \cdot (\beta_1, \ldots, \beta_n) = (\alpha_1 \cdot \beta_1, \ldots, \alpha_n \cdot \beta_n)$$

Es ist dann $0 = (0, \ldots, 0)$ das Nullelement und $1 = (1, \ldots, 1)$ das Einselement. Im Falle $R \neq 0$ und $n \geq 2$ zeigt die Gleichung

$$(1, 0, \ldots, 0) \cdot (0, \ldots, 0, 1) = (0, \ldots, 0),$$

dass dieser Ring nicht-triviale Nullteiler besitzt. Dabei heißt ein Element a eines Rings ein *Nullteiler*, wenn es ein Element $b \neq 0$ dieses Rings mit $a \cdot b = 0$ oder $b \cdot a = 0$ gibt. Man nennt einen kommutativen

Ring R mit $1 \neq 0$ einen *Integritätsring*, wenn R keine nicht-trivialen Nullteiler besitzt, wenn also für $a, b \in R - \{0\}$ stets $a \cdot b \neq 0$ gilt.

Als wichtiges Beispiel wollen wir nunmehr den *Polynomring $R[T]$* über einem *kommutativen* Ring R in einer Variablen T konstruieren. Um unsere Intentionen klarzulegen, gehen wir dabei zunächst in naiver Weise vor und erklären $R[T]$ als Menge aller formal gebildeten Summen des Typs $\sum_{i=0}^{m} a_i T^i$, mit Koeffizienten $a_i \in R$ und variabler oberer Grenze $m \in \mathbb{N}$. Addiert und multipliziert man solche Ausdrücke "wie gewöhnlich", so erkennt man $R[T]$ als kommutativen Ring. Dabei stelle man sich T als eine "variable" bzw. "allgemeine" Größe vor, für die man nach Bedarf Elemente z. B. aus R einsetzen darf. Wichtig ist, dass Addition und Multiplikation in $R[T]$ bei einem solchen Ersetzungsprozess in die entsprechenden Verknüpfungen von R übergehen. Man rechnet daher mit T in gleicher Weise wie mit einer "konkreten" Größe, etwa aus R.

Der Polynomring $R[T]$ soll nun aber auch noch auf präzise Weise konstruiert werden. Wir setzen $R[T] = R^{(\mathbb{N})}$ und verstehen hierunter die Menge aller Folgen $(a_i)_{i \in \mathbb{N}}$ von Elementen $a_i \in R$, für die $a_i = 0$ für fast alle $i \in \mathbb{N}$ gilt, also für alle $i \in \mathbb{N}$, bis auf endlich viele Ausnahmen. Addition und Multiplikation solcher Folgen seien erklärt durch die Formeln

$$(a_i)_{i \in \mathbb{N}} + (b_i)_{i \in \mathbb{N}} := (a_i + b_i)_{i \in \mathbb{N}},$$
$$(a_i)_{i \in \mathbb{N}} \cdot (b_i)_{i \in \mathbb{N}} := (c_i)_{i \in \mathbb{N}},$$

wobei c_i jeweils durch den Ausdruck

$$c_i := \sum_{i = \mu + \nu} a_\mu b_\nu = \sum_{\mu = 0}^{i} a_\mu b_{i-\mu}$$

gegeben sei. Indem man die Ringeigenschaften von R benutzt, kann man leicht nachrechnen, dass $R^{(\mathbb{N})}$ mit diesen Verknüpfungen einen kommutativen Ring (mit Eins) bildet. Das Nullelement wird gegeben durch die Folge $0 = (0, 0, \ldots)$, das Einselement durch die Folge $1 = (1, 0, 0, \ldots)$.

Wir wollen exemplarisch nur das Assoziativgesetz der Multiplikation nachrechnen. Für $(a_i)_i, (b_i)_i, (c_i)_i \in R^{(\mathbb{N})}$ gilt

$$((a_i)_i \cdot (b_i)_i) \cdot (c_i)_i = \left(\sum_{\lambda+\mu=i} a_\lambda b_\mu \right)_i \cdot (c_i)_i$$

$$= \left(\sum_{\kappa+\nu=i} \left(\sum_{\lambda+\mu=\kappa} a_\lambda b_\mu \right) \cdot c_\nu \right)_i = \left(\sum_{\lambda+\mu+\nu=i} a_\lambda b_\mu c_\nu \right)_i,$$

sowie in entsprechender Weise

$$(a_i)_i \cdot ((b_i)_i \cdot (c_i)_i) = (a_i)_i \cdot \left(\sum_{\mu+\nu=i} b_\mu c_\nu \right)_i$$

$$= \left(\sum_{\lambda+\kappa=i} a_\lambda \cdot \left(\sum_{\mu+\nu=\kappa} b_\mu c_\nu \right) \right)_i = \left(\sum_{\lambda+\mu+\nu=i} a_\lambda b_\mu c_\nu \right)_i.$$

Um schließlich die Elemente von $R^{(\mathbb{N})}$ wie gewohnt als Polynome, also Ausdrücke der Form $\sum_{i=0}^{<\infty} a_i T^i$, zu schreiben, betrachte man das Element

$$T = (0, 1, 0, \dots) \in R^{(\mathbb{N})}.$$

Für $n \in \mathbb{N}$ gilt $T^n = (\delta_{in})_{i \in \mathbb{N}}$, wobei dies insbesondere für $n = 0$ aufgrund unserer Konvention über das leere Produkt richtig ist. Identifizieren wir nun die Elemente $a \in R$ mit den entsprechenden Elementen $(a, 0, 0, \dots) \in R^{(\mathbb{N})}$, so ist diese Identifizierung mit den Verknüpfungen in R und $R^{(\mathbb{N})}$ verträglich. Wir können also R sozusagen als "Unterring" von $R^{(\mathbb{N})}$ auffassen. Elemente $f = (a_i)_{i \in \mathbb{N}} \in R^{(\mathbb{N})}$ lassen sich dann als Polynome in T mit Koeffizienten aus R schreiben, nämlich in der Form

$$f = (a_i)_{i \in \mathbb{N}} = \sum_{i \in \mathbb{N}} (a_i \delta_{ij})_{j \in \mathbb{N}} = \sum_{i \in \mathbb{N}} a_i (\delta_{ij})_{j \in \mathbb{N}} = \sum_{i \in \mathbb{N}} a_i T^i,$$

wobei die Koeffizienten $a_i \in R$ in der Darstellung $f = \sum_{i \in \mathbb{N}} a_i T^i$ jeweils eindeutig bestimmt sind; man nennt a_i den *Koeffizienten von f zum Grad i*.

Wir werden von nun an für den gerade konstruierten Polynomring stets die Notation $R[T]$ verwenden und dessen Elemente als Polynome der Form $\sum_{i \in \mathbb{N}} a_i T^i$ mit Koeffizienten $a_i \in R$ schreiben (wobei anstelle von T natürlich auch ein anderer Buchstabe zur Bezeichnung der Variablen zugelassen ist). Dabei sei immer stillschweigend vorausgesetzt, dass die Koeffizienten a_i für fast alle Indizes $i \in \mathbb{N}$ verschwinden, die vorstehende Summe also jeweils als *endliche* Summe Sinn macht.

Addition und Multiplikation in $R[T]$ beschreiben sich dann durch die bekannten Formeln

$$\left(\sum_{i\in\mathbb{N}} a_iT^i\right) + \left(\sum_{i\in\mathbb{N}} b_iT^i\right) = \sum_{i\in\mathbb{N}}(a_i+b_i)T^i,$$

$$\left(\sum_{i\in\mathbb{N}} a_iT^i\right) \cdot \left(\sum_{i\in\mathbb{N}} b_iT^i\right) = \sum_{i\in\mathbb{N}}\left(\sum_{\mu+\nu=i} a_\mu b_\nu\right) \cdot T^i.$$

Ist für ein Polynom $f = \sum_{i\in\mathbb{N}} a_iT^i \in R[T]$ ein $n \in \mathbb{N}$ bekannt mit $a_i = 0$ für $i > n$, so können wir auch $f = \sum_{i=0}^{n} a_iT^i$ schreiben. Gilt zudem $a_n \neq 0$, so nennt man a_n den *höchsten Koeffizienten* von f, und es wird n als *Grad* von f bezeichnet, $n = \operatorname{grad} f$. Jedes nicht-triviale Polynom $f \in R[T]$ besitzt einen wohlbestimmten Grad. Darüber hinaus trifft man die Konvention, dem Nullpolynom 0 den Grad $-\infty$ zuzuordnen.

Satz 2. *Es sei R ein kommutativer Ring und $R[T]$ der Polynomring einer Variablen über R. Für $f, g \in R[T]$ gilt dann*

$$\operatorname{grad}(f + g) \leq \max\{\operatorname{grad} f, \operatorname{grad} g\},$$
$$\operatorname{grad}(f \cdot g) \leq \operatorname{grad} f + \operatorname{grad} g.$$

Ist R ein Integritätsring, so gilt sogar

$$\operatorname{grad}(f \cdot g) = \operatorname{grad} f + \operatorname{grad} g.$$

Beweis. Die Behauptung ist problemlos zu verifizieren, falls f oder g das Nullpolynom ist. Wir dürfen daher f und g als nicht-trivial annehmen, also $m = \operatorname{grad} f \geq 0$ sowie $n = \operatorname{grad} g \geq 0$. Sei etwa $f = \sum a_iT^i$, $g = \sum b_iT^i$. Dann folgt $a_i = 0$ für $i > m$ und $b_i = 0$ für $i > n$ und damit $a_i + b_i = 0$ für $i > \max\{m, n\}$, also $\operatorname{grad}(f + g) \leq \max\{m, n\}$. Auf ähnliche Weise sieht man $\sum_{\mu+\nu=i} a_\mu b_\nu = 0$ für $i > m+n$, und dies bedeutet $\operatorname{grad}(f \cdot g) \leq m + n$. Insbesondere ist

$$a_m b_n = \sum_{\mu+\nu=m+n} a_\mu b_\nu$$

der Koeffizient in $f \cdot g$ vom Grad $m + n$ und damit der höchste Koeffizient, falls er nicht verschwindet. Ist nun R ein Integritätsring, so gilt $a_m b_n \neq 0$ wegen $a_m \neq 0 \neq b_n$, und man erkennt $\operatorname{grad}(f \cdot g) = m+n$. $\quad\square$

Korollar 3. *Ist R ein Integritätsring, so auch der Polynomring $R[T]$.*

Beweis. Seien $f, g \in R[T]$ zwei nicht-triviale Polynome. Dann folgt $\operatorname{grad} f \geq 0$, $\operatorname{grad} g \geq 0$ und somit $\operatorname{grad}(f \cdot g) = \operatorname{grad} f + \operatorname{grad} g \geq 0$ unter Benutzung von Satz 2. Dies zeigt $f \cdot g \neq 0$, d. h. $R[T]$ ist ein Integritätsring. $\qquad\square$

Wir wollen im Weiteren spezielle Werte für die Variable T eines Polynomrings $R[T]$ einsetzen. Hierzu ist es von Nutzen, neben Homomorphismen von Ringen auch sogenannte Algebren und deren Homomorphismen zu betrachten.

Definition 4. *Eine Abbildung $\varphi\colon R \longrightarrow R'$ zwischen Ringen R, R' heißt ein* Homomorphismus, *genauer ein* Ringhomomorphismus, *wenn gilt:*

(i) $\varphi(a + b) = \varphi(a) + \varphi(b)$ *für $a, b \in R$.*

(ii) $\varphi(a \cdot b) = \varphi(a) \cdot \varphi(b)$ *für $a, b \in R$.*

(iii) $\varphi(1_R) = 1_{R'}$, *d. h. φ bildet das Einselement $1_R \in R$ auf das Einselement $1_{R'} \in R'$ ab.*

Wie bei Vektorraumhomomorphismen spricht man von einem *Mono-, Epi- bzw. Isomorphismus,* wenn φ injektiv, surjektiv bzw. bijektiv ist. Weiter wird ein Homomorphismus $\varphi\colon R \longrightarrow R$ auch als *Endomorphismus* von R bezeichnet, bzw. als *Automorphismus,* wenn dieser ein Isomorphismus ist.

Definition 5. *Es sei R ein kommutativer Ring. Eine R-Algebra besteht aus einem (nicht notwendig kommutativen) Ring A und einem Ringhomomorphismus $\varphi\colon R \longrightarrow A$, derart dass alle Elemente aus $\varphi(R)$ mit den Elementen aus A vertauschbar sind, also $\varphi(r)a = a\varphi(r)$ für alle $r \in R$, $a \in A$ gilt.*

Häufig spricht man einfach von A als R-Algebra, ohne den Homomorphismus $\varphi\colon R \longrightarrow A$ explizit zu erwähnen. Entsprechend schreibt man $r \cdot a$ anstelle von $\varphi(r) \cdot a$ für Elemente $r \in R$, $a \in A$, wobei der definierende Homomorphismus $R \longrightarrow A$ dann durch $r \longmapsto r \cdot 1_A$ gegeben ist. Wenn dieser nicht injektiv ist, so darf man allerdings statt

$r \cdot 1_A$ keinesfalls wieder r schreiben, denn es ist dann nicht möglich, die Elemente $r \in R$ mit ihren Bildern $r \cdot 1_A \in A$ zu identifizieren. Als Beispiel merken wir an, dass R und der Polynomring $R[T]$ auf kanonische Weise R-Algebren sind, indem man die identische Abbildung $R \longrightarrow R$ bzw. die Inklusionsabbildung $R \hookrightarrow R[T]$ betrachtet. Weiter definiert für einen Vektorraum V über einem Körper K die Abbildung

$$K \longrightarrow \mathrm{End}_K(V), \qquad \alpha \longmapsto \alpha \cdot \mathrm{id}_V,$$

den Endomorphismenring $\mathrm{End}_K(V)$ als K-Algebra. Entsprechend ist der Matrizenring $K^{n \times n}$ für $n \in \mathbb{N} - \{0\}$ unter der Abbildung

$$K \longrightarrow K^{n \times n}, \qquad \alpha \longmapsto \alpha \cdot E_n,$$

eine K-Algebra, wobei E_n die Einheitsmatrix in $K^{n \times n}$ bezeichne.

Ist A eine R-Algebra, so kann man neben der Addition und Multiplikation des Ringes A auch noch die äußere Multiplikation

$$R \times A \longrightarrow A, \qquad (r, a) \longmapsto r \cdot a,$$

mit Elementen aus R betrachten. Diese Multiplikation erfüllt Eigenschaften, wie sie etwa in 1.4/1 für die skalare Multiplikation eines Vektorraums gefordert werden. In der Tat wird A im Falle eines Körpers $K = R$ unter der äußeren Multiplikation zu einem K-Vektorraum, wobei wir für $\mathrm{End}_K(V)$ und $K^{n \times n}$ jeweils die auch früher schon betrachteten K-Vektorraumstrukturen erhalten. Im Übrigen sei darauf hingewiesen, dass die äußere Multiplikation mit der inneren Multiplikation auf A verträglich ist, d. h. es gilt

$$r \cdot (a \cdot b) = (r \cdot a) \cdot b = a \cdot (r \cdot b) \qquad \text{für } r \in R, a, b \in A.$$

Homomorphismen zwischen R-Algebren werden in natürlicher Weise als Ringhomomorphismen erklärt, die zusätzlich die äußere Multiplikation mit R respektieren:

Definition 6. *Es seien A, B Algebren über einem kommutativen Ring R. Ein Homomorphismus von R-Algebren $\Phi \colon A \longrightarrow B$ ist ein Ringhomomorphismus, so dass $\Phi(ra) = r\Phi(a)$ für alle $r \in R$, $a \in A$ gilt.*

Sind $R \longrightarrow A$ und $R \longrightarrow B$ die definierenden Homomorphismen der betrachteten R-Algebren, so ist ein Ringhomomorphismus

$\Phi\colon A \longrightarrow B$ genau dann ein Homomorphismus von R-Algebren, wenn das Diagramm

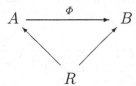

kommutiert.

Satz 7. *Es sei R ein kommutativer Ring, $R[T]$ der Polynomring einer Variablen über R, sowie A eine beliebige R-Algebra. Zu jedem $t \in A$ gibt es dann einen eindeutig bestimmten R-Algebrahomomorphismus $\Phi\colon R[T] \longrightarrow A$ mit $\Phi(T) = t$. Dieser wird beschrieben durch*

$$\sum_{i\in\mathbb{N}} a_i T^i \longmapsto \sum_{i\in\mathbb{N}} a_i t^i$$

oder, in suggestiver Schreibweise, durch

$$f \longmapsto f(t),$$

wobei dann insbesondere

$$(f + g)(t) = f(t) + g(t), \qquad (f \cdot g)(t) = f(t) \cdot g(t)$$

für $f, g \in R[T]$ gilt. Man nennt Φ auch den Einsetzungshomomor- *phismus,* der t anstelle von T einsetzt.

Beweis. Ist Φ ein R-Algebrahomomorphismus der geforderten Art, so gilt für $\sum_{i\in\mathbb{N}} a_i T^i \in R[T]$

$$\Phi\left(\sum_{i\in\mathbb{N}} a_i T^i\right) = \sum_{i\in\mathbb{N}} \Phi(a_i T^i) = \sum_{i\in\mathbb{N}} a_i \Phi(T)^i = \sum_{i\in\mathbb{N}} a_i t^i.$$

Dies zeigt die Eindeutigkeit von Φ. Um auch die Existenz nachzuweisen, erkläre man Φ durch

$$\Phi\left(\sum_{i\in\mathbb{N}} a_i T^i\right) = \sum_{i\in\mathbb{N}} a_i t^i.$$

Man sieht dann unmittelbar, dass Φ ein R-Algebrahomomorphismus ist. Beispielsweise ergibt sich die Verträglichkeit von Φ mit der Multiplikation aufgrund folgender Rechnung:

$$\Phi\left(\sum_{i\in\mathbb{N}}a_iT^i\cdot\sum_{i\in\mathbb{N}}b_iT^i\right)=\Phi\left(\sum_{i\in\mathbb{N}}\left(\sum_{\mu+\nu=i}a_\mu b_\nu\right)\cdot T^i\right)=\sum_{i\in\mathbb{N}}\left(\sum_{\mu+\nu=i}a_\mu b_\nu\right)\cdot t^i$$

$$=\sum_{i\in\mathbb{N}}\sum_{\mu+\nu=i}(a_\mu t^\mu)\cdot(b_\nu t^\nu)=\left(\sum_{i\in\mathbb{N}}a_it^i\right)\cdot\left(\sum_{i\in\mathbb{N}}b_it^i\right)$$

$$=\Phi\left(\sum_{i\in\mathbb{N}}a_iT^i\right)\cdot\Phi\left(\sum_{i\in\mathbb{N}}b_iT^i\right)$$

Man beachte dabei, dass wir die Vertauschbarkeit von t mit den (Bildern der) Koeffizienten b_i in A benutzt haben. $\qquad\square$

Betrachten wir beispielsweise zu einem K-Vektorraum V dessen Endomorphismenring $A = \mathrm{End}_K(V)$ als K-Algebra, so können wir für jeden Endomorphismus $\tau\colon V \longrightarrow V$ den K-Algebrahomomorphismus

$$\Phi_\tau\colon K[T] \longrightarrow \mathrm{End}_K(V), \qquad \sum_{i\in\mathbb{N}}a_iT^i \longmapsto \sum_{i\in\mathbb{N}}a_i\tau^i,$$

bilden, der τ anstelle von T einsetzt. Dabei ist τ^i natürlich erklärt als i-fache Komposition $\tau\circ\ldots\circ\tau$ von τ mit sich selber, und das Bild eines Polynoms $\sum_{i\in\mathbb{N}}a_iT^i \in K[T]$ unter Φ_τ ergibt sich als Endomorphismus

$$\sum_{i\in\mathbb{N}}a_i\tau^i\colon V \longrightarrow V, \qquad v \longmapsto \sum_{i\in\mathbb{N}}a_i\tau^i(v).$$

Wir werden den Homomorphismus Φ_τ insbesondere zur Definition des sogenannten *Minimalpolynoms* von τ verwenden; vgl. 6.2/9 und 6.2/10. Anstelle des Endomorphismenrings eines Vektorraums kann man natürlich auch den Matrizenring $K^{n\times n}$ betrachten. Zu jeder Matrix $C \in K^{n\times n}$ erhält man dann einen K-Algebrahomomorphismus

$$\Phi_C\colon K[T] \longrightarrow K^{n\times n}, \qquad \sum_{i\in\mathbb{N}}a_iT^i \longmapsto \sum_{i\in\mathbb{N}}a_iC^i,$$

der C anstelle von T einsetzt.

Wir wollen ein weiteres Beispiel betrachten. Es sei K ein Körper und $\mathrm{Abb}(K, K)$ die Menge aller Abbildungen $K \longrightarrow K$ oder, mit anderen Worten, die Menge aller K-wertigen Funktionen auf K. Zu jedem Polynom $f \in K[T]$ lässt sich dann die zugehörige Polynomfunktion $t \longmapsto f(t)$ als Element von $\mathrm{Abb}(K, K)$ betrachten. Diese ordnet einem Element $t \in K$ den Wert $f(t) \in K$ zu, den man erhält, indem man t anstelle von T in f einsetzt. Auf diese Weise ergibt sich eine Abbildung

$$\Psi \colon K[T] \longrightarrow \mathrm{Abb}(K, K), \qquad f \longmapsto \big(t \longmapsto f(t)\big),$$

die wir im Folgenden als Homomorphismus von K-Algebren deuten wollen. Um $A = \mathrm{Abb}(K, K)$ als K-Algebra zu erklären, betrachten wir die gewöhnliche Addition und Multiplikation K-wertiger Funktionen, gegeben durch

$$p + q \colon K \longrightarrow K, \qquad t \longmapsto p(t) + q(t),$$
$$p \cdot q \colon K \longrightarrow K, \qquad t \longmapsto p(t) \cdot q(t).$$

Mit diesen Verknüpfungen ist A ein kommutativer Ring, in dem die Nullfunktion 0 das Nullelement und die Funktion 1_A, die identisch 1 ist, das Einselement bilden. Für $\alpha \in K$ kann man weiter das α-fache eines Elementes $p \in A$ durch

$$\alpha \cdot p \colon K \longrightarrow K, \qquad t \longmapsto \alpha \cdot \big(p(t)\big),$$

erklären. In diesem Sinne ist dann

$$K \longrightarrow A, \qquad \alpha \longmapsto \alpha \cdot 1_A,$$

ein Ringhomomorphismus, der A zu einer K-Algebra macht. Mit Satz 7 folgt leicht, dass die Abbildung Ψ, die einem Polynom $f \in K[T]$ die zugehörige Polynomfunktion $t \longmapsto f(t)$ zuordnet, tatsächlich ein Homomorphismus von K-Algebren ist. Gleiches gilt, wenn man allgemeiner anstelle von K einen kommutativen Ring R zugrunde legt. Die Homomorphie-Eigenschaft für Ψ besagt insbesondere, dass man mit dem Element T in gleicher Weise rechnet, wie man es mit konkreten Werten t anstelle von T tun würde. Dies rechtfertigt die Bezeichnung von T als "Variable".

Enthält der Körper K unendlich viele Elemente, so ist die Abbildung Ψ injektiv, wie wir später aus 5.3/2 ablesen können. Man könnte dann Polynome aus $K[T]$ mit ihren zugehörigen Polynomfunktionen $K \longrightarrow K$ identifizieren. Für einen endlichen Körper $K = \{\alpha_1, \ldots, \alpha_q\}$ jedoch ist beispielsweise

$$f = (T - \alpha_1) \ldots (T - \alpha_q) \in K[T]$$

ein nicht-triviales Polynom, das als Polynomfunktion $K \longrightarrow K$ identisch verschwindet, so dass also $\Psi(f) = 0$ gilt. Die Abbildung Ψ ist daher im Allgemeinen nicht injektiv, und dies ist einer der Gründe dafür, dass wir Polynome nicht als konkrete Funktionen, sondern als formale Ausdrücke unter Zuhilfenahme einer "Variablen" erklärt haben.

Wir wollen nun noch Ideale und Unterringe von Ringen einführen, Begriffe, die im Zusammenhang mit Ringhomomorphismen von Bedeutung sind.

Definition 8. *Es sei R ein Ring (mit Eins). Ein* Unterring *von R besteht aus einer Teilmenge $S \subset R$, derart dass gilt:*
   (i) $a, b \in S \Longrightarrow a - b, a \cdot b \in S$.
   (ii) $1 \in S$.

S ist dann mit den von R induzierten Verknüpfungen selbst wieder ein Ring, und die Inklusionsabbildung $S \hookrightarrow R$ ist ein Ringhomomorphismus. Man überlegt sich leicht, dass das Bild $\varphi(R)$ eines Ringhomomorphismus $\varphi \colon R \longrightarrow R'$ stets ein Unterring von R' ist.

Definition 9. *Es sei R ein Ring. Eine Teilmenge $\mathfrak{a} \subset R$ heißt* Ideal, *falls gilt:*
   (i) $\mathfrak{a}$ *ist additive Untergruppe von R, d. h. man hat $\mathfrak{a} \neq \emptyset$, und aus $a, b \in \mathfrak{a}$ folgt $a - b \in \mathfrak{a}$.*
   (ii) *Aus $a \in \mathfrak{a}$, $r \in R$ folgt $ra, ar \in \mathfrak{a}$.*

Man rechnet leicht nach, dass für jeden Ringhomomorphismus $\varphi \colon R \longrightarrow R'$ dessen *Kern*

$$\ker \varphi = \{a \in R \,;\, \varphi(a) = 0\}$$

ein Ideal ist, wobei φ genau dann injektiv ist, wenn $\ker \varphi$ mit dem Nullideal übereinstimmt, d. h. nur aus dem Nullelement besteht. Ist R

ein beliebiger Ring, so kann man zu einem Element $a \in R$, welches mit allen übrigen Elementen von R vertauschbar ist, das hiervon erzeugte *Hauptideal*

$$(a) = Ra = \{ra \, ; \, r \in R\}$$

bilden. Speziell besteht für $R = \mathbb{Z}$ das Ideal (2) aus allen geraden Zahlen, das Ideal (12) aus allen durch 12 teilbaren Zahlen. In jedem Ring gibt es die sogenannten trivialen Ideale, nämlich das *Einheitsideal* $(1) = R$ sowie das *Nullideal* (0), welches man meist mit 0 bezeichnet. Ein Körper besitzt außer den trivialen keine weiteren Ideale. Umgekehrt kann man zeigen, dass ein kommutativer Ring, der genau zwei Ideale hat, ein Körper ist.

Ist $\mathfrak{a}$ ein Ideal eines Ringes R, so kann man ähnlich wie in Abschnitt 2.2 den *Quotienten-* oder *Restklassenring* $R/\mathfrak{a}$ konstruieren. Da man auf diese Weise interessante Ringe und sogar Körper erhalten kann, wollen wir die Konstruktion hier kurz besprechen. Man erklärt eine Relation " $\sim$ " auf R, indem man für $a, b \in R$ setzt:

$$a \sim b \Longleftrightarrow a - b \in \mathfrak{a}$$

Man sieht dann ohne Probleme, dass " $\sim$ " eine Äquivalenzrelation ist. Für $a \in R$ hat man $a \sim a$ wegen $a - a = 0 \in \mathfrak{a}$. Die Relation ist daher reflexiv. Gilt weiter $a \sim b$, so folgt $a - b \in \mathfrak{a}$ und damit auch $b - a = -(a - b) \in \mathfrak{a}$. Letzteres bedeutet $b \sim a$, und es folgt die Symmetrie von " $\sim$ ". Zum Nachweis der Transitivität schließlich nehme man $a \sim b$ und $b \sim c$ für Elemente $a, b, c \in R$ an. Dann gilt $a - b, b - c \in \mathfrak{a}$, und man erhält

$$a - c = (a - b) + (b - c) \in \mathfrak{a},$$

d. h. $a \sim c$. Es ist " $\sim$ " also eine Äquivalenzrelation, und wir können zu einem Element $a \in R$ die zugehörige Äquivalenzklasse

$$[a] := \{b \in R \, ; \, b \sim a\} = a + \mathfrak{a}$$

bilden, wobei $a + \mathfrak{a}$ als *Nebenklasse von a bezüglich* $\mathfrak{a}$, also als Menge aller Summen des Typs $a + a'$ mit $a' \in \mathfrak{a}$ zu interpretieren ist. Gemäß 2.2/4 sind zwei Äquivalenzklassen $[a]$, $[b]$ entweder disjunkt oder aber identisch (im Falle $a \sim b$). Insbesondere ist R die disjunkte Vereinigung aller Äquivalenzklassen.

Man bezeichne nun die Menge aller Nebenklassen bezüglich $\mathfrak{a}$ mit $R/\mathfrak{a}$. Um $R/\mathfrak{a}$ zu einem Ring zu machen, werden folgende Verknüpfungen erklärt:

$$[a] + [b] = [a + b], \qquad [a] \cdot [b] = [a \cdot b]$$

Dabei ist zu verifizieren, dass die Klasse $[a + b]$ bzw. $[a \cdot b]$ nicht von der Wahl der Repräsentanten a und b der betrachteten Klassen $[a], [b]$ abhängt. Gelte etwa $[a] = [a']$ und $[b] = [b']$. Dann folgt $a - a', b - b' \in \mathfrak{a}$ und damit

$$(a + b) - (a' + b') \in \mathfrak{a}, \qquad ab - a'b' = a(b - b') + (a - a')b' \in \mathfrak{a},$$

also $a + b \sim a' + b'$ und $ab \sim a'b'$. Addition und Multiplikation in $R/\mathfrak{a}$ sind daher wohldefiniert, und man sieht unmittelbar aufgrund der Ringeigenschaften von R, dass auch $R/\mathfrak{a}$ ein Ring ist, und zwar derart, dass die Abbildung

$$\pi\colon R \longrightarrow R/\mathfrak{a}, \qquad a \longmapsto [a],$$

ein surjektiver Ringhomomorphismus mit Kern $\mathfrak{a}$ ist. Man bezeichnet $R/\mathfrak{a}$ als *Restklassen-* oder *Quotientenring von R modulo $\mathfrak{a}$*. Ähnlich wie in 2.2/8 gilt folgender Homomorphiesatz:

Satz 10. (Homomorphiesatz für Ringe). *Es sei $\varphi\colon R \longrightarrow R'$ ein Ringhomomorphismus, $\mathfrak{a} \subset R$ ein Ideal mit $\mathfrak{a} \subset \ker\varphi$ und $\pi\colon R \longrightarrow R/\mathfrak{a}$ die natürliche Projektion. Dann existiert ein eindeutig bestimmter Ringhomomorphismus $\overline{\varphi}\colon R/\mathfrak{a} \longrightarrow R'$, so dass das Diagramm*

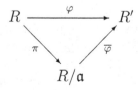

kommutiert. Dabei ist $\overline{\varphi}$ genau dann injektiv, wenn $\mathfrak{a} = \ker\varphi$ gilt und genau dann surjektiv, wenn φ surjektiv ist.

Beweis. Da man die Argumentation aus 2.2/8 mutatis mutandis übernehmen kann, wollen wir uns hier kurz fassen und nur auf die Definition von $\overline{\varphi}$ eingehen. Um $\overline{\varphi}(\overline{a})$ für ein Element $\overline{a} \in R/\mathfrak{a}$ zu erklären, wähle man ein π-Urbild $a \in R$ und setze $\overline{\varphi}(\overline{a}) = \varphi(a)$. Dabei ist natürlich zu verifizieren, dass das Element $\varphi(a)$ unabhängig von der Wahl des π-Urbildes a zu $\overline{a}$ ist. Letzteres folgt aus der Bedingung $\mathfrak{a} \subset \ker\varphi$. $\square$

Aufgaben

R sei stets ein *kommutativer* Ring.

1. Es sei $t \in R$ und $\Phi\colon R[T] \longrightarrow R$, $f \longmapsto f(t)$, derjenige Homomorphismus, der t anstelle der Variablen T einsetzt. Man zeige (AT 440):

$$\ker\Phi = R[T] \cdot (T - t)$$

(Hinweis: Man reduziere auf den Fall $t = 0$, indem man den Einsetzungshomomorphismus $R[T] \longrightarrow R[T]$ betrachtet, der T durch $T + t$ ersetzt.)

2. Es sei V ein nicht-trivialer Vektorraum über einem Körper K. Zu einem Endomorphismus $\varphi \in \mathrm{End}_K(V)$ betrachte man den Einsetzungshomomorphismus $\Phi\colon K[T] \longrightarrow \mathrm{End}_K(V)$, der φ anstelle von T einsetzt. Man bestimme $\ker\Phi$ in den Fällen $\varphi = \mathrm{id}$ und $\varphi = 0$. (AT 442)

3. Es bezeichne $R^{\mathbb{N}}$ die Menge aller Folgen $(a_i)_{i\in\mathbb{N}}$ von Elementen $a_i \in R$.

   (i) Man verwende die gleichen Formeln wie im Falle des Polynomrings einer Variablen über R, um anstelle von $R^{(\mathbb{N})}$ auf $R^{\mathbb{N}}$ die Struktur eines Ringes zu erklären. Dieser Ring wird mit $R[\![T]\!]$ bezeichnet und heißt Ring der *formalen Potenzreihen* einer Variablen über R. Seine Elemente lassen sich als *unendliche* Reihen $\sum_{i=0}^{\infty} a_i T^i$ darstellen.

   (ii) Es sei $q \in R[\![T]\!] \cdot T$. Man zeige, dass $\sum_{n=0}^{\infty} q^n$ zu einem wohldefinierten Element $f \in R[\![T]\!]$ Anlass gibt und dass $f \cdot (1 - q) = 1$ gilt.

   (iii) Man bestimme die Gruppe aller Einheiten in $R[\![T]\!]$.

4. Es seien $\mathfrak{a}, \mathfrak{b} \subset R$ Ideale. Man zeige, dass die folgenden Teilmengen von R wiederum Ideale bilden:

   (i) $\mathfrak{a} + \mathfrak{b} = \{a + b \,;\, a \in \mathfrak{a}, b \in \mathfrak{b}\}$

   (ii) $\mathfrak{a} \cdot \mathfrak{b} = $ Menge aller endlichen Summen von Produkten $a \cdot b$ mit $a \in \mathfrak{a}$ und $b \in \mathfrak{b}$

   (iii) $\mathfrak{a} \cap \mathfrak{b}$

5. Man zeige, dass R genau dann ein Körper ist, wenn R genau zwei verschiedene Ideale besitzt.

6. Für ein Ideal $\mathfrak{a} \subset R$ zeige man, dass die Menge aller Elemente $a \in R$, zu denen es ein $n \in \mathbb{N}$ mit $a^n \in \mathfrak{a}$ gibt, ebenfalls wieder ein Ideal in R bildet. Dieses wird mit $\operatorname{rad} \mathfrak{a}$ bezeichnet und heißt das *Nilradikal* von $\mathfrak{a}$. (AT 443)

7. Für eine Familie $(a_i)_{i \in I}$ von Elementen in R zeige man:

   (i) Es existiert ein kleinstes Ideal $\mathfrak{a} \subset R$ mit $a_i \in \mathfrak{a}$ für alle $i \in I$.

   (ii) Es gilt $\mathfrak{a} = \{ \sum_{i \in I} r_i a_i \, ; \, r_i \in R, r_i = 0 \text{ für fast alle } i \in I \}$.

   Man nennt $\mathfrak{a}$ das von den Elementen a_i, $i \in I$, in R *erzeugte Ideal*.

8. (*Isomorphiesatz*) Es seien $\mathfrak{a} \subset \mathfrak{b} \subset R$ Ideale. Man zeige:

   (i) Die kanonische Abbildung $\mathfrak{b} \hookrightarrow R \longrightarrow R/\mathfrak{a}$ besitzt $\mathfrak{a}$ als Kern und induziert eine Injektion $\mathfrak{b}/\mathfrak{a} \hookrightarrow R/\mathfrak{a}$, wobei man $\mathfrak{b}/\mathfrak{a}$ zunächst als Menge der Restklassen $b + \mathfrak{a}$ mit $b \in \mathfrak{b}$ erkläre. Weiter lässt sich $\mathfrak{b}/\mathfrak{a}$ mit seinem Bild in $R/\mathfrak{a}$ identifizieren und als Ideal in $R/\mathfrak{a}$ auffassen.

   (ii) Die Projektion $R \longrightarrow R/\mathfrak{b}$ faktorisiert über $R/\mathfrak{a}$, d. h. lässt sich als Komposition $R \xrightarrow{\pi} R/\mathfrak{a} \xrightarrow{f} R/\mathfrak{b}$ schreiben, mit einem Ringhomomorphismus f und der kanonischen Projektion π.

   (iii) f besitzt $\mathfrak{b}/\mathfrak{a}$ als Kern und induziert einen Isomorphismus

   $$(R/\mathfrak{a})/(\mathfrak{b}/\mathfrak{a}) \xrightarrow{\sim} R/\mathfrak{b}.$$

5.2 Teilbarkeit in Integritätsringen

In diesem Abschnitt seien alle Ringe als *Integritätsringe* und damit insbesondere als kommutativ vorausgesetzt. Im Wesentlichen interessieren wir uns für den Polynomring $K[T]$ in einer Variablen T über einem Körper K, für den wir Teilbarkeits- und Faktorisierungsaussagen herleiten wollen. Als Ring mit ganz analogen Eigenschaften soll aber auch der Ring $\mathbb{Z}$ der ganzen Zahlen betrachtet werden. Grundlegend ist in beiden Ringen das Verfahren der *Division mit Rest*, welches wir insbesondere benutzen wollen, um den Satz über die eindeutige Primfaktorzerlegung in Polynomringen herzuleiten. Zunächst erinnern wir an dieses Verfahren, wobei wir davon ausgehen, dass die Division mit Rest im Ring $\mathbb{Z}$ der ganzen Zahlen wohlbekannt ist.

Satz 1. *Zu $a, b \in \mathbb{Z}$ mit $b > 0$ existieren eindeutig bestimmte Zahlen $q, r \in \mathbb{Z}$ mit*

$$a = qb + r, \qquad 0 \leq r < b.$$

Satz 2. *Zu Polynomen $f, g \in K[T]$, $g \neq 0$, mit Koeffizienten aus einem Körper K existieren eindeutig bestimmte Polynome $q, r \in K[T]$ mit*

$$f = qg + r, \qquad \operatorname{grad} r < \operatorname{grad} g.$$

Beweis zu Satz 2. Wir beginnen mit der Existenzaussage. Im Falle $\operatorname{grad} f < \operatorname{grad} g$ gilt die gewünschte Zerlegung trivialerweise mit $q = 0$ und $r = f$. Hat man andererseits

$$m = \operatorname{grad} f \geq \operatorname{grad} g = n,$$

so sei a (bzw. b) der höchste Koeffizient von f (bzw. g), und man setze

$$q_1 := \frac{a}{b} \cdot T^{m-n}, \qquad f_1 := f - q_1 g.$$

Dann gilt

$$\operatorname{grad}(q_1 g) = \operatorname{grad} q_1 + \operatorname{grad} g = (m - n) + n = m = \operatorname{grad} f$$

nach 5.1/2, und die höchsten Koeffizienten von $q_1 g$ und f stimmen überein. Insbesondere gibt es ein Polynom $f_1 \in K[T]$ mit

$$f = q_1 g + f_1, \qquad \operatorname{grad} f_1 < \operatorname{grad} f.$$

Im Falle $\operatorname{grad} f_1 < \operatorname{grad} g$ erhält man die gewünschte Zerlegung mit $q = q_1$ und $r = f_1$. Falls aber $\operatorname{grad} f_1 \geq \operatorname{grad} g$ gilt, so kann man nach dem gerade beschriebenen Verfahren fortfahren und eine Zerlegung

$$f_1 = q_2 g + f_2, \qquad \operatorname{grad} f_2 < \operatorname{grad} f_1,$$

finden usw. Nach endlich vielen Schritten gelangt man schließlich zu einer Zerlegung

$$f_{k-1} = q_k g + f_k$$

mit $\operatorname{grad} f_k < \operatorname{grad} g$. Dann ist

$$f = (q_1 + \ldots + q_k)g + f_k$$

die gewünschte Zerlegung von f.

Um nun auch die Eindeutigkeitsaussage herzuleiten, betrachte man Zerlegungen

$$f = qg + r = q'g + r'$$

mit $\operatorname{grad} r, \operatorname{grad} r' < \operatorname{grad} g$. Sodann hat man

$$0 = (q - q')g + (r - r') \qquad \text{bzw.} \qquad (q - q')g = r' - r.$$

Gilt nun $q - q' \neq 0$, so folgt $\operatorname{grad}(q - q') \geq 0$ und damit gemäß 5.1/2

$$\operatorname{grad}\big((q - q')g\big) = \operatorname{grad}(q - q') + \operatorname{grad} g \geq \operatorname{grad} g.$$

Andererseits hat man aber

$$\operatorname{grad}(r' - r) \leq \max\{\operatorname{grad} r', \operatorname{grad} r\} < \operatorname{grad} g,$$

was der vorhergehenden Abschätzung widerspricht. Also folgt $q = q'$ und damit $r = r'$. $\qquad\square$

Ringe, in denen eine Division wie in den Sätzen 1 oder 2 möglich ist, werden als *euklidische Ringe* bezeichnet, genauer:

Definition 3. *Ein Integritätsring R heißt ein* euklidischer Ring, *wenn es eine Abbildung $\delta\colon R - \{0\} \longrightarrow \mathbb{N}$ (eine sogenannte Gradfunktion) mit folgender Eigenschaft gibt: Zu $a, b \in R$, $b \neq 0$, existieren jeweils (nicht notwendig eindeutig bestimmte) Elemente $q, r \in R$ mit*

$$a = qb + r,$$

wobei $r = 0$ oder $\delta(r) < \delta(b)$ gilt.

Wir können daher feststellen:

Korollar 4. *Der Ring $\mathbb{Z}$ der ganzen Zahlen und der Polynomring $K[T]$ über einem Körper K sind euklidische Ringe. Als Gradfunktion nehme man im ersten Fall den Absolutbetrag, im zweiten den gewöhnlichen Grad von Polynomen.*

Definition 5. *Ein Integritätsring R heißt* Hauptidealring, *wenn jedes Ideal $\mathfrak{a} \subset R$ ein Hauptideal ist, also die Gestalt $\mathfrak{a} = (a)$ mit einem Element $a \in R$ besitzt.*

Satz 6. *Es sei R ein euklidischer Ring. Dann ist R auch ein Hauptidealring.*

Beweis. Es sei $\mathfrak{a} \subset R$ ein Ideal. Um zu zeigen, dass $\mathfrak{a}$ ein Hauptideal ist, dürfen wir $\mathfrak{a} \neq 0$ annehmen, denn anderenfalls gilt $\mathfrak{a} = 0 = (0)$. Sei nun $a \in \mathfrak{a} - \{0\}$ ein Element, für das $\delta(a)$ minimal ist, wobei δ eine Gradfunktion von R bezeichne. Wir behaupten, dass dann $\mathfrak{a} = (a)$ gilt. Natürlich gilt $(a) \subset \mathfrak{a}$. Um auch die umgekehrte Inklusion zu zeigen, wählen wir ein Element $a' \in \mathfrak{a}$. Da R euklidisch unter δ ist, gibt es Elemente $q, r \in R$ mit $a' = qa + r$, wobei r entweder verschwindet oder $\delta(r) < \delta(a)$ erfüllt. Nun hat man aber $r = a' - qa \in \mathfrak{a}$, so dass aufgrund der Wahl von a notwendig $r = 0$ und damit $a' = qa \in (a)$ folgt. Es gilt daher $\mathfrak{a} \subset (a)$, insgesamt also $\mathfrak{a} = (a)$, und R ist ein Hauptidealring. □

Korollar 7. *Der Ring $\mathbb{Z}$ der ganzen Zahlen und der Polynomring $K[T]$ über einem Körper K sind Hauptidealringe.*

Wir wollen als Nächstes den Teilbarkeitsbegriff in Integritätsringen einführen.

Definition 8. *Es seien a, b Elemente eines Integritätsrings R.*

(i) *Man sagt, a teile b oder a sei ein* Teiler *von b, in Zeichen $a \mid b$, wenn es ein $c \in R$ mit $ac = b$ gibt. Ist a kein Teiler von b, so schreibt man $a \nmid b$.*

(ii) *a und b heißen* assoziiert, *wenn es eine Einheit $e \in R^*$ mit $ae = b$ gibt.*

Es ist also a genau dann ein Teiler von b, wenn $b \in (a)$ bzw. $(b) \subset (a)$ gilt. Beispielsweise teilt $T + 1$ das Polynom $T^2 - 1$ in $K[T]$, und man hat $a \mid b$ sowie $b \mid a$, falls a und b assoziiert sind. Genauer kann man feststellen:

Bemerkung 9. *Für Elemente a, b eines Integritätsrings R ist äquivalent:*

(i) $a \,|\, b$ *und* $b \,|\, a$.

(ii) $(a) = (b)$.

(iii) a *und* b *sind assoziiert.*

Beweis. Wir zeigen lediglich, dass aus (ii) Bedingung (iii) folgt, alle anderen Implikationen ergeben sich mittels direkter Verifikation aus Definition 8. Gelte also $(a) = (b)$. Dann gibt es Elemente $c, d \in R$ mit $ac = b$ und $a = bd$. Hieraus folgt $a = bd = acd$, also $a \cdot (1 - cd) = 0$. Gilt nun $a \neq 0$, so folgt $cd = 1$, da R ein Integritätsring ist, und es sind c, d Einheiten in R. Folglich sind a und b assoziiert. Gleiches gilt aber auch im Falle $a = 0$, denn man hat dann insbesondere $b = ac = 0$. $\square$

Definition 10. *Es sei R ein Integritätsring und $p \in R$ ein Element, welches keine Einheit und von Null verschieden ist.*

(i) p *heißt* irreduzibel, *wenn aus einer Faktorisierung $p = ab$ mit $a, b \in R$ stets folgt, dass a oder b eine Einheit in R ist. Anderenfalls nennt man p* reduzibel.

(ii) p *heißt* Primelement, *wenn aus $p \,|\, ab$ mit $a, b \in R$ stets $p \,|\, a$ oder $p \,|\, b$ folgt oder, in äquivalenter Formulierung, wenn aus $ab \in (p)$ stets $a \in (p)$ oder $b \in (p)$ folgt.*

Es ist also p genau dann irreduzibel, wenn aus einer Relation $p \in (a)$ mit $a \in R$ entweder $(a) = (p)$ oder $(a) = R$ folgt. Weiter sieht man mit Induktion, dass ein Primelement $p \in R$ genau dann ein Produkt $a_1 \cdot \ldots \cdot a_r$ von Elementen aus R teilt, wenn es einen der Faktoren a_i teilt.

Bemerkung 11. *Es sei R ein Integritätsring. Dann ist jedes Primelement von R auch irreduzibel.*

Beweis. Sei $p \in R$ ein Primelement und seien $a, b \in R$ mit $p = ab$. Dann teilt p das Produkt ab, und es folgt, dass p einen der beiden Faktoren teilt, etwa $p \,|\, a$, d. h. es gibt eine Gleichung $a = pc$ mit $c \in R$. Setzt man dies in die Gleichung $p = ab$ ein, so erhält man $p = pcb$ bzw. $p(1 - cb) = 0$. Da R ein Integritätsring und p von Null verschieden ist, folgt hieraus $cb = 1$, d. h. b ist eine Einheit. Mithin ist p irreduzibel. Alternativ hätten wir auch die Beziehungen $a \mid p$ (wegen $p = ab$) und $p \mid a$ verwenden können. Mit Bemerkung 9 folgt hieraus, dass a und p assoziiert sind. $\qquad\square$

Wir werden sogleich zeigen, dass in Hauptidealringen auch die Umkehrung von Bemerkung 11 gilt. Insbesondere dürfen wir dann Primzahlen in $\mathbb{Z}$, die ja gemeinhin als *irreduzible* Elemente definiert werden, auch als *Primelemente* bezeichnen.

Satz 12. *Es sei R ein Hauptidealring und $p \in R$ von 0 verschieden und keine Einheit. Dann ist äquivalent:*

(i) *p ist irreduzibel.*

(ii) *p ist ein Primelement.*

Beweis. Wir haben nur noch die Implikation (i) $\Longrightarrow$ (ii) zu zeigen. Sei also $p \in R$ ein irreduzibles Element, und gelte $p \mid ab$ sowie $p \nmid a$ für zwei Elemente $a, b \in R$. Um $p \mid b$ zu zeigen, betrachte man

$$Ra + Rp := \{ra + sp \,;\, r, s \in R\}$$

als Ideal in R, wobei die definierenden Eigenschaften eines Ideals leicht zu verifizieren sind; vgl. hierzu auch Aufgabe 7 aus Abschnitt 5.1. Aufgrund unserer Voraussetzung über R ist $Ra + Rp$ ein Hauptideal, etwa $Ra + Rp = Rd$. Insbesondere gilt $a, p \in Rd$ und folglich $d \mid a$, $d \mid p$. Nun ist p aber irreduzibel. Daher folgt aus $d \mid p$ bzw. einer Gleichung $p = cd$, dass c oder d eine Einheit ist. Ist nun c eine Einheit, so können wir $d = c^{-1}p$ schreiben, und man erhält $p \mid a$ aus $d \mid a$, im Widerspruch zu $p \nmid a$. Somit bleibt nur der Fall übrig, dass d eine Einheit ist, d. h. es gilt $Ra + Rp = R$ und, nach Multiplikation mit b, die Gleichung $Rab + Rpb = Rb$. Es existieren also $r, s \in R$ mit $rab + spb = b$. Wegen $p \mid ab$ folgt hieraus wie gewünscht $p \mid b$. $\qquad\square$

Korollar 13. *In einem Hauptidealring R lässt sich jedes Element $a \in R - \{0\}$, welches keine Einheit ist, als endliches Produkt von Primelementen schreiben.*

Beweis. Da jedes irreduzible Element von R bereits prim ist, genügt es, eine Faktorisierung in irreduzible Elemente zu konstruieren. Sei also

$a \in R - \{0\}$ eine Nichteinheit. Wir gehen indirekt vor und nehmen an, dass sich a nicht als endliches Produkt irreduzibler Elemente schreiben lässt. Dann ist a reduzibel, und man kann a folglich als Produkt $a_1 a_1'$ zweier Nichteinheiten aus R schreiben. Da a keine endliche Faktorisierung in irreduzible Elemente besitzt, gilt dasselbe für mindestens einen der beiden Faktoren a_1, a_1', etwa für a_1, und wir können a_1 wiederum als Produkt $a_2 a_2'$ zweier Nichteinheiten aus R schreiben. Fährt man auf diese Weise fort, so erhält man eine Folge von Elementen

$$a = a_0, a_1, a_2, \ldots \in R,$$

so dass a_{i+1} jeweils ein Teiler von a_i, aber nicht assoziiert zu a_i ist. Mit anderen Worten, man erhält eine aufsteigende Folge von Idealen

$$(a) = (a_0) \subsetneqq (a_1) \subsetneqq (a_2) \subsetneqq \ldots,$$

wobei es sich hier gemäß Bemerkung 9 jeweils um echte Inklusionen handelt. Man prüft nun leicht nach, dass die Vereinigung einer aufsteigenden Folge von Idealen wiederum ein Ideal ergibt. Wir können also durch $\mathfrak{b} = \bigcup_{i=0}^{\infty}(a_i)$ ein Ideal in R definieren, und zwar ein Hauptideal, da R ein Hauptidealring ist. Folglich existiert ein Element $b \in \mathfrak{b}$ mit $\mathfrak{b} = (b)$. Nach Definition von $\mathfrak{b}$ gibt es dann einen Index $i_0 \in \mathbb{N}$ mit $b \in (a_{i_0})$, und es folgt

$$\mathfrak{b} = (b) \subset (a_{i_0}) \subset (a_i) \subset \mathfrak{b}$$

für $i \geq i_0$, also $(a_{i_0}) = (a_i)$ für $i \geq i_0$, im Widerspruch dazu, dass die Kette der Ideale (a_i) echt aufsteigend ist. $\square$

Als Nächstes wollen wir zeigen, dass Faktorisierungen in Primelemente im Wesentlichen eindeutig sind.

Lemma 14. *In einem Integritätsring R habe man die Gleichung*

$$p_1 \cdot \ldots \cdot p_r = q_1 \cdot \ldots \cdot q_s$$

für Primelemente $p_1, \ldots, p_r$ und irreduzible Elemente $q_1, \ldots, q_s$ in R. Dann gilt $r = s$, und nach Umnummerierung der $q_1, \ldots, q_s$ existieren Einheiten $\varepsilon_1, \ldots, \varepsilon_r \in R^*$ mit $q_i = \varepsilon_i p_i$ für $i = 1, \ldots, r$, d. h. p_i ist jeweils assoziiert zu q_i.

Beweis. Aus $p_1 \cdot \ldots \cdot p_r = q_1 \cdot \ldots \cdot q_s$ folgt insbesondere $p_1 \mid q_1 \cdot \ldots \cdot q_s$. Da p_1 ein Primelement ist, gibt es ein i mit $p_1 \mid q_i$, und wir können durch Umnummerierung der $q_1, \ldots, q_s$ annehmen, dass $i = 1$ und somit $p_1 \mid q_1$ gilt. Man hat also eine Gleichung $q_1 = \varepsilon_1 p_1$, wobei ε_1 aufgrund der Irreduzibilität von q_1 eine Einheit ist. Da wir uns in einem Integritätsring befinden, ergibt sich hieraus

$$p_2 \cdot \ldots \cdot p_r = \varepsilon_1 q_2 \cdot \ldots \cdot q_s.$$

In gleicher Weise zeigt man nun, dass p_2 zu einem der Elemente $q_2, \ldots, q_s$ assoziiert ist usw. Man kann also $q_1, \ldots, q_s$ so umnummerieren, dass p_i für $i = 1, \ldots, r$ jeweils zu q_i assoziiert ist. Insbesondere folgt $r \le s$. Nach "Auskürzen" aller p_i aus der Gleichung $p_1 \cdot \ldots \cdot p_r = q_1 \cdot \ldots \cdot q_s$ verbleibt eine Gleichung des Typs

$$1 = q_{r+1} \cdot \ldots \cdot q_s,$$

welche zeigt, dass das System der $q_{r+1}, \ldots, q_s$ aus Einheiten besteht. Da alle q_i zugleich irreduzibel sind, also keine Einheiten sein können, ist das System leer, und es gilt folglich $r = s$. □

Man sagt, in einem Integritätsring R gelte der *Satz von der eindeutigen Primfaktorzerlegung*, oder auch R sei *faktoriell*, wenn sich jede Nichteinheit $a \in R - \{0\}$ als Produkt von Primelementen in R schreiben lässt. Gemäß Lemma 14 ist eine solche Faktorisierung von a (im Wesentlichen) eindeutig. Benutzen wir weiter, dass jedes Primelement aufgrund von Bemerkung 11 irreduzibel ist, so kann man mit Lemma 14 schließen, dass sich in einem faktoriellen Ring jede von Null verschiedene Nichteinheit auf (im Wesentlichen) eindeutige Weise als Produkt irreduzibler Elemente schreiben lässt. Man kann darüber hinaus zeigen, dass umgekehrt die letztere Eigenschaft in einem Integritätsring dessen Faktorialität impliziert. Wir wollen jedoch auf Beweise nicht weiter eingehen, sondern nur noch Korollar 13 in neuer Sprechweise formulieren.

Satz 15. *Jeder Hauptidealring ist faktoriell, insbesondere also der Ring $\mathbb{Z}$ der ganzen Zahlen sowie der Polynomring $K[T]$ einer Variablen T über einem Körper K.*

Man kann Primfaktorzerlegungen in einem faktoriellen Ring R weiter standardisieren, indem man in jeder Klasse assoziierter Primelemente eines auswählt und damit ein Repräsentantensystem $P \subset R$ aller Primelemente betrachtet. Man kann dann annehmen, dass in Primfaktorzerlegungen, abgesehen von Einheiten, nur die Primelemente $p \in P$ vorkommen, und man kann darüber hinaus gleiche Primfaktoren zu Potenzen zusammenfassen. Es besitzt dann jedes Element $a \in R - \{0\}$ eine Primfaktorzerlegung der Form

$$a = \varepsilon \prod_{p \in P} p^{\mu_p(a)}$$

mit einer Einheit $\varepsilon \in R^*$ und Exponenten $\mu_p(a) \in \mathbb{N}$, die für fast alle $p \in P$ trivial sind. Die Eindeutigkeit der Primfaktorzerlegung besagt dann, dass ε und die $\mu_p(a)$ jeweils eindeutig durch a bestimmt sind. Im Übrigen sieht man unmittelbar ein, dass für Elemente $a, b \in R - \{0\}$ die Teilbarkeitsbedingung $a \mid b$ genau dann erfüllt ist, wenn $\mu_p(a) \leq \mu_p(b)$ für alle $p \in P$ gilt.

In $\mathbb{Z}$ gibt es nur die Einheiten 1 und -1, und es ist üblich, P als das System aller positiven Primelemente zu definieren. Im Polynomring $K[T]$ über einem Körper K dagegen besteht die Einheitengruppe aufgrund von 5.1/2 aus allen nicht-trivialen konstanten Polynomen, stimmt also mit der Einheitengruppe K^* von K überein. Daher gibt es zu jedem Primpolynom genau ein assoziiertes Primpolynom, welches *normiert* ist, d. h. 1 als höchsten Koeffizienten besitzt, und man definiert P als das System aller normierten Primpolynome.

Wie gewöhnlich lässt sich für zwei von Null verschiedene Elemente $a, b \in R$ mit Primfaktorzerlegung

$$a = \varepsilon \prod_{p \in P} p^{\mu_p(a)}, \qquad b = \delta \prod_{p \in P} p^{\mu_p(b)}$$

der *größte gemeinsame Teiler*

$$\mathrm{ggT}(a, b) = \prod_{p \in P} p^{\min\left(\mu_p(a), \mu_p(b)\right)}$$

erklären. Dies ist ein gemeinsamer Teiler d von a und b mit der charakterisierenden Eigenschaft, dass aus $t \mid a$ und $t \mid b$ stets $t \mid d$ folgt.

Entsprechend kann man zu a und b das *kleinste gemeinsame Viel-fache*

$$\mathrm{kgV}(a,b) = \prod_{p \in P} p^{\max\left(\mu_p(a), \mu_p(b)\right)}$$

betrachten. Dies ist ein gemeinsames Vielfaches v von a und b, so dass jedes weitere gemeinsame Vielfache von a und b auch ein Vielfaches von v ist. Man beachte jedoch, dass die Elemente $\mathrm{ggT}(a,b)$ und $\mathrm{kgV}(a,b)$ nur bis auf Einheiten wohldefiniert sind, da sie außer von a und b noch von der speziellen Wahl von P abhängen.

In Hauptidealringen lässt sich der größte gemeinsame Teiler zweier Elemente $a, b \in R$ idealtheoretisch charakterisieren, was vielfach von Nutzen ist. Hierzu betrachtet man

$$Ra + Rb := \{ra + sb \, ; \, r, s \in R\}$$

als Ideal in R, also das gemäß Aufgabe 7 aus Abschnitt 5.1 von a und b in R erzeugte Ideal.

Satz 16. *Es seien a, b zwei von Null verschiedene Elemente eines Hauptidealrings R. Für den größten gemeinsamen Teiler $d = \mathrm{ggT}(a,b)$ gilt dann*

$$Ra + Rb = Rd.$$

Insbesondere gibt es eine Gleichung $ra + sb = d$ mit Elementen $r, s \in R$, die notwendig teilerfremd sind, d. h. $\mathrm{ggT}(r,s) = 1$ erfüllen.

Beweis. Das Ideal $Ra + Rb \subset R$ ist ein Hauptideal, etwa $Ra + Rb = Rd'$. Dann folgt wegen $a, b \in Rd'$, dass d' ein gemeinsamer Teiler von a, b und damit auch von d ist. Andererseits besteht wegen $Ra + Rb = Rd'$ eine Gleichung des Typs $ra + sb = d'$ mit gewissen Elementen $r, s \in R$. Dies zeigt, dass jeder gemeinsame Teiler von a, b auch ein Teiler von d' ist. Insbesondere gilt also $d \,|\, d'$. Zusammen mit $d' \,|\, d$ ergibt sich gemäß Bemerkung 9, dass d und d' assoziiert sind. Somit gilt $Ra + Rb = Rd$, wie behauptet, und man hat eine Gleichung des Typs $ra + sb = d$. Letztere besagt, dass jeder gemeinsame Teiler von a, b, multipliziert mit $\mathrm{ggT}(r,s)$, einen Teiler von d ergibt. Dies ist aber nur im Falle $\mathrm{ggT}(r,s) = 1$ möglich. $\qquad\square$

Abschließend wollen wir noch aus Satz 16 eine spezielle Eigenschaft von Primelementen in Hauptidealringen folgern.

Korollar 17. *Es sei R ein Hauptidealring und $p \in R - \{0\}$. Dann ist äquivalent:*

(i) *p ist ein Primelement.*

(ii) *Der Restklassenring $R/(p)$ ist ein Körper.*

Beweis. Sei zunächst p ein Primelement. Insbesondere ist p dann keine Einheit und somit $R/(p)$ nicht der Nullring. Um einzusehen, dass $R/(p)$ ein Körper ist, wähle man $\bar{a} \in R/(p) - \{0\}$. Es ist zu zeigen, dass es ein $\bar{b} \in R/(p)$ mit $\bar{b} \cdot \bar{a} = 1$ gibt oder, in äquivalenter Formulierung, dass es zu $a \in R - (p)$ eine Gleichung der Form

$$ba + rp = 1$$

mit $b, r \in R$ gibt. Letzteres folgt aber aus Satz 16, da a und p offenbar teilerfremd sind.

Wenn andererseits p kein Primelement ist, so ist p entweder eine Einheit, oder aber es gibt von Null verschiedene Nichteinheiten $a, b \in R$ mit $p \nmid a$, $p \nmid b$, sowie $p \mid ab$. Im ersten Fall ist der Restklassenring $R/(p)$ der Nullring. Im zweiten sind die Restklassen $\bar{a}, \bar{b} \in R/(p)$ zu a, b von Null verschieden, erfüllen aber $\bar{a} \cdot \bar{b} = 0$. Es ist also $R/(p)$ in beiden Fällen kein Integritätsring und damit insbesondere kein Körper. $\square$

Als Anwendung sehen wir, dass für $p \in \mathbb{Z}$ der Restklassenring $\mathbb{Z}/p\mathbb{Z}$ genau dann ein Körper ist, wenn p prim ist. Insbesondere ist $\mathbb{F}_p = \mathbb{Z}/p\mathbb{Z}$ für eine Primzahl $p \in \mathbb{N}$ ein Körper mit p Elementen.

Genauso folgt für einen Körper K und Polynome $f \in K[T]$, dass der Restklassenring $K[T]/(f)$ genau dann ein Körper ist, wenn f prim ist. In $\mathbb{R}[T]$ sind beispielsweise die Polynome $T - 1$ und $T^2 + 1$ irreduzibel und damit auch prim. Man schließt nämlich mit Hilfe der Gradformel für Produkte in 5.1/2, dass ein Polynom aus $K[T]$ für einen Körper K bereits dann irreduzibel ist, wenn es vom Grad 1 ist, oder aber wenn es vom Grad 2 ist und keine Nullstelle in K besitzt. Im Übrigen gilt

$$\mathbb{R}[T]/(T - 1) \simeq \mathbb{R}, \qquad \mathbb{R}[T]/(T^2 + 1) \simeq \mathbb{C},$$

wie man leicht mit Hilfe des Homomorphiesatzes 5.1/10 zeigen kann. Weiter kann man zeigen, dass die primen Polynome in $\mathbb{R}[T]$ gerade aus allen Polynomen vom Grad 1 sowie den nullstellenfreien Polynomen vom Grad 2 gebildet werden; vgl. Aufgabe 3 aus Abschnitt 5.3.

Schließlich wollen wir noch die sogenannte *Charakteristik* eines Körpers definieren. Ist K ein Körper, so gibt es einen eindeutig bestimmten Ringhomomorphismus $\varphi\colon \mathbb{Z} \longrightarrow K$. Dieser bildet eine natürliche Zahl n ab auf die n-fache Summe $n \cdot 1_K$ des Einselementes $1_K \in K$ und entsprechend $-n$ auf $-(n \cdot 1_K)$. Der Kern von φ ist ein Ideal in $\mathbb{Z}$, also ein Hauptideal, und wird damit von einem eindeutig bestimmten Element $p \in \mathbb{N}$ erzeugt. Es ist p entweder 0 oder ansonsten die kleinste positive natürliche Zahl mit $p \cdot 1_K = 0$. Man nennt p die *Charakteristik* von K; diese ist entweder 0 oder aber prim, wie man ähnlich wie im zweiten Teil des Beweises zu Korollar 17 sehen kann.

Aufgaben

1. Man betrachte die folgenden Polynome $f, g \in \mathbb{R}[T]$ und dividiere jeweils f mit Rest durch g:

   (i) $f = T^6 + 3T^4 + T^3 - 2$, $g = T^2 - 2T + 1$,

   (ii) $f = T^n - 1$, $g = T - 1$, mit $n \in \mathbb{N} - \{0\}$,

   (iii) $f = T^n + T^{n-1} + \ldots + 1$, $g = T + 1$, mit $n \in \mathbb{N} - \{0\}$.

2. Es seien a, b von Null verschiedene Elemente eines Hauptidealrings R. Man zeige $Ra \cap Rb = Rv$ für $v = \mathrm{kgV}(a, b)$.

3. Man bestimme alle Unterringe von $\mathbb{Q}$. (AT 444)

4. Es sei R ein Integritätsring und $p \in R - \{0\}$. Man zeige, dass p genau dann prim ist, wenn $R/(p)$ ein Integritätsring ist.

5. Man bestimme die Primfaktorzerlegung des Polynoms $T^4 - 1$ im Polynomring $\mathbb{R}[T]$.

6. Man zeige, dass der Polynomring $\mathbb{Z}[T]$ kein Hauptidealring ist. (AT 446)

7. Man zeige, dass $\mathbb{Z} + \mathbb{Z}i = \{x + yi \in \mathbb{C}\,;\, x, y \in \mathbb{Z}\}$ einen Unterring des Körpers der komplexen Zahlen bildet und ein Hauptidealring ist.

8. Man zeige, dass es in $\mathbb{Z}$ unendlich viele paarweise nicht-assoziierte Primelemente gibt. Gleiches gilt für den Polynomring $K[T]$ über einem Körper K.

9. Es sei $\mathbb{F}$ ein endlicher Körper der Charakteristik p, wobei p den Kern des kanonischen Ringhomomorphismus $\mathbb{Z} \longrightarrow \mathbb{F}$ erzeugt. Man zeige:

   (i) p ist eine Primzahl.

   (ii) Es besteht $\mathbb{F}$ aus p^r Elementen, wobei r eine geeignete natürliche Zahl ist.

10. Es sei K ein Körper und A eine K-Algebra mit $\dim_K A < \infty$. Für ein Element $a \in A$ zeige man: Es existiert ein eindeutig bestimmtes normiertes Polynom $f \in K[T]$ kleinsten Grades mit $f(a) = 0$.

5.3 Nullstellen von Polynomen

Es sei K ein Körper (oder allgemeiner ein kommutativer Ring) und A eine K-Algebra. Ein Element $t \in A$ heißt *Nullstelle* eines Polynoms $f \in K[T]$, wenn $f(t) = 0$ gilt, d. h. wenn das Bild von f unter dem Einsetzungshomomorphismus $K[T] \longrightarrow A$, der t anstelle der Variablen T einsetzt (vgl. 5.1/7), trivial ist. Um ein Beispiel zu geben, betrachte man den Endomorphismenring A eines K-Vektorraums V; dieser wird zu einer K-Algebra unter dem Ringhomomorphismus $K \longrightarrow A$, $c \longmapsto c \cdot \mathrm{id}_V$. Für $\dim_K V > 1$ ist leicht zu sehen, dass das Polynom $T^2 \in K[T]$ außer dem Nullelement $0 \in A$ noch weitere Nullstellen in A besitzt, sogar unendlich viele, wenn K unendlich viele Elemente hat. Die Gleichung $\varphi^2 = 0$ für einen Endomorphismus $\varphi \colon V \longrightarrow V$ ist nämlich gleichbedeutend mit $\mathrm{im}\,\varphi \subset \ker \varphi$.

Wir wollen uns zunächst aber nur für Nullstellen von Polynomen $f \in K[T]$ in K interessieren, wobei wir K als Körper voraussetzen. Aufgrund der Nullteilerfreiheit von K sind dann stärkere Aussagen möglich, beispielsweise ist das Nullelement $0 \in K$ die einzige Nullstelle in K zu $T^2 \in K[T]$.

Satz 1. *Sei $\alpha \in K$ Nullstelle eines Polynoms $f \in K[T]$. Dann existiert ein Polynom $g \in K[T]$ mit*

$$f = (T - \alpha) \cdot g,$$

wobei g durch diese Gleichung eindeutig bestimmt ist.

Beweis. Division mit Rest von f durch $(T-\alpha)$ führt zu einer Gleichung

$$f = (T - \alpha) \cdot g + r$$

mit $r \in K$. Setzt man hierin α anstelle von T ein, so ergibt sich wegen $f(\alpha) = 0$ unmittelbar $r = r(\alpha) = 0$ und damit die gewünschte Gleichung $f = (T - \alpha) \cdot g$. Die Eindeutigkeit von g folgt aus der Nullteilerfreiheit von K bzw. $K[T]$ oder aus der Eindeutigkeit der Division mit Rest; vgl. 5.2/2. $\qquad\square$

Korollar 2. *Sei* $f \in K[T]$, $f \neq 0$. *Dann besitzt* f *nur endlich viele verschiedene Nullstellen* $\alpha_1, \dots, \alpha_r \in K$, *wobei* $r \leq \operatorname{grad} f$ *gilt. Weiter existieren Exponenten* $n_1, \dots, n_r \in \mathbb{N} - \{0\}$ *sowie ein Polynom* $g \in K[T]$ *ohne Nullstellen in* K *mit*

$$f = \prod_{i=1}^{r} (T - \alpha_i)^{n_i} \cdot g.$$

Dabei sind die n_i *sowie das Polynom* g *eindeutig durch* f *bestimmt.*

Beweis. Man betrachte Zerlegungen der Form

$$f = \prod_{i=1}^{r} (T - \alpha_i)^{n_i} \cdot g$$

mit paarweise verschiedenen Nullstellen $\alpha_1, \dots, \alpha_r$ von f (wobei r variieren darf), Exponenten $n_i \in \mathbb{N} - \{0\}$ und einem Polynom $g \in K[T]$. Dann gilt stets

$$\operatorname{grad} f = \sum_{i=1}^{r} n_i + \operatorname{grad} g,$$

und wir können eine solche Zerlegung finden, für die grad g minimal ist. Dann ist g aber wie gewünscht ohne Nullstellen in K, da man ansonsten gemäß Satz 1 von g einen Linearfaktor der Form $T - \alpha$ abspalten könnte und dies zu einer Zerlegung mit einem echt kleineren Grad von g führen würde. Man erkennt dann, dass $\alpha_1, \dots, \alpha_r$ aufgrund der Nullteilerfreiheit von K die einzigen Nullstellen von f sind und dass $r \leq \operatorname{grad} f$ gilt.

Die Faktoren $(T - \alpha_i)$ sind irreduzibel und damit insbesondere prim. Die Eindeutigkeitsaussage folgt daher leicht aus der Eindeutigkeit der Primfaktorzerlegung in $K[T]$. Man benutze dabei, dass in der Primfaktorzerlegung von g lediglich Faktoren vom Grad ≥ 2 vorkommen können, da g keine Nullstellen in K besitzt. $\square$

In der vorstehenden Situation nennt man n_i die *Vielfachheit* der Nullstelle α_i. Weiter bezeichnet man einen Körper K als *algebraisch abgeschlossen*, wenn jedes nicht-konstante Polynom $f \in K[T]$ (mindestens) eine Nullstelle in K besitzt. In der Zerlegung von Korollar 2 ist g dann konstant. Man kann daher sagen, dass ein Körper K genau dann algebraisch abgeschlossen ist, wenn sich jedes nicht-konstante Polynom $f \in K[T]$ als Produkt von Linearfaktoren, d. h. Polynomen vom Grad 1 schreiben lässt oder, in äquivalenter Weise, wenn die irreduziblen Polynome in $K[T]$ gerade die Polynome vom Grad 1 sind. Wir wollen in diesem Zusammenhang den sogenannten *Fundamentalsatz der Algebra* formulieren.

Theorem 3. *Der Körper* $\mathbb{C}$ *der komplexen Zahlen ist algebraisch abgeschlossen.*

Ein erster Beweis dieses berühmten Resultats wurde von C. F. Gauß 1799 in seiner Doktorarbeit gegeben. Heute ist eine Vielzahl weiterer Beweise bekannt, die sich alle in mehr oder weniger starker Form auf Methoden der Analysis stützen; siehe etwa [7], Kap. III, Satz 2.3 und Satz 3.2 für typische Beweise mit Mitteln der komplexen Funktionentheorie. Einen Beweis, der mit einem Minimum an infinitesimalen Eigenschaften von $\mathbb{R}$ auskommt und ansonsten algebraischer Natur ist, findet man in [1], Abschnitt 6.3.

Als Beispiel wollen wir hier nur noch anmerken, dass die Polynome

$$T^2 - 2 \in \mathbb{Q}[T],$$
$$T^2 + 1 \in \mathbb{R}[T],$$
$$T^2 + T + 1 \in \mathbb{F}_2[T]$$

keine Nullstellen in den jeweiligen Körpern besitzen. Da es sich um Polynome vom Grad 2 handelt, folgt hieraus, dass diese irreduzibel und damit prim sind.

Aufgaben

1. Es sei K ein Körper. Für ein Polynom $f = \sum_{i \in \mathbb{N}} a_i T^i \in K[T]$ definiere man dessen Ableitung durch $f' := \sum_{i > 0} i a_i T^{i-1}$, wobei $i a_i$ jeweils als i-fache Summe von a_i zu verstehen ist. Man zeige: Ein Element $\alpha \in K$ ist genau dann eine mehrfache Nullstelle (d. h. der Ordnung > 1) von f, wenn α Nullstelle von $\mathrm{ggT}(f, f')$ ist.

2. Es sei K ein Körper und A eine K-Algebra. Für zwei Polynome $f, g \in K[T] - \{0\}$ und $h = \mathrm{ggT}(f, g)$ zeige man: Ist $a \in A$ eine gemeinsame Nullstelle von f und g, so ist a auch Nullstelle von h. (Hinweis: Man benutze die in 5.2/16 beschriebene Charakterisierung des größten gemeinsamen Teilers.)

3. Für eine komplexe Zahl $\alpha = u + iv \in \mathbb{C}$ mit Realteil u und Imaginärteil v sei die zugehörige konjugiert komplexe Zahl definiert durch $\overline{\alpha} = u - iv$. Man zeige, dass ein normiertes Polynom $f \in \mathbb{R}[T]$ genau dann prim ist, wenn es von der Form $f = T - \alpha$ mit $\alpha \in \mathbb{R}$ oder $f = (T - \alpha)(T - \overline{\alpha})$ mit $\alpha \in \mathbb{C} - \mathbb{R}$ ist. (AT 447) (Hinweis: Man betrachte die Abbildung $\mathbb{C} \longrightarrow \mathbb{C}$, $\alpha \longmapsto \overline{\alpha}$, welche die Eigenschaften eines $\mathbb{R}$-Algebraisomorphismus besitzt, und setze diese fort zu einem $\mathbb{R}[T]$-Algebraisomorphismus $\mathbb{C}[T] \longrightarrow \mathbb{C}[T]$.)

6. Normalformentheorie

Überblick und Hintergrund

In diesem Kapitel geht es darum, für endlich-dimensionale K-Vektor-räume V die Struktur der Endomorphismen von V zu klären. Was aber hat man unter der *Struktur* eines Endomorphismus $f\colon V \longrightarrow V$ zu verstehen? Man kann beispielsweise die folgenden Fragen stellen:

(1) Gibt es nicht-triviale Untervektorräume $U \subset V$ mit $f(U) \subset U$, auf denen die Restriktion $f|_U$ von besonders einfacher Gestalt ist, etwa $f|_U = \lambda \operatorname{id}_U$ mit einem Skalar $\lambda \in K$?

(2) Um f auf ganz V zu beschreiben: Kann man V in eine direkte Summe nicht-trivialer Untervektorräume $V = \bigoplus_{i=1}^{r} U_i$ zerlegen mit $f(U_i) \subset U_i$, so dass sich $f|_{U_i}$ in standardisierter Form charakterisieren lässt? Gibt es eine feinste Zerlegung dieses Typs, und ist diese in irgendeiner Weise eindeutig bestimmt?

Dies sind bereits die wichtigsten Fragen, die wir untersuchen wollen. Zunächst ist die Beantwortung der ersten Frage relativ einfach. Wir betrachten für $\lambda \in K$ den Endomorphismus $f - \lambda \operatorname{id}$ von V. Sein Kern gibt genau denjenigen (maximalen) Untervektorraum von V an, auf dem sich f wie $\lambda \operatorname{id}$ verhält, und dieser Unterraum ist genau dann nicht-trivial, wenn der Kern von $f - \lambda \operatorname{id}$ nicht-trivial ist, also gemäß 2.1/11 genau dann, wenn $f - \lambda \operatorname{id}$ nicht invertierbar ist, und damit nach 4.3/3 genau dann, wenn $\det(f - \lambda \operatorname{id}) = 0$ gilt. Es ist also die Gleichung $\det(f - \lambda \operatorname{id}) = 0$ für $\lambda \in K$ zu lösen, und wir werden damit automatisch dazu veranlasst, das sogenannte *charakteristische Polynom* $\chi_f \in K[T]$ zu f zu betrachten, das entsteht, wenn wir auf $\det(\lambda \operatorname{id} - f)$ die Definition der Determinante einer beschreibenden Matrix anwenden, dabei jedoch anstelle von λ die Variable T vorsehen.

Die Nullstellen von χ_f in K werden als *Eigenwerte* zu f bezeichnet. Für einen solchen Eigenwert λ heißt $V_\lambda = \ker(\lambda\,\mathrm{id} - f)$ der zu λ gehörige *Eigenraum*, und die Elemente von $V_\lambda - \{0\}$ werden als *Eigenvektoren* zum Eigenwert λ bezeichnet. Wir werden zeigen, dass Eigenvektoren zu verschiedenen Eigenwerten stets linear unabhängig sind, und daraus folgern, dass die Summe der Eigenräume zu den verschiedenen Eigenwerten von f stets direkt ist. Stimmt diese Summe bereits mit V überein, so ist f *diagonalisierbar*, womit wir meinen, dass V eine Basis bestehend aus Eigenvektoren zu f besitzt, und was zur Folge hat, dass die zugehörige beschreibende Matrix von f eine Diagonalmatrix ist. Diese Situation ist beispielsweise gegeben, wenn die Anzahl der verschiedenen Eigenwerte von f gleich der Dimension von V ist. Wir erhalten damit auch eine erste (partielle) Antwort auf die eingangs gestellte Frage (2).

Es ist relativ leicht einzusehen, dass eine gegebene lineare Abbildung $f\colon V \longrightarrow V$ im Allgemeinen nicht diagonalisierbar sein wird. Beispielsweise ist eine Drehung um 0 im $\mathbb{R}^2$ nicht diagonalisierbar, es sei denn, der Drehwinkel beträgt 0° oder 180°. So wird man zur Beantwortung der Frage (2) noch nach anderen Möglichkeiten suchen müssen, um Untervektorräume $U \subset V$ mit $f(U) \subset U$, d. h. sogenannte *f-invariante* Untervektorräume, zu konstruieren. Folgende Beobachtung ist hierbei grundlegend: Man betrachte zu einem Vektor $x \in V$ den Untervektorraum $U \subset V$, der von den Elementen $x, f(x), f^2(x), \ldots$ erzeugt wird, wobei wir $x \neq 0$ annehmen wollen. Dann ist U ein nichttrivialer f-invarianter Untervektorraum in V, offenbar der kleinste, der x enthält. Wir nennen U den von x erzeugten *f-zyklischen* Untervektorraum von V. Seine Struktur lässt sich leicht beschreiben, wenn man Ergebnisse aus Kapitel 5 über den Polynomring $K[T]$ verwendet. Man kann nämlich die K-lineare Abbildung

$$\varphi\colon K[T] \longrightarrow U, \qquad \sum_{i\in\mathbb{N}} c_i T^i \longmapsto \sum_{i\in\mathbb{N}} c_i f^i(x),$$

betrachten und stellt dabei fest, dass $\ker\varphi$ ein Ideal in $K[T]$ ist. Denn für

$$p = \sum_{i=0}^{r} c_i T^i \in K[T], \qquad q = \sum_{j=0}^{s} d_j T^j \in \ker\varphi$$

gilt

$$\varphi(pq) = \varphi\left(\sum_{k=0}^{r+s}\left(\sum_{i+j=k} c_i d_j\right)T^k\right) = \sum_{k=0}^{r+s}\left(\sum_{i+j=k} c_i d_j\right)f^k(x)$$

$$= \left(\sum_{i=0}^{r} c_i f^i\right)\left(\sum_{j=0}^{s} d_j f^j\right)(x) = \left(\sum_{i=0}^{r} c_i f^i\right)(0) = 0,$$

d. h. $\ker\varphi$ ist insbesondere abgeschlossen unter Multiplikation mit Elementen aus $K[T]$. Wegen $x \neq 0$ ist $\ker\varphi$ ein echtes Ideal in $K[T]$. Andererseits gilt $\ker\varphi \neq 0$, da $K[T]$ als K-Vektorraum von unendlicher, V aber von endlicher Dimension ist. Nun wissen wir aber, dass $K[T]$ ein Hauptidealring ist, dass es folglich ein eindeutig bestimmtes normiertes Polynom kleinsten Grades

$$p = T^r + c_1 T^{r-1} + \ldots + c_r \in \ker\varphi$$

gibt und dass dieses das Ideal erzeugt. Hieraus gewinnt man die Gleichung

$$p(f)(x) = f^r(x) + c_1 f^{r-1}(x) + \ldots + c_r x = 0,$$

und diese zeigt in induktiver Weise, dass U, der von x erzeugte f-zyklische Untervektorraum von V, als K-Vektorraum bereits durch $x, f^1(x), \ldots, f^{r-1}(x)$ erzeugt wird. Da alle Polynome in $\ker\varphi$ sich als Vielfache von p darstellen, bilden die vorstehenden Vektoren sogar eine Basis von U. Bezüglich dieser Basis wird $f|_U$ dann durch die sogenannte *Begleitmatrix*

$$\begin{pmatrix} 0 & & & & & -c_0 \\ 1 & 0 & & & & -c_1 \\ & 1 & \cdot & & & -c_2 \\ & & \cdot & \cdot & & \cdots \\ & & & \cdot & \cdot & \cdots \\ & & & \cdot & 0 & -c_{n-2} \\ & & & & 1 & -c_{n-1} \end{pmatrix}$$

des Polynoms p beschrieben. Somit ist U, zusammen mit der Restriktion $f|_U$ als Endomorphismus von U, im Wesentlichen durch das Polynom p charakterisiert.

Um die eingangs gestellte Frage (2) vollständig zu klären, ist noch zu untersuchen, in wie weit sich V als eine direkte Summe f-zyklischer Untervektorräume darstellen lässt. Dass eine solche direkte Summenzerlegung in der Tat stets möglich ist, und zwar mit sogenannten *f-unzerlegbaren* (ebenfalls f-zyklischen) Untervektorräumen, die keine weitere Zerlegung in eine nicht-triviale direkte Summe f-invarianter Unterräume mehr zulassen, und mit zugehörigen normierten Polynomen aus $K[T]$, die eindeutig durch f bestimmt sind, ist ein tief liegendes Resultat, dessen Beweis einigen Aufwand erfordert. Um die eigentlichen Gründe für das Zustandekommen dieses Resultats aufzudecken, werden wir die sogenannte *Elementarteilertheorie* behandeln, und zwar für *Moduln* über Hauptidealringen. Ein Modul über einem Ring ist formal genauso definiert wie ein Vektorraum über einem Körper, nur dass man als Skalarenbereich anstelle eines Körpers einen Ring vorsieht. Dass man beispielsweise einen K-Vektorraum mit einem Endomorphismus $f \colon V \longrightarrow V$ als einen Modul über dem Polynomring $K[T]$ auffassen sollte, wobei man für $x \in V$ das Produkt Tx durch $f(x)$ definiert, wird durch die obige Betrachtung f-zyklischer Untervektorräume nahegelegt. In diesem Sinne ist der von einem Vektor $x \in V$ erzeugte f-zyklische Untervektorraum $U \subset V$ zu sehen als der von x erzeugte $K[T]$-Untermodul von V.

Obwohl Moduln als "Vektorräume" über Ringen interpretiert werden können, gibt es dennoch gravierende Unterschiede zu Vektorräumen über Körpern, die durch das Phänomen der sogenannten *Torsion* verursacht sind. Für einen Modul M über einem Ring R gibt es nämlich im Allgemeinen von Null verschiedene Elemente $r \in R$ und $m \in M$ mit $rm = 0$, wobei dann r natürlich keine Einheit sein kann, da ansonsten $m = r^{-1}(rm) = 0$ folgen würde. Insbesondere kann ein solcher Modul keine Basis besitzen. Gibt es zu jedem $m \neq 0$ aus M ein $r \neq 0$ in R mit $rm = 0$, so bezeichnet man M als einen *Torsionsmodul*. Beispielsweise ist in der obigen Situation auch V als $K[T]$-Modul ein Torsionsmodul. Da V von endlicher Dimension ist, existieren nämlich nicht-triviale Polynome $p \in K[T]$ mit $p \cdot V = 0$. Wir werden insbesondere sehen, dass es wiederum ein eindeutig bestimmtes normiertes Polynom kleinsten Grades $p_f \in K[T]$ mit $p_f \cdot V = 0$ gibt. Man nennt p_f das *Minimalpolynom* zu f, und wir werden mit dem Satz von Cayley-Hamilton zeigen, dass p_f stets ein Teiler des charakteristischen Polynoms χ_f ist und damit einen Grad $\leq n$ besitzt.

Die mittels der Elementarteilertheorie gewonnene Zerlegung von V in f-zyklische bzw. f-invariante Unterräume werden wir schließlich dazu verwenden, um f mittels kanonisch zugeordneter Matrizen zu beschreiben. Ist beispielsweise $V = \bigoplus_{i=1}^{r} U_i$ eine Zerlegung in f-zyklische Untervektorräume, wobei das Paar $(U_i, f|_{U_i})$ jeweils wie oben beschrieben durch das normierte Polynom $p_i \in K[T]$ charakterisiert sei (d. h. $U_i \simeq K[T]/(p_i)$ im Sinne von V als $K[T]$-Modul), so kann man für jedes U_i eine K-Basis wählen, derart dass $f|_{U_i}$ bezüglich dieser Basis durch die Begleitmatrix $A(p_i)$ zu p_i dargestellt wird. Setzt man die einzelnen Basen der U_i zu einer Gesamtbasis von V zusammen, so ist die zugehörige f beschreibende Matrix von der Form $\mathrm{Diag}(A(p_1), \ldots, A(p_r))$, d. h. eine Art "Diagonalmatrix", auf deren Diagonalen die Kästchen $A(p_i)$ angeordnet sind. Geht man von irgendeiner Matrix $A \in K^{n \times n}$ aus, die f beschreibt, und sind die Polynome p_i Primpotenzen, so ist $A' = \mathrm{Diag}(A(p_1), \ldots, A(p_r))$ bereits die sogenannte *allgemeine Normalform* von A. Im Übrigen werden wir auch die *Jordansche Normalform* von A betrachten (sofern das charakteristische Polynom χ_f in lineare Faktoren zerfällt) und abschließend zeigen, wie man Normalformen explizit berechnen kann, indem man die Elementarteiler der Matrix $TE - A \in K[T]^{n \times n}$ bestimmt; dabei sei $E \in K^{n \times n}$ die Einheitsmatrix.

6.1 Eigenwerte und Eigenvektoren

Wir kehren nunmehr zur Theorie der Vektorräume über einem Körper K zurück und betrachten zunächst eine K-lineare Abbildung $f \colon V \longrightarrow W$ zwischen endlich-dimensionalen K-Vektorräumen V und W. Ist dann $X = (x_1, \ldots, x_n)$ eine Basis von V und $Y = (y_1, \ldots, y_m)$ eine Basis von W, so lässt sich f durch eine zugehörige Matrix $A_{f,X,Y}$ beschreiben; vgl. 3.1/3. Durch geschickte Wahl von X und Y kann man erreichen, dass $A_{f,X,Y}$ von möglichst einfacher Gestalt ist. So hatten wir in 3.4/7 gesehen, dass es Basen X' von V und Y' von W gibt mit

$$A_{f,X',Y'} = \begin{pmatrix} E_r & 0 \\ 0 & 0 \end{pmatrix};$$

dabei bezeichnet $E_r \in K^{r \times r}$ die Einheitsmatrix und r den Rang von f. Weiter besteht die Relation

$$A_{f,X',Y'} = (A_{\mathrm{id},Y',Y})^{-1} \cdot A_{f,X,Y} \cdot A_{\mathrm{id},X',X}$$

mit den Basiswechselmatrizen $A_{\mathrm{id},X',X}$ und $A_{\mathrm{id},Y',Y}$; vgl. 3.4/4. Unter Benutzung der bijektiven Korrespondenz zwischen linearen Abbildungen und Matrizen können wir daher auch sagen, dass es zu einer Matrix $A \in K^{m \times n}$ vom Rang r stets invertierbare Matrizen $S \in \mathrm{GL}(m, K)$ und $T \in \mathrm{GL}(n, K)$ mit

$$S^{-1} \cdot A \cdot T = \begin{pmatrix} E_r & 0 \\ 0 & 0 \end{pmatrix}$$

gibt; vgl. hierzu auch 3.4/8.

Wir wollen im Weiteren ein entsprechendes Problem für Endomorphismen $f \colon V \longrightarrow V$ studieren. Genauer soll durch geeignete Wahl einer Basis X von V erreicht werden, dass die Matrix $A_{f,X,X}$ von möglichst einfacher Gestalt ist. Übersetzt in die Sprache der Matrizen bedeutet dies: Ausgehend von einer Matrix $A \in K^{n \times n}$ ist eine invertierbare Matrix $S \in \mathrm{GL}(n, K)$ gesucht, derart dass die Matrix $S^{-1} \cdot A \cdot S$ von möglichst einfacher Gestalt ist, beispielsweise eine Diagonalmatrix

$$\begin{pmatrix} \lambda_1 & & & 0 \\ & \lambda_2 & & \\ & & \ddots & \\ 0 & & & \lambda_n \end{pmatrix}$$

mit beliebigen Koeffizienten $\lambda_1, \ldots, \lambda_n \in K$. Dabei sei erwähnt, dass eine solche Diagonalgestalt allerdings nicht in allen Fällen zu erreichen ist. Um eine bequeme Sprechweise für unser Problem zu haben, sagen wir:

Definition 1. *Zwei Matrizen $A, B \in K^{n \times n}$ heißen* ähnlich, *wenn es eine invertierbare Matrix $S \in \mathrm{GL}(n, K)$ mit $B = S^{-1} \cdot A \cdot S$ gibt.*

Man sieht unmittelbar, dass die Ähnlichkeit von Matrizen aus $K^{n \times n}$ eine Äquivalenzrelation darstellt. Somit zerfällt $K^{n \times n}$ in disjunkte Klassen ähnlicher Matrizen.

Bemerkung 2. *Zu einer Matrix $A \in K^{n \times n}$ betrachte man einen n-dimensionalen K-Vektorraum V mit einer Basis X und den (eindeutig bestimmten) Endomorphismus $f \colon V \longrightarrow V$ mit $A_{f,X,X} = A$; vgl. 3.3/2. Für eine weitere Matrix $B \in K^{n \times n}$ ist dann äquivalent:*

(i) *A und B sind ähnlich.*

(ii) *Es existiert eine Basis X' von V mit $A_{f,X',X'} = B$.*

Beweis. Seien zunächst A und B ähnlich, gelte also $B = S^{-1} \cdot A \cdot S$ mit $S \in \mathrm{GL}(n, K)$. Fassen wir dann die Matrix S gemäß 3.4/1 (und den sich daran anschließenden Erläuterungen) als Basiswechselmatrix auf, so erhalten wir eine Basis X' von V mit $S = A_{\mathrm{id},X',X}$, und es folgt mit 3.4/4

$$A_{f,X',X'} = (A_{\mathrm{id},X',X})^{-1} \cdot A_{f,X,X} \cdot A_{\mathrm{id},X',X} = S^{-1} \cdot A \cdot S = B,$$

d. h. Bedingung (ii) ist erfüllt.

Ist umgekehrt Bedingung (ii) gegeben, so zeigt die Gleichung

$$A_{f,X',X'} = (A_{\mathrm{id},X',X})^{-1} \cdot A_{f,X,X} \cdot A_{\mathrm{id},X',X},$$

dass A und B ähnlich sind. $\square$

Wir wollen uns nun mit der Frage beschäftigen, wann eine gegebene Matrix $A \in K^{n \times n}$ zu einer Diagonalmatrix ähnlich ist. Dazu führen wir folgende Sprechweise ein:

Definition 3. *Eine Matrix $A \in K^{n \times n}$ heißt* diagonalisierbar, *wenn sie zu einer Diagonalmatrix ähnlich ist.*

Ein Endomorphismus $f \colon V \longrightarrow V$ eines endlich-dimensionalen K-Vektorraums V heißt diagonalisierbar, *wenn die beschreibende Matrix $A_{f,X,X}$ für eine Basis X von V und somit, vgl. 3.4/5, für alle Basen von V diagonalisierbar ist.*

Aus Bemerkung 2 kann man ablesen, dass ein Endomorphismus $f \colon V \longrightarrow V$ eines endlich-dimensionalen K-Vektorraums V genau dann diagonalisierbar ist, wenn es eine Basis $X = (x_1, \dots, x_n)$ von V mit

$$A_{f,X,X} = \begin{pmatrix} \lambda_1 & & & 0 \\ & \lambda_2 & & \\ & & \ddots & \\ 0 & & & \lambda_n \end{pmatrix}$$

gibt, so dass also $f(x_i) = \lambda_i x_i$, $i = 1, \dots, n$, für gewisse Konstanten $\lambda_i \in K$ gilt. Wir werden in diesem Zusammenhang folgende Terminologie verwenden:

Definition 4. *Es sei* $f\colon V \longrightarrow V$ *ein Endomorphismus eines K-Vektorraums V. Eine Konstante $\lambda \in K$ heißt* Eigenwert *zu f, wenn es einen Vektor $a \in V - \{0\}$ mit $f(a) = \lambda a$ gibt. Man nennt in diesem Falle a einen* Eigenvektor *von f zum Eigenwert λ. Für eine Matrix $A \in K^{n \times n}$ seien Eigenwerte und Eigenvektoren erklärt als Eigenwerte und Eigenvektoren der zugehörigen linearen Abbildung $K^n \longrightarrow K^n$, $x \longmapsto Ax$.*

Eigenvektoren sind definitionsgemäß immer von 0 verschieden, und wir können formulieren:

Bemerkung 5. *Ein Endomorphismus $f\colon V \longrightarrow V$ eines endlich-dimensionalen K-Vektorraums V ist genau dann diagonalisierbar, wenn es in V eine Basis bestehend aus Eigenvektoren zu f gibt.*

Als Anwendung der Beschreibung linearer Abbildungen mittels Matrizen, vgl. 3.1/7, ergibt sich:

Bemerkung 6. *Es sei $f\colon V \longrightarrow V$ ein Endomorphismus eines endlich-dimensionalen K-Vektorraums V mit Basis X. Für $\lambda \in K$ ist dann äquivalent:*

(i) *λ ist Eigenwert von f.*
(ii) *λ ist Eigenwert von $A_{f,X,X}$.*

Beweis. Sei $\dim_K V = n$. Wir benutzen das kommutative Diagramm

$$
\begin{array}{ccc}
V & \xrightarrow{\ f\ } & V \\
\ \downarrow{\scriptstyle \kappa_X} & & \ \downarrow{\scriptstyle \kappa_X} \\
K^n & \xrightarrow{\ \tilde{f}\ } & K^n
\end{array}
$$

aus 3.1/8. Dabei ist κ_X derjenige Isomorphismus, der einem Vektor $v \in V$ den zugehörigen Koordinatenspaltenvektor $v_X \in K^n$ zuordnet, sowie $\tilde{f}\colon K^n \longrightarrow K^n$ die durch $u \longmapsto A_{f,X,X} \cdot u$ erklärte Abbildung. Ist nun $a \in V$ ein Eigenvektor zu f mit Eigenwert $\lambda \in K$, so gilt insbesondere $a \neq 0$ und damit auch $\kappa_X(a) \neq 0$. Weiter folgt aufgrund der Kommutativität des obigen Diagramms

$$
\tilde{f}\bigl(\kappa_X(a)\bigr) = \kappa_X\bigl(f(a)\bigr) = \kappa_X(\lambda a) = \lambda \kappa_X(a),
$$

d. h. $\kappa_X(a)$ ist Eigenvektor zu $\tilde{f}$, ebenfalls zum Eigenwert λ. Ist umgekehrt $b \in K^n$ ein Eigenvektor zu $\tilde{f}$ zum Eigenwert λ, so folgt entsprechend, dass $\kappa_X^{-1}(b) \in V$ ein Eigenvektor zu f zum Eigenwert λ ist. $\square$

Insbesondere sieht man mit Bemerkung 2 oder auch mittels einfacher direkter Rechnung:

Bemerkung 7. *Ähnliche Matrizen besitzen dieselben Eigenwerte.*

Als Beispiel zeigen wir, dass die Matrizen

$$A = \begin{pmatrix} 0 & 1 \\ -1 & 0 \end{pmatrix} \in \mathbb{R}^{2 \times 2}, \qquad B = \begin{pmatrix} 1 & 0 \\ 1 & 1 \end{pmatrix} \in \mathbb{C}^{2 \times 2}$$

nicht diagonalisierbar sind. In der Tat, das Gleichungssystem

$$\alpha_2 = \lambda \alpha_1, \qquad -\alpha_1 = \lambda \alpha_2$$

führt für einen nicht-trivialen Vektor $(\alpha_1, \alpha_2)^t \in \mathbb{R}^2$ stets auf die Gleichung $\lambda^2 = -1$, die in $\mathbb{R}$ nicht lösbar ist. Somit sehen wir, dass A in $\mathbb{R}^{2 \times 2}$ nicht diagonalisierbar sein kann, da die zugehörige lineare Abbildung $\mathbb{R}^2 \longrightarrow \mathbb{R}^2$, $x \longmapsto Ax$, keinen Eigenwert besitzt. Das Bild ändert sich jedoch, wenn wir A als Matrix in $\mathbb{C}^{2 \times 2}$ auffassen, denn die durch A gegebene $\mathbb{C}$-lineare Abbildung $\mathbb{C}^2 \longrightarrow \mathbb{C}^2$, $x \longmapsto Ax$, wird bezüglich der Basis $\binom{1}{i}, \binom{1}{-i}$ durch eine Diagonalmatrix beschrieben. Weiter zeigt das Gleichungssystem

$$\alpha_1 = \lambda \alpha_1, \qquad \alpha_1 + \alpha_2 = \lambda \alpha_2,$$

dass die Matrix B höchstens $\lambda = 1$ als Eigenwert besitzt. Wäre B also diagonalisierbar, so müsste B zur Einheitsmatrix ähnlich sein und dann schon mit dieser übereinstimmen, da die Einheitsmatrix aus trivialen Gründen nur zu sich selbst ähnlich ist.

Satz 8. *Es sei $f \colon V \longrightarrow V$ ein Endomorphismus eines endlich-dimensionalen K-Vektorraums V. Sind $a_1, \dots, a_r \in V$ Eigenvektoren zu paarweise verschiedenen Eigenwerten $\lambda_1, \dots, \lambda_r$, so sind $a_1, \dots, a_r$ linear unabhängig.*

Beweis. Wir schließen mit Induktion nach r, wobei wir $r \geq 1$ annehmen dürfen. Der Fall $r = 1$ ist klar, denn ein Eigenvektor ist nach Definition stets von 0 verschieden. Sei also $r > 1$, und gelte

$$\sum_{i=1}^{r} \alpha_i a_i = 0$$

mit Koeffizienten $\alpha_1, \ldots, \alpha_r \in K$. Man hat dann

$$\sum_{i=1}^{r} \lambda_i \alpha_i a_i = \sum_{i=1}^{r} \alpha_i f(a_i) = f\left(\sum_{i=1}^{r} \alpha_i a_i\right) = f(0) = 0,$$

aber auch

$$\sum_{i=1}^{r} \lambda_1 \alpha_i a_i = 0$$

und folglich

$$\sum_{i=2}^{r} (\lambda_i - \lambda_1) \alpha_i a_i = 0.$$

Nun sind $a_2, \ldots, a_r$ insgesamt $r - 1$ Eigenvektoren zu paarweise verschiedenen Eigenwerten und somit nach Induktionsvoraussetzung linear unabhängig. Es ergibt sich daher $(\lambda_i - \lambda_1)\alpha_i = 0$ und damit $\alpha_i = 0$ für $i = 2, \ldots, r$. Dann zeigt die Gleichung $\sum_{i=1}^{r} \alpha_i a_i = 0$, dass auch der Term $\alpha_1 a_1$ verschwindet und wegen $a_1 \neq 0$ sogar der Koeffizient α_1. Die Vektoren $a_1, \ldots, a_r$ sind also wie behauptet linear unabhängig. $\square$

Korollar 9. *Ein Endomorphismus $f: V \longrightarrow V$ eines endlich-dimensionalen K-Vektorraums V hat höchstens $n = \dim_K V$ verschiedene Eigenwerte.*

Korollar 10. *Besitzt ein Endomorphismus $f: V \longrightarrow V$ eines endlich-dimensionalen K-Vektorraums V genau $n = \dim_K V$ verschiedene Eigenwerte, so ist f diagonalisierbar.*

Beweis. Seien $\lambda_1, \ldots, \lambda_n \in K$ paarweise verschiedene Eigenwerte zu f, und seien $a_1, \ldots, a_n \in V$ zugehörige Eigenvektoren. Dann sind diese gemäß Satz 8 linear unabhängig, bilden also wegen $n = \dim_K V$ eine Basis X von V. Die zugehörige Matrix $A_{f,X,X}$ ist eine Diagonalmatrix mit $\lambda_1, \ldots, \lambda_n$ als Diagonalelementen. $\square$

Wir wollen Satz 8 noch etwas verallgemeinern.

Definition 11. *Es sei* $\lambda \in K$ *Eigenwert eines Vektorraumendomorphismus* $f \colon V \longrightarrow V$. *Dann heißt*

$$V_\lambda := \ker(f - \lambda\,\mathrm{id}) = \big\{ a \in V \,;\, f(a) = \lambda a \big\}$$

der Eigenraum *von* f *zum Eigenwert* λ.

Korollar 12. *Sei* $f \colon V \longrightarrow V$ *ein Endomorphismus eines endlichdimensionalen* K-*Vektorraums* V, *und seien* $\lambda_1, \ldots, \lambda_r$ *die sämtlichen (paarweise verschiedenen) Eigenwerte von* f. *Ist dann* $V' = \sum_{i=1}^{r} V_{\lambda_i}$ *der von den zugehörigen Eigenräumen erzeugte Untervektorraum von* V, *so gilt*

$$V' = \bigoplus_{i=1}^{r} V_{\lambda_i};$$

die Summe ist also direkt. Im Übrigen ist f *genau dann diagonalisierbar, wenn* $V = V'$ *gilt, wenn also* V *von den Eigenräumen zu* f *erzeugt wird.*

Beweis. Da Eigenvektoren zu paarweise verschiedenen Eigenwerten linear unabhängig sind, kann eine Summe $\sum_{i=1}^{r} v_i$ mit $v_i \in V_{\lambda_i}$ nur dann verschwinden, wenn alle v_i verschwinden. Dies bedeutet aber, dass V' die direkte Summe der Eigenräume V_{λ_i} ist. Ist nun f diagonalisierbar, so besitzt V eine Basis aus Eigenvektoren, und es gilt $V = V'$. Umgekehrt, ist V darstellbar als direkte Summe der Eigenräume V_{λ_i}, so wähle man in jedem dieser Eigenräume eine Basis. Das System aller dieser Elemente bildet dann eine Basis von V, die aus lauter Eigenvektoren von f besteht, d. h. f ist diagonalisierbar. $\qquad\square$

Korollar 13. *Für eine Diagonalmatrix*

$$A = \begin{pmatrix} \lambda_1 & & & 0 \\ & \lambda_2 & & \\ & & \ddots & \\ 0 & & & \lambda_n \end{pmatrix}$$

sind $\lambda_1, \ldots, \lambda_n$ *die einzigen Eigenwerte von* A.

Beweis. Wir betrachten die lineare Abbildung $f \colon K^n \longrightarrow K^n$, die durch $x \longmapsto Ax$ gegeben ist. Es ist klar, dass es sich bei den $\lambda_1, \dots, \lambda_n$ um Eigenwerte von A bzw. f handelt. Um Wiederholungen zu vermeiden, schreibe man $\{\lambda_1, \dots, \lambda_n\} = \{\lambda'_1, \dots, \lambda'_s\}$, wobei die Elemente $\lambda'_1, \dots, \lambda'_s$ paarweise verschieden sind. Die Diagonalgestalt von A besagt, dass es in K^n eine Basis gibt, nämlich die kanonische Basis $e_1, \dots, e_n$, so dass e_i jeweils Eigenvektor von f zum Eigenwert λ_i ist. Für $j = 1, \dots, s$ sei nun $U_{\lambda'_j} \subset V$ derjenige lineare Unterraum, der erzeugt wird von allen e_i mit Indizes i, für die $\lambda_i = \lambda'_j$ gilt. Es besteht dann die Zerlegung

$$V = \bigoplus_{j=1}^{s} U_{\lambda'_j}, \qquad U_{\lambda'_j} \subset V_{\lambda'_j},$$

wobei $V_{\lambda'_j}$ jeweils der Eigenraum von f zum Eigenwert λ'_j ist. Ein Vergleich mit der Zerlegung aus Korollar 12 ergibt $U_{\lambda'_j} = V_{\lambda'_j}$ für $j = 1, \dots, s$ und zeigt außerdem, dass es neben $\lambda'_1, \dots, \lambda'_s$ keine weiteren Eigenwerte von A geben kann. $\qquad\square$

Aufgaben

V sei stets ein Vektorraum endlicher Dimension über einem Körper K.

1. Es seien $a, b \in V$ Eigenvektoren eines Endomorphismus $f \colon V \longrightarrow V$. Man untersuche, in welchen Fällen auch $a - b$ ein Eigenvektor von f ist.

2. Es sei $\lambda \in K$ Eigenwert eines Endomorphismus $f \colon V \longrightarrow V$. Man zeige, dass für Polynome $q \in K[T]$ jeweils $q(\lambda)$ Eigenwert von $q(f)$ ist.

3. Für die Matrix
$$A = \begin{pmatrix} 2 & 1 & 0 & 1 \\ 0 & 2 & 0 & 1 \\ 0 & 0 & 2 & 1 \\ 0 & 0 & 0 & 2 \end{pmatrix} \in \mathbb{R}^{4 \times 4}$$
berechne man alle Eigenwerte und die zugehörigen Eigenräume. Ist A diagonalisierbar? (AT 449)

4. Die Matrizen $A, B \in K^{n \times n}$ seien ähnlich. Man zeige in direkter Weise:

   (i) Ein Element $\lambda \in K$ ist genau dann ein Eigenwert von A, wenn es Eigenwert von B ist.

(ii) Für Eigenwerte $\lambda \in K$ von A bzw. B gilt $\dim_K V_{A,\lambda} = \dim_K V_{B,\lambda}$, wobei $V_{A,\lambda}$ den Eigenraum zu λ bezüglich der linearen Abbildung $K^n \longrightarrow K^n$, $x \longmapsto Ax$ bezeichne; entsprechend für $V_{B,\lambda}$.

5. Es seien $A, B \in K^{n \times n}$ ähnlich. Dann sind für Polynome $q \in K[T]$ auch die Matrizen $q(A)$ und $q(B)$ ähnlich.

6. Zwei Endomorphismen $f, g \colon V \longrightarrow V$ heißen ähnlich, wenn es einen Automorphismus $h \colon V \longrightarrow V$ mit $g = h^{-1} \circ f \circ h$ gibt. Man zeige: f und g sind genau dann ähnlich, wenn für eine gegebene Basis X von V die beschreibenden Matrizen $A_{f,X,X}$ und $A_{g,X,X}$ ähnlich sind.

7. Für ein kommutatives Diagramm linearer Abbildungen zwischen K-Vektorräumen

$$
\begin{array}{ccc}
V & \xrightarrow{\ f\ } & V \\
\downarrow{\scriptstyle h} & & \downarrow{\scriptstyle h} \\
W & \xrightarrow{\ g\ } & W
\end{array}
$$

zeige man:

(i) Ist h injektiv, so ist jeder Eigenwert von f auch Eigenwert von g.

(ii) Ist h surjektiv, so ist jeder Eigenwert von g auch Eigenwert von f.

Man konstruiere einfache Beispiele, die zeigen, dass in den vorstehenden Aussagen die Voraussetzungen "injektiv" bzw. "surjektiv" nicht entbehrlich sind. (AT 451)

6.2 Minimalpolynom und charakteristisches Polynom

Wie wir im vorigen Abschnitt gesehen haben, steht das Problem der Diagonalisierbarkeit von Endomorphismen oder Matrizen in engem Zusammenhang mit dem Problem, die zugehörigen Eigenwerte und Eigenvektoren zu bestimmen. Wir beschäftigen uns daher zunächst mit der Berechnung von Eigenwerten. Generell sei V in diesem Abschnitt ein K-Vektorraum *endlicher* Dimension n.

Satz 1. *Sei $f \colon V \longrightarrow V$ ein Endomorphismus. Für $\lambda \in K$ ist dann äquivalent:*

(i) *λ ist Eigenwert zu f.*

(ii) *$\ker(\lambda \operatorname{id} - f) \neq 0$.*

(iii) $\lambda \operatorname{id} - f$ *ist nicht invertierbar.*
(iv) $\det(\lambda \operatorname{id} - f) = 0$.

Beweis. Sei λ ein Eigenwert zu f. Dann existiert ein Eigenvektor zu λ, d. h. ein Vektor $a \in V - \{0\}$ mit $f(a) = \lambda a$. Hieraus ergibt sich $a \in \ker(\lambda \operatorname{id} - f)$ und damit insbesondere $\ker(\lambda \operatorname{id} - f) \neq 0$. Umgekehrt ist jeder von Null verschiedene Vektor $a \in \ker(\lambda \operatorname{id} - f)$ ein Eigenvektor zum Eigenwert λ. Bedingungen (i) und (ii) sind also äquivalent.

Weiter ergibt sich die Äquivalenz (ii)$\Longleftrightarrow$ (iii) aus 2.1/11 und die Äquivalenz (iii) $\Longleftrightarrow$ (iv) aus 4.3/3 (iv). $\qquad\square$

Als Beispiel wollen wir alle Eigenwerte der Matrix

$$A = \begin{pmatrix} 1 & 4 \\ 1 & 1 \end{pmatrix} \in \mathbb{R}^{2 \times 2}$$

bestimmen. Bezeichnet E die Einheitsmatrix in $\mathbb{R}^{2 \times 2}$, so gilt für $\lambda \in \mathbb{R}$

$$\det(\lambda E - A) = \det \begin{pmatrix} \lambda - 1 & -4 \\ -1 & \lambda - 1 \end{pmatrix} = \lambda^2 - 2\lambda - 3.$$

Die Gleichung $\det(\lambda E - A) = 0$ ist daher äquivalent zu $\lambda = 3$ oder $\lambda = -1$. Daher sind $3, -1$ die Eigenwerte von A, und man sieht mittels 6.1/10, dass A diagonalisierbar ist. Und zwar ist A ähnlich zu der Matrix

$$\begin{pmatrix} 3 & 0 \\ 0 & -1 \end{pmatrix} \in \mathbb{R}^{2 \times 2}.$$

Man kann nun leicht die zu den Eigenwerten $3, -1$ gehörigen Eigenräume bestimmen, indem man die linearen Gleichungssysteme

$$(3E - A)x = 0 \qquad \text{bzw.} \qquad (-E - A)x = 0$$

löst.

Wir wollen $\det(\lambda E - A)$ für eine Matrix $A = (\alpha_{ij})_{ij} \in K^{n \times n}$ und eine Konstante $\lambda \in K$ genauer auswerten; E sei nunmehr die Einheitsmatrix in $K^{n \times n}$. Wie in 4.2/4 definiert, gilt

$$\det(\lambda E - A) = \det\big((\lambda \delta_{ij} - \alpha_{ij})_{ij}\big)$$

$$= \sum_{\pi \in \mathfrak{S}_n} \operatorname{sgn} \pi \cdot \prod_{i=1}^{n} (\lambda \delta_{\pi(i),i} - \alpha_{\pi(i),i}).$$

Indem wir in vorstehender Summe die Konstante λ durch eine Variable T ersetzen, können wir folgende Definition treffen:

Definition 2. *Sei $A = (\alpha_{ij})_{ij} \in K^{n \times n}$. Dann heißt*

$$\chi_A = \sum_{\pi \in \mathfrak{S}_n} \operatorname{sgn} \pi \cdot \prod_{i=1}^{n} (T \delta_{\pi(i),i} - \alpha_{\pi(i),i}) \in K[T]$$

das charakteristische Polynom *von A.*

Insbesondere gilt $\chi_A(\lambda) = \det(\lambda E - A)$ für alle $\lambda \in K$. Die Nullstellen von χ_A in K sind daher gerade die Eigenwerte von A.

Satz 3. *Das charakteristische Polynom $\chi_A \in K[T]$ zu einer Matrix $A \in K^{n \times n}$ ist normiert vom Grad n. Es gilt*

$$\chi_A = \sum_{i=0}^{n} c_{n-i} T^i, \qquad c_i \in K,$$

mit $c_0 = 1$, $-c_1 = \operatorname{Spur} A = \sum_{i=1}^{n} \alpha_{ii}$ und $(-1)^n c_n = \det(A)$, wobei die Summe der Diagonalelemente α_{ii} als Spur *von A bezeichnet wird.*

Beweis. Als Summe n-facher Produkte linearer Polynome in T ist χ_A vom Grad $\leq n$, und es gilt

$$c_n = \chi_A(0) = \det(-A) = (-1)^n \det(A),$$

also $(-1)^n c_n = \det(A)$. Weiter besitzt der zweite Term in der Zerlegung

$$\chi_A = \prod_{i=1}^{n} (T - \alpha_{ii}) + \sum_{\substack{\pi \in \mathfrak{S}_n \\ \pi \neq \mathrm{id}}} \operatorname{sgn} \pi \cdot \prod_{i=1}^{n} (T \delta_{\pi(i),i} - \alpha_{\pi(i),i})$$

einen Grad $\leq n-2$, denn es wird nur über Permutationen $\pi \neq \mathrm{id}$ summiert. Für $\pi \neq \mathrm{id}$ gibt es nämlich mindestens zwei verschiedene Indizes $i, j \in \{1, \ldots, n\}$ mit $\pi(i) \neq i$, $\pi(j) \neq j$, so dass folglich die Ausdrücke $T\delta_{\pi(i),i}, T\delta_{\pi(j),j}$ für diese Indizes verschwinden. Die Koeffizienten vom Grad n und $n-1$ in χ_A, also c_0 und c_1, stimmen daher überein mit den Koeffizienten vom Grad n und $n-1$ in $\prod_{i=1}^{n}(T - \alpha_{ii})$, und es folgt $c_0 = 1$, sowie $c_1 = -\sum_{i=1}^{n} \alpha_{ii}$, wie behauptet. $\qquad\square$

Man kann das charakteristische Polynom $\chi_A \in K[T]$ zu einer Matrix $A \in K^{n \times n}$ auch durch die Gleichung $\chi_A = \det(TE - A)$ erklären, wobei man dann allerdings die Determinante einer Matrix mit Einträgen aus dem Polynomring $K[T]$ zu bilden hat. Da wir bisher nur Determinanten von Matrizen mit Koeffizienten aus einem Körper betrachtet und auch nur für diese Situation Rechenregeln für Determinanten bewiesen haben, greifen wir zu einem Trick. Ähnlich wie man den Körper $\mathbb{Q}$ der rationalen Zahlen als Körper aller Brüche ganzer Zahlen bildet, konstruiert man zu $K[T]$ den sogenannten *rationalen Funktionenkörper* $K(T)$ aller Brüche von Polynomen aus $K[T]$. Es ist dann $K[T]$ ein Unterring des Körpers $K(T)$, und man kann $TE - A$ als Matrix in $K(T)^{n \times n}$ auffassen. Insbesondere ist $\det(TE - A)$ wohldefiniert, und man darf zur Berechnung dieser Determinante die bekannten Entwicklungssätze oder andere Rechenregeln für Determinanten anwenden. Erwähnt sei aber auch, dass sich alternativ die Determinantentheorie über beliebigen kommutativen Ringen entwickeln lässt, worauf wir hier aber nicht weiter eingehen wollen.

Satz 4. *Sind $A, B \in K^{n \times n}$ ähnlich, so folgt $\chi_A = \chi_B$.*

Beweis. Sei $S \in \mathrm{GL}(n, K)$ mit $B = S^{-1}AS$. Dann gilt aufgrund der Multiplikativität der Determinante

$$\begin{aligned}
\chi_B &= \det(TE - S^{-1}AS) = \det\big(S^{-1}(TE - A)S\big) \\
&= \det(S^{-1}) \cdot \det(TE - A) \cdot \det(S) = \det(TE - A) \\
&= \chi_A.
\end{aligned}$$

$\square$

Korollar 5. *Ähnliche Matrizen besitzen die gleiche Spur.*

Da die charakteristischen Polynome ähnlicher Matrizen übereinstimmen, kann man unter Benutzung von 6.1/2 auch das charakteristische Polynom eines Endomorphismus $f : V \longrightarrow V$ erklären.

Definition 6. *Sei $f : V \longrightarrow V$ ein Endomorphismus eines endlichdimensionalen K-Vektorraums V und X eine Basis von V. Dann bezeichnet man*

$$\chi_f = \chi_{A_{f,X,X}} \in K[T]$$

als das charakteristische Polynom *von f und*

$$\text{Spur } f = \text{Spur } A_{f,X,X}$$

als die Spur *von f. Für den trivialen Fall* $V = 0$ *gilt* $\chi_f = 1$ *und* Spur $f = 0$.

Es folgt mit 6.1/2 und Satz 4, dass χ_f und Spur f unabhängig von der speziellen Wahl der Basis X von V sind. Weiter können wir mit Satz 1 feststellen:

Satz 7. *Ein Element* $\lambda \in K$ *ist genau dann ein Eigenwert eines Endomorphismus* $f\colon V \longrightarrow V$, *wenn* λ *eine Nullstelle des charakteristischen Polynoms* χ_f *ist.*

Als Nächstes wollen wir einsehen, dass die Diagonalisierbarkeit eines Endomorphismus an gewissen Eigenschaften des zugehörigen charakteristischen Polynoms abzulesen ist.

Satz 8. *Für einen Endomorphismus* $f\colon V \longrightarrow V$ *ist äquivalent:*
  (i) *f ist diagonalisierbar.*
  (ii) χ_f *zerfällt vollständig in Linearfaktoren, etwa*

$$\chi_f = \prod_{i=1}^{r}(T - \lambda_i)^{n_i},$$

und für den Eigenraum V_{λ_i} *zum Eigenwert* λ_i *gilt*

$$\dim V_{\lambda_i} = n_i.$$

Beweis. Sei $\dim_K V = n$. Wir beginnen mit der Implikation (i) $\Longrightarrow$ (ii) und nehmen f als diagonalisierbar an. Dann existiert eine Basis X von V, bestehend aus Eigenvektoren zu f, also mit

$$A_{f,X,X} = \begin{pmatrix} \lambda_1 & & & 0 \\ & \lambda_2 & & \\ & & \ddots & \\ 0 & & & \lambda_n \end{pmatrix}.$$

Insbesondere folgt $\chi_f = \prod_{i=1}^{n}(T - \lambda_i)$. Indem wir gleiche Faktoren zu Potenzen zusammenfassen, können wir dieses Produkt in der Form $\chi_f = \prod_{i=1}^{r}(T - \lambda_i)^{n_i}$ schreiben, wobei $\dim_K(V_{\lambda_i}) \geq n_i$ gilt. Wegen $V = \bigoplus_{i=1}^{r} V_{\lambda_i}$, vgl. 6.1/12 und 6.1/13, ergibt sich sodann

$$n = \sum_{i=1}^{r} \dim_K(V_{\lambda_i}) \geq \sum_{i=1}^{r} n_i = n$$

und damit $\dim_K(V_{\lambda_i}) = n_i$ für alle $i = 1, \ldots, r$.

Ist umgekehrt Bedingung (ii) gegeben, so folgt

$$\sum_{i=1}^{r} \dim_K(V_{\lambda_i}) = \sum_{i=1}^{r} n_i = n.$$

Nach 6.1/12 gilt $V' = \bigoplus_{i=1}^{r} V_{\lambda_i}$ für den von den Eigenräumen V_{λ_i} erzeugten Unterraum $V' \subset V$, also $\dim_K V' = n = \dim_K V$ und damit $V' = V$. Dann ist f aber diagonalisierbar, wiederum nach 6.1/12. $\square$

Als Beispiel für die Anwendung von Satz 8 wollen wir einen Endomorphismus $f \colon V \longrightarrow V$ betrachten, der bezüglich einer geeigneten Basis durch eine Dreiecksmatrix der Form

$$A = \begin{pmatrix} \lambda & & & * \\ & \lambda & & \\ & & \ddots & \\ 0 & & & \lambda \end{pmatrix} \in K^{n \times n}$$

beschrieben wird. Dann gilt $\chi_f = \chi_A = (T - \lambda)^n$, und λ ist der einzige Eigenwert zu f bzw. A. Ist nun A keine Diagonalmatrix, so ist $\lambda \operatorname{id} - f$ nicht die Nullabbildung und folglich der Eigenraum $V_\lambda = \ker(\lambda \operatorname{id} - f)$ echt in V enthalten. Nach Satz 8 kann f bzw. A in diesem Fall nicht diagonalisierbar sein. Wir können dies aber auch in direkter Weise sehen. Wenn A diagonalisierbar ist, so ist A ähnlich zu λE, wobei $E \in K^{n \times n}$ die Einheitsmatrix bezeichne. Da aber E und damit auch λE mit allen Matrizen in $K^{n \times n}$ vertauschbar ist, kann λE nur zu sich selbst ähnlich sein. Somit müsste schon $A = \lambda E$ gelten.

Neben dem charakteristischen Polynom χ_f zu einem Endomorphismus f eines K-Vektorraums V kann man auch noch ein weiteres Polynom zu f betrachten, nämlich das sogenannte *Minimalpolynom*. Um dieses zu definieren, betrachten wir den Endomorphismenring $\operatorname{End}_K(V)$ als K-Algebra unter dem Ringhomomorphismus

$$K \longrightarrow \operatorname{End}_K(V), \qquad c \longmapsto c \cdot \operatorname{id}_V,$$

und verwenden folgendes Resultat:

Satz 9. *Zu einem Endomorphismus $f\colon V \longrightarrow V$ eines endlich-dimensionalen K-Vektorraums V betrachte man den K-Algebrahomomorphismus*

$$\varphi_f \colon K[T] \longrightarrow \operatorname{End}_K(V), \qquad p \longmapsto p(f),$$

der f anstelle von T einsetzt; vgl. 5.1/7. Dann ist $\ker \varphi_f$ von Null verschieden, und es existiert ein normiertes Polynom $p_f \in K[T]$ mit $\ker \varphi_f = (p_f)$. Es ist p_f das eindeutig bestimmte normierte Polynom kleinsten Grades in $K[T]$, welches f annulliert, also mit der Eigenschaft dass $p_f(f) = 0$ gilt.

Beweis. Indem wir die Ringmultiplikation vergessen, können wir φ_f auch als Homomorphismus zwischen K-Vektorräumen auffassen. Man hat dann $\dim_K(K[T]) = \infty$ sowie gemäß 3.3/2

$$\dim_K\big(\operatorname{End}_K(V)\big) = n^2 < \infty$$

für $n = \dim_K(V)$. Letzteres hat $\ker \varphi_f \neq 0$ zur Folge, bzw. dass φ_f nicht injektiv sein kann. Genauer, die Elemente $\varphi_f(T^0), \ldots, \varphi_f(T^{n^2})$ sind aus Dimensionsgründen linear abhängig in $\operatorname{End}_K(V)$, und $\ker \varphi_f$ enthält daher ein nicht-triviales Polynom vom Grad $\leq n^2$. Nun ist aber $\ker \varphi_f$ ein Ideal in $K[T]$ und $K[T]$ ein Hauptidealring; vgl. 5.2/7. Es existiert daher ein nicht-triviales Polynom $p_f \in K[T]$ mit $\ker \varphi_f = p_f \cdot K[T]$. Als erzeugendes Element eines Hauptideals in einem Integritätsring ist p_f nach 5.2/9 eindeutig bestimmt bis auf eine Einheit. Da aber $K[T]^* = K^*$ gilt, ist p_f eindeutig, wenn wir dieses Polynom als normiert voraussetzen. Natürlich ist p_f dann das normierte Polynom kleinsten Grades, welches f annulliert. $\qquad\square$

Definition 10. *Ist $f\colon V \longrightarrow V$ ein Endomorphismus, so heißt das nach Satz 9 eindeutig in $K[T]$ existierende normierte Polynom kleinsten Grades, welches f annulliert, das* Minimalpolynom *von f; dieses wird mit p_f bezeichnet. Entsprechend ist das* Minimalpolynom p_A *einer Matrix $A \in K^{n \times n}$ erklärt als das normierte Polynom kleinsten Grades in $K[T]$, welches A annulliert.*

Im Beweis zu Satz 9 wurde gezeigt, dass der Kern des Homomorphismus $\varphi_f\colon K[T] \longrightarrow \mathrm{End}_K(V)$ nicht-triviale Polynome vom Grad $\leq n^2$ enthält, $n = \dim_K(V)$. Als Konsequenz ergibt sich $\mathrm{grad}\, p_f \leq n^2$. Diese Abschätzung lässt sich aber noch erheblich verbessern.

Satz 11 (Cayley-Hamilton). *Für einen Endomorphismus $f\colon V \longrightarrow V$ eines K-Vektorraums V endlicher Dimension n ist das Minimalpolynom p_f stets ein Teiler des charakteristischen Polynoms χ_f. Insbesondere gilt $\chi_f(f) = 0$ und $\mathrm{grad}\, p_f \leq \mathrm{grad}\, \chi_f = n$.*

Beweis. In der Situation von Satz 9 ist nur $\chi_f \in \ker \varphi_f = (p_f)$, d. h. $\chi_f(f) = 0$ zu zeigen. Indem wir dies in ein Matrizenproblem übersetzen, genügt es $\chi_A(A) = 0$ für Matrizen $A \in K^{n \times n}$ zu zeigen. Um bequem rechnen zu können, betrachten wir wieder den rationalen Funktionenkörper $K(T)$, dessen Elemente Brüche von Polynomen aus $K[T]$ sind. Sodann können wir den Unterring $K[T]^{n \times n}$ des Matrizenrings $K(T)^{n \times n}$ betrachten, der aus allen $(n \times n)$-Matrizen mit Einträgen aus $K[T]$ besteht. Der Homomorphismus $K(T) \longrightarrow K(T)^{n \times n}$, der ein Element $q \in K(T)$ auf das q-fache der Einheitsmatrix $E \in K(T)^{n \times n}$ abbildet, beschränkt sich zu einem Ringhomomorphismus

$$K[T] \longrightarrow K[T]^{n \times n}, \qquad f \longmapsto f \cdot E,$$

und definiert auf $K[T]^{n \times n}$ die Struktur einer $K[T]$-Algebra. Indem wir die Variable $T \in K[T]$ mit ihrem Bild $T \cdot E \in K[T]^{n \times n}$ identifizieren, lässt sich jedes Element $M \in K[T]^{n \times n}$ in der Form $M = \sum_{i \in \mathbb{N}} M_i T^i$ schreiben, wobei die Koeffizienten $M_i \in K^{n \times n}$ eindeutig durch M bestimmt sind und natürlich für fast alle $i \in \mathbb{N}$ verschwinden. Für $M = (\sum_{i \in \mathbb{N}} m_{\mu\nu i} T^i)_{\mu,\nu=1,\dots,n}$ mit Koeffizienten $m_{\mu\nu i} \in K$ setze man nämlich $M_i = (m_{\mu\nu i})_{\mu,\nu=1,\dots,n}$. In dieser Weise können wir $K[T]^{n \times n}$ als "Polynomring" $K^{n \times n}[T]$ auffassen, wobei allerdings der Grundring $K^{n \times n}$ für $n > 1$ nicht kommutativ ist. Man kann aber den Polynomring $R[T]$ wie im Abschnitt 5.1 auch über einem nicht-kommutativen Ring R erklären, muss dann aber in Kauf nehmen, dass Einsetzungsabbildungen des Typs

$$R[T] \longrightarrow R, \qquad \sum a_i T^i \longmapsto \sum a_i t^i,$$

für Elemente $t \in R$ zwar linear über R sind, aber möglicherweise nicht mehr multiplikativ, also keine Ringhomomorphismen darstellen.

Nach diesen Vorbereitungen betrachte man eine Matrix $A \in K^{n \times n}$ mit charakteristischem Polynom $\chi_A \in K[T]$. Wir fassen $TE - A$ als Matrix in $K[T]^{n \times n} \subset K(T)^{n \times n}$ auf und bilden deren adjungierte Matrix $(TE - A)^{\mathrm{ad}} \in K(T)^{n \times n}$; vgl. 4.4/2. Aufgrund der Cramerschen Regel 4.4/3 besteht dann die Gleichung

$$(*) \quad (TE - A)^{\mathrm{ad}} \cdot (TE - A) = \det(TE - A) \cdot E = \chi_A(T) \cdot E.$$

Dies ist zunächst eine Gleichung in $K(T)^{n \times n}$, sie gilt aber auch in $K[T]^{n \times n}$, da aufgrund der Konstruktion adjungierter Matrizen mit $TE - A$ auch $(TE - A)^{\mathrm{ad}}$ zu $K[T]^{n \times n}$ gehört. Insbesondere lässt sich die Gleichung $(*)$ im "Polynomring" $K^{n \times n}[T]$ lesen, und man kann versuchen, A anstelle der Variablen T einzusetzen. Dies führt bei dem Faktor $TE - A$ zum Verschwinden und damit zum Verschwinden des Produkts auf der linken Seite. Rechts ergibt sich $\chi_A(A)$, was insgesamt wie gewünscht $\chi_A(A) = 0$ bedeutet, vorausgesetzt die Ersetzung $T = A$ respektiert das Produkt auf der linken Seite von $(*)$.

Um Letzteres nachzuweisen, schreiben wir $(TE - A)^{\mathrm{ad}} = \sum_{i \in \mathbb{N}} A_i T^i$ mit Matrizen $A_i \in K^{n \times n}$. Dann folgt

$$\left(\sum_{i \in \mathbb{N}} A_i T^i \right) \cdot (TE - A) = -A_0 T^0 A + \sum_{i \in \mathbb{N}} (A_i T^i TE - A_{i+1} T^{i+1} A)$$

$$= -A_0 A + \sum_{i \in \mathbb{N}} (A_i - A_{i+1} A) T^{i+1},$$

wobei die Reihenfolge der Faktoren in den auftretenden Produkten gewahrt wurde, abgesehen von der Vertauschung $T^{i+1} A = A T^{i+1}$ beim Übergang zur letzten Zeile. Dieselbe Rechnung ist gültig für eine Matrix $B \in K^{n \times n}$ anstelle der Variablen T, sofern A und B vertauschbar sind. Insbesondere dürfen wir in vorstehender Gleichungskette T durch $B := A$ ersetzen und erhalten dann wie gewünscht $\chi_A(A) = 0$, denn das oben berechnete Polynom $-A_0 A + \sum_{i \in \mathbb{N}} (A_i - A_{i+1} A) T^{i+1}$ stimmt wegen $(*)$ überein mit dem Polynom $\chi_A(T) \cdot E$. $\square$

Wir wollen noch zwei einfache Beispiele betrachten. Für die Einheitsmatrix $E \in K^{n \times n}$, $n > 0$, gilt $\chi_E = (T - 1)^n$, $p_E = T - 1$, und für die Nullmatrix $0 \in K^{n \times n}$ hat man $\chi_0 = T^n$, $p_0 = T$. Insbesondere sieht man, dass das Minimalpolynom im Allgemeinen nicht mit dem charakteristischen Polynom übereinstimmt.

Aufgaben

V sei stets ein Vektorraum endlicher Dimension n über einem Körper K.

1. Man bestimme Eigenwerte und zugehörige Eigenräume der folgenden Matrix:

$$A = \begin{pmatrix} 2 & 0 & 0 & 0 \\ -2 & 2 & 0 & 2 \\ 1 & 0 & 2 & 0 \\ 2 & -1 & 0 & -1 \end{pmatrix}$$

Ist A diagonalisierbar?

2. Man bestimme das Minimalpolynom p_f zu einem Endomorphismus $f \colon V \longrightarrow V$ in folgenden Fällen (AT 453):

(i) $V = 0$

(ii) $f = \mathrm{id}$

(iii) $f = 0$

(iv) Es existieren lineare Unterräume $V_1, V_2 \subset V$ mit $V = V_1 \oplus V_2$, und es gilt $f(v_1 + v_2) = v_1$ für $v_i \in V_i$, $i = 1, 2$.

3. Es seien $U_1, U_2 \subset V$ lineare Unterräume und $f \colon V \longrightarrow V$ ein Endomorphismus, der sich zu Endomorphismen $f_i \colon U_i \longrightarrow U_i$, $i = 1, 2$, einschränkt. Man zeige:

(i) Gilt $V = U_1 + U_2$, so folgt $p_f = \mathrm{kgV}(p_{f_1}, p_{f_2})$ für die Minimalpolynome von f, f_1, f_2.

(ii) Die Abbildung $f \colon V \longrightarrow V$ schränkt sich zu einem Endomorphismus $f_{12} \colon U_1 \cap U_2 \longrightarrow U_1 \cap U_2$ ein, und es gilt $p_{f_{12}} \mid \mathrm{ggT}(p_{f_1}, p_{f_2})$ für die Minimalpolynome von f_{12}, f_1, f_2. Gilt im Allgemeinen auch die Gleichheit $p_{f_{12}} = \mathrm{ggT}(p_{f_1}, p_{f_2})$?

4. Es sei K algebraisch abgeschlossen. Man zeige, dass ein Endomorphismus $f \colon V \longrightarrow V$ genau dann nilpotent ist (d. h. eine Gleichung der Form $f^r = 0$ erfüllt), wenn f außer 0 keine weiteren Eigenwerte besitzt.

5. Es sei $f \colon V \longrightarrow V$ ein Automorphismus. Man zeige, es existiert ein Polynom $q \in K[T]$ mit $f^{-1} = q(f)$. (AT 455)

6. Die Folge der *Fibonacci-Zahlen* $c_1, c_2, \ldots \in \mathbb{N}$ ist rekursiv definiert durch $c_1 = c_2 = 1$ und $c_{n+2} = c_{n+1} + c_n$ für $n \in \mathbb{N}$. Man gebe für c_n einen geschlossenen Ausdruck an, der nur von n abhängt. (Hinweis: Man bestimme eine Matrix $A \in \mathbb{R}^{2 \times 2}$ mit $A \cdot (c_{n+1}, c_n)^t = (c_{n+2}, c_{n+1})^t$ für $n \geq 1$ und eine Basiswechselmatrix $S \in \mathrm{GL}(2, \mathbb{R})$, derart dass $S^{-1} \cdot A \cdot S$ Diagonalgestalt besitzt.)

6.3 Der Elementarteilersatz

Es sei V ein Vektorraum über einem Körper K und $f\colon V \longrightarrow V$ ein Endomorphismus. Dann setzt sich die auf V definierte skalare Multiplikation $K \times V \longrightarrow V$, $(\alpha, v) \longmapsto \alpha \cdot v$, fort zu einer äußeren Multiplikation

$$K[T] \times V \longrightarrow V, \qquad (p, v) \longmapsto p \cdot v := p(f)(v).$$

Dabei ist für $p \in K[T]$ wie üblich $p(f)$ derjenige Ausdruck in $\mathrm{End}_K(V)$, der aus p entsteht, indem man die Variable T durch f ersetzt. Weiter ist $p(f)(v)$ das Bild von v unter dem Endomorphismus $p(f)\colon V \longrightarrow V$. Man prüft leicht nach, dass V als additive abelsche Gruppe zusammen mit der äußeren Multiplikation $K[T] \times V \longrightarrow V$ den in 1.4/1 aufgeführten Vektorraumaxiomen genügt, wenn man einmal davon absieht, dass $K[T]$ nur ein Ring und kein Körper ist; wir sagen, V sei ein $K[T]$-*Modul*. (Man beachte: Im Unterschied zu anderem sprachlichen Gebrauch heißt es in der Mathematik "der Modul" bzw. "die Moduln", mit Betonung auf der ersten Silbe.)

Will man Normalformen von Endomorphismen $f\colon V \longrightarrow V$ studieren, so bedeutet dies, dass man die oben erklärte Struktur von V als $K[T]$-Modul analysieren muss. Wir wollen daher zunächst ein paar Grundlagen über Moduln zusammenstellen. Die zugehörigen Ringe seien dabei stets *kommutativ mit 1*.

Definition 1. *Es sei R ein kommutativer Ring mit 1. Ein R-Modul ist eine Menge M mit einer inneren Verknüpfung $M \times M \longrightarrow M$, $(a, b) \longmapsto a + b$, genannt* Addition, *und einer äußeren Verknüpfung $R \times M \longrightarrow M$, $(\alpha, a) \longmapsto \alpha \cdot a$, genannt* skalare Multiplikation, *so dass gilt:*

(i) *M ist eine abelsche Gruppe bezüglich der Addition " $+$ ".*

(ii) *$(\alpha + \beta) \cdot a = \alpha \cdot a + \beta \cdot a$ und $\alpha \cdot (a + b) = \alpha \cdot a + \alpha \cdot b$ für alle $\alpha, \beta \in R$, $a, b \in M$, d. h. Addition und skalare Multiplikation verhalten sich distributiv.*

(iii) *$(\alpha \cdot \beta) \cdot a = \alpha \cdot (\beta \cdot a)$ für alle $\alpha, \beta \in R$, $a \in M$, d. h. die skalare Multiplikation ist assoziativ.*

(iv) *$1 \cdot a = a$ für das Einselement $1 \in R$ und alle $a \in M$.*

Wir wollen einige Beispiele betrachten:

(1) Ein Vektorraum über einem Körper K ist ein K-Modul.

(2) Es seien R ein kommutativer Ring mit 1 und $\mathfrak{a} \subset R$ ein Ideal. Dann induzieren die Addition und Multiplikation von R die Struktur eines R-Moduls auf $\mathfrak{a}$, insbesondere ist R selbst ein R-Modul. Für natürliche Zahlen $n \in \mathbb{N}$ ist das kartesische Produkt R^n in naheliegender Weise ein R-Modul.

(3) Jede abelsche Gruppe G ist ein $\mathbb{Z}$-Modul; wie gewöhnlich erkläre man $n \cdot g$ für $n \in \mathbb{N}$ und $g \in G$ als n-fache Summe von g, sowie $(-n) \cdot g$ als $-(n \cdot g)$.

(4) Jeder Endomorphismus $f \colon V \longrightarrow V$ eines K-Vektorraums V induziert, wie oben erklärt, auf V die Struktur eines $K[T]$-Moduls. Ist V endlich-dimensional und bezeichnet p_f das Minimalpolynom von f, so gilt $p_f \cdot v = 0$ für alle $v \in V$. Im Unterschied zu Vektorräumen kann man daher bei einem R-Modul M aus einer Gleichung $\alpha \cdot m = 0$ mit $\alpha \in R$, $m \in M$ nicht schließen, dass α oder m verschwinden.

Eine ganze Reihe von Begriffen, die bei Vektorräumen eine Rolle spielen, haben auch für Moduln ihre Bedeutung. Sei etwa M ein Modul über einem kommutativen Ring R mit 1. Ein *Untermodul* von M ist eine nicht-leere Teilmenge $N \subset M$, so dass gilt:

$$a, b \in N \Longrightarrow a + b \in N,$$
$$\alpha \in R, a \in N \Longrightarrow \alpha \cdot a \in N$$

Es ist N dann wieder ein R-Modul unter den von M ererbten Verknüpfungen. Betrachtet man R als Modul über sich selbst, so stimmen die Ideale des Rings R mit den Untermoduln von R überein.

Ein *Homomorphismus* zwischen R-Moduln M und N ist eine Abbildung $\varphi \colon M \longrightarrow N$, für die

$$\varphi(a + b) = \varphi(a) + \varphi(b), \qquad \varphi(\alpha \cdot a) = \alpha \cdot \varphi(a),$$

für $a, b \in M$, $\alpha \in R$ gilt. Man spricht dabei auch von einer *R-linearen Abbildung*. Mono-, Epi- bzw. Isomorphismen von R-Moduln sind wie üblich als injektive, surjektive bzw. bijektive Homomorphismen erklärt.

Zu einem System $(a_i)_{i \in I}$ von Elementen aus M kann man den hiervon erzeugten Untermodul $M' \subset M$ betrachten, wobei letzterer durch

$$M' := \sum_{i \in I} Ra_i := \left\{ \sum_{i \in I} \alpha_i a_i \; ; \; \alpha_i \in R, \alpha_i = 0 \text{ für fast alle } i \in I \right\}$$

definiert ist. Gilt $M = \sum_{i \in I} Ra_i$, so nennt man $(a_i)_{i \in I}$ ein *Erzeugendensystem* von M. Man bezeichnet M als *endlich erzeugt* oder (in missbräuchlicher Sprechweise) als *endlich*, wenn M ein endliches Erzeugendensystem besitzt. Weiter heißt ein System $(a_i)_{i \in I}$ von Elementen aus M *frei* (oder *linear unabhängig*), wenn aus einer Gleichung

$$\sum_{i \in I} \alpha_i a_i = 0$$

mit Koeffizienten $\alpha_i \in R$, die für fast alle $i \in I$ verschwinden, bereits $\alpha_i = 0$ für alle i folgt. Freie Erzeugendensysteme werden auch als *Basen* bezeichnet. Man beachte jedoch, dass Moduln im Unterschied zu Vektorräumen im Allgemeinen keine Basen besitzen; vgl. Beispiel (4) oben. Moduln, die eine Basis besitzen, heißen *frei*, bzw. *endlich frei*, wenn sie eine endliche Basis besitzen. Homomorphismen zwischen freien R-Moduln lassen sich wie gewöhnlich bezüglich gewählter Basen durch Matrizen mit Koeffizienten aus R beschreiben.

Sind $M_1, \ldots, M_n$ Untermoduln eines R-Moduls M, so kann man deren *Summe*

$$M' = \left\{ \sum_{i=1}^{n} a_i \; ; \; a_i \in M_i, i = 1, \ldots, n \right\}$$

betrachten. Dabei ist M' wiederum ein Untermodul von M, und man schreibt $M' = \sum_{i=1}^{n} M_i$. Weiter sagt man, M' sei die *direkte Summe* der M_i, in Zeichen $M' = \bigoplus_{i=1}^{n} M_i$, wenn zusätzlich für jedes $a \in M'$ die jeweilige Darstellung $a = \sum_{i=1}^{n} a_i$ mit Elementen $a_i \in M_i$ eindeutig ist.

Wie im Falle von Vektorräumen lässt sich die direkte Summe $\bigoplus_{i=1}^{n} N_i$ von R-Moduln $N_1, \ldots, N_n$, die nicht notwendig als Untermoduln eines R-Moduls N gegeben sind, auch *konstruieren*. Man setze nämlich

$$\bigoplus_{i=1}^{n} N_i = N_1 \times \ldots \times N_n$$

und betrachte dieses kartesische Produkt wiederum als R-Modul, und zwar unter der komponentenweisen Addition bzw. skalaren Multiplikation. Es lässt sich dann N_i für $i = 1, \ldots, n$ jeweils mit dem Untermodul

$$0 \times \ldots \times 0 \times N_i \times 0 \times \ldots \times 0 \quad \subset \quad N_1 \times \ldots \times N_n$$

identifizieren, so dass der Modul $N_1 \times \ldots \times N_n$ in der Tat als direkte Summe der Untermoduln $N_1, \ldots, N_n$ aufzufassen ist.

Ist N ein Untermodul eines R-Moduls M, so kann man den *Restklassenmodul* M/N bilden. Wie im Falle von Vektorräumen gibt N nämlich Anlass zu einer Äquivalenzrelation auf M:

$$a \sim b \Longleftrightarrow a - b \in N$$

Es besteht M/N aus den zugehörigen Äquivalenzklassen, d. h. aus den Nebenklassen $[a] = a + N$ zu Elementen $a \in M$. Die R-Modulstruktur auf M/N wird durch die Formeln

$$[a] + [b] = [a+b], \qquad a, b \in M,$$
$$\alpha \cdot [a] = [\alpha \cdot a], \qquad \alpha \in R, a \in M,$$

gegeben, wobei natürlich wie üblich die Wohldefiniertheit zu überprüfen ist. Die Homomorphiesätze 2.2/8 und 2.2/9 lassen sich ohne Änderungen übertragen. Insbesondere induziert jeder R-Modulhomomorphismus $\varphi\colon M \longrightarrow N$ einen injektiven R-Modulhomomorphismus $\overline{\varphi}\colon M/\ker\varphi \hookrightarrow N$.

Da Moduln im Allgemeinen keine Basen besitzen, lässt sich der Begriff der Dimension nicht ohne Weiteres von Vektorräumen auf Moduln übertragen. Gewisse Aspekte des Dimensionsbegriffes werden durch die sogenannte *Länge* eines Moduls abgedeckt. Hierunter versteht man für einen R-Modul M das Supremum $\ell_R(M)$ aller Längen ℓ von echt aufsteigenden Ketten von Untermoduln des Typs

$$0 \subsetneqq M_1 \subsetneqq M_2 \subsetneqq \ldots \subsetneqq M_\ell = M.$$

Beispielsweise ist $\ell_R(M) = 0$ äquivalent zu $M = 0$. Weiter hat $\mathbb{Z}$ als freier Modul über sich selbst die Länge ∞. Als Hilfsmittel für später benötigen wir zwei Lemmata.

Lemma 2. *Es sei R ein Hauptidealring und $a = p_1 \ldots p_r$ die Primfaktorzerlegung eines Elementes $a \neq 0$ in R. Dann besitzt der Restklassenmodul R/aR die Länge $\ell_R(R/aR) = r$.*

Beweis. Sei $\pi\colon R \longrightarrow R/aR$ die kanonische Projektion. Da die Ideale $\overline{\mathfrak{a}} \subset R/aR$ unter der Zuordnung $\overline{\mathfrak{a}} \longmapsto \pi^{-1}(\overline{\mathfrak{a}})$ bijektiv denjenigen Idealen in R entsprechen, die aR enthalten, stimmt die Länge von R/aR überein mit dem Supremum der Längen ℓ echt aufsteigender Idealketten des Typs

$$Ra \subsetneqq \mathfrak{a}_1 \subsetneqq \mathfrak{a}_2 \subsetneqq \ldots \subsetneqq \mathfrak{a}_\ell = R.$$

Da R ein Hauptidealring ist, wird jedes $\mathfrak{a}_i$ von einem Element a_i erzeugt. Weiter ist eine echte Inklusion $\mathfrak{a}_{i-1} \subsetneqq \mathfrak{a}_i$ gleichbedeutend damit, dass a_i ein echter Teiler von a_{i-1} ist. Die Länge von R/aR ist daher gleich dem Supremum aller $\ell \in \mathbb{N}$, so dass es $a_1, \ldots, a_\ell \in R$ gibt mit der Eigenschaft, dass a_i jeweils ein echter Teiler von a_{i-1} ist, $i = 1, \ldots, \ell$; dabei ist $a_0 = a$ zu setzen. Da in R der Satz von der eindeutigen Primfaktorzerlegung gilt und a_0 ein Produkt von r Primfaktoren ist, berechnet sich dieses Supremum zu r. $\qquad\square$

Lemma 3. *Ist ein R-Modul M die direkte Summe zweier Untermoduln M' und M'', so gilt $\ell_R(M) = \ell_R(M') + \ell_R(M'')$.*

Beweis. Hat man echt aufsteigende Ketten von Untermoduln

$$0 \subsetneqq M_1' \subsetneqq M_2' \subsetneqq \ldots \subsetneqq M_r' = M',$$
$$0 \subsetneqq M_1'' \subsetneqq M_2'' \subsetneqq \ldots \subsetneqq M_s'' = M'',$$

so ist

$$0 \subsetneqq M_1' \oplus 0 \subsetneqq M_2' \oplus 0 \subsetneqq \ldots \subsetneqq M_r' \oplus 0$$
$$\subsetneqq M_r' \oplus M_1'' \subsetneqq M_r' \oplus M_2'' \subsetneqq \ldots \subsetneqq M_r' \oplus M_s'' = M$$

eine echt aufsteigende Kette der Länge $r + s$ in M. Also gilt

$$\ell_R(M) \geq \ell_R(M') + \ell_R(M'').$$

Zum Nachweis der umgekehrten Abschätzung betrachte man eine echt aufsteigende Kette von Untermoduln

$$0 = M_0 \subsetneqq M_1 \subsetneqq M_2 \subsetneqq \ldots \subsetneqq M_\ell = M.$$

Es sei $\pi''\colon M' \oplus M'' \longrightarrow M''$ die Projektion auf den zweiten Summanden, so dass also $\ker \pi'' = M'$ gilt. Dann ist für $0 \leq \lambda < \ell$, wie wir sogleich sehen werden, jeweils $M_\lambda \cap M'$ echt enthalten in $M_{\lambda+1} \cap M'$ oder $\pi''(M_\lambda)$ echt enthalten in $\pi''(M_{\lambda+1})$. Hieraus folgt $\ell \le \ell_R(M') + \ell_R(M'')$ und damit insgesamt wie gewünscht $\ell_R(M) = \ell_R(M') + \ell_R(M'')$.

Um das gerade behauptete Inklusionsverhalten zu rechtfertigen, nehmen wir einmal $M_\lambda \cap M' = M_{\lambda+1} \cap M'$ sowie $\pi''(M_\lambda) = \pi''(M_{\lambda+1})$ an und zeigen, dass dies bereits $M_\lambda = M_{\lambda+1}$ impliziert, im Widerspruch zu unserer Voraussetzung. In der Tat, zu $a \in M_{\lambda+1}$ gibt es wegen $\pi''(M_\lambda) = \pi''(M_{\lambda+1})$ ein Element $a' \in M_\lambda$ mit $\pi(a) = \pi(a')$, also mit $a - a' \in \ker \pi = M'$. Dann gilt sogar $a - a' \in M_{\lambda+1} \cap M' = M_\lambda \cap M'$ wegen $a, a' \in M_{\lambda+1}$ und damit $a = a' + (a - a') \in M_\lambda$. Es folgt $M_{\lambda+1} \subset M_\lambda$ bzw. $M_{\lambda+1} = M_\lambda$, was aber ausgeschlossen war. $\square$

Theorem 4 (Elementarteilersatz). *Es sei R ein Hauptidealring und F ein endlicher freier R-Modul. Weiter sei $M \subset F$ ein Untermodul. Dann existieren Elemente $x_1, \dots, x_s \in F$, die Teil einer Basis von F sind, sowie Koeffizienten $\alpha_1, \dots, \alpha_s \in R - \{0\}$, so dass gilt:*

(i) *$\alpha_1 x_1, \dots, \alpha_s x_s$ bilden eine Basis von M.*

(ii) *$\alpha_i \,|\, \alpha_{i+1}$ für $1 \le i < s$.*

Dabei sind $\alpha_1, \dots, \alpha_s$ bis auf Assoziiertheit (d. h. bis auf Multiplikation mit Einheiten) eindeutig durch M bestimmt, unabhängig von der Wahl von $x_1, \dots, x_s$. Man nennt $\alpha_1, \dots, \alpha_s$ die Elementarteiler *von $M \subset F$. Insbesondere ist deren Anzahl s eindeutig bestimmt.*

Beweis der Existenzaussage von Theorem 4. Es sei $Y = (y_1, \dots, y_m)$ eine Basis von F. Wir zeigen zunächst per Induktion nach m, dass der Untermodul $M \subset F$ endlich erzeugt ist. Für $m = 1$ ist dies klar, denn F ist dann als R-Modul isomorph zu R, und M korrespondiert zu einem Ideal in R. Letzteres ist endlich erzeugt, da R ein Hauptidealring ist. Sei also $m > 1$. Man setze $F' = \sum_{i=1}^{m-1} Ry_i$ und $F'' = Ry_m$. Weiter betrachte man die Projektion $\pi \colon F \longrightarrow F''$, welche y_i für $i < m$ auf 0 und y_m auf y_m abbildet; es gilt dann $\ker \pi = F'$, und man hat (in der Sprache von Abschnitt 2.3) eine kurze exakte Sequenz

$$0 \longrightarrow F' \longrightarrow F \longrightarrow F'' \longrightarrow 0.$$

Nun sind die Untermoduln $M \cap F' \subset F'$ und $\pi(M) \subset F''$ nach Induktionsvoraussetzung endlich erzeugt, und man zeigt wie üblich, z. B. wie im Beweis zu 2.1/10, dass ein Erzeugendensystem von $M \cap F'$ zusammen mit der Liftung eines Erzeugendensystems von $\pi(M)$ insgesamt ein Erzeugendensystem von M bildet. M ist also endlich erzeugt.

Wir behalten $Y = (y_1, \ldots, y_m)$ als Basis von F bei und wählen ein endliches Erzeugendensystem $z_1, \ldots, z_n$ von M. Bezeichnet dann $e = (e_1, \ldots, e_n)$ die kanonische Basis des R-Moduls R^n, so kann man die durch $e_j \longmapsto z_j$ erklärte R-lineare Abbildung $f \colon R^n \longrightarrow F$ betrachten, deren Bild M ergibt. Gilt dann

$$z_j = \sum_{i=1}^{m} \alpha_{ij} y_i, \qquad j = 1, \ldots, n,$$

so ist $A = (\alpha_{ij})_{i,j} \in R^{m \times n}$ die Matrix zu f bezüglich der Basen e und Y. Wir verwenden nun folgendes Hilfsresultat, das wir weiter unten beweisen werden:

Lemma 5. *Es sei R ein Hauptidealring und $A = (\alpha_{ij}) \in R^{m \times n}$ eine Matrix mit Koeffizienten aus R. Dann gibt es invertierbare Matrizen $S \in R^{m \times m}$ und $T \in R^{n \times n}$ mit*

$$S \cdot A \cdot T = \begin{pmatrix} \alpha_1 & 0 & & 0 & 0 & \ldots & 0 \\ 0 & \alpha_2 & & 0 & 0 & \ldots & 0 \\ & & .. & & & & \\ & & & .. & & & \\ 0 & 0 & & \alpha_s & 0 & \ldots & 0 \\ 0 & 0 & .. & .. & 0 & 0 & \ldots & 0 \\ \vdots & \vdots & & & \vdots & \vdots & & \vdots \\ 0 & 0 & .. & .. & 0 & 0 & \ldots & 0 \end{pmatrix}$$

und mit Koeffizienten $\alpha_1, \ldots, \alpha_s \in R - \{0\}$ (wobei $0 \le s \le \min(m, n)$ gilt), die für $1 \le i < s$ die Bedingung $\alpha_i \mid \alpha_{i+1}$ erfüllen. Dabei sind $\alpha_1, \ldots, \alpha_s$ bis auf Assoziiertheit eindeutig bestimmt; man nennt sie die Elementarteiler *der Matrix A.*

Indem man S und T als Basiswechselmatrizen auffasst, sieht man, dass die Matrix SAT ebenfalls die Abbildung f beschreibt, allerdings bezüglich geeigneter anderer Basen $e_1', \ldots, e_n'$ von R^n und $x_1, \ldots, x_m$ von F. Insbesondere folgt, dass M als Bild von f durch $\alpha_1 x_1, \ldots, \alpha_s x_s$ erzeugt wird. Da das System der $x_1, \ldots, x_m$ frei ist und wir Koeffizienten aus einem Integritätsring R betrachten, bilden $\alpha_1 x_1, \ldots, \alpha_s x_s$ sogar eine Basis von M. Damit haben wir die Existenz der Elementarteiler $\alpha_1, \ldots, \alpha_s$ von $M \subset F$ auf die Existenzaussage von Lemma 5 zurückgeführt. $\square$

Beweis der Existenzaussage von Lemma 5. Wir nehmen zunächst R als euklidischen Ring an und zeigen anhand eines konstruktiven Verfahrens unter Verwendung der Division mit Rest, dass sich die Matrix $A = (\alpha_{ij})$ durch reversible elementare Zeilen- und Spaltenumformungen, wie in Abschnitt 3.2 eingeführt, in die gewünschte Gestalt bringen lässt, insbesondere durch Vertauschen von Zeilen (bzw. Spalten) sowie durch Addieren eines Vielfachen einer Zeile (bzw. Spalte) zu einer weiteren Zeile (bzw. Spalte). Wie im Fall einer Matrix mit Koeffizienten aus einem Körper sind elementare Umformungen dieses Typs als Multiplikation mit einer invertierbaren Elementarmatrix von links (bzw. rechts) zu interpretieren. Die benötigten Zeilenumformungen korrespondieren daher insgesamt zur Multiplikation mit einer invertierbaren Matrix $S \in R^{m \times m}$ von links, die benötigten Spaltenumformungen entsprechend zur Multiplikation mit einer invertierbaren Matrix $T \in R^{n \times n}$ von rechts. Anschließend verallgemeinern wir das Verfahren, so dass es in modifizierter Version auch für Hauptidealringe anwendbar ist.

Wir betrachten im Folgenden also zunächst einen euklidischen Ring R mit Gradabbildung $\delta \colon R - \{0\} \longrightarrow \mathbb{N}$. Für $A = 0$ ist nichts zu zeigen, so dass wir $A \neq 0$ annehmen dürfen. Es ist unsere Strategie, A mittels elementarer Umformungen so abzuändern, dass sich das Minimum

$$d(A) := \min\{\delta(\alpha) \, ; \, \alpha \text{ ist Koeffizient} \neq 0 \text{ von } A\}$$

schrittweise verringert. Da δ Werte in $\mathbb{N}$ annimmt, muss dieses Verfahren nach endlich vielen Schritten abbrechen. Ist dann $\alpha \neq 0$ ein Koeffizient der transformierten Matrix mit minimalem Grad $\delta(\alpha)$, so zeigen wir mittels Division mit Rest, dass α alle anderen Koeffizienten der Matrix teilt; α ist dann der erste Elementarteiler von A.

Im Einzelnen gehen wir wie folgt vor. Indem wir Zeilen und Spalten in A vertauschen, können wir $d(A) = \delta(\alpha_{11})$ annehmen, dass also $\delta(\alpha_{11})$ minimal ist unter allen $\delta(\alpha_{ij})$ mit $\alpha_{ij} \neq 0$. Diese Situation stellen wir zu Beginn eines jeden Schrittes her. Ist dann eines der Elemente der 1. Spalte, etwa α_{i1}, nicht durch α_{11} teilbar, so teile man α_{i1} mit Rest durch α_{11}, etwa $\alpha_{i1} = q\alpha_{11} + \beta$ mit $\delta(\beta) < \delta(\alpha_{11})$, und ziehe das

q-fache der 1. Zeile von der i-ten Zeile ab. Als Resultat entsteht an der Position $(i, 1)$ das Element β. Das Minimum $d(A)$ der Grade von nichtverschwindenden Koeffizienten von A hat sich daher verringert, und man starte das Verfahren erneut mit einem weiteren Schritt. In gleicher Weise können wir die Elemente der 1. Zeile mittels elementarer Spaltenumformungen abändern. Da $d(A)$ Werte in $\mathbb{N}$ annimmt, also nicht beliebig oft verringert werden kann, ist nach endlich vielen Schritten jedes Element der 1. Spalte sowie der 1. Zeile ein Vielfaches von α_{11}, und wir können durch Addition von Vielfachen der 1. Zeile zu den restlichen Zeilen der Matrix annehmen, dass $\alpha_{i1} = 0$ für $i > 1$ gilt. Entsprechend können wir mit der 1. Zeile verfahren und auf diese Weise $\alpha_{i1} = \alpha_{1j} = 0$ für $i, j > 1$ erreichen. Dabei dürfen wir weiter annehmen, dass das Minimum $d(A)$ mit $\delta(\alpha_{11})$ übereinstimmt; ansonsten ist das Verfahren erneut zu beginnen und ein entsprechendes Element an der Stelle $(1, 1)$ neu zu positionieren. Existieren nun $i, j > 1$ mit $\alpha_{11} \nmid \alpha_{ij}$, so addiere man die j-te Spalte zur ersten, ein Prozess, der α_{11} unverändert lässt. Wie gerade beschrieben, lassen sich die Elemente unterhalb α_{11} erneut trivialisieren, und zwar unter Verringerung des Grades $d(A)$. Nach endlich vielen Schritten gelangt man so zu einer Matrix (α_{ij}) mit $\alpha_{i1} = \alpha_{1j} = 0$ für $i, j > 1$ sowie mit der Eigenschaft, dass α_{11} jedes andere Element α_{ij} mit $i, j > 1$ teilt. Man behandele dann in gleicher Weise die Untermatrix $(\alpha_{ij})_{i,j>1}$ von $A = (\alpha_{ij})$, sofern diese nicht bereits Null ist. Die hierfür benötigten Umformungen lassen die erste Zeile und Spalte von A invariant und erhalten insbesondere die Bedingung, dass α_{11} alle restlichen Koeffizienten von A teilt. Führt man dieses Verfahren in induktiver Weise fort, so gelangt man schließlich nach endlich vielen Schritten zu einer Matrix, auf deren Hauptdiagonalen die gesuchten Elementarteiler mit der behaupteten Teilbarkeitseigenschaft stehen und deren sonstige Einträge alle verschwinden. Damit ist die Existenzaussage von Lemma 5 und insbesondere auch von Theorem 4 bewiesen, zumindest im Falle eines euklidischen Rings R.

Ist nun R lediglich als Hauptidealring bekannt, so benötigen wir elementare Matrizenumformungen eines etwas allgemeineren Typs, die wir zunächst beschreiben wollen. Hierzu betrachten wir Elemente $\sigma, \tau, \sigma', \tau' \in R$, welche die Relation $\sigma\tau' - \tau\sigma' = 1$ erfüllen. Dann sind die Matrizen

$$\begin{pmatrix} \sigma & \tau \\ \sigma' & \tau' \end{pmatrix}, \qquad \begin{pmatrix} \tau' & -\tau \\ -\sigma' & \sigma \end{pmatrix} \qquad \in R^{2\times 2}$$

invers zueinander, insbesondere also invertierbar. Entsprechend sieht man für $\sigma\tau' - \tau\sigma' = \pm 1$ und $1 \le i < j \le m$, dass auch die Matrizen des Typs

$$E^{ij}(\sigma, \tau, \sigma', \tau') = \begin{pmatrix} 1 & & & & \\ & \sigma & & \tau & \\ & & 1 & & \\ & \sigma' & & \tau' & \\ & & & & 1 \end{pmatrix} \qquad \in R^{m\times m}$$

invertierbar sind. Hierbei stehen die Elemente $\sigma, \tau, \sigma', \tau'$ jeweils an den Positionen $(i,i), (i,j), (j,i), (j,j)$, und mit "1" sind Serien von Elementen 1 auf der Diagonalen angedeutet. Im Übrigen ist die Matrix $E^{ij}(\sigma, \tau, \sigma', \tau')$ mit Elementen 0 aufgefüllt, die der Übersichtlichkeit halber aber nicht ausgedruckt sind. Multipliziert man nun A von links mit $E^{ij}(\sigma, \tau, \sigma', \tau')$, so hat dies folgenden Effekt: Als neue i-te Zeile erhält man die Summe des σ-fachen der alten i-ten Zeile und des τ-fachen der alten j-ten Zeile. Entsprechend ist die neue j-te Zeile die Summe des σ'-fachen der alten i-ten Zeile und des τ'-fachen der alten j-ten Zeile. Beispielsweise ergibt sich eine Vertauschung der i-ten und j-ten Zeile mit den Konstanten

$$\sigma = 0, \qquad \tau = 1, \qquad \sigma' = 1, \qquad \tau' = 0,$$

sowie die Addition des ε-fachen der j-ten Zeile zur i-ten Zeile mit

$$\sigma = 1, \qquad \tau = \varepsilon, \qquad \sigma' = 0, \qquad \tau' = 1.$$

Mittels Transponierens sieht man, dass analoge Spaltenumformungen von A durch Multiplikation von rechts mit Matrizen des Typs $E^{ij}(\sigma, \tau, \sigma', \tau') \in R^{n\times n}$ generiert werden können.

Wir bezeichnen nun für Elemente $\alpha \in R - \{0\}$ mit $\delta(\alpha)$ die Anzahl der Primfaktoren von α; dies ist gemäß Lemma 2 gerade die Länge des Restklassenrings $R/\alpha R$. Weiter setzen wir, ähnlich wie im Falle euklidischer Ringe,

$$d(A) := \min\{\delta(\alpha)\,;\ \alpha \text{ ist Koeffizient} \ne 0 \text{ von } A\}$$

mit dem Ziel, $d(A)$ schrittweise zu verringern, solange bis es einen Koeffizienten α von A gibt, der alle übrigen Koeffizienten teilt. Durch Vertauschen von Zeilen und Spalten können wir wiederum $d(A) = \delta(\alpha_{11})$
annehmen. Ist nun eines der Elemente der 1. Spalte, etwa α_{i1}, kein
Vielfaches von α_{11}, so bilde man den größten gemeinsamen Teiler β
von α_{11} und α_{i1}. Für diesen gilt dann notwendig $\delta(\beta) < \delta(a_{11})$, und es
erzeugt β gemäß 5.2/16 das Ideal $R\alpha_{11} + R\alpha_{i1}$, d. h. es existiert eine
Gleichung des Typs

$$\beta = \sigma\alpha_{11} + \tau\alpha_{i1},$$

wobei $\sigma, \tau \in R$ notwendig teilerfremd sind und damit eine Gleichung
des Typs

$$\sigma\tau' - \tau\sigma' = 1$$

mit gewissen Elementen $\sigma', \tau' \in R$ erfüllen. Multipliziert man nun A
von links mit $E^{1i}(\sigma, \tau, \sigma', \tau')$, so etabliert dieser Prozess in A an der Position $(1, 1)$ das Element β und verringert somit das Minimum $d(A)$.
Iteriert man das Verfahren wie im Falle euklidischer Ringe, so kann
man schließlich erreichen, dass die Elemente $\alpha_{21}, \ldots, \alpha_{m1}$ durch α_{11}
teilbar sind bzw., indem man geeignete Vielfache der 1. Zeile von den
restlichen subtrahiert, dass $\alpha_{21} = \ldots = \alpha_{m1} = 0$ gilt. In gleicher Weise
kann man mittels entsprechender Spaltenumformungen die Elemente
$\alpha_{12}, \ldots, \alpha_{1n}$ trivialisieren usw. Wir sehen also, dass sich die Matrix A
schrittweise wie im Falle euklidischer Ringe abändern lässt, bis schließlich die gewünschte Gestalt erreicht ist. $\square$

Wir wollen das für euklidische Ringe beschriebene Verfahren an
einem einfachen Beispiel demonstrieren und betrachten hierzu die Matrix

$$A = \begin{pmatrix} 6 & 2 & 5 \\ 32 & 2 & 28 \\ 30 & 2 & 26 \end{pmatrix} \in \mathbb{Z}^{3\times 3}.$$

Der Bequemlichkeit halber lassen wir zur Bestimmung der Elementarteiler von A neben den oben verwendeten elementaren Zeilen- und Spaltenumformungen auch noch die Multiplikation einer Zeile bzw. Spalte
mit einer Einheit unseres Ringes $R = \mathbb{Z}$ zu. Dies ist erlaubt, denn
auch diese Umformungen lassen sich als Multiplikation von links bzw.
rechts mit invertierbaren Elementarmatrizen interpretieren, und zwar
mit solchen, die aus der Einheitsmatrix hervorgehen, indem man einen

der Diagonaleinträge 1 durch eine Einheit aus R ersetzt. Wir wollen uns ansonsten aber an das für euklidische Ringe geschilderte Verfahren halten, obwohl sich die Bestimmung der Elementarteiler von A durch eine geschicktere Wahl der elementaren Umformungen noch vereinfachen ließe.

$$A = \begin{pmatrix} 6 & 2 & 5 \\ 32 & 2 & 28 \\ 30 & 2 & 26 \end{pmatrix} \overset{(1)}{\longmapsto} \begin{pmatrix} 2 & 6 & 5 \\ 2 & 32 & 28 \\ 2 & 30 & 26 \end{pmatrix} \overset{(2)}{\longmapsto} \begin{pmatrix} 2 & 6 & 5 \\ 0 & 26 & 23 \\ 0 & 24 & 21 \end{pmatrix}$$

$$\overset{(3)}{\longmapsto} \begin{pmatrix} 2 & 0 & 1 \\ 0 & 26 & 23 \\ 0 & 24 & 21 \end{pmatrix} \overset{(4)}{\longmapsto} \begin{pmatrix} 1 & 0 & 2 \\ 23 & 26 & 0 \\ 21 & 24 & 0 \end{pmatrix} \overset{(5)}{\longmapsto} \begin{pmatrix} 1 & 0 & 2 \\ 0 & 26 & -46 \\ 0 & 24 & -42 \end{pmatrix}$$

$$\overset{(6)}{\longmapsto} \begin{pmatrix} 1 & 0 & 0 \\ 0 & 26 & 46 \\ 0 & 24 & 42 \end{pmatrix} \overset{(7)}{\longmapsto} \begin{pmatrix} 1 & 0 & 0 \\ 0 & 24 & 42 \\ 0 & 26 & 46 \end{pmatrix} \overset{(8)}{\longmapsto} \begin{pmatrix} 1 & 0 & 0 \\ 0 & 24 & 42 \\ 0 & 2 & 4 \end{pmatrix}$$

$$\overset{(9)}{\longmapsto} \begin{pmatrix} 1 & 0 & 0 \\ 0 & 2 & 4 \\ 0 & 24 & 42 \end{pmatrix} \overset{(10)}{\longmapsto} \begin{pmatrix} 1 & 0 & 0 \\ 0 & 2 & 4 \\ 0 & 0 & -6 \end{pmatrix} \overset{(11)}{\longmapsto} \begin{pmatrix} 1 & 0 & 0 \\ 0 & 2 & 0 \\ 0 & 0 & 6 \end{pmatrix}$$

Es ergeben sich also $1, 2, 6$ als die Elementarteiler von A, wobei im Einzelnen die folgenden elementaren Umformungen ausgeführt wurden:

(1) Vertauschen von 1. und 2. Spalte

(2) Subtrahieren der 1. von der 2. und der 3. Zeile

(3) Subtrahieren des 3-fachen bzw. 2-fachen der 1. Spalte von der 2. bzw. 3. Spalte

(4) Vertauschen von 1. und 3. Spalte

(5) Subtrahieren des 23-fachen bzw. 21-fachen der 1. Zeile von der 2. bzw. 3. Zeile

(6) Subtrahieren des 2-fachen der 1. Spalte von der 3. Spalte, Multiplikation der 3. Spalte mit -1

(7) Vertauschen von 2. und 3. Zeile

(8) Subtrahieren der 2. Zeile von der 3. Zeile

(9) Vertauschen von 2. und 3. Zeile

(10) Subtrahieren des 12-fachen der 2. Zeile von der 3. Zeile

(11) Subtrahieren des 2-fachen der 2. Spalte von der 3. Spalte, Multiplikation der 3. Spalte mit -1

Als Nächstes wenden wir uns nun der Eindeutigkeitsaussage in Lemma 5 bzw. Theorem 4 zu und beginnen mit einem grundlegenden Lemma, welches auch später noch von Bedeutung sein wird.

Lemma 6. *Es sei R ein Hauptidealring und*

$$Q \simeq \bigoplus_{i=1}^{s} R/\alpha_i R$$

ein Isomorphismus von R-Moduln, wobei $\alpha_1, \ldots, \alpha_s \in R - \{0\}$ Nicht-einheiten mit $\alpha_i \mid \alpha_{i+1}$ für $1 \leq i < s$ sind und $\bigoplus_{i=1}^{s} R/\alpha_i R$ die kon-struierte direkte Summe der R-Moduln $R/\alpha_i R$ bezeichne. Dann sind $\alpha_1, \ldots, \alpha_s$ bis auf Assoziiertheit eindeutig durch Q bestimmt.

Beweis. Aus technischen Gründen invertieren wir die Nummerierung der α_i und betrachten zwei Zerlegungen

$$Q \simeq \bigoplus_{i=1}^{s} R/\alpha_i R \simeq \bigoplus_{j=1}^{t} R/\beta_j R$$

mit $\alpha_{i+1} \mid \alpha_i$ für $1 \leq i < s$ sowie $\beta_{j+1} \mid \beta_j$ für $1 \leq j < t$. Falls es einen Index $k \leq \min\{s, t\}$ mit $\alpha_k R \neq \beta_k R$ gibt, so wähle man k minimal mit dieser Eigenschaft. Da $\alpha_i R = \beta_i R$ für $1 \leq i < k$ und da $\alpha_{k+1}, \ldots, \alpha_s$ sämtlich Teiler von α_k sind, zerlegt sich $\alpha_k Q$ zu

$$\alpha_k Q \simeq \bigoplus_{i=1}^{k-1} \alpha_k \cdot (R/\alpha_i R)$$

$$\simeq \bigoplus_{i=1}^{k-1} \alpha_k \cdot (R/\alpha_i R) \oplus \bigoplus_{j=k}^{t} \alpha_k \cdot (R/\beta_j R).$$

Wir benutzen nun die Lemmata 2 und 3. Wegen $\ell_R(\alpha_k Q) \leq \ell_R(Q) < \infty$ ergibt sich durch Vergleich beider Seiten $\ell_R(\alpha_k \cdot (R/\beta_j R)) = 0$ für $j = k, \ldots, t$. Letzteres bedeutet aber insbesondere $\alpha_k \cdot (R/\beta_k R) = 0$ bzw. $\alpha_k R \subset \beta_k R$. Entsprechend zeigt man $\beta_k R \subset \alpha_k R$ und somit $\alpha_k R = \beta_k R$, im Widerspruch zur Annahme. Es gilt daher $\alpha_i R = \beta_i R$ für alle Indizes i mit $1 \leq i \leq \min\{s, t\}$. Hat man weiter $s \leq t$, so folgt, wiederum unter Benutzung von Lemma 3, dass $\bigoplus_{j=s+1}^{t} R/\beta_j R$

von der Länge 0 ist, also $R/\beta_j R$ für $j = s+1, \ldots, t$ die Länge 0 hat. Andererseits ist aber β_j für $j = 1, \ldots, t$ keine Einheit. Daher besitzt jeder Modul $R/\beta_j R$ gemäß Lemma 2 eine Länge größer als 0, und es folgt $s = t$. $\qquad\qquad\qquad\qquad\qquad\qquad\qquad\qquad\qquad\qquad\qquad\square$

Beweis der Eindeutigkeitsaussage von Theorem 4 *und Lemma* 5. Die Eindeutigkeit in Lemma 5 ist eine Konsequenz der Eindeutigkeitsaussage in Theorem 4. Es genügt daher, die Eindeutigkeit der Elementarteiler in Theorem 4 zu zeigen. Seien also $x_1, \ldots, x_s$ Teil einer Basis von F, und seien $\alpha_1, \ldots, \alpha_s \in R$ mit $\alpha_i \mid \alpha_{i+1}$ für $1 \le i < s$, so dass $\alpha_1 x_1, \ldots, \alpha_s x_s$ eine Basis von M bilden. Betrachtet man dann den Untermodul

$$F' = \bigoplus_{i=1}^{s} Rx_i = \left\{ a \in F ; \ \text{es existiert ein } \alpha \in R - \{0\} \text{ mit } \alpha a \in M \right\}$$

von F, so hängt F' nur von M und nicht von der speziellen Wahl der Elemente $x_1, \ldots, x_s$ ab. Der kanonische Homomorphismus

$$F' \longrightarrow \bigoplus_{i=1}^{s} R/\alpha_i R, \qquad \sum_{i=1}^{s} \gamma_i x_i \longmapsto (\overline{\gamma}_1, \ldots, \overline{\gamma}_s),$$

wobei $\overline{\gamma}_i$ jeweils die Restklasse von γ_i in $R/R\alpha_i$ bezeichne, ist dann surjektiv und besitzt M als Kern, induziert also aufgrund des Homomorphiesatzes einen Isomorphismus

$$F'/M \overset{\sim}{\longrightarrow} \bigoplus_{i=1}^{s} R/\alpha_i R.$$

Aus der Eindeutigkeitsaussage in Lemma 6 ist dann zu folgern, dass jedenfalls die Nichteinheiten unter den $\alpha_1, \ldots, \alpha_s$ bis auf Assoziiertheit eindeutig durch M bestimmt sind.

Um nun einzusehen, dass auch die Anzahl der Einheiten unter den $\alpha_1, \ldots, \alpha_s$ eindeutig durch M bestimmt ist, wollen wir zeigen, dass s als Anzahl der Elemente einer Basis von M bzw. F' eindeutig bestimmt ist. Da jede Basis $z_1, \ldots, z_s$ von M Anlass zu einem Isomorphismus $M \overset{\sim}{\longrightarrow} R^s$ gibt, genügt es zu zeigen, dass die Existenz eines Isomorphismus $R^s \overset{\sim}{\longrightarrow} R^{s'}$ bereits $s = s'$ nach sich zieht. Im Falle eines

Körpers R ist dies klar aufgrund der Dimensionstheorie für Vektorräume; vgl. z. B. 2.1/8. Ist jedoch R kein Körper, so enthält $R - R^*$
mindestens ein von Null verschiedenes Element, und dieses lässt sich
gemäß 5.2/13 als Produkt von Primelementen schreiben. Man findet
daher in R mindestens ein Primelement p, und es ist leicht nachzu-
prüfen, dass jeder Isomorphismus von R-Moduln $R^s \overset{\sim}{\longrightarrow} R^{s'}$ einen
Isomorphismus von R/pR-Moduln

$$(R/pR)^s = R^s/pR^s \overset{\sim}{\longrightarrow} R^{s'}/pR^{s'} = (R/pR)^{s'}$$

induziert. Da aber R/pR nach 5.2/17 ein Körper ist, können wir wiederum $s = s'$ schließen. Alternativ kann man an dieser Stelle auch die
Eindeutigkeitsaussage von Lemma 6 ausnutzen. $\qquad\Box$

Korollar 7. *Es sei R ein Hauptidealring und F ein endlicher freier
R-Modul. Dann besitzen je zwei Basen von F gleiche Länge.*[1] *Diese
Länge wird auch als der* Rang *von F bezeichnet.*

Beweis. Die Behauptung wurde bereits in obigem Beweis hergeleitet,
um nachzuweisen, dass die Anzahl der Elementarteiler eines Untermoduls $M \subset F$ eindeutig bestimmt ist. Im Übrigen folgt die Aussage von
Korollar 7 aber auch formal aus der Eindeutigkeitsaussage von Theorem 4, da die Anzahl der Elementarteiler des trivialen Untermoduls
$F \subset F$ eindeutig bestimmt ist. $\qquad\Box$

Für die Berechnung von Elementarteilern in der Situation von
Theorem 4 ist es wichtig zu wissen, dass wir diese als Elementarteiler einer Matrix erhalten haben, denn die Elementarteiler einer Matrix
können mit Hilfe des im Beweis zu Lemma 5 gegebenen praktischen
Verfahrens bestimmt werden. Wir wollen die genauen Bedingungen
hier noch einmal gesondert formulieren.

Korollar 8. *Es sei R ein Hauptidealring, F ein endlicher freier
R-Modul und $M \subset F$ ein Untermodul. Dann ist M endlich erzeugt.*
 *Es sei F' ein weiterer endlicher freier R-Modul und $f \colon F' \longrightarrow F$
eine R-lineare Abbildung, welche eine Basis von F' auf ein Erzeugen-*

---

[1] Die Aussage gilt allgemeiner für endliche freie Moduln über beliebigen kommutativen Ringen mit 1; vgl. Aufgabe 6.

densystem von M abbildet, also mit Bild im f = M. Ist dann A eine Matrix mit Koeffizienten aus R, welche f bezüglich geeigneter Basen in F und F' beschreibt, so stimmen die Elementarteiler von A überein mit denjenigen von M ⊂ F.

Aufgaben

Es sei R ein kommutativer Ring mit 1, sofern nichts anderes verlangt ist.

1. Man bestimme die Elementarteiler der folgenden Matrizen:

$$\begin{pmatrix} 2 & 6 & 8 \\ 3 & 1 & 2 \\ 9 & 5 & 4 \end{pmatrix}, \quad \begin{pmatrix} 4 & 0 & 0 \\ 0 & 10 & 0 \\ 0 & 0 & 15 \end{pmatrix} \quad \in \mathbb{Z}^{3 \times 3}$$

2. Es sei R ein Hauptidealring und $A = (\alpha_{ij})_{i,j} \in R^{m \times n}$ eine nicht-triviale Matrix mit Koeffizienten aus R. Sind dann $\alpha_1, \ldots, \alpha_s$ die Elementarteiler von A, so gilt $s > 0$ und $\alpha_1 = \mathrm{ggT}(\alpha_{ij} ; i = 1, \ldots, m, j = 1, \ldots, n)$.

3. Es seien $a_{11}, \ldots, a_{1n}$ teilerfremde Elemente eines Hauptidealrings R, d. h. es gelte $\mathrm{ggT}(a_{11}, \ldots, a_{1n}) = 1$. Man zeige, es gibt Elemente $a_{ij} \in R$, $i = 2, \ldots, n$, $j = 1, \ldots, n$, so dass die Matrix $(a_{ij})_{i,j=1,\ldots,n}$ in $R^{n \times n}$ invertierbar ist. (AT 456)

4. Es sei $f: M \longrightarrow N$ ein Homomorphismus endlicher freier Moduln über einem Hauptidealring R, d. h. M und N mögen jeweils endliche Basen besitzen. Man verwende die Aussage des Elementarteilersatzes und folgere die Existenz von Basen X von M und Y von N, sowie von Null verschiedener Elemente $\alpha_1, \ldots, \alpha_s \in R$ mit $\alpha_i \mid \alpha_{i+1}$ für $1 \leq i < s$, so dass gilt:

$$A_{f,X,Y} = \begin{pmatrix} \alpha_1 & 0 & & & 0 & 0 & \cdots & 0 \\ 0 & \alpha_2 & & & 0 & 0 & \cdots & 0 \\ & & \ddots & & & & & \\ & & & \ddots & & & & \\ 0 & 0 & \cdots & \cdots & \alpha_s & 0 & \cdots & 0 \\ 0 & 0 & \cdots & \cdots & 0 & 0 & \cdots & 0 \\ \vdots & \vdots & & & \vdots & \vdots & & \vdots \\ 0 & 0 & \cdots & \cdots & 0 & 0 & \cdots & 0 \end{pmatrix}$$

Dabei sind die Elemente $\alpha_1, \ldots, \alpha_s$ bis auf Assoziiertheit eindeutig bestimmt.

5. Man bestimme die Länge von $(\mathbb{Z}/15\mathbb{Z})^4$ als $\mathbb{Z}$-Modul.

6. Es sei M ein endlich erzeugter R-Modul, der zudem frei ist. Man zeige (AT 457):

   (i) M besitzt eine endliche Basis.

   (ii) Je zwei Basen von M bestehen aus gleichviel Elementen.

7. Für den Elementarteilersatz (Theorem 4) hatten wir einen Untermodul M eines endlichen freien Moduls F betrachtet. Man zeige, dass die Aussage des Satzes erhalten bleibt, wenn man alternativ F als frei und M als endlich erzeugt voraussetzt.

8. Es sei V ein Vektorraum über einem Körper K. Zu jedem Endomorphismus $f\colon V \longrightarrow V$ kann man auf V die zugehörige Struktur als $K[T]$-Modul betrachten, welche charakterisiert ist durch $T \cdot v = f(v)$ für Elemente $v \in V$. Man zeige, dass man auf diese Weise eine Bijektion zwischen der Menge $\mathrm{End}_K(V)$ und der Menge der $K[T]$-Modul-Strukturen auf V erhält, die verträglich sind mit der Struktur von V als K-Vektorraum.

9. (1. *Isomorphiesatz für Moduln*) Für zwei Untermoduln N, N' eines R-Moduls M betrachte man die Komposition kanonischer Abbildungen $N \hookrightarrow N + N' \longrightarrow (N + N')/N'$ und zeige, dass diese $N \cap N'$ als Kern besitzt und einen Isomorphismus

$$N/(N \cap N') \overset{\sim}{\longrightarrow} (N + N')/N'$$

induziert.

10. (2. *Isomorphiesatz für Moduln*) Es sei M ein R-Modul mit Untermoduln $N \subset N' \subset M$. Man zeige:

    (i) Die kanonische Abbildung $N' \hookrightarrow M \longrightarrow M/N$ besitzt N als Kern und induziert einen Monomorphismus $N'/N \hookrightarrow M/N$. Folglich lässt sich N'/N mit seinem Bild in M/N identifizieren und somit als Untermodul von M/N auffassen.

    (ii) Die Projektion $M \longrightarrow M/N'$ faktorisiert über M/N, d. h. sie lässt sich als Komposition $M \overset{\pi}{\longrightarrow} M/N \overset{f}{\longrightarrow} M/N'$ schreiben, mit einem Modulhomomorphismus f und der kanonischen Projektion π.

    (iii) f besitzt N'/N als Kern und induziert einen Isomorphismus

$$(M/N)/(N'/N) \overset{\sim}{\longrightarrow} M/N'.$$

6.4 Endlich erzeugte Moduln über Hauptidealringen

Wir wollen nun einige Folgerungen zur Struktur endlich erzeugter Moduln über Hauptidealringen aus dem Elementarteilersatz ziehen. Im nächsten Abschnitt sollen die gewonnenen Struktursätze dann in Ergebnisse über Normalformen von Endomorphismen von Vektorräumen umgesetzt werden. Als Hilfsmittel benötigen wir noch den sogenannten *Chinesischen Restsatz*, den wir als Erstes beweisen.

Satz 1. *Es sei R ein Hauptidealring und*

$$a = \varepsilon p_1^{n_1} \dots p_r^{n_r}$$

eine Primfaktorzerlegung in R mit einer Einheit ε und paarweise nicht-assoziierten Primelementen p_i. Ist dann

$$\pi_i \colon R \longrightarrow R/(p_i^{n_i}), \qquad i = 1, \dots, r,$$

jeweils die kanonische Projektion, so ist der Homomorphismus

$$\varphi \colon R \longrightarrow R/(p_1^{n_1}) \times \dots \times R/(p_r^{n_r}), \qquad b \longmapsto \big(\pi_1(b), \dots, \pi_r(b)\big),$$

surjektiv und erfüllt $\ker \varphi = (a)$, induziert also einen Isomorphismus

$$R/(a) \overset{\sim}{\longrightarrow} R/(p_1^{n_1}) \times \dots \times R/(p_r^{n_r}).$$

Dabei ist $R/(p_1^{n_1}) \times \dots \times R/(p_r^{n_r})$ als Ring unter komponentenweiser Addition und Multiplikation zu verstehen.

Beweis. Zunächst zeigen wir, dass φ surjektiv ist. Hierzu genügt es offenbar nachzuprüfen, dass es Elemente $e_1, \dots, e_r \in R$ gibt mit

$$\pi_i(e_j) = \begin{cases} 1 & \text{für } i = j, \\ 0 & \text{sonst.} \end{cases}$$

Da die Elemente $p_j^{n_j}$ und $\prod_{i \neq j} p_i^{n_i}$ für fest gewähltes $j \in \{1, \dots, r\}$ teilerfremd sind, ist das von ihnen erzeugte Hauptideal das Einheitsideal. Folglich existiert für jedes j eine Gleichung des Typs

$$e_j + d_j = 1 \qquad \text{mit } e_j \in \left(\prod_{i \neq j} p_i^{n_i} \right), \qquad d_j \in (p_j^{n_j}).$$

Es gilt dann $\pi_i(e_j) = 0$ für $i \neq j$ und $\pi_j(e_j) = \pi_j(1 - d_j) = 1$, wie gewünscht.

Der Kern von φ besteht aus allen Elementen aus R, die durch die Potenzen $p_i^{n_i}$, $i = 1, \ldots, r$, teilbar sind, und damit aus den Elementen, die durch a teilbar sind. Somit ergibt sich $\ker\varphi = (a)$, und der behauptete Isomorphismus folgt aus dem Homomorphiesatz 5.1/10.   □

In der Situation von Satz 1 lässt sich der Restklassenring $R/(a)$ auch als R-Modul auffassen. Die Aussage des Chinesischen Restsatzes besagt dann, dass $R/(a)$ isomorph zu der konstruierten direkten Summe der R-Moduln $R/(p_i^{n_i})$ ist, also

$$R/(a) \simeq R/(p_1^{n_1}) \oplus \ldots \oplus R/(p_r^{n_r}),$$

wobei wir, wie zu Beginn von Abschnitt 6.3 erläutert, den i-ten Summanden $R/(p_i^{n_i})$ mit dem entsprechenden Untermodul

$$0 \times \ldots \times 0 \times R/(p_i^{n_i}) \times 0 \times \ldots \times 0 \quad \subset \quad R/(p_1^{n_1}) \times \ldots \times R/(p_r^{n_r})$$

zu identifizieren haben.

Für einen Modul M über einem *Integritätsring* R definiert man den sogenannten *Torsionsuntermodul* T durch

$$T = \{a \in M ; \text{ es existiert ein } \alpha \in R - \{0\} \text{ mit } \alpha a = 0\}.$$

Man prüft leicht nach, dass T in der Tat ein Untermodul von M ist, indem man die Nullteilerfreiheit von R benutzt. Es heißt M ein *Torsionsmodul*, wenn M mit seinem Torsionsuntermodul übereinstimmt. Der Torsionsuntermodul eines freien Moduls ist stets trivial, freie Moduln sind daher sozusagen als das "Gegenstück" zu den Torsionsmoduln anzusehen.

Ist M ein Modul über einem Ring R, so bezeichnet man eine exakte Sequenz von R-linearen Abbildungen

$$R^n \xrightarrow{\ \psi\ } R^m \xrightarrow{\ \varphi\ } M \longrightarrow 0$$

mit geeigneten endlichen freien R-Moduln R^m und R^n auch als eine *endliche Präsentation* von M. Genauer gesagt besteht diese aus einem Epimorphismus $\varphi\colon R^m \longrightarrow M$ und einer R-linearen Abbildung

$\psi\colon R^n \longrightarrow R^m$ mit $\operatorname{im}\psi = \ker\varphi$. Eine solche endliche Präsentation existiert stets, wenn M ein endlich erzeugter Modul über einem Hauptidealring R ist. Man wähle nämlich ein endliches Erzeugendensystem $z_1, \ldots, z_m$ in M und betrachte die R-lineare Abbildung $\varphi\colon R^m \longrightarrow M$, welche die kanonische Basis von R^m auf $z_1, \ldots, z_m$ abbildet. Dann ist φ ein Epimorphismus, und der Untermodul $\ker\varphi \subset R^m$ ist gemäß 6.3/4 endlich erzeugt. Wir können daher einen weiteren Epimorphismus $\psi\colon R^n \longrightarrow \ker\varphi \subset R^m$ und folglich eine endliche Präsentation von M finden. Ist in dieser Situation $A \in R^{m \times n}$ eine Matrix, welche die R-lineare Abbildung ψ bezüglich geeigneter Basen in R^m und R^n beschreibt, so bezeichnen wir die Elementarteiler von A auch als die *Elementarteiler der betrachteten endlichen Präsentation* von M. Nach 6.3/8 stimmen diese mit den Elementarteilern von $\ker\varphi \subset R^m$ überein und hängen daher nicht von der Auswahl der Basen in R^m und R^n ab.

Wir wollen nun aus dem Elementarteilersatz 6.3/4 verschiedene Versionen des sogenannten Hauptsatzes über endlich erzeugte Moduln über Hauptidealringen herleiten. Wir beginnen mit einer grundlegenden Folgerung aus dem Elementarteilersatz.

Satz 2. *Es sei M ein endlich erzeugter Modul über einem Hauptidealring R und $T \subset M$ sein Torsionsuntermodul. Dann gibt es einen endlichen freien Untermodul $F \subset M$, etwa $F \simeq R^d$, sowie Nichteinheiten $\alpha_1, \ldots, \alpha_s \in R - \{0\}$ mit $\alpha_j \mid \alpha_{j+1}$ für $1 \le j < s$ und*

$$M = F \oplus T, \qquad T \simeq \bigoplus_{j=1}^{s} R/\alpha_j R.$$

Dabei ist d eindeutig bestimmt; man bezeichnet d als den Rang *von M. Weiter sind die Elemente $\alpha_1, \ldots, \alpha_s$ eindeutig bestimmt bis auf Assoziiertheit. Sie stimmen überein mit den Nichteinheiten unter den Elementarteilern einer jeden endlichen Präsentation von M.*

Beweis. Wir gehen von einer endlichen Präsentation von M aus und betrachten den zugehörigen Epimorphismus $\varphi\colon R^m \longrightarrow M$. Dann folgt $M \simeq R^m / \ker\varphi$ aufgrund des Homomorphiesatzes. Auf die Situation $\ker\varphi \subset R^m$ können wir nun den Elementarteilersatz 6.3/4 anwenden (wobei wir berücksichtigen, dass jede Basis von R^m gemäß 6.3/7 aus genau m Elementen besteht). Es existieren daher Elemente $x_1, \ldots, x_m$, die eine Basis von R^m bilden, sowie Elemente $\alpha_1, \ldots, \alpha_s \in R - \{0\}$, $s \leq m$, mit $\alpha_j \mid \alpha_{j+1}$ für $1 \leq j < s$, so dass $\alpha_1 x_1, \ldots, \alpha_s x_s$ eine Basis von $\ker \varphi$ bilden. Indem wir $\alpha_{s+1} = \ldots = \alpha_m = 0$ setzen, können wir den Epimorphismus

$$\varphi' : R^m = \bigoplus_{j=1}^{m} R x_j \longrightarrow \bigoplus_{j=1}^{m} R x_j / R \alpha_j x_j,$$

$$(\gamma_1, \ldots, \gamma_m) \longmapsto (\overline{\gamma}_1, \ldots, \overline{\gamma}_m),$$

betrachten, wobei $\overline{\gamma}_j$ jeweils die Restklasse von γ_j in $R x_j / R \alpha_j x_j$ bezeichne. Nach Konstruktion gilt $\ker \varphi' = \ker \varphi$ und folglich aufgrund des Homomorphiesatzes

$$M \simeq R^m / \ker \varphi = \left(\bigoplus_{j=1}^{m} R x_j \right) \Big/ \ker \varphi'$$

$$\simeq \bigoplus_{j=1}^{m} R x_j / R \alpha_j x_j \simeq R^{m-s} \oplus \bigoplus_{j=1}^{s} R / \alpha_j R,$$

also mit $d := m - s$ eine Zerlegung des behaupteten Typs, wenn wir Summanden $R/\alpha_j R = 0$, d. h. mit $\alpha_j \in R^*$ unterdrücken.

In dieser Zerlegung korrespondiert $\bigoplus_{j=1}^{s} R/\alpha_j R$ zu dem Torsionsuntermodul $T \subset M$ und ist daher eindeutig bestimmt. Indem wir triviale Summanden $R/\alpha_j R$ ignorieren, bzw. annehmen, dass $\alpha_1, \ldots, \alpha_s$ keine Einheiten sind, ergibt sich die Eindeutigkeit der α_j mit 6.3/6. Insbesondere sind die α_j unabhängig von der betrachteten Präsentation von M und bestehen gemäß 6.3/8 aus den Nichteinheiten unter den Elementarteilern einer solchen Präsentation.

Um zu sehen, dass auch d eindeutig ist, betrachte man den Epimorphismus

$$M \xrightarrow{\sim} R^d \oplus \bigoplus_{j=1}^{s} R/\alpha_j R \longrightarrow R^d,$$

der sich aus dem obigen Isomorphismus und der Projektion auf den Summanden R^d zusammensetzt. Der Kern dieser Abbildung ist offenbar gerade der Torsionsuntermodul $T \subset M$, so dass man aufgrund des Homomorphiesatzes einen Isomorphismus $M/T \xrightarrow{\sim} R^d$ erhält. Hieraus folgt die Eindeutigkeit von d mit 6.3/7. $\qquad\square$

Speziellere Versionen des Hauptsatzes über endlich erzeugte Moduln über Hauptidealringen lassen sich mittels des Chinesischen Restsatzes aus Satz 2 folgern.

Satz 3. *Es sei M ein endlich erzeugter Modul über einem Hauptidealring R und $T \subset M$ der Torsionsuntermodul. Weiter sei $P \subset R$ ein Vertretersystem der Primelemente von R, und für $p \in P$ bezeichne*

$$M_p = \{x \in M \,; \, p^n x = 0 \text{ für geeignetes } n \in \mathbb{N}\}$$

den sogenannten Untermodul der p-Torsion *in M. Dann gilt*

$$T = \bigoplus_{p \in P} M_p,$$

und es gibt einen endlichen freien Untermodul $F \subset M$, etwa $F \simeq R^d$, mit

$$M = F \oplus T,$$

wobei d eindeutig bestimmt ist und M_p für fast alle $p \in P$ verschwindet. Zu jedem $p \in P$ gibt es natürliche Zahlen $1 \le n(p,1) \le \ldots \le n(p,s_p)$ mit

$$M_p \simeq \bigoplus_{j_p = 1 \ldots s_p} R/p^{n(p,j_p)} R,$$

wobei die Zahlen s_p und $n(p,j_p)$ durch die Isomorphie

$$M \simeq F \oplus \bigoplus_{p \in P} \bigoplus_{j_p = 1 \ldots s_p} R/p^{n(p,j_p)} R$$

eindeutig bestimmt sind und im Übrigen $s_p = 0$ für fast alle p gilt.

Bevor wir zum Beweis kommen, wollen wir diesen Hauptsatz auch noch speziell für endlich erzeugte $\mathbb{Z}$-Moduln formulieren, als *Hauptsatz über endlich erzeugte abelsche Gruppen.*

Korollar 4. *Es sei G eine endlich erzeugte abelsche Gruppe, also eine abelsche Gruppe, die als $\mathbb{Z}$-Modul endlich erzeugt ist. P sei die Menge der Primzahlen in $\mathbb{N}$. Dann besitzt G eine Zerlegung in eine direkte Summe von Untergruppen*

$$G = F \oplus \bigoplus_{p \in P} \bigoplus_{j_p = 1 \ldots s_p} G_{p,j_p},$$

wobei F frei ist, etwa $F \simeq \mathbb{Z}^d$, und $G_{p,j_p} \simeq \mathbb{Z}/p^{n(p,j_p)}\mathbb{Z}$ mit Exponenten $1 \le n(p,1) \le \ldots \le n(p,s_p)$ gilt; in diesem Zusammenhang werden die Gruppen vom Typ G_{p,j_p} als zyklisch von p-Potenz-Ordnung bezeichnet. Die Zahlen $d, s_p, n(p,j_p)$ sind eindeutig durch G bestimmt, ebenso die Untergruppen $G_p = \bigoplus_{j_p=1\ldots s_p} G_{p,j_p}$, wobei s_p für fast alle $p \in P$ verschwindet.

Wenn G eine endlich erzeugte Torsionsgruppe ist, also ein über $\mathbb{Z}$ endlich erzeugter Torsionsmodul, so besitzt G keinen freien Anteil und besteht daher, wie man insbesondere mit Korollar 4 sieht, nur aus endlich vielen Elementen. Umgekehrt ist jede endliche abelsche Gruppe natürlich eine endlich erzeugte Torsionsgruppe.

Nun zum *Beweis von Satz* 3. Wir beginnen mit der Zerlegung

$$M \simeq R^d \oplus \bigoplus_{j=1}^{s} R/\alpha_j R$$

aus Satz 2, wobei insbesondere d eindeutig bestimmt ist. Hierbei korrespondiert $\bigoplus_{j=1}^{s} R/\alpha_j R$ zu dem Torsionsuntermodul $T \subset M$, sowie R^d zu einem freien Modul $F \subset M$, und es gilt $M = F \oplus T$.

Als Nächstes zerlege man die Elemente α_j in Primfaktoren, etwa $\alpha_j = \varepsilon_j p_1^{n(1,j)} \ldots p_r^{n(r,j)}$ mit Einheiten $\varepsilon_j \in R^*$, paarweise verschiedenen Primelementen $p_1, \ldots, p_r \in P$, sowie Exponenten $n(i,j) \in \mathbb{N}$, die auch trivial sein dürfen. Dann gilt aufgrund von Satz 1

$$T \simeq \bigoplus_{j=1}^{s} \bigoplus_{i=1}^{r} R/p_i^{n(i,j)} R \simeq \bigoplus_{i=1}^{r} \bigoplus_{j=1}^{s} R/p_i^{n(i,j)} R.$$

In dieser Zerlegung korrespondiert $\bigoplus_{j=1}^{s} R/p_i^{n(i,j)} R$ offenbar gerade zu dem Untermodul $M_{p_i} \subset M$ der p_i-Torsion und ist deshalb eindeutig bestimmt; die Restklasse von p_i ist nämlich in jedem Restklassenring der Form $R/p_{i'}^n R$ mit $i' \ne i$ eine Einheit. Somit folgt aus obiger Zerlegung insbesondere $T = \bigoplus_{p \in P} M_p$. Da im Übrigen in der Zerlegung

$$M_{p_i} \simeq \bigoplus_{j=1}^{s} R/p_i^{n(i,j)} R$$

die Terme zu Exponenten $n(i, j) = 0$ trivial sind und die restlichen Terme gemäß 6.3/6 eindeutig bestimmt sind, ergibt sich insgesamt die Behauptung von Satz 3. □

Aufgaben

Für eine Gruppe G bezeichnet man mit ord G die Anzahl ihrer Elemente und nennt dies die *Ordnung* von G.

1. Es sei G eine abelsche Gruppe der Ordnung $n < \infty$. Man zeige: Zu jedem Teiler d von n gibt es eine Untergruppe $H \subset G$ der Ordnung d. Andererseits besitzt jede Untergruppe $H \subset G$ eine Ordnung, die ein Teiler von n ist. (AT 459)

2. Zu $n \subset \mathbb{N}$ gibt es höchstens endlich viele Klassen isomorpher abelscher Gruppen der Ordnung n. Wie groß ist diese Anzahl für $n = 20$ bzw. $n = 30$?

3. Es seien $a_1, \dots, a_n \in \mathbb{N} - \{0\}$ paarweise teilerfremd und $r_1, \dots, r_n \in \mathbb{N}$ Zahlen mit $0 \leq r_i < a_i$ für $i = 1, \dots, n$. Man zeige: Es existiert eine Zahl $a \in \mathbb{N}$, so dass a bei ganzzahliger Division durch a_i jeweils den Rest r_i lässt.

4. Es sei M ein endlich erzeugter Modul über einem Hauptidealring R. Für den Fall, dass M kein Torsionsmodul ist, zeige man: Es existieren endlich viele freie Untermoduln $F_1, \dots, F_r \subset M$ mit $M = \sum_{i=1}^{r} F_i$.

5. Über einem Hauptidealring R betrachte man endliche freie Moduln F und F' mit Untermoduln $M \subset F$ und $M' \subset F'$, so dass die Restklassenmoduln F/M und F'/M' jeweils Torsionsmoduln sind. Man zeige: Es existiert genau dann ein Isomorphismus $F/M \overset{\sim}{\longrightarrow} F'/M'$, wenn die Nichteinheiten unter den Elementarteilern von $M \subset F$ mit denen von $M' \subset F'$ übereinstimmen.

6. Es sei K ein Körper und $G \subset K^*$ eine endliche Untergruppe der multiplikativen Gruppe der Einheiten von K. Man zeige, dass G *zyklisch* ist, d. h. dass es ein $n \in \mathbb{Z}$ mit $G \simeq \mathbb{Z}/n\mathbb{Z}$ gibt. (AT 462) (Hinweis: Man betrachte Nullstellen aus K von Polynomen des Typs $T^n - 1 \in K[T]$.)

6.5 Allgemeine und Jordansche Normalform für Matrizen

Es sei V ein Vektorraum über einem Körper K und $f\colon V \longrightarrow V$ ein Endomorphismus. Wie wir in Abschnitt 6.3 gesehen haben, lässt sich V unter f als Modul über dem Polynomring $K[T]$ auffassen. Hierzu erweitert man die Struktur von V als K-Vektorraum, indem man die äußere Multiplikation mit der Variablen T auf V durch Anwenden von f erklärt. Umgekehrt kann man aus einem $K[T]$-Modul M einen K-Vektorraum V mit einem Endomorphismus $f\colon V \longrightarrow V$ zurückgewinnen. Man setze $V = M$ und schränke die skalare Multiplikation von M auf die konstanten Polynome, also auf K, ein. Auf diese Weise ergibt sich V als K-Vektorraum, und man kann die K-lineare Abbildung

$$V \longrightarrow V, \qquad x \longmapsto T \cdot x,$$

als Endomorphismus von V ansehen. Da die beiden Konstruktionen zueinander invers sind, erhält man für einen gegebenen K-Vektorraum V eine Bijektion zwischen den K-linearen Abbildungen $V \longrightarrow V$ und den $K[T]$-Modulstrukturen auf V, welche die gegebene K-Vektorraumstruktur von V erweitern.

Betrachten wir nun einen K-Vektorraum V endlicher Dimension unter einem Endomorphismus $f\colon V \longrightarrow V$ als $K[T]$-Modul, so existiert ein eindeutig bestimmtes normiertes Polynom minimalen Grades $p_f \in K[T]$ mit $p_f \cdot v = 0$ für alle $v \in V$; man nennt p_f das *Minimalpolynom* zu f, vgl. 6.2/9. Es ist V dann insbesondere ein $K[T]$-Torsionsmodul, sogar ein endlich erzeugter, da V als K-Vektorraum endlich erzeugt ist. Wir können daher das Strukturresultat 6.4/3 auf V als $K[T]$-Modul anwenden.

Definition 1. *Es sei $f\colon V \longrightarrow V$ ein Endomorphismus eines K-Vektorraums V, sowie $U \subset V$ ein Untervektorraum.*

(i) *U heißt f-invariant, wenn $f(U) \subset U$ gilt. Für die von f auf U induzierte Abbildung verwenden wir die Notation $f|_U\colon U \longrightarrow U$.*

(ii) *U heißt f-zyklisch, wenn es einen Vektor $u \in U$ gibt, so dass die Folge $u, f(u), f^2(u), \ldots$ ein Erzeugendensystem von U bildet; insbesondere ist U dann auch f-invariant.*

(iii) *U heißt f-unzerlegbar, wenn U ein f-invarianter Untervektorraum ≠ 0 ist, der sich nicht in eine direkte Summe zweier echter Untervektorräume zerlegen lässt, die ebenfalls f-invariant sind.*

Wir wollen die gerade eingeführten Eigenschaften von Unterräumen nun auch modultheoretisch interpretieren. Ein Modul M über einem Ring R wird als *monogen* bezeichnet, wenn er von einem einzigen Element erzeugt wird, d. h. wenn ein $a \in M$ existiert mit $M = Ra$.

Bemerkung 2. *Es sei $f: V \longrightarrow V$ ein Endomorphismus eines K-Vektorraums V, wobei man V insbesondere auch als $K[T]$-Modul bezüglich f betrachte. Für eine Teilmenge $U \subset V$ gilt dann:*

(i) *U ist genau dann ein f-invarianter Untervektorraum von V, wenn U ein $K[T]$-Untermodul von V ist.*

(ii) *U ist genau dann ein f-zyklischer Untervektorraum von V, wenn U ein monogener $K[T]$-Untermodul von V ist.*

(iii) *U ist genau dann ein f-unzerlegbarer Untervektorraum von V, wenn U ein $K[T]$-Untermodul $\neq 0$ von V ist, der sich nicht in eine direkte Summe zweier echter $K[T]$-Untermoduln zerlegen lässt.*

Beweis. Aussage (i) ist unmittelbar klar, denn für Untervektorräume $U \subset V$ bedeutet die Bedingung $f(u) \in U$ für $u \in U$ gerade $T \cdot u \in U$ und ist daher äquivalent zu $q \cdot u \in U$ für $q \in K[T]$, $u \in U$. In ähnlicher Weise erhält man Aussage (ii), denn $U = \sum_{i \in \mathbb{N}} K \cdot f^i(u)$ für ein $u \in U$ ist gleichbedeutend mit $U = \sum_{i \in \mathbb{N}} K \cdot T^i \cdot u$, also mit $U = K[T] \cdot u$. Aussage (iii) schließlich beruht auf der Tatsache, dass für f-invariante Untervektorräume bzw. $K[T]$-Untermoduln $U', U'' \subset V$ die Summe $U = U' + U''$ genau dann direkt ist, wenn jedes $u \in U$ eine eindeutig bestimmte Darstellung $u = u' + u''$ mit $u' \in U'$, $u'' \in U''$ besitzt. Ob wir bei der skalaren Multiplikation Elemente aus K oder $K[T]$ zulassen, ist dabei ohne Belang.   □

Im Weiteren ist es auch wichtig zu wissen, wie man Homomorphismen von $K[T]$-Moduln mittels Homomorphismen der unterliegenden K-Vektorräume interpretieren kann.

Bemerkung 3. *Es seien V und V' zwei K-Vektorräume, welche man bezüglich gegebener Endomorphismen $f\colon V \longrightarrow V$ und $f'\colon V' \longrightarrow V'$ als $K[T]$-Moduln betrachte. Für Abbildungen $\varphi\colon V \longrightarrow V'$ ist dann äquivalent:*

(i) *φ ist ein Homomorphismus von $K[T]$-Moduln.*

(ii) *φ ist ein Homomorphismus von K-Vektorräumen, und das Diagramm*

$$
\begin{array}{ccc}
V & \xrightarrow{\ f\ } & V, \\
\downarrow{\scriptstyle\varphi} & & \downarrow{\scriptstyle\varphi} \\
V' & \xrightarrow{\ f'\ } & V',
\end{array}
\qquad
\begin{array}{ccc}
v & \longmapsto & f(v) = T \cdot v, \\
\\
v' & \longmapsto & f'(v') = T \cdot v',
\end{array}
$$

ist kommutativ.

Eine entsprechende Äquivalenz gilt auch für Mono-, Epi- und Isomorphismen $\varphi\colon V \longrightarrow V'$. Insbesondere stimmen in der Situation eines Isomorphismus φ in (i) bzw. (ii) die Minimalpolynome von f und f' überein. Gleiches gilt für die charakteristischen Polynome von f und f'.

Beweis. Jeder Homomorphismus von $K[T]$-Moduln $\varphi\colon V \longrightarrow V'$ ist $K[T]$-linear und damit insbesondere K-linear, also ein Homomorphismus von K-Vektorräumen. Zudem bedeutet die Kommutativität des Diagramms in (ii) gerade die T-Linearität von φ, womit wir

$$\varphi(T \cdot v) = T \cdot \varphi(v) \qquad \text{für alle } v \in V$$

meinen. Somit ergibt sich (ii) aus (i) und umgekehrt (i) auch aus (ii), wenn man benutzt, dass aus der T-Linearität die T^n-Linearität von φ für alle $n \in \mathbb{N}$ folgt, und aufgrund der Additivität sogar die $K[T]$-Linearität von φ. Entsprechend schließt man im Falle von Mono-, Epi- oder Isomorphismen. $\qquad\square$

Satz 4. *Es sei $f\colon V \longrightarrow V$ ein Endomorphismus eines K-Vektorraums V der Dimension $r < \infty$. Man betrachte V als $K[T]$-Modul bezüglich f. Dann ist äquivalent:*

(i) *V ist f-zyklisch.*

(ii) *V ist als $K[T]$-Modul monogen.*

(iii) *Es gibt ein normiertes Polynom $p \in K[T]$, so dass V als $K[T]$-Modul isomorph zu $K[T]/(p)$ ist.*

Sind diese Bedingungen erfüllt, so gilt weiter: *Das Polynom p aus*
(iii) *stimmt mit dem Minimalpolynom p_f sowie dem charakteristischen*
Polynom χ_f von f überein; insbesondere gilt $\mathrm{grad}\, p = r$.

Beweis. Die Bedingungen (i) und (ii) sind aufgrund von Bemerkung 2
äquivalent. Wird weiter V gemäß Bedingung (ii) als $K[T]$-Modul von
dem Element $u \in V$ erzeugt, so betrachte man die $K[T]$-lineare Abbildung

$$\varphi \colon K[T] \longrightarrow V, \qquad h \longmapsto h \cdot u = h(f)(u);$$

φ ist surjektiv. Weiter ist $\ker \varphi$ ein $K[T]$-Untermodul von $K[T]$, also
ein Ideal, welches, da $K[T]$ ein Hauptidealring ist, von einem Poly-
nom $p \in K[T]$ erzeugt wird. Der Homomorphiesatz für $K[T]$-Moduln
ergibt dann den in (iii) gewünschten Isomorphismus $K[T]/(p) \simeq V$.
Wegen $\dim_K V < \infty$ und $\dim_K K[T] = \infty$ gilt $p \neq 0$, und man darf p
als normiertes Polynom annehmen.

Ist andererseits Bedingung (iii) gegeben, so betrachte man die Rest-
klassenabbildung $K[T] \longrightarrow K[T]/(p)$, $h \longmapsto \overline{h}$. Die Restklasse
$\overline{1} \in K[T]/(p)$ erzeugt dann natürlich $K[T]/(p)$ als $K[T]$-Modul, d. h.
es folgt (ii).

Es bleibt noch die zusätzliche Aussage zur Charakterisierung des
Polynoms p zu begründen, wobei wir (i) bzw. (iii) als gegeben an-
nehmen. Sei $\sigma \colon V \overset{\sim}{\longrightarrow} K[T]/(p)$ ein Isomorphismus im Sinne von
$K[T]$-Moduln, wie in (iii) gefordert, so dass also mit Bemerkung 3 das
Diagramm

$$
\begin{array}{ccc}
V & \overset{f}{\longrightarrow} & V \\
\downarrow{\scriptstyle \sigma} & & \downarrow{\scriptstyle \sigma} \\
K[T]/(p) & \overset{f'}{\longrightarrow} & K[T]/(p)
\end{array}
$$

kommutativ ist; f' bezeichne die Multiplikation mit T auf $K[T]/(p)$.
Wir wollen zeigen, dass p das Minimalpolynom von f' ist. Gemäß 6.2/9
bzw. 6.2/10 erzeugt das Minimalpolynom von f' das Ideal

$$
\begin{aligned}
&\{h \in K[T] \,;\, h(f')(\overline{g}) = 0 \text{ für alle } \overline{g} \in K[T]/(p)\} \\
={}&\{h \in K[T] \,;\, h \cdot \overline{g} = 0 \text{ für alle } \overline{g} \in K[T]/(p)\} \\
={}&\{h \in K[T] \,;\, h \cdot \overline{1} = 0\} = \{h \in K[T] \,;\, \overline{h} = 0\} \\
={}&(p) \subset K[T],
\end{aligned}
$$

wobei für $h \in K[T]$ jeweils $\overline{h}$ die Restklasse in $K[T]/(p)$ sei. Also ist p das Minimalpolynom von f' und stimmt somit nach Bemerkung 3 mit dem Minimalpolynom p_f des Endomorphismus $f\colon V \longrightarrow V$ überein.

Dass $p = p_f$ gilt, können wir in etwas ausführlicherer Argumentation auch auf dem Niveau des Endomorphismus f und des Vektorraums V einsehen: Es erzeugt p_f gemäß 6.2/9 bzw. 6.2/10 dasjenige Ideal in $K[T]$, welches aus allen Polynomen h mit $h(f) = 0$ besteht. Also gilt

$$(*) \qquad (p_f) = \big\{ h \in K[T] \, ; \, h(f)(v) = 0 \text{ für alle } v \in V \big\},$$

wobei es genügt, wenn man die Bedingung $h(f)(v) = 0$ für v aus einem K-Erzeugendensystem von V testet. Ist daher V als $K[T]$-Modul monogen, etwa erzeugt von einem Element $u \in V$, so bilden die Elemente $u, f(u), f^2(u), \ldots$ ein K-Erzeugendensystem von V, und die Beschreibung $(*)$ ist äquivalent zu

$$(**) \qquad (p_f) = \big\{ h \in K[T] \, ; \, h(f)\big(f^n(u)\big) = 0 \text{ für alle } n \in \mathbb{N} \big\}.$$

Nun zeigt aber die Rechnung

$$h(f)\big(f^n(u)\big) = h \cdot f^n(u) = h \cdot T^n \cdot u = T^n \cdot h \cdot u = T^n \cdot h(f)(u),$$

dass aus $h(f)(u) = 0$ bereits $h(f)(f^n(u)) = 0$ für alle $n \in \mathbb{N}$ folgt. Somit erhält man aus $(**)$

$$(p_f) = \big\{ h \in K[T] \, ; \, h(f)(u) = 0 \big\} = \big\{ h \in K[T] \, ; \, h \cdot u = 0 \big\} = (p)$$

und damit wegen der Normiertheit von p_f und p bereits $p_f = p$.

Insbesondere stimmt der Grad von p_f aufgrund des nachfolgenden Lemmas 5 mit der K-Vektorraumdimension von $K[T]/(p)$ überein, also mit der Dimension r von V. Da aber das charakteristische Polynom χ_f normiert vom Grad $\dim_K V$ ist und da aufgrund des Satzes von Cayley-Hamilton p_f ein Teiler von χ_f ist, vgl. 6.2/11, gilt bereits $\chi_f = p_f$. Die Gleichung $\chi_f = p$ lässt sich allerdings auch durch explizite Berechnung nachweisen, indem man die Multiplikation mit T auf $K[T]/(p)$ bezüglich der Basis $\overline{T}^0, \ldots, \overline{T}^{r-1}$ durch eine Matrix beschreibt und deren charakteristisches Polynom ermittelt. $\qquad \square$

Schließlich bleibt noch die K-Vektorraumdimension von Quotienten des Typs $K[T]/(p)$ zu berechnen.

Lemma 5. *Es sei $p \in K[T]$ ein normiertes Polynom. Dann gilt*

$$\dim_K \left(K[T]/(p) \right) = \operatorname{grad} p,$$

und die Restklassen $\overline{T}^0, \ldots, \overline{T}^{s-1}$ mit $s = \operatorname{grad} p$ bilden eine K-Basis von $K[T]/(p)$.

Beweis. Es genügt zu zeigen, dass für $s = \operatorname{grad} p$ die Restklassen $\overline{T}^0, \ldots, \overline{T}^{s-1}$ eine K-Basis von $K[T]/(p)$ bilden. Hierzu betrachte man ein beliebiges Element $\overline{h} \in K[T]/(p)$ und wähle ein Urbild $h \in K[T]$. Division mit Rest ergibt dann eine Zerlegung $h = qp + c$ mit Polynomen $q, c \in K[T]$, wobei c vom Grad $< s$ ist, etwa $c = \sum_{i=0}^{s-1} c_i T^i$ mit Koeffizienten $c_i \in K$. Es folgt

$$\overline{h} = \overline{c} = \sum_{i=0}^{s-1} c_i \overline{T}^i,$$

d. h. $K[T]/(p)$ wird von den Restklassen $\overline{T}^0, \ldots, \overline{T}^{s-1}$ als K-Vektorraum erzeugt. Diese Elemente sind aber auch linear unabhängig über K. Hat man nämlich nämlich eine Gleichung $\sum_{i=0}^{s-1} c_i \overline{T}^i = 0$ mit gewissen Koeffizienten $c_i \in K$, so bedeutet dies $\sum_{i=0}^{s-1} c_i T^i \in (p)$ und damit $c_i = 0$ für alle $i = 0, \ldots, s-1$, da alle von Null verschiedenen Elemente in (p) einen Grad $\geq \operatorname{grad} p = s$ haben. $\qquad\square$

Wir wollen nun den Struktursatz 6.4/3 umformulieren zu einem Struktursatz für $K[T]$-Moduln oder, genauer, für die Situation eines endlich-dimensionalen K-Vektorraums V mit einem Endomorphismus $f: V \longrightarrow V$.

Theorem 6. *Es sei V ein endlich-dimensionaler K-Vektorraum mit einem Endomorphismus $f: V \longrightarrow V$. Dann existieren paarweise verschiedene normierte (und damit nicht-assoziierte) Primpolynome[2] $p_1, \ldots, p_r \in K[T]$ sowie natürliche Zahlen $1 \leq n(i,1) \leq \ldots \leq n(i, s_i)$ und f-zyklische K-Untervektorräume $V_{ij} \subset V$ für Indizes $i = 1, \ldots, r$, $j = 1, \ldots, s_i$, so dass V eine Zerlegung*

$$V = \bigoplus_{i=1}^{r} \bigoplus_{j=1}^{s_i} V_{ij}, \qquad V_{ij} \simeq K[T]/(p_i^{n(i,j)}),$$

---

[2] In Polynomringen bezeichnen wir Primelemente auch als *Primpolynome*.

im Sinne von $K[T]$-Moduln besitzt. Insbesondere ist $p_i^{n(i,j)}$ das Minimal- bzw. charakteristische Polynom von $f|_{V_{ij}}$; vgl. Satz 4.

In der vorstehenden Zerlegung sind die Primpolynome $p_1, \dots, p_r$, die Zahlen $n(i,j)$ und die Vektorräume $V_i := \bigoplus_{j=1}^{s_i} V_{ij}$ für $i = 1, \dots, r$ eindeutig bestimmt, nicht notwendig jedoch die Unterräume V_{ij} selbst; es gilt

$$V_i = \bigcup_{n \in \mathbb{N}} \ker p_i^n(f).$$

Weiter ist $p_f = p_1^{n(1,s_1)} \cdot \dots \cdot p_r^{n(r,s_r)}$ das Minimalpolynom von f, und man hat

$$\dim_K V_{ij} = n(i,j) \cdot \operatorname{grad} p_i,$$

insbesondere also

$$\dim_K V = \sum_{i=1}^{r} \sum_{j=1}^{s_i} n(i,j) \cdot \operatorname{grad} p_i.$$

Beweis. Die Aussagen zur Existenz und Eindeutigkeit einer Zerlegung von V in f-zyklische Unterräume V_{ij} der behaupteten Art ergeben sich unmittelbar aus 6.4/3 und Satz 4. Dabei ist $V_i = \bigoplus_{j=1}^{s_i} V_{ij}$ in der Sprache der $K[T]$-Moduln der Untermodul der p_i-Torsion, und der freie Anteil aus 6.4/3 entfällt, da V ein $K[T]$-Torsionsmodul ist.

Gemäß Satz 4 ist $p_i^{n(i,j)}$ das Minimalpolynom der Einschränkung von f auf V_{ij}. Dann erkennt man leicht, dass das kleinste gemeinsame Vielfache aller dieser Polynome, also

$$p_1^{n(1,s_1)} \cdot \dots \cdot p_r^{n(r,s_r)}$$

das Minimalpolynom von f auf V ist. Die Dimensionsformeln schließlich ergeben sich unter Benutzung von 1.6/6 aus Lemma 5. $\square$

Korollar 7. *Es sei $f\colon V \longrightarrow V$ ein Endomorphismus eines endlich-dimensionalen K-Vektorraums V. Dann ist äquivalent:*

(i) V ist f-unzerlegbar.

(ii) V ist f-zyklisch, und $p_f = \chi_f$ ist Potenz eines Primpolynoms in $K[T]$.

Insbesondere kann man folgern: Die f-zyklischen K-Untervektorräume $V_{ij} \subset V$ aus Theorem 6 sind f-unzerlegbar.

Beweis. Man zerlege V gemäß Theorem 6 in eine direkte Summe f-zyklischer Unterräume, deren Minimalpolynom jeweils Potenz eines Primpolynoms aus $K[T]$ ist. Ist V dann f-unzerlegbar, so kann diese Zerlegung nur aus einem Summanden bestehen, und es folgt, dass V f-zyklisch ist.

Ist andererseits V ein f-zyklischer Vektorraum mit einem Minimalpolynom p_f, welches Potenz eines Primpolynoms in $K[T]$ ist, so gilt $V \simeq K[T]/(p_f)$ im Sinne von $K[T]$-Moduln gemäß Satz 4, und die Eindeutigkeit der Zerlegung in Theorem 6 zeigt, dass V ein f-unzerlegbarer Vektorraum ist. $\qquad\square$

Schließlich wollen wir das Zerlegungstheorem 6 noch umformulieren zu einer Aussage über Normalformen von quadratischen Matrizen. Wir beginnen mit einer trivialen Beobachtung, wobei wir folgende Schreibweise benutzen: Für Matrizen $A_i \in K^{n_i \times n_i}$, $i = 1, \ldots, r$, bezeichne $\mathrm{Diag}(A_1, \ldots, A_r) \in K^{n \times n}$, $n = \sum_{i=1}^{r} n_i$, die "Diagonalmatrix" mit den Einträgen $A_1, \ldots, A_r$, also

$$\mathrm{Diag}(A_1, \ldots, A_r) = \begin{pmatrix} A_1 & & & & 0 \\ & A_2 & & & \\ & & \ddots & & \\ & & & \ddots & \\ 0 & & & & A_r \end{pmatrix}$$

Gilt $A_i = (\lambda_i) \in K^{1 \times 1}$ für $i = 1, \ldots, r$, so ist $\mathrm{Diag}(A_1, \ldots, A_r)$ eine Diagonalmatrix im echten Sinne, und wir schreiben auch $\mathrm{Diag}(\lambda_1, \ldots, \lambda_r)$ anstelle von $\mathrm{Diag}(A_1, \ldots, A_r)$.

Lemma 8. *Es sei $f \colon V \longrightarrow V$ ein Endomorphismus eines endlichdimensionalen K-Vektorraums V mit einer Zerlegung $V = \bigoplus_{i=1}^{r} V_i$ in f-invariante Unterräume. Es sei X_i jeweils eine Basis von V_i, sowie X die Basis von V, die sich aus den Basen $X_1, \ldots, X_r$ zusammensetzt. Mit $f_i = f|_{V_i}$ gilt dann für die zu f gehörige Matrix sowie das charakteristische bzw. Minimalpolynom:*

(i) $A_{f,X,X} = \mathrm{Diag}(A_{f_1,X_1,X_1}, \ldots, A_{f_r,X_r,X_r})$.

(ii) $\chi_f = \chi_{f_1} \cdot \ldots \cdot \chi_{f_r}$.

(iii) $p_f = \mathrm{kgV}(p_{f_1}, \ldots, p_{f_r})$.

Lemma 9. *Es sei* $f \colon V \longrightarrow V$ *ein Endomorphismus eines K-Vektorraums V mit einer Basis* $X = (x_1, \ldots, x_n)$. *Ist dann die Matrix* $A_{f,X,X}$, *die f bezüglich der Basis X beschreibt, eine Diagonalmatrix der Form* $\mathrm{Diag}(A_1, \ldots, A_r)$ *mit Matrizen* $A_i \in K^{n_i \times n_i}$, *wobei* $n = \sum_{i=1}^r n_i$ *gilt, so sind für* $m_i = \sum_{j=1}^i n_j$ *und* $m_0 = 0$ *die Unterräume*

$$V_i = \sum_{j=m_{i-1}+1}^{m_i} K \cdot x_j, \qquad i = 1, \ldots, r,$$

f-invariant, und es gilt $V = \bigoplus_{i=1}^r V_i$.

Beweis zu den Lemmata 8 *und* 9. Aussage (i) in Lemma 8 wie auch die Aussage von Lemma 9 sind unmittelbar klar aufgrund der in 3.1/3 definierten Korrespondenz zwischen linearen Abbildungen und beschreibenden Matrizen. Weiter folgt Aussage (ii) in Lemma 8 aufgrund des Beispiels (2) am Ende von Abschnitt 4.3. Aussage (iii) schließlich ist gültig, da einerseits das kleinste gemeinsame Vielfache aller p_{f_i} den Endomorphismus f annulliert, sowie andererseits p_f ein Vielfaches eines jeden p_{f_i} sein muss. $\qquad\square$

Wir wollen nun für einen f-zyklischen K-Vektorraum endlicher Dimension n den zugehörigen Endomorphismus $f \colon V \longrightarrow V$ mittels geeigneter Matrizen beschreiben. Hierzu betrachten wir zu einem normierten Polynom $p = T^n + \sum_{i=0}^{n-1} c_i T^i \in K[T]$ vom Grad n die sogenannte *Begleitmatrix*

$$A(p) = \begin{pmatrix} 0 & & & & & -c_0 \\ 1 & 0 & & & & -c_1 \\ & 1 & \cdot & & & -c_2 \\ & & \cdot & \cdot & & \cdots \\ & & & \cdot & \cdot & \cdots \\ & & & \cdot & 0 & -c_{n-2} \\ & & & & 1 & -c_{n-1} \end{pmatrix} \in K^{n \times n},$$

welche an den nicht markierten Stellen noch mit Nullen aufzufüllen ist. Insbesondere gilt $A(p) = (-c_0)$ für $n = 1$. Auch den Sonderfall $n = 0$ wollen wir nicht ausschließen. Es ist $A(p)$ dann die leere Matrix.

Lemma 10. *Es sei $f \colon V \longrightarrow V$ ein Endomorphismus eines endlich-dimensionalen K-Vektorraums V und $p \in K[T]$ ein normiertes Polynom. Dann ist äquivalent:*

(i) *V ist f-zyklisch mit Minimalpolynom $p_f = p$.*

(ii) *Es existiert eine Basis X von V, so dass die Matrix $A_{f,X,X}$ die Begleitmatrix zu p ist.*

Beweis. Für $V = 0$ ist die Aussage trivial, so dass wir $V \neq 0$ annehmen dürfen. Sei V zunächst f-zyklisch, gelte also $V \simeq K[T]/(p)$ im Sinne von $K[T]$-Moduln, wobei $p = p_f$ das Minimalpolynom von f ist und $\operatorname{grad} p = \dim_K(V)$ gilt; vgl. Satz 4. Sei $n = \operatorname{grad} p$. Dann ergeben die Restklassen $\overline{T}^0, \dots, \overline{T}^{n-1}$ gemäß Lemma 5 eine K-Basis von $K[T]/(p)$, bzw. mit anderen Worten, es existiert ein Element $u \in V$ (nämlich dasjenige Element, welches unter dem Isomorphismus $V \simeq K[T]/(p)$ zu der Restklasse $\overline{1} \in K[T]/(p)$ korrespondiert), so dass $f^0(u), f^1(u), \dots, f^{n-1}(u)$ eine K-Basis X von V bilden. Für $p = T^n + c_{n-1}T^{n-1} + \dots + c_0$ folgt dann

$$f\bigl(f^{n-1}(u)\bigr) = f^n(u) = -\sum_{i=0}^{n-1} c_i f^i(u),$$

und man sieht, dass $A_{f,X,X}$ die Begleitmatrix zu p ist.

Sei nun umgekehrt $X = (x_1, \dots, x_n)$ eine Basis von V, so dass $A_{f,X,X}$ die Begleitmatrix zu einem normierten Polynom $p \in K[T]$ ist, das folglich den Grad n besitzt. Setzen wir dann $u = x_1$, so gilt $x_i = f^{i-1}(u)$ für $i = 1, \dots, n$, und es folgt, dass V f-zyklisch ist, erzeugt von u und seinen Bildern unter f. Weiter liest man aus der Matrix $A_{f,X,X}$ die Beziehungen $p(f)(u) = 0$ bzw. $p \cdot u = 0$ im Sinne von V als $K[T]$-Modul ab. Da aber $V = K[T] \cdot u$ gilt, ergibt sich bereits $p \cdot V = 0$, und es folgt, dass das Minimalpolynom p_f ein Teiler von p ist. Gemäß Satz 4 stimmt p_f mit dem charakteristischen Polynom χ_f von f überein und hat damit ebenso wie p den Grad n, so dass sich insgesamt $\chi_f = p_f = p$ ergibt. □

Nachdem das Zusammenspiel zwischen f-zyklischen Vektorräumen und beschreibenden Matrizen des Endomorphismus f mit Lemma 10 geklärt ist, können wir nun aus Theorem 6 die Existenz und Eindeutigkeit der sogenannten *allgemeinen Normalform* für Matrizen folgern.

Theorem 11 (Allgemeine Normalform). *Jede Matrix $A \in K^{n \times n}$ ist ähnlich zu einer Matrix der Form $\mathrm{Diag}(A_1, \ldots, A_r)$ mit quadratischen Matrizen A_i, wobei A_i jeweils die Begleitmatrix zu einer Potenz q_i eines normierten Primpolynoms aus $K[T]$ ist. Die Matrizen $A_1, \ldots, A_r$ sind bis auf die Reihenfolge eindeutig durch A bestimmt. Es gilt $p_A = \mathrm{kgV}(q_1, \ldots, q_r)$ für das Minimalpolynom von A, sowie $\chi_A = q_1 \cdot \ldots \cdot q_r$ für das charakteristische Polynom von A.*

Beweis. Wir wählen einen n-dimensionalen K-Vektorraum V und interpretieren A als Matrix eines geeigneten Endomorphismus $f \colon V \longrightarrow V$. Dann zerfällt V nach Theorem 6 in eine direkte Summe f-zyklischer Unterräume $V_1, \ldots, V_r$, etwa $V_i \simeq K[T]/(q_i)$, wobei q_i Potenz eines normierten Primpolynoms ist. Nach Lemma 8 zeigt dies, dass A zu einer Diagonalmatrix $\mathrm{Diag}(A_1, \ldots, A_r)$ ähnlich ist, wobei A_i jeweils den Endomorphismus $f_i = f|_{V_i}$ bezüglich einer geeigneten Basis von V_i beschreibt. Aus Satz 4 ergibt sich, dass q_i das Minimalpolynom bzw. das charakteristische Polynom von f_i ist, und aus Lemma 10, dass wir A_i als Begleitmatrix zu q_i annehmen dürfen.

Ist umgekehrt A zu einer Matrix der Form $\mathrm{Diag}(A_1, \ldots, A_r)$ ähnlich, wobei A_i jeweils die Begleitmatrix zu einer Potenz q_i eines normierten Primpolynoms ist, so korrespondiert hierzu eine Zerlegung $V \simeq \bigoplus_{i=1}^r K[T]/(q_i)$; vgl. Lemmata 9 und 10 in Verbindung mit Satz 4. Die Eindeutigkeitsaussage in Theorem 6 impliziert dann die Eindeutigkeit der Matrizen $A_1, \ldots, A_r$, die ja durch ihre Minimalpolynome bzw. charakteristischen Polynome eindeutig festgelegt sind.

Die Aussagen über das Minimalpolynom p_A sowie das charakteristische Polynom χ_A wurden bereits in Lemma 8 hergeleitet. $\square$

Als Folgerung können wir nochmals den Satz von Cayley-Hamilton ablesen, sogar in einer etwas verbesserten Version:

Korollar 12 (Cayley-Hamilton). *Es sei $f \colon V \longrightarrow V$ ein Endomorphismus eines K-Vektorraums der Dimension $n < \infty$ mit Minimalpolynom p_f und charakteristischem Polynom χ_f. Dann ist p_f ein Teiler von χ_f, und jeder Primfaktor, der in der Primfaktorzerlegung von χ_f vorkommt, kommt auch in der Primfaktorzerlegung von p_f vor, im Allgemeinen allerdings mit geringerer Vielfachheit.*

Eine Diagonalmatrix $A = \mathrm{Diag}(\lambda_1, \ldots, \lambda_n) \in K^{n \times n}$ ist bereits von allgemeiner Normalform, da die Matrix $A_i = (\lambda_i) \in K^{1 \times 1}$ als Begleitmatrix des Polynoms $T - \lambda_i \in K[T]$ aufgefasst werden kann. Aus Theorem 11 ergibt sich daher folgendes Diagonalisierbarkeitskriterium:

Korollar 13. *Für einen Endomorphismus f eines endlich-dimensionalen K-Vektorraums (bzw. eine Matrix $A \in K^{n \times n}$) sind die folgenden Aussagen äquivalent:*

(i) *f (bzw. A) ist diagonalisierbar.*

(ii) *Das Minimalpolynom p_f (bzw. p_A) zerfällt in ein Produkt linearer Faktoren $\prod_{i=1}^{r}(T - \lambda_i)$ mit paarweise verschiedenen Nullstellen $\lambda_1, \ldots, \lambda_r \in K$.*

Es soll als Nächstes die sogenannte *Jordansche Normalform* für Matrizen hergeleitet werden. Diese Normalform kann nur in den Fällen konstruiert werden, in denen das charakteristische bzw. Minimalpolynom vollständig in lineare Faktoren zerfällt, also beispielsweise dann, wenn der Körper K algebraisch abgeschlossen ist. Für $\lambda \in K$ bezeichnen wir die Matrix

$$J(\lambda, n) = \begin{pmatrix} \lambda & & & & & 0 \\ 1 & \lambda \\ & 1 & \lambda \\ & & & \ddots & \ddots \\ & & & & \ddots & \ddots \\ & & & & 1 & \lambda \\ 0 & & & & & 1 & \lambda \end{pmatrix} \in K^{n \times n}$$

als *Jordankästchen* der Länge n zum Eigenwert λ.

Lemma 14. *Für $A \in K^{n \times n}$ und $\lambda \in K$ ist äquivalent:*

(i) *A ist ähnlich zu $J(\lambda, n)$.*

(ii) *A ist ähnlich zur Begleitmatrix $A(q)$, die durch das Polynom $q = (T - \lambda)^n \in K[T]$ gegeben ist.*

Beweis. Man interpretiere A als beschreibende Matrix eines Endomorphismus $f \colon V \longrightarrow V$, wobei V ein n-dimensionaler K-Vektorraum sei. Ist dann A ähnlich zu $J(\lambda, n)$, so existiert eine K-Basis $x_1, \ldots, x_n$ von V mit

$$(*) \qquad f(x_i) = \lambda x_i + x_{i+1}, \qquad i = 1, \ldots, n,$$

wenn wir $x_{n+1} = 0$ setzen. Mit Induktion ergibt sich hieraus

$$x_1, \ldots, x_i \in \langle f^0(x_1), \ldots, f^{i-1}(x_1) \rangle, \qquad i = 1, \ldots, n;$$

denn für $i = 1$ ist dies trivial, und unter Benutzung der Induktionsvoraussetzung zum Index i schließt man

$$
\begin{aligned}
x_{i+1} &= f(x_i) - \lambda x_i \\
&\in \langle f^1(x_1), \ldots, f^i(x_1) \rangle + \langle f^0(x_1), \ldots, f^{i-1}(x_1) \rangle \\
&= \langle f^0(x_1), \ldots, f^i(x_1) \rangle.
\end{aligned}
$$

Insbesondere gilt daher

$$V = \langle f^0(x_1), \ldots, f^{n-1}(x_1) \rangle,$$

d. h. V ist f-zyklisch und wird als $K[T]$-Modul von x_1 erzeugt.

Man betrachte nun den surjektiven $K[T]$-Modulhomomorphismus

$$\varphi \colon K[T] \longrightarrow V, \qquad h \longmapsto h \cdot x_1 = h(f)(x_1).$$

Aus $(*)$ ergibt sich

$$(f - \lambda\,\mathrm{id})(x_i) = x_{i+1}, \qquad i = 1, \ldots, n,$$

also

$$(f - \lambda\,\mathrm{id})^i(x_1) = \begin{cases} x_{i+1} \neq 0 & \text{für } i = 0, \ldots, n-1 \\ 0 & \text{für } i = n \end{cases}.$$

Der Kern von φ enthält daher das Polynom $(T - \lambda)^n$, nicht aber die Potenz $(T - \lambda)^{n-1}$. Als Hauptideal wird $\ker \varphi$ von einem normierten Polynom $q \in K[T]$ erzeugt. Dieses teilt $(T - \lambda)^n$, nicht aber $(T - \lambda)^{n-1}$, und stimmt folglich mit $(T - \lambda)^n$ überein. Aufgrund des Homomorphiesatzes für Moduln induziert φ dann einen Isomorphismus $K[T]/((T - \lambda)^n) \overset{\sim}{\longrightarrow} V$ im Sinne von $K[T]$-Moduln, und man erkennt V gemäß Satz 4 als f-zyklisch mit Minimalpolynom $p_f = (T - \lambda)^n$. Schließlich folgt mit Lemma 10, dass A zur Begleitmatrix des Minimalpolynoms $(T - \lambda)^n$ ähnlich ist. Die Implikation von (i) nach (ii) ist daher bewiesen.

Zum Nachweis der umgekehrten Implikation sei A nun ähnlich zur Begleitmatrix des Polynoms $q = (T - \lambda)^n \in K[T]$. Dann ist V nach Lemma 10 ein f-zyklischer Vektorraum mit Minimalpolynom q zu f, und es gilt $V \simeq K[T]/(q)$ im Sinne von $K[T]$-Moduln. Wir wollen zeigen, dass die Restklassen

$$(\overline{T} - \lambda)^0, (\overline{T} - \lambda)^1, \ldots, (\overline{T} - \lambda)^{n-1}$$

eine K-Basis von $K[T]/(q)$ bilden. Gemäß Lemma 5 ist bereits bekannt, dass dies für die Potenzen $\overline{T}^0, \ldots, \overline{T}^{n-1}$ gilt. Es genügt daher, wenn wir induktiv

$$\overline{T}^0, \ldots, \overline{T}^{i-1} \in \langle (\overline{T} - \lambda)^0, \ldots, (\overline{T} - \lambda)^{i-1} \rangle, \qquad i = 1, \ldots, n,$$

zeigen. Für $i = 1$ ist dies trivial, und unter Verwendung der Induktionsvoraussetzung zum Index $i - 1$ können wir wie folgt schließen:

$$\overline{T}^i = (\overline{T} - \lambda) \cdot \overline{T}^{i-1} + \lambda \overline{T}^{i-1}$$
$$\in \langle (\overline{T} - \lambda)^1, \ldots, (\overline{T} - \lambda)^i \rangle + \langle (\overline{T} - \lambda)^0, \ldots, (\overline{T} - \lambda)^{i-1} \rangle$$
$$= \langle (\overline{T} - \lambda)^0, \ldots, (\overline{T} - \lambda)^i \rangle$$

Folglich bilden die Potenzen $(\overline{T} - \lambda)^{i-1}$ für $i = 1, \ldots, n$ eine K-Basis von $K[T]/(q)$.

Wir betrachten nun die Gleichungen

$$\overline{T} \cdot (\overline{T} - \lambda)^{i-1} = \lambda \cdot (\overline{T} - \lambda)^{i-1} + (\overline{T} - \lambda)^i, \qquad i = 1, \ldots, n,$$

wobei $(\overline{T} - \lambda)^n = 0$ gilt. Sie besagen, dass der im Sinne von Bemerkung 3 zu f korrespondierende Endomorphismus

$$K[T]/(q) \longrightarrow K[T]/(q), \qquad \overline{h} \longmapsto \overline{T} \cdot \overline{h},$$

bezüglich obiger Basis durch das Jordankästchen $J(\lambda, n)$ beschrieben wird. Dann gibt es aber auch in V eine Basis, bezüglich der f durch $J(\lambda, n)$ beschrieben wird, und die Implikation von (ii) nach (i) ist bewiesen. $\qquad\square$

Nun lassen sich Existenz und Eindeutigkeit der Jordanschen Normalform leicht aus Theorem 11 folgern.

Theorem 15 (Jordansche Normalform). *Es sei $A \in K^{n \times n}$ eine Matrix, deren Minimal- bzw. charakteristisches Polynom vollständig in Linearfaktoren zerfällt. Dann ist A ähnlich zu einer sogenannten Jordanmatrix*

$$\mathrm{Diag}\big(J(\lambda_1, n_1), \ldots, J(\lambda_r, n_r)\big),$$

deren "Einträge" Jordankästchen sind. Die Elemente λ_i, n_i sind, abgesehen von der Reihenfolge, eindeutig durch A bestimmt, wobei die λ_i (unter eventueller Mehrfachaufzählung) gerade die Eigenwerte von A durchlaufen. Wählt man einen n-dimensionalen K-Vektorraum V und realisiert A als Matrix eines Endomorphismus $f \colon V \longrightarrow V$, so ist

$$V \simeq \bigoplus_{i=1}^{r} K[T] / \big((T - \lambda_i)^{n_i}\big)$$

gerade die Zerlegung aus 6.4/3 bzw. Theorem 6.

Beweis. Man benutze Lemma 14, um von der allgemeinen Normalform aus Theorem 11 von A zur Jordanschen Normalform zu gelangen bzw. umgekehrt von der Jordanschen Normalform zur allgemeinen Normalform. $\square$

Wir sagen, eine Matrix $A \in K^{n \times n}$ sei *trigonalisierbar*, wenn sie ähnlich zu einer Matrix der Form $B = (\beta_{ij}) \in K^{n \times n}$ ist mit $\beta_{ij} = 0$ für $i < j$; man nennt B eine *(untere) Dreiecksmatrix*. Aus der Existenz der Jordanschen Normalform kann man insbesondere ein Kriterium für Trigonalisierbarkeit ableiten.

Korollar 16. *Eine Matrix $A \in K^{n \times n}$ ist genau dann trigonalisierbar, wenn das Minimal- bzw. charakteristische Polynom von A vollständig in Linearfaktoren zerfällt.*

Beweis. Wir nehmen zunächst an, dass A trigonalisierbar ist, also ähnlich zu einer Matrix $B = (\beta_{ij}) \in K^{n \times n}$ mit $\beta_{ij} = 0$ für $i < j$ ist. Dann gilt $\chi_A = \chi_B = \prod_{i=1}^{n}(T - \beta_{ii})$; insbesondere zerfällt χ_A und damit nach Korollar 12 auch das Minimalpolynom p_A vollständig in Linearfaktoren. Ist umgekehrt letztere Bedingung gegeben, so zeigt die Existenz der Jordanschen Normalform, dass A trigonalisierbar ist. $\square$

Wir wollen als Nächstes ein erstes (recht grobes) praktisches Verfahren zur expliziten Berechnung der Jordanschen Normalform einer Matrix angeben. Man betrachte also eine Matrix $A \in K^{n \times n}$, deren charakteristisches Polynom vollständig in Linearfaktoren zerfällt, etwa

$$\chi_A = (T - \lambda_1)^{n_1} \cdot \ldots \cdot (T - \lambda_r)^{n_r}.$$

Im Unterschied zu Theorem 15 setzen wir hierbei voraus, dass die Eigenwerte $\lambda_1, \ldots, \lambda_r$ *paarweise verschieden* sind. Die Jordansche Normalform J zu A ist dann eine Matrix, auf deren Diagonalen Jordankästchen des Typs $J(\lambda, s)$ stehen. Für $i = 1, \ldots, r$ und $j = 1, \ldots, n_i$ bezeichne $k_{i,j}$ diejenige Anzahl, mit der das Jordankästchen $J(\lambda_i, j)$ in J vorkommt. Es gilt

$$k_{i,1} + 2k_{i,2} + \ldots + n_i k_{i,n_i} = n_i,$$

da die Vielfachheit des Eigenwertes λ_i als Nullstelle von χ_A gerade n_i ist, das Element λ_i also genau n_i-mal auf der Diagonalen von J vorkommt.

Da die Matrizen A und J zueinander ähnlich sind, sind auch die Matrizen $A - \lambda E$ und $J - \lambda E$ sowie die Potenzen $(A - \lambda E)^\ell$ und $(J - \lambda E)^\ell$ mit $\ell \in \mathbb{N}$ zueinander ähnlich; dabei sei $\lambda \in K$ und $E \in K^{n \times n}$ die Einheitsmatrix. Insbesondere folgt dann mit 3.4/6

$$\mathrm{rg}(A - \lambda E)^\ell = \mathrm{rg}(J - \lambda E)^\ell \qquad \text{für } \ell \in \mathbb{N},$$

und es ist $(J - \lambda E)^\ell$ wiederum eine "Diagonalmatrix", gebildet aus Kästchen, nämlich aus den ℓ-ten Potenzen der Jordankästchen von $J - \lambda E$. Nun berechnet sich für ein Jordankästchen des Typs $J(\lambda, m)$ der Rang einer ℓ-ten Potenz zu

$$\mathrm{rg}\, J(\lambda, m)^\ell = \begin{cases} \max\{0, m - \ell\} & \text{für } \lambda = 0 \\ m & \text{für } \lambda \neq 0 \end{cases}.$$

Daher bestehen folgende Gleichungen:

$$\mathrm{rg}(A - \lambda_i E)^{n_i} \quad = \mathrm{rg}(J - \lambda_i E)^{n_i} \quad = n - n_i$$
$$\mathrm{rg}(A - \lambda_i E)^{n_i - 1} = \mathrm{rg}(J - \lambda_i E)^{n_i - 1} = n - n_i + k_{i,n_i}$$
$$\mathrm{rg}(A - \lambda_i E)^{n_i - 2} = \mathrm{rg}(J - \lambda_i E)^{n_i - 2} = n - n_i + 2k_{i,n_i} + k_{i,n_i - 1}$$

$$\cdots$$

$$\mathrm{rg}(A - \lambda_i E)^1 \quad = \mathrm{rg}(J - \lambda_i E)^1 \quad = n - n_i + (n_i - 1)k_{i,n_i} + \ldots + k_{i,2}$$

Ermittelt man also die Ränge der Potenzen von $A - \lambda_i E$, so lassen sich die Zahlen $k_{i,j}$, $j = n_i, n_i - 1, \ldots, 2$, der Reihe nach berechnen. Weiter gilt aufgrund obiger Gleichung

$$k_{i,1} = n_i - 2k_{i,2} - \ldots - n_i k_{i,n_i},$$

womit insgesamt die Jordansche Normalform J von A bestimmt ist.

Als Beispiel wollen wir die Jordansche Normalform der Matrix

$$A = \begin{pmatrix} 1 & 1 & 0 & 1 \\ 0 & 2 & 0 & 0 \\ -1 & 1 & 2 & 1 \\ -1 & 1 & 0 & 3 \end{pmatrix} \in \mathbb{R}^{4 \times 4}$$

bestimmen. Es gilt $\chi_A = (T - 2)^4$, also $r = 1$ und $n_1 = 4$ in obiger Notation. Wir haben

$$\mathrm{rg}(A - 2E) = \mathrm{rg} \begin{pmatrix} -1 & 1 & 0 & 1 \\ 0 & 0 & 0 & 0 \\ -1 & 1 & 0 & 1 \\ -1 & 1 & 0 & 1 \end{pmatrix} = 1,$$

sowie $\mathrm{rg}(A - 2E)^2 = \mathrm{rg}(0) = 0$ und damit auch $\mathrm{rg}(A - 2E)^s = 0$ für $s \geq 2$. Daher bestehen die Gleichungen

$$0 = \mathrm{rg}(A - 2E)^4 = n - n_1 = 0,$$
$$0 = \mathrm{rg}(A - 2E)^3 = k_{1,4},$$
$$0 = \mathrm{rg}(A - 2E)^2 = 2k_{1,4} + k_{1,3},$$
$$1 = \mathrm{rg}(A - 2E)^1 = 3k_{1,4} + 2k_{1,3} + k_{1,2},$$

und dies ergibt $k_{1,4} = k_{1,3} = 0$, $k_{1,2} = 1$, sowie

$$k_{1,1} = 4 - 2k_{1,2} = 2.$$

Folglich ist $J = \mathrm{Diag}(J(2,1), J(2,1), J(2,2))$, also

$$J = \begin{pmatrix} 2 & 0 & 0 & 0 \\ 0 & 2 & 0 & 0 \\ 0 & 0 & 2 & 0 \\ 0 & 0 & 1 & 2 \end{pmatrix}$$

die Jordansche Normalform zu A.

Wir behandeln abschließend noch ein weiteres viel effektiveres Verfahren, mit dessen Hilfe man neben der Jordanschen auch die allgemeine Normalform von Matrizen ermitteln kann. Das Vorgehen stellt sich wie folgt dar: Ausgehend von einer Matrix $A \in K^{n \times n}$ interpretieren wir diese als Endomorphismus f des n-dimensionalen K-Vektorraums $V = K^n$, so dass wir V unter f als $K[T]$-Modul auffassen können. Sodann konstruieren wir zu A eine kanonische endliche Präsentation von V als $K[T]$-Modul und bestimmen die zugehörigen Elementarteiler. Wir gelangen auf diese Weise zu der in 6.4/2 angegebenen Zerlegung von V in monogene $K[T]$-Untermoduln, aus der sich alle weiteren Zerlegungen und insbesondere auch die Normalformen von A ergeben.

Lemma 17. *Für eine Matrix $A \in K^{n \times n}$ betrachte man K^n als $K[T]$-Modul unter dem durch $x \longmapsto A \cdot x$ gegebenen Endomorphismus. Es sei*

$$\varphi \colon K[T]^n \longrightarrow K^n, \qquad (p_1, \ldots, p_n) \longmapsto \sum_{i=1}^{n} p_i(A) \cdot e_i \, ,$$

diejenige $K[T]$-lineare Abbildung, die die kanonische $K[T]$-Basis von $K[T]^n$ auf die kanonische K-Basis $e_1, \ldots, e_n$ von K^n abbildet; φ ist surjektiv. Weiter sei

$$\psi \colon K[T]^n \longrightarrow K[T]^n, \qquad P \longmapsto (TE - A) \cdot P,$$

die durch die Matrix $TE - A \in K[T]^{n \times n}$ gegebene $K[T]$-lineare Abbildung; $E \in K^{n \times n}$ sei die Einheitsmatrix. Dann ist die Sequenz

$$K[T]^n \xrightarrow{\ \psi\ } K[T]^n \xrightarrow{\ \varphi\ } K^n \longrightarrow 0$$

eine endliche Präsentation von K^n als $K[T]$-Modul.

Beweis. Bezeichnet e_i in $K[T]^n$, wie auch in K^n, den i-ten Einheitsvektor, so gilt für $i = 1, \ldots, n$

$$\psi(e_i) = (TE - A)e_i = Te_i - Ae_i, \quad \varphi(Te_i) = Ae_i, \quad \varphi(Ae_i) = Ae_i,$$

und damit

$$\varphi \circ \psi(e_i) = \varphi(Te_i - Ae_i) = Ae_i - Ae_i = 0.$$

Es folgt $\varphi \circ \psi = 0$, also $\operatorname{im} \psi \subset \ker \varphi$. Aufgrund des Homomorphiesatzes zerlegt sich φ dann in eine Komposition

$$\varphi\colon K[T]^n \xrightarrow{\ \pi\ } K[T]^n/\operatorname{im}\psi \xrightarrow{\ \overline{\varphi}\ } K^n$$

surjektiver Abbildungen, und wir behaupten, dass $\overline{\varphi}$ sogar bijektiv ist. Da $K[T]^n$ als K-Vektorraum von den Elementen $T^\nu e_i$ mit $i = 1, \ldots, n$ und $\nu \in \mathbb{N}$ erzeugt wird, erzeugen entsprechend die Bilder $\pi(T^\nu e_i)$ den Quotienten $K[T]^n/\operatorname{im}\psi$ als K-Vektorraum. Nun gilt aber für alle $\nu \in \mathbb{N}$

$$T^{\nu+1}e_j - T^\nu A e_j = \psi(T^\nu e_j) \in \operatorname{im}\psi, \qquad j = 1, \ldots, n,$$

und deshalb

$$T^{\nu+1}e_j \in T^\nu \sum_{i=1}^n Ke_i + \operatorname{im}\psi, \qquad j = 1, \ldots, n.$$

Per Induktion folgt hieraus für $\nu \in \mathbb{N}$

$$T^\nu e_j \in \sum_{i=1}^n Ke_i + \operatorname{im}\psi, \qquad j = 1, \ldots, n,$$

und damit

$$K[T]^n = \sum_{i=1}^n Ke_i + \operatorname{im}\psi.$$

Dies bedeutet, dass $K[T]^n/\operatorname{im}\psi$ als K-Vektorraum von n Elementen erzeugt wird und damit über K eine Dimension $\le n$ besitzt. Aufgrund der Dimensionsformel 2.1/10 ist $\overline{\varphi}$ dann notwendigerweise injektiv und damit bijektiv, wie behauptet. Dann gilt aber $\operatorname{im}\psi = \ker\pi = \ker\varphi$, und es folgt, dass die angegebene Sequenz eine endliche Präsentation von K^n als $K[T]$-Modul darstellt. $\qquad\square$

Theorem 18. *Sei $f\colon V \longrightarrow V$ ein Endomorphismus eines endlich-dimensionalen K-Vektorraums V, sei $A = A_{f,X,X} \in K^{n\times n}$ die Matrix, welche f bezüglich einer gegebenen Basis X von V beschreibt, und seien $\alpha_1, \ldots, \alpha_s \in K[T]$ mit $\alpha_j \,|\, \alpha_{j+1}$ diejenigen Elementarteiler der Matrix $TE - A \in K[T]^{n\times n}$, die nicht invertierbar sind; wir nehmen*

die α_j als normierte Polynome an. Weiter betrachten wir die Primfaktorzerlegungen $\alpha_j = p_1^{n(1,j)} \ldots p_r^{n(r,j)}$, $j = 1, \ldots, s$, der α_j mit paarweise
verschiedenen normierten Primpolynomen $p_1, \ldots, p_r \in K[T]$ und Ex-
ponenten $n(i,j) \geq 0$. Dann gilt:

(i) *Fasst man V als $K[T]$-Modul unter f auf, so folgt*

$$V \simeq \bigoplus_{j=1}^{s} K[T]/\alpha_j K[T] \simeq \bigoplus_{i=1}^{r} \bigoplus_{j=1}^{s} K[T]/p_i^{n(i,j)} K[T],$$

*und die letztere Zerlegung gibt Anlass zu einer Zerlegung von V in
f-zyklische Untervektorräume gemäß Theorem 6.*

(ii) *Die Kästchen der allgemeinen Normalform von A sind die Be-
gleitmatrizen zu den Primpotenzen $p_i^{n(i,j)}$ mit $n(i,j) > 0$, $i = 1, \ldots, r$,
$j = 1, \ldots, s$. Falls alle p_i linear sind, erhält man hieraus die Jordansche
Normalform mittels Lemma 14.*

(iii) *Charakteristisches Polynom χ_f und Minimalpolynom p_f von f
berechnen sich zu*

$$\chi_f = \alpha_1 \ldots \alpha_s, \qquad p_f = \alpha_s.$$

Beweis. Wir können $V = K^n$ und f als den durch $x \longmapsto Ax$ gegebenen
Endomorphismus von V annehmen. Unter Benutzung der in Lemma 17
bereitgestellten endlichen Präsentation von V erhalten wir dann mit
6.4/2 die erste Zerlegung aus (i) und mittels des Chinesischen Restsatzes 6.4/1 auch die zweite, wobei der freie Anteil in 6.4/2 entfällt, da
V ein $K[T]$-Torsionsmodul ist. Die restlichen Aussagen ergeben sich
mittels Satz 4 sowie mit den Lemmata 8 und 10, wie im Beweis zu
Theorem 11. $\square$

Als Beispiel betrachten wir nochmals die Matrix

$$A = \begin{pmatrix} 1 & 1 & 0 & 1 \\ 0 & 2 & 0 & 0 \\ -1 & 1 & 2 & 1 \\ -1 & 1 & 0 & 3 \end{pmatrix} \in \mathbb{R}^{4 \times 4}$$

und bestimmen gemäß Theorem 18 zunächst die Elementarteiler der
Matrix $TE - A \in \mathbb{R}[T]^{4 \times 4}$, indem wir das Verfahren aus dem Beweis
zu 6.3/5 anwenden:

$$\begin{pmatrix} T-1 & -1 & 0 & -1 \\ 0 & T-2 & 0 & 0 \\ 1 & -1 & T-2 & -1 \\ 1 & -1 & 0 & T-3 \end{pmatrix} \mapsto \begin{pmatrix} 1 & -1 & 0 & T-3 \\ 0 & T-2 & 0 & 0 \\ 1 & -1 & T-2 & -1 \\ T-1 & -1 & 0 & -1 \end{pmatrix}$$

$$\mapsto \begin{pmatrix} 1 & -1 & 0 & T-3 \\ 0 & T-2 & 0 & 0 \\ 0 & 0 & T-2 & -(T-2) \\ 0 & T-2 & 0 & -(T-2)^2 \end{pmatrix} \mapsto \begin{pmatrix} 1 & 0 & 0 & 0 \\ 0 & T-2 & 0 & 0 \\ 0 & 0 & T-2 & 0 \\ 0 & 0 & 0 & (T-2)^2 \end{pmatrix}$$

Damit erhalten wir $T-2, T-2, (T-2)^2$ als die nicht-invertierbaren Elementarteiler von $TE-A$ und gemäß Theorem 18 dann $\chi_A = (T-2)^4$ als charakteristisches Polynom, sowie $p_A = (T-2)^2$ als Minimalpolynom zu A. Da die Elementarteiler bereits Primpotenzen sind, entfällt die Anwendung des Chinesischen Restsatzes und allgemeine bzw. Jordansche Normalform von A ergeben sich zu

$$\begin{pmatrix} 2 & 0 & 0 & 0 \\ 0 & 2 & 0 & 0 \\ 0 & 0 & 0 & -4 \\ 0 & 0 & 1 & 4 \end{pmatrix}, \quad \begin{pmatrix} 2 & 0 & 0 & 0 \\ 0 & 2 & 0 & 0 \\ 0 & 0 & 2 & 0 \\ 0 & 0 & 1 & 2 \end{pmatrix}.$$

Aufgaben

Im Folgenden sei K ein Körper.

1. Es sei $A \in \mathbb{R}^{7 \times 7}$ eine Matrix mit charakteristischem Polynom

$$\chi_A = (T^2 + 1)^2 (T - 2)(T^2 - 1) \in \mathbb{R}[T].$$

Man untersuche, welche Gestalt die allgemeine Normalform von A haben kann.

2. Man zeige, dass zwei Matrizen $A, B \in \mathbb{R}^{3 \times 3}$ genau dann ähnlich sind, wenn ihre Minimalpolynome sowie ihre charakteristischen Polynome übereinstimmen. (AT 463)

3. Für die Matrizen

$$\begin{pmatrix} 2 & 2 & 0 & -3 \\ 1 & 1 & 0 & -1 \\ 1 & 2 & -1 & -1 \\ 1 & 2 & 0 & -2 \end{pmatrix}, \begin{pmatrix} 0 & 1 & 1 & -2 \\ 0 & 1 & 0 & 0 \\ 1 & 1 & 0 & -2 \\ -1 & 1 & 1 & -1 \end{pmatrix}, \begin{pmatrix} 3 & 0 & 1 & -2 \\ 4 & 1 & 1 & -3 \\ 0 & 0 & -1 & 0 \\ 4 & 0 & 2 & -3 \end{pmatrix} \in \mathbb{R}^{4 \times 4}$$

berechne man jeweils charakteristisches und Minimalpolynom sowie, falls existent, die Jordansche Normalform.

4. Es seien $A, B \in K^{n \times n}$ Matrizen mit den zugehörigen Minimalpolynomen $p_A, p_B \in K[T]$ und mit Primfaktorzerlegung $p_A = p_1^{n_1} \ldots p_r^{n_r}$, wobei $p_1, \ldots, p_r \in K[T]$ paarweise verschiedene normierte Primpolynome seien. Man zeige, dass A und B genau dann ähnlich sind, wenn $p_A = p_B$ sowie $\mathrm{rg}\, p_i^{k_i}(A) = \mathrm{rg}\, p_i^{k_i}(B)$ für $i = 1, \ldots, r$ und $1 \le k_i \le n_i$ gilt.

5. Man betrachte normierte Primpolynome $p_1, \ldots, p_n \in K[T]$, die paarweise verschieden seien, sowie natürliche Zahlen $1 \le r_i \le s_i$ für $i = 1, \ldots, n$. Gibt es einen Endomorphismus $f \colon V \longrightarrow V$ eines endlich-dimensionalen K-Vektorraums V mit Minimalpolynom $p_f = p_1^{r_1} \ldots p_n^{r_n}$ und mit charakteristischem Polynom $\chi_f = p_1^{s_1} \ldots p_n^{s_n}$?

6. Es sei f ein Endomorphismus eines endlich-dimensionalen K-Vektorraums V und $U \subset V$ ein f-invarianter Unterraum. Man zeige (AT 464):

   (i) f induziert einen Endomorphismus $\overline{f} \colon V/U \longrightarrow V/U$.

   (ii) Es gilt $p_{\overline{f}} | p_f$ für die Minimalpolynome von $\overline{f}$ und f.

   (iii) Es gilt $\chi_f = \chi_{f|_U} \cdot \chi_{\overline{f}}$ für die charakteristischen Polynome von f, von $f|_U$ und von $\overline{f}$.

7. Es sei V ein endlich-dimensionaler K-Vektorraum mit einem Endomorphismus $f \colon V \longrightarrow V$. Das Minimalpolynom p_f sei Potenz eines Primpolynoms $p \in K[T]$, etwa $p_f = p^r$ mit $r > 0$. Man zeige:

   (i) Es existiert ein Vektor $u \in V$ mit $p^{r-1}(f)(u) \ne 0$.

   (ii) Ist $u \in V$ wie in (i), und ist $U \subset V$ der von u erzeugte f-zyklische Untervektorraum, so existiert ein f-invarianter Untervektorraum $U' \subset V$ mit $V = U \oplus U'$.

8. Es sei V ein endlich-dimensionaler f-zyklischer K-Vektorraum unter einem Endomorphismus $f \colon V \longrightarrow V$. Man zeige, dass jeder f-invariante Unterraum $U \subset V$ wiederum f-zyklisch ist.

9. Es sei V ein endlich-dimensionaler f-zyklischer K-Vektorraum unter einem Endomorphismus $f \colon V \longrightarrow V$, und es sei $u \in V$ ein erzeugendes Element. Man zeige:

   (i) Es gibt auf V eine eindeutig bestimmte Ringstruktur, deren Addition mit der Vektorraumaddition auf V übereinstimmt und deren Multiplikation $(a f^i(u)) \cdot (b f^j(u)) = ab f^{i+j}(u)$ für $a, b \in K$ und $i, j \in \mathbb{N}$ erfüllt.

   (ii) Unter dieser Ringstruktur ist V genau dann ein Körper, wenn das Minimalpolynom zu f prim ist.

7. Euklidische und unitäre Vektorräume

Überblick und Hintergrund

Im Rahmen der Einführung zu Kapitel 1 hatten wir überlegt, wie man den $\mathbb{R}$-Vektorraum $\mathbb{R}^2$ als Modell einer anschaulichen Ebene interpretieren kann. Will man in diesem Modell auch Abstände und damit letztendlich Winkel korrekt reflektieren, so muss man das Modell mit einer Abstandsfunktion ausstatten. Beispielsweise ist im $\mathbb{R}^2$ der gewöhnliche euklidische Abstand für zwei Punkte $P_1 = (x_1, y_1)$, $P_2 = (x_2, y_2)$ durch

$$d(P_1, P_2) = \sqrt{(x_1 - x_2)^2 + (y_1 - y_2)^2}$$

gegeben, bzw. die Länge oder der *Betrag* des Vektors $\overrightarrow{0P_1}$ durch

$$|\overrightarrow{0P_1}| := |P_1| := \sqrt{x_1^2 + y_1^2}.$$

Hieraus gewinnt man mit

$$\langle P_1, P_2 \rangle := \tfrac{1}{2}\big(|P_1 + P_2|^2 - |P_1|^2 - |P_2|^2\big) = x_1 x_2 + y_1 y_2$$

eine Funktion in zwei Variablen, eine sogenannte *symmetrische Bilinearform*, in unserem Falle sogar ein *Skalarprodukt*, wie wir sagen werden, welches die Bedingung $|P_1| = \sqrt{\langle P_1, P_1 \rangle}$ erfüllt. Als Indiz dafür, dass man mit einem solchen Skalarprodukt auch Winkel charakterisieren kann, mag folgende Beobachtung dienen: Das Skalarprodukt $\langle P_1, P_2 \rangle$ verschwindet genau dann, wenn $|P_1 + P_2|^2 = |P_1|^2 + |P_2|^2$ gilt. Für nicht-triviale Punkte P_1, P_2 ist dies aufgrund der Umkehrung des Satzes von Pythagoras äquivalent dazu, dass die Vektoren $\overrightarrow{0P_1}$ und $\overrightarrow{0P_2}$ aufeinander senkrecht stehen:

© Springer-Verlag GmbH Deutschland, ein Teil von Springer Nature 2021
S. Bosch, *Lineare Algebra*, https://doi.org/10.1007/978-3-662-62616-0_7

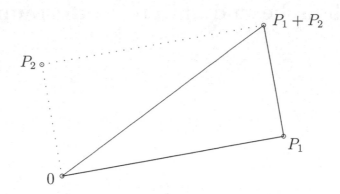

Thema des vorliegenden Kapitels ist das Studium von endlich-dimensionalen $\mathbb{R}$- und $\mathbb{C}$-Vektorräumen V zusammen mit jeweils einer Abstandsfunktion, die durch ein Skalarprodukt $\langle \cdot, \cdot \rangle \colon V \times V \longrightarrow \mathbb{K}$ gegeben ist; für $\mathbb{K}$ ist dabei der betrachtete Grundkörper $\mathbb{R}$ bzw. $\mathbb{C}$ einzusetzen. Wir sprechen von *euklidischen* bzw. *unitären Vektorräumen*. Wichtigstes Beispiel ist der Vektorraum $\mathbb{K}^n$ mit dem Skalarprodukt $\langle x, y \rangle = \sum_{i=1}^n x_i \overline{y}_i$, wobei $\overline{y}_i$ die zu y_i konjugiert komplexe Zahl bezeichne. Jedes Skalarprodukt erfüllt die *Schwarzsche Ungleichung* $|\langle x, y \rangle| \leq |x||y|$ für $x, y \in V$, wie wir sehen werden, aus der sich insbesondere die Dreiecksungleichung $|x + y| \leq |x| + |y|$ ergibt.

Als fundamentales Hilfsmittel werden wir das nach E. Schmidt benannte Orthonormalisierungsverfahren behandeln. Es erlaubt, aus einer beliebigen Basis $x_1, \dots, x_n$ eines euklidischen bzw. unitären Vektorraums V durch sukzessives Abändern der x_i eine sogenannte *Orthonormalbasis* $e_1, \dots, e_n$ zu konstruieren, die $|e_i| = 1$ für alle i und $\langle e_i, e_j \rangle = 0$ für alle $i \neq j$ erfüllt. Eine solche Orthonormalbasis ist damit als ein rechtwinkliges Koordinatensystem in V anzusehen. Im Übrigen lässt sich das Skalarprodukt von V aufgrund seiner Linearitätseigenschaften leicht mittels einer Orthonormalbasis von V rekonstruieren, so dass ein Vektorraum V mit einer Abstandsfunktion in Form eines Skalarprodukts bereits dann festgelegt ist, wenn man in V eine Orthonormalbasis kennt.

In Kapitel 6 haben wir für endlich-dimensionale Vektorräume V über einem beliebigen Körper K Normalformen von Endomorphismen $f \colon V \longrightarrow V$ studiert. Ist f beispielsweise durch eine Matrix $A_{f,X,X}$ bezüglich einer gewissen Basis X von V gegeben, so ging es darum, eine Basiswechselmatrix $A_{\mathrm{id},X',X}$ zu finden, so dass die Matrix

$$A_{f,X',X'} = (A_{\mathrm{id},X',X})^{-1} \cdot A_{f,X,X} \cdot A_{\mathrm{id},X',X}$$

von möglichst "einfacher" Gestalt war. Mit anderen Worten, wir hatten mit der Normalformentheorie die Ähnlichkeitsklassen von Matrizen in $K^{n\times n}$ bestimmt, wobei zwei Matrizen $A, B \in K^{n\times n}$ ähnlich heißen, wenn es eine invertierbare Matrix $S \in \mathrm{GL}(n, K)$ mit $B = S^{-1} \cdot A \cdot S$ gibt.

Wir wollen ein analoges Problem nun auch im Rahmen euklidischer und unitärer Vektorräume V behandeln. Allerdings müssen wir hier die Abstandsfunktion auf V mit einbeziehen. Wir werden deshalb nur solche Basiswechselmatrizen $A_{\mathrm{id},X',X}$ zulassen, die längenerhaltend sind und damit einen Wechsel zwischen Orthonormalbasen X und X' definieren. Letzteres ist genau dann der Fall, wie wir sehen werden, wenn

$$(A_{\mathrm{id},X',X})^{-1} = (A_{\mathrm{id},X',X})^* := \overline{(A_{\mathrm{id},X',X})}^t$$

gilt, wobei für eine Matrix $A = (\alpha_{ij}) \in \mathbb{K}^{n\times n}$ die zugehörige *komplex konjugierte* Matrix $\overline{A}$ durch $\overline{A} = (\overline{\alpha}_{ij})$ gegeben ist und $\overline{A}^t$ wie üblich deren transponierte bezeichnet; eine Matrix $S = A_{\mathrm{id},X',X}$ mit der vorstehenden Eigenschaft wird *orthogonal* (für $\mathbb{K} = \mathbb{R}$) bzw. *unitär* (für $\mathbb{K} = \mathbb{C}$) genannt. Die mittels solcher Matrizen definierte Relation der Äquivalenz von Matrizen in $\mathbb{K}^{n\times n}$ ist somit viel enger gefasst als die in Kapitel 6 betrachtete allgemeine Äquivalenz von Matrizen. Es ist deshalb sinnvoll, sich für das Normalformenproblem auf gewisse Teilklassen von Matrizen in $\mathbb{K}^{n\times n}$ zu beschränken. Wir werden hier im Wesentlichen nur *symmetrische* bzw. *hermitesche* Matrizen betrachten, d. h. Matrizen $A \in \mathbb{K}^{n\times n}$ mit $A = A^*$; bezüglich Orthonormalbasen stellen diese gerade die sogenannten *selbstadjungierten* Endomorphismen $f\colon V \longrightarrow V$ dar, die der Relation $\langle f(x), y \rangle = \langle x, f(y) \rangle$ für $x, y \in V$ genügen. Dann können wir allerdings die erstaunliche Tatsache zeigen, dass eine solche Matrix unter der strengeren Äquivalenz mittels orthogonaler bzw. unitärer Matrizen stets äquivalent zu einer *reellen* Diagonalmatrix ist.

Die bei dem vorstehend beschriebenen Klassifikationsproblem gewonnenen Erkenntnisse lassen sich mit Gewinn auch auf die Klassifikation von *symmetrischen Bilinearformen* (für $\mathbb{K} = \mathbb{R}$) bzw. *hermiteschen Formen* (für $\mathbb{K} = \mathbb{C}$) auf endlich-dimensionalen $\mathbb{K}$-Vektorräumen V anwenden, also auf entsprechende Abbildungen $\Phi\colon V \times V \longrightarrow \mathbb{K}$.

Denn auch diese werden bezüglich einer Basis X von V durch eine Matrix $A_{\Phi,X}$ beschrieben, welche der Relation $A_{\Phi,X} = A_{\Phi,X}^{*}$ genügt. Allerdings ist das Transformationsverhalten bei Basiswechsel ein anderes als bei Endomorphismen, nämlich

$$A_{\Phi,X'} = A_{\mathrm{id},X',X}^{t} \cdot A_{\Phi,X} \cdot \overline{A_{\mathrm{id},X',X}}.$$

Wenn wir uns aber im Rahmen euklidischer bzw. unitärer Vektorräume bewegen und lediglich orthogonale bzw. unitäre Basiswechselmatrizen zulassen, so gilt $A_{\mathrm{id},X',X}^{t} = \overline{A_{\mathrm{id},X',X}}^{-1}$, und damit ein analoges Transformationsverhalten wie bei Endomorphismen von V. Wir können damit die Klassifikation selbstadjungierter Endomorphismen verwenden und erhalten für euklidische bzw. unitäre Vektorräume, dass die Klassen symmetrischer Bilinearformen bzw. hermitescher Formen durch *reelle* Diagonalmatrizen repräsentiert werden (Satz über die *Hauptachsentransformation*). Es ist dann relativ leicht einzusehen, dass die entsprechenden Klassen bezüglich allgemeiner Äquivalenz (mittels invertierbarer Matrizen in $\mathrm{GL}(n,\mathbb{K})$) durch Diagonalmatrizen repräsentiert werden, deren Diagonaleinträge die Werte $1,-1,0$ annehmen können (*Sylvesterscher Trägheitssatz*).

Die Bezeichnung Hauptachsentransformation weist auf einen konkreten geometrischen Sachverhalt hin. Für $\mathbb{K} = \mathbb{R}$ betrachte man beispielsweise eine quadratische Form auf $\mathbb{R}^{n}$, etwa

$$q(x) = \sum_{i \leq j;\ i,j=1,\dots,n} \alpha_{ij} x_i x_j$$

mit gewissen Konstanten $\alpha_{ij} \in \mathbb{R}$, sowie im Weiteren für eine gegebene Konstante $c \in \mathbb{R}$ das durch $q(x) = c$ definierte geometrische Gebilde. Um dieses genauer zu studieren, kann man q die symmetrische Bilinearform

$$\langle \cdot, \cdot \rangle \colon \mathbb{R}^{n} \times \mathbb{R}^{n} \longrightarrow \mathbb{R}, \qquad \langle x, y \rangle = \tfrac{1}{2}\big(q(x+y) - q(x) - q(y)\big),$$

zuordnen; für diese gilt $q(x) = \langle x, x \rangle$. In dieser Situation besagt der Satz über die Hauptachsentransformation, dass es ein neues rechtwinkliges Koordinatensystem $e_1', \dots, e_n'$ in $\mathbb{R}^{n}$ gibt, so dass sich q bezüglich der neuen Koordinaten in der Form

$$q'(x') = \sum_{i=1}^{n} \lambda_i x_i'^{2}$$

mit gewissen $\lambda_i \in \mathbb{R}$ beschreibt. Nehmen wir etwa $n = 2$ und $\lambda_1, \lambda_2, c > 0$ an, so wird durch $q(x) = c$ eine Ellipse beschrieben, deren Achsen zunächst noch nicht mit den Achsen des gegebenen Koordinatensystems e_1, e_2 übereinstimmen müssen. Die Hauptachsentransformation besagt gerade, dass man durch orthogonalen Basiswechsel erreichen kann, dass die Achsen des neuen Koordinatensystems e_1', e_2' mit den Achsen der Ellipse übereinstimmen:

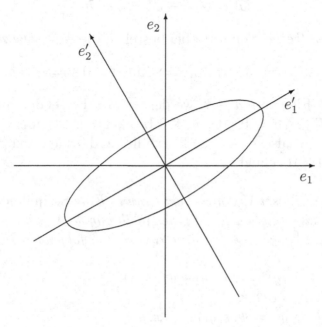

7.1 Sesquilinearformen

Im Folgenden werden wir ausschließlich Vektorräume über den Körpern $\mathbb{R}$ oder $\mathbb{C}$ betrachten und meist $\mathbb{K}$ anstelle von $\mathbb{R}$ oder $\mathbb{C}$ schreiben. Speziell für $\mathbb{C}$ wird die komplexe *Konjugationsabbildung*

$$\mathbb{C} \longrightarrow \mathbb{C}, \qquad a \longmapsto \overline{a},$$

von Bedeutung sein, wobei für $a = \alpha + i\beta$ mit $\alpha, \beta \in \mathbb{R}$ die zugehörige *komplex konjugierte Zahl* durch $\overline{a} = \alpha - i\beta$ gegeben ist. Die Konjugationsabbildung $a \longmapsto \overline{a}$ stellt eine sogenannte *Involution* auf $\mathbb{C}$ dar, d. h. einen Automorphismus $\sigma \colon \mathbb{C} \longrightarrow \mathbb{C}$ mit $\sigma^2 = \mathrm{id}$, und es gilt zusätzlich $\sigma|_{\mathbb{R}} = \mathrm{id}$. Für $a = \alpha + i\beta \in \mathbb{C}$ mit $\alpha, \beta \in \mathbb{R}$ bezeichnet man

$$\alpha = \tfrac{1}{2}(a + \overline{a}) = \mathrm{Re}(a)$$

als den *Realteil* von a,

$$\beta = \tfrac{1}{2i}(a - \overline{a}) = \mathrm{Im}(a)$$

als den *Imaginärteil* von a, sowie

$$|a| = \sqrt{\alpha^2 + \beta^2} = \sqrt{a \cdot \overline{a}}$$

als den *Absolutbetrag* von a. Dabei bestehen die Äquivalenzen

$$a \in \mathbb{R} \iff \mathrm{Re}(a) = a \iff \mathrm{Im}(a) = 0 \iff a = \overline{a}.$$

Für spezielle Elemente $a \in \mathbb{K}$ werden wir im Folgenden auch Bedingungen des Typs $a \geq 0$ oder $a > 0$ betrachten. Hiermit ist gemeint, dass a *reell* ist, also $a \in \mathbb{R} \subset \mathbb{K}$ erfüllt, und zudem der Bedingung $a \geq 0$ bzw. $a > 0$ genügt.

Definition 1. *Es sei V ein $\mathbb{K}$-Vektorraum. Eine* Sesquilinearform *auf V (sesqui = eineinhalbfach) ist eine Abbildung $\Phi\colon V \times V \longrightarrow \mathbb{K}$, welche für $x, x_1, x_2, y, y_1, y_2 \in V$ sowie $\alpha \in \mathbb{K}$ den folgenden Bedingungen genügt:*

(i) $\Phi(x_1 + x_2, y) = \Phi(x_1, y) + \Phi(x_2, y)$,
(ii) $\Phi(\alpha x, y) = \alpha \Phi(x, y)$,
(iii) $\Phi(x, y_1 + y_2) = \Phi(x, y_1) + \Phi(x, y_2)$,
(iv) $\Phi(x, \alpha y) = \overline{\alpha} \Phi(x, y)$.

Im Falle $\mathbb{K} = \mathbb{R}$ gilt stets $\alpha = \overline{\alpha}$, und man spricht dann auch von einer Bilinearform *Φ. Man bezeichnet Φ als* nicht-ausgeartet, *wenn gilt:*

$$\Phi(x, y) = 0 \text{ für alle } y \in V \implies x = 0,$$
$$\Phi(x, y) = 0 \text{ für alle } x \in V \implies y = 0.$$

Um ein einfaches Beispiel zu erhalten, setze man $V = \mathbb{K}$. Dann wird für festes $a \in \mathbb{K}$ durch

$$\Phi(x, y) = a \cdot x \cdot \overline{y}$$

eine Sesquilinearform auf V definiert, und diese ist genau dann nicht-ausgeartet, wenn $a \neq 0$ gilt.

Definition 2. *Eine Sesquilinearform* $\Phi\colon V \times V \longrightarrow \mathbb{K}$, *welche*

$$\Phi(x,y) = \overline{\Phi(y,x)} \quad \text{für alle} \quad x,y \in V$$

erfüllt, wird im Falle $\mathbb{K} = \mathbb{R}$ *als* symmetrische Bilinearform (*oder kurz* sBF) *und im Falle* $\mathbb{K} = \mathbb{C}$ *als* hermitesche Form (*oder kurz* HF) *bezeichnet. Für solche Formen verwendet man anstelle von* $\Phi(x,y)$ *häufig auch die Notation* $\langle x,y \rangle$. *Insbesondere gilt dann* $\Phi(x,x) = \langle x,x \rangle \in \mathbb{R}$ *für alle* $x \in V$.

Beispielsweise definiert

$$\Phi\colon \mathbb{K}^n \times \mathbb{K}^n \longrightarrow \mathbb{K}, \qquad (x,y) \longmapsto x^t \cdot \overline{y},$$

eine sBF bzw. HF, wobei diese Abbildung in ausführlicher Schreibweise wie folgt gegeben ist:

$$\left((x_1,\ldots,x_n)^t, (y_1,\ldots,y_n)^t\right) \longmapsto \sum_{i=1}^{n} x_i \cdot \overline{y}_i$$

Man erkennt leicht, dass die Form Φ nicht ausgeartet ist, da etwa $\Phi(x,x) > 0$ für $x \neq 0$ gilt. Andererseits wird durch die Vorschrift

$$\left((x_1,\ldots,x_n)^t, (y_1,\ldots,y_n)^t\right) \longmapsto \sum_{i=1}^{r} x_i \cdot \overline{y}_i,$$

wobei man nur bis zu einer Zahl $r < n$ summiere, eine ausgeartete Form auf $\mathbb{K}^n$ erklärt.

Definition 3. *Eine* sBF *bzw.* HF $\Phi\colon V \times V \longrightarrow \mathbb{K}$ *heißt* positiv semidefinit, *falls* $\Phi(x,x) \geq 0$ *für alle* $x \in V$ *gilt. Gilt sogar* $\Phi(x,x) > 0$ *für alle* $x \in V - \{0\}$, *so bezeichnet man* Φ *als* positiv definit. *Man spricht dann auch von einem* Skalarprodukt *auf* V *und nennt das Paar* (V, Φ) *im Falle* $\mathbb{K} = \mathbb{R}$ *einen* euklidischen Vektorraum, *sowie im Falle* $\mathbb{K} = \mathbb{C}$ *einen* unitären Vektorraum.

Die oben betrachtete Form $\mathbb{K}^n \times \mathbb{K}^n \longrightarrow \mathbb{K}$, $(x,y) \longmapsto x^t \cdot \overline{y}$ definiert beispielsweise ein Skalarprodukt auf $\mathbb{K}^n$, und zwar das sogenannte *kanonische* Skalarprodukt.

Satz 4 (Schwarzsche Ungleichung). *Auf einem $\mathbb{K}$-Vektorraum V betrachte man eine positiv semidefinite sBF bzw. HF $\Phi \colon V \times V \longrightarrow \mathbb{K}$, $(x, y) \longmapsto \langle x, y \rangle$. Dann besteht für $x, y \in V$ folgende Ungleichung:*

$$\left| \langle x, y \rangle \right|^2 \leq \langle x, x \rangle \cdot \langle y, y \rangle$$

Ist Φ sogar positiv definit, so gilt in dieser Formel genau dann das Gleichheitszeichen, wenn x und y linear abhängig sind.

Beweis. Für beliebige Konstanten $\alpha, \beta \in \mathbb{K}$ kann man wie folgt rechnen:

$$\begin{aligned}
0 &\leq \langle \alpha x + \beta y, \alpha x + \beta y \rangle \\
&= \alpha \overline{\alpha} \langle x, x \rangle + \alpha \overline{\beta} \langle x, y \rangle + \beta \overline{\alpha} \langle y, x \rangle + \beta \overline{\beta} \langle y, y \rangle \\
&= \alpha \overline{\alpha} \langle x, x \rangle + 2\mathrm{Re}\big(\alpha \overline{\beta} \langle x, y \rangle \big) + \beta \overline{\beta} \langle y, y \rangle
\end{aligned}$$

Hat man nun $\langle x, x \rangle = \langle y, y \rangle = 0$, so setze man speziell $\alpha = -1$ und $\beta = \langle x, y \rangle$. Es folgt

$$0 \leq 2\mathrm{Re}\big(\alpha \overline{\beta} \langle x, y \rangle \big) = -2 \left| \langle x, y \rangle \right|^2 \leq 0$$

und damit $\langle x, y \rangle = 0$, also insbesondere

$$\left| \langle x, y \rangle \right|^2 \leq \langle x, x \rangle \cdot \langle y, y \rangle.$$

Sei nun $\langle x, x \rangle > 0$. In diesem Falle setze man

$$\alpha = -\overline{\langle x, y \rangle}, \qquad \beta = \langle x, x \rangle.$$

Dann folgt

$$\begin{aligned}
0 \overset{.}{\leq}\ & \left| \langle x, y \rangle \right|^2 \langle x, x \rangle - 2 \left| \langle x, y \rangle \right|^2 \langle x, x \rangle + \langle x, x \rangle^2 \langle y, y \rangle \\
=\ & - \left| \langle x, y \rangle \right|^2 \langle x, x \rangle + \langle x, x \rangle^2 \langle y, y \rangle,
\end{aligned}$$

also wie gewünscht

$$\left| \langle x, y \rangle \right|^2 \leq \langle x, x \rangle \cdot \langle y, y \rangle.$$

Der Fall $\langle y, y \rangle > 0$ lässt sich entsprechend behandeln.

Sind schließlich $x, y \in V$ linear abhängig, so ist einer dieser Vektoren ein Vielfaches des anderen, und es ergibt sich ohne Schwierigkeiten

$$\left|\langle x, y\rangle\right|^2 = \langle x, x\rangle \cdot \langle y, y\rangle.$$

Ist umgekehrt diese Gleichung gegeben, so erhält man mit

$$\alpha = -\overline{\langle x, y\rangle}, \qquad \beta = \langle x, x\rangle$$

wie oben

$$\langle \alpha x + \beta y, \alpha x + \beta y\rangle$$
$$= \left|\langle x, y\rangle\right|^2 \langle x, x\rangle - 2\left|\langle x, y\rangle\right|^2 \langle x, x\rangle + \langle x, x\rangle^2 \langle y, y\rangle = 0.$$

Ist nun Φ positiv definit, so ergibt sich $\alpha x + \beta y = 0$, und man sieht, dass x, y linear abhängig sind. Für $x = 0$ ist dies nämlich trivialerweise klar und für $x \neq 0$ ebenfalls, da dann der Koeffizient $\beta = \langle x, x\rangle$ aufgrund der positiven Definitheit von Φ nicht verschwindet. $\qquad\square$

Korollar 5. *Sei* $\Phi\colon V \times V \longrightarrow \mathbb{K}$ *positiv semidefinite sBF bzw. HF. Es ist* Φ *genau dann positiv definit, wenn* Φ *nicht ausgeartet ist.*

Ist $\Phi\colon V \times V \longrightarrow \mathbb{K}$ positiv semidefinite sBF bzw. HF, so gilt $\langle x, x\rangle \geq 0$ für alle $x \in V$, und man bezeichnet mit $|x| = \sqrt{\langle x, x\rangle}$ die *Länge* oder den *Betrag* eines Vektors $x \in V$ (bezüglich Φ). Der so definierte Betrag von Vektoren erfüllt die gewöhnliche Dreiecksungleichung:

Korollar 6. *Sei* $\Phi\colon V \times V \longrightarrow \mathbb{K}$ *positiv semidefinite sBF bzw. HF. Dann gilt für* $x, y \in V$

$$|x + y| \leq |x| + |y|.$$

Beweis. Es gilt

$$
\begin{aligned}
|x + y|^2 &= \langle x + y, x + y\rangle \\
&= \langle x, x\rangle + 2\operatorname{Re}(\langle x, y\rangle) + \langle y, y\rangle \\
&\leq \langle x, x\rangle + 2\left|\langle x, y\rangle\right| + \langle y, y\rangle \\
&\leq |x|^2 + 2|x||y| + |y|^2 \\
&= \left(|x| + |y|\right)^2
\end{aligned}
$$

und damit $|x + y| \leq |x| + |y|$. $\qquad\square$

An weiteren Eigenschaften des Betrages von Vektoren können wir anführen: Für $\alpha \in \mathbb{K}$, $x \in V$ gilt $|\alpha x| = |\alpha||x|$. Ist Φ sogar positiv definit, so ist $|x| = 0$ äquivalent zu $x = 0$. Weiter bezeichnet man einen Vektor $x \in V$ als *normiert*, falls $\langle x, x \rangle = 1$ und damit $|x| = 1$ gilt. Für $x \in V$ mit $|x| \neq 0$ ist beispielsweise $\frac{x}{|x|}$ normiert.

Abschließend wollen wir noch das kanonische Skalarprodukt auf dem $\mathbb{R}^n$ mittels geometrischer Anschauung interpretieren. Zunächst stellen wir mithilfe des Satzes von Pythagoras fest, dass der Betrag eines Vektors $x \in \mathbb{R}^n$ gerade mit dem üblichen euklidischen Abstand des Punktes x vom Nullpunkt übereinstimmt. Ist $e \in \mathbb{R}^n$ ein weiterer Vektor und gilt $|e| = 1$, so besteht die Gleichung

$$|x|^2 = \left|\langle x, e \rangle\right|^2 + \left|x - \langle x, e \rangle e\right|^2,$$

wie man leicht nachrechnet. Geometrisch bedeutet dies aufgrund der Umkehrung des Satzes von Pythagoras, dass das Dreieck mit den Seitenlängen $|x|, |\langle x, e \rangle|$ und $|x - \langle x, e \rangle e|$ rechtwinklig ist:

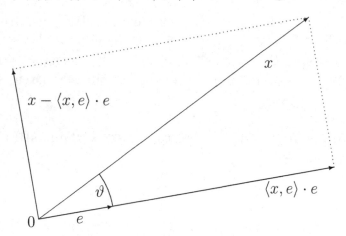

Somit entsteht der Vektor $\langle x, e \rangle \cdot e$, indem man x senkrecht auf den durch e gegebenen linearen Unterraum $\mathbb{R} \cdot e \subset \mathbb{R}^n$ projiziert. Allgemeiner kann man auf diese Weise das Skalarprodukt zweier Vektoren $x, y \in \mathbb{R}^n - \{0\}$ berechnen. Man setze nämlich in der obigen Überlegung $e = |y|^{-1} \cdot y$. Sodann erhält man $\langle x, y \rangle$, abgesehen vom Vorzeichen, als Produkt von $|y|$ mit dem Betrag der senkrechten Projektion von x auf die Gerade $\mathbb{R} \cdot y \subset \mathbb{R}^n$. Genauer lässt sich die Projektion von x auf $\mathbb{R} \cdot y$

mittels der Cosinusfunktion aus der Analysis beschreiben. Ist ϑ der von x und y eingeschlossene Winkel, so berechnet sich diese Projektion zu $\frac{|x|}{|y|} \cdot \cos(\vartheta) \cdot y$, und es folgt:

Satz 7. *Für Vektoren $x, y \in \mathbb{R}^n - \{0\}$ und das kanonische Skalarprodukt gilt*

$$\langle x, y \rangle = |x| \cdot |y| \cdot \cos \vartheta,$$

wobei ϑ der von x und y eingeschlossene Winkel sei.

Die Möglichkeit, mit $x - \langle x, e \rangle \cdot e$ aus x einen Vektor zu konstruieren, der senkrecht auf e steht, ist im Übrigen die zentrale Idee des Orthonormalisierungsverfahrens von E. Schmidt, das wir im nachfolgenden Abschnitt 7.2 behandeln werden.

Aufgaben

Falls nicht anders bestimmt, sei V ein endlich-dimensionaler $\mathbb{R}$-Vektorraum und $\Phi \colon V \times V \longrightarrow \mathbb{R}$ eine symmetrische Bilinearform auf V.

1. Man definiere den *Kern* von Φ durch

   $$\ker \Phi = \big\{ x \in V \, ; \, \Phi(x, y) = 0 \text{ für alle } y \in V \big\}$$

   und zeige, dass Φ eine nicht-ausgeartete symmetrische Bilinearform auf $V / \ker \Phi$ induziert.

2. Man definiere die zu Φ gehörige *quadratische Form* $q \colon V \longrightarrow \mathbb{R}$, indem man $q(x) = \Phi(x, x)$ für $x \in V$ setze, und zeige, dass Φ durch q eindeutig bestimmt ist.

3. Es sei Φ positiv definit. Für $x, y \in V$, $y \neq 0$, betrachte man die polynomiale Funktion $p(t) = |x + ty|^2$ in $t \in \mathbb{R}$. Man bestimme sämtliche Nullstellen von $p(t)$ und folgere die Schwarzsche Ungleichung in der Version von Satz 4 für den Fall $\mathbb{K} = \mathbb{R}$. (AT 466)

4. Es sei Φ positiv definit. Für $x, y \in V - \{0\}$ zeige man:

   (i) Es gilt $-1 \leq \frac{\Phi(x,y)}{|x| \cdot |y|} \leq 1$. Aus der Analysis ergibt sich damit die Existenz eines Winkels $0 \leq \vartheta \leq \pi$ mit $\frac{\Phi(x,y)}{|x| \cdot |y|} = \cos \vartheta$.

   (ii) Es gilt der Cosinus-Satz:

   $$|x - y|^2 = |x|^2 + |y|^2 - 2|x||y| \cos \vartheta$$

5. Es sei V ein Vektorraum über einem Körper K und V^* sein Dual-raum, sowie W der K-Vektorraum aller K-bilinearen Abbildungen $V \times V \longrightarrow K$. Man zeige, dass die Abbildung $\mathrm{Hom}_K(V, V^*) \longrightarrow W$, welche einem Homomorphismus $\varphi \colon V \longrightarrow V^*$ die Abbildung

$$V \times V \longrightarrow K, \qquad (x, y) \longmapsto \varphi(x)(y),$$

zuordnet, ein Isomorphismus von K-Vektorräumen ist. (AT 467)

7.2 Orthogonalität

Definition 1. *Sei* $\Phi \colon V \times V \longrightarrow \mathbb{K}$, $(x, y) \longmapsto \langle x, y \rangle$, *eine* sBF *bzw.* HF. *Zwei Vektoren* $x, y \in V$ *heißen orthogonal bzw. senkrecht zueinander, wenn* $\langle x, y \rangle = 0$ *gilt. Ein System* M *von Vektoren aus* V *mit* $0 \notin M$ *heißt* Orthogonalsystem, *wenn je zwei Vektoren aus* M *zueinander orthogonal sind. Gilt zusätzlich* $\langle x, x \rangle = 1$ *für alle* $x \in M$, *so spricht man auch von einem* Orthonormalsystem.

Bemerkung 2. *Sei* $\Phi \colon V \times V \longrightarrow \mathbb{K}$ *ein Skalarprodukt. Ist dann* M *ein Orthogonalsystem von Vektoren aus* V, *so ist* M *linear unabhängig.*

Beweis. Zu einem endlichen Teilsystem $x_1, \ldots, x_n$ von M betrachte man Koeffizienten $\alpha_1, \ldots, \alpha_n \in \mathbb{K}$ mit $\sum_{i=1}^{n} \alpha_i x_i = 0$. Dann ergibt sich für $j = 1, \ldots, n$

$$0 = \left\langle \sum_{i=1}^{n} \alpha_i x_i, \; x_j \right\rangle = \sum_{i=1}^{n} \alpha_i \langle x_i, x_j \rangle = \alpha_j \langle x_j, x_j \rangle$$

und damit $\alpha_j = 0$ wegen $\langle x_j, x_j \rangle > 0$. $\qquad \square$

Definition 3. *Sei* $\Phi \colon V \times V \longrightarrow \mathbb{K}$ *ein Skalarprodukt. Ein System* M *von Vektoren* $e_1, \ldots, e_n \in V$ *wird als* Orthogonalbasis (*bzw.* Orthonor-malbasis) *von* V *bezeichnet, wenn* M *folgende Bedingungen erfüllt:*

(i) M *ist eine Basis von* V.
(ii) M *ist ein Orthogonalsystem (bzw. Orthonormalsystem).*

Das Skalarprodukt von Vektoren, die als Linearkombinationen von Elementen einer Orthonormalbasis $M = (e_1, \ldots, e_n)$ dargestellt sind, lässt sich in einfacher Weise berechnen:

$$\left\langle \sum_{i=1}^{n} \alpha_i e_i, \sum_{i=1}^{n} \beta_i e_i \right\rangle = \sum_{i,j=1}^{n} \alpha_i \overline{\beta}_j \langle e_i, e_j \rangle$$

$$= \sum_{i,j=1}^{n} \alpha_i \overline{\beta}_j \delta_{ij} = \sum_{i=1}^{n} \alpha_i \overline{\beta}_i$$

Betrachtet man beispielsweise das kanonische Skalarprodukt auf $\mathbb{K}^n$, so bildet die kanonische Basis von $\mathbb{K}^n$ eine Orthonormalbasis.

Als Nächstes wollen wir das sogenannte *Orthonormalisierungsverfahren* von E. Schmidt besprechen, mit dessen Hilfe man Basen in euklidischen bzw. unitären Vektorräumen zu Orthonormalbasen abändern kann. Zunächst behandeln wir den Kernschritt dieses Verfahrens, einen Schritt, den wir für das kanonische Skalarprodukt auf dem $\mathbb{R}^n$ bereits zum Ende von Abschnitt 7.1 geometrisch motiviert hatten.

Lemma 4. *Sei* $\Phi\colon V \times V \longrightarrow \mathbb{K}$ *ein Skalarprodukt, und sei* $e_1, \ldots, e_k$ *eine Orthonormalbasis eines Untervektorraums* $U \subset V$. *Dann ist*

$$p_U\colon V \longrightarrow U, \qquad x \longmapsto \sum_{j=1}^{k} \langle x, e_j \rangle e_j,$$

eine surjektive $\mathbb{K}$-*lineare Abbildung, die sogenannte* orthogonale Projektion *auf* U. *Diese beschränkt sich auf* U *zur identischen Abbildung und erfüllt im Übrigen die Gleichung* $\langle x - p_U(x), y \rangle = 0$ *für alle* $x \in V$ *und* $y \in U$. *Durch diese Gleichung ist* p_U *als* $\mathbb{K}$-*lineare Abbildung* $V \longrightarrow U$ *eindeutig bestimmt.*

Beweis. Die Abbildung p_U ist $\mathbb{K}$-linear, da die Form $\langle x, y \rangle$ $\mathbb{K}$-linear in x ist. Gilt weiter $x = \sum_{i=1}^{k} \alpha_i e_i \in U$, so hat man

$$\langle x, e_j \rangle = \left\langle \sum_{i=1}^{k} \alpha_i e_i, \ e_j \right\rangle = \sum_{i=1}^{k} \alpha_i \langle e_i, e_j \rangle = \alpha_j,$$

und es folgt insbesondere $p_U|_U = \mathrm{id}_U$. Weiter ergibt sich

$$\langle x - p_U(x), e_j \rangle = \langle x, e_j \rangle - \left\langle \sum_{i=1}^{k} \langle x, e_i \rangle e_i, \ e_j \right\rangle$$

$$= \langle x, e_j \rangle - \langle x, e_j \rangle \langle e_j, e_j \rangle = 0,$$

d. h. $x - p_U(x)$ ist orthogonal zu $e_1, \ldots, e_k$ und damit zu U.

Ist $q_U \colon V \longrightarrow U$ irgendeine lineare Abbildung, welche die Bedingung $\langle x - q_U(x), y \rangle = 0$ für $x \in V$ und $y \in U$ erfüllt, so hat man insbesondere $\langle p_U(x) - q_U(x), y \rangle = 0$ für $x \in V$ und $y \in U$. Da sich das Skalarprodukt von V zu einem Skalarprodukt auf U beschränkt, gilt notwendig $p_U(x) - q_U(x) = 0$ für $x \in V$ und damit $p_U = q_U$. $\square$

Bilden nun Vektoren $x_1, \ldots, x_n$ eine Basis eines euklidischen bzw. unitären $\mathbb{K}$-Vektorraums, so kann man zunächst x_1 normieren, also den Vektor $e_1 = |x_1|^{-1} \cdot x_1$ betrachten. Sodann kann man gemäß Lemma 4 die Projektion p_1 von V auf den Untervektorraum $U_1 = \mathbb{K}e_1$ bilden. Der Vektor $e_2' = x_2 - p_1(x_2)$ ist dann orthogonal zu e_1, und e_1 bildet zusammen mit $|e_2'|^{-1} \cdot e_2'$ ein Orthonormalsystem e_1, e_2. Fährt man in dieser Weise fort, so kann man die Basis $x_1, \ldots, x_n$ orthonormalisieren, d. h. insgesamt in eine Orthonormalbasis überführen. Wir wollen dieses Resultat hier noch genauer formulieren und beweisen.

Satz 5. *Sei $\Phi \colon V \times V \longrightarrow \mathbb{K}$ ein Skalarprodukt, und sei $x_1, \ldots, x_n$ eine Basis von V. Dann gibt es eindeutig bestimmte Vektoren $e_1, \ldots, e_n \in V$, so dass gilt:*

(i) *$e_1, \ldots, e_n$ ist eine Orthonormalbasis von V.*

(ii) *$\bigoplus_{i=1}^{k} \mathbb{K}e_i = \bigoplus_{i=1}^{k} \mathbb{K}x_i$ für $k = 1, \ldots, n$.*

(iii) *Die Basiswechselmatrizen $A_k = A_{\mathrm{id}, E_k, X_k}$ mit $E_k = (e_1, \ldots, e_k)$ und $X_k = (x_1, \ldots, x_k)$ erfüllen $\det(A_k) > 0$ für $k = 1, \ldots, n$.*[1]

Genauer lassen sich die Vektoren e_k für $k = 1, \ldots, n$ in induktiver Weise wie folgt konstruieren:

$$e_k = \left| x_k - \sum_{j=1}^{k-1} \langle x_k, e_j \rangle e_j \right|^{-1} \cdot \left(x_k - \sum_{j=1}^{k-1} \langle x_k, e_j \rangle e_j \right)$$

---

[1] Gemäß unserer Konvention schließt $\det(A_k) > 0$ die Bedingung $\det(A_k) \in \mathbb{R}$ mit ein.

Beweis. Wir zeigen zunächst die Existenzaussage und verwenden dabei Induktion nach n. Der Induktionsanfang $n = 0$ ist trivial. Sei deshalb $n > 0$, und sei $e_1, \ldots, e_{n-1}$ eine Orthonormalbasis des Unterraums $U_{n-1} = \bigoplus_{i=1}^{n-1} \mathbb{K}x_i$, welche die gewünschten Eigenschaften besitzt. Man hat dann $x_n \notin U_{n-1} = \bigoplus_{i=1}^{n-1} \mathbb{K}e_i$, so dass $x_n - p_{n-1}(x_n)$ von Null verschieden ist; $p_{n-1} \colon V \longrightarrow U_{n-1}$ sei die Projektion gemäß Lemma 4. Dann ist

$$e_n = \big|x_n - p_{n-1}(x_n)\big|^{-1} \cdot \big(x_n - p_{n-1}(x_n)\big)$$

wohldefiniert, und es folgt mit Bemerkung 2 sowie Lemma 4, dass $e_1, \ldots, e_n$ eine Orthonormalbasis von V bilden. Weiter besteht gemäß Definition von e_n eine Gleichung des Typs

$$e_n = \alpha \cdot x_n + y$$

mit einer Konstanten $\alpha > 0$ und einem Vektor $y \in U_{n-1}$. Hieraus ergibt sich

$$A_n = \begin{pmatrix} A_{n-1} & * \\ 0 & \alpha \end{pmatrix},$$

und es folgt $\det(A_n) = \alpha \cdot \det(A_{n-1}) > 0$ wegen $\alpha > 0$, $\det(A_{n-1}) > 0$.

Zum Beweis der Eindeutigkeitsaussage sei $f_1, \ldots, f_n$ eine Orthonormalbasis von V, die den Eigenschaften (ii) und (iii) genügt. Wiederum verwenden wir Induktion nach n, um $f_i = e_i$ für $i = 1, \ldots, n$ zu zeigen, wobei der Induktionsanfang $n = 0$ trivial ist. Sei also $n > 0$. Nach Induktionsvoraussetzung dürfen wir $f_i = e_i$ für $i = 1, \ldots, n-1$ annehmen. Dann existiert eine Gleichung des Typs

$$f_n = \alpha \cdot x_n + y$$

mit einem Skalar $\alpha \in \mathbb{K}$ und einem Vektor $y \in U_{n-1} = \bigoplus_{i=1}^{n-1} \mathbb{K}x_i$. Die Basiswechselmatrix $A_{\mathrm{id}, E', X}$ mit $E' = (f_1, \ldots, f_n) = (e_1, \ldots, e_{n-1}, f_n)$ und $X = (x_1, \ldots, x_n)$ hat dann die Gestalt

$$A = \begin{pmatrix} A_{n-1} & * \\ 0 & \alpha \end{pmatrix},$$

und es folgt $\alpha > 0$ wegen $\det(A) > 0$ sowie $\det(A_{n-1}) > 0$. Indem wir $U_{n-1} = \bigoplus_{i=1}^{n-1} \mathbb{K}e_i$ benutzen, lässt sich y als Linearkombination der $e_1, \ldots, e_{n-1}$ schreiben. Folglich gibt es Konstanten $\beta_1, \ldots, \beta_{n-1} \in \mathbb{K}$ mit

$$f_n = \alpha \cdot \left(x_n - \sum_{i=1}^{n-1} \beta_i e_i \right).$$

Für $i = 1, \ldots, n-1$ gilt dann

$$0 = \langle f_n, e_i \rangle = \alpha \cdot \left(\langle x_n, e_i \rangle - \beta_i \right),$$

also $\beta_i = \langle x_n, e_i \rangle$ und damit

$$f_n = \alpha \cdot \left(x_n - \sum_{i=1}^{n-1} \langle x_n, e_i \rangle e_i \right).$$

Aus der Gleichung

$$1 = |f_n| = \alpha \cdot \left| x_n - \sum_{i=1}^{n-1} \langle x_n, e_i \rangle e_i \right|$$

ergibt sich dann

$$\alpha = \left| x_n - \sum_{i=1}^{n-1} \langle x_n, e_i \rangle e_i \right|^{-1}$$

und somit $f_n = e_n$, was zu zeigen war. $\qquad\square$

Korollar 6. *Jeder endlich-dimensionale euklidische bzw. unitäre Vektorraum V besitzt eine Orthonormalbasis. Jede Orthonormalbasis eines Untervektorraums $U \subset V$ lässt sich zu einer Orthonormalbasis von V ergänzen.*

Korollar 7. *Es sei V ein endlich-dimensionaler euklidischer bzw. unitärer Vektorraum und $V_1 \subset V_2 \subset \ldots V_r = V$ eine Kette von $\mathbb{K}$-Untervektorräumen. Sei $\dim_K V_i = n_i$. Dann existiert eine Orthonormalbasis $e_1, \ldots, e_n$ von V, so dass $e_1, \ldots, e_{n_i}$ jeweils eine Orthonormalbasis von V_i ist, $i = 1, \ldots, r$.*

Ist V ein $\mathbb{K}$-Vektorraum mit einer sBF oder HF, so heißen zwei Teilmengen $M, N \subset V$ orthogonal, in Zeichen $M \perp N$, wenn stets $\langle x, y \rangle = 0$ für $x \in M$, $y \in N$ gilt. Man schreibt dabei auch $x \perp y$ anstelle von $\langle x, y \rangle = 0$, wobei $x \perp y$ äquivalent zu $y \perp x$ ist. Außerdem kann man zu einer Teilmenge $M \subset V$ den $\mathbb{K}$-Untervektorraum

$$M^{\perp} = \left\{ x \in V \; ; \; x \perp y \text{ für alle } y \in M \right\}$$

betrachten. Für einen Untervektorraum $W \subset V$ bezeichnet man $W^\perp$ als das *orthogonale Komplement* von W in V.

Korollar 8. *Sei V ein endlich-dimensionaler euklidischer bzw. unitärer Vektorraum, und sei $W \subset V$ ein Untervektorraum. Dann gilt:*
  (i) $V = W \oplus W^\perp$, *insbesondere* $\dim_K W^\perp = \dim_K V - \dim_K W$.
  (ii) $(W^\perp)^\perp = W$.

Beweis. Man wähle eine Orthonormalbasis $e_1, \ldots, e_r$ von W, und ergänze diese durch Elemente $e_{r+1}, \ldots e_n$ zu einer Orthonormalbasis von V; vgl. Korollar 6. Für $W' = \bigoplus_{i=r+1}^{n} K e_i$ gilt dann $W \perp W'$ und deshalb $W' \subset W^\perp$. Sei nun $x = \sum_{i=1}^{n} \alpha_i e_i \in W^\perp$. Die Gleichungen $\langle x, e_i \rangle = 0$ für $i = 1, \ldots, r$ zeigen dann $\alpha_i = 0$ für $i = 1, \ldots, r$ und somit $x \in W'$. Es gilt also $W^\perp = W'$ und damit $V = W \oplus W^\perp$. Die gleiche Argumentation, angewandt auf $W^\perp$ anstelle von W, ergibt $(W^\perp)^\perp = W$. $\qquad\square$

Als Anwendung wollen wir noch auf das Volumen eines Parallelotops im $\mathbb{R}^n$ eingehen. Für ein linear unabhängiges System von Vektoren $x_1, \ldots, x_r \in \mathbb{R}^n$ bezeichne

$$P(x_1, \ldots, x_r) = \left\{ x \in \mathbb{R}^n \,;\, x = \sum_{i=1}^{r} \alpha_i x_i \text{ mit } 0 \le \alpha_i \le 1 \right\}$$

das von diesen Vektoren aufgespannte r-dimensionale *Parallelotop*. Handelt es sich für $r = n$ bei $x_1, \ldots, x_n$ beispielsweise um die Einheitsvektoren im $\mathbb{R}^n$, so ist $P(x_1, \ldots, x_n)$ gerade der n-dimensionale Einheitswürfel.

Wir fassen, wie üblich, $\mathbb{R}^n$ als euklidischen Vektorraum mit dem kanonischen Skalarprodukt auf. Zu einem r-dimensionalen Parallelotop $P(x_1, \ldots, x_r)$ betrachte man den von $x_1, \ldots, x_r$ erzeugten r-dimensionalen Untervektorraum $U \subset \mathbb{R}^n$ und wähle eine Orthonormalbasis $M = (e_1, \ldots, e_r)$ in U. Sodann sei $\det_M$ diejenige Determinantenfunktion auf U, die auf der Basis M den Wert 1 annimmt; vgl. 4.2/8. In dieser Situation wird das *Volumen* des Parallelotops definiert durch

$$\mathrm{Vol}\big(P(x_1, \ldots, x_r)\big) = \big|\det_M(x_1, \ldots, x_r)\big|.$$

Natürlich ist zu zeigen, dass diese Definition unabhängig von der Wahl der Orthonormalbasis M von U ist. Auch wollen wir plausibel machen, dass das Volumen mit der anschaulichen Vorstellung des Volumens eines Körpers im $\mathbb{R}^n$ übereinstimmt.

Satz 9. *Für Vektoren* $x_1, \ldots, x_r \in \mathbb{K}^n$ *sei die zugehörige* Gramsche Determinante *definiert durch*

$$G(x_1, \ldots, x_r) = \det \begin{pmatrix} \langle x_1, x_1 \rangle & \cdots & \langle x_1, x_r \rangle \\ .. & \cdots & .. \\ \langle x_r, x_1 \rangle & \cdots & \langle x_r, x_r \rangle \end{pmatrix},$$

wobei $\langle \cdot, \cdot \rangle$ *das kanonische Skalarprodukt auf* $\mathbb{K}^n$ *bezeichne. Dann gilt* $G(x_1, \ldots, x_r) \geq 0$, *und es verschwindet* $G(x_1, \ldots, x_r)$ *genau dann, wenn* $x_1, \ldots, x_r$ *linear abhängig sind.*

Sind $x_1, \ldots, x_r$ *linear unabhängig und ist* $M = (e_1, \ldots, e_r)$ *eine Orthonormalbasis des von* $x_1, \ldots, x_r$ *erzeugten linearen Unterraums im* $\mathbb{K}^n$, *so besteht die Beziehung*

$$G(x_1, \ldots, x_r) = \left| \det_M(x_1, \ldots, x_r) \right|^2.$$

Man beachte, dass die Aussage für $r = 2$ gerade die Schwarzsche Ungleichung 7.1/4 ergibt, und zwar unabhängig von dem Beweis, der in 7.1/4 gegeben wurde. Weiter können wir feststellen:

Korollar 10. *Das Volumen eines Parallelotops* $P(x_1, \ldots, x_r) \subset \mathbb{R}^n$ *ist wohldefiniert, es gilt*

$$\mathrm{Vol}\big(P(x_1, \ldots, x_r)\big) = G(x_1, \ldots, x_r)^{\frac{1}{2}}.$$

Beweis zu Satz 9. Sind $x_1, \ldots, x_r$ linear abhängig, so sieht man unmittelbar, dass die Spalten bzw. Zeilen in der Matrix der Gramschen Determinante linear abhängig sind, also $G(x_1, \ldots, x_r) = 0$ gilt. Seien daher $x_1, \ldots, x_r$ linear unabhängig. Dann erzeugen diese Vektoren einen r-dimensionalen Untervektorraum $U \subset \mathbb{K}^n$, der wiederum mit einem Skalarprodukt versehen ist, und wir können gemäß Satz 5 eine Orthonormalbasis $M = (e_1, \ldots, e_r)$ in U wählen. Bezeichnen wir dann mit $x_{1,M}, \ldots, x_{r,M}$ die Koordinatenspaltenvektoren von $x_1, \ldots, x_r$ bezüglich der Basis M, so gilt

$$(x_{1,M}, \ldots, x_{r,M})^t \cdot (\overline{x}_{1,M}, \ldots, \overline{x}_{r,M}) = \big(\langle x_i, x_j \rangle\big)_{i,j=1,\ldots,r}.$$

Insbesondere folgt

$$\left|\det{}_M(x_1,\ldots,x_r)\right|^2 = \left|\det(x_{1,M},\ldots,x_{r,M})\right|^2 = G(x_1,\ldots,x_r)$$

und damit $G(x_1,\ldots,x_r) > 0$, da $x_1,\ldots,x_r$ linear unabhängig sind. $\square$

Wir wollen nun noch für ein Parallelotop $P(x_1,\ldots,x_r) \subset \mathbb{R}^n$ plausibel machen, dass das definierte Volumen

$$\mathrm{Vol}\big(P(x_1,\ldots,x_r)\big) = \left|\det{}_M(x_1,\ldots,x_r)\right| = G(x_1,\ldots,x_r)^{\frac{1}{2}},$$

mit einer Orthonormalbasis $M = (e_1,\ldots,e_r)$ des von $x_1,\ldots,x_r$ erzeugten Untervektorraums von $\mathbb{R}^n$, auch in anschaulicher Weise dem r-dimensionalen Volumen von $P(x_1,\ldots,x_r)$ entspricht. Für $r = 1$ ist dies unmittelbar klar. Für $r > 1$ betrachte man die orthogonale Projektion $p_U \colon \mathbb{R}^n \longrightarrow U := \sum_{i=1}^{r-1} \mathbb{R}x_i$. Es ist dann $x_r' = x_r - p_U(x_r)$ orthogonal zu U, also zu $x_1,\ldots,x_{r-1}$. Folglich gilt

$$\begin{aligned}
\mathrm{Vol}\big(P(x_1,\ldots,x_r)\big) &= \left|\det{}_M(x_1,\ldots,x_r)\right| \\
&= \left|\det{}_M(x_1,\ldots,x_{r-1},x_r')\right| \\
&= \mathrm{Vol}\big(P(x_1,\ldots,x_{r-1},x_r')\big)
\end{aligned}$$

und weiter

$$\mathrm{Vol}\big(P(x_1,\ldots,x_r)\big)^2 = \mathrm{Vol}\big(P(x_1,\ldots,x_{r-1},x_r')\big)^2$$

$$= \det \begin{pmatrix} \langle x_1,x_1\rangle & \ldots & \langle x_1,x_{r-1}\rangle & 0 \\ & \ddots & & \ddots \\ \langle x_{r-1},x_1\rangle & \ldots & \langle x_{r-1},x_{r-1}\rangle & 0 \\ 0 & \ldots & 0 & \langle x_r',x_r'\rangle \end{pmatrix}$$

$$= \det \begin{pmatrix} \langle x_1,x_1\rangle & \ldots & \langle x_1,x_{r-1}\rangle \\ & \ddots & \\ \langle x_{r-1},x_1\rangle & \ldots & \langle x_{r-1},x_{r-1}\rangle \end{pmatrix} \cdot |x_r'|^2$$

$$= \mathrm{Vol}\big(P(x_1,\ldots,x_{r-1})\big)^2 \cdot |x_r'|^2.$$

Nun ist $|x_r'|$ als senkrechter Abstand von x_r zu U zu interpretieren; vgl. hierzu auch Aufgabe 4 am Schluss dieses Abschnitts. Somit ergibt sich das Volumen des r-dimensionalen Parallelotops $P(x_1,\ldots,x_r)$ als

Produkt aus dem Volumen der $(r-1)$-dimensionalen "Grundfläche" $P(x_1, \ldots, x_{r-1})$ mit der "Höhe" von x_r über dieser Grundfläche. In induktiver Weise folgt daher, dass das definierte Volumen eines Parallelotops mit dem eines Quaders übereinstimmt, der die gleichen Höhenverhältnisse hat, was mit der anschaulichen Vorstellung übereinstimmt.

Aufgaben

1. Man betrachte $\mathbb{R}^3$ als euklidischen Vektorraum mit dem kanonischen Skalarprodukt und wende das nach E. Schmidt benannte Orthonormalisierungsverfahren auf die Basis $(1,1,0), (1,0,1), (0,1,1) \in \mathbb{R}^3$ an.

2. Für $n \in \mathbb{N}$ sei $\mathbb{R}[T]_n \subset \mathbb{R}[T]$ der $\mathbb{R}$-Untervektorraum aller Polynome vom Grad $\leq n$. Man zeige, dass durch

$$\langle f, g \rangle = \int_0^1 f(t)g(t)dt, \qquad f, g \in \mathbb{R}[T]_n,$$

ein Skalarprodukt auf $\mathbb{R}[T]_n$ definiert wird. Für $n = 2$ wende man das Orthonormalisierungsverfahren von E. Schmidt auf die Basis $1, T, T^2$ von $\mathbb{R}[T]_2$ an. (AT 469)

3. Es sei V ein euklidischer bzw. unitärer $\mathbb{K}$-Vektorraum mit einer Basis $x_1, \ldots, x_n$, aus der man durch Anwenden des Schmidtschen Orthonormalisierungsverfahrens die Orthonormalbasis $e_1, \ldots, e_n$ erhalte. Man zeige für Konstanten $\varepsilon_1, \ldots, \varepsilon_n \in \mathbb{K}$ mit $|\varepsilon_i| = 1$, dass das Orthonormalisierungsverfahren die Basis $\varepsilon_1 x_1, \ldots, \varepsilon_n x_n$ in die Orthonormalbasis $\varepsilon_1 e_1, \ldots, \varepsilon_n e_n$ überführt.

4. Es sei V ein euklidischer bzw. unitärer $\mathbb{K}$-Vektorraum, $U \subset V$ ein Untervektorraum und $v \in V - U$. Man zeige (AT 471):

   (i) Es existiert genau ein $u_0 \in U$ mit $v - u_0 \in U^\perp$.

   (ii) Für alle $u \in U$ mit $u \neq u_0$ gilt $|v - u| > |v - u_0|$.

5. Es sei $V = \mathbb{R}^{n \times n}$ der $\mathbb{R}$-Vektorraum aller reellen $(n \times n)$-Matrizen. Man zeige:

   (i) Durch $\Phi(A, B) = \mathrm{Spur}(A \cdot B)$ wird auf V eine nicht-ausgeartete symmetrische Bilinearform erklärt.

   (ii) Sei $U_+ = \{U \in V \,;\, U^t = U\}$ der Untervektorraum aller symmetrischen und $U_- = \{U \in V \,;\, U^t = -U\}$ der Untervektorraum aller schiefsymmetrischen Matrizen. Es gilt

$$V = U_+ \oplus U_-, \qquad U_+^\perp = U_-, \qquad U_-^\perp = U_+.$$

(iii) Es ist Φ positiv definit auf U_+ und negativ definit auf U_-, d. h. es gilt $\Phi(A, A) > 0$ für alle $A \in V_+ - \{0\}$ und $\Phi(A, A) < 0$ für alle $A \in V_- - \{0\}$.

7.3 Sesquilinearformen und Matrizen

Für eine Matrix $A = (\alpha_{ij})_{\substack{i=1,\ldots,m \\ j=1,\ldots,n}} \in \mathbb{K}^{m \times n}$ bezeichnet man mit

$$\overline{A} = (\overline{\alpha}_{ij})_{\substack{i=1,\ldots,m \\ j=1,\ldots,n}} \in \mathbb{K}^{m \times n}$$

die *konjugierte* Matrix, mit

$$A^t = (\alpha_{ij})_{\substack{j=1,\ldots,n \\ i=1,\ldots,m}} \in \mathbb{K}^{n \times m}$$

die *transponierte* Matrix, sowie mit

$$A^* = \overline{A}^t = (\overline{\alpha}_{ij})_{\substack{j=1,\ldots,n \\ i=1,\ldots,m}} \in \mathbb{K}^{n \times m}$$

die *adjungierte* Matrix zu A. Dabei ist zu beachten, dass hier die Bezeichnung "adjungiert" in einem anderen Sinne als in Abschnitt 4.4 gemeint ist. Für das Rechnen mit konjugierten Matrizen gelten folgende Regeln; A, B seien Matrizen, $c \in \mathbb{K}$ eine Konstante:

$$\overline{A + B} = \overline{A} + \overline{B}$$
$$\overline{c \cdot A} = \overline{c} \cdot \overline{A}$$
$$\overline{A \cdot B} = \overline{A} \cdot \overline{B}$$
$$\overline{A^{-1}} = (\overline{A})^{-1}$$
$$\det(\overline{A}) = \overline{\det(A)}$$

Für das Transponieren von Matrizen hatten wir bereits die folgenden Rechenregeln kennengelernt:

$$(A + B)^t = A^t + B^t$$
$$(c \cdot A)^t = c \cdot A^t$$
$$(A \cdot B)^t = B^t \cdot A^t$$
$$(A^{-1})^t = (A^t)^{-1}$$
$$\det(A^t) = \det(A)$$

Und zwar ergeben sich die ersten beiden Gleichungen aus 3.2/6, die dritte, sowie als leichte Folgerung auch die vierte aus 3.2/8, und schließlich die letzte aus 4.3/4. Somit ergeben sich folgende Regeln für das Rechnen mit adjungierten Matrizen:

$$(A + B)^* = A^* + B^*$$
$$(c \cdot A)^* = \overline{c} \cdot A^*$$
$$(A \cdot B)^* = B^* \cdot A^*$$
$$(A^{-1})^* = (A^*)^{-1}$$
$$\det(A^*) = \overline{\det(A)}$$

Wir wollen im Folgenden Sesquilinearformen mit Hilfe von Matrizen beschreiben.

Definition 1. *Sei $\Phi\colon V \times V \longrightarrow \mathbb{K}$ eine Sesquilinearform auf einem $\mathbb{K}$-Vektorraum V mit Basis $X = (x_1, \ldots, x_n)$. Dann heißt*

$$A_{\Phi,X} = \bigl(\Phi(x_i, x_j)\bigr)_{i,j=1,\ldots,n} \in \mathbb{K}^{n \times n}$$

die zu Φ gehörige Matrix bezüglich der Basis X.

Satz 2. *Sei $\Phi\colon V \times V \longrightarrow \mathbb{K}$ eine Sesquilinearform auf einem $\mathbb{K}$-Vektorraum V mit Basis $X = (x_1, \ldots, x_n)$. Bezeichnet dann wie üblich a_X den Koordinatenspaltenvektor zu einem Vektor $a \in V$, so gilt für $a, b \in V$*

$$\Phi(a, b) = a_X^t \cdot A_{\Phi,X} \cdot \overline{b}_X,$$

und die Matrix $A_{\Phi,X} \in \mathbb{K}^{n \times n}$ ist durch diese Beziehung eindeutig charakterisiert. Weiter ist Φ genau dann nicht ausgeartet, wenn $\det(A_{\Phi,X}) \neq 0$ gilt.

Beweis. Sei $a = \sum_{i=1}^n \alpha_i x_i$, $b = \sum_{j=1}^n \beta_j x_j$. Dann folgt

$$\Phi(a, b) = \sum_{i,j=1}^n \alpha_i \cdot \Phi(x_i, x_j) \cdot \overline{\beta}_j = a_X^t \cdot A_{\Phi,X} \cdot \overline{b}_X,$$

wie behauptet. Hat man andererseits eine Matrix $A = (\alpha_{ij})_{i,j} \in \mathbb{K}^{n \times n}$ mit

$$\Phi(a, b) = a_X^t \cdot A \cdot \overline{b}_X,$$

für $a, b \in V$, so ergibt sich, indem man $x_1, \ldots, x_n$ für a bzw. b einsetzt,

$$\Phi(x_i, x_j) = \alpha_{ij}$$

und damit $A = A_{\Phi,X}$, d. h. die Matrix $A = A_{\Phi,X}$ ist durch obige Beziehung eindeutig bestimmt.

Sei nun Φ ausgeartet, etwa ausgeartet im ersten Argument. Sei also $a \in V$ von Null verschieden mit $\Phi(a, b) = 0$ für alle $b \in V$. Dann gilt

$$a_X^t \cdot A_{\Phi,X} \cdot \overline{b}_X = 0 \qquad \text{für alle } b \in V.$$

Indem man dies für $b = x_1, \ldots, x_n$ anwendet, erhält man $a_X^t \cdot A_{\Phi,X} = 0$. Die $\mathbb{K}$-lineare Abbildung

$$\mathbb{K}^n \longrightarrow \mathbb{K}^n, \qquad x \longmapsto A_{\Phi,X}^t \cdot x,$$

hat daher einen nicht-trivialen Kern, und es ergibt sich

$$\det(A_{\Phi,X}) = \det(A_{\Phi,X}^t) = 0$$

mit 4.3/4. Umgekehrt folgt mittels 2.1/11 und 4.3/4 aus einer solchen Gleichung, dass Φ im ersten Argument ausgeartet ist. Der Fall, dass Φ im zweiten Argument ausgeartet ist, lässt sich entsprechend behandeln. $\square$

Der vorstehende Beweis zeigt genauer:

Korollar 3. *Sei V ein endlich-dimensionaler $\mathbb{K}$-Vektorraum mit Basis X. Dann definiert die Zuordnung $\Phi \longmapsto A_{\Phi,X}$ eine bijektive Abbildung zwischen der Menge aller Sesquilinearformen $\Phi \colon V \times V \longrightarrow \mathbb{K}$ und der Menge aller $(n \times n)$-Matrizen mit Koeffizienten in $\mathbb{K}$. Weiter ist für eine solche Sesquilinearform Φ äquivalent:*
(i) $\Phi(a, b) = 0$ für alle $b \in V \implies a = 0$.
(ii) $\Phi(a, b) = 0$ für alle $a \in V \implies b = 0$.
(iii) Φ ist nicht-ausgeartet.
(iv) $\det(A_{\Phi,X}) \neq 0$.

Korollar 4. *Sei $\Phi \colon V \times V \longrightarrow \mathbb{K}$ eine Sesquilinearform auf einem endlich-dimensionalen $\mathbb{K}$-Vektorraum V mit Basis X. Dann ist äquivalent:*

(i) Φ *ist eine* sBF *bzw.* HF, *d. h. für* $a, b \in V$ *gilt* $\Phi(a, b) = \overline{\Phi(b, a)}$.
(ii) $A_{\Phi, X} = (A_{\Phi, X})^*$.

Beweis. Für $a, b \in V$ gilt

$$\overline{\Phi(b, a)} = \overline{(\overline{b}^t_X \cdot A_{\Phi, X} \cdot \overline{a}_X)} = \overline{b}^t_X \cdot \overline{A}_{\Phi, X} \cdot a_X$$
$$= (\overline{b}^t_X \cdot \overline{A}_{\Phi, X} \cdot a_X)^t = a^t_X \cdot (A_{\Phi, X})^* \cdot \overline{b}_X.$$

Nach Satz 2 ist die Gleichung $\Phi(a, b) = \overline{\Phi(b, a)}$ für $a, b \in V$ daher äquivalent zu $A_{\Phi, X} = (A_{\Phi, X})^*$. $\square$

Als Nächstes wollen wir für eine Sesquilinearform $\Phi \colon V \times V \longrightarrow \mathbb{K}$ untersuchen, wie sich ein Basiswechsel in V auf die beschreibende Matrix $A_{\Phi, X}$ auswirkt. In Abschnitt 3.4 hatten wir Basiswechselmatrizen der Form $A_{\mathrm{id}, Y, X}$ zu gegebenen Basen Y und X von V betrachtet. Wir werden im Folgenden anstelle von $A_{\mathrm{id}, Y, X}$ abkürzend $A_{Y, X}$ schreiben.

Satz 5. *Sei* $\Phi \colon V \times V \longrightarrow \mathbb{K}$ *eine Sesquilinearform auf einem endlich-dimensionalen* $\mathbb{K}$-*Vektorraum* V *mit Basen* X *und* Y. *Dann gilt*

$$A_{\Phi, Y} = A^t_{Y, X} \cdot A_{\Phi, X} \cdot \overline{A}_{Y, X}.$$

Beweis. Man hat $a_X = A_{Y, X} \cdot a_Y$ für $a \in V$, folglich für $a, b \in V$

$$\Phi(a, b) = a^t_X \cdot A_{\Phi, X} \cdot \overline{b}_X$$
$$= (A_{Y, X} \cdot a_Y)^t \cdot A_{\Phi, X} \cdot (\overline{A_{Y, X} \cdot b_Y})$$
$$= a^t_Y \cdot A^t_{Y, X} \cdot A_{\Phi, X} \cdot \overline{A}_{Y, X} \cdot \overline{b}_Y$$

und deshalb $A_{\Phi, Y} = A^t_{Y, X} \cdot A_{\Phi, X} \cdot \overline{A}_{Y, X}$ gemäß Satz 2. $\square$

Korollar 6. *Sei* $\Phi \colon V \times V \longrightarrow \mathbb{K}$ *eine Sesquilinearform auf einem* $\mathbb{K}$-*Vektorraum* V *mit Basis* $X = (x_1, \dots, x_n)$. *Dann ist äquivalent:*
   (i) Φ *ist ein Skalarprodukt, also eine positiv definite* sBF *bzw.* HF.
   (ii) *Es existiert eine Matrix* $S \in \mathrm{GL}(n, \mathbb{K})$, *so dass gilt:*

$$S^t \cdot A_{\Phi, X} \cdot \overline{S} = E$$

Dabei ist $E \in \mathbb{K}^{n \times n}$ *die Einheitsmatrix.*

Beweis. Sei zunächst Φ ein Skalarprodukt. Dann besitzt V nach 7.2/5 eine Orthonormalbasis Y. Insbesondere gilt $A_{\Phi,Y} = E$, und man erhält $S^t \cdot A_{\Phi,X} \cdot \overline{S} = E$ mit $S = A_{Y,X}$ aus Satz 5.

Gilt umgekehrt $S^t \cdot A_{\Phi,X} \cdot \overline{S} = E$ für ein $S \in \mathrm{GL}(n,\mathbb{K})$, so kann man S als Basiswechselmatrix des Typs $A_{Y,X}$ auffassen, so dass also $A_{\Phi,Y} = E$ gilt. Φ ist dann ein Skalarprodukt. $\qquad\square$

Das vorstehende Korollar beinhaltet insbesondere die Aussage, dass die beschreibende Matrix $A_{\Phi,X}$ einer positiv definiten sBF bzw. HF durch Wechsel der Basis X in die Einheitsmatrix überführt werden kann, nämlich durch Übergang zu einer Orthonormalbasis. Lässt man die Voraussetzung *positiv definit* fallen, so kann man $A_{\Phi,X}$ immerhin noch in eine reelle Diagonalmatrix überführen, wie wir in 7.6/6 zeigen werden.

Korollar 7. *Ist $\Phi\colon V \times V \longrightarrow \mathbb{K}$ ein Skalarprodukt auf einem endlich-dimensionalen $\mathbb{K}$-Vektorraum V, so gilt $\det(A_{\Phi,X}) > 0$ für alle Basen X von V.*

Beweis. Es sei X eine Orthonormalbasis von V; vgl. 7.2/5. Dann gilt $A_{\Phi,X} = E$. Für eine weitere Basis Y von V erhält man unter Verwendung der Gleichung aus Satz 5

$$\det(A_{\Phi,Y}) = \det(A_{Y,X}^t) \cdot \det(A_{\Phi,X}) \cdot \det(\overline{A_{Y,X}})$$
$$= \det(A_{Y,X}) \cdot \overline{\det(A_{Y,X})} = \left| \det(A_{Y,X}) \right|^2 > 0,$$

da $\det(A_{Y,X}) \neq 0$. $\qquad\square$

Abschließend wollen wir noch ein Determinantenkriterium für die positive Definitheit einer sBF bzw. HF geben.

Satz 8. *Sei $\Phi\colon V \times V \longrightarrow \mathbb{K}$ eine sBF bzw. HF auf einem $\mathbb{K}$-Vektorraum V mit Basis $X = (x_1, \ldots, x_n)$. Man betrachte die Matrizen*

$$A_r = \big(\Phi(x_i, x_j)\big)_{i,j=1,\ldots,r} \in \mathbb{K}^{r \times r}, \qquad r = 1, \ldots, n.$$

Dann ist äquivalent:
  (i) *Φ ist positiv definit und damit ein Skalarprodukt.*
  (ii) *$\det(A_r) > 0$ für $r = 1, \ldots, n$.*

Beweis. Die Implikation (i)$\Longrightarrow$ (ii) ist leicht einzusehen. Man schränke Φ auf die Untervektorräume $V_r = \sum_{i=1}^r \mathbb{K}x_i$ ein, $r = 1, \ldots, n$. Korollar 7 zeigt dann $\det(A_r) > 0$.

Zum Nachweis der Umkehrung nehmen wir an, dass $\det(A_r) > 0$ für $r = 1, \ldots, n$ gilt, und zeigen mit Induktion nach n, dass Φ ein Skalarprodukt ist. Der Fall $n = 1$ ist trivial, da dann x_1 eine Basis von V ist und $\Phi(x_1, x_1) = \det(A_1) > 0$ gilt. Sei also $n > 1$. Dann ist $\Phi|_{V_{n-1}}$ positiv definit nach Induktionsvoraussetzung, und es besitzt V_{n-1} nach 7.2/5 eine Orthonormalbasis $e_1, \ldots, e_{n-1}$. Weiter ist wie im Beweis zu 7.2/4 leicht zu sehen, dass $e_1, \ldots, e_{n-1}$ zusammen mit

$$x'_n = x_n - \sum_{i=1}^{n-1} \Phi(x_n, e_i)e_i$$

eine Orthogonalbasis Y von V bilden, wobei

$$A_{\Phi,Y} = \begin{pmatrix} 1 & & & 0 \\ & \ddots & & \\ & & \ddots & \\ & & & 1 & 0 \\ 0 & & & 0 & \Phi(x'_n, x'_n) \end{pmatrix}$$

gilt. Mit $S = A_{Y,X}$ folgt dann $A_{\Phi,Y} = S^t A_n \overline{S}$ aus Satz 5 und damit

$$\Phi(x'_n, x'_n) = \det(A_{\Phi,Y}) = \left|\det(S)\right|^2 \cdot \det(A_n) > 0.$$

Setzen wir daher

$$e_n = \frac{1}{\sqrt{\Phi(x'_n, x'_n)}} \cdot x'_n \,,$$

so gilt $\Phi(e_n, e_n) = 1$, und es bilden $e_1, \ldots, e_n$ eine Orthonormalbasis von V. Insbesondere ist Φ positiv definit. $\qquad\square$

In der Situation von Satz 8 bezeichnet man die Determinanten $\det(A_r)$, $r = 1, \ldots, n$, auch als die *Hauptunterdeterminanten* der Matrix $A_{\Phi,X}$. Durch Kombination von Korollar 4 mit Satz 8 ergibt sich dann:

Korollar 9. *Für eine Matrix $A \in \mathbb{K}^{n \times n}$ betrachte man die Sesquilinearform*

$$\Phi \colon \mathbb{K}^n \times \mathbb{K}^n \longrightarrow \mathbb{K}, \qquad (a, b) \longmapsto a^t \cdot A \cdot \bar{b}.$$

Dann ist äquivalent:

  (i) *Φ ist ein Skalarprodukt.*

  (ii) *$A = A^*$ und alle Hauptunterdeterminanten von A sind positiv.*

Aufgaben

V sei stets ein $\mathbb{K}$-Vektorraum der Dimension $n < \infty$.

1. Man zeige, dass die Menge aller Sesquilinearformen $V \times V \longrightarrow \mathbb{K}$ unter der Addition und skalaren Multiplikation von $\mathbb{K}$-wertigen Funktionen auf $V \times V$ einen $\mathbb{K}$-Vektorraum und insbesondere auch einen $\mathbb{R}$-Vektorraum bildet. Man berechne jeweils die Dimension. Welche der folgenden Teilmengen bilden lineare Unterräume über $\mathbb{R}$ bzw. $\mathbb{C}$? Man berechne gegebenenfalls die zugehörige Dimension.

     (i) Symmetrische Bilinearformen im Falle $\mathbb{K} = \mathbb{R}$

    (ii) Hermitesche Formen im Falle $\mathbb{K} = \mathbb{C}$

   (iii) Skalarprodukte

2. Im Falle $\dim_{\mathbb{K}} V \geq 2$ konstruiere man eine nicht-ausgeartete sBF bzw. HF Φ auf V sowie einen nicht-trivialen linearen Unterraum $U \subset V$, so dass $\Phi|_{U \times U}$ ausgeartet ist.

3. Es sei Φ eine positiv semidefinite sBF bzw. HF auf V. Man zeige, dass es eine Basis X von V gibt, so dass die zugehörige Matrix $A_{\Phi,X}$ eine Diagonalmatrix mit Diagonaleinträgen 1 oder 0 ist, also etwa mit $A_{\Phi,X} = \mathrm{Diag}(1, \ldots, 1, 0, \ldots, 0)$.

4. Es sei Φ eine sBF bzw. HF auf V und X eine Basis von V. Man zeige, dass alle Hauptunterdeterminanten von $A_{\Phi,X}$ reelle Zahlen ≥ 0 sind, falls Φ positiv semidefinit ist. Gilt auch die Umkehrung? (AT 472)

5. Für eine Matrix $A \in \mathbb{K}^{n \times n}$ gilt genau dann $A^* = A^{-1}$, wenn die Spalten (bzw. Zeilen) von A eine Orthonormalbasis in $\mathbb{K}^n$ bilden. Eine solche Matrix wird als *orthogonal* (für $\mathbb{K} = \mathbb{R}$) bzw. *unitär* (für $\mathbb{K} = \mathbb{C}$) bezeichnet.

6. Es sei Φ ein Skalarprodukt auf V. Man zeige für jedes weitere Skalarprodukt Ψ auf V: Es existiert ein Endomorphismus $f \colon V \longrightarrow V$ mit $\Psi(x, y) = \Phi(f(x), f(y))$ für alle $x, y \in V$.

7. Für eine Matrix $A \in \mathbb{K}^{n \times n}$ zeige man: Durch $\langle a, b \rangle = a^t \cdot A \cdot \overline{b}$ wird genau dann ein Skalarprodukt auf $\mathbb{K}^n$ definiert, wenn es eine Matrix $S \in \mathrm{GL}(n, \mathbb{K})$ mit $A = S^t \cdot \overline{S}$ gibt. (AT 473)

7.4 Die adjungierte Abbildung

Als Nächstes soll zu einem Endomorphismus $\varphi \colon V \longrightarrow V$ eines endlich-dimensionalen euklidischen bzw. unitären Vektorraums V die sogenannte *adjungierte* Abbildung $\varphi^* \colon V \longrightarrow V$ definiert werden. Diese Abbildung lässt sich in einem gewissen Sinne als duale Abbildung zu φ interpretieren, weshalb sie meist mit φ^* bezeichnet wird. Allerdings werden wir zusätzlich aus Konstruktionsgründen auch die "echte" duale Abbildung zu φ (im Sinne von 2.3/2) benötigen, für die wir im Folgenden anstelle von $\varphi^* \colon V^* \longrightarrow V^*$ die Notation $\varphi' \colon V' \longrightarrow V'$ verwenden werden. Wir beginnen mit einer technischen Vorbetrachtung.

Zu einem $\mathbb{K}$-Vektorraum V kann man wie folgt einen $\mathbb{K}$-Vektorraum $\overline{V}$ bilden. Man setze $\overline{V} = V$ als additive abelsche Gruppe, definiere aber die skalare Multiplikation von $\overline{V}$ durch

$$\mathbb{K} \times \overline{V} \longrightarrow \overline{V}, \qquad (\alpha, v) \longmapsto \alpha \bullet v := \overline{\alpha} \cdot v,$$

wobei zur Bildung des Produktes $\overline{\alpha} \cdot v$ die skalare Multiplikation von V verwendet werden soll. Man prüft leicht nach, dass $\overline{V}$ auf diese Weise ein $\mathbb{K}$-Vektorraum ist und dass die $\mathbb{K}$-Endomorphismen von V mit den $\mathbb{K}$-Endomorphismen von $\overline{V}$ übereinstimmen. Weiter gilt $\overline{(\overline{V})} = V$, $\dim_{\mathbb{K}}(\overline{V}) = \dim_{\mathbb{K}}(V)$ und natürlich $V = \overline{V}$ für $\mathbb{K} = \mathbb{R}$.

Lemma 1. *Es sei* $\Phi \colon V \times V \longrightarrow \mathbb{K}$ *eine nicht-ausgeartete Sesquilinearform auf einem endlich-dimensionalen $\mathbb{K}$-Vektorraum V. Ist dann $\overline{V}$ wie oben definiert und $V' = \mathrm{Hom}_{\mathbb{K}}(V, \mathbb{K})$ der Dualraum von V, so wird durch*

$$\tau \colon \overline{V} \longrightarrow V', \qquad x \longmapsto \Phi(\cdot, x),$$

ein Isomorphismus von $\mathbb{K}$-Vektorräumen erklärt.

Beweis. Für $x, y \in \overline{V}$ gilt

$$\tau(x + y) = \Phi(\cdot, x + y) = \Phi(\cdot, x) + \Phi(\cdot, y) = \tau(x) + \tau(y),$$

sowie für $\alpha \in \mathbb{K}$, $x \in \overline{V}$

$$\tau(\alpha \bullet x) = \tau(\overline{\alpha} \cdot x) = \Phi(\cdot, \overline{\alpha} \cdot x) = \alpha \cdot \Phi(\cdot, x) = \alpha \cdot \tau(x),$$

d. h. τ ist $\mathbb{K}$-linear. Weiter ist τ injektiv, da Φ nicht ausgeartet ist, und es gilt $\dim_{\mathbb{K}}(\overline{V}) = \dim_{\mathbb{K}}(V) = \dim_{\mathbb{K}}(V')$ gemäß 2.3/6. Dann ist τ aber aufgrund von 2.1/11 ein Isomorphismus. $\qquad\square$

Satz 2. *Sei* $\Phi \colon V \times V \longrightarrow \mathbb{K}$ *eine nicht-ausgeartete Sesquiline-arform auf einem endlich-dimensionalen $\mathbb{K}$-Vektorraum V, und sei* $\varphi \in \mathrm{End}_{\mathbb{K}}(V)$. *Dann existiert eine eindeutig bestimmte Abbildung* $\varphi^* \in \mathrm{End}_{\mathbb{K}}(V)$ *mit*

$$\Phi\big(\varphi(x), y\big) = \Phi\big(x, \varphi^*(y)\big)$$

für alle $x, y \in V$. *Man nennt* φ^* *den zu* φ *adjungierten Endomorphismus.*

Beweis. Wir betrachten den Dualraum V' zu V sowie die von φ induzierte duale Abbildung

$$\varphi' \colon V' \longrightarrow V', \qquad f \longmapsto f \circ \varphi.$$

Indem wir den Isomorphismus $\tau \colon \overline{V} \xrightarrow{\sim} V'$ aus Lemma 1 benutzen, können wir durch $\varphi^* := \tau^{-1} \circ \varphi' \circ \tau$ einen $\mathbb{K}$-Endomorphismus φ^* von $\overline{V}$ bzw. V definieren, so dass folglich das Diagramm

$$
\begin{array}{ccc}
\overline{V} & \xrightarrow{\ \tau\ } & V' \\
\downarrow{\scriptstyle \varphi^*} & & \downarrow{\scriptstyle \varphi'} \\
\overline{V} & \xrightarrow{\ \tau\ } & V'
\end{array}
$$

kommutiert. Somit gilt für $y \in V$

$$\Phi\big(\varphi(\cdot), y\big) = \tau(y) \circ \varphi = \varphi'\big(\tau(y)\big) = \tau\big(\varphi^*(y)\big) = \Phi\big(\cdot, \varphi^*(y)\big),$$

also wie gewünscht

$$\Phi\big(\varphi(x), y\big) = \Phi\big(x, \varphi^*(y)\big)$$

für alle $x, y \in V$. Dass $\varphi^* \in \mathrm{End}_{\mathbb{K}}(V)$ durch diese Beziehung eindeutig bestimmt ist, folgert man leicht aus der Tatsache, dass Φ nicht ausgeartet ist. $\qquad \square$

Korollar 3. *Sei* $\Phi\colon V \times V \longrightarrow \mathbb{K}$ *eine nicht-ausgeartete* sBF *bzw.* HF *eines endlich-dimensionalen* $\mathbb{K}$-*Vektorraums* V.

(i) *Die Abbildung*

$$*\colon \mathrm{End}_{\mathbb{K}}(V) \longrightarrow \mathrm{End}_{\mathbb{K}}(V), \qquad \varphi \longmapsto \varphi^*,$$

ist semilinear, d. h. man hat

$$(\alpha\varphi_1 + \beta\varphi_2)^* = \overline{\alpha}\varphi_1^* + \overline{\beta}\varphi_2^*$$

für $\alpha, \beta \in \mathbb{K}$, $\varphi_1, \varphi_2 \in \mathrm{End}_{\mathbb{K}}(V)$. *Weiter gilt* $\mathrm{id}^* = \mathrm{id}$, *sowie* $\varphi^{**} = \varphi$ *für alle* $\varphi \in \mathrm{End}_{\mathbb{K}}(V)$.

(ii) *Es gilt*

$$\ker \varphi^* = (\mathrm{im}\,\varphi)^{\perp}, \qquad \ker \varphi = (\mathrm{im}\,\varphi^*)^{\perp}$$

für $\varphi \in \mathrm{End}_{\mathbb{K}}(V)$.

(iii) *Es gilt* $\mathrm{rg}\,\varphi = \mathrm{rg}\,\varphi^*$ *für* $\varphi \in \mathrm{End}_{\mathbb{K}}(V)$. *Insbesondere ist* φ *genau dann bijektiv, wenn* φ^* *bijektiv ist.*

Beweis. (i) Für $x, y \in V$ gilt

$$\begin{aligned}
\langle (\alpha\varphi_1 + \beta\varphi_2)(x), y \rangle &= \alpha\langle \varphi_1(x), y \rangle + \beta\langle \varphi_2(x), y \rangle \\
&= \alpha\langle x, \varphi_1^*(y) \rangle + \beta\langle x, \varphi_2^*(y) \rangle \\
&= \langle x, (\overline{\alpha}\varphi_1^* + \overline{\beta}\varphi_2^*)(y) \rangle
\end{aligned}$$

und damit $(\alpha\varphi_1 + \beta\varphi_2)^* = \overline{\alpha}\varphi_1^* + \overline{\beta}\varphi_2^*$ gemäß Satz 2. In gleicher Weise zeigt

$$\langle \mathrm{id}(x), y \rangle = \langle x, y \rangle = \langle x, \mathrm{id}(y) \rangle$$

die Gleichung $\mathrm{id}^* = \mathrm{id}$, sowie

$$\langle \varphi^*(x), y \rangle = \overline{\langle y, \varphi^*(x) \rangle} = \overline{\langle \varphi(y), x \rangle} = \langle x, \varphi(y) \rangle$$

die Gleichung $\varphi^{**} = \varphi$.

(ii) Sei $x \in V$. Da die Form Φ nicht ausgeartet ist, ist die Bedingung $x \in \ker \varphi^*$ äquivalent zu $\langle v, \varphi^*(x) \rangle = 0$ für alle $v \in V$, wegen $\langle v, \varphi^*(x) \rangle = \langle \varphi(v), x \rangle$ aber auch zu $\langle \varphi(v), x \rangle = 0$ für alle $v \in V$ und damit zu $x \in (\operatorname{im} \varphi)^{\perp}$. Weiter hat man dann aufgrund von (i)

$$\ker \varphi = \ker \varphi^{**} = (\operatorname{im} \varphi^*)^{\perp}.$$

(iii) Berücksichtigen wir die Konstruktion von φ^* im Beweis zu Satz 2, so stimmt der Rang von φ^* mit dem Rang der zu φ dualen Abbildung überein. Dieser ist jedoch nach 2.3/7 identisch mit dem Rang von φ. Alternativ können wir aber unter Benutzung von (ii) auch wie folgt rechnen:

$$\operatorname{rg} \varphi = \dim V - \dim(\ker \varphi) = \dim V - \dim(\operatorname{im} \varphi^*)^{\perp}$$
$$= \dim V - (\dim V - \operatorname{rg} \varphi^*) = \operatorname{rg} \varphi^*$$

Dabei wurde allerdings für den Unterraum $U = \operatorname{im} \varphi^* \subset V$ die Formel

$$\dim U + \dim U^{\perp} = \dim V$$

benutzt, welche wir in 7.2/8 nur für euklidische bzw. unitäre Vektorräume bewiesen hatten. $\square$

Wir wollen nun adjungierte Abbildungen auch mittels Matrizen beschreiben. Hierzu fixieren wir für den Rest dieses Abschnitts einen endlich-dimensionalen $\mathbb{K}$-Vektorraum V, der mit einem *Skalarprodukt* $\Phi \colon V \times V \longrightarrow \mathbb{K}$ versehen ist, also einen *euklidischen* bzw. *unitären* Vektorraum V endlicher Dimension.

Bemerkung 4. *Es sei X eine Orthonormalbasis von V. Für eine Abbildung $\varphi \in \operatorname{End}_{\mathbb{K}}(V)$ und die zugehörige adjungierte Abbildung φ^* gilt dann*

$$A_{\varphi^*, X, X} = (A_{\varphi, X, X})^*.$$

Beweis. Die Matrix $A_{\Phi, X}$, welche Φ bezüglich der Orthonormalbasis X beschreibt, ist die Einheitsmatrix. Folglich gilt für $a, b \in V$ gemäß 3.1/7 und 7.3/2

$$\langle \varphi(a), b \rangle = (A_{\varphi, X, X} \cdot a_X)^t \cdot A_{\Phi, X} \cdot \overline{b}_X = a_X^t \cdot A_{\varphi, X, X}^t \cdot \overline{b}_X,$$

sowie

$$\langle a, \varphi^*(b) \rangle = a_X^t \cdot A_{\Phi,X} \cdot (\overline{A}_{\varphi^*,X,X} \cdot \overline{b}_X) = a_X^t \cdot \overline{A}_{\varphi^*,X,X} \cdot \overline{b}_X.$$

Betrachten wir nun $\langle \varphi(a), b \rangle = \langle a, \varphi^*(b) \rangle$ als Sesquilinearform in Vektoren $a, b \in V$, so ergibt sich $A_{\varphi,X,X}^t = \overline{A}_{\varphi^*,X,X}$ bzw. $A_{\varphi^*,X,X} = A_{\varphi,X,X}^*$ mittels 7.3/2. $\qquad\square$

Definition 5. *Eine Abbildung* $\varphi \in \mathrm{End}_{\mathbb{K}}(V)$ *heißt* normal, *wenn* φ *mit der zugehörigen adjungierten Abbildung kommutiert, d. h. wenn* $\varphi \circ \varphi^* = \varphi^* \circ \varphi$ *gilt.*

Satz 6. $\varphi \in \mathrm{End}_{\mathbb{K}}(V)$ *ist genau dann normal, wenn*

$$\langle \varphi(x), \varphi(y) \rangle = \langle \varphi^*(x), \varphi^*(y) \rangle$$

für alle $x, y \in V$ *gilt.*

Beweis. Für $x, y \in V$ hat man

$$\langle \varphi(x), \varphi(y) \rangle = \langle x, \varphi^* \circ \varphi(y) \rangle,$$
$$\langle \varphi^*(x), \varphi^*(y) \rangle = \langle x, \varphi \circ \varphi^*(y) \rangle,$$

wobei wir $\varphi^{**} = \varphi$ ausgenutzt haben. Daher gilt

$$\langle \varphi(x), \varphi(y) \rangle = \langle \varphi^*(x), \varphi^*(y) \rangle$$

für alle $x, y \in V$ genau dann, wenn

$$\langle x, \varphi^* \circ \varphi(y) \rangle = \langle x, \varphi \circ \varphi^*(y) \rangle$$

für alle $x, y \in V$ gilt, sowie aufgrund der Tatsache, dass die Form $\langle x, y \rangle$ auf V nicht ausgeartet ist, genau dann, wenn

$$\varphi^* \circ \varphi(y) = \varphi \circ \varphi^*(y)$$

für alle $y \in V$ gilt. Letzteres bedeutet aber $\varphi^* \circ \varphi = \varphi \circ \varphi^*$. $\qquad\square$

Korollar 7. *Sei $\varphi \in \text{End}_{\mathbb{K}}(V)$ normal.*

(i) *Es gilt* $\ker \varphi = \ker \varphi^*$.

(ii) *Ein Vektor $x \in V$ ist genau dann Eigenvektor von φ zum Eigenwert λ, wenn x Eigenvektor von φ^* zum Eigenwert $\overline{\lambda}$ ist.*

Beweis. Aussage (i) ergibt sich mittels Satz 6 aus der Gleichung

$$\left|\varphi(x)\right|^2 = \langle\varphi(x),\varphi(x)\rangle = \langle\varphi^*(x),\varphi^*(x)\rangle = \left|\varphi^*(x)\right|^2, \qquad x \in V.$$

Weiter gilt für $\lambda \in \mathbb{K}$ gemäß Korollar 3

$$(\lambda\,\text{id} - \varphi)^* = \overline{\lambda}\,\text{id} - \varphi^*,$$

und man erkennt aufgrund der Normalität von φ, dass auch $\lambda\,\text{id} - \varphi$ wieder normal ist. Folglich gilt nach (i)

$$\ker(\lambda\,\text{id} - \varphi) = \ker\big((\lambda\,\text{id} - \varphi)^*\big) = \ker(\overline{\lambda}\,\text{id} - \varphi^*),$$

also Aussage (ii). $\qquad\qquad\qquad\qquad\qquad\qquad\qquad\qquad\qquad\square$

Wir wollen diese Information verwenden, um den sogenannten *Spektralsatz für normale Abbildungen* zu beweisen; Spektralsätze geben Auskunft über Eigenwerte und Eigenvektoren von Homomorphismen von Vektorräumen.

Satz 8. *Es sei $\varphi \in \text{End}_{\mathbb{K}}(V)$ ein Endomorphismus, dessen charakteristisches Polynom $\chi_\varphi \in \mathbb{K}[T]$ vollständig in Linearfaktoren zerfällt. Dann ist äquivalent:*

(i) *φ ist normal.*

(ii) *Es existieren Eigenvektoren bezüglich φ, die eine Orthonormalbasis von V bilden.*

Beweis. Sei zunächst Bedingung (i) gegeben, also φ normal. Um (ii) zu zeigen, verwenden wir Induktion nach $n = \dim_{\mathbb{K}} V$, wobei der Fall $n = 0$ trivial ist. Sei also $n > 0$. Da χ_φ vollständig in Linearfaktoren zerfällt, besitzt φ mindestens einen Eigenwert λ und damit auch einen zugehörigen Eigenvektor e_1. Indem wir e_1 normieren, dürfen wir $|e_1| = 1$ annehmen. Man betrachte nun die Zerlegung

$$V = \mathbb{K}e_1 \oplus (\mathbb{K}e_1)^{\perp};$$

vgl. 7.2/8. Dabei ist $(\mathbb{K}e_1)^\perp$ ein φ-invarianter Unterraum von V, denn für $x \in (\mathbb{K}e_1)^\perp$ gilt unter Benutzung von Korollar 7 (ii)

$$\langle \varphi(x), e_1 \rangle = \langle x, \varphi^*(e_1) \rangle = \langle x, \overline{\lambda}e_1 \rangle = \lambda \langle x, e_1 \rangle = 0.$$

Die vorstehende Zerlegung ist also eine Zerlegung in φ-invariante Unterräume von V, wobei $(\mathbb{K}e_1)^\perp$ mit der Einschränkung des Skalarprodukts von V selbst wieder ein euklidischer bzw. unitärer Vektorraum endlicher Dimension ist. Unter Benutzung von 6.5/8 (ii) können wir dann auf $\tilde{V} = (\mathbb{K}e_1)^\perp$ und die Einschränkung $\varphi|_{\tilde{V}} \colon \tilde{V} \longrightarrow \tilde{V}$ die Induktionsvoraussetzung anwenden. Es existiert daher eine Orthonormalbasis $e_2, \ldots, e_n$ von $\tilde{V}$, die aus Eigenvektoren bezüglich φ besteht. Insgesamt sind dann $e_1, \ldots, e_n$ Eigenvektoren zu φ, die eine Orthonormalbasis von V bilden, d. h. Bedingung (ii) ist erfüllt.

Sei nun Bedingung (ii) gegeben, sei also X eine Orthonormalbasis von V, die aus Eigenvektoren zu φ besteht. Dann ist die Matrix $A_{\varphi,X,X}$ eine Diagonalmatrix und folglich auch die Matrix $A_{\varphi^*,X,X} = (A_{\varphi,X,X})^*$; vgl. Bemerkung 4. Da Diagonalmatrizen miteinander kommutieren, gilt dasselbe für φ und φ^*, und wir sehen, dass (i) gilt, φ also normal ist. $\qquad\square$

Aufgaben

V sei stets ein euklidischer bzw. unitärer $\mathbb{K}$-Vektorraum endlicher Dimension, φ ein Endomorphismus von V und φ^* die zugehörige adjungierte Abbildung.

1. Man zeige $\mathrm{Spur}(\varphi \circ \varphi^*) \geq 0$, wobei $\mathrm{Spur}(\varphi \circ \varphi^*)$ genau für $\varphi = 0$ verschwindet. (AT 475)

2. Man zeige:

   (i) Ist φ normal, so gilt $\mathrm{im}\,\varphi^* = \mathrm{im}\,\varphi$.

   (ii) Ist ψ ein weiterer Endomorphismus von V und sind φ, ψ normal, so ist $\varphi \circ \psi = 0$ äquivalent zu $\psi \circ \varphi = 0$.

3. Für $\varphi = \varphi^2$ zeige man: Es gilt genau dann $\varphi = \varphi^*$, wenn $\ker \varphi$ und $\mathrm{im}\,\varphi$ orthogonal zueinander sind.

4. Für $\mathbb{K} = \mathbb{C}$ zeige man: φ ist genau dann normal, wenn es ein Polynom $p \in \mathbb{C}[T]$ mit $\varphi^* = p(\varphi)$ gibt. (AT 475)

5. Für $\mathbb{K} = \mathbb{C}$ und φ normal zeige man: Sind $x, y \in V$ zwei Eigenvektoren zu verschiedenen Eigenwerten, so gilt $x \perp y$.

7.5 Isometrien, orthogonale und unitäre Matrizen

Generell sei V in diesem Abschnitt ein endlich-dimensionaler $\mathbb{K}$-Vektorraum mit einem *Skalarprodukt* $\Phi\colon V \times V \longrightarrow \mathbb{K}$, also ein *euklidischer* bzw. *unitärer* Vektorraum. Wir wollen im Folgenden Endomorphismen $V \longrightarrow V$ studieren, die als solche nicht nur mit der Vektorraumstruktur von V verträglich sind, sondern zusätzlich auch das Skalarprodukt respektieren und damit längenerhaltend bzw., soweit definiert, auch winkelerhaltend sind. Es handelt sich um die sogenannten *Isometrien*.

Satz 1. *Für $\varphi \in \mathrm{End}_{\mathbb{K}}(V)$ ist äquivalent:*

(i) *Es gilt $\langle \varphi(x), \varphi(y) \rangle = \langle x, y \rangle$ für alle $x, y \in V$.*

(ii) *φ ist ein Isomorphismus mit $\varphi^* = \varphi^{-1}$.*

(iii) *Es gilt $|\varphi(x)| = |x|$ für alle $x \in V$.*

(iv) *Ist X eine Orthonormalbasis von V, so ist deren Bild $\varphi(X)$ ebenfalls eine Orthonormalbasis von V.*

(v) *Es existiert eine Orthonormalbasis X von V, so dass $\varphi(X)$ ebenfalls eine Orthonormalbasis von V ist.*

Sind diese Bedingungen erfüllt, so bezeichnet man φ als eine Iso-metrie. Im Falle $\mathbb{K} = \mathbb{R}$ nennt man φ auch eine orthogonale *und im Falle $\mathbb{K} = \mathbb{C}$ eine* unitäre *Abbildung.*

Aus den Eigenschaften (ii) bzw. (iv) und (v) liest man sofort ab:

Korollar 2. *Ist $\varphi \in \mathrm{End}_{\mathbb{K}}(V)$ eine Isometrie, so ist φ ein Isomorphismus, und φ^{-1} ist ebenfalls eine Isometrie. Die Komposition zweier Isometrien ergibt wiederum eine Isometrie. Insbesondere bilden die Isometrien von V eine Untergruppe der Automorphismengruppe $\mathrm{Aut}_{\mathbb{K}}(V)$.*

Beweis zu Satz 1. Wir beginnen mit der Implikation (i) $\Longrightarrow$ (ii). Sei also (i) gegeben. Dann hat man für $x, y \in V$

$$\langle x, y \rangle = \langle \varphi(x), \varphi(y) \rangle = \langle x, \varphi^* \varphi(y) \rangle.$$

Da die Form $\langle \cdot, \cdot \rangle$ nicht ausgeartet ist, gilt $\varphi^* \circ \varphi(y) = y$ für alle $y \in V$ und damit $\varphi^* \circ \varphi = \mathrm{id}_V$. Insbesondere ist φ injektiv und damit nach 2.1/11 ein Isomorphismus, wobei $\varphi^* = \varphi^{-1}$ und damit (ii) folgt.

Ist andererseits Bedingung (ii) gegeben, ist also φ ein Isomorphismus mit $\varphi^* = \varphi^{-1}$, so gilt

$$\langle \varphi(x), \varphi(x) \rangle = \langle x, \varphi^* \varphi(x) \rangle = \langle x, \varphi^{-1} \varphi(x) \rangle = \langle x, x \rangle$$

für $x \in V$, also (iii).

Um die Implikation (iii) $\Longrightarrow$ (iv) nachzuweisen, nehmen wir (iii) als gegeben an und betrachten eine Orthonormalbasis $X = (e_1, \ldots, e_n)$ von V. Für $\mu \neq \nu$ und $\alpha \in \mathbb{K}$, $|\alpha| = 1$, gilt dann

$$\begin{aligned}
2 &= |e_\mu|^2 + |\alpha|^2 |e_\nu|^2 = |e_\mu + \alpha e_\nu|^2 \\
&= \left| \varphi(e_\mu) + \alpha \varphi(e_\nu) \right|^2 \\
&= \left| \varphi(e_\mu) \right|^2 + 2\mathrm{Re}\left(\overline{\alpha} \langle \varphi(e_\mu), \varphi(e_\nu) \rangle \right) + \left| \varphi(e_\nu) \right|^2 \\
&= |e_\mu|^2 + 2\mathrm{Re}\left(\overline{\alpha} \langle \varphi(e_\mu), \varphi(e_\nu) \rangle \right) + |e_\nu|^2 \\
&= 2 + 2\mathrm{Re}\left(\overline{\alpha} \langle \varphi(e_\mu), \varphi(e_\nu) \rangle \right),
\end{aligned}$$

also

$$\mathrm{Re}\left(\overline{\alpha} \langle \varphi(e_\mu), \varphi(e_\nu) \rangle \right) = 0.$$

Setzen wir speziell $\alpha = 1$, so folgt $\mathrm{Re}(\langle \varphi(e_\mu), \varphi(e_\nu) \rangle) = 0$ und damit $\langle \varphi(e_\mu), \varphi(e_\nu) \rangle = 0$ im Falle $\mathbb{K} = \mathbb{R}$. Für $\mathbb{K} = \mathbb{C}$ kann man aber auch $\alpha = i$ setzen und erhält dann

$$\mathrm{Im}\left(\langle \varphi(e_\mu), \varphi(e_\nu) \rangle \right) = \mathrm{Re}\left(-i \langle \varphi(e_\mu), \varphi(e_\nu) \rangle \right) = 0,$$

also insgesamt ebenfalls $\langle \varphi(e_\mu), \varphi(e_\nu) \rangle = 0$.

Gemäß Annahme gilt $|\varphi(e_\mu)| = |e_\mu|$ für $\mu = 1, \ldots, n$, folglich ist $(\varphi(e_1), \ldots, \varphi(e_n))$ ein Orthonormalsystem in V. Da dieses nach 7.2/2 linear unabhängig ist, handelt es sich sogar um eine Orthonormalbasis. Das Bild einer beliebigen Orthonormalbasis von V unter φ ergibt also wiederum eine Orthonormalbasis.

Da es in V stets eine Orthonormalbasis gibt, vgl. 7.2/5, ist die Implikation (iv) $\Longrightarrow$ (v) trivial. Es bleibt daher lediglich noch die Implikation (v) $\Longrightarrow$ (i) zu zeigen. Sei also $X = (e_1, \ldots, e_n)$ eine Orthonormalbasis von V, so dass $\varphi(X)$ ebenfalls eine Orthonormalbasis von V ist. Sind dann

$$x = \sum_{\mu=1}^{n} \alpha_\mu e_\mu, \qquad y = \sum_{\nu=1}^{n} \beta_\nu e_\nu$$

zwei Vektoren in V, so gilt

$$\langle \varphi(x), \varphi(y) \rangle = \sum_{\mu,\nu=1}^{n} \alpha_\mu \overline{\beta}_\nu \langle \varphi(e_\mu), \varphi(e_\nu) \rangle$$

$$= \sum_{\mu,\nu=1}^{n} \alpha_\mu \overline{\beta}_\nu \delta_{\mu\nu} = \sum_{\mu,\nu=1}^{n} \alpha_\mu \overline{\beta}_\nu \langle e_\mu, e_\nu \rangle = \langle x, y \rangle,$$

d. h. Bedingung (i) ist erfüllt.   □

Um Beispiele von Isometrien zu geben, fassen wir $\mathbb{R}^2$ als euklidischen Vektorraum unter dem kanonischen Skalarprodukt auf. Die kanonische Basis e_1, e_2 ist dann eine Orthonormalbasis. Man wähle sodann Konstanten $c, s \in \mathbb{R}$ mit $c^2 + s^2 = 1$ und betrachte die durch

$$\varphi \colon \mathbb{R}^2 \longrightarrow \mathbb{R}^2, \qquad \begin{array}{ccc} e_1 & \longmapsto & c \cdot e_1 + s \cdot e_2\,, \\ e_2 & \longmapsto & -s \cdot e_1 + c \cdot e_2\,, \end{array}$$

gegebene $\mathbb{R}$-lineare Abbildung, die bezüglich der kanonischen Basis durch die Matrix

$$\begin{pmatrix} c & -s \\ s & c \end{pmatrix} \in \mathbb{R}^{2 \times 2}$$

beschrieben wird. Für $x = \alpha e_1 + \beta e_2 \in \mathbb{R}^2$ gilt dann

$$\begin{aligned} \left| \varphi(x) \right|^2 &= \left| (c \cdot \alpha - s \cdot \beta) \cdot e_1 + (s \cdot \alpha + c \cdot \beta) \cdot e_2 \right|^2 \\ &= (c \cdot \alpha - s \cdot \beta)^2 + (s \cdot \alpha + c \cdot \beta)^2 \\ &= (c^2 + s^2) \cdot (\alpha^2 + \beta^2) = |x|^2, \end{aligned}$$

d. h. φ ist eine Isometrie. Wir wollen uns klar machen, dass φ eine *Drehung* um den Nullpunkt $0 \in \mathbb{R}^2$ mit einem gewissen *Winkel* ϑ ist. Hierzu ist es am einfachsten, $\mathbb{R}^2$ unter dem Isomorphismus

$$\mathbb{R}^2 \overset{\sim}{\longrightarrow} \mathbb{C}, \qquad (a_1, a_2) \longmapsto a_1 + i a_2,$$

mit der komplexen Zahlenebene $\mathbb{C}$ zu identifizieren. Dann beschreibt sich die Abbildung φ offenbar durch

$$\mathbb{C} \longrightarrow \mathbb{C}, \qquad z \longmapsto (c + is) \cdot z.$$

Nun ist $c + is$ wegen $c^2 + s^2 = 1$ eine komplexe Zahl vom Betrag 1, also gelegen auf dem Kreis um 0 mit Radius 1. Aus der Analysis können wir benutzen, dass die Punkte des Einheitskreises um 0 genau den Potenzen $e^{i\vartheta}$ mit reellen Parameterwerten ϑ, $0 \le \vartheta < 2\pi$, entsprechen. Es gibt also genau ein solches ϑ, das sogenannte *Argument* der komplexen Zahl $c + is$, welches die Gleichung $e^{i\vartheta} = c + is$ erfüllt:

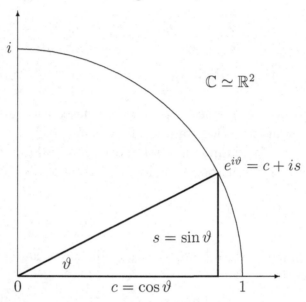

Da sich bei der Multiplikation komplexer Zahlen deren Beträge multiplizieren und die Argumente addieren (modulo 2π) und da $e^{i\vartheta}$ vom Betrag 1 ist, erkennt man in der Tat die $\mathbb{R}$-lineare Abbildung $\mathbb{C} \longrightarrow \mathbb{C}$, $z \longmapsto e^{i\vartheta}z$, und somit die obige Abbildung $\varphi \colon \mathbb{R}^2 \longrightarrow \mathbb{R}^2$ als Drehung um den Winkel ϑ. Die beschreibende Matrix ist aufgrund der Gleichung $e^{i\vartheta} = \cos\vartheta + i \cdot \sin\vartheta$ von der Form

$$R(\vartheta) = \begin{pmatrix} \cos\vartheta & -\sin\vartheta \\ \sin\vartheta & \cos\vartheta \end{pmatrix} \in \mathbb{R}^{2\times 2}, \qquad 0 \le \vartheta \le 2\pi,$$

und wird als *Drehmatrix* zum Winkel ϑ bezeichnet. Umgekehrt ist klar, dass jede solche Drehmatrix eine Drehung und damit eine Isometrie auf der reellen Ebene $\mathbb{R}^2$ definiert.

Neben den Drehungen gibt es weitere Isometrien von $\mathbb{R}^2$, nämlich die sogenannten *Spiegelungen*. Eine $\mathbb{R}$-lineare Abbildung $\varphi \colon \mathbb{R}^2 \longrightarrow \mathbb{R}^2$

heißt eine Spiegelung, wenn eine Orthonormalbasis u_1, u_2 von $\mathbb{R}^2$ existiert, so dass φ durch

$$u_1 \longmapsto u_1, \qquad u_2 \longmapsto -u_2,$$

beschrieben wird. Satz 6 weiter unten wird uns zeigen, dass Drehungen und Spiegelungen die einzigen Isometrien von $\mathbb{R}^2$ sind. Zunächst aber wollen wir wieder zur allgemeinen Situation aus Satz 1 zurückkehren und einige weitere Folgerungen ziehen.

Korollar 3. *Für $\varphi \in \mathrm{End}_{\mathbb{K}}(V)$ ist äquivalent:*
   (i) *φ ist eine Isometrie.*
   (ii) *Ist X eine Orthonormalbasis von V, so ist $A_{\varphi,X,X}$ invertierbar, und es gilt*

$$(A_{\varphi,X,X})^* = (A_{\varphi,X,X})^{-1}.$$

   (iii) *Es existiert eine Orthonormalbasis X von V, so dass $A_{\varphi,X,X}$ invertierbar ist und*

$$(A_{\varphi,X,X})^* = (A_{\varphi,X,X})^{-1}$$

gilt.

Beweis. Man benutze 7.4/4 und Satz 1 (ii). $\qquad\qquad\square$

Schließlich kann man leicht erkennen, dass die Bedingung $A^* = A^{-1}$ aus Korollar 3 (ii) bzw. (iii) auch zur Charakterisierung von Basiswechselmatrizen verwendet werden kann, die Orthonormalbasen in Orthonormalbasen von V überführen.

Satz 4. *Es sei X eine Orthonormalbasis, sowie Y eine weitere Basis von V. Dann ist äquivalent:*
   (i) *Y ist eine Orthonormalbasis von V.*
   (ii) *Für die Basiswechselmatrix $A = A_{Y,X}$ gilt $A^* = A^{-1}$.*

Beweis. Sei $\varphi \colon V \longrightarrow V$ die $\mathbb{K}$-lineare Abbildung, die die Basis X auf die Basis Y abbildet; es gilt

$$A_{\varphi,X,X} = A_{Y,X}.$$

Nach Satz 1 (iv) bzw. (v) ist Y genau dann eine Orthonormalbasis, wenn φ eine Isometrie ist, und nach Korollar 3 ist dies äquivalent zu $(A_{\varphi,X,X})^* = (A_{\varphi,X,X})^{-1}$, also mit $A = A_{Y,X}$ zu $A^* = A^{-1}$.   □

Eine Matrix $A \in \mathbb{R}^{n \times n}$ heißt *orthogonal*, wenn die $\mathbb{R}$-lineare Abbildung

$$\mathbb{R}^n \longrightarrow \mathbb{R}^n, \qquad x \longmapsto Ax,$$

orthogonal, also eine Isometrie ist. Dabei betrachte man $\mathbb{R}^n$ mittels des kanonischen Skalarprodukts als euklidischen Vektorraum. Nach Korollar 3 ist die Orthogonalität einer Matrix $A \in \mathbb{R}^{n \times n}$ äquivalent zu der Bedingung $A^t = A^{-1}$ bzw. $A^t A = E$, wobei $E \in \mathbb{R}^{n \times n}$ die Einheitsmatrix sei. Sind $a_1, \ldots, a_n \in \mathbb{R}^n$ die Spalten von A, so bedeutet diese Bedingung gerade

$$a_i^t \cdot a_j = \delta_{ij}, \qquad i, j = 1, \ldots, n.$$

Eine entsprechende Überlegung lässt sich auch für die Zeilen von A anstellen. Eine Matrix $A \in \mathbb{R}^{n \times n}$ ist daher genau dann orthogonal, wenn ihre Spalten (bzw. Zeilen) ein Orthonormalsystem und damit eine Orthonormalbasis von $\mathbb{R}^n$ bilden.

Über dem Körper $\mathbb{C}$ verfährt man in ähnlicher Weise. Eine Matrix $A \in \mathbb{C}^{n \times n}$ heißt *unitär*, wenn die $\mathbb{C}$-lineare Abbildung

$$\mathbb{C}^n \longrightarrow \mathbb{C}^n, \qquad x \longmapsto Ax,$$

unitär, also eine Isometrie ist. Dabei betrachte man $\mathbb{C}^n$ mittels des kanonischen Skalarprodukts als unitären Vektorraum. Gemäß Korollar 3 ist $A \in \mathbb{C}^{n \times n}$ genau dann unitär, wenn $A^* = A^{-1}$ bzw. $A^* A = E$ gilt, und diese Bedingung ist wiederum dazu äquivalent, dass die Spalten (bzw. Zeilen) von A eine Orthonormalbasis von $\mathbb{C}^n$ bilden.

Aus den Korollaren 2 und 3 ergibt sich unmittelbar, dass die orthogonalen bzw. unitären Matrizen $A \in \mathbb{K}^{n \times n}$ eine Untergruppe der Gruppe $\mathrm{GL}(n, \mathbb{K})$ aller invertierbaren Matrizen in $\mathbb{K}^{n \times n}$ bilden. Dabei nennt man

$$\mathrm{O}(n) = \left\{ A \in \mathrm{GL}(n, \mathbb{R}) \,;\, A^t = A^{-1} \right\}$$

die *orthogonale Gruppe* zum Index n, sowie

$$\mathrm{U}(n) = \left\{ A \in \mathrm{GL}(n, \mathbb{C}) \,;\, A^* = A^{-1} \right\}$$

die *unitäre Gruppe* zum Index n, wobei man $O(n)$ als Untergruppe von $U(n)$ auffassen kann. Für $A \in U(n)$ ist $A^* \cdot A = A^{-1} \cdot A$ die Einheitsmatrix, so dass man für jede orthogonale bzw. unitäre Matrix $|\det(A)| = 1$ erhält. Insbesondere lässt sich

$$SO(n) = \{A \in O(n)\,;\ \det(A) = 1\}$$

als Untergruppe der orthogonalen Gruppe betrachten; man nennt diese Gruppe die *spezielle orthogonale Gruppe*.

Wir wollen im Falle $n = 2$ die orthogonale Gruppe $O(2)$ genauer beschreiben. Bereits oben wurde gezeigt, dass die Drehmatrizen

$$R(\vartheta) = \begin{pmatrix} \cos\vartheta & -\sin\vartheta \\ \sin\vartheta & \cos\vartheta \end{pmatrix} \in \mathbb{R}^{2\times 2}, \qquad 0 \le \vartheta < 2\pi,$$

zu Isometrien von $\mathbb{R}^2$ Anlass geben und folglich zu $O(2)$ gehören, ja sogar zu der Untergruppe $SO(2)$, da jeweils $\det(R(\vartheta)) = 1$ gilt. Wir wollen zunächst zeigen, dass $SO(2)$ keine weiteren Matrizen enthält. Hierzu betrachten wir eine Matrix

$$A = \begin{pmatrix} \alpha_{11} & \alpha_{12} \\ \alpha_{21} & \alpha_{22} \end{pmatrix} \in O(2).$$

Dann ergibt die Relation

$$\begin{pmatrix} 1 & 0 \\ 0 & 1 \end{pmatrix} = A^t \cdot A = \begin{pmatrix} \alpha_{11}^2 + \alpha_{21}^2 & \alpha_{11}\alpha_{12} + \alpha_{21}\alpha_{22} \\ \alpha_{12}\alpha_{11} + \alpha_{22}\alpha_{21} & \alpha_{12}^2 + \alpha_{22}^2 \end{pmatrix}$$

das Gleichungssystem

$$\alpha_{11}^2 + \alpha_{21}^2 = 1,$$
$$\alpha_{12}^2 + \alpha_{22}^2 = 1,$$
$$\alpha_{11}\alpha_{12} + \alpha_{21}\alpha_{22} = 0.$$

Die komplexen Zahlen

$$\alpha_{11} + i\alpha_{21}, \qquad \alpha_{22} + i\alpha_{12}$$

sind daher vom Betrag 1. Gleiches gilt für ihr Produkt, und es folgt

$$(\alpha_{11} + i\alpha_{21}) \cdot (\alpha_{22} + i\alpha_{12}) = (\alpha_{11}\alpha_{22} - \alpha_{21}\alpha_{12}) + i(\alpha_{11}\alpha_{12} + \alpha_{21}\alpha_{22})$$
$$= \alpha_{11}\alpha_{22} - \alpha_{21}\alpha_{12}$$
$$= \det(A) = \pm 1 \in \mathbb{R}.$$

Benutzen wir nun die Identität $z\bar{z} = 1$ für komplexe Zahlen z vom Betrag 1, so ergibt sich für $\det(A) = 1$, also im Falle $A \in \mathrm{SO}(2)$

$$\alpha_{22} + i\alpha_{12} = \overline{\alpha_{11} + i\alpha_{21}} = \alpha_{11} - i\alpha_{21},$$

und damit

$$\alpha_{22} = \alpha_{11}, \qquad \alpha_{12} = -\alpha_{21}.$$

Wir benutzen nun aus der Analysis, dass es wegen $\alpha_{11}^2 + \alpha_{21}^2 = 1$ genau einen Winkel ϑ, $0 \le \vartheta < 2\pi$, mit

$$\alpha_{11} + i\alpha_{21} = \cos\vartheta + i\sin\vartheta = e^{i\vartheta},$$

also mit

$$A = \begin{pmatrix} \alpha_{11} & -\alpha_{21} \\ \alpha_{21} & \alpha_{11} \end{pmatrix} = \begin{pmatrix} \cos\vartheta & -\sin\vartheta \\ \sin\vartheta & \cos\vartheta \end{pmatrix} = R(\vartheta)$$

gibt. Dies bedeutet, dass A eine Drehung um den Nullpunkt mit dem Winkel ϑ beschreibt.

Das charakteristische Polynom einer Drehung $R(\vartheta)$ berechnet sich zu

$$\chi_{R(\vartheta)} = T^2 - 2(\cos\vartheta)T + 1 = (T - e^{i\vartheta})(T - e^{-i\vartheta}),$$

hat also nur für $\sin\vartheta = 0$, d. h. nur für $\vartheta \in \{0, \pi\}$ reelle Nullstellen. Somit erhält man:

Satz 5. *Es besteht* $\mathrm{SO}(2)$ *aus allen reellen* (2×2)-*Matrizen, die zu Drehungen um den Nullpunkt im* $\mathbb{R}^2$ *Anlass geben, also*

$$\mathrm{SO}(2) = \{R(\vartheta)\,;\, 0 \le \vartheta < 2\pi\}.$$

Abgesehen von den trivialen Fällen $R(0) = \mathrm{id}$ *und* $R(\pi) = -\mathrm{id}$ *besitzen die Matrizen* $R(\vartheta)$ *keine reellen Eigenwerte und sind folglich auch nicht diagonalisierbar.*

Für Matrizen $A = (\alpha_{ij})_{i,j=1,2} \in \mathrm{O}(2)$ mit $\det(A) = -1$ ergibt die obige Rechnung in entsprechender Weise die Identitäten

$$\alpha_{22} + i\alpha_{12} = -\overline{(\alpha_{11} + i\alpha_{21})} = -\alpha_{11} + i\alpha_{21},$$

also

$$\alpha_{22} = -\alpha_{11}, \qquad \alpha_{12} = \alpha_{21},$$

so dass es auch in diesem Falle genau einen Winkel ϑ, $0 \le \vartheta < 2\pi$, mit

$$A = \begin{pmatrix} \cos\vartheta & \sin\vartheta \\ \sin\vartheta & -\cos\vartheta \end{pmatrix}$$

gibt. Natürlich gehören alle Matrizen A dieses Typs zu O(2). Das charakteristische Polynom einer solchen Matrix ergibt sich zu $\chi_A = T^2 - 1$, so dass A die reellen Eigenwerte 1 und -1 besitzt und folglich diagonalisierbar ist. Die Gleichung $A^t = A^{-1}$ zeigt, dass A einen normalen Endomorphismus von $\mathbb{R}^2$ beschreibt. Gemäß 7.4/8 gibt es dann in $\mathbb{R}^2$ eine Orthonormalbasis bestehend aus Eigenvektoren von A, und man erkennt A als Spiegelung. Somit folgt:

Satz 6. *Es besteht O(2) aus allen reellen (2×2)-Matrizen, die zu Drehungen bzw. Spiegelungen im $\mathbb{R}^2$ Anlass geben. Genauer gilt*

$$O(2) = \left\{ \begin{pmatrix} \cos\vartheta & -\sin\vartheta \\ \sin\vartheta & \cos\vartheta \end{pmatrix}, \begin{pmatrix} \cos\vartheta & \sin\vartheta \\ \sin\vartheta & -\cos\vartheta \end{pmatrix} \in \mathbb{R}^{2\times2} \, ; \, 0 \le \vartheta < 2\pi \right\}.$$

Die Struktur der Gruppen O(2) und SO(2) ist damit vollständig geklärt. Man sollte noch vermerken (und dies auch mittels elementarer Rechnung überprüfen), dass SO(2) kommutativ ist, nicht aber O(2).

Wir wollen nun Normalformen für Isometrien allgemeinen Typs in euklidischen und unitären Vektorräumen herleiten. Mit Satz 1 (ii) folgt insbesondere, dass jede Isometrie normal ist. Dementsprechend ist zumindest über dem Körper $\mathbb{C}$ der komplexen Zahlen der Spektralsatz 7.4/8 anwendbar.

Satz 7. *Es sei $\varphi \in \mathrm{End}_{\mathbb{C}}(V)$ ein Endomorphismus eines unitären $\mathbb{C}$-Vektorraums V endlicher Dimension. Dann ist äquivalent:*

(i) *φ ist eine Isometrie.*

(ii) *Es gilt $|\lambda| = 1$ für jeden Eigenwert λ von φ. Weiter existieren Eigenvektoren zu φ, die eine Orthonormalbasis von V bilden.*

Beweis. Sei zunächst (i) gegeben, φ also eine Isometrie. Dann kann φ als längenerhaltende Abbildung nur Eigenwerte vom Betrag 1 haben. Da $\mathbb{C}$ im Übrigen algebraisch abgeschlossen ist, zerfällt das charakteristische Polynom χ_φ vollständig in Linearfaktoren. Weiter ist φ normal. Also folgt mit 7.4/8 die Existenz einer Orthonormalbasis X von V, die aus lauter Eigenvektoren von φ besteht, d. h. es gilt (ii).

Ist umgekehrt X eine Orthonormalbasis von V, die aus Eigenvektoren von φ besteht, und sind alle Eigenwerte vom Betrag 1, so wird X durch φ offenbar wiederum in eine Orthonormalbasis überführt. Es ist φ damit eine Isometrie gemäß Satz 1. □

Insbesondere ist jede Isometrie eines unitären Vektorraums endlicher Dimension diagonalisierbar. Auf ein entsprechendes Resultat für euklidische Vektorräume kann man allerdings nicht hoffen, wie das Beispiel der Drehungen um den Nullpunkt im $\mathbb{R}^2$ zeigt. Die Situation ist hier etwas komplizierter.

Satz 8. *Es sei $\varphi \in \operatorname{End}_\mathbb{R}(V)$ ein Endomorphismus eines euklidischen $\mathbb{R}$-Vektorraums V endlicher Dimension. Dann ist äquivalent:*

(i) *φ ist eine Isometrie.*

(ii) *Es existiert eine Orthonormalbasis X von V, so dass φ bezüglich X durch eine Matrix des Typs*

$$A = A_{\varphi,X,X} = \operatorname{Diag}\big(E_k, -E_\ell, R(\vartheta_1), \ldots, R(\vartheta_m)\big)$$

$$= \begin{pmatrix} E_k & & & & & \\ & -E_\ell & & & & \\ & & R(\vartheta_1) & & & \\ & & & \ddots & & \\ & & & & \ddots & \\ & & & & & R(\vartheta_m) \end{pmatrix}$$

beschrieben wird. Dabei ist $E_k \in \mathbb{R}^{k \times k}$ (bzw. $E_\ell \in \mathbb{R}^{\ell \times \ell}$) die Einheitsmatrix mit einer gewissen Zeilen- und Spaltenzahl k (bzw. ℓ), und $R(\vartheta_1), \ldots, R(\vartheta_m) \in \mathbb{R}^{2 \times 2}$ sind Drehmatrizen zu gewissen Winkeln $0 < \vartheta_1 \le \vartheta_2 \le \ldots \le \vartheta_m < \pi$.

Ist φ eine Isometrie, so ist die Normalform in (ii) mit den Zahlen k, ℓ, m und den Winkeln $\vartheta_1, \ldots, \vartheta_m$ eindeutig durch φ bestimmt, und zwar gilt

$$\chi_\varphi = (T-1)^k (T+1)^\ell \prod_{j=1}^m (T - e^{i\vartheta_j})(T - e^{-i\vartheta_j}).$$

Beweis. Sei zunächst φ eine Isometrie. Um die in (ii) behauptete Normalform herzuleiten, verwenden wir Induktion nach der Dimension n von V. Im Falle $n = 0$ ist nichts zu zeigen, sei also $n > 0$. Wir behaupten, dass V dann einen φ-unzerlegbaren linearen Unterraum U der Dimension 1 oder 2 enthält. Mit 6.5/6 folgt nämlich, dass V jedenfalls einen φ-invarianten Unterraum U' besitzt, der, betrachtet als $\mathbb{R}[T]$-Modul unter φ, isomorph zu einem Quotienten $\mathbb{R}[T]/(p^c)$ ist; dabei ist $p \in \mathbb{R}[T]$ ein Primpolynom und $c \geq 1$ ein gewisser Exponent. Die Multiplikation mit p^{c-1} definiert nun einen $\mathbb{R}[T]$-Modulisomorphismus $\mathbb{R}[T] \overset{\sim}{\longrightarrow} p^{c-1}\mathbb{R}[T]$ und durch Quotientenbildung einen $\mathbb{R}[T]$-Modulisomorphismus

$$\mathbb{R}[T]/p\mathbb{R}[T] \overset{\sim}{\longrightarrow} p^{c-1}\mathbb{R}[T]/p^c\mathbb{R}[T],$$

wobei wir $p^{c-1}\mathbb{R}[T]/p^c\mathbb{R}[T]$ als $\mathbb{R}[T]$-Untermodul von $\mathbb{R}[T]/(p^c)$ auffassen können. Aufgrund von 6.5/2 (i) enthalten daher U' und insbesondere V einen φ-invarianten linearen Unterraum U, der als $\mathbb{R}[T]$-Modul isomorph zu $\mathbb{R}[T]/(p)$ ist, also nach 6.5/4 bzw. 6.5/7 φ-unzerlegbar ist und nach 6.5/5 die Dimension $\operatorname{grad} p$ besitzt. Nun haben aber Primpolynome in $\mathbb{R}[T]$ den Grad 1 oder 2, vgl. Aufgabe 3 aus Abschnitt 5.3, so dass wir $U \subset V$ als unzerlegbaren φ-invarianten linearen Unterraum der Dimension 1 oder 2 erkennen.

Wir betrachten nun die Zerlegung $V = U \oplus U^{\perp}$, vgl. 7.2/8, und zeigen, dass mit U auch das orthogonale Komplement $U^{\perp}$ ein φ-invarianter Unterraum von V ist. Hierzu bemerken wir zunächst, dass φ als Isomorphismus eine lineare Abbildung $\varphi|_U : U \longrightarrow U$ induziert, die zumindest injektiv, dann aber aufgrund von 2.1/11 sogar bijektiv ist und damit $\varphi^{-1}(U) = U$ erfüllt. Sei nun $y \in U^{\perp}$. Für alle $x \in U$ gilt dann

$$\langle x, \varphi(y) \rangle = \langle \varphi^*(x), y \rangle = \langle \varphi^{-1}(x), y \rangle = 0,$$

da mit x, wie wir gesehen haben, auch $\varphi^{-1}(x)$ zu U gehört. Dies bedeutet aber $\varphi(y) \in U^{\perp}$, und wir erkennen auf diese Weise, dass in der Tat $U^{\perp}$ ein φ-invarianter Unterraum von V ist.

Man wähle nun in U eine Orthonormalbasis X'. Für $\dim_{\mathbb{R}}(U) = 1$ besteht X' lediglich aus einem einzigen Vektor, der dann notwendig ein Eigenvektor von φ ist. Der zugehörige Eigenwert ist gemäß Satz 1 (iii) vom Betrag 1, also gleich 1 oder -1. Für $\dim_{\mathbb{R}}(U) = 2$ besteht X'

aus 2 Vektoren, und es folgt mit Korollar 3, dass die Matrix $A_{\varphi|_U,X',X'}$ zu $O(2)$ gehört, allerdings nicht diagonalisierbar sein kann, da wir U als φ-unzerlegbar angenommen hatten. Dann gilt aufgrund der obigen Beschreibung der Matrizen in $O(2)$ notwendig $A_{\varphi|_U,X',X'} = R(\vartheta)$ mit einem Winkel $\vartheta \neq \pi$, $0 < \vartheta < 2\pi$. Indem wir notfalls die Reihenfolge der Vektoren in X' ändern, was einem Ersetzen des Winkels ϑ durch $2\pi - \vartheta$ entspricht, können wir sogar $0 < \vartheta < \pi$ annehmen.

Nach Induktionsvoraussetzung gibt es nun in $U^\perp$ eine Orthonormalbasis X'', so dass $A_{\varphi|_{U^\perp},X'',X''}$ von der in (ii) beschriebenen Gestalt ist. Man kann dann X' und X'' zu einer Orthonormalbasis X von V zusammensetzen, und es folgt nach geeigneter Umnummerierung der Basisvektoren von X, dass die Matrix $A_{\varphi,X,X}$ die gewünschte Gestalt hat. Die Implikation (i) $\implies$ (ii) ist somit bewiesen. Umgekehrt ist unmittelbar klar, dass jede Matrix des Typs (ii) orthogonal ist, φ in diesem Falle daher eine Isometrie ist.

Zum Nachweis der Eindeutigkeitsaussage hat man lediglich zu beachten, dass sich für eine Isometrie φ das charakteristische Polynom einer beschreibenden Matrix A wie in (ii) zu

$$\chi_\varphi = \chi_A = (T-1)^k (T+1)^\ell \prod_{j=1}^m (T - e^{i\vartheta_j})(T - e^{-i\vartheta_j})$$

berechnet. Somit bestimmt χ_φ zunächst die Zahlen k, ℓ und m in A. Da bei den Paaren komplex konjugierter Nullstellen $e^{i\vartheta_j}$, $e^{-i\vartheta_j}$ der Realteil $\cos\vartheta_j$ jeweils gleich ist, und da dieser eindeutig den Winkel im Bereich $0 < \vartheta_j < \pi$ bestimmt, ist insgesamt die Gestalt der Matrix A durch das Polynom χ_φ festgelegt. $\square$

Aufgaben

Falls nicht anderweitig bestimmt, sei V stets ein euklidischer bzw. unitärer $\mathbb{K}$-Vektorraum endlicher Dimension.

1. Man zeige: Zu $x,y \in V$ gibt es genau dann eine Isometrie $\varphi \in \mathrm{End}_{\mathbb{K}}(V)$ mit $\varphi(x) = y$, wenn $|x| = |y|$ gilt.

2. Man zeige für zwei Drehmatrizen $R(\vartheta_1), R(\vartheta_2) \in \mathbb{R}^{2\times2}$ mit gegebenen Winkeln $0 \leq \vartheta_1 < \vartheta_2 < 2\pi$, dass diese genau dann ähnlich sind, wenn $\vartheta_1 + \vartheta_2 = 2\pi$ gilt. (AT 477)

3. Es seien $e_1, \ldots, e_n \in \mathbb{R}^n$ die kanonischen Einheitsvektoren, aufgefasst als Spaltenvektoren. Eine Matrix $A \in \mathbb{R}^{n \times n}$ heißt *Permutationsmatrix*, wenn es eine Permutation $\pi \in \mathfrak{S}_n$ mit $A = E_\pi := (e_{\pi(1)}, \ldots, e_{\pi(n)})$ gibt. Man zeige:

   (i) Jede Permutationsmatrix ist invertierbar, und die kanonische Abbildung $\sigma \colon \mathfrak{S}_n \longrightarrow \mathrm{GL}(n, \mathbb{R})$, $\pi \longmapsto E_\pi$, definiert einen injektiven Gruppenhomomorphismus.

   (ii) Es gilt $E_\pi \in \mathrm{O}(n)$ für alle $\pi \in \mathfrak{S}_n$.

   (iii) Es sei $A = (\alpha_{ij}) \in \mathrm{O}(n)$ eine orthogonale Matrix mit Koeffizienten $\alpha_{ij} \geq 0$. Dann ist A bereits eine Permutationsmatrix.

4. Es sei $A = (\alpha_{ij}) \in \mathrm{O}(n)$ eine orthogonale Matrix in unterer Dreiecksgestalt, d. h. es gelte $\alpha_{ij} = 0$ für $i < j$. Man zeige, dass A sogar eine Diagonalmatrix ist. Gilt eine entsprechende Aussage auch für Matrizen $A \in \mathrm{U}(n)$? (AT 478)

5. Es seien $A, B \in \mathbb{C}^{n \times n}$ unitäre Matrizen. Man zeige, dass A und B genau dann ähnlich sind, wenn sie unitär ähnlich sind, d. h. wenn es eine unitäre Matrix $S \in \mathbb{C}^{n \times n}$ mit $B = S^{-1}AS$ gibt. Gilt die entsprechende Aussage auch über dem Körper $\mathbb{K} = \mathbb{R}$ mit "orthogonal" anstelle von "unitär"?

7.6 Selbstadjungierte Abbildungen

Es sei V weiterhin ein endlich-dimensionaler $\mathbb{K}$-Vektorraum mit einem *Skalarprodukt* $\Phi \colon V \times V \longrightarrow \mathbb{K}$, also ein *euklidischer* bzw. *unitärer* Vektorraum.

Definition 1. *Ein Endomorphismus* $\varphi \in \mathrm{End}_{\mathbb{K}}(V)$ *heißt selbstadjungiert, wenn* $\varphi^* = \varphi$ *gilt.*

Eine Matrix $A \in \mathbb{K}^{n \times n}$ *heißt* symmetrisch (*im Falle* $\mathbb{K} = \mathbb{R}$) *bzw.* hermitesch (*im Falle* $\mathbb{K} = \mathbb{C}$), *wenn* $A^* = A$ *gilt.*

Für einen beliebigen Endomorphismus $\varphi \colon V \longrightarrow V$ ist die Komposition $\varphi \circ \varphi^*$ selbstadjungiert, wie die Gleichung

$$\langle \varphi \circ \varphi^*(x), y \rangle = \langle \varphi^*(x), \varphi^*(y) \rangle = \langle x, \varphi \circ \varphi^*(y) \rangle, \quad x, y \in V,$$

zeigt. Entsprechend ist für jede Matrix $A \in \mathbb{K}^{n \times n}$ das Produkt AA^* symmetrisch bzw. hermitesch. Trivialerweise ist jeder selbstadjungierte

Endomorphismus von V insbesondere normal. Im Übrigen ergibt sich mittels 7.4/4 die folgende Charakterisierung selbstadjungierter Endomorphismen:

Bemerkung 2. *Es sei X eine Orthonormalbasis von V. Für eine Abbildung $\varphi \in \mathrm{End}_{\mathbb{K}}(V)$ ist dann äquivalent:*

(i) *φ ist selbstadjungiert.*

(ii) *Es gilt $(A_{\varphi,X,X})^* = A_{\varphi,X,X}$, d. h. $A_{\varphi,X,X}$ ist symmetrisch bzw. hermitesch.*

Aufgrund unserer Untersuchungen normaler Endomorphismen können wir nun folgende wichtige Beobachtung machen:

Satz 3. *Sei $\varphi \in \mathrm{End}_{\mathbb{K}}(V)$ selbstadjungiert. Dann besitzt das charakteristische Polynom χ_φ reelle Koeffizienten und zerfällt in $\mathbb{R}[T]$ vollständig in Linearfaktoren. Insbesondere besitzt φ ausschließlich reelle Eigenwerte.*

Beweis. Sei zunächst $\mathbb{K} = \mathbb{C}$. Mittels 7.4/7 ergibt sich $\lambda = \overline{\lambda}$ und damit $\lambda \in \mathbb{R}$ für alle Eigenwerte λ von φ bzw. alle Nullstellen von χ_φ. Benutzen wir, dass $\mathbb{C}$ algebraisch abgeschlossen ist, so sehen wir, dass χ_φ vollständig in Linearfaktoren zerfällt und dass diese alle reell sind. Insbesondere ist χ_φ ein reelles Polynom.

Im Falle $\mathbb{K} = \mathbb{R}$ wähle man eine Orthonormalbasis X von V und betrachte die Matrix $A = A_{\varphi,X,X}$, wobei dann $A^* = A^t = A$ gilt; vgl. 7.4/4. Betrachtet man nun $\mathbb{C}^n$ mit $n = \dim_{\mathbb{R}} V$ als unitären Vektorraum unter dem kanonischen Skalarprodukt, so definiert A als symmetrische reelle Matrix insbesondere auch einen selbstadjungierten Endomorphismus

$$\mathbb{C}^n \longrightarrow \mathbb{C}^n, \qquad x \longmapsto Ax,$$

und wir können wie oben schließen, dass das zugehörige charakteristische Polynom, nämlich χ_A, vollständig in reelle Linearfaktoren zerfällt. Da aber χ_A mit χ_φ übereinstimmt, sind wir fertig. $\square$

Insbesondere lässt sich im Falle selbstadjungierter Endomorphismen der Spektralsatz für normale Endomorphismen 7.4/8 wie folgt verschärfen:

Korollar 4. *Für einen Endomorphismus $\varphi \in \mathrm{End}_{\mathbb{K}}(V)$ ist äquivalent:*

   (i) *φ ist selbstadjungiert.*

   (ii) *Alle Eigenwerte von φ sind reell, und V besitzt eine Orthonormalbasis, die aus lauter Eigenvektoren von φ besteht.*

   (iii) *Es gibt in V eine Orthonormalbasis X, so dass $A_{\varphi,X,X}$ eine reelle Diagonalmatrix ist.*

Beweis. Sei zunächst Bedingung (i) gegeben, also φ selbstadjungiert. Dann besitzt das charakteristische Polynom χ_φ nach Satz 3 reelle Koeffizienten und zerfällt über $\mathbb{R}$ vollständig in Linearfaktoren; alle Eigenwerte sind daher reell. Da φ insbesondere normal ist, existiert nach 7.4/8 eine Orthonormalbasis X von V, bestehend aus Eigenvektoren zu φ, d. h. Bedingung (ii) ist erfüllt. Weiter folgt aus (ii), dass die Matrix $A_{\varphi,X,X}$ Diagonalgestalt hat, wobei auf der Diagonalen die Eigenwerte von φ stehen. Somit ist $A_{\varphi,X,X}$ eine reelle Diagonalmatrix, wie in (iii) behauptet.

   Gibt es schließlich eine Orthonormalbasis X von V, so dass $A_{\varphi,X,X}$ eine reelle Diagonalmatrix ist, so gilt

$$\left(A_{\varphi,X,X}\right)^* = A_{\varphi,X,X},$$

und es folgt $A_{\varphi^*,X,X} = A_{\varphi,X,X}$ bzw. $\varphi^* = \varphi$ mit 7.4/4. Bedingung (iii) impliziert daher (i). $\square$

Da man eine Matrix $A \in \mathbb{K}^{n\times n}$ mit $A = A^*$ stets als selbstadjungierten Endomorphismus von $\mathbb{K}^n$, versehen mit dem kanonischen Skalarprodukt, interpretieren kann, erhält man als unmittelbare Folgerung:

Korollar 5. *Sei $A \in \mathbb{K}^{n\times n}$ eine Matrix, welche der Bedingung $A^* = A$ genügt, also eine symmetrische bzw. hermitesche Matrix. Dann ist A ähnlich zu einer reellen Diagonalmatrix. Insbesondere gilt $\chi_A \in \mathbb{R}[T]$, und dieses Polynom zerfällt in $\mathbb{R}[T]$ vollständig in Linearfaktoren.*

Im Spezialfall $\mathbb{K} = \mathbb{R}$ ist also eine symmetrische Matrix $A \in \mathbb{R}^{n\times n}$ stets diagonalisierbar und besitzt daher (für $n \geq 1$) mindestens einen (reellen) Eigenwert.

   Wir haben in der Situation von Korollar 5 noch nicht erwähnt, dass die Basiswechselmatrix, welche die Ähnlichkeit zwischen einer symmetrischen bzw. hermiteschen Matrix A und der zugehörigen reellen Diagonalmatrix vermittelt, nach Konstruktion in Korollar 4 einen Basiswechsel zwischen Orthonormalbasen beschreibt und folglich aufgrund von 7.5/4 orthogonal bzw. unitär ist. Wir wollen dies nun berücksichtigen und gelangen auf diese Weise zum sogenannten Satz über die *Hauptachsentransformation*, den wir in zwei verschiedenen Versionen herleiten werden.

Theorem 6 (Hauptachsentransformation). *Es sei $A \in \mathbb{K}^{n \times n}$ eine Matrix mit $A^* = A$. Dann existiert eine orthogonale bzw. unitäre Matrix $S \in \mathrm{GL}(n, \mathbb{K})$ mit der Eigenschaft, dass*

$$D = S^{-1}AS = S^*AS = (\overline{S})^t A \overline{\overline{S}}$$

eine reelle Diagonalmatrix ist. Dabei ist mit S auch $\overline{S} \in \mathrm{GL}(n, \mathbb{K})$ orthogonal bzw. unitär, und die Diagonaleinträge von D sind gerade die Eigenwerte von A.

Die Gleichung $D = S^{-1}AS$ besagt, dass A als (selbstadjungierte) lineare Abbildung $\mathbb{K}^n \longrightarrow \mathbb{K}^n$ mittels des durch S gegebenen Basiswechsels auf Diagonalgestalt transformiert werden kann. Entsprechend bedeutet $D = (\overline{S})^t A \overline{\overline{S}}$, dass die durch A gegebene sBF bzw. HF mittels des durch $\overline{S}$ gegebenen Basiswechsels auf Diagonalgestalt transformiert werden kann.

Theorem 7. *Sei V ein euklidischer bzw. unitärer Vektorraum mit Skalarprodukt Φ, und sei $\Psi \colon V \times V \longrightarrow \mathbb{K}$ eine beliebige sBF bzw. HF auf V. Dann existiert eine Orthonormalbasis X von V, so dass die Matrix $A_{\Psi,X}$ eine reelle Diagonalmatrix ist.*

Beweis zu Theorem 6. Wir fassen $\mathbb{K}^n$ zusammen mit dem kanonischen Skalarprodukt als euklidischen bzw. unitären Vektorraum auf. Dann ist die lineare Abbildung

$$\varphi \colon \mathbb{K}^n \longrightarrow \mathbb{K}^n, \qquad x \longmapsto Ax,$$

selbstadjungiert, denn es gilt $A^* = A$; vgl. Bemerkung 2. Nach Korollar 4 existiert daher eine Orthonormalbasis X von $\mathbb{K}^n$, so dass die beschreibende Matrix $D = A_{\varphi,X,X}$ eine reelle Diagonalmatrix ist. Ist nun $S = A_{X,E} \in \mathrm{GL}(n,\mathbb{K})$ die Matrix des Basiswechsels zwischen X und der kanonischen Basis E von $\mathbb{K}^n$, so erhalten wir gemäß 3.4/5

$$D = S^{-1} \cdot A \cdot S.$$

Da S einen Basiswechsel zwischen zwei Orthonormalbasen beschreibt, ist S nach 7.5/4 orthogonal bzw. unitär, und es gilt $S^* = S^{-1}$. Durch Konjugieren erhält man $\overline{S}^* = (\overline{S})^{-1}$, d. h. $\overline{S}$ ist ebenfalls orthogonal bzw. unitär. $\qquad\square$

Beweis zu Theorem 7. Wir gehen von einer beliebigen Orthonormalbasis X von V aus; vgl. 7.2/6. Für die zu Ψ gehörige Matrix gilt dann $A_{\Psi,X} = A^*_{\Psi,X}$ nach 7.3/4, und es existiert, wie wir in Theorem 6 gesehen haben, eine orthogonale bzw. unitäre Matrix $S \in \mathrm{GL}(n,\mathbb{K})$, so dass $D = S^t \cdot A_{\Psi,X} \cdot \overline{S}$ eine reelle Diagonalmatrix ist. Wir können nun S als Basiswechselmatrix der Form $A_{Y,X}$ mit einer neuen Basis Y von V auffassen. Nach 7.5/4 ist Y wiederum eine Orthonormalbasis, und es gilt

$$A_{\Psi,Y} = S^t \cdot A_{\Psi,X} \cdot \overline{S} = D,$$

wobei man 7.3/5 benutze. Y anstelle von X erfüllt also die Behauptung. $\qquad\square$

Um die geometrische Bedeutung der Hauptachsentransformation zu erläutern, betrachte man beispielsweise die Kurve C, die in $\mathbb{R}^2$ durch die Gleichung

$$41x_1^2 - 24x_1x_2 + 34x_2^2 = 25$$

gegeben ist. Mit $x = (x_1, x_2)^t$, sowie

$$A = \begin{pmatrix} 41 & -12 \\ -12 & 34 \end{pmatrix}$$

lässt sich C dann auch durch die Gleichung

$$x^t \cdot A \cdot x = 25$$

beschreiben. Wenden wir nun Theorem 6 an, so existiert eine orthogonale Matrix $S \in \mathrm{O}(2)$ mit der Eigenschaft, dass

$$D = S^t A S = S^{-1} A S$$

eine reelle Diagonalmatrix ist, wobei auf der Diagonalen von D gerade die Eigenwerte von A stehen. Da das charakteristische Polynom von A die Gestalt

$$\chi_A = (T - 25)(T - 50)$$

hat, können wir etwa

$$S^t A S = S^{-1} A S = \begin{pmatrix} 25 & 0 \\ 0 & 50 \end{pmatrix}$$

annehmen. Ist nun $X = E$ die kanonische Basis von $\mathbb{R}^2$, so lässt sich S als Basiswechselmatrix der Form $A_{Y,X}$ mit einer neuen Basis Y auffassen, wobei Y gemäß 7.5/4 wiederum eine Orthonormalbasis ist. Es besteht dann nach 3.4/3 die Beziehung

$$\begin{pmatrix} x_1 \\ x_2 \end{pmatrix} = S \cdot \begin{pmatrix} y_1 \\ y_2 \end{pmatrix}.$$

zwischen Koordinaten x_1, x_2 bezüglich X und y_1, y_2 bezüglich Y, so dass sich die Kurve C in den neuen Koordinaten durch die Gleichung

$$25y_1^2 + 50y_2^2 = 25$$

bzw. durch

$$y_1^2 + 2y_2^2 = 1$$

beschreibt. Insbesondere sehen wir, dass es sich um eine Ellipse handelt. In der Gleichung kommen nunmehr keine gemischten Terme mehr vor, was bedeutet, dass man C bezüglich seiner "Hauptachsen" beschrieben hat.

Um C noch genauer zu charakterisieren, sollte man natürlich die Hauptachsen von C explizit bestimmen, also die Orthonormalbasis Y und die zugehörige Transformationsmatrix $S = A_{Y,X}$.[2] Dies kann wie folgt geschehen. Man betrachte

---

[2] Man beachte jedoch, dass die Basis Y nicht im strengen Sinne als eindeutig bezeichnet werden kann, denn deren Elemente lassen sich noch bezüglich Reihenfolge und Vorzeichen abändern. Für eine Kreislinie C besitzt sogar jede Orthonormalbasis von $\mathbb{R}^2$ die Eigenschaft von Hauptachsen.

$$\mathbb{R}^2 \longrightarrow \mathbb{R}^2, \qquad x \longmapsto Ax,$$

als selbstadjungierten Endomorphismus von $\mathbb{R}^2$, versehen mit dem kanonischen Skalarprodukt, und bestimme eine Orthonormalbasis Y von $\mathbb{R}^2$, die aus Eigenvektoren zu A besteht. Hierzu ermittelt man zunächst Basen der Eigenräume zu A (durch Lösen der entsprechenden linearen Gleichungssysteme) und orthonormalisiert die Basen anschließend nach E. Schmidt. In unserem Fall ist dies sehr simpel. Es sind

$$(3,4)^t, \quad (-4,3)^t$$

Eigenvektoren zu den Eigenwerten 25 und 50. Nach Normierung ergibt sich

$$\tfrac{1}{5}(3,4)^t, \quad \tfrac{1}{5}(-4,3)^t$$

als Orthonormalbasis Y von $\mathbb{R}^2$ und

$$S = A_{Y,X} = \tfrac{1}{5} \begin{pmatrix} 3 & -4 \\ 4 & 3 \end{pmatrix}$$

als zugehörige Transformationsmatrix. Dabei ist die Isometrie

$$\mathbb{R}^2 \longrightarrow \mathbb{R}^2, \qquad x \longmapsto Sx,$$

als Drehung $R(\vartheta)$ mit einem Winkel ϑ von ungefähr $53°$ zu interpretieren.

Abschließend wollen wir noch einige Folgerungen aus dem Theorem über die Hauptachsentransformation ziehen.

Korollar 8. *Für eine sBF bzw. HF Ψ auf einem endlich-dimensionalen $\mathbb{K}$-Vektorraum V ist äquivalent:*

(i) *Ψ ist positiv definit.*

(ii) *Es existiert eine Basis X von V, so dass die Matrix $A_{\Psi,X}$ nur positive Eigenwerte hat.*

Beweis. Ist Ψ positiv definit, so gibt es bezüglich Ψ eine Orthonormalbasis X von V. Die zugehörige Matrix $A_{\Psi,X}$ ist dann die Einheitsmatrix.

Sei nun umgekehrt X eine Basis von V, so dass die Matrix $A_{\Psi,X}$ nur positive Eigenwerte hat. Es gilt $A_{\Psi,X}^* = A_{\Psi,X}$ nach 7.3/4. Aufgrund von Theorem 6 existiert dann eine Matrix $S \in \mathrm{GL}(n, \mathbb{K})$ mit $S^* = S^{-1}$, so dass

$$(\overline{S})^t \cdot A_{\Psi,X} \cdot \overline{\overline{S}} = S^{-1} A_{\Psi,X} \cdot S = D$$

eine reelle Diagonalmatrix ist. Dabei sind die Diagonalelemente von D gerade die Eigenwerte von $A_{\Psi,X}$ und folglich größer als 0. Interpretiert man nun $\overline{S}$ als Basiswechselmatrix des Typs $A_{Y,X}$ mit einer neuen Basis Y von V, so gilt $A_{\Psi,Y} = D$, und man erkennt, dass Ψ positiv definit ist. $\qquad\square$

Korollar 9 (Sylvesterscher Trägheitssatz). *Sei Ψ eine sBF bzw. HF auf einem endlich-dimensionalen $\mathbb{K}$-Vektorraum V. Für eine Basis X von V sei weiter k die Anzahl der positiven, ℓ die Anzahl der negativen, sowie m die Anzahl der Eigenwerte von $A_{\Psi,X}$, die verschwinden, jeweils gezählt mit Vielfachheiten. Dann gilt $k + \ell + m = \dim_{\mathbb{K}} V$, und die Zahlen k, ℓ, m sind eindeutig durch Ψ bestimmt, insbesondere unabhängig von der Wahl von X.*

Es existiert eine Basis X von V, so dass die Matrix $A_{\Psi,X}$ die folgende Diagonalgestalt

$$\begin{pmatrix} 1 & & & & & & & & & 0 \\ & \ddots & & & & & & & & \\ & & \ddots & & & & & & & \\ & & & 1 & & & & & & \\ & & & & -1 & & & & & \\ & & & & & \ddots & & & & \\ & & & & & & \ddots & & & \\ & & & & & & & -1 & & \\ & & & & & & & & 0 & \\ & & & & & & & & & \ddots \\ & & & & & & & & & \ddots \\ 0 & & & & & & & & & 0 \end{pmatrix}$$

besitzt, wobei auf der Diagonalen k-mal 1, ℓ-mal -1 und m-mal 0 steht.

Beweis. Wir gehen aus von einer Basis $X = (x_1, \ldots, x_n)$ von V und betrachten die Matrix $A_{\Psi,X}$, sowie die zugehörigen Zahlen k, ℓ, m. Dann existiert nach Theorem 6 in Verbindung mit 7.3/4 eine orthogonale bzw. unitäre Matrix $S \in \mathrm{GL}(n, \mathbb{K})$, so dass $D = S^t A \overline{S}$ die Gestalt einer reellen Diagonalmatrix besitzt; die Diagonalelemente von D

sind gerade die Eigenwerte von A. Indem wir S als Basiswechselmatrix auffassen und X durch die entsprechende neue Basis ersetzen, können wir $\Psi(x_i, x_j) = \delta_{ij}\alpha_i$ mit $\alpha_i \in \mathbb{R}$ annehmen, $i, j = 1, \ldots, n$. Weiter kann man für $\Psi(x_i, x_i) \neq 0$ den Basisvektor x_i mit $|\Psi(x_i, x_i)|^{-1/2}$ multiplizieren und somit $\alpha_i \in \{1, -1, 0\}$ annehmen. Nummerieren wir die x_i dann noch in der Weise um, dass

$$
\alpha_i = \begin{cases}
1 & \text{für } i = 1, \ldots, k \\
-1 & \text{für } i = k+1, \ldots, k+\ell \\
0 & \text{für } i = k+\ell+1, \ldots, k+\ell+m
\end{cases}
$$

gilt, so hat die Matrix $A_{\Psi, X}$ die behauptete Gestalt.

Es bleibt noch zu zeigen, dass die Zahlen k, ℓ, m unabhängig von der Wahl der Basis X sind. Seien also X_i, $i = 1, 2$, zwei Basen von V, und seien k_i, ℓ_i, m_i die zugehörigen Zahlen, wobei wir annehmen dürfen, wie wir soeben gesehen haben, dass die Matrizen A_{Ψ, X_i} reelle Diagonalmatrizen sind. Sei nun $V_i^+ \subset V$ der von allen $x \in X_i$ mit $\Psi(x, x) > 0$ erzeugte Unterraum, $V_i^- \subset V$ der von allen $x \in X_i$ mit $\Psi(x, x) < 0$ erzeugte Unterraum, sowie $V_i^0 \subset V$ der von allen $x \in X_i$ mit $\Psi(x, x) = 0$ erzeugte Unterraum. Dann gilt für $i = 1, 2$

$$
V = V_i^+ \oplus V_i^- \oplus V_i^0,
$$
$$
\dim V_i^+ = k_i, \quad \dim V_i^- = \ell_i, \quad \dim V_i^0 = m_i,
$$
$$
k_i + \ell_i + m_i = \dim V.
$$

Dabei erkennt man

$$
V_1^0 = V_2^0 = \{x \in V \,;\, \Psi(x, y) = 0 \text{ für alle } y \in V\}
$$

als "Entartungsraum" von Ψ, es gilt folglich $m_1 = m_2$. Weiter hat man offenbar

$$
V_1^+ \cap (V_2^- \oplus V_2^0) = 0,
$$

da Ψ auf V_1^+ positiv definit und auf $V_2^- \oplus V_2^0$ negativ semidefinit ist. Dies bedeutet

$$
k_1 + \ell_2 + m_2 \leq \dim V
$$

und ergibt wegen $k_2 + \ell_2 + m_2 = \dim V$ dann $k_1 \leq k_2$, sowie aus Symmetriegründen $k_1 = k_2$. Es folgt

$$\ell_1 = \dim V - k_i - m_i = \ell_2, \qquad i = 1, 2,$$

und damit die Behauptung. $\qquad\qquad\qquad\qquad\qquad\qquad\qquad$ □

Aufgaben

Falls nicht anderweitig bestimmt, sei V stets ein euklidischer bzw. unitärer $\mathbb{K}$-Vektorraum endlicher Dimension.

1. Es sei $\varphi \in \mathrm{End}_{\mathbb{K}}(V)$ selbstadjungiert. Man zeige: φ besitzt genau dann lauter positive reelle Eigenwerte, wenn $\langle \varphi(x), x \rangle > 0$ für alle $x \in V - \{0\}$ gilt. (AT 479)

2. Für einen normalen Endomorphismus $\varphi \in \mathrm{End}_{\mathbb{K}}(V)$ zeige man: $\varphi \circ \varphi^*$ besitzt lauter reelle Eigenwerte ≥ 0.

3. Für $A \in \mathbb{R}^{n \times n}$ zeige man: A ist genau dann symmetrisch, wenn es eine Matrix $S \in \mathbb{C}^{n \times n}$ mit $A = S^t S$ gibt. (AT 480)

4. Es sei $A \in \mathbb{K}^{n \times n}$ symmetrisch bzw. hermitesch. Man zeige, dass A genau dann eine positiv semidefinite Sesquilinearform auf $\mathbb{K}^n$ definiert, wenn A von der Form $S^* S$ mit einer Matrix $S \in \mathbb{K}^{n \times n}$ ist.

5. Man zeige: Zwei symmetrische bzw. hermitesche Matrizen $A, B \in \mathbb{K}^{n \times n}$ sind genau dann ähnlich, wenn es eine orthogonale bzw. unitäre Matrix $S \in \mathrm{GL}(n, \mathbb{K})$ mit $B = S^t A \overline{S}$ gibt.

8. Aufgabentrainer

Allgemeines

Die im Buch enthaltenen Übungsaufgaben sollen Gelegenheit bieten, die dargebotene Theorie im Rahmen praktischer Beispiele anzuwenden und damit intensiver zu verarbeiten und zu verstehen. Manchmal sind dabei pure routinemäßige Verifikationen gefragt, manchmal aber auch Überlegungen mit etwas Erfindungsgabe. Das vorliegende Kapitel soll hierzu ein gewisses Training vermitteln und insbesondere zeigen, wie man die Bearbeitung der Aufgaben sinnvoll strukturieren und damit effektiv gestalten kann.

Zu jedem Themenbereich habe ich einige Aufgaben ausgewählt, deren Lösungen im weiteren Verlauf ausführlich besprochen werden. Diese Aufgaben sind mit einem Zusatz der Form (AT xyz) versehen, was bedeutet, dass die Diskussion der jeweiligen Lösung im Aufgabentrainer auf Seite "xyz" zu finden ist. Natürlich sollte die Bearbeitung einer Aufgabe darauf ausgerichtet sein, am Ende eine möglichst einfache Lösung in geschliffener Form zu liefern. Mindestens ebenso wichtig sind aber Überlegungen, die zuvor angestellt werden müssen und die zum Auffinden des eigentlichen *Lösungswegs* führen. Ich fasse diese Überlegungen unter dem Stichwort *Strategie* zusammen. Im Allgemeinen sind Strategieüberlegungen in der fertigen Lösung nicht mehr zu erkennen, sie nehmen aber aufgrund ihrer zentralen Bedeutung in den nachfolgenden Diskussionen oftmals einen größeren Raum ein als die eigentliche Lösung selbst. In der Tat sind Strategieüberlegungen unerlässlich, wenn man in systematischer Weise eine eigenständige Lösung erarbeiten möchte, oder auch nur, wenn man eine vorgefertigte Lösung nachvollziehen bzw. besser verstehen möchte. Im Folgenden sollen nun

© Springer-Verlag GmbH Deutschland, ein Teil von Springer Nature 2021
S. Bosch, *Lineare Algebra*, https://doi.org/10.1007/978-3-662-62616-0_8

die einzelnen Schritte, die bei der Bearbeitung einer Aufgabe zu durchlaufen sind, genauer beschrieben werden.

Start: Zu Beginn sollte man aus dem Aufgabentext die Ausgangssituation mit den zur Verfügung stehenden Voraussetzungen herausdestillieren. Es ist dabei zweckmäßig, sich die verwendeten Begriffsbildungen nochmals zu vergegenwärtigen, inklusive zugehöriger Eigenschaften und Resultate, die im Rahmen der dargestellten Theorie abgehandelt wurden.

Ziel: In einem zweiten Schritt sollte dann das zu beweisende Resultat, sofern erforderlich, klar strukturiert werden. Insbesondere sollte festgehalten werden, welche Aussagen im Einzelnen zu beweisen sind. Wie im ersten Schritt ist es auch hier zweckmäßig, sich die verwendeten Begriffsbildungen und die zugehörigen Eigenschaften und Resultate nochmals vor Augen zu führen.

Strategie: Nun beginnt die Planung des eigentlichen Parcours vom Start bis zum Ziel. Um eine gangbare Route zu finden, kann man zunächst einmal die Startsituation genauer anschauen und überlegen, ob es äquivalente oder ähnliche Startbedingungen gibt, die in Verbindung mit der abgehandelten Theorie eher in Richtung Ziel deuten. Auf der anderen Seite kann man aber auch das Ziel weiter analysieren und Fragen des folgenden Typs stellen: Gibt es äquivalente Beschreibungen des Ziels? Gibt es offensichtliche Resultate, die aus dem Ziel folgen würden? Mit anderen Worten, gibt es äquivalente Versionen oder Abschwächungen des Ziels, die möglicherweise einfacher zu erreichen sind? Oder gibt es einen Reduktionsschritt, der für eine vollständige Induktion nützlich sein könnte? Kurz gesagt, jede Überlegung ist von Interesse, die geeignet ist, die "Topographie" zwischen Start und Ziel genauer zu erkunden. Dabei sollte man insbesondere auch abschätzen, ob sich das Ziel für einen direkten Beweis eignet oder ob man es besser indirekt mittels eines Beweises durch Widerspruch ansteuern sollte.

Sehr nützlich ist in der Regel auch, konkrete Beispiele in der Startsituation zu betrachten, entweder geometrischer Art oder indem man die Startvoraussetzungen weiter einschränkt. Oftmals kann man hierbei wertvolle Hinweise gewinnen, wie sich das Ziel unter erleichterten Bedingungen erreichen lässt, und daraus eventuell lernen, wie man im Allgemeinfall verfahren kann. Leider gibt es kein allgemein gültiges Rezept, welches uns in garantierter Weise vom Start zum Ziel führen könnte. Zwar kann man das unbekannte Gebiet zwischen den beiden Punkten aufgrund der beschriebenen Überlegungen meist beträchtlich eingrenzen, aber vielfach verbleibt noch ein als unüberwindbar erscheinendes Hindernis. Dann ist etwas Erfindungsgeist gefragt, um vielleicht einen versteckt gelegenen Durchbruch zu entdecken. Sobald man schließlich einen gangbaren Weg zum Ziel sozusagen "gesehen" hat, kann man zum nächsten Schritt übergehen und versuchen, eine vollständige mathematisch präzise Lösung zu formulieren.

Lösungsweg: In diesem Schritt sollte der mittels Strategieüberlegungen projektierte Weg zum Ziel in präziser mathematischer Form realisiert werden. Alle Details, die lediglich zum Auffinden des Lösungswegs geführt haben, ansonsten aber für den eigentlichen Lösungsvorgang irrelevant sind, entfallen dabei. Auf der anderen Seite sind Vereinfachungen, die im Rahmen der Strategiebetrachtungen angenommen wurden, bei diesem Schritt nicht mehr zulässig. Hilfreich beim Abfassen einer geschliffenen mathematischen Lösung ist natürlich eine gewisse Erfahrung, die man sich aber im Laufe der Zeit aneignen wird. Diese erstreckt sich insbesondere auf die Wahl einer übersichtlichen und zweckmäßigen Notation, wie auch auf eine wohldurchdachte Folge der Argumente und benutzten Resultate. All dies sollte unter dem Gesichtspunkt größtmöglicher Übersichtlichkeit und Einfachheit geschehen.

Sollte man allerdings bei der Realisierung des beabsichtigten Lösungswegs wider Erwarten auf unüberwindbare Schwierigkeiten treffen, so verbleibt keine andere Alternative als zum vorhergehenden Schritt zurückzukehren und die Strategiebetrachtungen mit den neu gewonnenen Erfahrungen wieder aufzunehmen.

Ergänzungen: Unter diesem Punkt geben wir einige zusätzliche optionale Informationen zu dem jeweiligen Aufgabenproblem, falls dies von allgemeinem Interesse ist. Insofern gehört dieser Punkt nicht zum regulären Verfahren, das bei der Lösung einer Übungsaufgabe abgearbeitet werden sollte.

In den nachfolgenden Abschnitten zeigen wir nun an konkreten Beispielen, wie sich das gerade beschriebene Verfahren zur Lösung von Übungsaufgaben in die Praxis umsetzen lässt. Allerdings ist die jeweilige Vorgehensweise lediglich als *exemplarisch* anzusehen, denn im Allgemeinen gibt es zu einem Aufgabenproblem mehrere verschiedene sinnvolle und gleichberechtigte Ansätze. In besonderem Maße gilt dies für die zugehörigen Strategieüberlegungen. Es wird daher keineswegs der Anspruch erhoben, dass es sich bei der nachfolgenden Diskussion von Lösungen um obligatorische Verfahrensweisen handelt, die nicht auch durch anderweitige Überlegungen ersetzt werden könnten.

Vektorräume

1.1 Aufgabe 1

Start: Gegeben sind Teilmengen A, B, C einer Menge X.

Ziel: Folgende Identitäten sind zu zeigen:

$$\text{(i)} \ A \cap (B \cup C) = (A \cap B) \cup (A \cap C)$$
$$\text{(ii)} \ A \cup (B \cap C) = (A \cup B) \cap (A \cup C)$$
$$\text{(iii)} \ A - (B \cup C) = (A - B) \cap (A - C)$$
$$\text{(iv)} \ A - (B \cap C) = (A - B) \cup (A - C)$$

Strategie: Wir haben noch keine Resultate zur Verfügung, die das Zusammenspiel von Vereinigung, Durchschnitt und Differenz von Mengen beschreiben. Daher bleibt nichts anderes übrig, als anhand der Definition dieser Operatoren jeweils die linke und rechte Seite der Gleichungen elementmäßig miteinander zu vergleichen. Um auf Gleichheit beider Seiten zu schließen, ist es am übersichtlichsten, wenn man zeigt, dass jedes Element der linken auch in der rechten Seite enthalten ist und umgekehrt.

Lösungsweg: Wir beginnen mit (i), und zwar mit der Inklusion "⊂". Gelte $x \in A \cap (B \cup C)$. Dann folgt $x \in A$ und $x \in B \cup C$, wobei Letzteres $x \in B$ oder $x \in C$ bedeutet. Für $x \in B$ folgt $x \in A \cap B$ und damit $x \in (A \cap B) \cup (A \cap C)$. Entsprechend führt $x \in C$ ebenfalls zu $x \in (A \cap B) \cup (A \cap C)$.

Zu (i), Inklusion "⊃". Sei $x \in (A \cap B) \cup (A \cap C)$. Dann folgt $x \in A \cap B$ oder $x \in A \cap C$, in jedem Falle aber $x \in A$. Für $x \in A \cap B$ ergibt sich zusätzlich $x \in B$ und damit $x \in A \cap (B \cup C)$. Entsprechend liefert $x \in A \cap C$ ebenfalls $x \in A \cap (B \cup C)$.

Zu (ii), Inklusion "⊂". Sei $x \in A \cup (B \cap C)$, also $x \in A$ oder $x \in B \cap C$. Für $x \in A$ folgt $x \in A \cup B$ und $x \in A \cup C$, also insgesamt $x \in (A \cup B) \cap (A \cup C)$. Andererseits ergibt sich aus $x \in B \cap C$ natürlich $x \in B \subset (A \cup B)$ und $x \in C \subset (A \cup C)$, also $x \in (A \cup B) \cap (A \cup C)$.

Zu (ii), Inklusion "⊃". Sei $x \in (A \cup B) \cap (A \cup C)$. Dann folgt insbesondere $x \in A \cup B$, und für $x \in A$ ergibt sich $x \in A \cup (B \cap C)$. Gilt allerdings $x \notin A$, so hat man $x \in B$, sowie entsprechend $x \in C$, und damit $x \in B \cap C \subset A \cup (B \cap C)$.

Zu (iii), Inklusion "⊂". Sei $x \in A - (B \cup C)$. Dann gilt $x \in A$, aber $x \notin B \cup C$, also weder $x \in B$ noch $x \in C$. Es folgt $x \in (A-B) \cap (A-C)$.

Zu (iii), Inklusion "⊃". Sei $x \in (A - B) \cap (A - C)$. Dann gilt $x \in A - B$ und $x \in A - C$, also jedenfalls $x \in A$ und weiter weder $x \in B$ noch $x \in C$. Dies bedeutet aber $x \in A - (B \cup C)$.

Zu (iv), Inklusion "⊂". Sei $x \in A - (B \cap C)$. Dann gilt $x \in A$ aber $x \notin B \cap C$, also $x \notin B$ oder $x \notin C$. Im ersten Fall folgt $x \in A - B$ und im zweiten $x \in A - C$, in jedem Fall also $x \in (A - B) \cup (A - C)$.

Zu (iv), Inklusion "⊃". Sei $x \in (A - B) \cup (A - C)$, also $x \in A - B$ oder $x \in A - C$. Dann gilt jedenfalls $x \in A$. Im ersten Fall haben wir $x \notin B$ und damit auch $x \notin B \cap C$. Im zweiten folgt entsprechend $x \notin C$ und damit ebenfalls $x \notin B \cap C$. Insgesamt ergibt sich $x \in A - (B \cap C)$.

Ergänzungen: Die Gleichungen (iii) und (iv) beinhalten das Negieren von Aussagen, etwa des Typs "x ist Element von Y". Wie man sich leicht überzeugt, geschieht dies für Aussagen P und Q nach dem Prinzip

$$\overline{P \text{ und } Q} = \overline{P} \text{ oder } \overline{Q},$$
$$\overline{P \text{ oder } Q} = \overline{P} \text{ und } \overline{Q},$$

wobei der Überstrich für das Negieren der entsprechenden Aussagen steht.

1.1 Aufgabe 5

Start: X ist eine Menge und $\mathfrak{P}(X)$ deren Potenzmenge, also die Menge aller Teilmengen von X. Zu betrachten ist eine nicht weiter spezifizierte Abbildung $f \colon X \longrightarrow \mathfrak{P}(X)$.

Ziel: Es ist zu zeigen, dass f nicht surjektiv sein kann.

Strategie: Da die Abbildung f in keiner Weise konkret gegeben ist, vermuten wir, dass die zu beweisende Aussage aufgrund eines allgemeinen Prinzips besteht. Um diesem Prinzip auf die Spur zu kommen, betrachten wir die Potenzmenge $\mathfrak{P}(X)$ für einfache Mengen X. Die leere Menge $X = \emptyset$ enthält kein Element, deren Potenzmenge $\mathfrak{P}(X)$ aber genau ein Element, nämlich X. Es kann also aus Gründen der

Anzahl der Elemente von X und $\mathfrak{P}(X)$ in diesem Fall keine surjektive Abbildung $f\colon X \longrightarrow \mathfrak{P}(X)$ geben. Das gleiche Argument gilt für eine endliche Menge $X = \{x_1, \ldots, x_n\}$, bestehend aus n verschiedenen Elementen. Denn $\mathfrak{P}(X)$ enthält in diesem Fall die n Elemente $\{x_1\}, \ldots, \{x_n\}$, aber zusätzlich auch noch weitere Elemente, z. B. die leere Menge $\emptyset$, insgesamt also mindestens $n + 1$ Elemente. Wiederum zeigt ein Abzählargument, dass es keine surjektive Abbildung $f\colon X \longrightarrow \mathfrak{P}(X)$ geben kann.

Die betrachteten Spezialfälle suggerieren, dass man im Allgemeinfall nicht versuchen sollte, ein Element von $\mathfrak{P}(X)$ explizit anzugeben, das nicht im Bild von f vorkommt. Stattdessen sollte man indirekt vorgehen, also annehmen, dass es eine surjektive Abbildung $f\colon X \longrightarrow \mathfrak{P}(X)$ gibt, und daraus einen Widerspruch ableiten. Genau so funktionieren letztendlich die gerade betrachteten Beispiele endlicher Mengen X. Das Paradoxon von Russel liefert gewisse Anhaltspunkte, wie man allgemein vorgehen könnte. Und zwar betrachte man die Teilmenge

$$U = \big\{ x \in X \,;\, x \notin f(x) \big\} \subset X.$$

Wenn nun f surjektiv ist, so gibt es ein $y \in X$ mit $U = f(y)$, und daraus lässt sich in der Tat ein Widerspruch ableiten, wie wir sehen werden.

Lösungsweg: Wir nehmen also an, dass $f\colon X \longrightarrow \mathfrak{P}(X)$ surjektiv ist und betrachten die Teilmenge $U = \{x \in X \,;\, x \notin f(x)\} \subset X$. Dann existiert ein Element $y \in X$ mit $U = f(y)$. Gilt nun $y \in U$, so ergibt die Definition von U, dass wir $y \notin f(y) = U$ haben müssen, im Widerspruch zu $y \in U$. Andererseits erhalten wir aus $y \notin f(y) = U$ auch $y \in U$, also ebenfalls einen Widerspruch. Insgesamt führt daher die Annahme einer surjektiven Abbildung $f\colon X \longrightarrow \mathfrak{P}(X)$ zu einem Widerspruch, und es folgt, dass es eine solche Abbildung nicht geben kann.

Ergänzungen: Man kann übrigens zeigen, dass für eine endliche Menge X mit n verschiedenen Elementen deren Potenzmenge $\mathfrak{P}(X)$ genau 2^n Elemente besitzt.

1.2 Aufgabe 4

Start: G ist eine Gruppe mit zwei Untergruppen $H_1, H_2 \subset G$; vgl. 1.2/3 zur Definition einer Untergruppe.

Ziel: Gefragt ist, in welchen Fällen $H_1 \cup H_2$ wieder eine Untergruppe von G ist. Für $H_1 \subset H_2$ folgt $H_1 \cup H_2 = H_2$ und für $H_2 \subset H_1$ entsprechend $H_1 \cup H_2 = H_1$. Deshalb ist $H_1 \cup H_2$ in diesen Fällen eine Untergruppe von G. Zu zeigen ist, dass $H_1 \cup H_2$ in allen anderen Fällen keine Untergruppe von G sein kann.

Strategie: Für das Produkt ab zweier Elemente $a, b \in H_1 \cup H_2$ gilt natürlich $ab \in H_1 \cup H_2$, sofern a, b gemeinsam in H_1 oder in H_2 enthalten sind, da dann das Produkt ab wieder zu H_1 bzw. H_2 gehört. Kritisch wird es aber, wenn man das Produkt zweier Elemente $a, b \in H_1 \cup H_2$ bildet, die nicht gemeinsam zu H_1 oder H_2 gehören, also etwa $a \in H_1 - H_2$ und $b \in H_2 - H_1$. Dieser Fall ist genauer zu untersuchen.

Lösungsweg: Wir haben bereits gesehen, dass $H_1 \cup H_2$ aus trivialen Gründen eine Untergruppe von G ist, wenn $H_1 \subset H_2$ oder $H_2 \subset H_1$ gilt. Umgekehrt bleibt zu zeigen, dass eine der Inklusionen $H_1 \subset H_2$ oder $H_2 \subset H_1$ zutrifft, sofern $H_1 \cup H_2$ eine Untergruppe von G ist. Diesen Schritt gehen wir indirekt an, d. h. wir setzen $H_1 \cup H_2$ als Untergruppe von G voraus und nehmen an, dass weder $H_1 \subset H_2$ noch $H_2 \subset H_1$ gilt, mit dem Ziel, einen Widerspruch herzuleiten. Wenn also $H_1 \not\subset H_2$ und gleichzeitig $H_2 \not\subset H_1$ gilt, so existieren Elemente $a \in H_1 - H_2$ und $b \in H_2 - H_1$. Da wir $H_1 \cup H_2$ als Untergruppe von G angenommen haben, folgt $ab \in H_1 \cup H_2$, etwa $ab \in H_1$. Dann können wir von links mit $a^{-1} \in H_1$ multiplizieren und erhalten $b \in H_1$, im Widerspruch zur Wahl von b. Gilt aber $ab \in H_2$, so liefert Multiplizieren mit $b^{-1} \in H_2$ von rechts entsprechend $a \in H_2$, ebenfalls im Widerspruch zur Wahl von a. Ist daher $H_1 \cup H_2$ eine Untergruppe von G, so ist die Annahme $H_1 \not\subset H_2$ und gleichzeitig $H_2 \not\subset H_1$ nicht haltbar. Es folgt daher wie gewünscht $H_1 \subset H_2$ oder $H_2 \subset H_1$.

1.2 Aufgabe 7

Start: G ist eine endliche abelsche Gruppe; sei $G = \{g_1, \ldots, g_n\}$ mit n als Anzahl der Elemente von G.

Ziel: Zu zeigen ist $\prod_{i=1}^{n} g_i^2 = 1$.

Strategie: In ausführlicher Schreibweise ist das Produkt $g_1 g_1 \ldots g_n g_n$ zu berechnen und zu zeigen, dass es gleich dem Einselement $1 \in G$ ist. Welche Möglichkeiten gibt es, das Produkt zu vereinfachen, um zu zeigen, dass es den Wert 1 annimmt? Zunächst wissen wir, dass das Einselement 1 unter den Elementen $g_1, \ldots, g_n$ vorkommt; sei etwa $g_1 = 1$.

Dann ist immer noch $g_2 g_2 \ldots g_n g_n = 1$ zu zeigen, was allerdings so gut wie keine Vereinfachung darstellt. Zur Berechnung des Produkts dürfen wir andererseits die Faktoren beliebig arrangieren, da G abelsch ist. Außerdem erinnern wir uns daran, dass es zu jedem $g_i \in G$ ein inverses Element $g_j = g_i^{-1}$ in G gibt, wobei dann $g_i g_j = 1$ gilt. Wir können daher innerhalb des Produkts $g_1^2 \ldots g_n^2$ das Element g_i mit g_j kombinieren und dann $g_i g_j$ durch 1 ersetzen. Dies ist der Schlüssel zur Berechnung des Produkts $\prod_{i=1}^{n} g_i^2$.

Lösungsweg: Die Abbildung $\tau \colon G \longrightarrow G, \, g \longmapsto g^{-1}$ ist bijektiv , denn es gilt $\tau^2 = \mathrm{id}$ wegen $(g^{-1})^{-1} = g$ für $g \in G$. Da G abelsch ist, können wir wie folgt rechnen:

$$\prod_{g \in G} g^2 = \prod_{g \in G} g \cdot \prod_{g \in G} \tau(g) = \prod_{g \in G} g \cdot \prod_{g \in G} g^{-1} = \prod_{g \in G} (g g^{-1}) = \prod_{g \in G} 1 = 1$$

1.3 Aufgabe 2

Start: Es sei K ein Körper, der aus endlich vielen Elementen besteht. Für $n \in \mathbb{N}$ und $a \in K$ sei $n \cdot a$ die n-fache Summe von a mit sich selbst.

Ziel: Es existiert eine natürliche Zahl $n > 0$ mit $n \cdot a = 0_K$ für alle $a \in K$, wobei $0_K \in K$ das Nullelement sei. Ist n minimal mit dieser Eigenschaft, so ist n eine Primzahl.

Strategie: Zu einem Element $a \in K$ betrachten wir alle Vielfachen $n \cdot a \in K$, $n \in \mathbb{N}$. Diese können nicht sämtlich verschieden sein, da $\mathbb{N}$ unendlich viele Elemente enthält, K aber nur endlich viele. Also gibt es Elemente $n', n'' \in \mathbb{N}$, $n' < n''$, mit $n' \cdot a = n'' \cdot a$. Es folgt

$$n' \cdot a = n'' \cdot a = n' \cdot a + (n'' - n') \cdot a$$

und somit $n \cdot a = 0_K$ für $n = n'' - n' > 0$. Es gibt also zu jedem Element $a \in K$ eine natürliche Zahl $n > 0$ mit $n \cdot a = 0_K$. Im Allgemeinen wird n von der Wahl von a abhängen, z. B. gilt $n \cdot 0_K = 0_K$ für alle $n \in \mathbb{N}$, aber $n \cdot 1_K \neq 0_K$ für $n = 1$ und das Einselement $1_K \in K$. Allerdings können wir durch Anwenden eines Tricks die natürliche Zahl n unabhängig von a wählen. Sind z. B. $a_1, a_2 \in K$ und $n_1, n_2 \in \mathbb{N} - \{0\}$ mit $n_i a_i = 0_K$ für $i = 1, 2$, so folgt

$$(n_1 n_2) \cdot a_1 = n_2 \cdot (n_1 \cdot a_1) = n_2 \cdot 0_K = 0_K,$$
$$(n_1 n_2) \cdot a_2 = n_1 \cdot (n_2 \cdot a_2) = n_1 \cdot 0_K = 0_K.$$

Auf diese Weise können wir schließlich ein n finden, als Produkt natürlicher Zahlen > 0, so dass $n \cdot a = 0_K$ für jedes der endlich vielen Elemente $a \in K$ gilt.

Wie man sich leicht vorstellen kann, ist es mittels dieser Methode allerdings unmöglich einzusehen, dass ein solches n bei minimaler Wahl eine Primzahl ist. Wir müssen daher überlegen, ob sich das Problem, eine natürliche Zahl $n > 0$ mit $n \cdot a = 0_K$ für alle $a \in K$ zu finden, nicht auf wenige Elemente, oder besser, auf ein einziges Element $a \in K$ reduzieren lässt. Hierzu bemerken wir, dass aus $n \cdot a = 0_K$ automatisch $n \cdot (a \cdot b) = (n \cdot a) \cdot b = 0_K$ für weitere Elemente $b \in K$ folgt. Daher genügt es, natürliche Zahlen $n > 0$ mit $n \cdot 1_K = 0_K$ zu betrachten. Diese Vereinfachung ist der Schlüssel zur Lösung des Problems.

Lösungsweg: Wir haben oben bereits gezeigt, dass es eine natürliche Zahl $n > 0$ gibt mit $n \cdot 1_K = 0_K$ und dass dann $n \cdot a = (n \cdot 1_K) \cdot a = 0_K$ für alle $a \in K$ folgt. Nun sei $n > 0$ minimal mit dieser Eigenschaft gewählt. Natürlich gilt $n > 1$. Wenn n keine Primzahl ist, so gibt es eine Zerlegung $n = n_1 \cdot n_2$ mit natürlichen Zahlen $n_1, n_2 < n$ als Faktoren. Es folgt

$$0_K = n \cdot 1_K = (n_1 \cdot n_2) \cdot 1_K = n_1 \cdot (n_2 \cdot 1_K)$$
$$= n_1 \cdot \big(1_K \cdot (n_2 \cdot 1_K)\big) = (n_1 \cdot 1_K) \cdot (n_2 \cdot 1_K)$$

und damit $n_1 \cdot 1_K = 0_K$ oder $n_2 \cdot 1_K = 0_K$, im Widerspruch zur Minimalität von n. Also muss n eine Primzahl sein.

Ergänzungen: Wir haben einige Rechenregeln wie etwa die Assoziativität für Produkte der Form $n \cdot a$ mit $n \in \mathbb{N}$ und $a \in K$ benutzt, die eigentlich bewiesen werden müssten. Die folgenden Grundregeln gelten für $m, n \in \mathbb{Z}, a, b \in K$:

$$(m \cdot n) \cdot a = m \cdot (n \cdot a), \qquad m \cdot (a \cdot b) = (m \cdot a) \cdot b$$
$$(m + n) \cdot a = m \cdot a + n \cdot a, \qquad m \cdot (a + b) = m \cdot a + m \cdot b$$

Beweise hierzu sind mehr oder weniger "offensichtlich", können im strengeren Sinne aber auch mittels vollständiger Induktion geführt werden.

Die Thematik dieser Aufgabe wird später noch einmal mittels Methoden der Ringtheorie behandelt werden; siehe die Ausführungen zur Charakteristik eines Körpers am Schluss von Abschnitt 5.2 und die dortige Aufgabe 9.

1.3 Aufgabe 5

Start: Zu betrachten ist der Körper $\mathbb{Q}(\sqrt{2})$, der aus allen reellen Zahlen der Form $a + b\sqrt{2}$ mit $a, b \in \mathbb{Q}$ besteht. Gemäß 1.3/4 wissen wir $\sqrt{2} \notin \mathbb{Q}$. Insbesondere ist $\mathbb{Q}$ ein echter Teilkörper von $\mathbb{Q}(\sqrt{2})$.

Ziel: Zu zeigen ist $\sqrt{3} \notin \mathbb{Q}(\sqrt{2})$.

Strategie: Da wir den Körper $\mathbb{Q}(\sqrt{2})$ inzwischen gut kennen, aber nur wenig über die nicht darin enthaltenen reellen Zahlen wissen, bietet sich ein indirekter Schluss an. Man sollte deshalb $\sqrt{3} \in \mathbb{Q}(\sqrt{2})$ annehmen und versuchen, daraus einen Widerspruch abzuleiten.

Lösungsweg: Wir nehmen $\sqrt{3} \in \mathbb{Q}(\sqrt{2})$ an. Dann existieren rationale Zahlen $a, b \in \mathbb{Q}$ mit $a + b\sqrt{2} = \sqrt{3}$, und wir erhalten

$$(a + b\sqrt{2})^2 = 3 \qquad \text{bzw.} \qquad a^2 + 2b^2 - 3 = -2ab\sqrt{2}.$$

Für $ab \neq 0$ können wir die zweite Gleichung nach $\sqrt{2}$ auflösen und würden $\sqrt{2} \in \mathbb{Q}$ erhalten, was aber nach 1.3/4 ausgeschlossen ist. Folglich muss $ab = 0$ gelten, also $a = 0$ oder $b = 0$, sowie $a^2 + 2b^2 - 3 = 0$. Für $a = 0$ ergibt sich $2b^2 = 3$. Nehmen wir b als gekürzten Bruch $\frac{p}{q}$ mit ganzen Zahlen p, q an, so folgt $2p^2 = 3q^2$. Wie im Beweis zu 1.3/4 schließt man, dass 2 sowohl ein Teiler von q wie auch von p ist, der Bruch $\frac{p}{q}$ also nicht gekürzt ist, im Widerspruch zu unserer Annahme.

Es bleibt der Fall $b = 0$ zu betrachten, der auf die Gleichung $a^2 = 3$ führt. Man nehme wieder a als gekürzten Bruch $\frac{p}{q}$ mit ganzen Zahlen p, q an. Es folgt $p^2 = 3q^2$, und man schließt wie im Beweis zu 1.3/4, dass 3 sowohl ein Teiler von p wie auch von q ist, im Widerspruch zu unserer Annahme. Es führt also $\sqrt{3} \in \mathbb{Q}(\sqrt{2})$ stets zu einem Widerspruch, so dass $\sqrt{3}$ kein Element von $\mathbb{Q}(\sqrt{2})$ sein kann.

Ergänzungen: Genau genommen verwendet unsere Argumentation in simpler Form die Teilbarkeitslehre im Ring der ganzen Zahlen $\mathbb{Z}$, die später noch ausführlich in Abschnitt 5.2 behandelt wird. Wir haben nämlich benutzt, dass eine Primzahl wie z. B. 2 oder 3 die Eigenschaften eines *Primelements* besitzt; vgl. hierzu insbesondere die Erklärung im Vorfeld zu 5.2/12. Ein Primelement $p \in \mathbb{Z}$, siehe 5.2/10, ist dadurch charakterisiert, dass p genau dann Teiler eines Produktes xy in $\mathbb{Z}$ ist, wenn p Teiler eines der beiden Faktoren x bzw. y ist.

1.3 Aufgabe 11

Start: Für $n, k \in \mathbb{N}$, $n \geq 1$, ist die Menge

$$X(n, k) = \left\{ (a_1, \ldots, a_n) \in \mathbb{N}^n \, ; \, a_1 + \ldots + a_n = k \right\}$$

zu betrachten; sei $\#X(n, k)$ die Anzahl der Elemente.

Ziel: Für $n, k \in \mathbb{N}$, $n \geq 1$, ist folgende Aussage zu zeigen:

$$A(n, k): \qquad \#X(n, k) = \binom{k + n - 1}{n - 1}$$

Strategie: Da wir $\#X(n, k)$ nicht in offensichtlicher Weise durch Abzählen bestimmen können, versuchen wir, die gewünschte Formel per Induktion zu beweisen. Zunächst gilt offenbar

$$\#X(1, k) = 1 = \binom{k + 1 - 1}{1 - 1}, \qquad \#X(n, 0) = 1 = \binom{0 + n - 1}{n - 1}$$

für $n \geq 1$, $k \geq 0$, Beziehungen, die wir für den Induktionsanfang nutzen können. Weiter stellen wir für $(n+1)$-Tupel $(a_1, \ldots, a_{n+1}) \in X(n+1, k)$ fest, dass $\sum_{i=1}^{n} a_i = k - a_{n+1}$ und somit $(a_1, \ldots, a_n) \in X(n, k - a_{n+1})$ gilt. Da a_{n+1} die Werte $0, \ldots, k$ annehmen kann, ergibt sich durch entsprechende Zerlegung von $X(n + 1, k)$ die Relation

$$\#X(n + 1, k) = \#X(n, k) + \#X(n, k - 1) + \ldots + \#X(n, 0).$$

Diese Gleichung führt die gewünschte Anzahl der $(n + 1)$-Tupel in $X(n + 1, k)$ auf gewisse Anzahlen von n-Tupeln zurück und würde insofern dazu ermutigen, eine Induktion nach n bei variablem k zu versuchen. Für den Induktionsschluss müssten die aufgeführten Anzahlen jeweils durch die entsprechenden Binomialkoeffizienten ersetzt werden, und folgende Relation müsste verifiziert werden:

$$\binom{k + n}{n} = \binom{k + n - 1}{n - 1} + \ldots + \binom{0 + n - 1}{n - 1}$$

Aufgrund der mehrfachen Summanden auf der rechten Seite ist dies jedoch nicht in einfacher Weise zu bewerkstelligen. Wir lernen daraus, dass wir $X(n + 1, k)$ in möglichst einfacher Weise aufspalten sollten, etwa in die beiden Teile

$$X' = \left\{(a_1, \ldots, a_{n+1}) \in X(n+1, k)\,;\, a_{n+1} = 0\right\},$$
$$X'' = \left\{(a_1, \ldots, a_{n+1}) \in X(n+1, k)\,;\, a_{n+1} \geq 1\right\},$$

wobei wir $k \geq 1$ annehmen wollen. Dann besitzen X' bzw. X'' genau $\#X(n, k)$ bzw. $\#X(n+1, k-1)$ Elemente, denn die Abbildungen

$$X' \longrightarrow X(n, k), \qquad (a_1, \ldots, a_{n+1}) \longmapsto (a_1, \ldots, a_n),$$
$$X'' \longrightarrow X(n+1, k-1), \quad (a_1, \ldots, a_{n+1}) \longmapsto (a_1, \ldots, a_{n+1} - 1),$$

sind bijektiv. Folglich besteht die Gleichung

$$\#X(n+1, k) = \#X(n, k) + \#X(n+1, k-1),$$

die wir zwar nicht für einen gewöhnlichen Induktionsschluss nach n oder k verwenden können, aber möglicherweise für eine Doppelinduktion. Stellen wir uns die Paare $(n, k) \in \mathbb{N}^2$ mit $n \geq 1$ und $k \geq 0$ als Gitterpunkte in der reellen Ebene vor, so kennen wir die fraglichen Anzahlen für alle Punkte der Form $(1, k)$ und $(n, 0)$. Mit der vorstehenden Formel können wir die Anzahl in einem Punkt $(n+1, k)$ berechnen, $k \geq 1$, wenn wir diese in den Punkten (n, k) und $(n+1, k-1)$ kennen. Es ist geometrisch plausibel, dass wir durch wiederholte Anwendung eines solchen Schrittes, ausgehend von den Punkten der Form $(1, k)$ und $(n, 0)$ als "Induktionsanfang", letztendlich alle fraglichen Gitterpunkte erreichen können. Zum Nachweis, dass die Anzahl $\#X(n, k)$ durch den entsprechenden Binomialkoeffizienten gegeben wird, müssen wir dann noch in der vorstehenden Summenzerlegung die jeweiligen Anzahlen durch die zugehörigen Binomialkoeffizienten ersetzen und überprüfen, dass die entstehende Gleichung

$$\binom{k+n}{n} = \binom{k+n-1}{n-1} + \binom{k+n-1}{n} \qquad .$$

für $n \geq 1$, $k \geq 1$ korrekt ist. Dies ist aber in verkleideter Form gerade die bekannte Formel für Binomialkoeffizienten

$$\binom{n+1}{i} = \binom{n}{i-1} + \binom{n}{i},$$

die wir für $1 \leq i \leq n$ bereits im Beweis zur binomischen Formel hergeleitet hatten. All dies ermutigt uns dazu, die vorstehenden Überlegungen zu einer kompletten Lösung unseres Problems auszubauen.

Lösungsweg: Wir zeigen die Aussage $A(n,k)$ mit doppelter Induktion nach $n \geq 1$ und $k \geq 0$. Dazu benötigen wir folgende Schritte:

(I): $A(n,k)$ ist richtig für alle Paare (n,k) der Form $(1,k)$ und $(n,0)$, was wir oben schon nachgeprüft hatten.

(II): Für $n \geq 1$, $k \geq 1$ gilt folgende Implikation:

$$\Big[A(n,k) \text{ und } A(n+1,k-1)\Big] \implies A(n+1,k)$$

Zur Begründung dieser Implikation benutzen wir die oben hergeleitete Gleichung

$$\#X(n+1,k) = \#X(n,k) + \#X(n+1,k-1).$$

Mit $A(n,k)$ und $A(n+1,k-1)$ sowie der erwähnten Formel für Binomialkoeffizienten ergibt sich

$$\#X(n+1,k) = \binom{k+n-1}{n-1} + \binom{k+n-1}{n} = \binom{k+n}{n},$$

also die Aussage $A(n+1,k)$.

Wir müssen nun noch überlegen, dass die Schritte (I) und (II) ausreichen, um die Gültigkeit von $A(n,k)$ für alle $n \geq 1$ und $k \geq 0$ zu erhalten. Dazu zeigen wir mit Induktion nach n, dass $A(n,k)$ für alle $n \geq 1$ und beliebiges $k \geq 0$ gilt. Da wir aus (I) wissen, dass $A(1,k)$ für alle $k \geq 0$ richtig ist, ist der Induktionsanfang $n = 1$ gesichert. Sei nun $n \geq 1$ beliebig. Wir nehmen an, dass $A(n,k)$ für alle $k \geq 0$ gilt und wollen daraus $A(n+1,k)$ für alle $k \geq 0$ herleiten. Um dies zu erreichen, verwenden wir zwischenzeitlich eine Induktion nach k. Der Induktionsanfang $k = 0$ ist klar nach (I). Sei nun $k \geq 1$ und $A(n+1,k-1)$ als gültig bekannt. Dann erhalten wir zusammen mit $A(n,k)$ aus der Implikation (II) die Gültigkeit von $A(n+1,k)$. Die Induktion nach k ist damit abgeschlossen, und es folgt $A(n+1,k)$ für alle $k \geq 0$, was auch die Induktion nach n abschließt. Damit ist $A(n,k)$ für alle $n \geq 1$ und $k \geq 0$ bewiesen.

Ergänzungen: Wir hatten eingangs die Summenzerlegung

$$\#X(n+1,k) = \#X(n,k) + \#X(n,k-1) + \ldots + \#X(n,0)$$

betrachtet, diese aber nicht für die Berechnung von $\#X(n+1,k)$ nutzen können. Da wir die einzelnen Anzahlen nun als Binomialkoeffizienten kennen, ist damit auch die Formel

$$\binom{k+n}{n} = \binom{k+n-1}{n-1} + \ldots + \binom{0+n-1}{n-1}$$

für $n \geq 1$, $k \geq 0$ bewiesen.

1.4 Aufgabe 1

Start: U ist ein linearer Unterraum eines K-Vektorraums V, also gemäß 1.4/2 eine nicht-leere Teilmenge in V, die abgeschlossen unter Addition und skalarer Multiplikation ist. Insbesondere folgt $0 \in U$.

Ziel: Wir wollen alle Elemente $a \in V$ charakterisieren, so dass mit U auch $a + U = \{a + u \,;\, u \in U\}$ ein linearer Unterraum von V ist.

Strategie: Wir betrachten als Beispiel den Vektorraum $V = \mathbb{R}^3$ über dem Körper $K = \mathbb{R}$, sowie eine Ebene $E \subset \mathbb{R}^3$, die den Nullpunkt $0 \in \mathbb{R}^3$ enthält. Sodann ist E ein linearer Unterraum im $\mathbb{R}^3$, und man kann sich $a + E$ für Vektoren $a \in \mathbb{R}^3$ als die um den Vektor a parallel verschobene Ebene E vorstellen. Für $a \in E$ wird E bijektiv in sich selbst verschoben, wohingegen für $a \notin E$ eine Verschiebung in eine Richtung stattfindet, die aus E herausführt. Insbesondere ist dann die Menge $a + E$ disjunkt zu E, und es kann $a + E$ kein linearer Unterraum von $\mathbb{R}^3$ mehr sein, da der Nullvektor 0 zu E, aber nicht zu $a + E$ gehört.

Motiviert durch das geometrische Beispiel versuchen wir auch im Allgemeinfall zu zeigen, dass $a + U$ für $a \in U$ mit U übereinstimmt und für $a \notin U$ den Nullvektor $0 \in V$ nicht enthält. Somit ist $a + U$ genau dann ein linearer Unterraum von V, wenn $a \in U$ gilt.

Lösungsweg: Sei zunächst $a \in U$. Da U als linearer Unterraum von V abgeschlossen unter der Addition ist, ergibt sich $a + U \subset U$. Da U mit a auch $-a$ enthält, folgt entsprechend $(-a) + U \subset U$, und Addition von a auf beiden Seiten ergibt $U \subset a + U$. Also gilt $a + U = U$ für $a \in U$, und $a + U$ ist ein linearer Unterraum von V.

Als Nächstes wollen wir herausfinden, für welche Vektoren $a \in V$ die Menge $a + U$ den Nullvektor enthalten kann. Sei also $0 \in a + U$. Dann gibt es einen Vektor $b \in U$ mit $0 = a + b$, und dies bedeutet $a = -b = (-1) \cdot b \in U$, da U als linearer Unterraum von V abgeschlossen unter der skalaren Multiplikation ist. Folglich enthält $a + U$ für $a \notin U$ nicht den Nullvektor und kann daher kein linearer Unterraum von V sein. Insgesamt schließen wir, dass $a + U$ genau dann ein linearer Unterraum von V ist, wenn $a \in U$ gilt.

Ergänzungen: Man könnte alternativ versuchen, die definierenden Eigenschaften eines linearen Unterraums, wie in 1.4/2 aufgelistet, für $a+U$ nachzuweisen, um herauszufinden, für welche $a \in V$ dies gelingen kann. Im Prinzip ist ein solches Vorgehen machbar, führt aber letztendlich auch auf die essentielle Erkenntnis, dass $a + U = U$ für $a \in U$ gilt und $0 \notin a + U$ für $a \notin U$.

1.4 Aufgabe 5

Start: Gegeben sind zwei Punkte $x, y \in \mathbb{R}^2 - \{0\}$, die nicht gemeinsam auf einer Geraden durch $0 \in \mathbb{R}^2$ liegen; dies bedeutet $\mathbb{R}x \neq \mathbb{R}y$ und insbesondere $\alpha x \neq \beta y$ für alle $\alpha, \beta \in \mathbb{R}^*$.

Ziel: x, y bilden ein Erzeugendensystem von $\mathbb{R}^2$, also $\mathbb{R}^2 = \langle x, y \rangle$, wobei $\langle x, y \rangle = \{\alpha x + \beta y \,;\, \alpha, \beta \in \mathbb{R}\}$ gemäß 1.4/5 gilt. Zu überprüfen ist zudem, ob eine entsprechende Aussage erreicht werden kann, wenn $\mathbb{R}$ durch einen beliebigen Körper K ersetzt wird.

Strategie: Die geometrische Anschauung macht klar, wie man vorgehen sollte. Die Punkte 0, x, y und $x + y$ spannen ein echtes Parallelogramm auf, da sie nicht auf einer Geraden durch 0 liegen. Ist nun $z \in \mathbb{R}^2$ nicht trivial, so kann man Parallelen zu den Seiten $\overline{0x}$ und $\overline{0y}$ durch z konstruieren und deren Schnittpunkte mit den Geraden $\mathbb{R}y$ und $\mathbb{R}x$ bestimmen. Hierdurch erhält man ein Parallelogramm, das von den Punkten $0, z$ sowie einem Punkt αx der Geraden $\mathbb{R}x$ und einem Punkt βy der Geraden $\mathbb{R}y$ aufgespannt wird. Sodann folgt $z = \alpha x + \beta y$, wie gewünscht.

Im Prinzip lassen sich die benötigten Geraden und deren Schnittpunkte formelmäßig beschreiben bzw. berechnen, so dass man auf diese Weise die Konstanten $\alpha, \beta \in \mathbb{R}$ explizit ausrechnen kann. Die dabei erforderlichen Fallunterscheidungen, je nach Lage der Punkte x, y, z, machen diesen Weg jedoch wenig attraktiv. Man sollte sich daher Gedanken machen, wie man den Rechenaufwand reduzieren kann.

Lösungsweg: Es gilt $\mathbb{R}^2 = \langle e_1, e_2 \rangle$, wenn $e_1 = (1, 0)$ und $e_2 = (0, 1)$ die Einheitsvektoren in $\mathbb{R}^2$ bezeichnen. Können wir dann $e_1, e_2 \in \langle x, y \rangle$ zeigen, so folgt mit den Regeln für erzeugte lineare Unterräume bereits $\mathbb{R}^2 = \langle e_1, e_2 \rangle \subset \langle x, y \rangle \subset \mathbb{R}^2$ und damit $\langle x, y \rangle = \mathbb{R}^2$. Für $e_1 \in \langle x, y \rangle$ genügt es zu zeigen, dass $\langle x, y \rangle$ einen Vektor des Typs $(\varepsilon, 0)$ mit einer reellen Konstanten $\varepsilon \neq 0$ enthält, denn dann folgt $e_1 = \varepsilon^{-1}(\varepsilon, 0) \in \langle x, y \rangle$. Gilt nun $x = (x_1, x_2)$ und $y = (y_1, y_2)$, so müssen wir letztendlich zum Nachweis von $e_1 \in \langle x, y \rangle$ Konstanten $\alpha, \beta \in \mathbb{R}$ finden mit

$\alpha x + \beta y = (\varepsilon, 0)$ für ein $\varepsilon \in \mathbb{R}^*$, also mit

$$\alpha x_1 + \beta y_1 \neq 0, \qquad \alpha x_2 + \beta y_2 = 0.$$

Natürlich existieren Konstanten $\alpha, \beta \in \mathbb{R}$, nicht beide 0, die die Bedingung $\alpha x_2 + \beta y_2 = 0$ erfüllen. Dann folgt notwendig $\alpha x_1 + \beta y_1 \neq 0$, denn ansonsten würde sich $\alpha x + \beta y = 0$ bzw. $\alpha x = -\beta y$ ergeben, und dies würde der Voraussetzung widersprechen, dass x und y nicht gemeinsam auf einer Geraden durch 0 liegen dürfen. Somit ergibt sich $e_1 \in \langle x, y \rangle$. Entsprechend können wir $e_2 \in \langle x, y \rangle$ zeigen und dann $\langle x, y \rangle = \mathbb{R}^2$ schließen.

Ersetzt man schließlich $\mathbb{R}$ durch einen beliebigen Körper K, so entfällt der konkrete geometrische Bezug, aber die durchgeführte rechnerische Argumentation bleibt ohne Einschränkung gültig, so dass auch in diesem Falle $\langle x, y \rangle = K^2$ gilt.

Ergänzungen: Zur Lösung der Aufgabe ist eine Argumentation mit den Mitteln des Abschnitts 1.4 gefragt. Andererseits könnte man die Lösung auch unmittelbar aus der in Abschnitt 1.5 zu behandelnden Theorie der linearen Unabhängigkeit von Vektoren und der Dimension von Vektorräumen ableiten. Im Übrigen hilft die Cramersche Regel zur Lösung linearer Gleichungssysteme in Abschnitt 4.4, siehe insbesondere 4.4/6, wenn man zu gegebenem $z \in \mathbb{R}^2$ Konstanten $\alpha, \beta \in \mathbb{R}$ mit $\alpha x + \beta y = z$ bestimmen möchte.

1.5 Aufgabe 2

Start: V sei ein K-Vektorraum mit zwei linearen Unterräumen $U, U' \subset V$, wobei $U \cap U' = 0$ gelte. Weiter sind linear unabhängige Systeme $x_1, \ldots, x_r \in U$ und $y_1, \ldots, y_s \in U'$ gegeben.

Ziel: Die Vektoren $x_1, \ldots, x_r, y_1, \ldots, y_s$ bilden ein linear unabhängiges System in V.

Strategie: Wir versuchen, die lineare Unabhängigkeit des Systems der Vektoren $x_1, \ldots, x_r, y_1, \ldots, y_s$ gemäß 1.5/1 nachzuweisen und betrachten eine Linearkombination, die den Nullvektor darstellt, also

$$\sum_{i=1}^{r} \alpha_i x_i + \sum_{j=1}^{s} \beta_j y_j = 0$$

mit Koeffizienten $\alpha_i, \beta_j \in K$. Aus der linearen Unabhängigkeit der $x_1, \ldots, x_r$ können wir $\alpha_1 = \ldots = \alpha_r = 0$ schließen, sofern wir wissen,

dass die Linearkombination $u = \sum_{i=1}^{r} \alpha_i x_i \in U$ den Nullvektor darstellt. Entsprechend gilt $\beta_1 = \ldots = \beta_s = 0$, wenn $v = \sum_{j=1}^{s} \beta_j y_j \in U'$
den Nullvektor darstellt. Als einzige Chance, die Gleichungen $u = 0$
und $v = 0$ zu realisieren, bietet sich die Nutzung der Voraussetzung
$U \cap U' = 0$ an.

Lösungsweg: Seien $\alpha_1, \ldots, \alpha_r, \beta_1, \ldots, \beta_s \in K$ mit

$$\sum_{i=1}^{r} \alpha_i x_i + \sum_{j=1}^{s} \beta_j y_j = 0.$$

Wie vorgeschlagen, betrachte man die Vektoren $u = \sum_{i=1}^{r} \alpha_i x_i \in U$
und $v = \sum_{j=1}^{s} \beta_j y_j \in U'$. Die Gleichung $u + v = 0$ ergibt $u = -v$
bzw. $v = -u$, und es folgt $u, v \in U \cap U' = 0$, also $u = v = 0$. Sodann
liefert die lineare Unabhängigkeit der Systeme $x_1, \ldots, x_r$ und $y_1, \ldots, y_s$
die Beziehungen $\alpha_i = 0$ für alle i sowie $\beta_j = 0$ für alle j, und wir sehen
gemäß 1.5/1, dass das System $x_1, \ldots, x_r, y_1, \ldots, y_s$ linear unabhängig
in V ist.

Ergänzungen: Der Beweis würde ohne die Voraussetzung $U \cap U' = 0$
nicht funktionieren. Wenn nämlich in $U \cap U'$ ein Vektor $u \neq 0$ existiert,
so lässt sich dieser als nicht-triviale Linearkombination sowohl der x_i
wie auch der y_j darstellen, etwa $u = \sum_{i=1}^{r} \alpha_i x_i$ und $v = \sum_{j=1}^{s} \beta_j y_j$,
und es wäre

$$\sum_{i=1}^{r} \alpha_i x_i + \sum_{j=1}^{s} (-\beta_j) y_j = 0$$

eine nicht-triviale Linearkombination der 0. Das System der Vektoren
$x_1, \ldots, x_r, y_1, \ldots, y_s$ wäre also linear abhängig.

1.5 Aufgabe 3

Start: Zu betrachten ist der $\mathbb{R}$-Vektorraum $\mathbb{R}^n$ für variables $n \in \mathbb{N}$.

Ziel: Gefragt ist nach Exponenten $n \in \mathbb{N}$ mit folgender Eigenschaft:
Es existiert eine Folge von Vektoren $a_1, a_2, \ldots \in \mathbb{R}^n$, so dass je zwei
Vektoren dieser Folge ein linear unabhängiges System bilden.

Strategie: Wir haben gesehen, dass $\dim_{\mathbb{R}} \mathbb{R}^n = n$ gilt. Also kann es
aufgrund von 1.5/12 linear unabhängige Systeme der Länge 2 in $\mathbb{R}^n$
nur für $n \geq 2$ geben. Andererseits sind zwei Vektoren eines Vektorraums genau dann linear abhängig, wenn einer der beiden ein Vielfaches des anderen ist. Somit ist es geometrisch plausibel, dass zwei
Punkte $x, y \in \mathbb{R}^n$ genau dann zu einem linear unabhängigen System

von Vektoren im $\mathbb{R}^n$ Anlass geben, wenn x und y nicht auf einer Geraden durch 0 liegen. Da man aber im $\mathbb{R}^2$ eine unendliche Folge verschiedener Geraden angeben kann, sollte es im $\mathbb{R}^2$ auch eine unendliche Folge von Vektoren der gewünschten Art geben. Indem wir $\mathbb{R}^2$ als linearen Unterraum von $\mathbb{R}^n$, $n \geq 2$, auffassen, lesen wir ab, dass unser Problem für alle $n \geq 2$ lösbar ist, nicht aber für $n < 2$, wie wir eingangs gesehen haben.

Lösungsweg: Wir haben bereits begründet, dass es höchstens für $n \geq 2$ eine Folge von Vektoren in $\mathbb{R}^n$ gegen kann, derart dass jeweils zwei Vektoren dieser Folge ein linear unabhängiges System bilden. Um nun eine solche Folge $a_1, a_2, \ldots \in \mathbb{R}^2$ anzugeben, setzen wir $a_i = (i, 1)$ und behaupten, dass für $i \neq j$ die Vektoren a_i, a_j linear unabhängig sind. In der Tat, seien $\alpha, \beta \in \mathbb{R}$ mit $\alpha a_i + \beta a_j = 0$, also

$$\alpha i + \beta j = 0, \qquad \alpha + \beta = 0.$$

Dann ergibt sich $\alpha = -\beta$ und damit $\beta \cdot (j - i) = 0$. Wegen $j - i \neq 0$ folgt $\beta = 0$ und dann auch $\alpha = 0$. Die Vektoren a_i, a_j sind also linear unabhängig im $\mathbb{R}^2$. Die gleiche Argumentation lässt sich im $\mathbb{R}^n$ für $n \geq 2$ durchführen, indem wir $\mathbb{R}^2$ mit dem linearen Unterraum $\{(\alpha_1, \ldots, \alpha_n) \in \mathbb{R}^n \, ; \, \alpha_3 = \ldots = \alpha_n = 0\} \subset \mathbb{R}^n$ identifizieren.

Ergänzungen: Dieses Beispiel zeigt sehr schön, dass die lineare Unabhängigkeit von gewissen (echten) Teilsystemen eines Systems von Vektoren im Allgemeinen nichts über die lineare Unabhängigkeit des Gesamtsystems aussagen kann. Man beachte aber, dass ein System von Vektoren genau dann linear unabhängig ist, wenn *jedes* endliche Teilsystem linear unabhängig ist. Diese Charakterisierung hatten wir im Abschnitt 1.5 für unendliche Systeme von Vektoren eingesehen, sie gilt aber trivialerweise auch für endliche Systeme.

1.5 Aufgabe 8

Start: Für einen Körper K und $n \in \mathbb{N}$ ist der K-Vektorraum K^n zu betrachten, sowie eine Teilmenge der Form

$$U = \left\{ (\alpha_1, \ldots, \alpha_n) \in K^n \, ; \, \sum_{i=1}^{n} \alpha_i \gamma_i = 0 \right\} \subset K^n$$

für gewisse Konstanten $\gamma_1, \ldots, \gamma_n \in K$.

Ziel: U ist ein linearer Unterraum von K^n, die zugehörige Dimension ist zu berechnen.

Strategie: Das Verifizieren der Eigenschaften eines linearen Unterraums aus 1.4/2 für U wirft keine Probleme auf. Wir müssen aber überlegen, wie wir die Dimension von U bestimmen können und beginnen mit dem Spezialfall $n = 0$. Hier hat man $U = K^0 = 0$ und folglich $\dim_K U = 0$. Weiter ist U für $n = 1$ durch $U = \{\alpha_1 \in K^1; \alpha_1\gamma_1 = 0\}$ gegeben. Nun gilt $\alpha_1\gamma_1 = 0$ genau dann, wenn $\alpha_1 = 0$ oder $\gamma_1 = 0$ gilt. Wir haben daher $U = K^1$ für $\gamma_1 = 0$ und $U = 0$ für $\gamma_1 \neq 0$, entsprechend also $\dim_K U = \dim_K K^1 = 1$ bzw. $\dim_K U = 0 = \dim_K K^1 - 1$. Wir sollten auch noch den Spezialfall $n = 2$ untersuchen, also

$$U = \{(\alpha_1, \alpha_2) \in K^2 \,;\, \alpha_1\gamma_1 + \alpha_2\gamma_2 = 0\}.$$

Wiederum fällt für $(\gamma_1, \gamma_2) = (0, 0)$ auf, dass $U = K^2$ gilt und wir damit $\dim_K U = \dim_K K^2 = 2$ erhalten. Nehmen wir aber $(\gamma_1, \gamma_2) \neq (0, 0)$ an, etwa $\gamma_2 \neq 0$, so können wir U auch wie folgt beschreiben:

$$U = \{(\alpha_1, \alpha_2) \in K^2 \,;\, \alpha_2 = -\gamma_2^{-1}\gamma_1 \cdot \alpha_1\} = K \cdot (1, -\gamma_2^{-1}\gamma_1)$$

Der Vektor $(1, -\gamma_2^{-1}\gamma_1)$ bildet daher eine Basis von U, und wir erhalten $\dim_K U = 1 = \dim_K K^2 - 1$. Aufgrund dieser Vorbetrachtungen kann man sich folgendes Resultat im Allgemeinfall vorstellen: Es gilt $\dim_K U = n$ falls $\gamma_1 = \ldots = \gamma_n = 0$ und $\dim_K U = n - 1$ sonst.

Lösungsweg: Um zu zeigen, dass U ein linearer Unterraum von K^n ist, verifizieren wir die Bedingungen von 1.4/2. Offenbar gilt $0 \in U$ und damit $U \neq \emptyset$. Seien weiter $a = (\alpha_1, \ldots, \alpha_n)$ und $b = (\beta_1, \ldots, \beta_n)$ Elemente von U, gelte also $\sum_{i=1}^n \alpha_i\gamma_i = 0$ und $\sum_{i=1}^n \beta_i\gamma_i = 0$, so ergibt sich $\sum_{i=1}^n (\alpha_i + \beta_i)\gamma_i = 0$, also $a + b \in U$. Weiter gilt für $\alpha \in K$ auch $\sum_{i=1}^n \alpha\alpha_i\gamma_i = 0$ und damit $\alpha \cdot a \in U$. Folglich ist U als linearer Unterraum von K^n erkannt.

Zur Bestimmung von $\dim_K U$ bemerken wir zunächst, dass im trivialen Fall $\gamma_1 = \ldots = \gamma_n = 0$ der lineare Unterraum U mit K^n übereinstimmt und wir $\dim_K U = \dim_K K^n = n$ erhalten. Sei nun mindestens eines der γ_i nicht 0, etwa $\gamma_n \neq 0$, was insbesondere $n \geq 1$ erfordert. Dann gilt

$$U = \left\{(\alpha_1, \ldots, \alpha_n) \in K^n \,;\, \alpha_n = -\gamma_n^{-1}\sum_{i=1}^{n-1}\alpha_i\gamma_i\right\},$$

und wir sehen, dass für die Elemente $(\alpha_1, \ldots, \alpha_n) \in U$ die Komponenten $\alpha_1, \ldots, \alpha_{n-1} \in K$ keinerlei Bedingungen unterworfen sind, wohingegen sich α_n aus diesen ersten Komponenten in eindeutiger Weise berechnet. Sind nun $e'_1, \ldots, e'_{n-1} \in K^{n-1}$ die kanonischen Einheitsvektoren, so existieren eindeutig bestimmte Vektoren $a_1, \ldots, a_{n-1} \in U$, deren $n - 1$ erste Komponenten jeweils mit den Komponenten von $e'_1, \ldots, e'_{n-1}$ übereinstimmen. Wir behaupten, dass $a_1, \ldots, a_{n-1}$ eine Basis von U ist und dass demgemäß $\dim_K U = n - 1$ gilt. In der Tat, betrachten wir eine Gleichung $\sum_{i=0}^{n-1} \lambda_i a_i = 0$ mit Koeffizienten $\lambda_i \in K$, so erhalten wir daraus durch Fortlassen der Komponenten mit Index n die Gleichung $\sum_{i=0}^{n-1} \lambda_i e'_i = 0$. Da $e'_1, \ldots, e'_{n-1}$ eine Basis von K^{n-1} bilden, sind alle λ_i trivial, und es folgt insbesondere, dass die Vektoren $a_1, \ldots, a_{n-1}$ ein linear unabhängiges System bilden. In ähnlicher Weise können wir zeigen, dass diese Vektoren U erzeugen und somit eine Basis von U bilden. Hierzu betrachten wir einen beliebigen Vektor $a \in U$. Durch Streichen der letzten Komponente erhalten wir daraus einen Vektor $a' \in K^{n-1}$, und wir können Konstanten $\lambda_1, \ldots, \lambda_{n-1} \in K$ finden, so dass $a' = \sum_{i=1}^{n-1} \lambda_i e'_i$ gilt. Dann sind a und $\sum_{i=1}^{n-1} \lambda_i a_i$ zwei Vektoren in U, deren $n - 1$ erste Komponenten übereinstimmen. Da sich aber die Komponente mit Index n aus den $n - 1$ vorhergehenden in eindeutiger Weise berechnet, ergibt sich $a = \sum_{i=1}^{n-1} \lambda_i a_i$. Also bilden $a_1, \ldots, a_{n-1}$ ein Erzeugendensystem von U, insgesamt eine Basis, und wir schließen $\dim_K U = n - 1$.

Ergänzungen: Zu $\gamma_1, \ldots, \gamma_n \in K$ kann man die Abbildung

$$f \colon K^n \longrightarrow K^1, \qquad (\alpha_1, \ldots, \alpha_n) \longmapsto \sum_{i=1}^{n} \alpha_i \gamma_i,$$

betrachten. Hierbei handelt es sich um eine *lineare Abbildung*, siehe 2.1/1, was bedeutet, dass f die Addition und die skalare Multiplikation respektiert, d. h. es gilt

$$f(a + b) = f(a) + f(b), \qquad f(\alpha \cdot a) = \alpha \cdot f(a)$$

für alle $a, b \in K^n$ und $\alpha \in K$. Weiter stimmt U mit $f^{-1}(0)$ überein, dem sogenannten *Kern* von f, der aufgrund der Linearität von f stets ein linearer Unterraum von K^n ist. Auch ist aufgrund der Linearität von f leicht einzusehen, dass das Bild $f(K^n)$ ein linearer Unterraum von K^1 ist. Für lineare Abbildungen gilt nun die sogenannte *Dimensionsformel*, in unserem Falle $\dim_K K^n = \dim_K f^{-1}(0) + \dim_K f(K^n)$, die wir in 2.1/10 allgemein beweisen werden. Da

$$f(K^n) = \begin{cases} 0 & \text{für } \gamma_1 = \ldots = \gamma_n = 0, \\ K^1 & \text{sonst,} \end{cases}$$

können wir leicht ablesen, dass $\dim_K U = n$ gilt, falls die γ_i trivial sind, sowie $\dim_K U = n - 1$, falls mindestens eines der γ_i von 0 verschieden ist.

1.6 Aufgabe 4

Start: Gegeben sind lineare Unterräume U_1, U_2, U_3 eines K-Vektorraums V.

Ziel: Zu beweisen ist die folgende Dimensionsformel:

$$\dim_K U_1 + \dim_K U_2 + \dim_K U_3$$
$$= \dim_K(U_1 + U_2 + U_3) + \dim_K\big((U_1 + U_2) \cap U_3\big) + \dim_K(U_1 \cap U_2)$$

Strategie: In 1.6/5 wurde die Dimensionsformel

$$\dim_K U + \dim_K U' = \dim_K(U + U') + \dim_K(U \cap U')$$

für zwei lineare Unterräume $U, U' \subset V$ bewiesen. Es liegt nahe, diese Formel anzuwenden auf $U = U_1 + U_2$ und $U' = U_3$, zumal in der zu beweisenden Formel der Term $\dim_K((U_1 + U_2) \cap U_3)$ auf der rechten Seite vorkommt.

Lösungsweg: Wir wenden also die Dimensionsformel 1.6/5 auf die linearen Unterräume $U_1 + U_2$ und U_3 von V an und erhalten

$$\dim_K(U_1+U_2)+\dim_K U_3 = \dim_K(U_1+U_2+U_3)+\dim_K\big((U_1+U_2)\cap U_3\big).$$

Nochmalige Anwendung der Dimensionsformel auf U_1 und U_2 ergibt

$$\dim_K U_1 + \dim_K U_2 = \dim_K(U_1 + U_2) + \dim_K(U_1 \cap U_2),$$

also insgesamt

$$\dim_K U_1 + \dim_K U_2 + \dim_K U_3$$
$$= \dim_K(U_1 + U_2 + U_3) + \dim_K\big((U_1 + U_2) \cap U_3\big) + \dim_K(U_1 \cap U_2)$$

was zu zeigen war.

Ergänzungen: Man kann mit vollständiger Induktion in ähnlicher Weise auch eine Dimensionsformel für endlich viele lineare Unterräume $U_1, \ldots, U_n \subset V$ herleiten.

1.6 Aufgabe 8

Start: Gegeben ist ein endlich-dimensionaler K-Vektorraum V mit einem linearen Unterraum $U \subset V$. Sei $n = \dim_K V$ und $s = \dim_K U$.

Ziel: Zu überlegen ist, für welche $r \in \mathbb{N}$ und unter welcher Bedingung an die Dimensionen von U und V es Komplemente $U_1, \dots, U_r$ zu U in V gibt, deren Summe $\sum_{i=1}^r U_i$ direkt ist. Optimal ist eine Bedingung, die notwendig und hinreichend ist.

Strategie: Für $r = 0$ ist nichts zu zeigen, da dann keine Komplemente zu U involviert sind und leere Summen immer den Wert 0 haben. Von Interesse sind also nur Anzahlen $r > 0$. Dabei ist der Fall $r = 1$ trivial, aber bereits der Fall $r = 2$ ist nicht ohne Weiteres zu überblicken. Wir lernen daraus, dass der Parameter r nicht im Vordergrund stehen sollte, sondern sich den übrigen Parametern n und s unterordnen sollte.

Zur weiteren Orientierung schauen wir uns ein Beispiel an, nämlich $V = \mathbb{R}^3$ als $\mathbb{R}$-Vektorraum und als linearen Unterraum die Ebene $U = \{(\alpha_1, \alpha_2, \alpha_3) \in \mathbb{R}^3 \, ; \, \alpha_3 = 0\}$. Wegen $\dim_K U = 2$ erzeugt jeder Vektor $a = (\alpha_1, \alpha_2, \alpha_3) \in \mathbb{R}^3$, der nicht in U enthalten ist, also $\alpha_3 \neq 0$ erfüllt, ein Komplement zu U in V. Es gibt unendlich viele solcher Vektoren a, ja sogar unendlich viele Geraden des Typs $\mathbb{R} \cdot a \subset \mathbb{R}^3$, die nicht in U gelegen sind und damit Komplemente zu U definieren. Sind nun $\mathbb{R} \cdot a_i$ für $i = 1, \dots, r$ solche Komplemente und ist die Summe $\sum_{i=1}^r \mathbb{R} \cdot a_i$ direkt, so bilden die Vektoren $a_1, \dots, a_r$ ein linear unabhängiges System, wobei notwendigerweise $r \leq 3$ wegen $\dim_{\mathbb{R}} \mathbb{R}^3 = 3$ folgt. Andererseits existiert auch tatsächlich ein linear unabhängiges System von Vektoren $a_1, a_2, a_3 \in \mathbb{R}^3$, die nicht in U enthalten sind und damit Komplemente zu U in $\mathbb{R}^3$ erzeugen, nämlich die Vektoren

$$(0,0,1), \qquad (1,0,1), \qquad (1,1,1).$$

Die vorstehende Betrachtung führt uns auch im Allgemeinfall auf eine Bedingung, die jedenfalls notwendig ist: Wenn es Komplemente $U_1, \dots, U_r$ zu U in V gibt, deren Summe $\sum_{k=1}^r U_k \subset V$ direkt ist, so gilt mit der Verallgemeinerung von 1.6/4 auf endlich viele Summanden

$$\sum_{k=1}^r \dim_K U_k \leq \dim_K V = n.$$

Es folgt dann $\dim_K U_k = \dim_K V - \dim_K U = n - s$ für alle k, wiederum aufgrund von 1.6/4, ergibt also $r \cdot (n-s) \leq n$ als notwendige Bedingung.

In unserem obigen Beispiel gilt $n = 3$ und $s = 2$. Die Bedingung nimmt also dann die Form $r \leq 3$ an und ist insbesondere auch hinreichend, wie wir gesehen haben.

Um auch im Allgemeinfall eine hinreichende Bedingung für unser Problem zu finden, wollen wir überlegen, auf welche Weise verschiedene Komplemente zu U in V konstruiert werden können. Wir wählen zunächst einmal ein beliebiges Komplement U' zu U in V. Wie im Beweis zu 1.6/4 kann dieses wie folgt konstruiert werden. Wir wählen eine Basis $x_1, \ldots, x_s$ von U und ergänzen diese durch Elemente $y_1, \ldots, y_t$ mit $t = n - s$ zu einer Basis von V. Dann ist $U' = \bigoplus_{j=1}^{t} Ky_j$ ein Komplement zu U in V. Wenn wir nun U' abändern wollen, so macht es Sinn, die erzeugenden Elemente y_j von U' abzuändern, und zwar, damit wir U' garantiert verlassen, durch Elemente aus U. Wir wählen daher Elemente $a_1, \ldots, a_t \in U$ und prüfen nach, ob auch die Vektoren $y_1 + a_1, \ldots, y_t + a_t$ ein Komplement zu U erzeugen. Hierzu genügt es nachzuprüfen, dass diese Elemente zusammen mit $x_1, \ldots, x_s$ ein linear unabhängiges System und damit eine Basis von V bilden. Seien also $\lambda_1, \ldots, \lambda_s, \lambda'_1, \ldots, \lambda'_t \in K$, derart dass

$$\sum_{i=1}^{s} \lambda_i x_i + \sum_{j=1}^{t} \lambda'_j(y_j + a_j) = \left(\sum_{i=1}^{s} \lambda_i x_i + \sum_{j=1}^{t} \lambda'_j a_j \right) + \sum_{j=1}^{t} \lambda'_j y_j = 0$$

gilt. Dann folgt $\sum_{i=1}^{s} \lambda_i x_i + \sum_{j=1}^{t} \lambda'_j a_j \in U$ und $\sum_{j=1}^{t} \lambda'_j y_j \in U'$. Beide Elemente müssen verschwinden, da die Summe $U + U'$ direkt ist. Es ergibt sich $\lambda'_1, \ldots, \lambda'_t = 0$ und dann aber auch $\lambda_1, \ldots, \lambda_s = 0$, d. h. $U'' = \sum_{j=1}^{t} K \cdot (y_j + a_j)$ ist in der Tat ein weiteres Komplement zu U in V, und zwar verschieden von U', wenn mindestens einer der Vektoren $a_1, \ldots, a_t$ nicht trivial ist. Wir wollen testen, ob die Summe $U' + U''$ direkt sein kann, also ob die Vektoren $y_1, \ldots, y_t, y_1 + a_1, \ldots, y_t + a_t$ ein linear unabhängiges System bilden. Man betrachte daher Konstanten $\lambda'_1, \ldots, \lambda'_t, \lambda''_1, \ldots, \lambda''_t \in K$, so dass

$$\sum_{j=1}^{t} \lambda'_j y_j + \sum_{j=1}^{t} \lambda''_j(y_j + a_j) = \sum_{j=1}^{t} \lambda''_j a_j + \sum_{j=1}^{t}(\lambda'_j + \lambda''_j)y_j = 0$$

gilt. Dann ergibt sich $\sum_{j=1}^{t} \lambda''_j a_j \in U$ und $\sum_{j=1}^{t}(\lambda'_j + \lambda''_j)y_j \in U'$, und beide Elemente müssen verschwinden, wiederum da die Summe $U + U'$

direkt ist. Wir können dann $\lambda'_j + \lambda''_j = 0$ für alle j schließen, aber $\lambda''_j = 0$ für alle j nur dann, wenn die Vektoren $a_1, \ldots, a_t$ ein *linear unabhängiges* System in U bilden. Letzteres ist beispielsweise dann der Fall, wenn $t \leq s$ gilt und wir $a_j = x_j$ für $j = 1, \ldots, t$ wählen. Dies ist die entscheidende Beobachtung, die uns zeigen wird, dass die Bedingung $r \cdot (n - s) \leq n$ in der Tat für die Lösung unseres Problems auch hinreichend ist.

Lösungsweg: Wir wollen also zeigen, dass es genau dann Komplemente $U_1, \ldots, U_r$ zu U in V gibt, deren Summe direkt ist, wenn $r(n-s) \leq n$ gilt. Die Bedingung ist notwendig, wie wir gesehen haben. Sind nämlich $U_1, \ldots, U_r$ solche Komplemente, so gilt $\dim_K U_k = n - s$ für $k = 1, \ldots, r$ nach 1.6/4, und es folgt

$$r(n - s) = \sum_{k=1}^r \dim_K U_k = \dim_K \bigoplus_{k=1}^r U_k \leq \dim_K V = n$$

mit 1.5/14 und der Verallgemeinerung von 1.6/4 auf endlich viele Summanden.

Sei nun andererseits $r \in \mathbb{N}$ mit $r(n - s) \leq n$. Dann ergibt sich $(r - 1)(n - s) \leq s$ bzw. $(r - 1)t \leq s$ mit $t = n - s$. Im Übrigen dürfen wir $r \geq 2$ voraussetzen, da die zu beweisende Aussage ansonsten trivial ist. Wir wählen nun in U ein linear unabhängiges System von $(r - 1)t$ Vektoren, welches wir in der Form

$$x_{jk}, \quad j = 1, \ldots, t, \quad k = 2, \ldots, r,$$

annehmen; dies ist möglich wegen $(r - 1)t \leq s = \dim_K U$. Weiter sei U_1 ein beliebiges Komplement zu U in V und $y_1, \ldots, y_t$ eine Basis von U_1, wobei wir $t = n - s = \dim_K U_1$ benutzen. Man setze sodann

$$U_k = \sum_{j=1}^t K \cdot (y_j + x_{jk}) \qquad \text{für } k = 2, \ldots, r.$$

Da offenbar $y_j \in U + U_k$ für alle $j = 1, \ldots, t$ und $k = 2, \ldots, r$ gilt, folgt $U + U_k = V$ für alle k, und man erkennt mit 1.6/6, dass die Summe $U + U_k$ aus Dimensionsgründen direkt ist. Es sind also $U_2, \ldots, U_r$ neben U_1 weitere Komplemente zu U in V. Um zu zeigen, dass die Summe $\sum_{k=1}^r U_k$ direkt ist, betrachten wir eine Linearkombination

$$\sum_{j=1}^{t} \lambda_j y_j + \sum_{k=2}^{r} \sum_{j=1}^{t} \lambda_{jk}(y_j + x_{jk}) = 0$$

mit Koeffizienten $\lambda_j, \lambda_{jk} \in K$. Diese Gleichung können wir auch in der Form

$$\left(\sum_{j=1}^{t} \lambda_j y_j + \sum_{k=2}^{r} \sum_{j=1}^{t} \lambda_{jk} y_j \right) + \left(\sum_{k=2}^{r} \sum_{j=1}^{t} \lambda_{jk} x_{jk} \right) = 0,$$

schreiben, wobei der linke Klammerausdruck zu U_1 gehört und der rechte zu U. Da die Summe $V = U + U_1$ direkt ist, müssen beide Ausdrücke verschwinden. Aus der linearen Unabhängigkeit der x_{jk} schließen wir, dass alle Koeffizienten λ_{jk} verschwinden und aus der linearen Unabhängigkeit der y_j, dass auch die Koeffizienten λ_j verschwinden. Somit bilden die y_j, $j = 1, \ldots, t$, zusammen mit den Vektoren $y_j + x_{jk}$, $j = 1, \ldots, t$, $k = 2, \ldots, r$, ein linear unabhängiges System in V, und es folgt, dass die Summe $\sum_{k=1}^{t} U_k$ in V direkt ist. Damit ist gezeigt, dass die Bedingung $r(n - s) \le n$ für die Lösung unseres Problems nicht nur notwendig sondern auch hinreichend ist.

Ergänzungen: Ist $x_1, \ldots, x_s$ eine Basis von U, so kann man die Vektoren x_{jk} im obigen Beweis auch noch konkreter wählen, indem man setzt:

$$x_{jk} = x_{j+(k-2)t}, \quad j = 1, \ldots, t, \quad k = 2, \ldots, r$$

Lineare Abbildungen

2.1 Aufgabe 2

Start: Zu betrachten sind unter den Punkten (i) – (iv) gewisse explizit gegebene Vektoren $a_i \in \mathbb{R}^4$ sowie $b_i \in \mathbb{R}^3$ für $i = 1, 2, 3, 4$ bzw. $i = 1, 2, 3$.

Ziel: Gefragt ist nach der Existenz von $\mathbb{R}$-linearen Abbildungen $\mathbb{R}^4 \longrightarrow \mathbb{R}^3$, die für alle i jeweils a_i auf b_i abbilden.

Strategie: Wir haben in 2.1/7 und dem zugehörigen Beweis gelernt, dass man eine $\mathbb{R}$-lineare Abbildung $f \colon \mathbb{R}^4 \longrightarrow \mathbb{R}^3$ mittels linearer Ausdehnung erklären kann, indem man eine Basis $a_1, \ldots, a_4$ von $\mathbb{R}^4$ betrachtet und deren Bilder $b_1, \ldots, b_4 \in \mathbb{R}^3$ beliebig vorgibt. Die resultierende $\mathbb{R}$-lineare Abbildung ist eindeutig durch $f(a_i) = b_i$, $i = 1, 2, 3, 4$, bestimmt. Sind also die Vektoren $a_1, \ldots, a_4$ in der Aufgabenstellung linear unabhängig, so bilden sie eine Basis von $\mathbb{R}^4$, und es gibt stets eine eindeutig bestimmte $\mathbb{R}$-lineare Abbildung $f \colon \mathbb{R}^4 \longrightarrow \mathbb{R}^3$, welche die a_i auf die jeweiligen Vektoren $b_i \in \mathbb{R}^3$ abbildet. Sind nun lediglich Vektoren $a_1, a_2, a_3 \in \mathbb{R}^4$ gegeben und bilden diese ein linear unabhängiges System, so kann man ähnlich verfahren. Indem man dieses System mittels 1.5/8 durch einen Vektor a zu einer Basis von $\mathbb{R}^4$ ergänzt, kann man eine $\mathbb{R}$-lineare Abbildung $f \colon \mathbb{R}^4 \longrightarrow \mathbb{R}^3$ finden, die a_1, a_2, a_3 auf b_1, b_2, b_3 abbildet und a auf einen weiteren beliebig gewählten Vektor $b \in \mathbb{R}^3$, z. B. $b = 0$. Die Abbildung f ist dann natürlich von der Wahl von b abhängig und somit nicht mehr eindeutig durch die Bilder b_1, b_2, b_3 zu a_1, a_2, a_3 bestimmt.

Wie sollte man nun verfahren, wenn die Vektoren $a_1, \ldots, a_4 \in \mathbb{R}^4$ ein linear abhängiges System bilden? Man kann dann den von $a_1, \ldots, a_4$ erzeugten linearen Unterraum $U = \langle a_1, \ldots, a_4 \rangle \subset \mathbb{R}^4$ betrachten und das System der a_i zu einer Basis von U verkleinern. Bilden etwa a_1, a_2, a_3 eine Basis von U, so gibt es, wie wir gesehen haben, stets eine $\mathbb{R}$-lineare Abbildung $f \colon \mathbb{R}^4 \longrightarrow \mathbb{R}^3$, welche a_1, a_2, a_3 auf b_1, b_2, b_3 abbildet. Diese ist nach 2.1/7 auf U eindeutig bestimmt. Es ist dann zu prüfen, indem man a_4 als Linearkombination der a_1, a_2, a_3 darstellt, ob auch $f(a_4) = b_4$ gilt oder nicht. Im ersten Fall existiert eine $\mathbb{R}$-lineare Abbildung $\mathbb{R}^4 \longrightarrow \mathbb{R}^3$ der gewünschten Art, im zweiten Fall nicht.

Lösungsweg: (i) Wir behaupten, dass das System der Vektoren

$$a_1 = (1,1,0,0), \quad a_2 = (1,1,1,0), \quad a_3 = (0,1,1,1), \quad a_4 = (0,0,1,1)$$

linear unabhängig ist und folglich eine Basis von $\mathbb{R}^4$ bildet. Um dies nachzuprüfen, betrachten wir eine Gleichung $\sum_{i=1}^{4} \lambda_i a_i = 0$ mit Koeffizienten $\lambda_i \in \mathbb{R}$, bzw. in komponentenweiser Schreibweise das folgende Gleichungssystem:

$$\lambda_1 \cdot 1 + \lambda_2 \cdot 1 + \lambda_3 \cdot 0 + \lambda_4 \cdot 0 = 0$$
$$\lambda_1 \cdot 1 + \lambda_2 \cdot 1 + \lambda_3 \cdot 1 + \lambda_4 \cdot 0 = 0$$
$$\lambda_1 \cdot 0 + \lambda_2 \cdot 1 + \lambda_3 \cdot 1 + \lambda_4 \cdot 1 = 0$$
$$\lambda_1 \cdot 0 + \lambda_2 \cdot 0 + \lambda_3 \cdot 1 + \lambda_4 \cdot 1 = 0$$

Die ersten beiden Gleichungen liefern $\lambda_3 = 0$, die letzten beiden $\lambda_2 = 0$. Dann folgen aber auch $\lambda_1 = 0$ und $\lambda_4 = 0$, und wir sehen, dass die

Vektoren a_1, a_2, a_3, a_4 ein linear unabhängiges System und folglich eine Basis in $\mathbb{R}^4$ bilden. Somit lesen wir aus 2.1/7 ab, dass eine $\mathbb{R}$-lineare Abbildung $\mathbb{R}^4 \longrightarrow \mathbb{R}^3$ existiert, welche a_1, a_2, a_3, a_4 auf die vorgegebenen Vektoren $b_1, b_2, b_3, b_4 \in \mathbb{R}^3$ abbildet.

(ii) Wir behaupten, dass auch hier das System der Vektoren

$$a_1 = (0, 1, 1, 1), \quad a_2 = (1, 0, 1, 1), \quad a_3 = (1, 1, 0, 1)$$

linear unabhängig ist. Um dies nachzuweisen, betrachten wir wieder eine Gleichung $\sum_{i=1}^{3} \lambda_i a_i = 0$ mit Koeffizienten $\lambda_i \in \mathbb{R}$, bzw. in komponentenweiser Schreibweise das folgende Gleichungssystem:

$$\lambda_1 \cdot 0 + \lambda_2 \cdot 1 + \lambda_3 \cdot 1 = 0$$
$$\lambda_1 \cdot 1 + \lambda_2 \cdot 0 + \lambda_3 \cdot 1 = 0$$
$$\lambda_1 \cdot 1 + \lambda_2 \cdot 1 + \lambda_3 \cdot 0 = 0$$
$$\lambda_1 \cdot 1 + \lambda_2 \cdot 1 + \lambda_3 \cdot 1 = 0$$

Die erste und vierte Gleichung ergeben $\lambda_1 = 0$, die zweite und vierte $\lambda_2 = 0$. Dann gilt auch $\lambda_3 = 0$, und wir sehen, dass a_1, a_2, a_3 ein linear unabhängiges System bilden. Indem wir dieses zu einer Basis von $\mathbb{R}^4$ ergänzen, sehen wir wieder mit 2.1/7, dass es eine $\mathbb{R}$-lineare Abbildung $f\colon \mathbb{R}^4 \longrightarrow \mathbb{R}^3$ gibt, die a_1, a_2, a_3 auf die vorgegebenen Vektoren $b_1, b_2, b_3 \in \mathbb{R}^3$ abbildet. Erneute Anwendung von 2.1/7 ergibt, dass lediglich die Einschränkung von f auf den linearen Unterraum $\langle a_1, a_2, a_3 \rangle \subset V$ eindeutig bestimmt ist.

(iii) Wir testen wieder, ob das System der Vektoren

$$a_1 = (0, 1, 1, 1), \quad a_2 = (1, 0, 1, 1), \quad a_3 = (1, 1, 0, 1), \quad a_4 = (-1, 1, 0, 0)$$

linear unabhängig ist und setzen eine Gleichung $\sum_{i=1}^{4} \lambda_i a_i = 0$ mit Koeffizienten $\lambda_i \in \mathbb{R}$ an. Zu lösen ist also das folgende Gleichungssystem:

$$\lambda_1 \cdot 0 + \lambda_2 \cdot 1 + \lambda_3 \cdot 1 - \lambda_4 \cdot 1 = 0$$
$$\lambda_1 \cdot 1 + \lambda_2 \cdot 0 + \lambda_3 \cdot 1 + \lambda_4 \cdot 1 = 0$$
$$\lambda_1 \cdot 1 + \lambda_2 \cdot 1 + \lambda_3 \cdot 0 + \lambda_4 \cdot 0 = 0$$
$$\lambda_1 \cdot 1 + \lambda_2 \cdot 1 + \lambda_3 \cdot 1 + \lambda_4 \cdot 0 = 0$$

Die erste und vierte Gleichung ergeben $\lambda_1 + \lambda_4 = 0$, die zweite und vierte $\lambda_2 - \lambda_4 = 0$, sowie die dritte und vierte $\lambda_3 = 0$. Insbesondere sind aufgrund dieser Beziehungen die Werte

$$\lambda_1 = 1, \quad \lambda_2 = -1, \quad \lambda_3 = 0, \quad \lambda_4 = -1$$

möglich. Einsetzen in obige Gleichungen zeigt, dass dies in der Tat eine Lösung des Gleichungssystems darstellt. Somit gilt $a_1 - a_2 - a_4 = 0$, also $a_4 = a_1 - a_2$, und das System der Vektoren a_1, a_2, a_3, a_4 ist linear abhängig.

Wie wir in (ii) gesehen haben, bilden die Vektoren a_1, a_2, a_3 ein linear unabhängiges System, und es existiert eine $\mathbb{R}$-lineare Abbildung $f \colon \mathbb{R}^4 \longrightarrow \mathbb{R}^3$ mit $f(a_i) = b_i$ für $i = 1, 2, 3$, wobei die Einschränkung von f auf den linearen Unterraum $\langle a_1, a_2, a_3 \rangle \subset V$ eindeutig bestimmt ist. Weiter gilt

$$f(a_4) = f(a_1 - a_2) = f(a_1) - f(a_2) = b_1 - b_2 = (-1, -1, 2) \neq b_3.$$

In diesem Fall gibt es daher keine $\mathbb{R}$-lineare Abbildung $f \colon \mathbb{R}^4 \longrightarrow \mathbb{R}^3$ mit $f(a_i) = b_i$ für $i = 1, 2, 3, 4$.

(iv) Im Falle der Vektoren

$$a_1 = (0, 1, 1, 1), \quad a_2 = (1, 0, 1, 1), \quad a_3 = (1, 1, 0, 1), \quad a_4 = (0, 2, 0, 1)$$

betrachten wir wiederum eine Gleichung $\sum_{i=1}^{4} \lambda_i a_i = 0$ mit Koeffizienten $\lambda_i \in \mathbb{R}$, die uns auf das folgende Gleichungssystem führt:

$$\lambda_1 \cdot 0 + \lambda_2 \cdot 1 + \lambda_3 \cdot 1 + \lambda_4 \cdot 0 = 0$$
$$\lambda_1 \cdot 1 + \lambda_2 \cdot 0 + \lambda_3 \cdot 1 + \lambda_4 \cdot 2 = 0$$
$$\lambda_1 \cdot 1 + \lambda_2 \cdot 1 + \lambda_3 \cdot 0 + \lambda_4 \cdot 0 = 0$$
$$\lambda_1 \cdot 1 + \lambda_2 \cdot 1 + \lambda_3 \cdot 1 + \lambda_4 \cdot 1 = 0$$

Die erste und vierte Gleichung ergeben $\lambda_1 + \lambda_4 = 0$, die zweite und die vierte $\lambda_2 - \lambda_4 = 0$, sowie die dritte und die vierte $\lambda_3 + \lambda_4 = 0$. Aufgrund dieser Beziehungen sind die Werte

$$\lambda_1 = 1, \quad \lambda_2 = -1, \quad \lambda_3 = 1, \quad \lambda_4 = -1$$

möglich, und Einsetzen in die obigen Gleichungen zeigt, dass dies in der Tat eine Lösung darstellt. Folglich gilt $a_4 = a_1 - a_2 + a_3$. Wie in (ii) sind die Vektoren a_1, a_2, a_3 linear unabhängig und wie in (iii) gibt es eine $\mathbb{R}$-lineare Abbildung $f \colon \mathbb{R}^4 \longrightarrow \mathbb{R}^3$ mit $f(a_i) = b_i$ für $i = 1, 2, 3$. Nun gilt

$$f(a_4) = f(a_1 - a_2 + a_3) = f(a_1) - f(a_2) + f(a_3)$$
$$= b_1 - b_2 + b_3 = (2, 0, 4) = b_4.$$

Also ist $f\colon \mathbb{R}^4 \longrightarrow \mathbb{R}^3$ wie gewünscht eine $\mathbb{R}$-lineare Abbildung mit $f(a_i) = b_i$ für $i = 1, 2, 3, 4$.

Ergänzungen: Bei den betrachteten Gleichungssystemen zur Bestimmung der Koeffizienten λ_i handelt es sich um sogenannte *lineare Gleichungssysteme*. Die Theorie dieser Gleichungssysteme und zugehöriger praktischer Lösungsverfahren wird später in 3.5 noch ausführlich behandelt werden.

2.1 Aufgabe 5

Start: Gegeben ist ein Endomorphismus $f\colon V \longrightarrow V$ eines K-Vektorraums V mit der Eigenschaft $f^2 = f$.

Ziel: Zu zeigen ist $V = \ker f \oplus \operatorname{im} f$, also dass die Summe der linearen Unterräume $\ker f + \operatorname{im} f \subset V$ direkt ist und V ergibt.

Strategie: Für jeden Endomorphismus $f\colon V \longrightarrow V$ kann man die Summe $\ker f + \operatorname{im} f$ als linearen Unterraum von V bilden. Diese Summe ist im Allgemeinen nicht direkt, wie etwa der mittels 2.1/7 (ii) definierte Endomorphismus

$$f\colon K^2 \longrightarrow K^2, \quad e_1 \longmapsto 0, \quad e_2 \longmapsto e_1,$$

mit den Einheitsvektoren $e_1, e_2 \in K^2$ zeigt; hier gilt $f^2 = 0 \neq f$ sowie $\ker f = \operatorname{im} f = \langle e_1 \rangle$. Wir lernen daraus, dass die Bedingung $f^2 = f$ für die Direktheit der Summe $\ker f + \operatorname{im} f$ wesentlich sein wird. Im Übrigen, wenn man diese Summe als direkt erkannt hat, folgt

$$\dim_K(\ker f \oplus \operatorname{im} f) = \dim_K(\ker f) + \dim_K(\operatorname{im} f) = \dim_K V$$

mit 1.6/4 und der Dimensionsformel 2.1/10. Ist daher V von endlicher Dimension, so können wir mittels 1.5/14 (ii) bereits $V = \ker f \oplus \operatorname{im} f$ ablesen.

Zu überlegen ist also, dass die Summe $\ker f + \operatorname{im} f \subset V$ direkt ist, bzw. dass $\ker f \cap \operatorname{im} f = 0$ gilt. Dies lässt sich routinemäßig nachprüfen. Sei nämlich $x \in \ker f \cap \operatorname{im} f$. Dann gilt einerseits $f(x) = 0$, und andererseits gibt es einen Vektor $x' \in V$ mit $f(x') = x$. Es folgt $f^2(x') = 0$ und wegen $f^2 = f$ auch $x = f(x') = f^2(x') = 0$, also gilt $\ker f \cap \operatorname{im} f = 0$.

Es bleibt noch $V = \ker f + \operatorname{im} f$ zu zeigen, ohne dass wir V als endlich-dimensional annehmen wollen. Hierzu betrachten wir einen Vektor $x \in V$ und versuchen, einen Vektor $x'' \in \operatorname{im} f$ zu finden, derart dass $x - x'' \in \ker f$ gilt. Als naheliegende Möglichkeit bietet sich hier $x'' = f(x)$ an.

Lösungsweg: Wir haben oben bereits nachgewiesen, dass die Summe $\ker f + \operatorname{im} f \subset V$ direkt ist. Um $\ker f + \operatorname{im} f = V$ einzusehen, wählen wir $x \in V$. Dann folgt

$$f\big(x - f(x)\big) = f(x) - f^2(x) = f(x) - f(x) = 0,$$

also $x - f(x) \in \ker f$ und damit $x \in \ker f + \operatorname{im} f$, was zu zeigen war.

Ergänzungen: Wie wir gesehen haben, ist die Bedingung $f^2 = f$ für die Beziehung $V = \ker f \oplus \operatorname{im} f$ hinreichend. Sie ist allerdings nicht notwendig, da es für Vektorräume $V \neq 0$ stets Automorphismen $f \colon V \longrightarrow V$ mit $f^2 \neq f$ gibt. Ist f ein solcher Automorphismus, so gilt $\ker f = 0$ und $\operatorname{im} f = V$, also trivialerweise $V = \ker f \oplus \operatorname{im} f$.

2.1 Aufgabe 8

Start: Gegeben sind K-lineare Abbildungen $V_1 \xrightarrow{\ f\ } V_2 \xrightarrow{\ g\ } V_3$ zwischen endlich-dimensionalen K-Vektorräumen.

Ziel: Zu zeigen ist $\operatorname{rg} f + \operatorname{rg} g \leq \operatorname{rg}(g \circ f) + \dim V_2$, wobei der Rang einer linearen Abbildung als Dimension des zugehörigen Bildes erklärt ist.

Strategie: Da in der zu beweisenden Abschätzung die Ränge der K-linearen Abbildungen f, g sowie $g \circ f$ vorkommen, versuchen wir die entsprechenden Versionen der Dimensionsformel 2.1/10 zu verwenden, nämlich

$$\begin{aligned}
\dim_K V_1 &= \dim_K(\ker f) + \operatorname{rg} f, \\
\dim_K V_2 &= \dim_K(\ker g) + \operatorname{rg} g, \\
\dim_K V_1 &= \dim_K(\ker g \circ f) + \operatorname{rg}(g \circ f).
\end{aligned}$$

Es folgt

$$\operatorname{rg} f + \operatorname{rg} g = \dim_K V_1 + \dim_K V_2 - \dim_K(\ker f) - \dim_K(\ker g)$$

und, indem wir auch noch die dritte Formel nutzen,

$$\mathrm{rg}\, f + \mathrm{rg}\, g = \dim_K(\ker g \circ f) + \mathrm{rg}(g \circ f)$$
$$+ \dim_K V_2 - \dim_K(\ker f) - \dim_K(\ker g).$$

Wir können also unser Ziel erreichen, indem wir

$$\dim_K(\ker g \circ f) \le \dim_K(\ker f) + \dim_K(\ker g)$$

zeigen. Um eine Idee zu bekommen, wie wir diese Abschätzung erhalten können, verschaffen wir uns Klarheit über die involvierten Vektorräume. Es sind $\ker f$ und $\ker(g \circ f)$ lineare Unterräume von V_1 mit $\ker f \subset \ker(g \circ f) \subset V_1$, wie man leicht nachprüft. Weiter ist $\ker g$ ein linearer Unterraum von V_2, und zwar gilt $f(\ker(g \circ f)) \subset \ker g \subset V_2$. Dies ermutigt uns, die von f induzierte lineare Abbildung

$$\tilde{f}\colon \ker(g \circ f) \longrightarrow \ker g$$

zu betrachten, deren Kern mit $\ker f$ übereinstimmt, und hierauf die Dimensionsformel 2.1/10 anzuwenden. Dies liefert in der Tat

$$\dim_K(\ker g \circ f) = \dim_K(\ker \tilde{f}) + \dim_K(\mathrm{im}\, \tilde{f})$$
$$\le \dim_K(\ker f) + \dim_K(\ker g),$$

also die gewünschte Abschätzung, die zum Erreichen des Ziels noch zu beweisen war.

Der beschriebene Weg mutet etwas kompliziert an, und wir fragen uns, ob wir nicht auch mit einer etwas einfacheren Argumentation ans Ziel gelangen können. Ein wesentlicher Punkt unserer Argumentation besteht darin, dass wir den linearen Unterraum $\mathrm{im}\, \tilde{f} \subset V_2$ durch $\ker g$ ersetzen und somit die Abschätzung $\dim_K(\mathrm{im}\, \tilde{f}) \le \dim_K(\ker g)$ verwenden. Dabei gilt genauer

$$\mathrm{im}\, \tilde{f} = \ker g \cap f(V_1),$$

wie man leicht feststellt. Dies bringt uns auf die Idee, anstelle der gegebenen Abbildungen f und g die K-linearen Abbildungen

$$V_1 \xrightarrow{\ f'\ } f(V_1) \xrightarrow{\ g'\ } V_3$$

zu verwenden, wobei f' und g' jeweils aus f und g durch Einschränkung gewonnen werden, indem man V_2 durch $f(V_1)$ ersetzt. Dieser Ansatz führt in der Tat zu einer einfacheren Lösung, wie wir sogleich sehen werden.

Lösungsweg: Wir schränken also V_2 zu $f(V_1)$ ein und betrachten die resultierenden K-linearen Abbildungen $V_1 \xrightarrow{f'} f(V_1) \xrightarrow{g'} V_3$. Sodann liefert die Dimensionsformel 2.1/10 angewandt auf g'

$$\begin{aligned} \operatorname{rg} f = \dim_K f(V_1) &= \dim_K(\ker g') + \dim_K(\operatorname{im} g') \\ &= \dim_K\big(\ker g \cap f(V_1)\big) + \operatorname{rg}(g \circ f) \\ &\leq \dim_K(\ker g) + \operatorname{rg}(g \circ f). \end{aligned}$$

Benutzen wir dann noch die Gleichung $\dim_K(\ker g) = \dim_K V_2 - \operatorname{rg} g$ gemäß der Dimensionsformel für g, so folgt die gewünschte Abschätzung $\operatorname{rg} f + \operatorname{rg} g \leq \operatorname{rg}(g \circ f) + \dim V_2$.

2.2 Aufgabe 4

Start: Gegeben ist ein K-Vektorraum mit einer Teilmenge $A \subset V$.

Ziel: Betrachtet werden sollen Teilmengen $B \subset V$ mit $A \subset B$, so dass die durch $x \sim_B y :\Longleftrightarrow x - y \in B$ für $x, y \in V$ gegebene Relation " $\sim_B$ " eine Äquivalenzrelation ist. Sei $\mathfrak{B}$ die Menge dieser Teilmengen $B \subset V$. Zu zeigen ist, dass $\mathfrak{B}$ ein kleinstes Element enthält, bezeichnet mit A', so dass also $A' \subset B$ für jedes weitere $B \in \mathfrak{B}$ gilt. Es ist A' genauer zu bestimmen für den Fall, dass A' abgeschlossen unter der skalaren Multiplikation ist, also wenn für $\alpha \in K$, $a \in A$ stets $\alpha a \in A$ gilt.

Strategie: Das Beispiel eines von einer Teilmenge $A \subset V$ erzeugten linearen Unterraums $A' = \langle A \rangle \subset V$ in 1.4/5 gibt gewisse Anhaltspunkte, wie man grundsätzlich vorgehen könnte. Eine erste Möglichkeit besteht darin, A' als den Durchschnitt über alle Mengen $B \in \mathfrak{B}$ anzusetzen. Dieses Verfahren funktioniert ohne Probleme, wie wir weiter unten sehen werden. Es liefert jedoch nicht die gewünschte konkrete Beschreibung der Menge A'. Deshalb liegt es nahe, sich auch mit Verfahren zu beschäftigen, die A mittels konkreter Konstruktionsschritte zu der gewünschten Menge A' vergrößern. Dazu müssen allerdings die Eigenschaften einer Äquivalenzrelation " $\sim_B$ " zunächst in entsprechende Eigenschaften der zugehörigen Teilmenge $B \subset V$ umgesetzt werden.

Wir betrachten deshalb eine beliebige Teilmenge $B \subset V$ sowie die zugehörige Relation " $\sim_B$ ". Folgender Zusammenhang liegt nahe:

$$\begin{pmatrix} 0 \in B \\ a \in B \Longrightarrow -a \in B \\ a, b \in B \Longrightarrow a + b \in B \end{pmatrix} \iff \begin{pmatrix} \text{Die Relation “ } \sim_B \text{ ”} \\ \text{ist eine Äquivalenzrelation} \end{pmatrix}$$

In der Tat, die Implikation " $\Longrightarrow$ " ist trivial, denn die aufgeführten Bedingungen für B sorgen der Reihe nach für Reflexivität, Symmetrie und Transitivität der Relation " $\sim_B$ ". Um die verbleibende Implikation " $\Longleftarrow$ " einzusehen, nehmen wir an, dass " $\sim_B$ " eine Äquivalenzrelation ist. Dann gilt $x \sim_B x$ für alle $x \in V$ und damit $0 = x - x \in B$. Für $a \in B$ gilt weiter $a - 0 = a \in B$, also $a \sim_B 0$. Aufgrund der Symmetrie folgt $0 \sim_B a$ und daher $-a = 0 - a \in B$. Seien nun $a, b \in B$. Dann gilt $a \sim_B 0$ wegen $a - 0 = a \in B$ sowie $0 \sim_B (-b)$ wegen $0 - (-b) = b \in B$. Die Transitivität ergibt $a \sim_B (-b)$, also $a + b = a - (-b) \in B$, wie behauptet.

Indem wir bemerken, dass die Bedingungen auf der linken Seite gemäß 1.2/3 gerade eine Untergruppe der additiven Gruppe von V charakterisieren, haben wir also eingesehen:

Die Relation " $\sim_B$ " zu einer Teilmenge $B \subset V$ definiert genau dann eine Äquivalenzrelation auf V, wenn B eine additive Untergruppe von V ist.

Wir lernen daraus für unser Problem, dass wir von A zur kleinsten additiven Untergruppe $A' \subset V$ übergehen müssen, die A enthält. Dazu können wir A' entweder als Durchschnitt aller additiven Untergruppen von V definieren, die A als Teilmenge enthalten, oder wir können A' konkret angeben, ähnlich wie wir in 1.4/5 den von A erzeugten linearen Unterraum $\langle A \rangle \subset V$ erklärt hatten.

Lösungsweg: Wie zu Beginn erklärt sei $\mathfrak{B}$ die Menge aller Teilmengen $B \subset V$ mit $A \subset B$, derart dass " $\sim_B$ " eine Äquivalenzrelation auf V definiert. Offenbar gilt $V \in \mathfrak{B}$, so dass $\mathfrak{B}$ nicht leer ist. Wir setzen sodann $A' = \bigcap_{B \in \mathfrak{B}} B$ und sehen leicht ein, dass $A' \in \mathfrak{B}$ gilt. Für Vektoren $x, y \in V$ gilt nämlich $x \sim_{A'} y$ genau dann, wenn $x \sim_B y$ für alle $B \in \mathfrak{B}$ gilt, da $A' = \bigcap_{B \in \mathfrak{B}} B$. Insbesondere ist klar, dass A' die kleinste Obermenge von A ist, so dass " $\sim_{A'}$ " eine Äquivalenzrelation auf V ergibt.

Wir hatten oben bereits überlegt, dass die Relation " $\sim_B$ " für eine Teilmenge $B \subset V$ genau dann eine Äquivalenzrelation auf V erklärt, wenn B eine additive Untergruppe von V ist. Daher besteht $\mathfrak{B}$ aus allen additiven Untergruppen von V, die A enthalten, und es ist

$A' = \bigcap_{B \in \mathfrak{B}} B$ die eindeutig bestimmte kleinste Untergruppe von V, die A enthält, mit anderen Worten, die von A erzeugte additive Untergruppe in V. Diese lässt sich auch in der Form

$$A' = \Big\{ \sum_{i=1}^{r} \varepsilon_i a_i \; ; \; r \in \mathbb{N}, \varepsilon_i \in \{1, -1\}, a_i \in A \Big\}$$

beschreiben, denn jede additive Untergruppe $B \subset V$ mit $A \subset B$ enthält notwendig die rechte Seite, und man sieht weiter ohne Probleme ein, dass wir die rechte Seite gerade so definiert haben, dass sie eine additive Untergruppe von V ergibt, die A enthält. Gilt nun für $\alpha \in K$ und $a \in A$ stets $\alpha a \in A$, so können wir auch

$$A' = \Big\{ \sum_{i=1}^{r} \alpha_i a_i \; ; \; r \in \mathbb{N}, \alpha_i \in K, a_i \in A \Big\}$$

schreiben, und es folgt $A' = \langle A \rangle$, d. h. A' ist in diesem Falle gerade der von A in V erzeugte lineare Unterraum; siehe 1.4/5.

Ergänzungen: Die Verwendung der expliziten Beschreibung erzeugter Gruppen am Schluss unserer Lösung mutet wie ein Umweg an und kann vermieden werden, indem man ein formaleres Argument benutzt. Man betrachte nämlich zu einem Skalar $\alpha \in K$ die Multiplikation

$$V \longrightarrow V, \qquad x \longmapsto \alpha x,$$

auf V. Diese respektiert Inklusionen von Teilmengen und überführt additive Untergruppen von V in ebensolche. Sei nun $A \subset V$ eine Teilmenge und A' die von A erzeugte additive Untergruppe von V, also der Durchschnitt aller additiven Untergruppen in V, die A enthalten. Dann ist $\alpha A'$ die von αA erzeugte Untergruppe, und wir erhalten im Falle $\alpha A = A$ auch $\alpha A' = A'$, denn die von A erzeugte additive Untergruppe von V ist eindeutig bestimmt. Ist daher A abgeschlossen unter skalarer Multiplikation, so gilt dies auch für A', und wir sehen mit 1.4/2, dass A' ein linearer Unterraum von V ist. Dann ist A' auch der kleinste lineare Unterraum von V, der A enthält, also der von A erzeugte lineare Unterraum $\langle A \rangle \subset V$.

2.2 Aufgabe 8

Start: Zu linearen Unterräumen U, U' eines K-Vektorraums V soll die K-lineare Abbildung $f \colon U \hookrightarrow U + U' \longrightarrow (U + U')/U'$ betrachtet werden, die sich zusammensetzt aus der Inklusion $U \hookrightarrow U + U'$ und dem kanonischen Epimorphismus $U + U' \longrightarrow (U + U')/U'$.

Ziel: Zu zeigen ist $\ker f = U \cap U'$ und weiter, dass f einen Isomorphismus $\overline{f}\colon U/(U \cap U') \overset{\sim}{\longrightarrow} (U + U')/U'$ induziert.

Strategie: Zu betrachten ist eine K-lineare Abbildung der Form $f\colon V \longrightarrow V'$, wobei $V = U$ und $V' = (U + U')/U'$ gilt. Gefragt ist nach einem induzierten Isomorphismus $\overline{f}\colon V/\ker f \overset{\sim}{\longrightarrow} V'$, was die Anwendung des Homomorphiesatzes 2.2/9 nahelegt.

Lösungsweg: Wir wissen, dass U' der Kern des kanonischen Epimorphismus $\pi\colon U + U' \longrightarrow (U + U')/U'$ ist. Weiter ist f die Einschränkung von π auf U. Damit gilt $\ker f = U \cap \ker \pi = U \cap U'$. Gemäß Homomorphiesatz 2.2/8 induziert f dann eine K-lineare Abbildung $\overline{f}\colon U/U \cap U' \longrightarrow (U + U')/U'$, und diese ist injektiv wegen $\ker f = U \cap U'$. Um zu sehen, dass $\overline{f}$ auch surjektiv und damit ein Isomorphismus ist, zeigen wir, dass f surjektiv ist. Sei also $\overline{y} \in (U+U')/U'$ eine Restklasse und $x + x' \in U + U'$ mit $x \in U$, $x' \in U'$ ein Repräsentant zu $\overline{y}$, also mit $\overline{y} = (x + x') + U'$. Dann gilt auch $\overline{y} = x + U'$ und somit $f(x) = \overline{y}$. Also ist f surjektiv und insgesamt $\overline{f}$ gemäß 2.2/9 ein Isomorphismus.

2.2 Aufgabe 11

Start: Es ist keine konkrete Startsituation beschrieben.

Ziel: Zu konstruieren ist ein K-Vektorraum V mit einem linearen Unterraum $U \neq 0$, so dass es einen Isomorphismus $V/U \overset{\sim}{\longrightarrow} V$ gibt. Gefragt ist zudem, ob ein solches Beispiel im Falle $\dim_K V < \infty$ existieren kann.

Strategie: Wir sind bemüht, ein möglichst einfaches Beispiel anzugeben. Deshalb schauen wir zunächst einmal den Fall $\dim_K V < \infty$ an. Ist $U \neq 0$ ein linearer Unterraum von V, so gilt $\dim_K U > 0$ und daher

$$\dim_K(V/U) = \dim_K V - \dim_K U < \dim_K V$$

aufgrund von 2.2/7. Wir lesen daraus ab, dass es in diesem Fall keinen Isomorphismus $V/U \overset{\sim}{\longrightarrow} V$ geben kann, da Isomorphismen die Dimension von Vektorräumen erhalten.

Wir müssen deshalb auf K-Vektorräume V unendlicher Dimension zurückgreifen. Im einfachsten Fall besitzt ein solcher Vektorraum eine abzählbare Basis. Sei also V ein K-Vektorraum mit einer abzählbaren Basis $\{x_i \,;\, i \in \mathbb{N}\}$, beispielsweise der K-Vektorraum

$$V = \left\{ (\alpha_j)_{j \in \mathbb{N}} \in K^{\mathbb{N}} \, ; \, \alpha_j = 0 \text{ für fast alle } j \in \mathbb{N} \right\}$$

mit komponentenweiser Addition und skalarer Multiplikation. Hier bilden die Einheitsvektoren $x_i = (\delta_{ij})_{j \in \mathbb{N}}$, $i \in \mathbb{N}$, eine Basis.

Gefragt ist eine K-lineare Abbildung $\overline{f} \colon V/U \longrightarrow V$ für einen geeigneten linearen Unterraum $U \subset V$. Mittels des Homomorphiesatzes 2.2/8 lässt sich $\overline{f}$ durch eine geeignete K-lineare Abbildung $f \colon V \longrightarrow V$ induzieren. Zur Definition einer solchen Abbildung f wiederum können wir 2.1/7 anwenden, und zwar in der Version für nicht notwendig endliche Erzeugendensysteme und Basen. Benutzen wir dann noch, dass es surjektive Abbildungen $\mathbb{N} \longrightarrow \mathbb{N}$ gibt, die aber nicht injektiv sind, so haben wir alle Elemente zur Konstruktion eines Beispiels der gewünschten Art beisammen.

Lösungsweg: Es sei V ein K-Vektorraum mit einer abzählbaren Basis $\{x_i \, ; \, i \in \mathbb{N}\}$. Sodann betrachten wir die K-lineare Abbildung $f \colon V \longrightarrow V$, die durch

$$x_0 \longmapsto 0, \qquad x_i \longmapsto x_{i-1} \text{ für } i > 0,$$

und lineare Ausdehnung beschrieben wird, also durch

$$\sum_{i=0}^{\infty} \alpha_i x_i \longmapsto \sum_{i=0}^{\infty} \alpha_{i+1} x_i,$$

wobei wir voraussetzen, dass die Koeffizienten $\alpha_i \in K$ für fast alle $i \in \mathbb{N}$ verschwinden. Es ist f offenbar surjektiv mit $\ker f = K \cdot x_0$. Setzen wir also $U = K \cdot x_0$, so gilt $U \neq 0$, und es induziert f aufgrund des Homomorphiesatzes 2.2/9 wie gewünscht einen Isomorphismus $\overline{f} \colon V/U \overset{\sim}{\longrightarrow} V$. Dass es einen solchen Isomorphismus im Falle $\dim_K V < \infty$ nicht geben kann, haben wir bereits oben überlegt.

2.3 Aufgabe 2

Start: Zu $n \in \mathbb{N}$ betrachte man K^n als K-Vektorraum mit den Projektionen

$$p_i \colon K^n \longrightarrow K, \qquad (\alpha_1, \dots, \alpha_n) \longmapsto \alpha_i, \qquad i = 1, \dots, n,$$

wobei die p_i Linearformen auf K^n sind.

Ziel: Es bilden $p_1, \dots, p_n$ eine Basis des Dualraums $(K^n)^*$, und zwar die duale Basis zur kanonischen Basis von K^n, bestehend aus den Einheitsvektoren $e_j = (\delta_{1j}, \dots, \delta_{nj})$, $j = 1, \dots, n$.

Weiter ist für $n = 4$ und $K = \mathbb{R}$ die duale Basis in $(\mathbb{R}^4)^*$ zur Basis

$$x_1 = (1, 0, 0, 0), \ x_2 = (1, 1, 0, 0), \ x_3 = (1, 1, 1, 0), \ x_4 = (1, 1, 1, 1)$$

von $\mathbb{R}^4$ zu bestimmen, indem man deren Elemente als Linearkombinationen der p_i angibt.

Strategie: Es gilt $p_i(e_j) = \delta_{ij}$ für $i, j = 1, \ldots, n$, also bilden die Linearformen $p_1, \ldots, p_n \in (K^n)^*$ gemäß 2.3/5 die duale Basis zu $e_1, \ldots, e_n \in K^n$. Im Falle $n = 4$ und $K = \mathbb{R}$ ist leicht nachzuprüfen, dass die Vektoren $x_1, \ldots, x_4 \in \mathbb{R}^4$ ein linear unabhängiges System und damit eine Basis von $\mathbb{R}^4$ bilden. Mit 2.3/5 existiert dann in $(\mathbb{R}^4)^*$ die duale Basis zu $x_1, \ldots, x_4$, die mit $\varphi_1, \ldots, \varphi_4$ bezeichnet werde. Da $p_1, \ldots, p_4$ ebenfalls eine Basis von $(\mathbb{R}^4)^*$ ist, gibt es Konstanten $\lambda_{ij} \in \mathbb{R}$ mit $\varphi_j = \sum_{i=1}^{4} \lambda_{ij} p_i$ für $j = 1, \ldots, 4$. Es sind sodann die Konstanten λ_{ij} zu bestimmen, wobei die charakterisierende Eigenschaft der dualen Basis, nämlich $\varphi_j(x_k) = \delta_{jk}$, auf Gleichungen führt, mit denen wir versuchen können, die Konstanten λ_{ij} zu bestimmen.

Lösungsweg: Wir haben schon begründet, dass $p_1, \ldots, p_n \in (\mathbb{R}^n)^*$ die duale Basis zur kanonischen Basis $e_1, \ldots, e_n \in \mathbb{R}^n$ bilden, und weiter für $n = 4$, $K = \mathbb{R}$, dass die Vektoren $x_1, \ldots, x_4$ eine Basis von $\mathbb{R}^4$ bilden und wir hierzu die duale Basis $\varphi_1, \ldots, \varphi_4 \in (\mathbb{R}^4)^*$ betrachten können. Es gibt nun Darstellungen $\varphi_j = \sum_{i=1}^{4} \lambda_{ij} p_i$, $j = 1, \ldots, 4$, deren Koeffizienten $\lambda_{ij} \in \mathbb{R}$ zu bestimmen sind. Die charakterisierende Eigenschaft $\varphi_j(x_k) = \delta_{jk}$ der dualen Basis aus 2.3/5 liefert dann die Gleichungen $\sum_{i=1}^{4} \lambda_{ij} p_i(x_k) = \delta_{jk}$, $j, k = 1, \ldots, 4$, also geordnet nach $j = 1, \ldots, 4$ die folgenden Gleichungssysteme:

$$\lambda_{11} \cdot 1 + \lambda_{21} \cdot 0 + \lambda_{31} \cdot 0 + \lambda_{41} \cdot 0 = 1 \qquad \lambda_{12} \cdot 1 + \lambda_{22} \cdot 0 + \lambda_{32} \cdot 0 + \lambda_{42} \cdot 0 = 0$$
$$\lambda_{11} \cdot 1 + \lambda_{21} \cdot 1 + \lambda_{31} \cdot 0 + \lambda_{41} \cdot 0 = 0 \qquad \lambda_{12} \cdot 1 + \lambda_{22} \cdot 1 + \lambda_{32} \cdot 0 + \lambda_{42} \cdot 0 = 1$$
$$\lambda_{11} \cdot 1 + \lambda_{21} \cdot 1 + \lambda_{31} \cdot 1 + \lambda_{41} \cdot 0 = 0 \qquad \lambda_{12} \cdot 1 + \lambda_{22} \cdot 1 + \lambda_{32} \cdot 1 + \lambda_{42} \cdot 0 = 0$$
$$\lambda_{11} \cdot 1 + \lambda_{21} \cdot 1 + \lambda_{31} \cdot 1 + \lambda_{41} \cdot 1 = 0 \qquad \lambda_{12} \cdot 1 + \lambda_{22} \cdot 1 + \lambda_{32} \cdot 1 + \lambda_{42} \cdot 1 = 0$$

$$\lambda_{13} \cdot 1 + \lambda_{23} \cdot 0 + \lambda_{33} \cdot 0 + \lambda_{43} \cdot 0 = 0 \qquad \lambda_{14} \cdot 1 + \lambda_{24} \cdot 0 + \lambda_{34} \cdot 0 + \lambda_{44} \cdot 0 = 0$$
$$\lambda_{13} \cdot 1 + \lambda_{23} \cdot 1 + \lambda_{33} \cdot 0 + \lambda_{43} \cdot 0 = 0 \qquad \lambda_{14} \cdot 1 + \lambda_{24} \cdot 1 + \lambda_{34} \cdot 0 + \lambda_{44} \cdot 0 = 0$$
$$\lambda_{13} \cdot 1 + \lambda_{23} \cdot 1 + \lambda_{33} \cdot 1 + \lambda_{43} \cdot 0 = 1 \qquad \lambda_{14} \cdot 1 + \lambda_{24} \cdot 1 + \lambda_{34} \cdot 1 + \lambda_{44} \cdot 0 = 0$$
$$\lambda_{13} \cdot 1 + \lambda_{23} \cdot 1 + \lambda_{33} \cdot 1 + \lambda_{43} \cdot 1 = 0 \qquad \lambda_{14} \cdot 1 + \lambda_{24} \cdot 1 + \lambda_{34} \cdot 1 + \lambda_{44} \cdot 1 = 1$$

Hieraus ergibt sich

$$\lambda_{11} = 1, \qquad \lambda_{12} = 0, \qquad \lambda_{13} = 0, \qquad \lambda_{14} = 0$$
$$\lambda_{21} = -1, \qquad \lambda_{22} = 1, \qquad \lambda_{23} = 0, \qquad \lambda_{24} = 0$$
$$\lambda_{31} = 0, \qquad \lambda_{32} = -1, \qquad \lambda_{33} = 1, \qquad \lambda_{34} = 0$$
$$\lambda_{41} = 0, \qquad \lambda_{42} = 0, \qquad \lambda_{43} = -1, \qquad \lambda_{44} = 1$$

und damit

$$\varphi_1 = p_1 - p_2, \quad \varphi_2 = p_2 - p_3, \quad \varphi_3 = p_3 - p_4, \quad \varphi_4 = p_4.$$

Dies sind die gewünschten Linearkombinationen von $p_1, \ldots, p_4$, welche die duale Basis zu $x_1, \ldots, x_4$ in $(\mathbb{R}^4)^*$ beschreiben.

2.3 Aufgabe 4

Start: Zu einem Element a eines K-Vektorraums V betrachte man die lineare Abbildung $a^* \colon V^* \longrightarrow K$, die durch $\varphi \longmapsto \varphi(a)$ gegeben ist. Dann ist a^* eine Linearform auf dem Dualraum V^*, also ein Element des doppelt dualen Raums V^{**}. Weiter kann man zu $a \in V$ die Abbildung $[a] \colon K \longrightarrow V$, $\alpha \longmapsto \alpha a$, betrachten, sozusagen die "Multiplikation mit a". Diese ist K-linear, wenn man K als Vektorraum K^1, also als Vektorraum über sich selbst auffasst.

Ziel: Man betrachte zu V die Abbildung $\iota_V \colon V \longrightarrow \operatorname{Hom}_K(K, V)$, $a \longmapsto [a]$. Zunächst ist zu zeigen, dass diese einen Isomorphismus von K-Vektorräumen darstellt. Sodann wähle man ein Element $a \in V$ und betrachte die zugehörige K-lineare Abbildung $\iota_V(a)$, also $[a] \colon K \longrightarrow V$, und ihre duale Abbildung $[a]^* \colon V^* \longrightarrow K^*$, wobei mit $K^* = \operatorname{Hom}_K(K, K)$ der Dualraum von K als Vektorraum über sich selbst gemeint ist. Es ist zu zeigen, dass a^* gerade die duale Abbildung $[a]^*$ zu $[a]$ ist, wenn man K als K-Vektorraum mit seinem Dualraum $\operatorname{Hom}_K(K, K)$ unter $\iota_K \colon K \longrightarrow \operatorname{Hom}_K(K, K)$ identifiziert.

Strategie: Es besitzt K als Vektorraum über sich selbst eine kanonische Basis, bestehend aus dem Einselement $1 \in K$. Daher ist $[a] \colon K \longrightarrow V$ im Sinne von 2.1/7 durch die Zuordnung $1 \longmapsto a$ eindeutig bestimmt, und es ist klar, dass $\iota_V \colon V \longrightarrow \operatorname{Hom}_K(K, V)$ ein Isomorphismus ist. Weiter wird die zu $[a]$ duale lineare Abbildung durch

$$[a]^* \colon V^* \longrightarrow \operatorname{Hom}_K(K, K), \qquad \varphi \longmapsto \varphi \circ [a],$$

beschrieben, wobei $\varphi \circ [a]$ das Element $1 \in K$ zunächst auf a und dann auf $\varphi(a)$ abbildet. Also gilt $\varphi \circ [a] = \varphi(a)$, wenn wir den Isomorphismus $\iota_K \colon K \longrightarrow \operatorname{Hom}_K(K, K)$ als Identifizierung ansehen. Die

Überlegungen zur Strategie liefern hier also bereits die Lösung in Kurz-
form.

Lösungsweg: Die Abbildung $\iota_V \colon V \longrightarrow \mathrm{Hom}_K(K, V),\, a \longmapsto [a]$,
ist K-linear, da offenbar die Beziehungen $[a + b] = [a] + [b]$ so-
wie $[\alpha a] = \alpha[a]$ für $a, b \in V$ und $\alpha \in K$ gelten. Ebenso ist
$\kappa_V \colon \mathrm{Hom}_K(K, V) \longrightarrow V,\, \sigma \longmapsto \sigma(1)$, eine K-lineare Abbildung,
und es gilt $\kappa_V \circ \iota_V = \mathrm{id}_V$ sowie $\iota_V \circ \kappa_V = \mathrm{id}_{\mathrm{Hom}_K(K,V)}$. Daraus schließt
man, dass ι_V und κ_V zueinander invers und folglich Isomorphismen
sind.

Wir betrachten nun zu einem Element $a \in V$ die zugehörige lineare
Abbildung $[a] \colon K \longrightarrow V$, sowie die duale Abbildung

$$[a]^* \colon V^* \longrightarrow \mathrm{Hom}_K(K, K), \quad \varphi \longmapsto \varphi \circ [a].$$

Dann gilt $(\varphi \circ [a])(1) = \varphi(a)$ für alle $\varphi \in V^*$, und es wird $\varphi \circ [a]$
unter $\kappa_K \colon \mathrm{Hom}_K(K, K) \longrightarrow K$, also dem Inversen von ι_K, mit $\varphi(a)$
identifiziert, was zu zeigen war.

2.3 Aufgabe 6

Start: Zu betrachten ist eine K-lineare Abbildung zwischen K-Vek-
torräumen $f \colon V \longrightarrow V'$, ihre duale Abbildung $f^* \colon V'^* \longrightarrow V^*$ sowie
der sogenannte Cokern zu f^*, nämlich $\mathrm{coker}\, f^* = V^*/\mathrm{im}\, f^*$.

Ziel: Es ist ein kanonischer Isomorphismus $\mathrm{coker}\, f^* \overset{\sim}{\longrightarrow} (\ker f)^*$
zu konstruieren.

Strategie: Das Ziel verlangt insbesondere, den linearen Unterraum
$\ker f \subset V$ zu betrachten sowie den zugehörigen Dualraum $(\ker f)^*$.
Dies führt uns darauf, die kanonische exakte Sequenz

$$(*) \qquad\qquad 0 \longrightarrow \ker f \longrightarrow V \overset{f}{\longrightarrow} V'$$

anzuschauen, wie auch deren duale Sequenz

$$(**) \qquad\qquad V'^* \overset{f^*}{\longrightarrow} V^* \longrightarrow (\ker f)^* \longrightarrow 0,$$

die nach 2.3/4 ebenfalls exakt ist. Um $(\ker f)^*$ zu $\mathrm{coker}\, f^*$ in Relation
zu setzen, bietet sich der Homomorphiesatz 2.2/9 an.

Lösungsweg: Wir gehen von der exakten Sequenz $(*)$ aus und betrachten deren duale exakte Sequenz $(**)$. Dann ist $V^* \longrightarrow (\ker f)^*$
aufgrund der Exaktheit von $(**)$ eine surjektive K-lineare Abbildung,

deren Kern mit im f^* übereinstimmt. Der Homomorphiesatz 2.2/9 liefert daher einen Isomorphismus coker $f^* = V^*/\operatorname{im} f^* \overset{\sim}{\longrightarrow} (\ker f)^*$, wie gewünscht.

Matrizen

3.1 Aufgabe 4

Start: Gegeben ist eine K-lineare Abbildung $f\colon V \longrightarrow W$ zwischen K-Vektorräumen endlicher Dimension. Sei $r = \operatorname{rg} f = \dim_K f(V)$ der Rang von f.

Ziel: Es sollen Basen X von V und Y von W konstruiert werden, so dass die zu f gehörige Matrix $A_{f,X,Y}$ die Gestalt $\left(\begin{smallmatrix} E_r & 0 \\ 0 & 0 \end{smallmatrix}\right)$ mit der $(r \times r)$-Einheitsmatrix E_r besitzt. Mit anderen Worten, wir müssen Basen $X = (x_1, \dots, x_n)$ von V und $Y = (y_1, \dots, y_m)$ von W finden, so dass gilt:

$$f(x_j) = \begin{cases} y_j & \text{für } 1 \le j \le r, \\ 0 & \text{für } r < j \le n. \end{cases}$$

Insbesondere schließt dies die Abschätzungen $r \le m$ und $r \le n$ mit ein.

Strategie: Jede K-lineare Abbildung $f\colon V \longrightarrow W$ bestimmt gewisse charakteristische lineare Unterräume in V und W, nämlich $\ker f \subset V$ und $\operatorname{im} f \subset W$. Wenn es Basen $X = (x_1, \dots, x_n)$ von V und $Y = (y_1, \dots, y_m)$ von W mit den gewünschten Eigenschaften gibt, so gilt offenbar $\langle y_1, \dots, y_r \rangle = \langle f(x_1), \dots, f(x_r) \rangle = \operatorname{im} f$, da die Bilder $f(x_{r+1}), \dots, f(x_n)$ verschwinden, also $x_{r+1}, \dots, x_n \in \ker f$ gilt. Daraus lesen wir ab, dass $y_1, \dots, y_r$ eine Basis von $\operatorname{im} f$ bilden. Weiter können wir zeigen, dass $x_{r+1}, \dots, x_n$ eine Basis von $\ker f \subset V$ bilden. Das System dieser Elemente ist einerseits linear unabhängig, sowie andererseits ein Erzeugendensystem von $\ker f$. Sei nämlich $x \in \ker f$ und $x = \sum_{j=1}^n \alpha_j x_j$ eine Darstellung als Linearkombination der Basis X. Sodann gilt

$$0 = f(x) = \sum_{j=1}^n \alpha_j f(x_j) = \sum_{j=1}^r \alpha_j f(x_j) = \sum_{j=1}^r \alpha_j y_j$$

und damit $\alpha_j = 0$ für $j = 1, \dots, r$. Daher ergibt sich $x = \sum_{j=r+1}^n \alpha_j x_j$, und man erkennt $x_{r+1}, \dots, x_n$ als Erzeugendensystem bzw. als Basis von $\ker f$.

Aus den vorstehenden Überlegungen ist abzulesen, dass eine Basis X von V zu konstruieren ist, die durch $\ker f$ führt, und eine Basis Y von W, die durch $\operatorname{im} f$ führt. Zusätzlich ist zu realisieren, dass alle Elemente von X, die nicht zu $\ker f$ gehören, auf Elemente von Y abgebildet werden. An allgemeinen Konstruktionsprinzipien aus der Theorie der Basen, die von Nutzen sein können, stehen insbesondere die Resultate 1.5/6 (Existenz von Basen in endlich erzeugten K-Vektorräumen) und 1.5/8 (Basisergänzungssatz) zur Verfügung. Außerdem schließen wir mit 1.5/14 (i), dass jeder lineare Unterraum eines endlich erzeugten K-Vektorraums eine (endliche) Basis besitzt.

Lösungsweg: Wir können ähnlich wie im Beweis zu 2.1/10 vorgehen. Und zwar wählen wir eine Basis $y_1, \ldots, y_r$ von $\operatorname{im} f$ und ergänzen diese gemäß 1.5/8 durch Elemente $y_{r+1}, \ldots, y_m$ zu einer Basis Y von W. Sodann wählen wir Urbilder $x_1, \ldots, x_r \in V$ zu den Elementen $y_1, \ldots, y_r$. Sei weiter $x_{r+1}, \ldots, x_n$ eine Basis von $\ker f$. Wir behaupten, dass dann $X = (x_1, \ldots, x_n)$ eine Basis von V ist. Zunächst wollen wir überprüfen, dass X den Vektorraum V erzeugt. Zu $x \in V$ gibt es $\alpha_1, \ldots, \alpha_r \in K$ mit $f(x) = \sum_{j=1}^{r} \alpha_j y_j = \sum_{j=1}^{r} \alpha_j f(x_j)$, da $y_1, \ldots, y_r$ ein Erzeugendensystem von $\operatorname{im} f$ bilden. Es folgt $x - \sum_{j=1}^{r} \alpha_j x_j \in \ker f$, und es existieren Koeffizienten $\alpha_{r+1}, \ldots, \alpha_n \in K$ mit $x - \sum_{j=1}^{r} \alpha_j x_j = \sum_{j=r+1}^{n} \alpha_i x_i$, also mit $x = \sum_{j=1}^{n} \alpha_j x_j$. Daher bilden $x_1, \ldots, x_n$ ein Erzeugendensystem von V. Dass dieses System auch linear unabhängig ist, lässt sich ebenfalls leicht nachrechnen. Gilt etwa $\sum_{j=1}^{n} \alpha_j x_j = 0$ für gewisse Koeffizienten $\alpha_j \in K$, so ergibt Anwenden von f die Gleichung $\sum_{j=1}^{r} \alpha_j y_j = f(\sum_{j=1}^{n} \alpha_j x_j) = 0$, und es folgt, dass die Koeffizienten $\alpha_1, \ldots, \alpha_r$ verschwinden. Also gilt $\sum_{j=r+1}^{n} \alpha_j x_j = 0$, und wir können $\alpha_{r+1} = \ldots = \alpha_n = 0$ schließen, da das System der $x_{r+1}, \ldots, x_n$ linear unabhängig ist.

Insgesamt erkennen wir daher X als Basis von V und stellen fest, dass die Matrix $A_{f,X,Y}$ von der gewünschten Gestalt ist.

Ergänzungen: Ein weiterer Lösungsweg, der aufgrund unserer Strategiebetrachtungen vielleicht noch natürlicher erscheint, ist wie folgt: Man wähle eine Basis $X = (x_1, \ldots, x_n)$ von V, die durch $\ker f$ führt. Dabei nummerieren wir die Elemente $x_1, \ldots, x_n$ so, dass sich die Elemente der Basis von $\ker f$ am Schluss befinden, also so dass für einen gewissen Index $s \geq 0$ die Elemente $x_{s+1}, \ldots, x_n$ eine Basis von $\ker f$ bilden. Wir setzen sodann $y_i = f(x_i)$ für $i = 1, \ldots, s$ und behaupten, dass die y_i eine Basis von im f bilden. Natürlich erzeugen $y_1, \ldots, y_s$ den linearen Unterraum im $f \subset W$, sie bilden aber auch ein linear unabhängiges System, da die durch Einschränken von f erklärte K-lineare Abbildung $\langle x_1, \ldots, x_s \rangle \longrightarrow$ im f zunächst surjektiv, wegen $\langle x_1, \ldots, x_s \rangle \cap \ker f = 0$ aber auch injektiv und damit ein Isomorphismus von K-Vektorräumen ist. Insbesondere folgt $s = \operatorname{rg} f$. Ergänzen wir nun $y_1, \ldots, y_s$ zu einer Basis von V, so besitzt die Matrix $A_{f,X,Y}$ die gewünschte Gestalt.

3.1 Aufgabe 7

Start: Zu betrachten ist ein K-Vektorraum $V \neq 0$ mit einer K-linearen Abbildung $f : V \longrightarrow V$, die bezüglich einer Basis X durch eine explizit gegebene Matrix $A_{f,X,X} \in K^{n \times n}$ beschrieben werde. Insbesondere ist X endlich, etwa $X = (x_1, \ldots, x_n)$. Aus der Matrix $A_{f,X,X}$ lesen wir $f(x_j) = \sum_{i<j} x_i$ für $j = 1, \ldots, n$ ab.

Ziel: Es ist $\dim_K(\ker f)$ zu bestimmen.

Strategie: Grundsätzlich hat man bei einer explizit gegebenen linearen Abbildung $f : V \longrightarrow V$ zwei Möglichkeiten, die Dimension des Kerns zu bestimmen. Einmal kann man in direkter Weise den Kern als linearen Unterraum von V bestimmen; im Allgemeinen bedeutet dies die Lösung eines Systems linearer Gleichungen. Anschließend muss man dann noch eine Basis des Kerns angeben, um dessen Dimension als Länge der Basis abzulesen. Andererseits kann man aber auch die Dimensionsformel 2.1/10 benutzen. In diesem Fall ist lediglich der Rang von f, also $\dim_K(\operatorname{im} f)$ zu berechnen.

In unserem Fall sieht man sofort, dass die Vektoren $f(x_2), \ldots, f(x_n)$ den linearen Unterraum $\langle x_1, \ldots, x_{n-1} \rangle \subset V$ erzeugen und daher gemäß 1.5/9 ein linear unabhängiges System in V bilden. Wegen $f(x_1) = 0$ gilt $\operatorname{rg} f = n - 1$ und aufgrund der Dimensionsformel $\dim_K(\ker f) = 1$. Andererseits "sieht" man aber auch in dieser Situation, dass $\ker f$ von x_1 erzeugt wird, woraus man ebenfalls $\dim_K(\ker f) = 1$ abliest.

Lösungsweg: Das Bild im f wird wegen $f(x_1) = 0$ von den Vektoren $f(x_j)$ mit $j = 2, \ldots, n$ erzeugt. Wir wollen für $n \geq 1$ zeigen, dass im $f = \langle f(x_2), \ldots, f(x_n) \rangle = \langle x_1, \ldots, x_{n-1} \rangle$ gilt. Natürlich gilt $\langle f(x_2), \ldots, f(x_n) \rangle \subset \langle x_1, \ldots, x_{n-1} \rangle$. Zum Nachweis der umgekehrten Inklusion nutzen wir $f(x_j) = \sum_{i<j} x_i = f(x_{j-1}) + x_{j-1}$ für $j = 2, \ldots, n$, also $x_{j-1} = f(x_j) - f(x_{j-1}) \in \langle f(x_2), \ldots, f(x_n) \rangle$, was die gewünschte

Gleichheit liefert. Es folgt dann $\operatorname{rg} f = \dim_K(\operatorname{im} f) = n - 1$, und die Dimensionsformel 2.1/10 liefert $\dim_K(\ker f) = 1$.

Ergänzungen: Auch der Kern von f kann in unserem Falle leicht bestimmt werden. Zunächst gilt $x_1 \in \ker f$. Wenn wir $\dim_K(\ker f) = 1$ benutzen, ergibt sich bereits $\ker f = \langle x_1 \rangle$. Aber wir können dies auch ohne Rückgriff auf die Dimensionsformel zeigen. Sei $x = \sum_{i=1}^{n} \alpha_i x_i$ ein Element von $\ker f$, also ein Vektor in V mit $f(x) = 0$. Wegen $f(x_1) = 0$ folgt dann $\sum_{i=2}^{n} \alpha_i f(x_i) = 0$ und damit $\alpha_2 = \ldots = \alpha_n = 0$, da $f(x_2), \ldots, f(x_n)$ aufgrund von 1.5/9 ein linear unabhängiges System bilden. Dies ergibt $x \in \langle x_1 \rangle$ und daher $\ker f = \langle x_1 \rangle$. Für kompliziertere Matrizen $A_{f,X,X}$ wird die explizite Bestimmung von $\ker f$ jedoch wesentlich aufwendiger sein.

3.1 Aufgabe 8

Start: Zu betrachten ist eine Matrix $N = (\alpha_{ij})_{i,j=1,\ldots,m} \in K^{m \times m}$, $m \geq 1$, mit Koeffizienten $\alpha_{ij} \in K$, derart dass $\alpha_{ij} = 0$ für $i \geq j$ gilt. Es ist N also eine quadratische Matrix, deren Diagonalelemente α_{ii} sämtlich verschwinden, ebenso wie alle Elemente α_{ij} unterhalb der Diagonalen, also mit $i > j$. Lediglich oberhalb der Diagonalen dürfen nicht-triviale Elemente α_{ij} vorkommen, also für $i < j$. Sei $E \in K^{m \times m}$ die Einheitsmatrix.

Ziel: Zu zeigen ist zunächst $N^m = 0$. In einem weiteren Schritt soll anhand des Vorbilds der geometrischen Reihe nachgewiesen werden, dass die Matrix $B = E + N$ invertierbar ist, dass also eine Matrix $C \in K^{m \times m}$ existiert mit $BC = CB = E$.

Strategie: Indem man zunächst das Quadrat N^2 betrachtet, stellt man fest, dass die erste obere Nebendiagonale trivial wird, d. h. alle Elemente von N^2 an den Positionen $(i, i+1)$, $i = 1, \ldots, m-1$, sind *Null*, wie auch alle Elemente unterhalb dieser Nebendiagonalen. Weitere Multiplikation mit N zeigt dann, dass in N^3 zusätzlich alle Elemente der zweiten oberen Nebendiagonalen trivial werden, also an den Positionen $(i, i+2)$, $i = 1, \ldots, m-2$. Es gibt insgesamt $m-1$ obere Nebendiagonalen, wobei die letzte nur aus einem Element an der Position $(1, m)$ besteht. Daher ist zu vermuten, dass in der Tat $N^m = 0$ gilt. Wichtig bei diesen Überlegungen ist die triviale Beobachtung, dass das Produkt $\sum_{i=1}^{m} \alpha_i \beta_i$ einer Zeile mit den Elementen $\alpha_1, \ldots, \alpha_m$ und einer Spalte mit den Elementen $\beta_1, \ldots, \beta_m$ trivial ist, sobald es einen Index s gibt mit $\alpha_i = 0$ für $i \leq s$ und $\beta_i = 0$ für $i > s$.

Haben wir schließlich $N^m = 0$ eingesehen, so gilt natürlich $N^\mu = 0$ für alle Exponenten $\mu \geq m$. Ersetzt man daher in der Formel für die geometrische Reihe $(1-q) \cdot \sum_{\mu=0}^{\infty} q^\mu = 1$ den Parameter q durch N und das Einselement 1 durch die Einheitsmatrix E, so sind beide Seiten der Gleichung wohldefiniert, und man kann überprüfen, ob die Gleichheit erhalten bleibt.

Lösungsweg: Wir betrachten die Matrix $N = (\alpha_{ij})_{i,j=1,\dots,m}$ mit $\alpha_{ij} = 0$ für $i \geq j$, sowie eine weitere Matrix $P = (\beta_{jk})_{j,k=1,\dots,m} \in K^{m \times m}$ mit einem Parameter $s \in \mathbb{N}$, so dass $\beta_{jk} = 0$ für $j \geq k - s$ gilt. Sodann bilden wir das Produkt $N \cdot P = (\gamma_{ik})_{i,k=1,\dots,m}$ mit $\gamma_{ik} = \sum_{j=1}^{m} \alpha_{ij}\beta_{jk}$ und behaupten, dass $\gamma_{ik} = 0$ gilt für alle i, k mit $i \geq k - s - 1$. Um dies einzusehen, wählen wir $i, k \in \{1, \dots, m\}$ und betrachten die Elemente $\alpha_{i1}, \dots, \alpha_{im}$ der i-ten Zeile von N und die Elemente $\beta_{1k}, \dots, \beta_{mk}$ der k-ten Spalte von P. Dabei verschwinden $\alpha_{i1}, \dots, \alpha_{ii}$ und $\beta_{\max(1,k-s),k}, \dots, \beta_{mk}$ aufgrund unserer Annahme über N und P. Dann verschwindet aber auch das Element $\gamma_{ik} = \sum_{j=1}^{m} \alpha_{ij}\beta_{jk}$ der Produktmatrix $N \cdot P$, sofern $i \geq k - s - 1$ gilt, da dann bei den einzelnen Summanden immer einer der beiden Faktoren Null ist. Dies bestätigt unsere Behauptung.

Setzen wir nun speziell $P = N^\mu = (\beta_{jk}^{(\mu)})_{j,k=1,\dots,m}$ mit einem Exponenten $\mu \geq 1$, so folgt per Induktion $\beta_{jk}^{(\mu)} = 0$ für $j \geq k - \mu + 1$, also insbesondere $N^m = 0$. Weiter gilt

$$(E - N) \cdot \sum_{\mu=0}^{m} N^\mu = \sum_{\mu=0}^{m} N^\mu - \sum_{\mu=1}^{m+1} N^\mu = \sum_{\mu=0}^{m} N^\mu - \sum_{\mu=1}^{m} N^\mu = E,$$

und die gleiche Rechnung lässt sich für das Produkt $(\sum_{\mu=0}^{m} N^\mu) \cdot (E-N)$ durchführen. Daher ist $E - N$ invertierbar in $K^{m \times m}$, und wir können in ähnlicher Weise für $E + N$ argumentieren, wenn wir N durch $-N$ ersetzen.

Ergänzungen: Alternativ lässt sich die Gleichung $N^m = 0$ auch ohne Rechnung einsehen. Dazu betrachten wir die durch N definierte lineare Abbildung

$$f: K^m \longrightarrow K^m, \qquad x \longmapsto N \cdot x,$$

sowie die Kette linearer Unterräume $0 = U_0 \subset U_1 \subset \dots \subset U_m = K^m$ mit $U_i = \langle e_1, \dots, e_i \rangle$; dabei sei $e_1, \dots, e_m$ die kanonische Basis von

K^m. Es ist $N = (\alpha_{ij})_{i,j=1,\dots,m}$ die beschreibende Matrix zu f bezüglich dieser Basis, und das Verschwinden der Elemente α_{ij} für $i \geq j$ bedeutet gerade $f(U_i) \subset U_{i-1}$ für $i = 1,\dots,m$. Man sieht damit leicht per Induktion, dass $f^\mu(U_m) \subset U_{m-\mu}$ für $\mu = 0,\dots,m$ gilt, insbesondere also $f^m(U_m) = 0$ und daher $f^m = 0$.

Schließlich wollen wir auch noch zeigen, dass die K-lineare Abbildung $\mathrm{id} + f\colon K^m \longrightarrow K^m$ injektiv und damit gemäß 2.1/11 ein Automorphismus ist. Sei nämlich $x \in \ker(\mathrm{id} + f)$. Dann gilt $f(x) = -x$, und Anwenden von f liefert $f^2(x) = -f(x)$, also $f^2(x) = x$. Mit vollständiger Induktion schließt man $f^m(x) = (-1)^m x$ und damit $x = 0$ wegen $f^m = 0$. Folglich ist $\mathrm{id} + f$ ein Isomorphismus. Die zugehörige Umkehrabbildung $g\colon K^m \longrightarrow K^m$ ist gemäß 2.1/2 linear und erfüllt $g \circ (\mathrm{id} + f) = \mathrm{id} = (\mathrm{id} + f) \circ g$. Übersetzt in die Welt der Matrizen bedeutet dies mit 3.1/9, dass $(E + N)$ invertierbar ist.

3.2 Aufgabe 2

Start: Zu betrachten ist eine konkret gegebene Matrix $A \in K^{3 \times 4}$ über dem Körper $K = \mathbb{Q}$ bzw. $K = \mathbb{F}_5$. Dabei ist $\mathbb{F}_5$ der Körper mit 5 Elementen, nämlich bestehend aus dem Nullelement 0, dem Einselement 1 und den Elementen

$$2 \cdot 1 = 1 + 1,$$
$$3 \cdot 1 = 1 + 1 + 1,$$
$$4 \cdot 1 = 1 + 1 + 1 + 1.$$

Für $n = 0, 1, 2, 3, 4$ schreiben wir wieder n anstelle von $n \cdot 1$. Allgemein gilt dann $n \cdot 1 = r$, wobei r der (nicht-negative) Rest von n bei Division durch 5 ist.

Ziel: Es ist der Zeilenrang von A zu berechnen, jeweils für $K = \mathbb{Q}$ und $K = \mathbb{F}_5$.

Strategie: Es bietet sich das Gaußsche Eliminationsverfahren aus 3.2/4 an.

Lösungsweg: Wir bringen A auf Zeilenstufenform, zunächst für den Körper $K = \mathbb{Q}$:

$$A = \begin{pmatrix} 1 & 1 & 3 & 2 \\ 1 & 1 & 2 & 3 \\ 1 & 1 & 0 & 0 \end{pmatrix} \longmapsto \begin{pmatrix} 1 & 1 & 3 & 2 \\ 0 & 0 & \text{-}1 & 1 \\ 0 & 0 & \text{-}3 & \text{-}2 \end{pmatrix} \longmapsto \begin{pmatrix} 1 & 1 & 3 & 2 \\ 0 & 0 & \text{-}1 & 1 \\ 0 & 0 & 0 & \text{-}(3+2) \end{pmatrix}$$

Für $K = \mathbb{Q}$ liest man daraus $\operatorname{rg} A = 3$ ab. Im Falle $K = \mathbb{F}_5$ können wir dieselbe Rechnung durchführen, wobei das Minuszeichen jeweils besagt, dass das entsprechende negative Element, also das inverse Element bezüglich der Addition zu betrachten ist. Nun gilt aber $3 + 2 = 0$ in $\mathbb{F}_5$ und somit $\operatorname{rg} A = 2$ im Falle $K = \mathbb{F}_5$.

3.2 Aufgabe 5

Start: Zu betrachten sind zwei lineare Unterräume $U = \langle a_1, a_2, a_3 \rangle$ und $U' = \langle a_1', a_2', a_3' \rangle$ von $\mathbb{R}^5$ mit konkret gegebenen Vektoren a_1, a_2, a_3 bzw. a_1', a_2', a_3'.

Ziel: Die Dimensionen $\dim_\mathbb{R} U$ und $\dim_\mathbb{R} U'$ sind zu berechnen, und es ist $U \subset U'$ zu zeigen.

Strategie: Das Resultat 3.2/11 liefert uns eine Möglichkeit, die Dimension von linearen Unterräumen in $\mathbb{R}^5$ zu berechnen, wenn jeweils ein (endliches) Erzeugendensystem bekannt ist. Wir sollten daher die Vektoren a_i und a_i' als Spaltenvektoren auffassen und daraus Matrizen aufbauen, etwa

$$A = (a_1, a_2, a_3), \qquad A' = (a_1', a_2', a_3') \qquad \in \mathbb{R}^{5 \times 3}.$$

Mit 3.2/11 lassen sich die Ränge von A und A' und damit die Dimensionen von U und U' berechnen. Zum Nachweis von $U \subset U'$ sollten wir überlegen, ob hier auch ein Dimensions- bzw. Rangargument zum Ziel führen könnte. Beispielsweise können wir mit 1.5/14 (ii) von einer Inklusion linearer Unterräume auf deren Gleichheit schließen, wenn die Dimensionen dieser Unterräume übereinstimmen und endlich sind. Dies bringt uns auf die Idee, dass $U \subset U'$ äquivalent ist zu $U' = U + U'$ und damit wegen $U' \subset U + U'$ auch zu $\dim_K U' = \dim_K(U + U')$. Letztere Beziehung lässt sich mittels $\operatorname{rg}(A') = \operatorname{rg}(A, A')$ nachprüfen, wobei (A, A') die aus den Spalten $a_1, a_2, a_3, a_1', a_2', a_3'$ aufgebaute Matrix bezeichnet.

Lösungsweg: Wir berechnen zunächst eine Zeilenstufenform der aus den Spaltenvektoren $a_1', a_2', a_3', a_1, a_2, a_3$ aufgebauten Matrix (A', A):

$$\begin{pmatrix} 1 & 1 & 1 & 1 & 2 & 0 \\ -1 & 3 & 2 & 0 & 3 & 3 \\ 1 & 3 & 3 & 1 & 4 & 2 \\ 0 & 1 & 1 & 0 & 1 & 1 \\ 2 & 1 & 2 & 1 & 2 & 0 \end{pmatrix} \longmapsto \begin{pmatrix} 1 & 1 & 1 & 1 & 2 & 0 \\ 0 & 4 & 3 & 1 & 5 & 3 \\ 0 & 2 & 2 & 0 & 2 & 2 \\ 0 & 1 & 1 & 0 & 1 & 1 \\ 0 & -1 & 0 & -1 & -2 & 0 \end{pmatrix}$$

$$\longmapsto \begin{pmatrix} 1 & 1 & 1 & 1 & 2 & 0 \\ 0 & 1 & 1 & 0 & 1 & 1 \\ 0 & 4 & 3 & 1 & 5 & 3 \\ 0 & 2 & 2 & 0 & 2 & 2 \\ 0 & -1 & 0 & -1 & -2 & 0 \end{pmatrix} \longmapsto \begin{pmatrix} 1 & 1 & 1 & 1 & 2 & 0 \\ 0 & 1 & 1 & 0 & 1 & 1 \\ 0 & 0 & -1 & 1 & 1 & -1 \\ 0 & 0 & 0 & 0 & 0 & 0 \\ 0 & 0 & 1 & -1 & -1 & 1 \end{pmatrix}$$

$$\longmapsto \begin{pmatrix} 1 & 1 & 1 & 1 & 2 & 0 \\ 0 & 1 & 1 & 0 & 1 & 1 \\ 0 & 0 & -1 & 1 & 1 & -1 \\ 0 & 0 & 0 & 0 & 0 & 0 \\ 0 & 0 & 0 & 0 & 0 & 0 \end{pmatrix}$$

Aus 3.2/11 lesen wir ab, dass U', also der von den Spalten von A' erzeugte lineare Unterraum von $\mathbb{R}^5$, die Dimension 3 hat, ebenso wie der von den Spalten von (A', A) erzeugte lineare Unterraum, der mit $U + U'$ übereinstimmt. Es gilt also $\dim_K U' = \dim_K(U + U')$. Indem wir $U' \subset U + U'$ nutzen, ergibt sich $U' = U + U'$ mit 1.5/14 (ii) und damit $U \subset U'$.

Es bleibt noch die Dimension von U, also der Rang von A, zu bestimmen. Hierzu bringen wir die Matrix A auf Zeilenstufenform:

$$\begin{pmatrix} 1 & 2 & 0 \\ 0 & 3 & 3 \\ 1 & 4 & 2 \\ 0 & 1 & 1 \\ 1 & 2 & 0 \end{pmatrix} \longmapsto \begin{pmatrix} 1 & 2 & 0 \\ 0 & 3 & 3 \\ 0 & 2 & 2 \\ 0 & 1 & 1 \\ 0 & 0 & 0 \end{pmatrix} \longmapsto \begin{pmatrix} 1 & 2 & 0 \\ 0 & 1 & 1 \\ 0 & 0 & 0 \\ 0 & 0 & 0 \\ 0 & 0 & 0 \end{pmatrix}$$

Es folgt $\operatorname{rg} A = 2$ und $\dim_K U = 2$ mit 3.2/11.

Ergänzungen: Man beachte, dass wir keine Möglichkeit besitzen, den Rang von A aus einer Zeilenstufenform der Matrix (A', A) in direkter Weise abzulesen. Allerdings könnten wir aus den letzten 3 Spalten der Zeilenstufenform von (A', A) eine neue Matrix bilden und diese dann auf Zeilenstufenform transformieren. Da die resultierende Matrix letztendlich aus A durch elementare Zeilenumformungen gewonnen wird, stimmt ihr Rang mit der Dimension von U überein. In unserem Falle ist dieses Verfahren geringfügig einfacher als A separat auf Zeilenstufenform zu transformieren.

3.2 Aufgabe 9

Start: Es sei $\mathbb{F}_2$ der Körper mit 2 Elementen, also bestehend aus dem Nullelement 0 und dem Einselement 1, wobei $1 + 1 = 0$ gilt. Zu betrachten ist der $\mathbb{F}_2$-Vektorraum $\mathbb{F}_2^{2000}$ mit einem linearen Unterraum $U \subset \mathbb{F}_2^{2000}$, der von einer Familie von Vektoren $(v_i)_{i=1,\ldots,2000}$ erzeugt wird. Die Vektoren $v_i = (v_{ij})_{j=1,\ldots,2000}$ sind (unter Ausnutzung von $1 + 1 = 0$) wie folgt definiert:

$$v_{ij} = \begin{cases} 0 & \text{für } i \equiv 1, 2, 3, 5, 6, 7(8) \text{ und } j \text{ beliebig} \\ 0 & \text{für } i \equiv 4(8) \text{ und } j = i \\ 0 & \text{für } i \equiv 0(8) \text{ und } j \in \{i - 1, i + 1\} \\ 1 & \text{sonst} \end{cases}$$

Dabei bedeutet $i \equiv r(n)$ für natürliche Zahlen $i \in \mathbb{N}$, $n > 0$ und $r \in \{0, \ldots, n - 1\}$, dass i bei Division durch n den Rest r lässt.

Ziel: Man gebe eine Basis von U an und bestimme $\dim_{\mathbb{F}_2} U$.

Strategie: Es bietet sich an, die Vektoren v_i im Hinblick auf 3.2/11 als Spaltenvektoren einer Matrix A aufzufassen. Wir können dann versuchen, A mittels elementarer Zeilenumformungen auf Zeilenstufenform zu bringen, so dass man unter Verwendung von 3.2/11 die Dimension wie auch eine Basis von U ablesen kann. Dabei genügt es, nur Vektoren $v_i \neq 0$ zu betrachten, also zu Indizes $i \equiv 0(4)$. Um das Prinzip der erforderlichen Umformungen zu verstehen, wähle man einmal einen überschaubaren Anteil der linken oberen Ecke von A aus und transformiere diesen auf Zeilenstufenform. Dabei gewinnt man den Eindruck, dass die Vektoren v_i mit $i \equiv 0(4)$ ein linear unabhängiges System bilden. Man kann daher zunächst versuchen, dies in konventioneller Weise nachzuprüfen, durch Ansatz einer Linearkombination, welche die Null darstellt.

Lösungsweg: Wir brauchen nur die Vektoren v_i mit einem Index $i \equiv 0(4)$ zu berücksichtigen, da alle anderen trivial sind. Um zu zeigen, dass diese Vektoren ein linear unabhängiges System bilden, betrachten wir eine Gleichung

$$(*) \qquad \sum_{k=1}^{500} \alpha_k v_{4 \cdot k} = 0$$

mit Koeffizienten $\alpha_k \in \mathbb{F}_2$. Indem wir $v_i = (v_{ij})_{j=1,\ldots,2000}$ schreiben, ergibt sich $v_{4 \cdot k, 1} = 1$ für $k = 1, \ldots, 500$. Damit folgt aus $(*)$ die Gleichung

$$(**) \qquad\qquad \sum_{k=1}^{500} \alpha_k = 0.$$

Um zu zeigen, dass die Koeffizienten α_k verschwinden, wählen wir einen Index $k_0 \in \{1, \ldots, 500\}$ und nehmen k_0 zunächst als ungerade an. Für $j_0 = 4k_0$ ergibt sich dann $j_0 \equiv 4(8)$, und es gilt $v_{4 \cdot k, j_0} = 0$ genau für $k = k_0$. Dies bedeutet $\sum_{k \neq k_0} \alpha_k = 0$ und zusammen mit $(**)$ sogar $\alpha_{k_0} = 0$. Sei andererseits k_0 gerade und $j_0 = 4k_0 + 1$. Es gilt $v_{4 \cdot k, j_0} = 0$ genau für $k = k_0$. Entsprechend ergibt sich $\sum_{k \neq k_0} \alpha_k = 0$ und zusammen mit $(**)$ auch $\alpha_{k_0} = 0$ für gerades k_0. Insgesamt folgt $\alpha_k = 0$ für alle $k = 1, \ldots, 500$. Die Vektoren v_i mit $i \equiv 0(4)$ sind daher linear unabhängig und bilden eine Basis von U. Diese Basis besteht aus 500 Elementen, so dass $\dim_{\mathbb{F}_2} U = 500$ folgt.

Ergänzungen: Zur Lösung des Problems kann man natürlich die Vektoren v_i auch als Spaltenvektoren einer Matrix A auffassen, also

$$A = (v_{ij})_{j, i = 1, \ldots, 2000},$$

mit j als Zeilen- und i als Spaltenindex. Es macht dann ein wenig mehr Aufwand, die Elemente v_{ij} zeilenweise zu beschreiben, also geordnet nach dem Zeilenparameter j von A. Sodann lässt sich A aber problemlos mittels elementarer Zeilenumformungen auf Zeilenstufenform transformieren, und man erhält auch hier das gewünschte Resultat, dass nämlich die Vektoren $v_{4 \cdot k}$ mit $k = 1, \ldots, 500$ eine Basis von U bilden.

3.3 Aufgabe 3

Start: Gegeben ist ein endlich-dimensionaler K-Vektorraum U mit einem Endomorphismus $f \colon U \longrightarrow U$.

Ziel: Es ist die Äquivalenz folgender Aussagen zu zeigen:

(i) $\operatorname{rg} f < \dim_K U$

(ii) Es existiert eine K-lineare Abbildung $g \colon U \longrightarrow U$, $g \neq 0$, mit $f \circ g = 0$.

(iii) Es existiert eine K-lineare Abbildung $g \colon U \longrightarrow U$, $g \neq 0$, mit $g \circ f = 0$.

Strategie: Für Endomorphismen $f, g \colon U \longrightarrow U$ ist $f \circ g = 0$ äquivalent zu $\operatorname{im} g \subset \ker f$ und, entsprechend, $g \circ f = 0$ zu $\operatorname{im} f \subset \ker g$. Es geht also bei der Lösung darum, K-lineare Abbildungen $g \colon U \longrightarrow U$

mit gewissen Anforderungen an das Bild bzw. den Kern zu konstruieren. Hilfreich ist dabei das Resultat 2.1/7 (ii), das es ermöglicht, eine
lineare Abbildung $g\colon U \longrightarrow U$ zu erklären, indem man eine Basis von
U auswählt und deren gewünschte Bilder unter g angibt. Zudem haben
wir mit dem Basisergänzungssatz 1.5/8 sowie den Resultaten 1.5/6 und
1.5/14 (i) flexible Instrumente zur Wahl von Basen.

$\quad$ *Lösungsweg*: Gelte zunächst (i), also $\operatorname{rg} f < \dim_K U$. Um Aussage (ii) herzuleiten, wähle man eine Basis $x_1, \ldots, x_m$ von $\ker f$ und
ergänze diese durch Vektoren $x_{m+1}, \ldots, x_n \in U$ zu einer Basis von U.
Mit $\operatorname{rg} f < \dim_K U$ ergibt sich

$$m = \dim_K(\ker f) = \dim_K U - \operatorname{rg} f > 0$$

aufgrund der Dimensionsformel 2.1/10. Sodann betrachten wir die
durch lineare Ausdehnung definierte K-lineare Abbildung

$$g\colon U \longrightarrow U, \qquad x_i \longmapsto \begin{cases} x_i & \text{für } i = 1, \ldots, m \\ 0 & \text{für } i = m+1, \ldots, n \end{cases}.$$

Diese erfüllt $f \circ g = 0$ wegen $\operatorname{im} g \subset \ker f$ und ist zudem nicht trivial,
da $m > 0$ gilt. Es ergibt sich also (ii) aus (i).

$\quad$ Sei nun (ii) gegeben mit einer K-linearen Abbildung $g\colon U \longrightarrow U$,
derart dass man $g \neq 0$ und $f \circ g = 0$ hat. Dann gilt $0 \neq \operatorname{im} g \subset \ker f$
und daher $\operatorname{rg} f < \dim_K U$ aufgrund der Dimensionsformel 2.1/10, also
folgt (i).

$\quad$ Sei schließlich nochmals (i) gegeben. Um daraus (iii) zu folgern,
wählen wir eine Basis $x_1, \ldots, x_m$ von $\operatorname{im} f$ und ergänzen diese durch
Vektoren $x_{m+1}, \ldots, x_n$ zu einer Basis von U. Man betrachte sodann die
durch lineare Ausdehnung definierte K-lineare Abbildung

$$g\colon U \longrightarrow U, \qquad x_i \longmapsto \begin{cases} 0 & \text{für } i = 1, \ldots, m \\ x_i & \text{für } i = m+1, \ldots, n \end{cases}.$$

Diese ist nicht-trivial wegen $m < n$ und erfüllt $\operatorname{im} f \subset \ker g$, also
$g \circ f = 0$. Somit ergibt sich (iii) aus (i).

$\quad$ Sei umgekehrt (iii) gegeben, und sei $g\colon U \longrightarrow U$ eine nicht-triviale
K-lineare Abbildung mit $g \circ f = 0$. Dann folgt $\dim_K(\ker g) < \dim_K U$
wegen $g \neq 0$, also mit $\operatorname{im} f \subset \ker g$ auch $\operatorname{rg} f < \dim_K U$ und damit (i).

Ergänzungen: Man kann sich überlegen, dass die Äquivalenz der Aussagen (ii) und (iii) für Endomorphismen $f\colon U \longrightarrow U$ eines K-Vektorraums U von unendlicher Dimension ihre Gültigkeit verliert. Hat man beispielsweise $\ker f \neq 0$, aber $\operatorname{im} f = U$, so folgt $g = 0$ für jede K-lineare Abbildung $g\colon U \longrightarrow U$ mit $g \circ f = 0$. Andererseits gibt es aber wegen $\ker f \neq 0$ nicht-triviale K-lineare Abbildungen $g\colon U \longrightarrow U$ mit $f \circ g = 0$; man verallgemeinere das oben angewandte Konstruktionsverfahren auf den Fall von Basen beliebiger Länge.

Hat man andererseits $\ker f = 0$ und $\operatorname{im} f \subsetneq U$, so ist jede K-lineare Abbildung $g\colon U \longrightarrow U$ mit $f \circ g = 0$ trivial, obwohl es nicht-triviale K-lineare Abbildungen $g\colon U \longrightarrow U$ mit $g \circ f = 0$ gibt. Auch hier verwende man das obige Konstruktionsverfahren, verallgemeinert auf den Fall von Basen beliebiger Länge.

3.3 Aufgabe 7

Start: Es sind Matrizen $A \in K^{m \times m}$, $B \in K^{m \times s}$, $C \in K^{r \times m}$ und $D \in K^{r \times s}$ für $m, r, s \in \mathbb{N} - \{0\}$ gegeben, wobei A *invertierbar* sei. Die zusammengesetzte Matrix $T = \begin{pmatrix} A & B \\ C & D \end{pmatrix} \in K^{(m+r) \times (m+s)}$ besitze den Rang m.

Ziel: Es ist $D = C \cdot A^{-1} \cdot B$ zu zeigen.

Strategie: Zunächst ist nicht unmittelbar einzusehen, dass D aufgrund der gestellten Rangbedingungen, also $\operatorname{rg} A = m = \operatorname{rg} T$, eindeutig durch A, B und C bestimmt sein soll. Um der Sache auf den Grund zu gehen, liegt es nahe, die Situation mittels elementarer Zeilenumformungen zu untersuchen. Es ist A invertierbar, also lässt sich A mittels elementarer Zeilenumformungen in die Einheitsmatrix $E_m \in K^{m \times m}$ überführen. Jede dieser Zeilenumformungen entspricht der Multiplikation mit einer entsprechenden Elementarmatrix aus $K^{m \times m}$ von links, wobei das Produkt aller dieser Elementarmatrizen gerade A^{-1} ergibt. Nun führen wir alle diese Zeilenumformungen, also Multiplikation mit A^{-1} von links, an der Matrix (A, B) aus und erhalten als Zeilenstufenform die Matrix $(E_m, A^{-1} \cdot B)$. Dieselben elementaren Zeilenumformungen können wir auch an der Matrix T durchführen, was einer Multiplikation von links mit einer Matrix entspricht, die sich aus A^{-1} und der Einheitsmatrix $E_r \in K^{r \times r}$ zusammensetzt:

$$\begin{pmatrix} A^{-1} & 0 \\ 0 & E_r \end{pmatrix} \cdot \begin{pmatrix} A & B \\ C & D \end{pmatrix} = T' \quad \text{mit} \quad T' = \begin{pmatrix} E_m & A^{-1}B \\ C & D \end{pmatrix}$$

Wir können nun weitere elementare Zeilenumformungen auf T' anwenden mit dem Ziel, C dabei in die Nullmatrix zu überführen. Dazu gehen wir standardmäßig vor, indem wir nacheinander für alle $1 \leq i \leq r$ und $1 \leq j \leq m$ den Koeffizienten von C an der Position (i, j) mit der j-ten Zeile von $(E_m, A^{-1} \cdot B)$ multiplizieren und dieses Vielfache von der i-ten Zeile von (C, D) subtrahieren. Sobald anstelle von C die Nullmatrix erreicht ist, muss bereits eine Zeilenstufenform von T bzw. T' vorliegen, also D ebenfalls in die Nullmatrix überführt worden sein, da anderenfalls $\operatorname{rg} T = \operatorname{rg} T' > m$ gelten würde. Wenn wir die einzelnen Schritte dieser Transformation auf Zeilenstufenform genau verfolgen, sehen wir (in etwas aufwendiger Weise), dass D hierbei durch $D - C \cdot A^{-1} \cdot B$ ersetzt wird, also letztendlich $D = C \cdot A^{-1} \cdot B$ gilt.

Lösungsweg: Mit der Einheitsmatrix $E_r \in K^{r \times r}$ folgt wie bereits oben eingesehen:

$$\begin{pmatrix} A^{-1} & 0 \\ 0 & E_r \end{pmatrix} \cdot \begin{pmatrix} A & B \\ C & D \end{pmatrix} = T' = \begin{pmatrix} E_m & A^{-1}B \\ C & D \end{pmatrix}$$

Dabei kann man beobachten, dass sich die Vorschrift für das Multiplizieren von (2×2)-Matrizen auf die Multiplikation von Kästchenmatrizen geeigneter Zeilen- und Spaltenanzahlen überträgt, wenn man das gewöhnliche Produkt der Koeffizienten durch das Matrizenprodukt ersetzt. Wir bringen nun T' mittels elementarer Zeilenumformungen auf Zeilenstufenform, indem wir geeignete Vielfache der Zeilen von $(E_m, A^{-1} \cdot B)$ von den Zeilen von (C, D) subtrahieren, und zwar mit dem Ziel, C durch die Nullmatrix zu ersetzen. Wie oben erklärt, wird dabei die Matrix D aus Ranggründen ebenfalls in die Nullmatrix überführt. Nun entspricht aber eine elementare Zeilenumformung des benötigten Typs, also Addition des α-fachen einer j-ten Zeile, $1 \leq j \leq m$, zu einer i-ten Zeile, $m + 1 \leq i \leq m + r$, der Multiplikation mit der Elementarmatrix $E + \alpha E_{ij}$ von links, also mit einer Matrix des Typs $\begin{pmatrix} E_m & 0 \\ P & E_r \end{pmatrix}$ mit geeignetem $P \in K^{r \times m}$. Da ein Produkt von Matrizen dieses Typs wieder von diesem Typ ist, gibt es eine Matrix $P \in K^{r \times m}$, so dass gilt:

$$\begin{pmatrix} E_m & 0 \\ P & E_r \end{pmatrix} \cdot \begin{pmatrix} E_m & A^{-1}B \\ C & D \end{pmatrix} = \begin{pmatrix} E_m & A^{-1}B \\ P + C & PA^{-1}B + D \end{pmatrix} = \begin{pmatrix} E_m & A^{-1}B \\ 0 & 0 \end{pmatrix}$$

Hieraus liest man $P = -C$ und dann wie gewünscht $D = C \cdot A^{-1} \cdot B$ ab.

Ergänzungen: Wir wollen noch eine alternative Lösung anführen, welche die gegebenen Matrizen als lineare Abbildungen interpretiert und damit elementare Zeilenumformungen und Rechnungen auf dem Niveau der Matrizen vermeidet. Die Matrizen A, B, C und D liefern ein Diagramm K-linearer Abbildungen

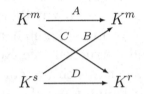

mit einem Isomorphismus A. Zu zeigen ist, dass die Abbildungen $K^s \longrightarrow K^r$, die durch D und $C \circ A^{-1} \circ B$ gegeben werden, übereinstimmen. Um dies nachzuweisen, identifizieren wir K^{m+s} mit der direkten Summe $K^m \oplus K^s$ und entsprechend K^{m+r} mit $K^m \oplus K^r$. Sodann betrachten wir die durch $T = \begin{pmatrix} A & B \\ C & D \end{pmatrix}$ gegebene lineare Abbildung

$$T \colon K^m \oplus K^s \longrightarrow K^m \oplus K^r, \quad x \oplus y \longmapsto (Ax \oplus Cx) + (By \oplus Dy).$$

Sei nun $H \colon K^m \oplus K^r \longrightarrow K^m$ die Projektion auf den ersten Summanden. Es gilt $\operatorname{rg} T = m$ nach Voraussetzung, aber auch $\operatorname{rg}(H \circ T) = m$, da die Komposition

$$K^m \xrightarrow{T|_{K^m}} K^m \oplus K^r \xrightarrow{H} K^m$$

mit A übereinstimmt und somit ein Isomorphismus ist. Insbesondere ist die von H induzierte lineare Abbildung $\operatorname{im} T \longrightarrow K^m$ ein Isomorphismus, da deren Rang m ist.

Wir wählen ein Element $y \in K^s$ und betrachten hierzu das Element $x = A^{-1}By \in K^m$. Es wird x unter T auf $Ax \oplus Cx = By \oplus CA^{-1}By$ abgebildet, sowie y auf $By \oplus Dy$. Beide Bilder projizieren sich unter H auf $By \in K^m$. Da nun H einen Isomorphismus $\operatorname{im} T \overset{\sim}{\longrightarrow} K^m$ induziert, erhalten wir $Dy = CA^{-1}By$ für alle $y \in K^s$ und damit $D = CA^{-1}B$.

3.4 Aufgabe 1

Start: Zu betrachten sind zwei Systeme X und Y bestehend aus konkret gegebenen Vektoren $x_1, \ldots, x_5$ bzw. $y_1, \ldots, y_5 \in \mathbb{R}^5$.

Ziel: Es soll gezeigt werden, dass X und Y Basen von $\mathbb{R}^5$ bilden. Die Basiswechselmatrizen $A_{\mathrm{id},X,Y}$ und $A_{\mathrm{id},Y,X}$ sind zu berechnen.

Strategie: Um nachzuweisen, dass X und Y Basen von $\mathbb{R}^5$ bilden, genügt es zu zeigen, dass X und Y linear unabhängig sind. Wir können hierfür das Gaußsche Eliminationsverfahren in der Form 3.2/4 oder 3.2/11 verwenden. Dann könnten wir zur Bestimmung der Basiswechselmatrizen, etwa für $A_{\mathrm{id},X,Y}$, Linearkombinationen $x_j = \sum_{i=1}^{5} \alpha_{ij} y_i$, $j = 1, \ldots, 5$, ansetzen und versuchen, die Koeffizienten $\alpha_{ij} \in \mathbb{R}$ zu berechnen. Im Prinzip handelt es sich um ein System von 25 linearen Gleichungen in den 25 Unbekannten α_{ij}, das auf den ersten Blick nicht sehr zugänglich erscheint. Man kann das Gleichungssystem jedoch relativ einfach lösen, wie wir später als Ergänzung noch erklären werden.

Zunächst sollten wir aber versuchen, die behandelte Theorie des Basiswechsels anzuwenden. Interpretieren wir die x_j als Spaltenvektoren, so fällt auf, dass $A = (x_1, \ldots, x_5)$ gerade die Basiswechselmatrix $A_{\mathrm{id},X,E}$ ergibt, für die kanonische Basis E von $\mathbb{R}^5$. Entsprechend gilt $B = (y_1, \ldots, y_5) = A_{\mathrm{id},Y,E}$, wenn wir die y_i als Spalten einer Matrix B auffassen. Nun können wir aber den Basiswechsel von X zu Y zusammensetzen aus einem Basiswechsel von X zu E und dann von E zu Y. Dabei gilt aufgrund von 3.1/9 und 3.4/2:

$$A_{\mathrm{id},X,Y} = A_{\mathrm{id},E,Y} \cdot A_{\mathrm{id},X,E} = A_{\mathrm{id},Y,E}^{-1} \cdot A_{\mathrm{id},X,E} = B^{-1} \cdot A$$
$$A_{\mathrm{id},Y,X} = A_{\mathrm{id},E,X} \cdot A_{\mathrm{id},Y,E} = A_{\mathrm{id},X,E}^{-1} \cdot A_{\mathrm{id},Y,E} = A^{-1} \cdot B$$

Neben der Ausführung des Matrizenprodukts haben wir also lediglich die Matrizen A und B zu invertieren, was wie im Abschnitt 3.3 beschrieben unter Verwendung elementarer Zeilenumformungen geschehen kann.

Lösungsweg: Um zu zeigen, dass die Systeme X und Y Basen von $\mathbb{R}^5$ bilden, genügt es zu zeigen, dass diese Systeme linear unabhängig sind. Indem wir die gegebenen Vektoren als Spaltenvektoren auffassen und die Matrizen $A = (x_1, \ldots, x_5)$ sowie $B = (y_1, \ldots, y_5)$ betrachten, ist dann $\mathrm{rg}\, A = 5 = \mathrm{rg}\, B$ zu zeigen. Wir bestimmen nun für beide Matrizen Zeilenstufenformen. Ergibt sich dabei Rang 5, so können wir durch weitere elementare Zeilenumformungen die Einheitsmatrix

$E_5 \in \mathbb{R}^{5\times 5}$ als Zeilenstufenform erreichen. Gleichzeitig wenden wir die benötigten Umformungen auch auf E_5 an, so dass sich hieraus am Ende die Inversen A^{-1} bzw. B^{-1} ergeben. Wir beginnen mit der Matrix A:

$$A: \begin{pmatrix} 1 & 1 & 1 & 1 & 0 \\ 1 & 0 & 1 & 1 & 1 \\ 1 & 2 & 1 & 2 & 1 \\ 2 & 1 & 2 & 1 & 2 \\ 0 & 0 & 1 & 0 & 0 \end{pmatrix} \xmapsto{(1)} \begin{pmatrix} 1 & 1 & 1 & 1 & 0 \\ 0 & -1 & 0 & 0 & 1 \\ 0 & 1 & 0 & 1 & 1 \\ 0 & -1 & 0 & -1 & 2 \\ 0 & 0 & 1 & 0 & 0 \end{pmatrix} \xmapsto{(2)} \begin{pmatrix} 1 & 1 & 1 & 1 & 0 \\ 0 & -1 & 0 & 0 & 1 \\ 0 & 0 & 0 & 1 & 2 \\ 0 & 0 & 0 & -1 & 1 \\ 0 & 0 & 1 & 0 & 0 \end{pmatrix}$$

$$E_5: \begin{pmatrix} 1 & 0 & 0 & 0 & 0 \\ 0 & 1 & 0 & 0 & 0 \\ 0 & 0 & 1 & 0 & 0 \\ 0 & 0 & 0 & 1 & 0 \\ 0 & 0 & 0 & 0 & 1 \end{pmatrix} \xmapsto{(1)} \begin{pmatrix} 1 & 0 & 0 & 0 & 0 \\ -1 & 1 & 0 & 0 & 0 \\ -1 & 0 & 1 & 0 & 0 \\ -2 & 0 & 0 & 1 & 0 \\ 0 & 0 & 0 & 0 & 1 \end{pmatrix} \xmapsto{(2)} \begin{pmatrix} 1 & 0 & 0 & 0 & 0 \\ -1 & 1 & 0 & 0 & 0 \\ -2 & 1 & 1 & 0 & 0 \\ -1 & -1 & 0 & 1 & 0 \\ 0 & 0 & 0 & 0 & 1 \end{pmatrix}$$

(1) : 1. Zeile von 2. und 3. Zeile subtrahieren, 2-faches der 1. Zeile von 4. Zeile subtrahieren

(2) : 2. Zeile zu 3. Zeile addieren und von 4. Zeile subtrahieren

$$A \xmapsto{(3)} \begin{pmatrix} 1 & 1 & 1 & 1 & 0 \\ 0 & 1 & 0 & 0 & -1 \\ 0 & 0 & 1 & 0 & 0 \\ 0 & 0 & 0 & 1 & 2 \\ 0 & 0 & 0 & -1 & 1 \end{pmatrix} \xmapsto{(4)} \begin{pmatrix} 1 & 1 & 1 & 1 & 0 \\ 0 & 1 & 0 & 0 & -1 \\ 0 & 0 & 1 & 0 & 0 \\ 0 & 0 & 0 & 1 & 2 \\ 0 & 0 & 0 & 0 & 1 \end{pmatrix} \xmapsto{(5)} \begin{pmatrix} 1 & 1 & 1 & 1 & 0 \\ 0 & 1 & 0 & 0 & 0 \\ 0 & 0 & 1 & 0 & 0 \\ 0 & 0 & 0 & 1 & 0 \\ 0 & 0 & 0 & 0 & 1 \end{pmatrix}$$

$$E_5 \xmapsto{(3)} \begin{pmatrix} 1 & 0 & 0 & 0 & 0 \\ 1 & -1 & 0 & 0 & 0 \\ 0 & 0 & 0 & 0 & 1 \\ -2 & 1 & 1 & 0 & 0 \\ -1 & -1 & 0 & 1 & 0 \end{pmatrix} \xmapsto{(4)} \begin{pmatrix} 1 & 0 & 0 & 0 & 0 \\ 1 & -1 & 0 & 0 & 0 \\ 0 & 0 & 0 & 0 & 1 \\ -2 & 1 & 1 & 0 & 0 \\ -1 & 0 & \frac{1}{3} & \frac{1}{3} & 0 \end{pmatrix} \xmapsto{(5)} \begin{pmatrix} 1 & 0 & 0 & 0 & 0 \\ 0 & -1 & \frac{1}{3} & \frac{1}{3} & 0 \\ 0 & 0 & 0 & 0 & 1 \\ 0 & 1 & \frac{1}{3} & -\frac{2}{3} & 0 \\ -1 & 0 & \frac{1}{3} & \frac{1}{3} & 0 \end{pmatrix}$$

(3) : 2. Zeile mit -1 multiplizieren, 5. Zeile mit 3. und 4. Zeile vertauschen

(4) : 4. Zeile zu 5. Zeile addieren, 5. Zeile mit $\frac{1}{3}$ multiplizieren; Zeilenstufenform von A ist erreicht, es gilt $\operatorname{rg} A = 5$, also ist A invertierbar

(5) : 5. Zeile zu 2. Zeile addieren, 2-faches der 5. Zeile von 4. Zeile subtrahieren

$$A \xmapsto{(6)}
\begin{pmatrix}
1 & 1 & 1 & 0 & 0 \\
0 & 1 & 0 & 0 & 0 \\
0 & 0 & 1 & 0 & 0 \\
0 & 0 & 0 & 1 & 0 \\
0 & 0 & 0 & 0 & 1
\end{pmatrix}
\xmapsto{(7)}
\begin{pmatrix}
1 & 1 & 0 & 0 & 0 \\
0 & 1 & 0 & 0 & 0 \\
0 & 0 & 1 & 0 & 0 \\
0 & 0 & 0 & 1 & 0 \\
0 & 0 & 0 & 0 & 1
\end{pmatrix}
\xmapsto{(8)}
\begin{pmatrix}
1 & 0 & 0 & 0 & 0 \\
0 & 1 & 0 & 0 & 0 \\
0 & 0 & 1 & 0 & 0 \\
0 & 0 & 0 & 1 & 0 \\
0 & 0 & 0 & 0 & 1
\end{pmatrix}$$

$$E_5 \xmapsto{(6)}
\begin{pmatrix}
1 & -1 & -\frac{1}{3} & \frac{2}{3} & 0 \\
0 & -1 & \frac{1}{3} & \frac{1}{3} & 0 \\
0 & 0 & 0 & 0 & 1 \\
0 & 1 & \frac{1}{3} & -\frac{2}{3} & 0 \\
-1 & 0 & \frac{1}{3} & \frac{1}{3} & 0
\end{pmatrix}
\xmapsto{(7)}
\begin{pmatrix}
1 & -1 & -\frac{1}{3} & \frac{2}{3} & -1 \\
0 & -1 & \frac{1}{3} & \frac{1}{3} & 0 \\
0 & 0 & 0 & 0 & 1 \\
0 & 1 & \frac{1}{3} & -\frac{2}{3} & 0 \\
-1 & 0 & \frac{1}{3} & \frac{1}{3} & 0
\end{pmatrix}
\xmapsto{(8)}
\begin{pmatrix}
1 & 0 & -\frac{2}{3} & \frac{1}{3} & -1 \\
0 & -1 & \frac{1}{3} & \frac{1}{3} & 0 \\
0 & 0 & 0 & 0 & 1 \\
0 & 1 & \frac{1}{3} & -\frac{2}{3} & 0 \\
-1 & 0 & \frac{1}{3} & \frac{1}{3} & 0
\end{pmatrix}$$

(6) : 4. Zeile von 1. Zeile subtrahieren

(7) : 3. Zeile von 1. Zeile subtrahieren

(8) : 2. Zeile von 1. Zeile subtrahieren; insgesamt ist A mittels elementarer Zeilenumformungen in die Einheitsmatrix E_5 überführt und gleichzeitig E_5 in die inverse Matrix A^{-1}

Als Nächstes behandeln wir die Matrix B:

$$B :
\begin{pmatrix}
1 & 1 & 1 & 2 & 0 \\
2 & 1 & 3 & 3 & 0 \\
3 & 2 & 4 & 5 & 1 \\
4 & 3 & 6 & 6 & 1 \\
4 & 4 & 7 & 8 & 1
\end{pmatrix}
\xmapsto{(1)}
\begin{pmatrix}
1 & 1 & 1 & 2 & 0 \\
0 & -1 & 1 & -1 & 0 \\
0 & -1 & 1 & -1 & 1 \\
0 & -1 & 2 & -2 & 1 \\
0 & 0 & 3 & 0 & 1
\end{pmatrix}
\xmapsto{(2)}
\begin{pmatrix}
1 & 1 & 1 & 2 & 0 \\
0 & -1 & 1 & -1 & 0 \\
0 & 0 & 0 & 0 & 1 \\
0 & 0 & 1 & -1 & 1 \\
0 & 0 & 3 & 0 & 1
\end{pmatrix}$$

$$E_5 :
\begin{pmatrix}
1 & 0 & 0 & 0 & 0 \\
0 & 1 & 0 & 0 & 0 \\
0 & 0 & 1 & 0 & 0 \\
0 & 0 & 0 & 1 & 0 \\
0 & 0 & 0 & 0 & 1
\end{pmatrix}
\xmapsto{(1)}
\begin{pmatrix}
1 & 0 & 0 & 0 & 0 \\
-2 & 1 & 0 & 0 & 0 \\
-3 & 0 & 1 & 0 & 0 \\
-4 & 0 & 0 & 1 & 0 \\
-4 & 0 & 0 & 0 & 1
\end{pmatrix}
\xmapsto{(2)}
\begin{pmatrix}
1 & 0 & 0 & 0 & 0 \\
-2 & 1 & 0 & 0 & 0 \\
-1 & -1 & 1 & 0 & 0 \\
-2 & -1 & 0 & 1 & 0 \\
-4 & 0 & 0 & 0 & 1
\end{pmatrix}$$

(1) : 2-faches der 1. Zeile von der 2. Zeile subtrahieren, ebenso 3-faches von der 3. Zeile, 4-faches von der 4. Zeile und 4-faches von der 5. Zeile

(2) : 2. Zeile subtrahieren von der 3. und 4. Zeile

$$B \xmapsto{(3)}
\begin{pmatrix}
1 & 1 & 1 & 2 & 0 \\
0 & 1 & -1 & 1 & 0 \\
0 & 0 & 1 & -1 & 1 \\
0 & 0 & 3 & 0 & 1 \\
0 & 0 & 0 & 0 & 1
\end{pmatrix}
\xmapsto{(4)}
\begin{pmatrix}
1 & 1 & 1 & 2 & 0 \\
0 & 1 & -1 & 1 & 0 \\
0 & 0 & 1 & -1 & 1 \\
0 & 0 & 0 & 3 & -2 \\
0 & 0 & 0 & 0 & 1
\end{pmatrix}
\xmapsto{(5)}
\begin{pmatrix}
1 & 1 & 1 & 2 & 0 \\
0 & 1 & -1 & 1 & 0 \\
0 & 0 & 1 & -1 & 0 \\
0 & 0 & 0 & 1 & 0 \\
0 & 0 & 0 & 0 & 1
\end{pmatrix}$$

$$
\begin{array}{c}
E_5 \\
\xmapsto{(3)}
\end{array}
\begin{pmatrix}
1 & 0 & 0 & 0 & 0 \\
2 & -1 & 0 & 0 & 0 \\
-2 & -1 & 0 & 1 & 0 \\
-4 & 0 & 0 & 0 & 1 \\
-1 & -1 & 1 & 0 & 0
\end{pmatrix}
\xmapsto{(4)}
\begin{pmatrix}
1 & 0 & 0 & 0 & 0 \\
2 & -1 & 0 & 0 & 0 \\
-2 & -1 & 0 & 1 & 0 \\
2 & 3 & 0 & -3 & 1 \\
-1 & -1 & 1 & 0 & 0
\end{pmatrix}
\xmapsto{(5)}
\begin{pmatrix}
1 & 0 & 0 & 0 & 0 \\
2 & -1 & 0 & 0 & 0 \\
-1 & 0 & -1 & 1 & 0 \\
0 & \frac{1}{3} & \frac{2}{3} & -1 & \frac{1}{3} \\
-1 & -1 & 1 & 0 & 0
\end{pmatrix}
$$

(3) : 2. Zeile mit -1 multiplizieren, 3. Zeile mit 4. und 5. Zeile vertauschen

(4) : 3-faches der 3. Zeile von 4. Zeile subtrahieren; Zeilenstufenform von A ist erreicht, es gilt $\operatorname{rg} A = 5$, also ist A invertierbar

(5) : 5. Zeile von 3. Zeile subtrahieren, 2-faches der 5. Zeile zu 4. Zeile addieren, 4. Zeile mit $\frac{1}{3}$ multiplizieren

$$
\begin{array}{c}
B \\
\xmapsto{(6)}
\end{array}
\begin{pmatrix}
1 & 1 & 1 & 0 & 0 \\
0 & 1 & -1 & 0 & 0 \\
0 & 0 & 1 & 0 & 0 \\
0 & 0 & 0 & 1 & 0 \\
0 & 0 & 0 & 0 & 1
\end{pmatrix}
\xmapsto{(7)}
\begin{pmatrix}
1 & 1 & 0 & 0 & 0 \\
0 & 1 & 0 & 0 & 0 \\
0 & 0 & 1 & 0 & 0 \\
0 & 0 & 0 & 1 & 0 \\
0 & 0 & 0 & 0 & 1
\end{pmatrix}
\xmapsto{(8)}
\begin{pmatrix}
1 & 0 & 0 & 0 & 0 \\
0 & 1 & 0 & 0 & 0 \\
0 & 0 & 1 & 0 & 0 \\
0 & 0 & 0 & 1 & 0 \\
0 & 0 & 0 & 0 & 1
\end{pmatrix}
$$

$$
\begin{array}{c}
E_5 \\
\xmapsto{(6)}
\end{array}
\begin{pmatrix}
1 & -\frac{2}{3} & -\frac{4}{3} & 2 & -\frac{2}{3} \\
2 & -\frac{4}{3} & -\frac{2}{3} & 1 & -\frac{1}{3} \\
-1 & \frac{1}{3} & -\frac{1}{3} & 0 & \frac{1}{3} \\
0 & \frac{1}{3} & \frac{2}{3} & -1 & \frac{1}{3} \\
-1 & -1 & 1 & 0 & 0
\end{pmatrix}
\xmapsto{(7)}
\begin{pmatrix}
2 & -1 & -1 & 2 & -1 \\
1 & -1 & -1 & 1 & 0 \\
-1 & \frac{1}{3} & -\frac{1}{3} & 0 & \frac{1}{3} \\
0 & \frac{1}{3} & \frac{2}{3} & -1 & \frac{1}{3} \\
-1 & -1 & 1 & 0 & 0
\end{pmatrix}
\xmapsto{(8)}
\begin{pmatrix}
1 & 0 & 0 & 1 & -1 \\
1 & -1 & -1 & 1 & 0 \\
-1 & \frac{1}{3} & -\frac{1}{3} & 0 & \frac{1}{3} \\
0 & \frac{1}{3} & \frac{2}{3} & -1 & \frac{1}{3} \\
-1 & -1 & 1 & 0 & 0
\end{pmatrix}
$$

(6) : 2-faches der 4. Zeile von 1. Zeile subtrahieren, 4. Zeile von 2. Zeile subtrahieren und zu 3. Zeile addieren

(7) : 3. Zeile von 1. Zeile subtrahieren, zu 2. Zeile addieren

(8) : 2. Zeile von 1. Zeile subtrahieren; insgesamt ist B mittels elementarer Zeilenumformungen in die Einheitsmatrix E_5 überführt und gleichzeitig E_5 in die inverse Matrix B^{-1}

Als Resultat der Rechnungen erhalten wir also:

$$
A^{-1} =
\begin{pmatrix}
1 & 0 & -\frac{2}{3} & \frac{1}{3} & -1 \\
0 & -1 & \frac{1}{3} & \frac{1}{3} & 0 \\
0 & 0 & 0 & 0 & 1 \\
0 & 1 & \frac{1}{3} & -\frac{2}{3} & 0 \\
-1 & 0 & \frac{1}{3} & \frac{1}{3} & 0
\end{pmatrix},
\qquad
B^{-1} =
\begin{pmatrix}
1 & 0 & 0 & 1 & -1 \\
1 & -1 & -1 & 1 & 0 \\
-1 & \frac{1}{3} & -\frac{1}{3} & 0 & \frac{1}{3} \\
0 & \frac{1}{3} & \frac{2}{3} & -1 & \frac{1}{3} \\
-1 & -1 & 1 & 0 & 0
\end{pmatrix}
$$

Wir haben bereits bei den Strategieüberlegungen erläutert, dass die Matrizen A und B gerade die Basiswechselmatrizen $A_{\mathrm{id},X,E}$ und $A_{\mathrm{id},Y,E}$ für die kanonische Basis E von $\mathbb{R}^5$ darstellen und dass sich daraus die gefragten Basiswechselmatrizen zwischen X und Y wie folgt berechnen lassen:

$$A_{\mathrm{id},X,Y} = B^{-1}A = \begin{pmatrix} 1 & 0 & 0 & 1 & -1 \\ 1 & -1 & -1 & 1 & 0 \\ -1 & \frac{1}{3} & -\frac{1}{3} & 0 & \frac{1}{3} \\ 0 & \frac{1}{3} & \frac{2}{3} & -1 & \frac{1}{3} \\ -1 & -1 & 1 & 0 & 0 \end{pmatrix} \cdot \begin{pmatrix} 1 & 1 & 1 & 1 & 0 \\ 1 & 0 & 1 & 1 & 1 \\ 1 & 2 & 1 & 2 & 1 \\ 2 & 1 & 2 & 1 & 2 \\ 0 & 0 & 1 & 0 & 0 \end{pmatrix} = \begin{pmatrix} 3 & 2 & 2 & 2 & 2 \\ 1 & 0 & 1 & -1 & 0 \\ -1 & -\frac{5}{3} & -\frac{2}{3} & -\frac{4}{3} & 0 \\ -1 & \frac{1}{3} & -\frac{2}{3} & \frac{2}{3} & -1 \\ -1 & 1 & -1 & 0 & 0 \end{pmatrix}$$

$$A_{\mathrm{id},Y,X} = A^{-1}B = \begin{pmatrix} 1 & 0 & -\frac{2}{3} & \frac{1}{3} & -1 \\ 0 & -1 & \frac{1}{3} & \frac{1}{3} & 0 \\ 0 & 0 & 0 & 0 & 1 \\ 0 & 1 & \frac{1}{3} & -\frac{2}{3} & 0 \\ -1 & 0 & \frac{1}{3} & \frac{1}{3} & 0 \end{pmatrix} \cdot \begin{pmatrix} 1 & 1 & 1 & 2 & 0 \\ 2 & 1 & 3 & 3 & 0 \\ 3 & 2 & 4 & 5 & 1 \\ 4 & 3 & 6 & 6 & 1 \\ 4 & 4 & 7 & 8 & 1 \end{pmatrix} = \begin{pmatrix} -\frac{11}{3} & -\frac{10}{3} & -\frac{20}{3} & -\frac{22}{3} & -\frac{4}{3} \\ \frac{1}{3} & \frac{2}{3} & \frac{1}{3} & \frac{2}{3} & \frac{2}{3} \\ 4 & 4 & 7 & 8 & 1 \\ \frac{1}{3} & -\frac{1}{3} & \frac{1}{3} & \frac{2}{3} & -\frac{1}{3} \\ \frac{4}{3} & \frac{2}{3} & \frac{7}{3} & \frac{5}{3} & \frac{2}{3} \end{pmatrix}$$

Ergänzungen: Die Basiswechselmatrix $A_{\mathrm{id},X,Y} = (\alpha_{ij})_{i,j=1,\ldots,5}$ wird charakterisiert durch die Gleichungen $x_j = \sum_{i=1}^{5} \alpha_{ij} y_i$, $j = 1, \ldots, 5$. Interpretieren wir die Vektoren x_i und y_j als Spaltenvektoren im $\mathbb{R}^5$, so schreiben sich diese Relationen in der Form

$$x_j = (y_1, \ldots, y_5) \cdot (\alpha_{1j}, \ldots, \alpha_{5j})^t, \qquad j = 1, \ldots, 5,$$

bzw. mit den Matrizen $A = (x_1, \ldots, x_5)$ und $B = (y_1, \ldots, y_5)$ in der Form $A = B \cdot A_{\mathrm{id},X,Y}$. Also folgt $A_{\mathrm{id},X,Y} = B^{-1} \cdot A$ und entsprechend $A_{\mathrm{id},Y,X} = A^{-1} \cdot B$, wie eingangs bereits festgestellt.

Um nach erfolgter Rechnung zu überprüfen, ob die inversen Matrizen A^{-1} und B^{-1} frei von Rechenfehlern ermittelt wurden, sollte man die Produkte $A \cdot A^{-1}$ und $B \cdot B^{-1}$ auswerten und mit der Einheitsmatrix vergleichen. Ebenso kann man die Relationen $B \cdot A_{\mathrm{id},X,Y} = A$ und $A \cdot A_{\mathrm{id},Y,X} = B$ nutzen, um sicherzugehen, dass die Basiswechselmatrizen $A_{\mathrm{id},X,Y}$ und $A_{\mathrm{id},Y,X}$ korrekt sind.

3.4 Aufgabe 4

Start: Zu betrachten ist eine Relation " $\sim$ " auf der Menge $K^{m \times n}$ aller $(m \times n)$-Matrizen, und zwar gilt $A \sim B$ für zwei solche Matrizen, wenn es invertierbare Matrizen $S \in \mathrm{GL}(m, K)$ und $T \in \mathrm{GL}(n, K)$ mit $B = SAT$ gibt.

Ziel: Man zeige, dass " $\sim$ " die Eigenschaften einer Äquivalenz-relation besitzt. Die zugehörigen Äquivalenzklassen und insbesondere deren Anzahl sind zu bestimmen.

Strategie: Sei $A \in K^{m \times n}$. In 3.4/8 haben wir die zu A gehörige K-lineare Abbildung $K^n \longrightarrow K^m$, $a \longmapsto A \cdot a$, betrachtet und mittels Basiswechsel gezeigt, dass es invertierbare Matrizen $S \in \mathrm{GL}(m, K)$ und $T \in \mathrm{GL}(n, K)$ mit $SAT = \begin{pmatrix} E_r & 0 \\ 0 & 0 \end{pmatrix} =: E_r^{m \times n}$ gibt. Dabei ist E_r die $(r \times r)$-Einheitsmatrix, wobei $r = \mathrm{rg}\, A$ gilt. In der Terminologie der gegebenen Relation " $\sim$ " bedeutet dies $A \sim E_r^{m \times n}$. Wenn wir also zeigen, dass " $\sim$ " eine Äquivalenzrelation ist, so sind die Matrizen $E_r^{m \times n}$, $r = 0, \ldots, \min\{m, n\}$, Vertreter der zugehörigen Äquivalenz-klassen, und zwar paarweise verschiedener Äquivalenzklassen, da aus $A \sim B$ mit 3.4/6 insbesondere $\mathrm{rg}\, A = \mathrm{rg}\, B$ folgt.

Lösungsweg: Wir zeigen zunächst, dass " $\sim$ " eine Äquivalenzrelation ist. Sei $A \in K^{m \times n}$. Dann gilt $A = SAT$ mit den Einheitsmatrizen $S \in \mathrm{GL}(m, K)$ und $T \in \mathrm{GL}(n, K)$. Dies bedeutet $A \sim A$, und die Relation ist reflexiv. Seien nun $A, B \in K^{m \times n}$. Gilt dann $A \sim B$, also $B = SAT$ mit gewissen invertierbaren Matrizen $S \in \mathrm{GL}(m, K)$ und $T \in \mathrm{GL}(n, K)$, so folgt $A = S^{-1}BT^{-1}$ mit $S^{-1} \in \mathrm{GL}(m, K)$ und $T^{-1} \in \mathrm{GL}(n, K)$, also $B \sim A$. Die Relation ist daher auch symmetrisch. Seien schließlich $A, B, C \in K^{m \times n}$ mit $A \sim B$ und $B \sim C$. Dann gibt es invertierbare Matrizen $S, \tilde{S} \in \mathrm{GL}(m, K)$ und $T, \tilde{T} \in \mathrm{GL}(n, K)$, so dass $B = SAT$ und $C = \tilde{S}B\tilde{T}$ gilt. Es folgt $C = (\tilde{S}S)A(T\tilde{T})$ mit $S\tilde{S} \in \mathrm{GL}(m, K)$ und $T\tilde{T} \in \mathrm{GL}(n, K)$, also $A \sim C$. Die Relation " $\sim$ " ist daher auch transitiv und damit eine Äquivalenzrelation.

Wie bereits erwähnt, schließen wir mit 3.4/8 für eine Matrix $A \in K^{m \times n}$ vom Rang r, dass $A \sim E_r^{m \times n}$ gilt. Da " $\sim$ " gemäß 3.4/6 den Rang von Matrizen erhält und da $\mathrm{rg}\, E_r^{m \times n} = r$ gilt, bilden die Matrizen $E_r^{m \times n}$ für $r = 0, \ldots, \min\{m, n\}$ ein Vertretersystem der Äquivalenzklassen bezüglich " $\sim$ " in $K^{m \times n}$. Folglich ist deren Anzahl gleich $1 + \min\{m, n\}$, der Anzahl möglicher Matrizen des Typs $E_r^{m \times n}$ bei gegebener Zeilenzahl m und Spaltenzahl n.

3.5 Aufgabe 5

Start: Zu betrachten ist eine $\mathbb{R}$-lineare Abbildung $f\colon V \longrightarrow W$ zwischen endlich-dimensionalen $\mathbb{R}$-Vektorräumen, die bezüglich geeigneter Basen X von V und Y von W durch eine konkret gegebene Matrix $A_{f,X,Y} \in \mathbb{R}^{4\times 5}$ beschrieben wird.

Ziel: Es ist eine Basis von $\ker f$ zu bestimmen.

Strategie: Um konkrete Rechnungen in V bzw. W anzustellen, müssen wir die Vektoren von V und W als Linearkombinationen der zu betrachtenden Basen darstellen. Mit anderen Worten, wir sollten mit den zugehörigen Koordinatenspaltenvektoren bezüglich X und Y arbeiten. Dann liegt es nahe, das kommutative Diagramm

$$(*) \qquad
\begin{array}{ccc}
V & \xrightarrow{\ f\ } & W \\
{\scriptstyle \wr}\downarrow{\scriptstyle \kappa_X} & & {\scriptstyle \wr}\downarrow{\scriptstyle \kappa_Y} \\
\mathbb{R}^5 & \xrightarrow{\ \tilde{f}\ } & \mathbb{R}^4
\end{array}$$

aus 3.1/8 zu nutzen; dabei sind κ_X und κ_Y die kanonischen Isomorphismen, die einem Vektor aus V bzw. W den zugehörigen Koordinatenspaltenvektor in $\mathbb{R}^5$ bzw. $\mathbb{R}^4$ zuordnen, und es ist $\tilde{f}$ die Multiplikation mit der Matrix $A_{f,X,Y}$, also die durch $x \longmapsto A_{f,X,Y} \cdot x$ definierte Abbildung. Der Kern von $\tilde{f}$ stimmt mit dem Lösungsraum $M_{A_{f,X,Y},0}$ des homogenen linearen Gleichungssystems $A_{f,X,Y} \cdot x = 0$ überein, den man mithilfe des Gaußschen Eliminationsverfahrens bestimmen kann. Da sich κ_X zu einem Isomorphismus $\ker f \overset{\sim}{\longrightarrow} M_{A_{f,X,Y},0}$ beschränkt, lässt sich aus einer Basis von $M_{A_{f,X,Y},0}$ eine Basis von $\ker f$ gewinnen.

Lösungsweg: Wir benutzen das obige kommutative Diagramm $(*)$ und interpretieren die Isomorphismen κ_X und κ_Y als Identifizierungen. Sodann bleibt das homogene lineare Gleichungssystem $A_{f,X,Y}\cdot x = 0$ zu lösen. Wir verwenden dazu das Gaußsche Eliminationsverfahren und bringen $A_{f,X,Y}$ auf die spezielle in Abschnitt 3.5 beschriebene Zeilenstufenform:

$$A_{f,X,Y} =
\begin{pmatrix}
1 & 1 & 2 & 4 & 8 \\
1 & 2 & 1 & 2 & 1 \\
2 & 2 & 2 & 2 & 1 \\
1 & 2 & 2 & 2 & 2
\end{pmatrix}
\longmapsto
\begin{pmatrix}
1 & 1 & 2 & 4 & 8 \\
0 & 1 & -1 & -2 & -7 \\
0 & 0 & -2 & -6 & -15 \\
0 & 1 & 0 & -2 & -6
\end{pmatrix}
\longmapsto
\begin{pmatrix}
1 & 1 & 2 & 4 & 8 \\
0 & 1 & -1 & -2 & -7 \\
0 & 0 & 2 & 6 & 15 \\
0 & 0 & 1 & 0 & 1
\end{pmatrix}$$

$$\longmapsto \begin{pmatrix} 1 & 1 & 2 & 4 & 8 \\ 0 & 1 & -1 & -2 & -7 \\ 0 & 0 & 1 & 0 & 1 \\ 0 & 0 & 0 & 6 & 13 \end{pmatrix} \longmapsto \begin{pmatrix} 1 & 1 & 2 & 4 & 8 \\ 0 & 1 & -1 & -2 & -7 \\ 0 & 0 & 1 & 0 & 1 \\ 0 & 0 & 0 & 1 & \frac{13}{6} \end{pmatrix} \longmapsto \begin{pmatrix} 1 & 1 & 2 & 0 & -\frac{2}{3} \\ 0 & 1 & -1 & 0 & -\frac{8}{3} \\ 0 & 0 & 1 & 0 & 1 \\ 0 & 0 & 0 & 1 & \frac{13}{6} \end{pmatrix}$$

$$\longmapsto \begin{pmatrix} 1 & 1 & 0 & 0 & -\frac{8}{3} \\ 0 & 1 & 0 & 0 & -\frac{5}{3} \\ 0 & 0 & 1 & 0 & 1 \\ 0 & 0 & 0 & 1 & \frac{13}{6} \end{pmatrix} \longmapsto \begin{pmatrix} 1 & 0 & 0 & 0 & -1 \\ 0 & 1 & 0 & 0 & -\frac{5}{3} \\ 0 & 0 & 1 & 0 & 1 \\ 0 & 0 & 0 & 1 & \frac{13}{6} \end{pmatrix}$$

Gemäß 3.5 bildet daher $(1, \frac{5}{3}, -1, -\frac{13}{6}, 1)^t \in \mathbb{R}^5$ eine Basis des Lösungsraums $M_{A_{f,X,Y},0}$. Entsprechend gibt $x_1 + \frac{5}{3}x_2 - x_3 - \frac{13}{6}x_4 + x_5 \in V$ für $X = \{x_1, \ldots, x_5\}$ Anlass zu einer Basis von $\ker f$.

3.5 Aufgabe 7

Start: Gegeben sind eine Matrix $A \in K^{m \times n}$, ein Spaltenvektor $b \in K^m$ sowie eine invertierbare Matrix $S \in \mathrm{GL}(n, K)$.

Ziel: Es ist $M_{A,b} = SM_{AS,b}$ für die Lösungsräume der linearen Gleichungssysteme $Ax = b$ und $ASy = b$ zu zeigen.

Strategie: Das Ziel ist plausibel. Erfüllt nämlich $y \in K^n$ die Gleichung $ASy = b$, so können wir diese in der Form $(AS)y = b$ oder $A(Sy) = b$ interpretieren. Somit erhalten wir $y \in M_{AS,b}$, aber auch $Sy \in M_{A,b}$.

Lösungsweg: Sei zunächst $x \in SM_{AS,b}$, also $x = Sy$ mit $y \in M_{AS,b}$. Dann gilt $ASy = b$ und daher $x = Sy \in M_{A,b}$. Umgekehrt, sei $x \in M_{A,b}$, also $Ax = b$. Da S invertierbar ist, gibt es ein $y \in K^n$ mit $x = Sy$. Dann folgt $ASy = b$, also $y \in M_{AS,b}$ und somit $x = Sy \in SM_{AS,b}$. Insgesamt erhalten wir $M_{A,b} = SM_{AS,b}$.

3.5 Aufgabe 9

Start: Zu betrachten ist eine K-lineare Abbildung $f: V \longrightarrow W$ zwischen endlich-dimensionalen K-Vektorräumen, sowie die zugehörige duale Abbildung $f^*: W^* \longrightarrow V^*$. Dabei ist V^* (bzw. W^*) der Dualraum zu V (bzw. W), also der K-Vektorraum aller K-linearen Abbildungen $V \longrightarrow K$ (bzw. $W \longrightarrow K$), und es ist f^* definiert durch $\varphi \longmapsto \varphi \circ f$. Zusätzlich ist ein Vektor $b \in W$ zu betrachten.

Ziel: Zu zeigen ist, dass es genau dann einen Vektor $x \in V$ mit $f(x) = b$ gibt, also dass genau dann $b \in \mathrm{im} f$ gilt, wenn man $\varphi(b) = 0$ für alle $\varphi \in \ker f^*$ hat.

Strategie: Zunächst wollen wir den Kern der dualen Abbildung f^* genauer interpretieren. Die duale Abbildung $f^*\colon W^* \longrightarrow V^*$ ist definiert durch $f^*(\varphi) = \varphi \circ f$ für $\varphi \in W^*$. Daher ist $f^*(\varphi) = 0$ äquivalent zu $\varphi \circ f = 0$, also zu $\operatorname{im} f \subset \ker \varphi$. Gilt daher $b \in \operatorname{im} f$, so folgt $\varphi(b) = 0$ für alle $\varphi \in \ker f^*$. Mit anderen Worten, es gilt

$$(*) \qquad\qquad \operatorname{im} f \subset \bigcap_{\varphi \in \ker f^*} \ker \varphi.$$

Um unser Ziel zu erreichen, ist zu zeigen, dass die vorstehende Inklusion auch in umgekehrter Richtung gilt und damit eine Gleichheit darstellt.

Lösungsweg: Sei zunächst $b \in \operatorname{im} f$. Wir haben bereits erläutert, dass dann $\varphi(b) = 0$ gilt für alle Linearformen $\varphi \in W^*$ mit $\operatorname{im} f \subset \ker \varphi$, also mit $\varphi \circ f = 0$, was äquivalent ist zu $\varphi \in \ker f^*$.

Sei alternativ $b \notin \operatorname{im} f$. Wir wollen zeigen, dass unter dieser Voraussetzung eine Linearform $\varphi \in \ker f^*$ mit $\varphi(b) \neq 0$ existiert. Und zwar wählen wir eine Basis von $\operatorname{im} f$ und vergrößern diese durch Hinzunahme von b zu einem linear unabhängigen System in W; dies ist möglich wegen $b \notin \operatorname{im} f$, vgl. 1.5/5. Weiter können wir dieses System mittels 1.5/8 zu einer Basis Y von W ergänzen. Dann lässt sich gemäß 2.1/7 (ii) eine Linearform $\varphi\colon W \longrightarrow K$ durch

$$\varphi(y) = \begin{cases} 1 & \text{für } y = b \\ 0 & \text{für } y \in Y,\ y \neq b \end{cases}$$

und lineare Ausdehnung erklären. Nach Konstruktion gilt $\varphi(\operatorname{im} f) = 0$, also $\varphi \in \ker f^*$, sowie $\varphi(b) \neq 0$. Gehört daher $b \in W$ nicht zu $\operatorname{im} f$, so auch nicht zu $\bigcap_{\varphi \in \ker f^*} \ker \varphi$, und es folgt, dass die obige Inklusion $(*)$ eine Gleichheit ist.

Determinanten

4.1 Aufgabe 2

Start: Gegeben ist ein r-Zyklus in $\mathfrak{S}_n$, also eine Permutation π in $\mathfrak{S}_n$, zu der es paarweise verschiedene Elemente $a_1, \ldots, a_r \in \{1, \ldots, n\}$ gibt, so dass $\pi(a_i) = a_{i+1}$ für $i = 1, \ldots, r-1$ und $\pi(a_r) = a_1$ sowie

$\pi(a) = a$ für alle übrigen Elemente $a \in \{1, \ldots, n\}$ gilt. Wir schreiben abkürzend $\pi = (a_1, \ldots, a_r)$, wobei notwendigerweise $n \geq r \geq 1$ gilt.

Ziel: Es ist sgn π zu bestimmen.

Strategie: Wir betrachten ein einfaches Beispiel eines r-Zyklus in $\mathfrak{S}_n$, nämlich

$$\pi = (1, \ldots, r) = \begin{pmatrix} 1 & 2 & \ldots & r-1 & r & r+1 & \ldots & n \\ 2 & 3 & \ldots & r & 1 & r+1 & \ldots & n \end{pmatrix}.$$

Offenbar ist die Anzahl der Fehlstände in der Folge $\pi(1), \ldots, \pi(n)$ genau $r - 1$, so dass sich sgn $\pi = (-1)^{r-1}$ mittels 4.1/6 ergibt. Ist nun $\pi = (a_1, \ldots, a_r)$ ein beliebiger r-Zyklus in $\mathfrak{S}_n$, so sollte ebenfalls sgn $\pi = (-1)^{r-1}$ gelten. Schreiben wir nämlich π als Produkt von Transpositionen, etwa $\pi = \tau_1 \circ \ldots \circ \tau_s$, so gilt sgn $\pi = (-1)^s$ nach 4.1/8. Eine solche Produktdarstellung hängt allerdings nicht von der speziellen Abzählung der n-elementigen Menge $\{1, \ldots, n\}$ ab. Indem wir eine Abzählung des Typs $\{a_1, \ldots, a_r, a_{r+1}, \ldots, a_n\}$ mit geeigneten Elementen $a_{r+1}, \ldots, a_n \in \{1, \ldots, n\}$ wählen, dürfen wir wie oben $\pi = (1, \ldots, r)$ annehmen. Somit ergibt sich sgn $\pi = (-1)^{r-1}$ für beliebige r-Zyklen $\pi \in \mathfrak{S}_n$.

Lösungsweg: Das soeben benutzte Argument kann präzisiert werden, indem man die Permutation

$$\sigma = \begin{pmatrix} 1 & \ldots & n \\ a_1 & \ldots & a_n \end{pmatrix}$$

verwendet. Und zwar gilt $\sigma^{-1} \circ \pi \circ \sigma = (1, \ldots, r)$, wie man leicht nachprüft, und daher

$$\text{sgn } \pi = \text{sgn } \sigma^{-1} \cdot \text{sgn } \pi \cdot \text{sgn } \sigma = \text{sgn}(1, \ldots, r) = (-1)^{r-1}.$$

Ergänzungen: Bei den Strategieüberlegungen hatten wir mit einer Zerlegung von π als Produkt von Transpositionen argumentiert. Dies legt die Frage nahe, ob es für r-Zyklen $\pi = (a_1, \ldots, a_r) \in \mathfrak{S}_n$ kanonische Zerlegungen in Transpositionen gibt, mit der Folge, dass das Signum von π mittels 4.1/8 bestimmt werden kann. Dieser Weg ist in der Tat gangbar, denn es gilt

$$\pi = (a_1, \ldots, a_r) = (a_1, a_r) \circ \ldots \circ (a_1, a_2),$$

was sgn $\pi = (-1)^{r-1}$ ergibt.

4.1 Aufgabe 4

Start: Gegeben ist ein Normalteiler $N \subset \mathfrak{S}_n$, der eine Transposition τ enthalte, etwa $\tau = (i, j)$.

Ziel: Es ist $N = \mathfrak{S}_n$ zu zeigen.

Strategie: Ein Normalteiler $N \subset \mathfrak{S}_n$ ist eine Untergruppe mit der Eigenschaft, dass aus $\pi \in N$ und $\sigma \in \mathfrak{S}_n$ stets $\sigma^{-1} \circ \pi \circ \sigma \in N$ folgt, bzw. $\sigma \circ \pi \circ \sigma^{-1} \in N$, wenn wir σ^{-1} durch σ ersetzen. In unserem Falle wissen wir, dass die Transposition $\tau = (i, j)$ zu N gehört. Es folgt daher $\sigma \circ (i, j) \circ \sigma^{-1} \in N$ für alle $\sigma \in \mathfrak{S}_n$. Nun bildet aber $\sigma \circ (i, j) \circ \sigma^{-1}$ das Element $\sigma(i)$ offenbar auf $\sigma(j)$ ab, das Element $\sigma(j)$ auf $\sigma(i)$ und lässt im Übrigen alle weiteren Elemente aus $\{1, \dots, n\}$ fest. Mit anderen Worten, es ist $\sigma \circ (i, j) \circ \sigma^{-1} = (\sigma(i), \sigma(j))$ eine weitere Transposition, die zu N gehört. Dies ist, wie wir sehen werden, der Schlüssel zum Nachweis von $N = \mathfrak{S}_n$.

Lösungsweg: Wir haben soeben überlegt, dass neben der Transposition (i, j) auch alle Transpositionen des Typs $(\sigma(i), \sigma(j))$ für Permutationen $\sigma \in \mathfrak{S}_n$ zu N gehören. Nun lässt sich aber zu zwei beliebig vorgegebenen verschiedenen Zahlen $i', j' \in \{1, \dots, n\}$ stets eine Permutation $\sigma \in \mathfrak{S}_n$ finden, so dass $\sigma(i) = i'$ und $\sigma(j) = j'$ gilt. Daher ergibt sich $(i', j') = (\sigma(i), \sigma(j)) \in N$, und wir sehen, dass N sämtliche Transpositionen aus $\mathfrak{S}_n$ enthält. Da jede Permutation $\pi \in \mathfrak{S}_n$ gemäß 4.1/3 ein Produkt von Transpositionen ist und weiter N die Eigenschaften einer Untergruppe besitzt, folgt schließlich $\pi \in N$ und damit $N = \mathfrak{S}_n$.

4.2 Aufgabe 2

Start: Gegeben ist ein K-Vektorraum V der Dimension n mit einer nicht-trivialen Determinantenfunktion $\Delta \colon V^n \longrightarrow K$ und einem linear unabhängigen System von Vektoren $x_1, \dots, x_{n-1} \in V$.

Ziel: Es existiert ein $x_n \in V$ mit $\Delta(x_1, \dots, x_n) = 1$. Dabei ist zu zeigen, dass die Restklasse von x_n in $V / \langle x_1, \dots, x_{n-1} \rangle$ eindeutig bestimmt ist.

Strategie: Wir begnügen uns zunächst damit, einen Vektor $x_n' \in V$ mit $\Delta(x_1, \dots, x_{n-1}, x_n') \neq 0$ zu finden. Hierzu reicht es gemäß 4.2/7, das System $x_1, \dots, x_{n-1}$ durch einen Vektor x_n' zu einem linear unabhängigen System und damit zu einer Basis von V zu ergänzen. Es folgt $\alpha := \Delta(x_1, \dots, x_{n-1}, x_n') \neq 0$, und wir erhalten für $x_n = \alpha^{-1} x_n'$

wie gewünscht $\Delta(x_1,\ldots,x_n) = 1$, indem wir die Multilinearität von Δ benutzen.

Nach Konstruktion gibt die Restklasse $\overline{x}_n$ von x_n Anlass zu einer Basis von $\overline{V} = V/\langle x_1,\ldots,x_{n-1}\rangle$. Zu einem weiteren Vektor $y_n \in V$ und dessen Restklasse $\overline{y}_n \in V$ existiert dann eine Konstante $\alpha_n \in K$ mit $\overline{y}_n = \alpha_n\overline{x}_n$. Sodann gilt $y_n - \alpha_nx_n \in \langle x_1,\ldots,x_{n-1}\rangle$, und es existieren Konstanten $\alpha_1,\ldots,\alpha_{n-1} \in K$ mit $y_n - \alpha_nx_n = \sum_{i=1}^{n-1}\alpha_ix_i$. Aus der Rechnung

$$\Delta(x_1,\ldots,x_{n-1},y_n) = \sum_{i=1}^{n}\alpha_i \cdot \Delta(x_1,\ldots,x_{n-1},x_i)$$

$$= \alpha_n \cdot \Delta(x_1,\ldots,x_n) = \alpha_n$$

ergibt sich sodann $\overline{y}_n = \overline{x}_n$, falls $\Delta(x_1,\ldots,x_{n-1},y_n) = 1$ gilt.

Lösungsweg: Aus den Überlegungen zur Strategie können wir bereits die komplette Lösung ablesen. Insbesondere haben wir erklärt, wie man einen Vektor $x_n \in V$ mit $\Delta(x_1,\ldots,x_n) = 1$ finden kann. Die Argumentation zur Eindeutigkeit von x_n modulo $\langle x_1,\ldots,x_{n-1}\rangle$ kann jedoch noch etwas gestrafft werden. Gilt nämlich $\Delta(x_1,\ldots,x_{n-1},y_n) = 1$ für einen weiteren Vektor $y_n \in V$, so folgt

$$\Delta(x_1,\ldots,x_{n-1},x_n - y_n) = \Delta(x_1,\ldots,x_{n-1},x_n) - \Delta(x_1,\ldots,x_{n-1},y_n) = 0.$$

Daher sehen wir mittels 4.2/7, dass die Vektoren $x_1,\ldots,x_{n-1},x_n - y_n$ linear abhängig sind. Da aber $x_1,\ldots,x_{n-1}$ ein linear unabhängiges System bilden, gilt notwendig $x_n - y_n \in \langle x_1,\ldots,x_{n-1}\rangle$, siehe 1.5/5, und die Restklassen von x_n und y_n in $V/\langle x_1,\ldots,x_{n-1}\rangle$ stimmen überein.

4.3 Aufgabe 3

Start: Zu betrachten ist eine Matrix $A = (\alpha_{ij}) \in K^{n\times n}$ mit $\alpha_{ij} = 1$ für $i < j$ sowie $\alpha_{ij} = 0$ für $i = j$ und $\alpha_{ij} = -1$ für $i > j$; wir schreiben genauer A_n anstelle von A. Es ist also A_n eine quadratische n-reihige Matrix mit Koeffizienten 1 oberhalb der Diagonalen, -1 unterhalb der Diagonalen, sowie 0 auf der Diagonalen.

Ziel: Für gerades $n \in \mathbb{N}$ ist $\det(A_n) = 1$ zu zeigen.

Strategie: Da die Matrix A_n nicht unter die in Abschnitt 4.3 behandelten speziellen Beispiele fällt und da auch die definierende Formel in 4.2/4 keine Übersicht bringt, bietet sich zur Berechnung von $\det(A_n)$

die Methode der elementaren Zeilen- bzw. Spaltenumformungen nach 4.3/6 an. Dabei sollte man zunächst einen Induktionsbeweis nach n versuchen, mit einem Induktionsschluss von $n-2$ auf n bzw. von n auf $n+2$, da nur gerade Zeilen- und Spaltenanzahlen zu betrachten sind. Zudem lässt Aufgabe 1 aus Abschnitt 4.3 vermuten, dass das Verhalten von $\det(A_n)$ für ungerades n in diesem Zusammenhang nicht von Nutzen sein wird.

Der Fall $n = 0$ ist trivial, und für $n = 2$ erhalten wir

$$\det(A_2) = \det \begin{pmatrix} 0 & 1 \\ -1 & 0 \end{pmatrix} = -(-1) \cdot 1 = 1.$$

Im Fall $n = 4$ transformieren wir A_n standardgemäß mittels elementarer Zeilenumformungen wie folgt:

$$A_4 = \begin{pmatrix} 0 & 1 & 1 & 1 \\ -1 & 0 & 1 & 1 \\ -1 & -1 & 0 & 1 \\ -1 & -1 & -1 & 0 \end{pmatrix} \overset{(1)}{\longmapsto} \begin{pmatrix} -1 & 0 & 1 & 1 \\ 0 & 1 & 1 & 1 \\ -1 & -1 & 0 & 1 \\ -1 & -1 & -1 & 0 \end{pmatrix}$$

$$\overset{(2)}{\longmapsto} \begin{pmatrix} -1 & 0 & 1 & 1 \\ 0 & 1 & 1 & 1 \\ 0 & -1 & -1 & 0 \\ 0 & -1 & -2 & -1 \end{pmatrix} \overset{(3)}{\longmapsto} \begin{pmatrix} -1 & 0 & 1 & 1 \\ 0 & 1 & 1 & 1 \\ 0 & 0 & 0 & 1 \\ 0 & 0 & -1 & 0 \end{pmatrix} = \begin{pmatrix} -1 & 0 & 1 & 1 \\ 0 & 1 & 1 & 1 \\ 0 & 0 & & \\ 0 & 0 & & A_2 \end{pmatrix}$$

Dabei haben wir im Schritt (1) die erste Zeile mit der zweiten vertauscht, im Schritt (2) die erste Zeile von der dritten und vierten subtrahiert und schließlich im Schritt (3) die zweite Zeile zur dritten und vierten addiert. Da sich die Determinante bei Schritt (1) gemäß 4.3/6 um den Faktor -1 ändert, ansonsten aber invariant bleibt, berechnet sich $\det(A_4)$ nach Beispiel (2) aus Abschnitt 4.3 zu

$$\det(A_4) = -\det \begin{pmatrix} -1 & 0 \\ 0 & 1 \end{pmatrix} \cdot \det(A_2) = 1 \cdot 1 = 1.$$

Im Prinzip ist eine ähnliche Argumentation auch für allgemeines gerades n möglich.

Lösungsweg: Für gerades $n \geq 4$ lässt sich A_n wie folgt mittels elementarer Zeilenumformungen transformieren:

$$A_n = \begin{pmatrix} 0 & 1 & 1 & \cdots & 1 & 1 \\ -1 & 0 & 1 & \cdots & 1 & 1 \\ -1 & -1 & 0 & \cdots & 1 & 1 \\ \vdots & \vdots & \vdots & \cdots & \vdots & \vdots \\ -1 & -1 & -1 & \cdots & -1 & 0 \end{pmatrix} \longmapsto \begin{pmatrix} 0 & 1 & 1 & \cdots & 1 & 1 \\ -1 & 0 & 1 & \cdots & 1 & 1 \\ 0 & 0 & 0 & \cdots & 1 & 1 \\ \vdots & \vdots & \vdots & \cdots & \vdots & \vdots \\ 0 & 0 & -1 & \cdots & -1 & 0 \end{pmatrix} = \begin{pmatrix} A_2 & * \\ 0 & A_{n-2} \end{pmatrix}$$

Und zwar subtrahieren wir in A_n die zweite Zeile von den unteren $n-2$ Zeilen und addieren anschließend die erste Zeile ebenfalls zu den unteren $n-2$ Zeilen. Mit anderen Worten, wir addieren die Differenz der ersten und zweiten Zeile, nämlich die Zeile $(1, 1, 0, \ldots, 0, 0)$ zu den unteren $n-2$ Zeilen. Mittels Beispiel (2) aus Abschnitt 4.3 folgt dann

$$\det(A_n) = \det(A_2) \cdot \det(A_{n-2}),$$

so dass wir mit $\det(A_2) = 1$ induktiv $\det(A_n) = 1$ für gerades n schließen können.

4.3 Aufgabe 5

Start: Gegeben ist ein n-dimensionaler K-Vektorraum mit einem Endomorphismus $f\colon V \longrightarrow V$ und einem Vektor $x \in V$, so dass die Vektoren $x, f(x), \ldots, f^{n-1}(x)$ ein Erzeugendensystem von V bilden. Insbesondere lässt sich $f^n(x)$ dann als Linearkombination dieses Systems darstellen, d. h. es existieren Koeffizienten $\alpha_0, \ldots, \alpha_{n-1} \in K$ mit $f^n(x) = \sum_{i=0}^{n-1} \alpha_i f^i(x)$.

Ziel: Zu zeigen ist $\det(f) = (-1)^{n+1}\alpha_0$.

Strategie: Zur Berechnung der Determinante von f können wir gemäß 4.3/2 die Determinante einer beschreibenden Matrix $A_{f,X,X}$ bestimmen, wobei X eine beliebige Basis von V ist. In V kennen wir jedoch lediglich $X = (x, f(x), \ldots, f^{n-1}(x))$ als Erzeugendensystem. Da dieses die Länge $n = \dim_K V$ besitzt, ist es auch linear unabhängig und damit eine Basis. Wäre nämlich X linear abhängig, so könnte man X zu einem minimalen Erzeugendensystem und damit gemäß 1.5/7 zu einer Basis von V verkleinern. Das würde dann aber $\dim_K V < n$ nach sich ziehen, im Widerspruch zu $\dim_K V = n$. Somit ist X eine Basis von V, und es genügt, die Determinante der Matrix

$$A_{f,X,X} = \begin{pmatrix} 0 & & & & & & \alpha_0 \\ 1 & 0 & & & & & \alpha_1 \\ & 1 & \cdot & & & & \alpha_2 \\ & & \cdot & \cdot & & & \cdots \\ & & & \cdot & \cdot & & \cdots \\ & & & & \cdot & 0 & \alpha_{n-2} \\ & & & & & 1 & \alpha_{n-1} \end{pmatrix}$$

zu bestimmen. Diese Matrix ist, vereinfacht gesprochen, vom Typ

$$A_{f,X,X} = \begin{pmatrix} 0 & \alpha_0 \\ E_{n-1} & * \end{pmatrix}$$

mit der $(n-1)$-reihigen Einheitsmatrix E_{n-1}, und es liegt nahe, die zugehörige Determinante ähnlich wie in Beispiel (2) aus Abschnitt 4.3 zu berechnen.

Lösungsweg: Wie wir gesehen haben, gilt $\det(f) = \det(A_{f,X,X})$ mit der obigen Matrix $A_{f,X,X}$. Um die Determinante dieser Matrix zu berechnen, verwenden wir elementare Spaltenumformungen. Und zwar vertauschen wir die n-te Spalte von $A_{f,X,X}$ mit den $n-1$ vorhergehenden Spalten. Dann ergibt sich

$$\det(f) = \det \begin{pmatrix} 0 & \alpha_0 \\ E_{n-1} & * \end{pmatrix} = (-1)^{n-1} \begin{pmatrix} \alpha_0 & 0 \\ * & E_{n-1} \end{pmatrix} = (-1)^{n+1} \alpha_0$$

gemäß Beispiel (2) aus Abschnitt 4.3.

Ergänzungen: In der Terminologie von 6.5/1 handelt es sich bei V unter dem Endomorphismus $f \colon V \longrightarrow V$ um einen sogenannten *f-zyklischen* Vektorraum. Solche Vektorräume sind von fundamentaler Bedeutung, wenn man die Struktur von Endomorphismen endlichdimensionaler Vektorräume studieren möchte; siehe Abschnitt 6.5.

4.4 Aufgabe 2

Start: Gegeben ist eine invertierbare Matrix $A = (\alpha_{ij}) \in \mathrm{GL}(n, \mathbb{R})$ mit Koeffizienten $\alpha_{ij} \in \mathbb{Z}$.

Ziel: Es ist zu zeigen, dass die inverse Matrix A^{-1} Koeffizienten in $\mathbb{Q}$ hat. Weiter ist zu beweisen, dass A^{-1} sogar genau dann Koeffizienten in $\mathbb{Z}$ besitzt, wenn $\det(A) = \pm 1$ gilt.

Strategie: Wir überlegen zunächst, wie weit die elementare Charakterisierung der Invertierbarkeit von Matrizen nach 3.3/7 führen kann.

Da A als Element von $\mathbb{R}^{n \times n}$ invertierbar ist, sind die Zeilen (bzw. Spalten) von A gemäß 3.3/7 linear unabhängig über $\mathbb{R}$, dann insbesondere aber auch linear unabhängig über $\mathbb{Q}$. Fassen wir nun A als Matrix in $\mathbb{Q}^{n \times n}$ auf, so ergibt sich wiederum mit 3.3/7, dass A auch in $\mathbb{Q}^{n \times n}$ invertierbar ist. Nun sind aber inverse Elemente eindeutig bestimmt. Folglich stimmen die zu A in $\mathbb{Q}^{n \times n}$ und $\mathbb{R}^{n \times n}$ gebildeten inversen Matrizen überein. Daher besitzt A^{-1} als inverse Matrix zu $A \in \mathrm{GL}(n, \mathbb{R})$ Koeffizienten in $\mathbb{Q}$.

Bei der vorstehenden Methode kommt die Determinante $\det(A)$ nicht ins Spiel. Dies lässt vermuten, dass wir zur Beantwortung der weitergehenden Frage, wann die inverse Matrix A^{-1} Koeffizienten in $\mathbb{Z}$ besitzt, auf die Formel aus 4.4/5 und damit auf die Cramersche Regel zurückgreifen müssen.

Lösungsweg: Die Definition der adjungierten Matrix A^{ad} als transponierte Matrix der Cofaktoren von A zeigt, dass A^{ad} Koeffizienten in $\mathbb{Z}$ besitzt, da dies auch für A zutrifft. Weiter gilt $\det(A) \in \mathbb{Z}$ aufgrund der Definition 4.2/4. Wir lesen daher aus der Gleichung

$$A^{-1} = \det(A)^{-1} \cdot A^{\mathrm{ad}}$$

in 4.4/5 ab, dass A^{-1} Koeffizienten in $\mathbb{Q}$ hat, ja sogar in $\mathbb{Z}$, wenn $\det(A)$ in $\mathbb{Z}$ invertierbar ist, also $\det(A) = \pm 1$ gilt. Haben umgekehrt A und A^{-1} Koeffizienten in $\mathbb{Z}$, so gilt

$$\det(A) \in \mathbb{Z}, \qquad \det(A)^{-1} = \det(A^{-1}) \in \mathbb{Z},$$

d. h. $\det(A)$ ist eine Einheit in $\mathbb{Z}$, und dies bedeutet $\det(A) = \pm 1$.

4.4 Aufgabe 4

Start: Gegeben ist eine Gleichung $\sum_{i=1}^{n} \alpha_i a_i = b$ mit Koeffizienten $\alpha_i \in K$ und Spaltenvektoren $a_i, b \in K^n$.

Ziel: Für $i = 1, \ldots, n$ ist die Beziehung

$$\det(a_1, \ldots, a_{i-1}, b, a_{i+1}, \ldots, a_n) = \alpha_i \cdot \det(a_1, \ldots, a_n)$$

zu zeigen und daraus die Lösungsformel für lineare Gleichungssysteme zu folgern, die wir in 4.4/6 mittels der Cramerschen Regel gewonnen hatten.

Strategie: Es ist b als Linearkombination der $a_1, \ldots, a_n$ dargestellt. Indem wir diese Linearkombination anstelle von b einsetzen und benutzen, dass die Determinante multilinear und alternierend in den Spaltenvektoren ist, ergibt sich wie gewünscht

$$\det(a_1, \ldots, a_{i-1}, b, a_{i+1}, \ldots, a_n)$$

$$= \sum_{j=1}^{n} \alpha_j \det(a_1, \ldots, a_{i-1}, a_j, a_{i+1}, \ldots, a_n) = \alpha_i \det(a_1, \ldots, a_n).$$

Diese Gleichung ist nun im Rahmen von 4.4/6 zu interpretieren.

Lösungsweg: Die Herleitung der Formel haben wir gerade beschrieben. Sodann betrachten wir zur Matrix $A = (a_1, \ldots, a_n) \in K^{n \times n}$ und zu $b \in K^n$ das zugehörige lineare Gleichungssystem $Ax = b$. Die Gleichung $\sum_{i=1}^{n} \alpha_i a_i = b$ besagt nichts anderes, als dass der Spaltenvektor $z = (\alpha_1, \ldots, \alpha_n)^t$ eine Lösung dieses Gleichungssystems ist. Nun ist A in der Situation von 4.4/6 als invertierbar vorausgesetzt, so dass folglich $z = A^{-1}b$ eine Lösung des Systems $Ax = b$ darstellt, und zwar die einzig mögliche. Berücksichtigt man $\det(A) \neq 0$, so ergibt sich die i-te Komponente α_i der Lösung z aufgrund der obigen Formel zu

$$\alpha_i = \det(A)^{-1} \cdot \det(a_1, \ldots, a_{i-1}, b, a_{i+1}, \ldots, a_n),$$

in Übereinstimmung mit 4.4/6.

4.5 Aufgabe 2

Start: Zu betrachten ist ein K-Vektorraum V mit Elementen $a_1, \ldots, a_r \in V$.

Ziel: Es ist zu zeigen, dass die Vektoren $a_1, \ldots, a_r$ genau dann linear unabhängig sind, wenn $a_1 \wedge \ldots \wedge a_r \neq 0$ gilt.

Strategie: Seien die Vektoren $a_1, \ldots, a_r$ zunächst als linear abhängig vorausgesetzt. Dann folgt $a_1 \wedge \ldots \wedge a_r = 0$ mit 4.5/1, indem wir die kanonische alternierende multilineare Abbildung

$$\text{kan}: V^r \longrightarrow \overset{r}{\bigwedge} V, \qquad (x_1, \ldots, x_r) \longmapsto x_1 \wedge \ldots \wedge x_r,$$

betrachten. Somit bleibt lediglich für ein linear unabhängiges System $a_1, \ldots, a_r$ zu zeigen, dass $a_1 \wedge \ldots \wedge a_r \neq 0$ gilt.

Um in $\bigwedge^r V$ rechnen zu können, nehmen wir zunächst V als endlichdimensional mit Basis X an. Dann gibt es gemäß 4.5/4 eine Basis von $\bigwedge^r V$, bestehend aus Elementen x_H, wobei H alle r-elementigen Teilmengen der Basis X durchläuft. Weiter gilt

$$(*) \qquad a_1 \wedge \ldots \wedge a_r = \sum_H \det{}_{X,H}(a_1, \ldots, a_r) x_H$$

mit $\det_{X,H}(a_1, \ldots, a_r)$ als Determinante der Untermatrix, die man aus der r-spaltigen Matrix $A = (a_{1,X}, \ldots, a_{r,X})$ erhält, indem man alle Zeilen streicht, deren Indizes nicht zu Elementen von H korrespondieren. Wenn nun $a_1, \ldots, a_r$ linear unabhängig sind, so gilt $\operatorname{rg} A = r$, und es gibt eine $(r \times r)$-Untermatrix von A, deren Rang r ist und deren Determinante folglich nicht verschwindet. Insbesondere ist der entsprechende Koeffizient $\det_{X,H}(a_1, \ldots, a_r)$ in der Darstellung $(*)$ nicht trivial, und es folgt $a_1 \wedge \ldots \wedge a_r \neq 0$. Wir können sogar noch etwas effektiver schließen, indem wir die Vektoren $a_1, \ldots, a_r$ zu einer Basis von V ergänzen. Dann gehört $a_1 \wedge \ldots \wedge a_r$ zu der in 4.5/4 konstruierten Basis von $\bigwedge^r V$ und ist folglich nicht-trivial. Im Prinzip behält diese Argumentation auch für beliebige K-Vektorräume V ihre Gültigkeit, obwohl dann das Resultat 4.5/4 zunächst auf unendlich-dimensionale Vektorräume zu verallgemeinern ist.

Lösungsweg: Wir wollen hier allerdings etwas direkter vorgehen. Zunächst argumentieren wir wie oben, dass aus $a_1 \wedge \ldots \wedge a_r \neq 0$ stets die lineare Unabhängigkeit der $a_1, \ldots, a_r$ folgt. Sind umgekehrt $a_1, \ldots, a_r$ als linear unabhängig vorausgesetzt, so konstruieren wir zu $U = \langle a_1, \ldots, a_r \rangle$ ein direktes Komplement U', etwa indem wir $a_1, \ldots, a_r$ zu einer Basis von V ergänzen; dabei ist der Basisergänzungssatz 1.5/8 mittels des Zornschen Lemmas 1.5/15 auf den unendlich-dimensionalen Fall zu adaptieren. Dann betrachten wir die Projektion $\pi \colon V = U \oplus U' \longrightarrow U$ auf den ersten Summanden und wählen gemäß 4.2/8 eine nicht-triviale Determinantenfunktion $\Delta \colon U^r \longrightarrow K$, wobei $\Delta(a_1, \ldots, a_r) \neq 0$ gilt; vgl. 4.2/7. Es ist

$$\Phi \colon V^r \longrightarrow K, \qquad (x_1, \ldots, x_r) \longmapsto \Delta\big(\pi(x_1), \ldots, \pi(x_r)\big)$$

eine alternierende multilineare Abbildung. Aufgrund der universellen Eigenschaft des r-fachen äußeren Produktes von V faktorisiert Φ über eine K-lineare Abbildung $\varphi \colon \bigwedge^r V \longrightarrow K$ wie folgt:

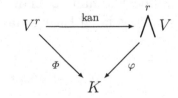

Dabei gilt $\varphi(a_1 \wedge \ldots \wedge a_r) = \Phi(a_1, \ldots, a_r) = \Delta(a_1, \ldots, a_r) \neq 0$ und insbesondere $a_1 \wedge \ldots \wedge a_r \neq 0$, was zu zeigen war.

4.5 Aufgabe 5

Start: Es ist das äußere Produkt $\bigwedge^2 V$ eines Vektorraums V über einem Körper K der Charakteristik 0 zu betrachten. Für $z \in \bigwedge^2 V$ ist der Rang $\operatorname{rg} z$ erklärt als Minimum über alle $r \in \mathbb{N}$, so dass es eine Zerlegung $z = \sum_{i=1}^r x_i \wedge y_i$ mit Vektoren $x_i, y_i \in V$ gibt.

Ziel: Es ist zu zeigen, dass die Zahl $r = \operatorname{rg} z$ eindeutig durch die Beziehungen $z^r \neq 0$ und $z^{r+1} = 0$ charakterisiert ist, wobei diese Potenzen in der äußeren Algebra $\bigwedge V$ zu bilden sind.

Strategie: Sei $z = \sum_{i=1}^r x_i \wedge y_i \in \bigwedge^2 V$ mit Vektoren $x_i, y_i \in V$. Wir wollen zunächst ein Gefühl dafür bekommen, wie sich die Potenzen z^s für $s \in \mathbb{N}$ verhalten. Und zwar gilt

$$z^s = \sum_{i_1,\ldots,i_s=1}^r (x_{i_1} \wedge y_{i_1}) \wedge \ldots \wedge (x_{i_s} \wedge y_{i_s}),$$

wobei auf der rechten Seite alle Produkte verschwinden, deren Indizes $i_1,\ldots,i_s \in \{1,\ldots,r\}$ nicht paarweise verschieden sind. Damit folgt bereits $z^s = 0$ für $s > r$. Für $s = r$ können höchstens Produkte $(x_{i_1} \wedge y_{i_1}) \wedge \ldots \wedge (x_{i_r} \wedge y_{i_r})$ von Null verschieden sein, deren Indizes $i_1,\ldots,i_r$ eine Permutation von $1,\ldots,r$ bilden. Diese verbleibenden Produkte lassen sich durch Vertauschen der Faktoren in die natürliche Reihenfolge $(x_1 \wedge y_1) \wedge \ldots \wedge (x_r \wedge y_r)$ bringen. Da hierbei eine gerade Anzahl von Vertauschungen benötigt wird, ändert sich das Vorzeichen nicht. Berücksichtigt man nun, dass die Permutationsgruppe $\mathfrak{S}_r$ genau $r!$ Elemente besitzt, so berechnet sich die Potenz z^r zu

$$z^r = r! \cdot (x_1 \wedge y_1) \wedge \ldots \wedge (x_r \wedge y_r).$$

Nun besitzt K die Charakteristik 0. Daher verschwindet z^r genau dann, wenn das Produkt $(x_1 \wedge y_1) \wedge \ldots \wedge (x_r \wedge y_r)$ verschwindet, also, indem wir Aufgabe 2 aus 4.5 benutzen, genau dann, wenn die Vektoren $x_1, y_1, \ldots, x_r, y_r$ linear abhängig sind. Somit haben wir für $z = \sum_{i=1}^r x_i \wedge y_i \in \bigwedge^2 V$ die folgenden Eigenschaften eingesehen:

(∗) $z^{r+1} = 0$,

(∗∗) $z^r \neq 0 \iff x_1, y_1, \ldots, x_r, y_r$ sind linear unabhängig.

Um nun (∗) und (∗∗) mit der Eigenschaft $\operatorname{rg} z = r$ in Verbindung zu bringen und damit zu einer Lösung der Aufgabe zu gelangen, fehlt noch ein gravierender Schritt. Und zwar müssen wir im Falle der linearen Abhängigkeit von $x_1, y_1, \ldots, x_r, y_r$ zeigen, dass wir z in eine $(r-1)$-fache Summe von Produkten zerlegen können, dass also dann $\operatorname{rg} z < r$ gilt. Wir versuchen, die zugehörige Rechnung einmal im Spezialfall $r = 2$ durchzuführen. Seien also x_1, y_1, x_2, y_2 linear abhängig, etwa

$$y_2 = \alpha_1 x_1 + \alpha_2 x_2 + \beta_1 y_1$$

mit Konstanten $\alpha_1, \alpha_2, \beta_1 \in K$. Dann folgt

$$
\begin{aligned}
z &= x_1 \wedge y_1 \;+\; x_2 \wedge y_2 = x_1 \wedge y_1 \;+\; x_2 \wedge (\alpha_1 x_1 + \alpha_2 x_2 + \beta_1 y_1) \\
&= x_1 \wedge y_1 \;+\; x_2 \wedge (\alpha_1 x_1 + \beta_1 y_1) = (x_1 + \beta_1 x_2) \wedge y_1 \;+\; \alpha_1 x_2 \wedge x_1
\end{aligned}
$$

Nun dürfen wir aber im letzten Term $\alpha_1 x_2 \wedge x_1$ den Faktor x_1 abändern zu $x_1 + \beta_1 x_2$, da $x_2 \wedge x_2$ trivial ist. Aufgrund dieses kleinen Tricks ergibt sich

$$
\begin{aligned}
z &= (x_1 + \beta_1 x_2) \wedge y_1 \;+\; \alpha_1 x_2 \wedge x_1 \\
&= (x_1 + \beta_1 x_2) \wedge y_1 \;+\; \alpha_1 x_2 \wedge (x_1 + \beta_1 x_2) \\
&= (x_1 + \beta_1 x_2) \wedge (y_1 - \alpha_1 x_2)
\end{aligned}
$$

und damit $\operatorname{rg} z < 2$. Eine ähnliche Rechnung lässt sich auch im Allgemeinfall durchführen, wie wir sogleich sehen werden.

Lösungsweg: Wir betrachten ein Element $z = \sum_{i=1}^{r} x_i \wedge y_i \in \bigwedge^2 V$ mit Vektoren $x_i, y_i \in V$ und zeigen wie oben, dass die Eigenschaften (∗) und (∗∗) erfüllt sind. Sodann nehmen wir an, dass die Elemente $x_1, y_1, \ldots, x_r, y_r$ linear *abhängig* sind. Folglich gibt es eine Relation beispielsweise des Typs

$$y_r = \sum_{i=1}^{r} \alpha_i x_i + \sum_{i=1}^{r-1} \beta_i y_i$$

mit Koeffizienten $\alpha_i, \beta_i \in K$. Wir wollen hieraus $\operatorname{rg} z < r$ ableiten und rechnen wie folgt:

$$
\begin{aligned}
z &= \sum_{i=1}^{r} x_i \wedge y_i = \sum_{i=1}^{r-1} x_i \wedge y_i \;+\; x_r \wedge \sum_{i=1}^{r-1} (\alpha_i x_i + \beta_i y_i) \\
&= \sum_{i=1}^{r-1} (x_i + \beta_i x_r) \wedge y_i \;+\; x_r \wedge \sum_{i=1}^{r-1} \alpha_i x_i
\end{aligned}
$$

$$= \sum_{i=1}^{r-1} (x_i + \beta_i x_r) \wedge y_i \; + \; x_r \wedge \sum_{i=1}^{r-1} \alpha_i (x_i + \beta_i x_r)$$

$$= \sum_{i=1}^{r-1} (x_i + \beta_i x_r) \wedge (y_i - \alpha_i x_r)$$

Also ergibt sich $\operatorname{rg} z \le r - 1$. Aus diesen Fakten können wir nun leicht die Äquivalenz der Aussagen

(i) $\operatorname{rg} z = r$,

(ii) $z^r \ne 0$, $z^{r+1} = 0$

für beliebiges $z \in \bigwedge^2 V$ und $r \in \mathbb{N}$ ablesen. Gelte zunächst (i), also $\operatorname{rg} z = r$. Es folgt $z^{r+1} = 0$ gemäß $(*)$. Weiter gilt $z^r \ne 0$ sofern wir wissen, dass die benötigten $2r$ Vektoren einer minimalen Zerlegung von z linear unabhängig sind, siehe $(**)$. Diese Vektoren können aber nicht linear abhängig sein, da ansonsten $\operatorname{rg} z < r$ gelten würde, wie wir gerade gezeigt haben. Also folgt (ii).

Sei nun umgekehrt (ii) gegeben, also $z^r \ne 0$ und $z^{r+1} = 0$. Sei $s = \operatorname{rg} z$. Aus $z^r \ne 0$ ergibt sich dann $s = \operatorname{rg} z \ge r$ mit $(*)$. Im Falle $s > r$ gilt $z^s = 0$ wegen $z^{r+1} = 0$, und wir lesen aus $(**)$ ab, dass die benötigten $2s$ Vektoren einer minimalen Zerlegung von z linear abhängig sind. Dies würde wiederum, wie wir gezeigt haben, $\operatorname{rg} z < s$ bedeuten, im Widerspruch zu $\operatorname{rg} z = s$. Es verbleibt somit nur der Fall $\operatorname{rg} z = r$. Damit ist die Implikation von (ii) nach (i) klar, und wir erhalten insgesamt die gewünschte Äquivalenz zwischen (i) und (ii).

Polynome

5.1 Aufgabe 1

Start: Für einen Ring R und ein Element $t \in R$ betrachte man den R-Algebrahomomorphismus $\Phi \colon R[T] \longrightarrow R$, der t anstelle von T einsetzt, also für Koeffizienten $a_i \in R$ durch $\sum_{i \in \mathbb{N}} a_i T^i \longmapsto \sum_{i \in \mathbb{N}} a_i t^i$ definiert ist. Wir schreiben genauer Φ_t anstelle von Φ.

Ziel: Der Kern des Homomorphismus Φ_t ist zu bestimmen, und zwar ist $\ker \Phi_t = R[T] \cdot (T - t)$ zu zeigen.

Strategie: Der Kern von Φ_t besteht definitionsgemäß aus allen Polynomen $\sum_{i \in \mathbb{N}} a_i T^i \in R[T]$, deren Bild unter Φ_t verschwindet, also

mit $\sum_{i \in \mathbb{N}} a_i t^i = 0$. Für allgemeines t ist diese Menge relativ unüber-
sichtlich, für $t = 0$ aber einfach zu beschreiben, denn es gilt

$$\ker \Phi_0 = \left\{ \sum_{i \in \mathbb{N}} a_i T^i \, ; \, a_0 = 0 \right\} = R[T] \cdot T,$$

wie man sofort einsieht.

In der Aufgabenstellung wird der Hinweis gegeben, den R-Algebra-
homomorphismus $\Psi_t \colon R[T] \longrightarrow R[T]$ zu betrachten, der T durch
$T + t$ ersetzt. Ersetzen wir anschließend noch T durch 0, so ergibt
dies als Komposition $\Phi_0 \circ \Psi_t$ gerade den Einsetzungshomomorphismus
$\Phi_t \colon R[T] \longrightarrow R$, der T durch t ersetzt. Um also den Kern von Φ_t zu
bestimmen, dürfen wir $\ker \Phi_0 = R[T] \cdot T$ benutzen und müssen dann
zeigen, dass das Ψ_t-Urbild hierzu gerade $R[T] \cdot (T - t)$ ergibt.

Lösungsweg: Wir zeigen zunächst $\ker \Phi_0 = R[T] \cdot T$, dass also
$\ker \Phi_0$ mit dem von T in $R[T]$ erzeugten Hauptideal übereinstimmt.
Gilt $f \in R[T] \cdot T$, etwa $f = g \cdot T$ mit einem Polynom $g \in R[T]$, so
folgt

$$\Phi_0(f) = \Phi_0(g \cdot T) = \Phi_0(g) \cdot \Phi_0(T) = 0$$

und damit $f \in \ker \Phi_0$, denn es gilt $\Phi_0(T) = 0$. Umgekehrt, hat man
$f = \sum_{i \in \mathbb{N}} a_i T^i \in \ker \Phi_0$, so ergibt dies $a_0 = \Phi_0(f) = 0$ und damit

$$f = \sum_{i > 0} a_i T^i = \left(\sum_{i \in \mathbb{N}} a_{i+1} T^i \right) \cdot T \in R[T] \cdot T,$$

so dass man wie gewünscht $\ker \Phi_0 = R[T] \cdot T$ schließt.

Als Nächstes stellen wir fest, dass der R-Algebrahomomorphismus

$$\Psi_t \colon R[T] \longrightarrow R[T], \qquad T \longmapsto T + t,$$

ein *Isomorphismus* ist. Es ist nämlich $\Psi_{-t} \circ \Psi_t \colon R[T] \longrightarrow R[T]$ als
R-Algebrahomomorphismus, der T durch T ersetzt, die Identität. Glei-
ches gilt für die Komposition $\Psi_t \circ \Psi_{-t}$, so dass wir Ψ_t als Isomorphismus
erkennen, dessen inverse Abbildung durch den Einsetzungshomomor-
phismus Ψ_{-t} gegeben ist; letzterer ersetzt T durch $T - t$. Nun bildet
Ψ_t das Ideal $R[T] \cdot (T - t)$ in das Ideal $R[T] \cdot T$ ab und weiter Ψ_{-t}
dieses Ideal wieder in das Ideal $R[T] \cdot (T - t)$. Folglich schränkt sich
der Isomorphismus Ψ_t zu einer Bijektion

$$R[T] \cdot (T - t) \xrightarrow{\;\sim\;} R[T] \cdot T$$

ein, und es gilt $\Psi_t^{-1}(R[T]\cdot T) = R[T]\cdot(T-t)$. Benutzen wir schließlich die Relation $\Phi_t = \Phi_0 \circ \Psi_t$, so ergibt sich

$$\ker \Phi_t = \Psi_t^{-1}(\ker \Phi_0) = \Psi_t^{-1}\big(R[T] \cdot T\big) = R[T] \cdot (T - t),$$

was zu zeigen war.

5.1 Aufgabe 2

Start: Gegeben ist ein K-Vektorraum $V \neq 0$ mit einem Endomorphismus $\varphi\colon V \longrightarrow V$, also $\varphi \in \mathrm{End}_K(V)$. Man betrachte den K-Algebrahomomorphismus $\Phi\colon K[T] \longrightarrow \mathrm{End}_K(V)$, der φ anstelle von T einsetzt, wobei wir genauer Φ_φ statt Φ schreiben.

Ziel: Es ist $\ker \Phi_\varphi$ in den Fällen $\varphi = \mathrm{id}$ und $\varphi = 0$ zu bestimmen.

Strategie: Definitionsgemäß gehört ein Polynom $\sum_{i\in\mathbb{N}} a_i T^i \in K[T]$ mit Koeffizienten $a_i \in K$ genau dann zu $\ker \Phi_\varphi$, wenn $\sum_{i\in\mathbb{N}} a_i \varphi^i = 0$ gilt. Für $\varphi = 0$ ergibt sich daher $\ker \Phi_0 = \{\sum_{i\in\mathbb{N}} a_i T^i \,;\, a_0\varphi^0 = 0\}$. Nun gilt allerdings $\varphi^0 = \mathrm{id} \neq 0$, da V nicht-trivial ist, und daher

$$\ker \Phi_0 = \Big\{ \sum_{i\in\mathbb{N}} a_i T^i \in K[T] \,;\, a_0 = 0 \Big\} = K[T] \cdot T.$$

Wegen $\mathrm{id} \neq 0$ folgt entsprechend

$$\ker \Phi_{\mathrm{id}} = \Big\{ \sum_{i\in\mathbb{N}} a_i T^i \in K[T] \,;\, \sum_{i\in\mathbb{N}} a_i = 0 \Big\}.$$

Insbesondere gilt $T - 1 \in \ker \Phi_{\mathrm{id}}$ und damit $K[T] \cdot (T - 1) \subset \ker \Phi_{\mathrm{id}}$. Es ist zu vermuten, dass letztere Inklusion bereits eine Gleichheit darstellt. Um dies zu bestätigen, versuchen wir, Elemente aus $\ker \Phi_{\mathrm{id}}$ als Vielfache von $T - 1$ zu schreiben. Hierzu betrachten wir ein Polynom $f = \sum_{i\in\mathbb{N}} a_i T^i \in \ker \Phi_{\mathrm{id}}$ und setzen eine Gleichung

$$\Big(\sum_{i\in\mathbb{N}} b_i T^i \Big) \cdot (T - 1) = -b_0 + \sum_{i>0}(b_{i-1} - b_i)T^i = \sum_{i\in\mathbb{N}} a_i T^i$$

an. Für die Koeffizienten $b_i \in K$ ergeben sich folgende Bedingungen:

$$b_0 = -a_0$$
$$b_1 = b_0 - a_1 = -a_0 - a_1$$
$$b_2 = b_1 - a_2 = -a_0 - a_1 - a_2$$
$$\cdots$$

Da nun $\sum_{i\in\mathbb{N}} a_i = 0$ wegen $f \in \ker \Phi_{\mathrm{id}}$ gilt, erhalten wir $b_i = 0$ für $i \geq \operatorname{grad} f$. Damit ist $g = \sum_{i\in\mathbb{N}} b_i T^i$ in der Tat ein Polynom in $K[T]$ mit $f = g \cdot (T - 1)$, und es ergibt sich $\ker \Phi_{\mathrm{id}} = K[T] \cdot (T - 1)$, wie vermutet.

Lösungsweg: Wir betrachten allgemeiner als in der Aufgabenstellung für $c \in K$ den Endomorphismus $c \cdot \mathrm{id}\colon V \longrightarrow V$. Wegen $T - c \in \ker \Phi_{c\cdot\mathrm{id}}$ ergibt sich $K[T] \cdot (T - c) \subset \ker \Phi_{c\cdot\mathrm{id}}$, und wir behaupten, dass diese Inklusion in Wahrheit eine Gleichheit darstellt. Dazu zerlegen wir $K[T]$ als K-Vektorraum in eine Summe

$$(*) \qquad\qquad K[T] = K + K[T] \cdot (T - c),$$

wobei diese Summe sogar direkt ist, da es in $K[T] \cdot (T - c)$ aus Gradgründen keine nicht-trivialen konstanten Polynome geben kann. Die Summenbeziehung an sich schließt man rekursiv aus den Gleichungen

$$T^n = T^{n-1} \cdot T = T^{n-1} \cdot (T - c) + cT^{n-1}, \qquad n > 0.$$

Sei nun $f \in \ker \Phi_{c\cdot\mathrm{id}}$, und zwar $f = g \cdot (T - c) + a$ gemäß der Zerlegung $(*)$ mit einem Polynom $g \in K[T]$ und einer Konstanten $a \in K$. Es folgt

$$a = \Phi_{c\cdot\mathrm{id}}\big(g \cdot (T - c) + a\big) = \Phi_{c\cdot\mathrm{id}}(f) = 0$$

und damit $f \in K[T] \cdot (T - c)$. Also bestimmt sich $\ker \Phi_{c\cdot\mathrm{id}}$ wie behauptet zu $K[T] \cdot (T - c)$. In der Aufgabenstellung war gefragt nach den Spezialfällen $c = 1$ und $c = 0$.

Ergänzungen: Man kann die Aufgabenstellung auch als Spezialfall von Aufgabe 1 sehen. Wegen $V \neq 0$ gilt $\operatorname{End}_K(V) \neq 0$, und der kanonische Ringhomomorphismus $K \longrightarrow \operatorname{End}_K(V)$, der $\operatorname{End}_K(V)$ als K-Algebra erklärt, ist injektiv. Somit faktorisieren die zu betrachtenden Einsetzungshomomorphismen $\Phi_{c\cdot\mathrm{id}}\colon K[T] \longrightarrow \operatorname{End}_K(V)$ über $K \hookrightarrow \operatorname{End}_K(V)$, und dies ist für $R = K$ gerade die Situation, die in Aufgabe 1 betrachtet wurde.

5.1 Aufgabe 6

Start: Gegeben ist ein Ring R mit einem Ideal $\mathfrak{a} \subset R$. Es bezeichne $\operatorname{rad}\mathfrak{a}$ die Menge aller Elemente $a \in R$, so dass es ein $n \in \mathbb{N}$ mit $a^n \in \mathfrak{a}$ gibt.

Ziel: Man zeige, dass $\operatorname{rad}\mathfrak{a}$ ein Ideal in R ist.

Strategie: Trivialerweise gilt $\mathfrak{a} \subset \operatorname{rad} \mathfrak{a}$, also insbesondere $\operatorname{rad} \mathfrak{a} \neq \emptyset$. Sei weiter $a \in \operatorname{rad} \mathfrak{a}$, etwa $a^n \in \mathfrak{a}$. Für $r \in R$ gilt dann

$$(ra)^n = r^n \cdot a^n \in \mathfrak{a}$$

und folglich $ra \in \operatorname{rad} \mathfrak{a}$. Indem man $r = -1$ setzt, sieht man daher, dass mit a auch $-a$ zu $\operatorname{rad} \mathfrak{a}$ gehört.

Es bleibt noch zu zeigen, dass mit $a, b \in \operatorname{rad} \mathfrak{a}$ auch $a + b \in \operatorname{rad} \mathfrak{a}$ gilt. Um zu sehen, wie man vorgehen könnte, schauen wir exemplarisch den Fall $a^2, b^2 \in \mathfrak{a}$ an. Und zwar gilt:

$$(a + b)^2 = a^2 + 2ab + b^2$$
$$(a + b)^3 = a^3 + 3a^2b + 3ab^2 + b^3$$

Aus der ersten Gleichung lässt sich wegen des Terms $2ab$ noch nicht $(a + b)^2 \in \mathfrak{a}$ schließen. Aber sehr wohl liefert die dritte Gleichung $(a + b)^3 \in \mathfrak{a}$, denn mit a^2 und b^2 gehören alle Summanden der rechten Seite zu $\mathfrak{a}$. Der Allgemeinfall sollte sich mithilfe der binomischen Formel ähnlich behandeln lassen.

Lösungsweg: Wir weisen für $\operatorname{rad} \mathfrak{a}$ die Bedingungen von 5.1/9 nach. Zunächst gilt $\operatorname{rad} \mathfrak{a} \neq \emptyset$ wegen $0 \in \operatorname{rad} \mathfrak{a}$. Weiter seien $a, b \in \operatorname{rad} \mathfrak{a}$, etwa $a^r, b^s \in \mathfrak{a}$. Dann liefert die binomische Formel

$$(a - b)^n = \sum_{i=0}^{n} (-1)^i a^{n-i} b^i$$

offenbar $a - b \in \operatorname{rad} \mathfrak{a}$, sofern für $i = 0, \ldots, n$ stets $n - i \geq r$ oder $i \geq s$ und damit $a^{n-i} \in \mathfrak{a}$ oder $b^i \in \mathfrak{a}$ gilt. Setzen wir nun $t = \max\{r, s\}$ und wählen $n \geq 2t$, so ergibt sich $n - i \geq r$ für $i \leq t$ und $i \geq s$ für $i \geq t$, und es folgt $a - b \in \operatorname{rad} \mathfrak{a}$.

Im Übrigen hatten wir unter den Strategiebetrachtungen bereits trivialerweise eingesehen, dass aus $a \in \operatorname{rad} \mathfrak{a}$ und $r \in R$ auch $ra \in \operatorname{rad} \mathfrak{a}$ folgt.

5.2 Aufgabe 3

Start: Zu betrachten ist der Körper $\mathbb{Q}$ der rationalen Zahlen.

Ziel: Es sind alle Unterringe von $\mathbb{Q}$ zu bestimmen.

Strategie: Jeder Unterring von $\mathbb{Q}$ enthält das Einselement 1 und damit auch sämtliche natürlichen Zahlen, wie auch die negativen Zahlen hierzu. Mit anderen Worten, jeder Unterring von $\mathbb{Q}$ enthält den Ring der ganzen Zahlen $\mathbb{Z}$. Dies ist der kleinste Unterring von $\mathbb{Q}$.

Sei nun $R \subset \mathbb{Q}$ ein Unterring, der eine rationale Zahl $x \in \mathbb{Q} - \mathbb{Z}$ enthält. Wir schreiben x als Bruch $x = \frac{a}{b}$ mit ganzen Zahlen $a, b \in \mathbb{Z}$, den wir als gekürzt annehmen. Dann gilt $\mathrm{ggT}(a, b) = 1$, und es gibt nach 5.2/16 eine Gleichung $ra + sb = 1$ mit ganzen Zahlen $r, s \in \mathbb{Z}$. Es folgt $r\frac{a}{b} + s = \frac{1}{b}$ und damit $\frac{1}{b} \in R$. Nun ist offenbar $\mathbb{Z}[\frac{1}{b}]$, definiert als Bild des Einsetzungshomomorphismus

$$ \mathbb{Z}[T] \longrightarrow \mathbb{Q}, \qquad T \longmapsto \frac{1}{b}, $$

ein Unterring von $\mathbb{Q}$. Dieser enthält den Bruch $\frac{a}{b}$ und ist offenbar der kleinste Unterring von $\mathbb{Q}$ mit dieser Eigenschaft, so dass $\mathbb{Z}[\frac{1}{b}] \subset R$ gilt.

Die Ringe der Form $\mathbb{Z}[\frac{1}{b}]$ mit $b \in \mathbb{Z} - \{0\}$ haben eine interessante Eigenschaft. Ist $d \in \mathbb{Z}$ ein Teiler von b, so ist $\frac{1}{d}$ ein ganzzahliges Vielfaches von $\frac{1}{b}$, und es gilt $\mathbb{Z}[\frac{1}{d}] \subset \mathbb{Z}[\frac{1}{b}]$. Hat man sogar $b = d^n$ mit einem Exponenten $n > 0$, so kann man andererseits $\frac{1}{b} = (\frac{1}{d})^n \in \mathbb{Z}[\frac{1}{d}]$ schließen und damit $\mathbb{Z}[\frac{1}{d}] = \mathbb{Z}[\frac{1}{b}]$. Wir ziehen hieraus eine einfache Folgerung. Ist $b = p_1^{n_1} \ldots p_t^{n_t}$ eine Primfaktorzerlegung von b mit Exponenten $n_i > 0$, so gilt

$$ \mathbb{Z}\left[\frac{1}{b}\right] = \mathbb{Z}\left[\frac{1}{p_1 \ldots p_t}\right]. $$

In der Tat, $p_1 \ldots p_t \,|\, b$ impliziert die Inklusion " $\supset$ " und $b \,|\, (p_1 \ldots p_t)^e$ für eine geeignete Potenz e die Inklusion " $\subset$ ". Wir dürfen daher bei den Ringen der Form $\mathbb{Z}[\frac{1}{b}]$ jeweils annehmen, dass b ein Produkt von paarweise *verschiedenen* Primzahlen ist. Zusätzlich wird ein anderes Phänomen sichtbar. Eine unendliche Folge verschiedener Primzahlen $p_1, p_2, \ldots$ führt zu einer aufsteigenden Kette von Unterringen

$$ \mathbb{Z}\left[\frac{1}{p_1}\right] \subset \mathbb{Z}\left[\frac{1}{p_1 p_2}\right] \subset \ldots \subset \mathbb{Q}, $$

und die Vereinigung aller dieser Ringe ergibt einen Unterring von $\mathbb{Q}$, der offenbar nicht von der Form $\mathbb{Z}[\frac{1}{b}]$ mit $b \in \mathbb{Z}$ ist. Wir wollen im Weiteren zeigen, dass es außer den erwähnten Beispielen keine weiteren Unterringe von $\mathbb{Q}$ gibt.

Lösungsweg: Für eine Menge $P \subset \mathbb{N}$ von Primzahlen setzen wir

$$ R_P = \left\{ \frac{a}{b} \in \mathbb{Q} \,;\, a, b \in \mathbb{Z}, \; b \text{ ist Produkt von Primzahlen } p \in P \right\}. $$

Dann ist R_P ein Unterring von $\mathbb{Q}$, und wir behaupten, dass R_P von $R_{P'}$ verschieden ist, wenn die Primzahlmengen P und P' verschieden sind. Um dies zu begründen, betrachten wir eine Primzahl p und einen Bruch $\frac{a}{b} \in \mathbb{Q}$ mit $a, b \in \mathbb{Z}$. Gibt es dann eine Gleichung $\frac{1}{p} = \frac{a}{b}$, also $pa = b$, so folgt $p \mid b$ und damit $\frac{1}{p} \notin R_P$ für alle Mengen von Primzahlen P, die p nicht enthalten. Sind daher P und P' verschiedene Primzahlmengen, so ergibt sich $R_P \neq R_{P'}$.

Wir wollen nun noch sehen, dass es außer den Ringen des Typs R_P keine weiteren Unterringe von $\mathbb{Q}$ gibt. Sei also R ein Unterring von $\mathbb{Q}$ und sei P die Menge aller Primzahlen p mit $\frac{1}{p} \in R$. Dann gilt $R_P \subset R$, und wir behaupten, dass dies bereits eine Gleichheit ist. Sei nämlich $x \in R$ und $x = \frac{a}{b}$ mit $a, b \in \mathbb{Z}$ eine Darstellung als gekürzter Bruch. Dann gilt $\frac{1}{b} \in R$, wie wir im Rahmen der Strategieüberlegungen gesehen haben, und somit $\frac{1}{p} \in R$ für alle Primzahlen p, die b teilen. Insbesondere ergibt sich $x = \frac{a}{b} \in R_P$, und wir sehen dass $R = R_P$ gilt. Es werden also die Unterringe von $\mathbb{Q}$ in bijektiver Weise durch die Ringe des Typs R_P parametrisiert, wobei $P \subset \mathbb{N}$ alle Teilmengen durchläuft, die lediglich aus Primzahlen bestehen. Dabei gilt $R_P = \mathbb{Z}$ für $P = \emptyset$ und $R_P = \mathbb{Q}$ für P die Menge aller Primzahlen.

Ergänzungen: Man betrachte einen Ring R und ein multiplikatives System $S \subset R$. Letzteres bedeutet $1 \in S$ sowie dass $a, b \in S$ stets $ab \in S$ impliziert. Dann kann man unter gewissen Vorsichtsmaßnahmen bezüglich Nullteilern den Ring R_S aller Brüche $\frac{a}{s}$ mit $a \in R$ und $s \in S$ betrachten; siehe [1], Abschnitt 2.7. Man nennt R_S die *Lokalisierung* von R nach dem multiplikativen System S. Bei den oben betrachteten Ringen des Typs R_P für Primzahlmengen $P \subset \mathbb{N}$ handelt es sich jeweils um die Lokalisierung von $\mathbb{Z}$ nach dem von P erzeugten multiplikativen System S, das aus allen Produkten von Elementen aus P besteht.

5.2 Aufgabe 6

Start: Zu betrachten ist der Polynomring $\mathbb{Z}[T]$ in einer Variablen T über dem Ring $\mathbb{Z}$ der ganzen Zahlen.

Ziel: Es ist zu zeigen, dass $\mathbb{Z}[T]$ kein Hauptidealring ist.

Strategie: Typische Primelemente in $\mathbb{Z}$ sind die Primzahlen sowie in Polynomringen $K[T]$ über einem Körper K die Variable T. Wir betrachten nun eine Primzahl p sowie die Variable $T \in \mathbb{Z}[T]$ und nehmen an, dass $\mathbb{Z}[T]$ ein Hauptidealring ist. Da p und T in $\mathbb{Z}[T]$ offenbar teilerfremd sind, gibt es dann gemäß 5.2/16 eine Gleichung

$r \cdot p + s \cdot T = 1$ mit Polynomen $r, s \in \mathbb{Z}[T]$. Da der konstante Term von $s \cdot T$ verschwindet, müsste für den konstanten Term r_0 von r die Beziehung $r_0 \cdot p = 1$ gelten. Dies ist aber ausgeschlossen, da $p \in \mathbb{Z}$ keine Einheit ist. Also kann $\mathbb{Z}[T]$ kein Hauptidealring sein.

Lösungsweg: Wir wollen nun noch genauer zeigen, dass das von einer Primzahl p und der Variablen T in $\mathbb{Z}[T]$ erzeugte Ideal

$$\mathfrak{a} = \mathbb{Z}[T] \cdot p + \mathbb{Z}[T] \cdot T = \left\{ \sum_{n \in \mathbb{N}} a_n T^n \; ; \; a_n \in \mathbb{Z}, \; p \,|\, a_0 \right\}$$

kein Hauptideal ist. Wäre nämlich $f = \sum_{n \in \mathbb{N}} a_n T^n \in \mathfrak{a}$ ein erzeugendes Element, so würde wegen $p \in \mathfrak{a}$ aus Gradgründen $a_0 \,|\, p$ und $a_n = 0$ für $n > 0$ folgen. Da $\mathfrak{a}$ nicht das Einheitsideal ist, müsste a_0 zu p assoziiert sein. Andererseits gibt es aber in $\mathbb{Z}[T]$ keine Gleichung der Form $T = h \cdot p$, so dass $\mathfrak{a}$ kein Hauptideal sein kann.

Ergänzungen: Man kann mit Hilfe des sogenannten *Satzes von Gauß* zeigen, dass $\mathbb{Z}[T]$ immerhin noch ein faktorieller Ring ist. Dieser Satz besagt nämlich, dass der Polynomring $R[T]$ über einem faktoriellen Ring R wieder faktoriell ist; vgl. [1], 2.7/1.

5.3 Aufgabe 3

Start: Gegeben ist ein normiertes Polynom $f \in \mathbb{R}[T]$.

Ziel: Es ist zu zeigen, dass f genau dann prim ist, wenn $f = T - \alpha$ mit $\alpha \in \mathbb{R}$ oder $f = (T - \alpha)(T - \overline{\alpha})$ mit $\alpha \in \mathbb{C} - \mathbb{R}$ gilt. Dabei ist $\overline{\alpha}$ für eine komplexe Zahl $\alpha \in \mathbb{C}$ die zugehörige konjugiert komplexe Zahl, die für $\alpha = u + iv$ mit $u, v \in \mathbb{R}$ durch $\overline{\alpha} = u - iv$ gegeben ist.

Strategie: Da $\mathbb{R}[T]$ ein Hauptidealring ist, sehen wir mit 5.2/12, dass ein Element $f \in \mathbb{R}[T]$ genau dann prim ist, wenn es irreduzibel ist. Zunächst sind Polynome des Typs $f = T - \alpha$ mit $\alpha \in \mathbb{R}$ aus Gradgründen in $\mathbb{R}[T]$ irreduzibel. Für ein Polynom f des zweiten zu betrachtenden Typs mit $\alpha \in \mathbb{C}$ ist

$$f = (T - \alpha)(T - \overline{\alpha}) = T^2 - (\alpha + \overline{\alpha})T + \alpha\overline{\alpha} \in \mathbb{R}[T]$$

auf jeden Fall ein reelles Polynom, denn es gilt $\alpha + \overline{\alpha} = 2\mathrm{Re}(\alpha) \in \mathbb{R}$ und weiter $\alpha\overline{\alpha} = |\alpha|^2 \in \mathbb{R}$. Ist nun α nicht reell, so ist f zusätzlich irreduzibel in $\mathbb{R}[T]$. Denn anderenfalls müsste f aus Gradgründen bereits in $\mathbb{R}[T]$ in lineare Faktoren zerfallen und hätte folglich reelle Nullstellen, was aber nicht mit den komplexen Nullstellen $\alpha, \overline{\alpha} \in \mathbb{C} - \mathbb{R}$ zu vereinbaren ist.

Wir wollen nun überlegen, dass irreduzible normierte Polynome $f \in \mathbb{R}[T]$ von der behaupteten Form sind. In der Aufgabenstellung wird vorgeschlagen, den $\mathbb{R}$-Automorphismus $\mathbb{C} \longrightarrow \mathbb{C}$, $z \longmapsto \overline{z}$, zu betrachten und diesen zu einem $\mathbb{R}[T]$-Automorphismus

$$\tau \colon \mathbb{C}[T] \longrightarrow \mathbb{C}[T], \qquad \sum_{n \in \mathbb{N}} a_n T^n \longmapsto \sum_{n \in \mathbb{N}} \overline{a}_n T^n,$$

fortzusetzen. Dieser lässt reelle Polynome fest. Sei nun f ein normiertes reelles Polynom, welches in $\mathbb{R}[T]$ irreduzibel ist und somit einen Grad ≥ 1 besitzt. Wir können dann eine Primfaktorzerlegung von f in $\mathbb{C}[T]$ betrachten. Da der Körper $\mathbb{C}$ algebraisch abgeschlossen ist, zerfällt f vollständig in lineare Faktoren,

$$f = (T - \alpha_1) \ldots (T - \alpha_n)$$

mit Nullstellen $\alpha_1, \ldots, \alpha_n \in \mathbb{C}$. Nun gilt aber

$$(T - \alpha_1) \ldots (T - \alpha_n) = f = \tau(f) = (T - \overline{\alpha}_1) \ldots (T - \overline{\alpha}_n),$$

und die Eindeutigkeit der Primfaktorzerlegung in $\mathbb{C}[T]$ besagt, dass die Menge der komplexen Nullstellen von f invariant ist unter komplexer Konjugation, die Nullstellen also entweder reell sind oder als Paare komplex konjugierter nicht-reeller Nullstellen auftreten. Daraus schließt man leicht, wie wir sehen werden, dass f von der behaupteten Form ist.

Lösungsweg: Wie oben betrachten wir den von der komplexen Konjugation induzierten $\mathbb{R}[T]$-Automorphismus $\tau \colon \mathbb{C}[T] \longrightarrow \mathbb{C}[T]$. Da eine komplexe Zahl $z \in \mathbb{C}$ genau dann reell ist, wenn $z = \overline{z}$ gilt, sehen wir, dass ein komplexes Polynom $f \in \mathbb{C}[T]$ genau dann reell ist, wenn $\tau(f) = f$ gilt. Insbesondere folgt auf diese Weise, dass die Polynome des Typs $(T - \alpha)(T - \overline{\alpha})$ mit $\alpha \in \mathbb{C}$ reell sind. Weiter können wir wie oben argumentieren, dass die Polynome $T - \alpha$ für $\alpha \in \mathbb{R}$ sowie $(T - \alpha)(T - \overline{\alpha})$ für $\alpha \in \mathbb{C} - \mathbb{R}$ irreduzibel in $\mathbb{R}[T]$ sind.

Sei nun umgekehrt f ein irreduzibles (und damit nicht-konstantes) normiertes Polynom in $\mathbb{R}[T]$ und sei

$$f = (T - \alpha_1) \ldots (T - \alpha_n)$$

eine Primfaktorzerlegung in $\mathbb{C}[T]$ mit den Nullstellen $\alpha_1, \ldots, \alpha_n \in \mathbb{C}$ von f. Die Gleichung $\tau(f) = f$ zeigt sodann unter Benutzung der

Eindeutigkeit der Primfaktorzerlegung in $\mathbb{C}[T]$, siehe 5.2/15, dass die Faktoren $(T - \alpha_1), \ldots, (T - \alpha_n)$ bis eventuell auf die Reihenfolge mit den Faktoren $(T - \overline{\alpha}_1), \ldots, (T - \overline{\alpha}_n)$ übereinstimmen. Ist nun α_1 reell, so folgt $\overline{\alpha}_1 = \alpha_1$, und die Faktoren $(T - \alpha_2), \ldots, (T - \alpha_n)$ stimmen mit den konjugierten Faktoren $(T - \overline{\alpha}_2), \ldots, (T - \overline{\alpha}_n)$ überein. Insbesondere ist $g = (T - \alpha_2) \ldots (T - \alpha_n)$ ein reelles Polynom, so dass in $\mathbb{R}[T]$ die Zerlegung $f = (T - \alpha_1) \cdot g$ besteht. Da aber f normiert und irreduzibel in $\mathbb{R}[T]$ ist, ergibt sich $g = 1$ und damit wie gewünscht $f = T - \alpha_1$.

Ist andererseits α_1 nicht reell, gilt also $\overline{\alpha}_1 \neq \alpha_1$, so taucht $\overline{\alpha}_1$ unter den Nullstellen $\alpha_2, \ldots, \alpha_n$ auf, etwa $\overline{\alpha}_1 = \alpha_2$, und die restlichen Faktoren $(T - \alpha_3), \ldots, (T - \alpha_n)$ stimmen bis auf die Reihenfolge mit $(T - \overline{\alpha}_3), \ldots, (T - \overline{\alpha}_n)$ überein. Entsprechend sind

$$(T - \alpha_1)(T - \overline{\alpha}_1), \qquad g = (T - \alpha_3) \ldots (T - \alpha_n)$$

reelle Polynome, welche die Beziehung $f = (T - \alpha_1)(T - \overline{\alpha}_1) \cdot g$ erfüllen. Da f als normiert und irreduzibel vorausgesetzt war, ergibt sich $g = 1$ und damit $f = (T - \alpha_1)(T - \overline{\alpha}_1)$.

Normalformentheorie

6.1 Aufgabe 3

Start: Zu betrachten ist eine konkret gegebene Matrix $A \in \mathbb{R}^{4 \times 4}$, die von oberer Dreiecksgestalt ist.

Ziel: Es sollen alle Eigenwerte von A und die zugehörigen Eigenräume berechnet werden. Außerdem ist die Frage gestellt, ob A diagonalisierbar ist.

Strategie: Um die Notation einfach zu gestalten, setzen wir $V = \mathbb{R}^4$ und betrachten die durch die Matrix A gegebene lineare Abbildung $f \colon V \longrightarrow V$, $x \longmapsto Ax$. Ob ein Element $\lambda \in \mathbb{R}$ ein Eigenwert von f bzw. A ist, können wir sodann an dem linearen Unterraum

$$V_\lambda = \ker(f - \lambda \operatorname{id}) = \left\{ x \in V \, ; \, f(x) = \lambda x \right\} \subset V$$

ablesen. Und zwar ist λ genau dann ein Eigenwert von f bzw. A, wenn $V_\lambda \neq 0$ gilt; im letzteren Fall ist V_λ der Eigenraum zum Eigenwert λ. Um schließlich $V_\lambda = \ker(f - \lambda \operatorname{id}) \neq 0$ zu testen, erinnern wir uns an die Dimensionsformel

$$\dim_{\mathbb{R}} V = \dim_{\mathbb{R}} \ker(f - \lambda\, \mathrm{id}) + \dim_{\mathbb{R}} \mathrm{im}(f - \lambda\, \mathrm{id})$$

aus 2.1/10. Sie zeigt, dass V_λ genau dann nicht-trivial ist, wenn

$$\mathrm{rg}(A - \lambda E) = \mathrm{rg}(f - \lambda\, \mathrm{id}) = \dim_{\mathbb{R}} \mathrm{im}(f - \lambda\, \mathrm{id}) < \dim_{\mathbb{R}} V = 4$$

gilt, wobei $E \in \mathbb{R}^{4\times4}$ die Einheitsmatrix bezeichne. Damit ist der Lösungsweg für unser Problem vorgezeichnet: Der Rang einer Matrix des Typs $A - \lambda E$ lässt sich mit Hilfe des Gaußschen Eliminationsverfahrens 3.2/4 bestimmen, und dieses Verfahren kann man weiter dazu nutzen, um den Kern, also alle Vektoren $x \in V$ mit $Ax = \lambda x$, zu bestimmen; vgl. Abschnitt 3.5. Die Frage der Diagonalisierbarkeit von A löst sich dann mittels 6.1/12.

Lösungsweg: Wie wir bereits gesehen haben, ist ein Element $\lambda \in \mathbb{R}$ genau dann ein Eigenwert der Matrix A, wenn

$$\mathrm{rg}(A - \lambda E) = \mathrm{rg} \begin{pmatrix} 2-\lambda & 1 & 0 & 1 \\ 0 & 2-\lambda & 0 & 1 \\ 0 & 0 & 2-\lambda & 1 \\ 0 & 0 & 0 & 2-\lambda \end{pmatrix} < 4$$

gilt. Nun liegt aber $A - \lambda E$ für $\lambda \neq 2$ bereits in Zeilenstufenform vor, und wir können daraus $\mathrm{rg}(A - \lambda E) = 4$ ablesen; vgl. 3.2/4. Andererseits ergibt sich für $\lambda = 2$

$$\mathrm{rg}(A - 2E) = \mathrm{rg} \begin{pmatrix} 0 & 1 & 0 & 1 \\ 0 & 0 & 0 & 1 \\ 0 & 0 & 0 & 1 \\ 0 & 0 & 0 & 0 \end{pmatrix} = 2,$$

indem wir die zweite Zeile von der dritten subtrahieren und damit eine Zeilenstufenform vom Rang 2 herstellen. Somit besitzt A als einzigen Eigenwert $\lambda = 2$, und der zugehörige Eigenraum V_2 hat gemäß der Formel 2.1/10 die Dimension

$$\dim_{\mathbb{R}} V_2 = \dim_{\mathbb{R}} \mathbb{R}^4 - \mathrm{rg}(A - 2\, \mathrm{id}) = 4 - 2 = 2.$$

Da V_2 der einzige Eigenraum zu A ist und zudem echt in $\mathbb{R}^4$ enthalten ist, sehen wir mit 6.1/12, dass A nicht diagonalisierbar ist.

Es bleibt noch der Eigenraum V_2 zu bestimmen. Wie bereits erwähnt, erhalten wir die Matrix

$$\begin{pmatrix} 0 & 1 & 0 & 1 \\ 0 & 0 & 0 & 1 \\ 0 & 0 & 0 & 0 \\ 0 & 0 & 0 & 0 \end{pmatrix}$$

als Zeilenstufenform zu $A - 2E$. Damit reduziert sich das homogen lineare Gleichungssystem $(A - 2E) \cdot (x_1, x_2, x_3, x_4)^t = 0$ zu

$$x_2 + x_4 = 0, \qquad x_4 = 0,$$

und man sieht, entweder auf direkte Weise oder mit dem Verfahren aus 3.5, dass die Vektoren $(1, 0, 0, 0)^t$ und $(0, 0, 1, 0)^t$ eine Basis des zugehörigen Lösungsraums und damit des Eigenraums V_2 bilden.

6.1 Aufgabe 7

Start: Gegeben ist ein kommutatives Diagramm linearer Abbildungen zwischen K-Vektorräumen

$$\begin{array}{ccc} V & \xrightarrow{f} & V \\ \downarrow{\scriptstyle h} & & \downarrow{\scriptstyle h} \\ W & \xrightarrow{g} & W \, , \end{array}$$

wobei V als *endlich-dimensional* vorausgesetzt ist.

Ziel: Für h injektiv ist zu zeigen, dass jeder Eigenwert von f auch Eigenwert von g ist. Umgekehrt ist für h surjektiv zu zeigen, dass jeder Eigenwert von g auch Eigenwert von f ist. Weiter soll anhand von Beispielen erklärt werden, dass die vorstehenden Voraussetzungen "injektiv" bzw. "surjektiv" nicht entbehrlich sind.

Strategie: Sei zunächst h injektiv. Ist dann $x \in V - \{0\}$ ein Eigenvektor von f zum Eigenwert $\lambda \in K$, so gilt aufgrund der Kommutativität des Diagramms

$$g\big(h(x)\big) = h\big(f(x)\big) = h(\lambda x) = \lambda h(x).$$

Da h injektiv ist, folgt $h(x) \neq 0$, und es ist daher $h(x) \in W$ ein Eigenvektor von g zum Eigenwert λ.

Sei nun h surjektiv und $y \in W - \{0\}$ ein Eigenvektor von g zum Eigenwert $\lambda \in K$. Wählen wir dann ein h-Urbild $x \in V$ zu y, so wissen wir lediglich

$$h\big(f(x)\big) = g(y) = \lambda y = h(\lambda x),$$

also $f(x) - \lambda x \in \ker h$, ohne dass wir daraus $f(x) = \lambda x$ schließen können, da h nicht notwendig injektiv ist. Nun ist aber offenbar das Diagramm

$$
\begin{array}{ccc}
V & \xrightarrow{\ f - \lambda\, \mathrm{id}\ } & V \\
\downarrow{\scriptstyle h} & & \downarrow{\scriptstyle h} \\
W & \xrightarrow{\ g - \lambda\, \mathrm{id}\ } & W
\end{array}
$$

kommutativ, und wir können daraus $f_\lambda(\ker h) \subset \ker h$ schließen, wobei wir f_λ anstelle von $f - \lambda\,\mathrm{id}$ schreiben. Gibt es nun ein Element $a \in \ker h$ mit $f_\lambda(x) = f_\lambda(a)$, beispielsweise wenn die Einschränkung von f_λ auf $\ker h$ surjektiv ist, so folgt $f_\lambda(x - a) = 0$, und $x - a \in V$ wäre ein Eigenvektor von f zum Eigenwert λ; dabei beachte man $x - a \neq 0$ wegen $h(x - a) = h(x) = y \neq 0$. Obwohl $f|_{\ker h}$ im Allgemeinfall nicht surjektiv sein wird, werden wir dennoch sehen können, dass ein Argument dieser Art zum Ziel führt, wenn wir indirekt vorgehen.

Lösungsweg: Wir setzen $f_\lambda = f - \lambda\,\mathrm{id}$ bzw. $g_\lambda = g - \lambda\,\mathrm{id}$ für $\lambda \in K$ und betrachten das kommutative Diagramm

$$
\begin{array}{ccc}
V & \xrightarrow{\ f_\lambda\ } & V \\
\downarrow{\scriptstyle h} & & \downarrow{\scriptstyle h} \\
W & \xrightarrow{\ g_\lambda\ } & W\,.
\end{array}
$$

Ist dann h injektiv, so können wir h als Inklusionsabbildung interpretieren, so dass $\ker f_\lambda = V \cap \ker g_\lambda$ gilt. Wenn nun λ ein Eigenwert zu f ist, so folgt $\ker f_\lambda \neq 0$ und damit $\ker g_\lambda \neq 0$, und wir erkennen λ als Eigenwert von g.

Sei schließlich h surjektiv. Wir gehen indirekt vor und nehmen an, dass λ *kein* Eigenwert von f ist. Dann ist f_λ injektiv und wegen $\dim_K V < \infty$ nach 2.1/11 sogar bijektiv. Weiter gilt $f_\lambda(\ker h) \subset \ker h$ aufgrund der Kommutativität des obigen Diagramms, und es folgt mit demselben Dimensionsargument, dass die Einschränkung von f_λ auf $\ker h$ bijektiv ist. Insbesondere ergibt sich $f_\lambda^{-1}(\ker h) = \ker h$. Diagrammjagd zeigt nun, dass g_λ bijektiv ist und folglich λ kein Eigenwert von g sein kann. Ist also λ Eigenwert von g, so notwendigerweise auch von f.

Um zu sehen, dass die Voraussetzungen "injektiv" bzw. "surjektiv" nicht überflüssig sind, betrachten wir zwei triviale Beispiele. Sei zunächst V ein nicht-trivialer K-Vektorraum, etwa $V = K$, und sei $f \colon V \longrightarrow V$ die Identität. Weiter setzen wir $W = 0$ und betrachten die Nullabbildungen $h \colon V \longrightarrow W$ sowie $g \colon W \longrightarrow W$. Dann ist 1 ein Eigenwert von f, aber g besitzt keine Eigenwerte. Andererseits betrachte man $V = 0$, die Nullabbildung $f \colon V \longrightarrow V$, sowie einen nicht-trivialen K-Vektorraum W, etwa $W = K$, und die identische Abbildung $g \colon W \longrightarrow W$. Weiter sei $h \colon V \longrightarrow W$ die kanonische Inklusionsabbildung. Dann ist 1 ein Eigenwert von g, aber f besitzt keinerlei Eigenwerte.

Ergänzungen: Hintergrund ist das sogenannte *Schlangenlemma*, dessen Anwendung wir für den Fall der Surjektivität von h erklären wollen; vgl. [2], 1.5/2. Und zwar betrachtet man für f_λ, g_λ wie oben und $f'_\lambda = f_\lambda|_{\ker h}$ das folgende kommutative Diagramm mit exakten Zeilen:

$$
\begin{array}{ccccccccc}
0 & \longrightarrow & \ker h & \longrightarrow & V & \stackrel{h}{\longrightarrow} & W & \longrightarrow & 0 \\
 & & \downarrow{\scriptstyle f'_\lambda} & & \downarrow{\scriptstyle f_\lambda} & & \downarrow{\scriptstyle g_\lambda} & & \\
0 & \longrightarrow & \ker h & \longrightarrow & V & \stackrel{h}{\longrightarrow} & W & \longrightarrow & 0
\end{array}
$$

Das Schlangenlemma liefert dann eine kanonische exakte Sequenz

$$
0 \longrightarrow \ker f'_\lambda \longrightarrow \ker f_\lambda \longrightarrow \ker g_\lambda
$$
$$
\longrightarrow \operatorname{coker} f'_\lambda \longrightarrow \operatorname{coker} f_\lambda \longrightarrow \operatorname{coker} g_\lambda \longrightarrow 0,
$$

wobei für eine lineare Abbildung von K-Vektorräumen $\varphi \colon U' \longrightarrow U$ deren Cokern durch $\operatorname{coker} \varphi = U/\varphi(U')$ gegeben ist. Hieraus können wir leicht die Lösung unseres Problems ablesen. Ist f'_λ surjektiv, so gilt $\operatorname{coker} f'_\lambda = 0$, und es folgt, dass $\ker f_\lambda \longrightarrow \ker g_\lambda$ surjektiv ist. Diese Situation hatten wir hergestellt, indem wir f_λ als injektiv und V als endlich-dimensional angenommen hatten, also vorausgesetzt hatten, dass λ kein Eigenwert von f ist. Aus $\ker f_\lambda = 0$ ergab sich dann $\ker g_\lambda = 0$. Im Allgemeinfall ist die Abbildung $\ker f_\lambda \longrightarrow \ker g_\lambda$ genau dann surjektiv, wenn die Abbildung $\operatorname{coker} f'_\lambda \longrightarrow \operatorname{coker} f_\lambda$ injektiv ist.

6.2 Aufgabe 2

Start: Gegeben ist ein endlich-dimensionaler K-Vektorraum V mit einem Endomorphismus $f \colon V \longrightarrow V$. Und zwar sind folgende Fälle zu betrachten:

(i) $V = 0$

(ii) $f = \mathrm{id}$

(iii) $f = 0$

(iv) $V = V_1 \oplus V_2$ mit linearen Unterräumen $V_1, V_2 \subset V$, wobei $f|_{V_1} = \mathrm{id}$ sowie $f|_{V_2} = 0$ gilt.

Ziel: Es ist jeweils das Minimalpolynom p_f von f zu bestimmen.

Strategie: Ausgangspunkt aller Überlegungen ist die Definition des Minimalpolynoms p_f gemäß 6.2/9 bzw. 6.2/10 als erzeugendes Element des Kerns des Einsetzungshomomorphismus $\varphi_f \colon K[T] \longrightarrow \mathrm{End}_K(V)$, $T \longmapsto f$. Hilfreich kann dabei auch das charakteristische Polynom χ_f in Verbindung mit dem Satz von Cayley-Hamilton 6.2/11 sein, indem man benutzt, dass p_f ein Teiler von χ_f ist. Dabei bildet $V = 0$ einen Sonderfall, denn hier gibt es nur einen einzigen Endomorphismus $V \longrightarrow V$, den wir als Identität id oder auch als Nullabbildung 0 interpretieren können, wobei also insbesondere $\mathrm{id} = 0$ gilt.

Lösungsweg: Wir betrachten den genannten Einsetzungshomomorphismus $\varphi_f \colon K[T] \longrightarrow \mathrm{End}_K(V)$, $T \longmapsto f$. Im Falle (i), also $V = 0$, gilt $\mathrm{End}_K(V) = 0$ und damit $\varphi_f = 0$. Daher ist $\ker \varphi_f$ das Einheitsideal, und es folgt $p_f = 1$. Wir wollen diesen Spezialfall im Weiteren ausschließen und setzen V von nun an als K-Vektorraum einer Dimension $n > 0$ voraus.

Dann wird $f = \mathrm{id}$, wie in (ii), bezüglich einer beliebigen Basis von V durch die Einheitsmatrix $E \in K^{n \times n}$ beschrieben, und das zugehörige charakteristische Polynom ist von der Form $\chi_f = (T - 1)^n$. Benutzen wir weiter, dass p_f aufgrund des Satzes von Cayley-Hamilton 6.2/11 ein Teiler von χ_f ist und testen $(T - 1)^0(f) = \mathrm{id} \neq 0$ sowie $(T - 1)(f) = 0$, so ergibt sich $p_f = T - 1$.

Sei nun $f = 0$ wie in (iii). Man schließt ähnlich wie in (ii) und erhält $\chi_f = T^n$ sowie $p_f = T$.

Im Fall (iv) schließlich dürfen wir $V_1 \neq 0$ und $V_2 \neq 0$ annehmen, denn ansonsten befinden wir uns wieder in der Situation von (ii) oder (iii). Gelte also $\dim_K V_1 = n_1$ und $\dim_K V_2 = n_2$ mit $n_1, n_2 > 0$ und natürlich $n_1 + n_2 = n$. Ein Test ergibt wegen $f|_{V_1} = \mathrm{id}$ sowie $f|_{V_2} = 0$, dass f von $(T - 1) \cdot T$ annulliert wird, aber von keinem Teiler hiervon. Deshalb bleibt als einzige Möglichkeit $p_f = (T - 1) \cdot T$.

6.2 Aufgabe 5

Start: Gegeben ist ein endlich-dimensionaler K-Vektorraum V mit einem Endomorphismus $f\colon V \longrightarrow V$. Dieser ist als Automorphismus vorausgesetzt, so dass auch die inverse Abbildung $f^{-1}\colon V \longrightarrow V$ als Automorphismus von V existiert.

Ziel: Es ist zu zeigen, dass man f^{-1} als Polynom in f schreiben kann, also dass es ein Polynom $q \in K[T]$ gibt mit $f^{-1} = q(f)$.

Strategie: Wie wir wissen, gibt es eine Gleichung der Form

$$f^n + c_1 f^{n-1} + \ldots + c_n f^0 = 0$$

mit Konstanten $c_i \in K$. Mittels eines kleinen Tricks erhält man hieraus

$$f \circ (f^{n-1} + c_1 f^{n-2} + \ldots + c_{n-1} f^0) = -c_n f^0 = -c_n \,\mathrm{id},$$

und wir können durch Multiplikation von links mit f^{-1} auf

$$f^{-1} = -c_n^{-1}(f^{n-1} + c_1 f^{n-2} + \ldots + c_{n-1} f^0)$$

schließen, sofern $c_n \neq 0$ gilt. Nun liegt es nahe, zu vermuten, dass zumindest für das Minimalpolynom $p_f \in K[T]$ der konstante Term nicht verschwindet. Um dies zu bestätigen, gehen wir indirekt vor und nehmen $p_f = T \cdot p$ mit einem Polynom $p \in K[T]$ an. Da $\operatorname{grad} p < \operatorname{grad} p_f$ gelten muss, ergibt sich $p(f) \neq 0$, und es existiert ein Element $x \in V$ mit $y = p(f)(x) \neq 0$. Aber $f(y) = p_f(f)(x) = 0$ würde $y \in \ker f$ und damit $\ker f \neq 0$ implizieren, was jedoch ausgeschlossen ist, da es sich bei f um einen Automorphismus handelt. Alternativ können wir aus der Gleichung $p_f = T \cdot p$ mittels des Satzes von Cayley-Hamilton schließen, dass f einen Eigenvektor zum Eigenwert 0 besitzt, im Widerspruch zur Injektivität von f. Auf jeden Fall ist eine Zerlegung der Form $p_f = T \cdot p$ nicht möglich, und wir sehen, dass der konstante Term des Minimalpolynoms p_f nicht trivial sein kann.

Lösungsweg: Am einfachsten ist es, das charakteristische Polynom χ_f zu betrachten. Für dieses gilt $\chi_f(f) = 0$ aufgrund des Satzes von Cayley-Hamilton. Zudem stimmt der konstante Term von χ_f gemäß 6.2/3 bis auf das Vorzeichen mit $\det f$ überein, und es gilt $\det f \neq 0$ gemäß 4.3/4. Der oben vorgeführte Trick kann daher genutzt werden, um f^{-1} als Polynom in f mit Koeffizienten aus K zu beschreiben.

6.3 Aufgabe 3

Start: Es sei R ein Hauptidealring mit Elementen $a_{11}, \ldots, a_{1n} \in R$, die teilerfremd sind, also $\mathrm{ggT}(a_{11}, \ldots, a_{1n}) = 1$ erfüllen.

Ziel: Zu konstruieren sind weitere Elemente $a_{ij} \in R$ für $i = 2, \ldots, n$, $j = 1, \ldots, n$, so dass die Matrix $A = (a_{ij})_{i,j=1,\ldots,n}$ in $R^{n \times n}$ invertierbar ist. Von A ist also die erste Zeile durch $(a_{11}, \ldots, a_{1n})$ festgelegt, und es ist zu zeigen, dass man $n - 1$ weitere Zeilen hinzufügen kann, so dass man eine in $R^{n \times n}$ invertierbare Matrix erhält.

Strategie: Wir wollen die Teilerfremdheit der Elemente $a_{11}, \ldots, a_{1n}$ mit der Elementarteilertheorie in Verbindung bringen und betrachten deshalb die Elementarteiler von $A_1 = (a_{11}, \ldots, a_{1n})$, aufgefasst als Matrix in $R^{1 \times n}$. Das Verfahren für Hauptidealringe aus 6.3/5 zeigt dann, dass sich A_1 mittels Multiplikation mit invertierbaren Matrizen aus $R^{n \times n}$ von rechts, die wir in konkreter Weise als Spaltentransformationen interpretiert hatten, in die Gestalt $(\alpha, 0, \ldots, 0)$ bringen lässt, mit einer Konstanten $\alpha \in R$, die den ersten (und einzigen) Elementarteiler von A_1 darstellt. Es existiert daher eine Gleichung des Typs $A_1 \cdot T = (\alpha, 0, \ldots, 0)$ mit einer invertierbaren Matrix $T \in R^{n \times n}$. Dann folgt $A_1 = (\alpha, 0, \ldots, 0) \cdot T^{-1}$, und wir sehen, dass α ein gemeinsamer Teiler von $a_{11}, \ldots, a_{1n}$ ist, also eine Einheit. Somit können wir A_1 mittels geeigneter invertierbarer Spaltentransformationen in den Zeilenvektor $(1, 0, \ldots, 0) \in R^{1 \times n}$ überführen. Wenn wir diese Zeile nun als erste Zeile der Einheitsmatrix $E \in R^{n \times n}$ auffassen und die zuvor betrachteten Spaltentransformationen invertiert auf E anwenden, sollten wir zu einer Matrix A gelangen, die das Gewünschte leistet.

Lösungsweg: Es sei $F = R^n$ der freie R-Modul aller n-Tupel von Elementen aus R, die wir wie üblich als Spaltenvektoren interpretieren. Weiter sei M der von der Spalte $(a_{11}, \ldots, a_{1n})^t$ erzeugte R-Untermodul. Sodann besagt der Elementarteilersatz 6.3/4 unter Verwendung von 6.3/7, dass es eine Basis $X = (x_1, \ldots, x_n)$ von F gibt mit $M = R \cdot \alpha x_1$ für eine geeignete Konstante $\alpha \in R$. Da α alle Elemente a_{1j} teilen muss und diese aber teilerfremd sind, können wir $\alpha = 1$ und somit sogar $x_1 = (a_{11}, \ldots, a_{1n})^t$ annehmen. Für die kanonische Basis e von R^n betrachten wir nun die Basiswechselmatrix $A_{\mathrm{id},X,e}$. Diese ist invertierbar und besitzt $(a_{11}, \ldots, a_{1n})^t$ als erste Spalte. Sodann ist $A_{\mathrm{id},X,e}^t$ eine invertierbare Matrix in $R^{n \times n}$, die wie gewünscht $(a_{11}, \ldots, a_{1n})$ als erste Zeile besitzt.

6.3 Aufgabe 6

Start: Gegeben ist ein endlich erzeugter R-Modul M über einem kommutativen Ring mit 1, wobei M zudem ein freies Erzeugendensystem besitze.

Ziel: Es ist zu zeigen, dass jedes freie Erzeugendensystem von M endlich ist und aus gleichvielen Elementen besteht.

Strategie: Zunächst ist anzumerken, dass der Fall $M = 0$ trivial ist. Wir dürfen daher $M \neq 0$ und damit insbesondere auch $R \neq 0$ annehmen. Ist nun $X = (x_i)_{i \in I}$ ein freies Erzeugendensystem und Y ein endliches Erzeugendensystem von M, so ist jedes Element $y \in Y$ eine Linearkombination von endlich vielen der Erzeugenden x_i, und wir sehen insgesamt, dass M von einem endlichen Teilsystem von X erzeugt wird. Da aber X ein freies Erzeugendensystem ist, folgt notwendig, dass X selbst endlich ist.

Seien nun $X = (x_1, \ldots, x_m)$ und $Y = (y_1, \ldots, y_n)$ zwei (endliche) freie Erzeugendensysteme von M. Indem man einem Element $z \in M$ seinen zugehörigen Koordinatenspaltenvektor z_X bzw. z_Y bezüglich der Basen X bzw. Y von M zuordnet, ergeben sich Isomorphismen von R-Moduln $M \xrightarrow{\sim} R^m$ sowie $M \xrightarrow{\sim} R^n$. Insgesamt erhält man damit einen Isomorphismus von R-Moduln $\varphi \colon R^m \xrightarrow{\sim} R^n$, und es ist zu zeigen, dass ein solcher Isomorphismus nur im Falle $m = n$ bestehen kann.

Ist etwa R ein Körper, so ergibt sich $m = n$ aufgrund von Dimensionstheorie; siehe 2.1/8. Ist R kein Körper, aber immerhin noch ein Hauptidealring, so konnten wir zum Beweis von 6.3/7 ein Primelement $p \in R$ wählen und dann den von φ induzierten Isomorphismus $\varphi_p \colon (R/pR)^m \xrightarrow{\sim} (R/pR)^n$ betrachten. Da R/pR nach 5.2/17 ein Körper ist, können wir auch hier auf $m = n$ schließen. Dasselbe Argument funktioniert für allgemeine kommutative Ringe R mit 1, sofern wir in R ein Ideal $\mathfrak{m}$ finden können, derart dass der Restklassenring $R/\mathfrak{m}$ ein Körper ist.

Eine alternative Schlussweise ist möglich für Integritätsringe R. Und zwar kann man dann zu R den Körper

$$Q(R) = \left\{ \frac{a}{b} \; ; \; a, b \in R, b \neq 0 \right\}$$

aller Brüche mit den üblichen Regeln und Konventionen der Bruchrechnung betrachten. Wir hatten diese Konstruktion bereits im Abschnitt 6.2 für den Polynomring $R = K[T]$ über einem Körper K benutzt. Sodann gewinnt man aus dem Isomorphismus $\varphi \colon R^m \xrightarrow{\sim} R^n$ mittels Bruchbildung einen Isomorphismus von $Q(R)$-Vektorräumen $\varphi_{Q(R)} \colon Q(R)^m \xrightarrow{\sim} Q(R)^n$ und kann ebenfalls $m = n$ schließen. Im Prinzip ist dieses Verfahren auch im Allgemeinfall anwendbar, wenn man zeigt, dass jeder Ring $R \neq 0$ ein sogenanntes *Primideal* $\mathfrak{p}$ enthält, welches dadurch charakterisiert ist, dass der Restklassenring $R/\mathfrak{p}$ ein Integritätsring ist. Dann induziert der Isomorphismus $\varphi \colon R^m \xrightarrow{\sim} R^n$ nämlich einen Isomorphismus von $(R/\mathfrak{p})$-Moduln $\varphi_{\mathfrak{p}} \colon (R/\mathfrak{p})^m \xrightarrow{\sim} (R/\mathfrak{p})^n$, wobei nun $R/\mathfrak{p}$ ein Integritätsring ist.

Lösungsweg: Der Fall $M = 0$ ist trivial, wir setzen daher $M \neq 0$ und insbesondere $R \neq 0$ voraus. Es genügt dann, wie bereits erläutert, ein Ideal $\mathfrak{m} \subset R$ zu konstruieren, derart dass $R/\mathfrak{m}$ ein Körper ist; ein solches Ideal ist insbesondere ein Primideal und wird auch als *maximales* Ideal in R bezeichnet.

Um ein maximales Ideal in einem Ring $R \neq 0$ zu konstruieren, betrachten wir die Menge A aller echten Ideale $\mathfrak{a} \subsetneq R$ mit der durch die Inklusion gegebenen teilweisen Ordnung. Aufgrund des Zornschen Lemmas 1.5/15 besitzt A ein maximales Element $\mathfrak{m}$, so dass also für jedes Ideal $\mathfrak{a} \subset R$ mit $\mathfrak{m} \subset \mathfrak{a}$ bereits $\mathfrak{m} = \mathfrak{a}$ oder $\mathfrak{a} = R$ folgt. Wir behaupten, dass dann der Restklassenring $R/\mathfrak{m}$ ein Körper ist, und zeigen hierfür, dass jedes von Null verschiedene Element $\overline{\alpha} \in R/\mathfrak{m}$ eine Einheit ist. In der Tat, das Urbild des Hauptideals $(\overline{\alpha}) \subset R/\mathfrak{m}$ unter der kanonischen Projektion $R \longrightarrow R/\mathfrak{m}$ ergibt ein Ideal $\mathfrak{a} \subset R$ mit $\mathfrak{m} \subsetneq \mathfrak{a}$, also mit $\mathfrak{a} = R$. Sodann folgt $(\overline{\alpha}) = R/\mathfrak{m}$, und wir sehen, dass $\overline{\alpha}$ eine Einheit in $R/\mathfrak{m}$ ist. Ein maximales Element $\mathfrak{m} \in A$ führt also zu einem Restklassenring $R/\mathfrak{m}$, der ein Körper ist. Allgemeiner kann man für ein Ideal $\mathfrak{m} \subset R$ leicht zeigen, dass der Restklassenring $R/\mathfrak{m}$ genau dann ein Körper ist, wenn $\mathfrak{m}$ ein maximales Element in A ist; die Bezeichnung *maximales Ideal* für Ideale dieses Typs ist daher gerechtfertigt.

Im Rahmen der Strategieüberlegungen haben wir bereits gezeigt, dass freie Erzeugendensysteme von M endlich sind und dass je zwei solche Systeme, etwa der Längen m und n zu einem Isomorphismus von R-Moduln $\varphi \colon R^m \xrightarrow{\sim} R^n$ führen. Ist dann $\mathfrak{m} \subset R$ ein maximales Ideal, so induziert φ einen Isomorphismus von $(R/\mathfrak{m})$-Vektorräumen $\varphi_{\mathfrak{m}} \colon (R/\mathfrak{m})^m \xrightarrow{\sim} (R/\mathfrak{m})^n$, und wir können wie gewünscht $m = n$ mit Hilfe des Dimensionsarguments 2.1/8 schließen.

6.4 Aufgabe 1

Start: Gegeben ist eine endliche abelsche Gruppe G; die Anzahl der Elemente von G wird mit $\operatorname{ord} G$ bezeichnet, als Ordnung von G.

Ziel: Ist $H \subset G$ eine Untergruppe, so ist $\operatorname{ord} H$ ein Teiler von $\operatorname{ord} G$. Andererseits gibt es zu jedem Teiler d von $\operatorname{ord} G$ eine Untergruppe $H \subset G$ mit $\operatorname{ord} H = d$.

Strategie: Es liegt nahe, den Struktursatz 6.4/4 zu verwenden. Bezeichnet $P \subset \mathbb{N}$ die Menge der Primzahlen, so besagt dieses Resultat, dass G eine direkte Summe von Gruppen des Typs $\mathbb{Z}/p^n\mathbb{Z}$ ist, wobei $p \in P$ und $n \in \mathbb{N}$ variieren. Aus einer solchen Zerlegung lässt sich die Ordnung von G bestimmen, und zwar als Produkt der Ordnungen der einzelnen Summanden. Denn sind A, B endliche abelsche Gruppen, so gilt

$$(*) \qquad \operatorname{ord}(A \oplus B) = \operatorname{ord}(A) \cdot \operatorname{ord}(B),$$

da wir endliche direkte Summen auch als kartesische Produkte interpretieren können.

Die Gruppe $G_{p,n} = \mathbb{Z}/p^n\mathbb{Z}$ besitzt die Ordnung p^n, wie man leicht nachprüft. Offenbar enthält $G_{p,n}$ die Kette der $n + 1$ Untergruppen

$$\{0\} = p^n G_{p,n} \subset p^{n-1} G_{p,n} \subset \ldots \subset p^0 G_{p,n} = G_{p,n},$$

wobei $p^i G_{p,n} = p^i\mathbb{Z}/p^n\mathbb{Z} \simeq \mathbb{Z}/p^{n-i}\mathbb{Z}$ und also $\operatorname{ord} p^i G_{p,m} = p^{n-i}$ für $i = 0, \ldots, n$ gilt. Damit existiert zu jedem Teiler d von $\operatorname{ord} G_{p,n} = p^n$ eine Untergruppe $H \subset G_{p,n}$ mit $\operatorname{ord} H = d$. Mit 6.4/4 und unter Verwendung von $(*)$ kann man dann auch für beliebige endliche abelsche Gruppen G sehen, dass zu jedem Teiler d von $\operatorname{ord} G$ eine Untergruppe $H \subset G$ mit $\operatorname{ord} H = d$ existiert.

Es bleibt noch zu überlegen, dass für Untergruppen $H \subset G$ stets $\operatorname{ord} H$ ein Teiler von $\operatorname{ord} G$ ist. Wir wollen einmal den einfachen Fall $G = \mathbb{Z}/p^n\mathbb{Z}$ für $p \in P$ und $n \in \mathbb{N}$ betrachten. Dann können wir $\mathbb{Z}/p^n\mathbb{Z}$ als Restklassenring von $\mathbb{Z}$ auffassen und die kanonische Projektion $\pi \colon \mathbb{Z} \longrightarrow \mathbb{Z}/p^n\mathbb{Z}$ betrachten. Offenbar ist eine Untergruppe $H \subset \mathbb{Z}/p^n\mathbb{Z}$ bereits ein *Ideal* in $\mathbb{Z}/p^n\mathbb{Z}$ und folglich $\mathfrak{a} = \pi^{-1}(H)$ ein Ideal in $\mathbb{Z}$, welches das Ideal $\ker \pi = (p^n)$ enthält. Nun ist $\mathbb{Z}$ ein Hauptidealring und somit $\mathfrak{a}$ ein Hauptideal, etwa $\mathfrak{a} = (a)$. Weiter gilt $a \mid p^n$ wegen $p^n \in \mathfrak{a}$, etwa $a = p^i$ mit $0 \leq i \leq n$, und wir können daraus

$H = p^i\mathbb{Z}/p^n\mathbb{Z} \simeq \mathbb{Z}/p^{n-i}\mathbb{Z}$ schließen. Insbesondere folgt $\operatorname{ord} H = p^{n-i}$, und dies ist ein Teiler von $\operatorname{ord} G = p^n$.

Ist G eine beliebige endliche abelsche Gruppe, so existiert gemäß 6.4/4 eine direkte Summenzerlegung von G in Untergruppen des Typs $\mathbb{Z}/p^n\mathbb{Z}$. Allerdings können wir für eine Untergruppe $H \subset G$ im Allgemeinen nicht erwarten, dass diese Zerlegung sich zu einer entsprechenden Zerlegung von H einschränkt. Aber wir können etwas vorsichtiger vorgehen. Gilt etwa $G = A \oplus B$ mit endlichen abelschen Gruppen A, B, so gibt es dazu die kanonische kurze exakte Sequenz

$$0 \longrightarrow A \overset{\iota}{\longrightarrow} A \oplus B \overset{\tau}{\longrightarrow} B \longrightarrow 0,$$

wobei $\iota\colon A \hookrightarrow A \oplus B$ die Inklusion des ersten Summanden und weiter $\tau\colon A \oplus B \longrightarrow B$ die Projektion auf den zweiten Summanden ist. Hat man dann eine Untergruppe $H \subset A \oplus B$, so ergibt sich eine kurze exakte Sequenz

$$0 \longrightarrow \iota^{-1}(H) \longrightarrow H \longrightarrow \tau(H) \longrightarrow 0$$

von Untergruppen in A, $A \oplus B$, bzw. B, aus der man die Relation $\operatorname{ord} H = \operatorname{ord}(\iota^{-1}(H)) \cdot \operatorname{ord}(\tau(H))$ ablesen kann. Wissen wir also bereits, dass A und B abelsche Gruppen sind, derart dass die Ordnung von Untergruppen stets die Ordnungen von A bzw. B teilt, so können wir $\operatorname{ord} H \mid (\operatorname{ord} A \cdot \operatorname{ord} B)$, also $\operatorname{ord} H \mid \operatorname{ord} G$ schließen. Dieses Argument lässt sich in rekursiver Weise anwenden, und man erhält mittels 6.4/4 schließlich $\operatorname{ord} H \mid \operatorname{ord} G$ für beliebige endliche abelsche Gruppen G und Untergruppen $H \subset G$.

Lösungsweg: Da G eine endliche Gruppe und damit eine Torsionsgruppe ist, reduziert sich die Zerlegung aus 6.4/4 zu

$$G = \bigoplus_{p \in P} \bigoplus_{j_p = 1 \ldots s_p} \mathbb{Z}/p^{n(p,j_p)}\mathbb{Z}$$

mit Exponenten $1 \le n(p,1) \le \ldots \le n(p,s_p)$. Da man $\operatorname{ord} \mathbb{Z}/p^n\mathbb{Z} = p^n$ für $p \in P$ und $n \in \mathbb{N}$ hat, berechnet sich die Ordnung von G gemäß der obigen Regel $(*)$ zu

$$\operatorname{ord} G = \prod_{p \in P} p^{\sum_{j_p = 1 \ldots s_p} n(p,j_p)}.$$

Ist nun $d \in \mathbb{N}$ ein Teiler von $\operatorname{ord} G$, etwa $d = \prod_{p \in P} p^{r_p}$, wobei die Exponenten $r_p \le \sum_{j_p = 1 \ldots s_p} n(p, j_p)$ für $p \in P$ erfüllen müssen, so wähle man natürliche Zahlen $r(p, j_p) \le n(p, j_p)$ für $p \in P$ und $j_p = 1 \ldots s_p$ mit $\sum_{j_p = 1 \ldots s_p} r(p, j_p) = r_p$. Weiter betrachte man jeweils eine Untergruppe $H_{p,j_p} \subset \mathbb{Z}/p^{n(p,j_p)}\mathbb{Z}$ der Ordnung $p^{r(p,j_p)}$; dies ist möglich, wie wir im Rahmen der Strategieüberlegungen gesehen haben. Sodann ist

$$H = \bigoplus_{p \in P} \bigoplus_{j_p = 1 \ldots s_p} H_{p,j_p} \subset \bigoplus_{p \in P} \bigoplus_{j_p = 1 \ldots s_p} \mathbb{Z}/p^{n(p,j_p)}\mathbb{Z}$$

eine Untergruppe in G der Ordnung d. Es gibt also zu jedem Teiler d von $\operatorname{ord} G$ eine Untergruppe $H \subset G$ der Ordnung d.

Sei andererseits eine Untergruppe $H \subset G$ gegeben. Um zu sehen, dass $\operatorname{ord} H$ ein Teiler von $\operatorname{ord} G$ ist, fassen wir G als $\mathbb{Z}$-Modul auf und benutzen den Struktursatz 6.4/4. Als endliche abelsche Gruppe ist G ein $\mathbb{Z}$-Torsionsmodul, und es gilt $G = \bigoplus_{p \in P} G_p$; dabei ist $G_p \subset G$ für $p \in P$ der Untermodul der p-Torsion, also

$$G_p = \{x \in G \,;\, p^n x = 0 \text{ für geeignetes } n \in \mathbb{N}\}.$$

Entsprechend gilt $H = \bigoplus_{p \in P} H_p$, wobei naturgemäß $H_p \subset G_p$ für die Untermoduln der p-Torsion gelten muss. Weiter zeigt die Zerlegung $G_p = \bigoplus_{j_p = 1 \ldots s_p} G_{p,j_p}$ aus 6.4/4 in Verbindung mit der eingangs erwähnten Regel $(*)$, dass G_p und entsprechend H_p abelsche Gruppen von p-Potenz-Ordnung sind. Dann ist aber offensichtlich, dass aus $H_p \subset G_p$ bereits $\operatorname{ord} H_p \mid \operatorname{ord} G_p$ für $p \in P$ folgt. Mit $(*)$ und den Zerlegungen $G = \bigoplus_{p \in P} G_p$ sowie $H = \bigoplus_{p \in P} H_p$ ergibt sich daraus $\operatorname{ord} H \mid \operatorname{ord} G$.

Ergänzungen: Für eine endliche (nicht notwendig abelsche) Gruppe G und eine Untergruppe $H \subset G$ gilt stets $\operatorname{ord} H \mid \operatorname{ord} G$; dies folgt aus dem sogenannten *Satz von Lagrange*, siehe [1], 1.2/3. Um diesen Satz zu beweisen, betrachtet man zu Elementen $a \in G$ Teilmengen der Form $aH = \{ah \,;\, h \in H\} \subset G$, sogenannte *Linksnebenklassen* zu H. Man zeigt in einfacher Rechnung, dass je zwei Linksnebenklassen zu H gleichviele Elemente besitzen und dass solche Klassen disjunkt sind, sofern sie verschieden sind. Damit ergibt sich die Ordnung von G als Produkt der Ordnung von H mit der Anzahl der Linksnebenklassen von H in G; dies ist die Aussage des Satzes von Lagrange. Insbesondere gilt $\operatorname{ord} H \mid \operatorname{ord} G$.

6.4 Aufgabe 6

Start: Zu betrachten ist eine endliche Gruppe G, die als multiplikative Untergruppe der Einheitengruppe K^* eines Körpers K gegeben ist.

Ziel: Es ist zu zeigen, dass G zyklisch ist, d. h. dass es ein $n \in \mathbb{Z}$ mit $G \simeq \mathbb{Z}/n\mathbb{Z}$ gibt.

Strategie: Wir wählen ein Element $g \in G$ und betrachten dessen Potenzen $g^0, g^1, g^2, \ldots$. Da G endlich ist, können diese Potenzen nicht alle paarweise verschieden sein. Es gibt daher Exponenten $r, s \in \mathbb{N}$, etwa $r < s$ mit $g^r = g^s$. Für $n = s - r$ folgt daraus $g^n = 1$. Es gibt also zu jedem Element $g \in G$ einen Exponenten $n > 0$ mit $g^n = 1$. Alternativ können wir auch den Gruppenhomomorphismus $\varphi \colon \mathbb{Z} \longrightarrow G$ betrachten, der einem Element $z \in \mathbb{Z}$ die Potenz g^z zuordnet. Da G nur endlich viele Elemente enthält, folgt $\ker \varphi \neq 0$. Nun ist $\ker \varphi$ eine Untergruppe von $\mathbb{Z}$, also ein $\mathbb{Z}$-Untermodul und damit ein Ideal in $\mathbb{Z}$, insbesondere ein Hauptideal. Es existiert daher ein $n > 0$ mit $\ker \varphi = n\mathbb{Z}$, wobei n die minimale natürliche Zahl > 0 mit $g^n = 1$ ist. Aufgrund des Homomorphiesatzes induziert φ eine Injektion $\overline{\varphi} \colon \mathbb{Z}/n\mathbb{Z} \hookrightarrow G$, und wir sehen, dass das Bild $\langle g \rangle = \operatorname{im} \overline{\varphi}$ genau aus den n paarweise verschiedenen Elementen $g^0, g^1, \ldots, g^{n-1}$ besteht. Nun ist g wegen $g^n = 1$ Nullstelle des Polynoms $T^n - 1 \in K[T]$, aber auch jede Potenz g^z mit $z \in \mathbb{Z}$ hat diese Eigenschaft. Die n Elemente aus $\langle g \rangle$ sind daher Nullstellen von $T^n - 1$. Da aber ein Polynom n-ten Grades höchstens n Nullstellen in K haben kann, besitzt $T^n - 1$ außer den Elementen von $\langle g \rangle$ keine weiteren Nullstellen in K bzw. G. Wir ziehen daraus eine wichtige Folgerung: G enthält eine Untergruppe des Typs $\mathbb{Z}/n\mathbb{Z}$, kann aber keine Untergruppen des Typs $\mathbb{Z}/n\mathbb{Z} \oplus \mathbb{Z}/n\mathbb{Z}$ oder auch $\mathbb{Z}/n\mathbb{Z} \oplus \mathbb{Z}/d\mathbb{Z}$ mit einem Teiler $d > 1$ von n enthalten, da alle deren Elemente Nullstellen des Polynoms $T^n - 1$ wären. Dies hat insbesondere Konsequenzen für die Zerlegung von G im Rahmen des Struktursatzes 6.4/4.

Lösungsweg: Als endliche Gruppe handelt es sich bei G um eine Torsionsgruppe. Daher liefert 6.4/2 eine Zerlegung

$$G \simeq \bigoplus_{j=1}^{s} \mathbb{Z}/n_j\mathbb{Z}$$

mit natürlichen Zahlen $n_1, \ldots, n_s > 1$, wobei $n_j \mid n_{j+1}$ für $1 \leq j < s$ gilt. Da man endliche direkte Summen auch als kartesische Produkte interpretieren kann, besitzt G genau $\prod_{j=1}^{s} n_j$ Elemente, und jedes dieser Elemente ist offenbar Nullstelle des Polynoms $T^n - 1 \in K[T]$, wobei wir $n = n_s$ setzen. Andererseits kann dieses Polynom höchstens n Nullstellen in K haben, so dass $s = 1$ folgt und damit $G \simeq \mathbb{Z}/n\mathbb{Z}$, wie gewünscht.

6.5 Aufgabe 2

Start: Gegeben sind zwei Matrizen $A, B \in \mathbb{R}^{3 \times 3}$, zu denen man jeweils das Minimalpolynom p_A bzw. p_B sowie das charakteristische Polynom χ_A bzw. χ_B betrachte.

Ziel: Es ist zu zeigen, dass A und B genau dann ähnlich sind, wenn $p_A = p_B$ und $\chi_A = \chi_B$ gilt.

Strategie: Es seien zunächst A und B ähnliche Matrizen, wobei wir etwa $B = S^{-1} \cdot A \cdot S$ mit einer invertierbaren Matrix $S \in \mathrm{GL}(3, \mathbb{R})$ annehmen. Dann folgt $p_A(B) = S^{-1} \cdot p_A(A) \cdot S = 0$ und damit $p_B \,|\, p_A$. Entsprechend zeigt man $p_A \,|\, p_B$ und erhält $p_A = p_B$. Weiter liest man $\chi_A = \chi_B$ aus 6.2/4 ab. Diese Überlegungen sind natürlich allgemeiner für quadratische Matrizen über einem beliebigen Körper K gültig.

Wir nehmen nun $p_A = p_B$ und $\chi_A = \chi_B$ an, wobei wir zunächst von Matrizen $A, B \in K^{n \times n}$ über einem beliebigen Körper K und mit allgemeiner Zeilen- und Spaltenzahl n ausgehen. Sei $p_A = p_B = p_1^{n_1} \cdot \ldots \cdot p_r^{n_r}$ die Primfaktorzerlegung mit paarweise verschiedenen Primpolynomen $p_1, \ldots, p_r \in K[T]$ und Exponenten $n_i > 0$. Sodann lesen wir aus 6.5/11 ab, dass in der allgemeinen Normalform zu A wie auch in derjenigen zu B für jedes $i = 1, \ldots, r$ die Begleitmatrix zu $p_i^{n_i}$ mindestens einmal als Diagonalkästchen vorkommen muss. Für $n = 3$ und $K = \mathbb{R}$ ergeben sich dadurch gewisse Beschränkungen, zumal wenn man benutzt, dass auch das charakteristische Polynom $\chi_A = \chi_B$ ein Produkt gewisser Potenzen der Primpolynome $p_1, \ldots, p_r$ ist. Ziel ist es zu zeigen, dass die allgemeinen Normalformen zu A und B bis auf die Reihenfolge der Kästchen übereinstimmen.

Lösungsweg: Wir haben oben bereits nachgeprüft, dass ähnliche Matrizen das gleiche Minimalpolynom sowie charakteristische Polynom besitzen. Somit bleibt noch zu zeigen, dass $A, B \in \mathbb{R}^{3 \times 3}$ ähnlich sind, falls $p_A = p_B$ und $\chi_A = \chi_B$ gilt.

1. Fall: $\mathrm{grad}\, p_A = 1$, etwa $p_A = T - \lambda$ mit einer Nullstelle $\lambda \in \mathbb{R}$. Dann gilt $A = \mathrm{Diag}(\lambda, \lambda, \lambda)$, also besitzt A bereits allgemeine Normalform.

2. Fall: $\operatorname{grad} p_A = 2$. Es folgt, dass p_A reduzibel ist. Denn anderen-
falls müsste χ_A eine Potenz von p_A sein, was aber aus Gradgründen
ausgeschlossen ist. Sei also $p_A = (T - \lambda_1) \cdot (T - \lambda_2)$ mit Nullstellen
$\lambda_1, \lambda_2 \in \mathbb{R}$. Für $\lambda_1 = \lambda_2$ lesen wir aus 6.5/11 ab, dass die allgemeine
Normalform zu A von der Form $\operatorname{Diag}(\lambda_1, N)$ sein muss, wobei N die
Belgleitmatrix zu $(T - \lambda_1)^2$ ist. Gilt anderenfalls $\lambda_1 \neq \lambda_2$ und etwa
$\chi_A = (T - \lambda_1)^2 \cdot (T - \lambda_2)$, so ist die allgemeine Normalform zu A von
der Gestalt $\operatorname{Diag}(\lambda_1, \lambda_1, \lambda_2)$; vgl. 6.5/11.

3. Fall: $\operatorname{grad} p_A = 3$. Wir könnten hier die verschiedenen Fälle der Primfaktorzerlegung von p_A durchgehen und dabei insbesondere die Eigenschaften des Grundkörpers $\mathbb{R}$ benutzen. Einfacher ist
es jedoch, 6.5/18 (iii) für den durch A definierten Endomorphismus
$f: \mathbb{R}^3 \longrightarrow \mathbb{R}^3$ anzuwenden. Aus Gradgründen gilt $p_A = \chi_A$, und dies
ergibt mit 6.5/18 (i), dass $\mathbb{R}^3$ als $\mathbb{R}[T]$-Modul unter f isomorph zu
$\mathbb{R}[T]/p_A\mathbb{R}[T]$, also f-zyklisch ist. Deshalb existiert nach 6.5/10 eine
Basis X von $\mathbb{R}^3$, so dass die Matrix $A_{f,X,X}$ gerade die Begleitmatrix zu
p_A ist.

Wir sehen also, dass A jeweils zu einer Matrix äquivalent ist, deren
Struktur lediglich von p_A und χ_A abhängt. Da dasselbe auch für B
anstelle von A gilt, können wir schließen, dass A und B ähnlich sind.

Ergänzungen: Der gegebene Beweis benötigt keine speziellen Eigenschaften von $\mathbb{R}$, sondern ist für jeden Grundkörper K anstelle von
$\mathbb{R}$ gültig. Im Übrigen zeigt die Argumentation im Fall 3, dass die Voraussetzung in 6.5/10 (i), dass nämlich V f-zyklisch sei, automatisch
erfüllt ist, sofern $\operatorname{grad} p_f = \dim_K V$ gilt.

6.5 Aufgabe 6

Start: Gegeben ist ein endlich-dimensionaler K-Vektorraum V
mit einem Endomorphismus $f: V \longrightarrow V$. Weiter sei $U \subset V$ ein
f-invarianter Unterraum.

Ziel: Folgende Aussagen sind zu zeigen:

(i) f induziert einen Endomorphismus $\overline{f}: V/U \longrightarrow V/U$.

(ii) Es gilt $p_{\overline{f}} \,|\, p_f$ für die Minimalpolynome von $\overline{f}$ und f.

(iii) Es gilt $\chi_f = \chi_{f|_U} \cdot \chi_{\overline{f}}$ für die charakteristischen Polynome von
f, von $f|_U$ und von $\overline{f}$.

Strategie: Wir betrachten die Komposition

$$\tilde{f}: V \xrightarrow{\ f\ } V \xrightarrow{\ \pi\ } V/U$$

von f mit der kanonischen Projektion $\pi\colon V \longrightarrow V/U$. Da U als f-invariant vorausgesetzt ist, gilt $U \subset \ker \tilde{f}$, und es induziert $\tilde{f}$ aufgrund des Homomorphiesatzes eine lineare Abbildung $\overline{f}\colon V/U \longrightarrow V/U$, so dass das Diagramm

$$
\begin{array}{ccc}
V & \xrightarrow{\ f\ } & V \\
\Big\downarrow{\scriptstyle \pi} & & \Big\downarrow{\scriptstyle \pi} \\
V/U & \xrightarrow{\ \overline{f}\ } & V/U
\end{array}
$$

kommutativ ist. Weiter gilt $p_f(f) = 0$ und damit auch $p_f(\overline{f}) = 0$, so dass $p_{\overline{f}}$ ein Teiler von p_f ist. Dies erledigt die Punkte (i) und (ii).

Um nun (iii) zu behandeln, müssen wir auf die Definition des charakteristischen Polynoms aus 6.2/2 bzw. 6.2/6 zurückgreifen. Wir nehmen einmal der Einfachheit halber an, dass es in V einen weiteren f-*invarianten* Unterraum U' gibt, so dass V in die direkte Summe von U und U' zerfällt, also $V = U \oplus U'$. Betrachten wir dann Basen von U und U' und setzen diese zu einer Basis von V zusammen, so erhält man mittels des Beispiels (2) am Ende von Abschnitt 4.3 die Zerlegung

$$
\chi_f = \chi_{f|_U} \cdot \chi_{f|_{U'}}.
$$

Nun ist aber die Einschränkung $\pi|_{U'}\colon U' \longrightarrow V/U$ ein Isomorphismus, so dass das Diagramm

$$
\begin{array}{ccc}
U' & \xrightarrow{\ f|_{U'}\ } & U' \\
\Big\downarrow{\scriptstyle \pi|_{U'}} & & \Big\downarrow{\scriptstyle \pi|_{U'}} \\
V/U & \xrightarrow{\ \overline{f}\ } & V/U
\end{array}
$$

kommutiert. Es folgt $\chi_{\overline{f}} = \chi_{f|_{U'}}$ und damit $\chi_f = \chi_{f|_U} \cdot \chi_{\overline{f}}$, wie gewünscht. Im Allgemeinen wird es jedoch zu U kein f-invariantes Komplement in V geben. Dies bedeutet, dass die Argumentation noch etwas verfeinert werden muss.

Lösungsweg: Die Aussagen (i) und (ii) sind einfacher Art und wurden oben bereits begründet. Zum Nachweis von (iii) wählen wir ein (nicht notwendig f-invariantes) Komplement U' zu U in V. Sei X eine Basis von U und X' eine Basis von U'. Dann ist $X \cup X'$ eine Basis von V, und der Isomorphismus $\pi|_{U'}\colon U' \overset{\sim}{\longrightarrow} V/U$ zeigt, dass $\overline{X}'$ als

Bild von X' eine Basis von V/U bildet. Nun ist die Matrix, welche f bezüglich der Basis $X \cup X'$ von V beschreibt, offenbar von der Form

$$A_{f,X \cup X',X \cup X'} = \begin{pmatrix} A_{f|_U,X,X} & * \\ 0 & A_{\overline{f},\overline{X'},\overline{X'}} \end{pmatrix},$$

und wir können mittels des Beispiels (2) am Ende von Abschnitt 4.3 unter Verwendung geeigneter Einheitsmatrizen E wie folgt rechnen:

$$\det(TE - A_{f,X \cup X',X \cup X'}) = \det \begin{pmatrix} TE - A_{f|_U,X,X} & * \\ 0 & TE - A_{\overline{f},\overline{X'},\overline{X'}} \end{pmatrix}$$

$$= \det(TE - A_{f|_U,X,X}) \cdot \det(TE - A_{\overline{f},\overline{X'},\overline{X'}})$$

Dies bedeutet aber wie gewünscht $\chi_f = \chi_{f|_U} \cdot \chi_{\overline{f}}$.

Euklidische und unitäre Vektorräume

7.1 Aufgabe 3

Start: Gegeben ist ein endlich-dimensionaler $\mathbb{R}$-Vektorraum V mit einer positiv definiten sBF $\Phi \colon V \times V \longrightarrow \mathbb{R}$. Weiter betrachte man zu Vektoren $x, y \in V$, $y \neq 0$, die polynomiale Funktion $p(t) = |x + ty|^2$ für $t \in \mathbb{R}$.

Ziel: Es sind die Nullstellen von $p(t)$ zu bestimmen. Als Folgerung ist in der vorliegenden Situation die Schwarzsche Ungleichung 7.1/4 herzuleiten.

Strategie: Es gilt

$$p(t) = |x + ty|^2 = \langle x + ty, x + ty \rangle = \langle x, x \rangle + 2t\langle x, y \rangle + t^2 \langle y, y \rangle$$

mit $\langle y, y \rangle = |y|^2 \neq 0$, da die Bilinearform positiv *definit* ist und $y \neq 0$ gilt. Um die Nullstellen von $p(t)$ zu ermitteln, haben wir folglich die quadratische Gleichung

$$t^2 + 2t\frac{\langle x, y \rangle}{|y|^2} + \frac{|x|^2}{|y|^2} = 0$$

zu lösen, wobei sich mittels quadratischer Ergänzung die (komplexen) Lösungen

$$t_{1/2} = -\frac{\langle x, y\rangle}{|y|^2} \pm \sqrt{\frac{\langle x, y\rangle^2}{|y|^4} - \frac{|x|^2}{|y|^2}}$$

ergeben. Andererseits ist die Bilinearform positiv definit. Es verschwindet daher $p(t)$ genau dann für ein $t \in \mathbb{R}$, wenn $x + ty = 0$ gilt, also x linear von y abhängt. Insbesondere kann $p(t)$ höchstens eine einzige reelle Nullstelle besitzen. Zur weiteren Analyse des Problems müssen wir diese Information mit der formelmäßigen Beschreibung der Nullstellen von $p(t)$ für $t \in \mathbb{C}$ vergleichen.

Lösungsweg: Wir haben die (komplexen) Nullstellen von $p(t)$ bereits oben berechnet. Sind nun x, y linear unabhängig, so gilt $x + ty \neq 0$ und damit $p(t) \neq 0$ für alle $t \in \mathbb{R}$, da Φ positiv definit ist. Die berechneten Nullstellen $t_{1/2}$ können daher in diesem Falle nicht reell sein, was für den Radikand des Wurzelausdrucks $\frac{\langle x,y\rangle^2}{|y|^4} - \frac{|x|^2}{|y|^2}$ bedeutet, dass dieser < 0 sein muss. Somit ergibt sich

$$\langle x, y\rangle^2 < |x|^2 \cdot |y|^2,$$

also die Schwarzsche Ungleichung im Falle, dass x, y linear unabhängig sind.

Seien nun x, y linear abhängig, also $x + ty = 0$ für einen Parameter $t \in \mathbb{R}$, wobei wir $y \neq 0$ benutzen. Es besitzt dann $p(t)$ genau eine reelle (und damit doppelte) Nullstelle $t_{1/2}$, was bedeutet, dass der Radikand des Wurzelausdrucks verschwindet. Folglich ergibt sich $t_{1/2} = -\frac{\langle x,y\rangle}{|y|^2}$ sowie $\langle x, y\rangle^2 = |x|^2 \cdot |y|^2$.

Indem wir nun die Rollen von x und y vertauschen, erhalten wir insgesamt die Schwarzsche Ungleichung im Falle einer positiv definiten Bilinearform auf V. Und zwar gilt $\langle x, y\rangle^2 \leq |x|^2 \cdot |y|^2$ für beliebige Vektoren $x, y \in V$, wobei Gleichheit genau dann gegeben ist, wenn x und y linear abhängig sind.

7.1 Aufgabe 5

Start: Gegeben ist ein Vektorraum V über einem Körper K. Man betrachte hierzu den Dualraum V^* aller Linearformen $V \longrightarrow K$ sowie den K-Vektorraum W aller K-bilinearen Abbildungen $V \times V \longrightarrow K$. Die Vektorraumstruktur von W ist dabei wie üblich erklärt, indem man $\alpha\Phi$ für $\alpha \in K$ und $\Phi \in W$ durch $(x, y) \longmapsto \alpha \cdot \Phi(x, y)$ definiert, sowie die Summe $\Phi + \Phi'$ zweier Elemente $\Phi, \Phi' \in W$ durch $(x, y) \longmapsto \Phi(x, y) + \Phi'(x, y)$.

Ziel: Es ist zu zeigen, dass die Abbildung

$$\Psi\colon \mathrm{Hom}_K(V, V^*) \longrightarrow W, \qquad \varphi \longmapsto \big((x, y) \longmapsto \varphi(x)(y)\big),$$

ein Isomorphismus von K-Vektorräumen ist.

Strategie: Wir versuchen, die für einen Isomorphismus von Vektorräumen geforderten Eigenschaften, also die Linearität, Injektivität und Surjektivität, herzuleiten. Seien daher zwei Homomorphismen $\varphi, \varphi' \in \mathrm{Hom}_K(V, V^*)$ gegeben, sowie ein Skalar $\alpha \in K$. Dann gilt

$$\alpha\varphi \overset{\Psi}{\longmapsto} \Big((x, y) \longmapsto (\alpha\varphi)(x)(y) = \alpha \cdot \big(\varphi(x)(y)\big)\Big),$$

$$\varphi + \varphi' \overset{\Psi}{\longmapsto} \Big((x, y) \longmapsto (\varphi + \varphi')(x)(y) = \varphi(x)(y) + \varphi'(x)(y)\Big),$$

und dies bedeutet $\Psi(\alpha\varphi) = \alpha\Psi(\varphi)$ sowie $\Psi(\varphi + \varphi') = \Psi(\varphi) + \Psi(\varphi')$. Es ist also Ψ ein Homomorphismus von K-Vektorräumen. Gelte nun $\Psi(\varphi) = 0$, also $\varphi(x)(y) = 0$ für alle $x, y \in V$. Dann folgt $\varphi(x) = 0$ in V^* für alle $x \in V$ und damit $\varphi = 0$ in $\mathrm{Hom}_K(V, V^*)$. Also ist Ψ injektiv. Sei schließlich $\Phi \in W$, also $\Phi\colon V \times V \longrightarrow K$ eine K-bilineare Abbildung. Dann definiert Φ für jedes $x \in V$ eine Linearform

$$\Phi(x, \cdot)\colon V \longrightarrow K, \qquad y \longmapsto \Phi(x, y),$$

und es ist

$$\varphi\colon V \longrightarrow V^*, \qquad x \longmapsto \Phi(x, \cdot),$$

eine K-lineare Abbildung mit $\Psi(\varphi) = \Phi$. Somit ist Ψ surjektiv, insgesamt also ein Isomorphismus von K-Vektorräumen ist. Wir werden im Weiteren sehen, dass die gerade durchgeführte Konstruktion zum Nachweis der Surjektivität von Ψ zu einer Vereinfachung der Argumentation genutzt werden kann.

Lösungsweg: Wie oben prüft man nach, dass die zu untersuchende Abbildung $\Psi\colon \mathrm{Hom}_K(V, V^*) \longrightarrow W$ ein Homomorphismus von K-Vektorräumen ist, ebenso wie die Abbildung

$$\Psi'\colon W \longrightarrow \mathrm{Hom}_K(V, V^*), \qquad \Phi \longmapsto \big(x \longmapsto \Phi(x, \cdot)\big),$$

wobei $\Phi(x,\cdot)\colon V \longrightarrow K$ für $x \in V$ durch $y \longmapsto \Phi(x,y)$ erklärt ist. Nun ist aber offenbar $\Psi' \circ \Psi$ die Identität auf $\mathrm{Hom}_K(V,V^*)$ und $\Psi \circ \Psi'$ die Identität auf W. Somit sind Ψ und Ψ' zueinander invers, und es folgt insbesondere, dass Ψ, Ψ' Isomorphismen von K-Vektorräumen sind.

7.2 Aufgabe 2

Start: Für $n \in \mathbb{N}$ bezeichne $\mathbb{R}[T]_n$ den $\mathbb{R}$-Vektorraum aller Polynome vom Grad $\leq n$ in $\mathbb{R}[T]$. Zu betrachten ist sodann die Abbildung

$$\Phi\colon \mathbb{R}[T]_n \times \mathbb{R}[T]_n \longrightarrow \mathbb{R}, \quad (f,g) \longmapsto \langle f,g \rangle := \int_0^1 f(t)g(t)dt.$$

Ziel: Es ist zu zeigen, dass Φ ein Skalarprodukt auf $\mathbb{R}[T]_n$ definiert. Weiter ist aus der Basis $1, T, T^2$ von $\mathbb{R}[T]_2$ mit Hilfe des Schmidtschen Orthonormalisierungsverfahrens eine Orthonormalbasis von $\mathbb{R}[T]_2$ zu konstruieren.

Strategie: Wir müssen hier natürlich auf den Integralbegriff aus der Analysis zurückgreifen. Und zwar gilt aufgrund des Hauptsatzes der Differential- und Integralrechnung

$$\int_0^1 f(t)dt = F(1) - F(0)$$

für eine stetige Funktion $f\colon [0,1] \longrightarrow \mathbb{R}$ und eine Stammfunktion F zu f, also eine stetige Funktion $F\colon [0,1] \longrightarrow \mathbb{R}$, die im offenen Intervall $]0,1[$ differenzierbar ist und dort als Ableitung f besitzt. Aus den Regeln für die Bildung der Ableitung, etwa $(F+G)' = F'+G'$ bzw. $(\alpha F)' = \alpha F'$ für Funktionen F, G und eine Konstante $\alpha \in \mathbb{R}$ ergeben sich entsprechende Regeln für die Integralbildung, nämlich

$$\int_0^1 \big(f(t) + g(t)\big)dt = \int_0^1 f(t)dt + \int_0^1 g(t)dt, \quad \int_0^1 \alpha f(t)dt = \alpha \int_0^1 f(t)dt.$$

In unserem konkreten Fall geht es um polynomiale Funktionen, die automatisch stetig sind, und bei denen die Existenz von Stammfunktionen kein Problem darstellt. Damit ist der Lösungsweg des Aufgabenproblems vorgezeichnet. Es geht um routinemäßige Verifikationen und schließlich um die Durchführung des Orthonormalisierungsverfahrens nach E. Schmidt.

Lösungsweg: Aus den aufgeführten Regeln der Integralbildung folgt, dass Φ eine symmetrische $\mathbb{R}$-bilineare Abbildung ist. Weiter gilt $\langle f, f \rangle = \int_0^1 f(t)^2 dt > 0$, falls f nicht das Nullpolynom ist. Man schließt dies beispielsweise aus der Tatsache, dass $f(t)^2$ höchstens isolierte Nullstellen besitzt, ansonsten aber > 0 ist, so dass jede Stammfunktion zu $f(t)^2$ streng monoton wachsend ist. Insbesondere erkennen wir Φ als positiv definite sBF und damit als Skalarprodukt.

Um nun die Basis $(x_1, x_2, x_3) = (1, T, T^2)$ von $\mathbb{R}[T]_2$ in eine Orthonormalbasis (e_1, e_2, e_3) zu überführen, richten wir uns nach dem Verfahren gemäß 7.2/4 bzw. 7.2/5 und beginnen mit dem Vektor $x_1 = 1$. Dieser ist wegen $\langle 1, 1 \rangle = \int_0^1 dt = 1$ bereits normiert, so dass wir $e_1 = 1$ setzen. Weiter gilt

$$\langle x_2, e_1 \rangle = \int_0^1 t \, dt = \left[\tfrac{1}{2} t^2 \right]_0^1 = \tfrac{1}{2},$$

$$\left| x_2 - \tfrac{1}{2} e_1 \right|^2 = \int_0^1 \left(t - \tfrac{1}{2} \right)^2 dt = \left[\tfrac{1}{3} t^3 - \tfrac{1}{2} t^2 + \tfrac{1}{4} t \right]_0^1 = \tfrac{1}{12},$$

und es ergibt sich $e_2 = \sqrt{12} \cdot (T - \tfrac{1}{2})$. Als Nächstes berechnen wir

$$\langle x_3, e_1 \rangle = \int_0^1 t^2 \, dt = \left[\tfrac{1}{3} t^3 \right]_0^1 = \tfrac{1}{3},$$

$$\langle x_3, e_2 \rangle = \sqrt{12} \cdot \int_0^1 \left(t^3 - \tfrac{1}{2} t^2 \right) dt = \sqrt{12} \cdot \left[\tfrac{1}{4} t^4 - \tfrac{1}{6} t^3 \right]_0^1 = \tfrac{1}{\sqrt{12}}$$

und subtrahieren von x_3 die senkrechte Projektion auf den von e_1, e_2 bzw. x_1, x_2 aufgespannten linearen Unterraum in $\mathbb{R}[T]_2$. Wir erhalten

$$x_3' = x_3 - \tfrac{1}{\sqrt{12}} \cdot e_2 - \tfrac{1}{3} \cdot e_1 = T^2 - \left(T - \tfrac{1}{2} \right) - \tfrac{1}{3} = T^2 - T + \tfrac{1}{6},$$

wobei sich das Quadrat des Betrages zu

$$|x_3'|^2 = \int_0^1 \left(t^2 - t + \tfrac{1}{6} \right)^2 dt = \int_0^1 \left(t^4 - 2t^3 + \tfrac{4}{3} t^2 - \tfrac{1}{3} t + \tfrac{1}{36} \right) dt$$

$$= \tfrac{1}{5} - \tfrac{1}{2} + \tfrac{4}{9} - \tfrac{1}{6} + \tfrac{1}{36} = \tfrac{1}{180}$$

berechnet. Somit besteht die gewünschte Orthonormalbasis von $\mathbb{R}[T]_2$ aus den Polynomen

$$e_1 = 1, \qquad e_2 = 2 \cdot \sqrt{3} \cdot \left(T - \tfrac{1}{2} \right), \qquad e_3 = 6 \cdot \sqrt{5} \cdot \left(T^2 - T + \tfrac{1}{6} \right).$$

7.2 Aufgabe 4

Start: Gegeben sind ein euklidischer bzw. unitärer $\mathbb{K}$-Vektorraum V, ein Untervektorraum $U \subset V$ sowie ein Vektor $v \in V - U$.

Ziel: Es ist zu zeigen, dass es genau einen Vektor $u_0 \in U$ mit $v - u_0 \in U^\perp$ gibt und dass für alle anderen Vektoren $u \in U$ die Abschätzung $|v - u| > |v - u_0|$ gilt.

Strategie: Im Grunde genommen wurde das Problem bereits in 7.2/4 behandelt. Es ist ein Vektor $u_0 \in U$ anzugeben, so dass $v - u_0$ auf allen Vektoren aus U senkrecht steht. Letzteres kann man überprüfen, indem man $\langle v - u_0, x_i \rangle = 0$ für die Elemente $x_1, \ldots, x_r$ einer Basis von U zeigt. Fragen über Orthogonalität oder Beträge lassen sich am einfachsten unter Zugrundelegen von Orthonormalbasen beantworten. Es liegt daher nahe, eine Orthonormalbasis $e_1, \ldots, e_r$ von U zu wählen und diese durch Elemente $e_{r+1}, \ldots, e_n$ zu einer Orthonormalbasis von V zu ergänzen; vgl. 7.2/6. Es erzeugen dann $e_{r+1}, \ldots, e_n$ das orthogonale Komplement $U^\perp$ zu U, wie im Beweis zu 7.2/8 gezeigt.

Lösungsweg: Wir wählen eine Orthonormalbasis $e_1, \ldots, e_r$ von U und ergänzen diese durch Elemente $e_{r+1}, \ldots, e_n$ zu einer Orthonormalbasis von V. Gilt dann $v = \sum_{i=1}^{n} \alpha_i e_i$ mit Koeffizienten $\alpha_i \in \mathbb{K}$, so folgt mit $u_0 = \sum_{i=1}^{r} \alpha_i e_i$ offenbar

$$v - u_0 = \sum_{i=r+1}^{n} \alpha_i e_i \in U^\perp.$$

Für beliebiges $u \in U$, etwa $u = \sum_{i=1}^{r} \beta_i e_i$ mit Koeffizienten $\beta_i \in \mathbb{K}$, gilt dann

$$|v - u|^2 = \sum_{i=1}^{r} (\alpha_i - \beta_i)^2 + \sum_{i=r+1}^{n} \alpha_i^2 \geq \sum_{i=r+1}^{n} \alpha_i^2 = |v - u_0|^2,$$

wobei die Gleichheit dazu äquivalent ist, dass die Terme $\alpha_i - \beta_i$ für $i = 1, \ldots, r$ verschwinden. Es folgt also wie gewünscht $|v - u| > |v - u_0|$ für alle $u \in U$ mit $u \neq u_0$.

Ergänzungen: Genau wie beim Orthonormalisierungsverfahren von E. Schmidt wird der Vektor $v - u_0$ konstruiert, indem man die senkrechte Projektion u_0 von v auf den linearen Unterraum U von v subtrahiert. Sodann steht $v - u_0$ senkrecht auf U und besitzt, wie wir gesehen haben, als Länge den minimalen Abstand zwischen v und U, wenn wir im Rahmen von Punkträumen argumentieren.

7.3 Aufgabe 4

Start: Gegeben ist ein endlich-dimensionaler $\mathbb{K}$-Vektorraum V mit einer Basis X. Weiter sei Φ eine sBF bzw. HF auf V.

Ziel: Für Φ positiv semidefinit soll gezeigt werden, dass alle Hauptunterdeterminanten der beschreibenden Matrix $A_{\Phi,X}$ reell und ≥ 0 sind. Umgekehrt ist zu überlegen, ob Φ bereits positiv semidefinit ist, wenn alle Hauptunterdeterminanten von $A_{\Phi,X}$ reell und ≥ 0 sind.

Strategie: Wir betrachten als einfaches Beispiel den Vektorraum $V = \mathbb{R}^2$ über dem Körper $\mathbb{K} = \mathbb{R}$. Sei Φ eine sBF auf V, etwa beschrieben bezüglich der kanonischen Basis e von V durch die Matrix

$$A_{\Phi,e} = \begin{pmatrix} \alpha & \gamma \\ \gamma & \beta \end{pmatrix} \in \mathbb{R}^{2\times 2},$$

wobei wir $A_{\Phi,e} = (A_{\Phi,e})^t$ berücksichtigt haben. Somit berechnet sich $\Phi(a,a)$ für $a = (a_1, a_2)^t \in V$ zu

$$\Phi(a,a) = \alpha a_1^2 + 2\gamma a_1 a_2 + \beta a_2^2.$$

Sei nun Φ positiv semidefinit, gelte also $\Phi(a,a) \geq 0$ für alle $a \in V$. Setzen wir etwa $a = (1,0)^t$, so folgt $\alpha \geq 0$, d. h. die erste Hauptunterdeterminante von $A_{\Phi,e}$ ist ≥ 0. Dann gilt sogar $\alpha > 0$, denn anderenfalls würde sich $\Phi(a,a)$ für Vektoren des Typs $a = (a_1, 1)^t$ zu $\Phi(a,a) = 2\gamma a_1 + \beta$ berechnen, und dies würde für $a_1 \in \mathbb{R}$ nicht ausschließlich Werte ≥ 0 annehmen.

Wir haben also $\alpha > 0$ eingesehen und können in gleicher Weise $\beta > 0$ schließen. Sodann existiert der Vektor $a = (\frac{1}{\sqrt{\alpha}}, -\frac{1}{\sqrt{\beta}})^t \in V$, und es gilt

$$\Phi(a,a) = 2 - 2\frac{\gamma}{\sqrt{\alpha\beta}} \geq 0,$$

woraus sich $\gamma \leq \sqrt{\alpha\beta}$ bzw. $\gamma^2 \leq \alpha\beta$ und damit $\alpha\beta - \gamma^2 \geq 0$ ergibt. Dies bedeutet aber, dass auch die zweite Hauptunterdeterminante der Matrix $A_{\Phi,e}$ nicht-negativ ist. Damit ist im vorliegenden Spezialfall gezeigt, dass für Φ positiv semidefinit die Hauptunterdeterminanten der beschreibenden Matrix $A_{\Phi,e}$ nicht-negativ sind. Man kann sich jedoch vorstellen, dass eine entsprechende Argumentation mittels expliziter Rechnung in höheren Dimensionen nicht mehr durchführbar ist. Hier ist also noch ein Argument allgemeineren Typs gefragt.

Weiter sehen wir im vorstehenden Beispiel, dass aus Φ positiv semidefinit insbesondere die Bedingungen $\alpha > 0$ und $\beta > 0$, sowie $\alpha\beta - \gamma^2 \geq 0$ folgen. Andererseits bedeutet die Forderung, dass die Hauptunterdeterminanten von $A_{\Phi,e}$ nicht-negativ sind, lediglich $\alpha \geq 0$ sowie $\alpha\beta - \gamma^2 \geq 0$. Dies lässt erwarten, dass eine sBF Φ nicht automatisch positiv semidefinit sein wird, wenn die Hauptunterdeterminanten einer zugehörigen Matrix nicht-negativ sind.

Lösungsweg: Wir schreiben $X = (x_1, \ldots, x_n)$ für die zu betrachtende Basis von V und setzen $X_i = (x_1, \ldots, x_i)$ für $i = 1, \ldots, n$. Es ist dann X_i jeweils eine Basis des von $x_1, \ldots, x_i$ erzeugten Untervektorraums $V_i \subset V$. Sei nun Φ positiv semidefinit, und sei Φ_i für $i = 1, \ldots, n$ die Einschränkung von Φ auf V_i. Es folgt, dass Φ_i ebenfalls positiv semidefinit ist. Ist nun Φ_i sogar positiv definit, so ergibt sich $\det(A_{\Phi_i, X_i}) > 0$ aus 7.3/8. Andernfalls existiert ein Vektor $x \in V_i - \{0\}$ mit $\Phi_i(x, x) = 0$, und Φ_i ist ausgeartet; siehe 7.1/5. In diesem Falle gilt $\det(A_{\Phi_i, X_i}) = 0$ nach 7.3/2, so dass in beiden Fällen $\det(A_{\Phi_i, X_i}) \geq 0$ folgt. Da $\det(A_{\Phi_i, X_i})$ gerade die i-te Hauptunterdeterminante von $A_{\Phi, X}$ ist, sehen wir, dass alle Hauptunterdeterminanten von $A_{\Phi, X}$ nicht-negativ sind.

Um schließlich noch die Frage zu beantworten, ob eine sBF Φ auf V bereits dann positiv semidefinit ist, wenn sämtliche Hauptunterdeterminanten einer beschreibenden Matrix $A_{\Phi, X}$ nicht-negativ sind, betrachten wir den $\mathbb{R}$-Vektorraum $V = \mathbb{R}^2$ mit der kanonischen Basis e sowie die sBF Φ auf V, die durch die Matrix

$$A_{\Phi,e} = \begin{pmatrix} 0 & 0 \\ 0 & -1 \end{pmatrix}$$

gegeben ist. Sämtliche Hauptunterdeterminanten von $A_{\Phi,e}$ verschwinden, sind also ≥ 0, aber trotzdem gilt für den Vektor $a = (0,1)^t \in V$ die Gleichung $\Phi(a, a) = -1 < 0$, d. h. Φ ist nicht positiv semidefinit.

7.3 Aufgabe 7

Start: Zu einer Matrix $A \in \mathbb{K}^{n \times n}$ ist die durch $\langle a, b \rangle = a^t \cdot A \cdot \bar{b}$ erklärte Bilinearform Φ auf $\mathbb{K}^n$ zu betrachten.

Ziel: Es ist zu zeigen, dass Φ genau dann ein Skalarprodukt auf $\mathbb{K}^n$ definiert, wenn es eine invertierbare Matrix $S \in \mathrm{GL}(n, \mathbb{K})$ mit $A = S^t \cdot \bar{S}$ gibt.

Strategie: Die zu diskutierende Zerlegung $A = S^t \cdot \overline{S}$, die auch in der Form $A = S^t \cdot E \cdot \overline{S}$ mit der Einheitsmatrix $E \in \mathbb{K}^{n \times n}$ geschrieben werden kann, erinnert an die Formel

$$A_{\Phi,Y} = A_{Y,X}^t \cdot A_{\Phi,X} \cdot \overline{A}_{Y,X}$$

aus 7.3/5, welche das Verhalten der beschreibenden Matrix $A_{\Phi,X}$ zu Φ bei Übergang von der Basis X zu einer neuen Basis Y von $\mathbb{K}^n$ charakterisiert. Im Übrigen ist A im vorliegenden Fall gerade die beschreibende Matrix zu Φ bezüglich der kanonischen Basis e von $\mathbb{K}^n$, also $A_{\Phi,e} = A$. Auch die Einheitsmatrix E ist in diesem Zusammenhang von Interesse. Sie kommt genau dann als beschreibende Matrix zu Φ bezüglich einer geeigneten Basis infrage, wenn es zu Φ eine Orthonormalbasis gibt. Aufgrund dieser vorbereitenden Überlegungen ist der Lösungsweg nun mehr oder weniger vorgezeichnet.

Lösungsweg: Wir nehmen zunächst an, dass Φ ein Skalarprodukt auf $\mathbb{K}^n$ definiert. Dann gibt es nach 7.2/5 eine Orthonormalbasis X zu Φ, und es gilt für die Matrix $A_{e,X}$ des Wechsels zwischen der kanonischen Basis e von $\mathbb{K}^n$ und X die Beziehung

$$A = A_{\Phi,e} = A_{e,X}^t \cdot A_{\Phi,X} \cdot \overline{A}_{e,X} = A_{e,X}^t \cdot \overline{A}_{e,X},$$

da X eine Orthonormalbasis und folglich $A_{\Phi,X}$ die Einheitsmatrix ist. Also ergibt sich $A = S^t \cdot \overline{S}$ mit $S = A_{e,X} \in \mathrm{GL}(n, \mathbb{K})$; vgl. 3.4/2.

Umgekehrt, gilt nun $A = S^t \cdot \overline{S}$ mit einer invertierbaren Matrix $S \in \mathrm{GL}(n, \mathbb{K})$, so können wir S als Basiswechselmatrix $A_{e,Y}$ interpretieren, die den Übergang von der kanonischen Basis e zu einer weiteren Basis Y von $\mathbb{K}^n$ beschreibt, also $A = A_{e,Y}^t \cdot \overline{A}_{e,Y}$. Nun gilt mit 3.4/2

$$A_{\Phi,Y} = A_{Y,e}^t \cdot A_{\Phi,e} \cdot \overline{A}_{Y,e} = A_{Y,e}^t \cdot A \cdot \overline{A}_{Y,e} = (A_{e,Y} \cdot A_{Y,e})^t \cdot \overline{(A_{e,Y} \cdot A_{Y,e})} = E,$$

d. h. Y ist sozusagen eine Orthonormalbasis zu Φ. Hieraus lassen sich leicht die Eigenschaften eines Skalarprodukts für Φ herleiten. Denn gilt etwa $Y = (y_1, \ldots, y_n)$, so folgen für Vektoren $a = \sum_{i=1}^n \alpha_i y_i$ und $b = \sum_{i=1}^n \beta_i y_i$ mit Koeffizienten $\alpha_i, \beta_i \in \mathbb{K}$ die Beziehungen

$$\Phi(a,b) = \sum_{i=1}^n \alpha_i \overline{\beta}_i = \overline{\sum_{i=1,\ldots,n} \overline{\alpha}_i \beta_i} = \overline{\Phi(b,a)},$$

$$\Phi(a,a) = \sum_{i=1}^n \alpha_i \overline{\alpha}_i = \sum_{i=1}^n |\alpha_i|^2 > 0 \text{ für } a \neq 0.$$

7.4 Aufgabe 1

Start: Gegeben sind ein endlich-dimensionaler euklidischer bzw. unitärer $\mathbb{K}$-Vektorraum V, ein Endomorphismus $\varphi \colon V \longrightarrow V$ und dessen adjungierte Abbildung $\varphi^* \colon V \longrightarrow V$.

Ziel: Es ist $\mathrm{Spur}(\varphi \circ \varphi^*) \geq 0$ zu zeigen und dass $\mathrm{Spur}(\varphi \circ \varphi^*) = 0$ äquivalent ist zu $\varphi = 0$.

Strategie: Die Spur eines Endomorphismus $f \colon V \longrightarrow V$ ist gegeben durch die Spur einer beschreibenden Matrix $A_{f,X,X}$ zu einer beliebigen Basis X von V; vgl. 6.2/6. Weiter ist die Spur einer quadratischen Matrix gemäß 6.2/3 definiert als Summe der Diagonalelemente. Im vorliegenden Fall empfiehlt es sich, X als Orthonormalbasis von V zu wählen, denn dann gilt $A_{\varphi^*,X,X} = (A_{\varphi,X,X})^*$ nach 7.4/4, und es genügt, die Spur der Produktmatrix $A_{\varphi,X,X} \cdot (A_{\varphi,X,X})^*$ auszuwerten.

Lösungsweg: Wir wählen eine Orthonormalbasis X von V und stellen φ bezüglich X durch eine Matrix dar, etwa $A_{\varphi,X,X} = (\alpha_{ij})_{i,j=1,\dots,n}$. Dann folgt $A_{\varphi^*,X,X} = (A_{\varphi,X,X})^* = (\overline{\alpha}_{ij})_{j,i=1,\dots,n}$ nach 7.4/4, und es gilt

$$A_{\varphi,X,X} \cdot (A_{\varphi,X,X})^* = (\alpha_{ij})_{i,j=1,\dots,n} \cdot (\overline{\alpha}_{ij})_{j,i=1,\dots,n} = \left(\sum_{j=1}^{n} \alpha_{ij} \cdot \overline{\alpha}_{kj} \right)_{i,k=1,\dots,n}.$$

Somit ergibt sich

$$\mathrm{Spur}\big(A_{\varphi,X,X} \cdot (A_{\varphi,X,X})^*\big) = \sum_{i=1}^{n} \sum_{j=1}^{n} \alpha_{ij} \cdot \overline{\alpha}_{ij} = \sum_{i=1}^{n} \sum_{j=1}^{n} |\alpha_{ij}|^2 \geq 0,$$

und es ist klar, dass $\mathrm{Spur}(A_{\varphi,X,X} \cdot (A_{\varphi,X,X})^*) = 0$ äquivalent ist zu $\alpha_{ij} = 0$ für alle i,j, also zu $\varphi = 0$.

7.4 Aufgabe 4

Start: Zu betrachten ist ein endlich-dimensionaler unitärer $\mathbb{C}$-Vektorraum V mit einem Endomorphismus $\varphi \colon V \longrightarrow V$ und dessen adjungierter Abbildung $\varphi^* \colon V \longrightarrow V$.

Ziel: Man zeige, φ ist genau dann normal, wenn es ein Polynom $p \in \mathbb{C}[T]$ mit $\varphi^* = p(\varphi)$ gibt.

Strategie: Wenn es ein Polynom $p \in \mathbb{C}[T]$ mit $\varphi^* = p(\varphi)$ gibt, so gilt trivialerweise

$$\varphi \circ \varphi^* = \varphi \circ p(\varphi) = p(\varphi) \circ \varphi = \varphi^* \circ \varphi,$$

d. h. φ ist normal. Umgekehrt, sei φ nun als normal vorausgesetzt. Es gibt offenbar keinen allgemeinen Grund, warum die adjungierte

Abbildung zu φ ein Polynom in φ sein sollte. Deswegen müssen wir die speziell gegebene Situation möglichst gut ausnutzen. Da wir über dem Körper $\mathbb{C}$ arbeiten, zerfällt das charakteristische Polynom χ_φ vollständig in Linearfaktoren. Somit können wir mit 7.4/8 aus der Normalität von φ schließen, dass es in V eine Orthonormalbasis X gibt, die sämtlich aus Eigenvektoren zu φ besteht und damit gemäß 7.4/7 auch aus Eigenvektoren zu φ^*. Genauer, es ist $A_{\varphi,X,X}$ eine Diagonalmatrix, etwa $A_{\varphi,X,X} = \mathrm{Diag}(\lambda_1, \ldots, \lambda_n)$, und es folgt mit 7.4/4 $A_{\varphi^*,X,X} = (A_{\varphi,X,X})^* = \mathrm{Diag}(\overline{\lambda}_1, \ldots, \overline{\lambda}_n)$. Nun benötigen wir noch die Beobachtung, dass für Polynome $p \in \mathbb{C}[T]$ die Beziehung

$$p(A_{\varphi,X,X}) = \mathrm{Diag}\big(p(\lambda_1), \ldots, p(\lambda_n)\big)$$

gilt. Damit ist der Lösungsweg vorgezeichnet. Wir müssen ein Polynom $p \in \mathbb{C}[T]$ finden, derart dass $p(\lambda_i) = \overline{\lambda}_i$ für $i = 1, \ldots, n$ gilt.

Lösungsweg: Wie bereits erläutert, ist φ normal, wenn ein Polynom $p \in \mathbb{C}[T]$ mit $\varphi^* = p(\varphi)$ existiert. Umgekehrt, setzen wir φ als normal voraus, so können wir gemäß 7.4/8 eine Orthonormalbasis X in V wählen, so dass $A_{\varphi,X,X}$ eine Diagonalmatrix ist, etwa $A_{\varphi,X,X} = \mathrm{Diag}(\lambda_1, \ldots, \lambda_n)$. Benutzen wir dann die bijektive Korrespondenz zwischen Endomorphismen und beschreibenden Matrizen aus 3.3/2, so reduziert sich das Problem mit 7.4/7 darauf, ein Polynom $p \in \mathbb{C}[T]$ zu finden, welches der Beziehung

$$\mathrm{Diag}\big(p(\lambda_1), \ldots, p(\lambda_n)\big) = p(A_{\varphi,X,X}) = A_{\varphi^*,X,X} = \mathrm{Diag}(\overline{\lambda}_1, \ldots, \overline{\lambda}_n)$$

genügt. Nun ist es aber leicht möglich, ein Polynom in $\mathbb{C}[T]$ anzugeben, das an paarweise verschiedenen Stellen $\lambda_1, \ldots, \lambda_r \in \mathbb{C}$ (dies seien die $\lambda_1, \ldots, \lambda_n$ ohne mehrfache Aufzählung) vorgeschriebene Werte annimmt, in unserem Falle $\overline{\lambda}_1, \ldots, \overline{\lambda}_r$. Es ist nämlich

$$p_i = c_i \cdot \prod_{\substack{j=1,\ldots,r \\ j \neq i}} (T - \lambda_j), \qquad c_i \in \mathbb{C},$$

ein Polynom in $\mathbb{C}[T]$, das an allen Stellen λ_j, $j = 1, \ldots, r$, verschwindet, außer möglicherweise an der Stelle λ_i, wo wir durch geeignete Wahl der Konstante c_i erreichen können, dass $p_i(\lambda_i) = \overline{\lambda}_i$ gilt. Dann ist $p = \sum_{i=1}^{r} p_i$ ein Polynom in $\mathbb{C}[T]$, das an den Stellen $\lambda_1, \ldots, \lambda_n$ die Werte $\overline{\lambda}_1, \ldots, \overline{\lambda}_n$ annimmt, und es folgt wie gewünscht $\varphi^* = p(\varphi)$.

7.5 Aufgabe 2

Start: Gegeben sind zwei Drehmatrizen $R(\vartheta_1), R(\vartheta_2) \in \mathbb{R}^{2 \times 2}$ mit Winkeln $0 \leq \vartheta_1 < \vartheta_2 < 2\pi$.

Ziel: Gezeigt werden soll, dass $R(\vartheta_1)$ und $R(\vartheta_2)$ genau dann ähnlich sind, wenn $\vartheta_1 + \vartheta_2 = 2\pi$ gilt.

Strategie: In der Aussage von Satz 7.5/8 und dem zugehörigen Beweis sind wesentliche Elemente enthalten, die für die Lösung des Problems von Nutzen sind.

Lösungsweg: Gelte zunächst $\vartheta_1 + \vartheta_2 = 2\pi$. Da der Fall $\vartheta_1 = \vartheta_2 = \pi$ ausgeschlossen ist, können wir etwa $\vartheta_1 < \pi$ und somit $\pi < \vartheta_2 < 2\pi$ annehmen. Indem wir die durch $R(\vartheta_1)$ definierte $\mathbb{R}$-lineare Abbildung

$$f \colon \mathbb{R}^2 \longrightarrow \mathbb{R}^2, \qquad x \longmapsto R(\vartheta_1) \cdot x = \begin{pmatrix} \cos \vartheta_1 & -\sin \vartheta_1 \\ \sin \vartheta_1 & \cos \vartheta_1 \end{pmatrix} \cdot x,$$

betrachten, erhalten wir $A_{f,e,e} = R(\vartheta_1)$ als beschreibende Matrix bezüglich der kanonischen Basis $e = (e_1, e_2)$ von $\mathbb{R}^2$. Dann gilt für die Basis $e' = (e_2, e_1)$ von $\mathbb{R}^2$ offenbar

$$A_{f,e',e'} = \begin{pmatrix} \cos \vartheta_1 & \sin \vartheta_1 \\ -\sin \vartheta_1 & \cos \vartheta_1 \end{pmatrix} = \begin{pmatrix} \cos \vartheta_2 & -\sin \vartheta_2 \\ \sin \vartheta_2 & \cos \vartheta_2 \end{pmatrix} = R(\vartheta_2),$$

wobei wir $\vartheta_2 = 2\pi - \vartheta_1$ und die Beziehungen $\cos(-\vartheta_1) = \cos \vartheta_1$ sowie $\sin(-\vartheta_1) = -\sin \vartheta_1$ benutzen. Dies bedeutet aber, dass $R(\vartheta_1)$ und $R(\vartheta_2)$ ähnlich sind.

Seien nun umgekehrt $R(\vartheta_1)$ und $R(\vartheta_2)$ als ähnlich vorausgesetzt. Dann stimmen gemäß 6.2/4 die zugehörigen charakteristischen Polynome überein, also

$$(T - e^{i\vartheta_1})(T - e^{-i\vartheta_1}) = \chi_{R(\vartheta_1)} = \chi_{R(\vartheta_2)} = (T - e^{i\vartheta_2})(T - e^{-i\vartheta_2}).$$

Die Eindeutigkeit der Primfaktorzerlegung lässt auf $e^{i\vartheta_1} = e^{\pm i\vartheta_2}$ schließen und unter der Einschränkung $0 \leq \vartheta_1 < \vartheta_2 < 2\pi$ auf $\vartheta_1 = \vartheta_2$ oder $\vartheta_1 = 2\pi - \vartheta_2$. Da aber $\vartheta_1 = \vartheta_2$ ausgeschlossen ist, ergibt sich $\vartheta_1 + \vartheta_2 = 2\pi$.

Alternativ können wir auch benutzen, dass ähnliche Matrizen die gleiche Spur besitzen; vgl. 6.2/5. Dann ergibt sich die Bedingung $\cos \vartheta_1 = \cos \vartheta_2$, aus der sich in ähnlicher Weise $\vartheta_1 + \vartheta_2 = 2\pi$ ableiten lässt.

7.5 Aufgabe 4

Start: Gegeben ist eine orthogonale Matrix $A = (\alpha_{ij}) \in O(n)$, also eine reelle Matrix $A \in \mathbb{R}^{n \times n}$ mit $A^t = A^{-1}$. Es besitze A untere Dreiecksgestalt, d. h. es gelte $\alpha_{ij} = 0$ für $i < j$.

Ziel: Es ist zu zeigen, dass A sogar eine Diagonalmatrix ist. Außerdem ist gefragt, ob eine entsprechende Aussage auch für unitäre Matrizen $A \in U(n)$ gültig ist.

Strategie: Der Fall $n = 1$ ist trivial. Für $n = 2$ haben wir in 7.5/6 alle Matrizen aus $O(2)$ explizit beschrieben. Insbesondere lesen wir hieraus ab, dass jede untere Dreiecksmatrix in $O(2)$ bereits eine Diagonalmatrix ist. Sei nun $A = (\alpha_{ij}) \in O(n)$ für allgemeines n. Dann gilt $A^t = A^{-1}$, also $A \cdot A^t = E$ für die Einheitsmatrix $E \in \mathbb{R}^n$, und dies bedeutet:

$$
\begin{pmatrix}
\alpha_{11} & 0 & 0 & .. & 0 \\
\alpha_{21} & \alpha_{22} & 0 & .. & 0 \\
.. & .. & .. & .. & .. \\
\alpha_{n1} & \alpha_{n2} & \alpha_{n3} & .. & \alpha_{nn}
\end{pmatrix}
\cdot
\begin{pmatrix}
\alpha_{11} & \alpha_{21} & .. & .. & \alpha_{n1} \\
0 & \alpha_{22} & .. & .. & \alpha_{n2} \\
.. & .. & .. & .. & .. \\
0 & 0 & .. & 0 & \alpha_{nn}
\end{pmatrix}
=
\begin{pmatrix}
1 & 0 & .. & 0 \\
0 & 1 & .. & 0 \\
.. & .. & .. & .. \\
0 & 0 & .. & 1
\end{pmatrix}
$$

Multiplizieren wir nun der Reihe nach die Zeilen des ersten Faktors mit den Spalten des zweiten Faktors, so ergeben sich folgende Relationen:

$$
\begin{aligned}
|\alpha_{11}|^2 &= 1, && \text{insbesondere } \alpha_{11} \neq 0 \\
\alpha_{11} \cdot \alpha_{i1} &= 0, && \text{also } \alpha_{i1} = 0 \text{ für } i = 2, \ldots, n \\
|\alpha_{22}|^2 &= 1, && \text{insbesondere } \alpha_{22} \neq 0 \\
\alpha_{22} \cdot \alpha_{i2} &= 0, && \text{also } \alpha_{i2} = 0 \text{ für } i = 3, \ldots, n \\
\text{usw.}
\end{aligned}
$$

Wir sehen damit, dass A in der Tat eine Diagonalmatrix ist. Eine entsprechende Rechnung funktioniert auch im Falle unitärer Matrizen $A \in U(n)$. Es ist dann lediglich A^t durch die adjungierte Matrix A^* zu ersetzen.

Lösungsweg: Ein Großteil der oben angedeuteten Rechnungen kann vermieden werden, wenn man etwas grundsätzlicher vorgeht. Wir betrachten daher $V = \mathbb{R}^n$ als euklidischen Vektorraum unter dem kanonischen Skalarprodukt, wobei die kanonische Basis $e = (e_1, \ldots, e_n)$ eine Orthonormalbasis bildet. Sei nun $A \in O(n)$ eine orthogonale Matrix mit den Spalten $a_1, \ldots, a_n \in V$, also $A = (a_1, \ldots, a_n)$. Da $A \cdot A^t$ die

Einheitsmatrix ergibt, erkennen wir $(a_1, \ldots, a_n)$ ebenfalls als Ortho-normalbasis von V. Wir nehmen nun an, dass A untere Dreiecksgestalt besitzt. Dann gilt $a_i \in \langle e_i, \ldots, e_n \rangle$ für $i = 1, \ldots, n$, und wir wollen mit Induktion nach n zeigen, dass notwendig $\langle a_i \rangle = \langle e_i \rangle$ für $i = 1, \ldots, n$ folgt.

Zunächst gilt natürlich $\langle a_n \rangle = \langle e_n \rangle$. Dies erledigt insbesondere den Induktionsanfang für $n = 1$. Weiter folgt

$$a_1, \ldots, a_{n-1} \in \langle a_n \rangle^\perp = \langle e_n \rangle^\perp = \langle e_1, \ldots, e_{n-1} \rangle$$

und somit

$$a_i \in \langle e_i, \ldots, e_n \rangle \cap \langle e_1, \ldots, e_{n-1} \rangle = \langle e_i, \ldots, e_{n-1} \rangle, \quad i = 1, \ldots, n-1.$$

Nach Induktionsvoraussetzung gilt dann $\langle a_i \rangle = \langle e_i \rangle$ für $i = 1, \ldots, n-1$, und wir sehen, dass $A = (a_1, \ldots, a_n)$ eine Diagonalmatrix ist.

Dieselbe Argumentationsweise funktioniert auch für unitäre Matrizen. Man betrachtet dann $V = \mathbb{C}^n$ als unitären Vektorraum unter dem kanonischen Skalarprodukt, mit der kanonischen Basis $e = (e_1, \ldots, e_n)$ als Orthonormalbasis. Da $A \cdot A^*$ für $A \in U(n)$ die Einheitsmatrix ergibt, bilden die Spalten von A eine weitere Orthonormalbasis von V. Wie im euklidischen Fall sieht man dann, dass A bereits eine Diagonalmatrix ist, wenn A untere Dreiecksgestalt besitzt.

7.6 Aufgabe 1

Start: Gegeben ist ein endlich-dimensionaler euklidischer bzw. unitärer $\mathbb{K}$-Vektorraum mit einem selbstadjungierten Endomorphismus $V \longrightarrow V$.

Ziel: Man zeige, dass φ genau dann lauter positive reelle Eigenwerte besitzt, wenn $\langle \varphi(x), x \rangle > 0$ für alle $x \in V - \{0\}$ gilt.

Strategie: Wir suchen nach einer einfachen Möglichkeit, $\langle \varphi(x), x \rangle$ für $x \in V$ zu berechnen. Da φ selbstadjungiert ist, bietet sich das Resultat 7.6/4 an. Es gibt also eine Orthonormalbasis $X = (x_1, \ldots, x_n)$ von V, bezüglich der φ durch eine reelle Diagonalmatrix beschrieben wird, etwa $A_{\varphi,X,X} = \mathrm{Diag}(\lambda_1, \ldots, \lambda_n)$. Für $x = \sum_{j=1}^n \alpha_j x_j \in V$ mit Koeffizienten $\alpha_1, \ldots, \alpha_n \in \mathbb{K}$ können wir dann wie folgt rechnen:

$$\langle \varphi(x), x \rangle = \Big\langle \sum_{j=1}^n \lambda_j \alpha_j x_j, \sum_{j=1}^n \alpha_j x_j \Big\rangle = \sum_{j=1}^n \lambda_j |\alpha_j|^2$$

Aus dieser Beziehung ist die Lösung abzulesen.

Lösungsweg: Wir benutzen die vorstehende Gleichung. Wenn φ ausschließlich positive Eigenwerte besitzt, also $\lambda_j > 0$ für $j = 1, \ldots, n$ gilt, so folgt $\langle \varphi(x), x \rangle = \sum_{j=1}^{n} \lambda_j |\alpha_j|^2 > 0$, sofern nicht alle Koeffizienten α_i verschwinden, also $x \neq 0$ gilt.

Umgekehrt, gelte $\langle \varphi(x), x \rangle = \sum_{j=1}^{n} \lambda_j |\alpha_j|^2 > 0$ für alle $x \neq 0$, also für Koeffizienten α_j, die nicht alle verschwinden. Dann folgt notwendig $\lambda_j > 0$ für $j = 1, \ldots, n$, alle Eigenwerte von φ sind also positiv.

7.6 Aufgabe 3

Start: Gegeben ist eine Matrix $A \in \mathbb{R}^{n \times n}$.

Ziel: Es ist zu zeigen, dass A genau dann symmetrisch ist, wenn es eine komplexe Matrix $S \in \mathbb{C}^{n \times n}$ mit $A = S^t \cdot S$ gibt.

Strategie: Wenn A von der Form $S^t \cdot S$ mit einer Matrix $S \in \mathbb{C}^{n \times n}$ ist, so folgt $A^t = (S^t \cdot S)^t = S^t \cdot S = A$, und A ist symmetrisch. Umgekehrt, sei A nun als symmetrisch vorausgesetzt. Dann gibt es aufgrund des Satzes über die Hauptachsentransformation 7.6/6 eine orthogonale Matrix $S \in O(n)$, so dass $D = S^{-1} \cdot A \cdot S$ eine reelle Diagonalmatrix ist. Sodann folgt $A = S \cdot D \cdot S^t$ wegen $S^{-1} = S^t$, wobei wir auch $A = S^t \cdot D \cdot S$ schreiben können, wenn wir S durch S^t ersetzen. Wenn nun D beispielsweise die Einheitsmatrix ist, hat A mit $A = S^t \cdot S$ bereits die gewünschte Form. Anderenfalls ziehen wir aus D sozusagen die Quadratwurzel, was über $\mathbb{C}$ möglich ist, und multiplizieren diese in geeigneter Weise mit S.

Lösungsweg: Die Gleichung $A^t = (S^t \cdot S)^t = S^t \cdot S = A$ zeigt, dass A symmetrisch ist, sofern es von der Form $A = S^t \cdot S$ mit einer Matrix $S \in \mathbb{C}^{n \times n}$ ist. Sei daher A nun als symmetrisch vorausgesetzt. Aufgrund der Hauptachsentransformation 7.6/6 existiert dann eine orthogonale Matrix $S \in O(n)$, so dass $S^t \cdot A \cdot S$ eine reelle Diagonalmatrix $D(\lambda_1, \ldots, \lambda_n)$ ergibt. Wählen wir dann jeweils eine Quadratwurzel $\sqrt{\lambda_j}$ zu λ_j, was jedenfalls in $\mathbb{C}$ möglich ist, so ergibt sich

$$A = S \cdot D(\lambda_1, \ldots, \lambda_n) \cdot S^t = S \cdot D\big(\sqrt{\lambda_1}, \ldots, \sqrt{\lambda_n}\big)^2 \cdot S^t$$

$$= \Big(D\big(\sqrt{\lambda_1}, \ldots, \sqrt{\lambda_n}\big) \cdot S^t\Big)^t \cdot \Big(D\big(\sqrt{\lambda_1}, \ldots, \sqrt{\lambda_n}\big) \cdot S^t\Big)$$

und damit eine Zerlegung der gewünschten Art für A.

Historische Anmerkungen

Der Name *Algebra* geht auf den persischen Mathematiker und Universalgelehrten al-Chwarizmi (9. Jahrhundert n. Chr.) zurück, der in seinem Buch über *Rechenverfahren durch Ergänzen und Ausgleichen* Regeln für die Manipulation und Lösung von Gleichungen beschrieben hat. In diesem Zusammenhang führte die Bezeichnung *al-gabr* für *Ergänzen* zum Begriff der *Algebra*. Betrachtet wurden typischerweise polynomiale Gleichungen, etwa der Form

$$5x^2 + 9x = 3 \qquad \text{oder} \qquad 3x - 9 = 7,$$

die eine Beziehung zwischen den bekannten Größen, also den Koeffizienten, und den zu bestimmenden unbekannten Größen oder Variablen, hier x, herstellen. Erstaunlich ist, dass al-Chwarizmi so gut wie keine mathematische Notation für Probleme dieser Art nutzte. Die zu untersuchenden Gleichungen wurden oftmals in Textform als geometrische Aufgaben gestellt, bei denen Flächen von Quadraten und Rechtecken, sowie Längen von Seiten eine Rolle spielen.

Der höchste Exponent, mit dem die unbekannte Größe in einer polynomialen Gleichung obigen Typs vorkommt, wird als Grad der Gleichung bezeichnet. Quadratische Gleichungen, also Gleichungen vom Grad 2, konnten bereits von den Babyloniern gelöst werden (ab ca. Ende des 3. Jahrtausends v. Chr.). Gleichungen höheren Grades hingegen sind viel schwieriger zu handhaben. Lösungsformeln für die Grade 3 und 4 wurden im 16. Jahrhundert von Scipione del Ferro und Gerolamo Cardano entwickelt. Eine komplette Analyse insbesondere für Gleichungen vom Grad > 4 erfolgte hingegen erst im 19. Jahrhundert, und zwar im Rahmen der Galois-Theorie, die auf Évariste Galois zurückgeht; vgl. die historische Einführung in [1].

© Springer-Verlag GmbH Deutschland, ein Teil von Springer Nature 2021
S. Bosch, *Lineare Algebra*, https://doi.org/10.1007/978-3-662-62616-0

Polynomiale Gleichungen vom Grad 1 werden als *linear* bezeichnet, da sie unter Verwendung zweier Variablen zur Parametrisierung von Geraden bzw. *Linien* dienen können. Nun stellt eine lineare Gleichung in einer Variablen keine besondere Herausforderung dar. Aber ganz anders liegt der Fall bei Systemen linearer Gleichungen in mehreren Variablen. In der Tat, das Problem der Lösung solcher Gleichungssysteme hat bei der Entwicklung der *Linearen Algebra* eine zentrale Rolle gespielt.

In vielen mathematischen Disziplinen werden lineare Gleichungssysteme als Hilfsmittel benötigt. Besonders naheliegend ist dies in der Geometrie. Nach der Einführung von Koordinaten durch René Descartes 1637, siehe [6], konnten Geraden und Ebenen mittels linearer Gleichungen beschrieben werden, wobei sich deren Schnitte in natürlicher Weise als Lösungen linearer Gleichungssysteme ergeben. Weitere Anwendungsfelder für lineare Gleichungen bieten die Zahlentheorie, die Körper- und insbesondere Galois-Theorie, die Differentialrechnung sowie lineare Approximation jeglicher Art im Rahmen der Analysis, aber natürlich auch die Physik, und heute ganz besonders die numerische Mathematik. Ein berühmtes Verfahren zur Lösung linearer Gleichungssysteme ist das nach Carl Friedrich Gauß benannte Eliminationsverfahren. Gauß nutzte es zu Beginn des 19. Jahrhunderts im Zusammenhang mit astronomischen Berechnungen, z. B. um die Bahn des Asteroiden Pallas mittels der Methode der kleinsten Quadrate zu berechnen. Belegt ist dies mit seiner Arbeit *Disquisitio de elementis ellipticis Palladis* [8] aus dem Jahre 1810.

Allerdings hatte der Matrizenbegriff, heute unverzichtbares Instrument zur Handhabung linearer Gleichungssysteme, zu damaliger Zeit noch keinerlei Gestalt angenommen. Selbst Determinanten, die bereits 1693 von Gottfried Wilhelm Leibniz eingeführt wurden, besaßen mehr den Charakter von Invarianten, die linearen Gleichungssystemen zugeordnet sind. Die 1750 von Gabriel Cramer gefundene Determinantenregel zum Lösen linearer Gleichungssysteme wurde ebenfalls in diesem Sinne gesehen. Auch die Multiplikativität der Determinante, die für quadratische Matrizen A, B durch die Gleichung $\det(AB) = \det(A)\det(B)$ charakterisiert ist, wurde 1812 von Augustin-Louis Cauchy unter Vermeidung des Matrizenprodukts formuliert, wobei er immerhin einige Jahre später für Matrizen die Bezeichnung *tableau* einführte. Es dauerte allerdings noch bis zum Jahre

1856, als Arthur Cayley schließlich Matrizenprodukte und inverse Matrizen im heutigen Sinne behandeln konnte. Die Bezeichnung *Matrix* geht übrigens auf James Joseph Sylvester 1850 zurück. Lateinischen Ursprungs, weist der Begriff auf ein Wesen hin, das in seinem Bauch eine Menge von Objekten ähnlichen Typs beinhaltet. Sylvester kam es dabei auf die Minoren einer Matrix an, also auf quadratische Untermatrizen und deren Determinanten.

Ab etwa Mitte des 19. Jahrhunderts kann man vereinzelt Bestrebungen erkennen, mathematische Methoden axiomatisch zu fundieren, ein Trend, der im 20. Jahrhundert verstärkt weiter verfolgt wurde. Zwar hatte man Erfahrungen mit der Lösung vielfältigster konkreter Einzelprobleme gesammelt und dabei alle möglichen Phänomene beobachtet, aber es fehlten sozusagen noch geeignete Werkzeuge, um die dafür verantwortlichen Grundstrukturen sichtbar zu machen und präzise zu beschreiben. Dieser Trend hin zur Axiomatisierung, verbunden mit einer adäquaten Sprache, hat in vielen Bereichen sowohl zu einer Vereinheitlichung und Verschlankung der Methoden geführt, wie andererseits auch zu enormen Fortschritten bei der Erforschung neuer Problemstellungen. Bei der Linearen Algebra war dies mit der Einführung von Vektorräumen und deren linearen Abbildungen in besonderem Maße der Fall. In der Tat, der Trend zur Axiomatisierung hat mit dazu beigetragen, dass die Lineare Algebra sich zu einem eigenständigen Teilgebiet innerhalb der Algebra entwickelt hat.

Der Begriff des *Vektors* wurde von Sir William Rowan Hamilton in den 1840er Jahren im Zusammenhang mit der Konstruktion des Zahlbereichs der Quaternionen verwendet. Ansonsten waren Vektoren bis zur Mitte des 19. Jahrhunderts lediglich als gerichtete Strecken bekannt oder allenfalls als Differenzen von Punkten im anschaulichen Raum. Die Idee, Vektoren als Punkte eines abstrakten Raums zu sehen, eines *Vektorraums*, wie wir heute sagen, kann man ansatzweise erstmals in der Arbeit [9] von Hermann Graßmann aus dem Jahre 1844 erkennen. Graßmanns Ausführungen waren jedoch teilweise philosophischer Art und fanden innerhalb der mathematischen Fachgemeinschaft nur wenig Beachtung. Sie wurden 1888 von Giuseppe Peano in seinem Buch [13] wieder aufgegriffen, wo sich bereits die kompletten Axiome eines Vektorraums finden. Aber auch diese Arbeit stieß auf wenig Interesse, zumal Peano seinen Ansatz nicht konsequent weiterverfolgte, sondern Vektoren zusätzlich noch aus anderen Blickwinkeln studierte.

Zu Beginn des 20. Jahrhunderts wurden Vektorräume verschiedentlich neu erfunden. Zu nennen ist hier beispielsweise das 1918 erschienene Buch [16] von Hermann Weyl über *Allgemeine Relativitätstheorie*, welches reelle Vektorräume im Stile von Peano verwendet, allerdings von endlicher Dimension. Auch ergab sich vom Standpunkt der Analysis her das Bestreben, Vektorräume mit Topologien zu kombinieren, was zur Entwicklung topologischer Vektorräume führte, insbesondere von Banach-, Fréchet- und Hilberträumen. Teilweise gefangen in der Tradition des 19. Jahrhunderts, war man allerdings immer noch bemüht, die Form der Vektorräume den Problemen anzupassen, die zu behandeln waren. Dies änderte sich radikal in den 1920er Jahren, als abstrakte Methoden in größerem Maße an Einfluss gewannen. Als prominentes Beispiel ist hier das Wirken von Emmy Noether anzuführen, insbesondere ihre Arbeit [12] über *Idealtheorie in Ringbereichen* aus dem Jahre 1921, in der neben Idealen auch Moduln über Ringen betrachtet werden. Es war das Bestreben von Noether und ihren Mitstreitern, speziell angepasste algebraische Methoden von den zugehörigen Beispielen zu lösen und in konzeptioneller Weise als eigenständige Theorie auszuformen. Dies war die Geburtsstunde der *Algebra* im heutigen Sinne, der *Modernen Algebra*, wie man damals sagte.

Ein erstes Lehrbuch über *Moderne Algebra* wurde ab 1930 von Bartel Leendert van der Waerden in einer Reihe von Auflagen veröffentlicht, siehe [14], [15]. Das Werk fußt teilweise auf Vorlesungen von Emmy Noether und Emil Artin und enthält insbesondere ein eigenes Kapitel über Lineare Algebra. Spätere Auflagen erschienen unter dem Titel *Algebra*. Einen interessanten Eindruck von Artins Vorlesungen geben die *Notre Dame Mathematical Lectures über Galois-Theorie* [3] aus dem Jahre 1942. Hier entwickelt Artin zunächst die Theorie der Vektorräume und der linearen Gleichungen, um sie anschließend für einen alternativen Zugang zur Galois-Theorie von Körpern zu nutzen. Als Besonderheit ist schließlich der Band [4] von Nicolas Bourbaki anzuführen, der in der Reihe *Éléments de Mathématique* erschien. Nicolas Bourbaki ist ein Pseudonym für eine Autorengruppe vorwiegend französischer Mathematiker in wechselnder Zusammensetzung, die sich mit den *Éléments de Mathématique* als Ziel gesetzt hatte, die Grundlagen der Mathematik in umfassender Weise von den Anfängen an darzustellen. Weitere Informationen zur historischen Entwicklung der Linearen Algebra kann man den Publikationen [10], [11] und [5] entnehmen.

Literatur

1. S. Bosch: Algebra. Springer Deutschland, ab 1992, aktuell 2020
2. S. Bosch: Algebraic Geometry and Commutative Algebra. Universitext, Springer London 2013
3. E. Artin: Galois Theory. Notre Dame Mathematical Lecures 2. University of Notre Dame Press, Notre Dame, London 1942, 1944
4. N. Bourbaki: Éléments de Mathématique, Algèbre, Chap. II Algèbre linéaire. Hermann, CCLS, Masson, Springer, ab 1947
5. N. Bourbaki: Éléments de l'Histoire des Mathématiques. Hermann, Masson, Springer, ab 1960
6. R. Descartes: La Géométrie. Discours de la méthode plus La Dioptrique, plus Les Météores. Jan Maire 1637, pp. 296–413
7. W. Fischer, I. Lieb: Einführung in die Komplexe Analysis. Vieweg+Teubner, Wiesbaden, ab 1980, aktuell 2010
8. C. F. Gauss: Disquisitio de elementis ellipticis palladis ex oppositionibus annorum 1803, 1804, 1805, 1807, 1808, 1809. Göttingische gelehrte Anzeigen Band **6** (1/1810), pp. 1969–1973, 1810
9. H. Graßmann: Die lineare Ausdehnungslehre. Leipzig 1844
10. I. Kleiner: A History of Abstract Algebra. Birkhäuser Boston 2007
11. G. H. Moore: An axiomatization of linear algebra: 1875–1950. Hist. Math. **22** (1995), 262–303
12. E. Noether: Idealtheorie in Ringbereichen. Math. Ann. **83** (1921), 24–66
13. G. Peano: Calcolo geometrico secondo l'Ausdehnungslehre di H. Grassmann, preceduto dalle operazioni della logica deduttiva. Fratelli Bocca Torino 1888.
14. B. L. van der Waerden: Moderne Algebra. Springer Berlin, ab 1930 (ab 1955 unter dem Titel "Algebra")
15. B. L. van der Waerden: Algebra II. Springer Berlin, ab 1936
16. H. Weyl: Raum, Zeit, Materie. Vorlesungen über allgemeine Relativitätstheorie. Springer Berlin 1918

© Springer-Verlag GmbH Deutschland, ein Teil von Springer Nature 2021
S. Bosch, *Lineare Algebra*, https://doi.org/10.1007/978-3-662-62616-0

Symbolverzeichnis

© Springer-Verlag GmbH Deutschland, ein Teil von Springer Nature 2021
S. Bosch, *Lineare Algebra*, https://doi.org/10.1007/978-3-662-62616-0

Namen- und Sachverzeichnis

© Springer-Verlag GmbH Deutschland, ein Teil von Springer Nature 2021
S. Bosch, *Lineare Algebra*, https://doi.org/10.1007/978-3-662-62616-0

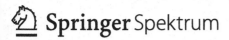

Printed in the United States
By Bookmasters